空间信息获取与处理前沿技术丛书

太赫兹雷达成像技术

邓　彬　王宏强　杨　琪　蒋彦雯　罗成高　著

科 学 出 版 社

北　京

内 容 简 介

本书系统阐述太赫兹雷达成像技术的最新研究成果。全书共12章，主要内容包括：概论、太赫兹雷达成像基础、太赫兹雷达转台/ISAR二维成像、太赫兹雷达方位-俯仰三维成像、太赫兹雷达干涉三维成像、太赫兹雷达SISO阵列全息成像、太赫兹雷达MIMO线阵三维成像、太赫兹雷达线阵旋转扫描成像、太赫兹SAR成像、太赫兹孔径编码雷达成像、太赫兹雷达参数化特征增强成像及总结与展望。

本书既介绍太赫兹雷达成像的基础知识和典型成像系统，也深入阐述太赫兹频段下的雷达成像体制、模型和成像方法，同时给出实测数据成像结果，是对太赫兹雷达成像理论与实践的系统总结。

本书可作为高等院校相关专业研究生学习毫米波太赫兹技术及雷达成像技术的参考书，对从事相关研究的广大科技工作者和工程技术人员也具有较高的参考价值。

图书在版编目（CIP）数据

太赫兹雷达成像技术/邓彬等著．—北京：科学出版社，2022.2

（空间信息获取与处理前沿技术丛书）

ISBN 978-7-03-071371-1

Ⅰ．①太…　Ⅱ．①邓…　Ⅲ．①雷达成像　Ⅳ．①TN957.52

中国版本图书馆CIP数据核字(2022)第022253号

责任编辑：张艳芬　李　娜／责任校对：崔向琳

责任印制：吴兆东／封面设计：陈　敬

科学出版社 出版

北京东黄城根北街16号

邮政编码：100717

http://www.sciencep.com

北京中石油彩色印刷有限责任公司 印刷

科学出版社发行　各地新华书店经销

*

2022年2月第 一 版　开本：720×1000　1/16

2024年3月第三次印刷　印张：26 1/2

字数：513 000

定价：198.00元

（如有印装质量问题，我社负责调换）

《空间信息获取与处理前沿技术丛书》编委会

《空间信息获取与处理前沿技术丛书》序

进入 21 世纪，世界各大国加紧发展空间攻防武器装备，空间作战被提到了国家军事发展战略的高度，太空已成为国际军事竞争的战略制高点。作为空间攻防的重要支撑，同时伴随着我国在载人航天、高分专项、嫦娥探月、北斗导航等重大航天工程取得的成功，空间信息获取与处理技术也得到了蓬勃发展，受到国家高度重视。空间信息获取与处理技术在科学内涵上属于空间科学技术与电子信息技术交叉的学科，为各种航天装备的开发和建设提供支持。

国防科技大学是我国国防科技自主创新的高地。为适应空间攻防国家重大战略需求和学科发展要求，2004 年正式成立了空间电子技术研究所。经过十多年的发展，目前已经成长为相关领域研究的中坚力量，取得了一大批研究成果，在国内电子信息领域形成了一定的影响力。为总结和展示研究所多年的研究成果，也为有志于投身空间信息技术事业的研究人员提供一套有用的参考书，我们组织撰写了《空间信息获取与处理前沿技术丛书》，这对推动我国空间信息获取与处理技术发展无疑具有极大的裨益。

空间信息领域涉及信息、电子、雷达、轨道、测绘等诸多学科，其新理论、新方法与新技术层出不穷。作者结合严谨的理论推导和丰富的应用实例对各个专题进行了深入阐述，丛书概念清晰，前沿性强，图文并茂，文献丰富，凝结了各位作者多年深耕结出的累累硕果。

相信丛书的出版能为广大读者带来一场学术盛宴，成为我国空间信息技术发展史上的一道风景和独特印记。丛书的出版得到了国防科技大学和科学出版社的大力支持，各位作者在繁忙教学科研工作中高质量地完成书稿，特向他们表示深深的谢意。

2019 年 1 月

前　言

成像是指通过获取目标某种物理量的空间分布，从而感知其形状、尺寸等物理属性的技术。它具有极为悠久的历史，《墨经》就有光学小孔成像的发现与记载："景，光之人，煦若射。下者之人也高，高者之人也下。足蔽下光，故成景于上；首蔽上光，故成景于下。"雷达成像能够利用电磁波的反射或透射，获得金属散射系数或介质介电参数分布，具有全天时、全天候、高分辨率等优势。经过多年的发展，微波和激光雷达成像已取得了辉煌的成就。随着太赫兹技术的兴起，太赫兹成像技术也获得了蓬勃的发展。就其本身而言，太赫兹成像分为被动和主动两种，实现方式林林总总，本书主要关注主动和散射方式的太赫兹雷达成像。概括地说，太赫兹雷达成像具有时空频高分辨率优势：太赫兹频段能够视频成像，时间分辨率高；能够获取目标高频信息，细节更为丰富，且带宽极大，空间分辨率高；微多普勒效应显著，频率分辨率高。太赫兹频段位于微波和光学之间，太赫兹图像同时具有微波图像的散射中心特征和光学图像的面块纹理特征。因此，尽管受大气衰减和器件功率限制，作用距离有限，但太赫兹雷达成像在侦察制导、泛在感知、安检反恐、无损探测、汽车雷达等领域都有广阔的应用前景。作用距离的劣势在干扰等特殊环境下还能转化为优势。随着 6G 时代和芯片化射频时代的来临，太赫兹雷达及其成像技术也将迎来更大的发展空间和利用空间。

作者所在的国防科技大学从 2011 年开始集中跟踪太赫兹雷达和成像这一方向，取得了一系列基础性、前沿性研究成果。本书以课题组的研究工作和原始论文为基础，兼顾国内外其他单位的代表性工作，对太赫兹雷达成像技术进行系统的梳理和总结，给出了大量成像结果和案例。课题组高敬坤、曾旸、张野、王瑞君、苏伍各、吴称光、王鑫运、陈硕、刘齐、罗四维、刘李旭、彭龙等为成果的积累和本书的完成提供了重要帮助，甘凤娇、李晓帆、逄爽、陈旭、汤斌、王元昊、马昭阳、邓桂林、范磊、张振坤、梁传英协助完成了部分校对工作，借此机会对他们表示衷心的感谢。

本书的研究工作得到了原 973/863 项目（613XXX，2011-2015XX）、国家自然科学基金创新研究群体项目（61921001）、重点项目（62035014）、面上项目（61871386、61971427）、青年科学基金项目（61701513）、湖南省杰出青年基金项目（2019JJ20022）等的支持，同时得到了东南大学、天津大学、电子科技大学、西安电子科技大学、厦门大学、中国航天科工集团 207 所、中国航天科工集团 23

所、中国航天科技集团 504 所、中国电子科技集团 14 所、中国科学院电子学研究所等合作单位的帮助，在此对他们表示感谢。感谢国家留学基金管理委员会和伦敦玛丽女王大学陈晓东教授提供的帮助。

希望本书的出版能够为太赫兹领域相关研究人员提供有益的参考借鉴，能够为填补太赫兹研究空白尽绵薄之力。

限于作者水平，书中难免存在不妥之处，欢迎各位读者不吝指正。

作　者

2022 年 1 月

目　　录

第1章 概　　论

1.1 引　　言

太赫兹波泛指频率在 0.1～10THz 波段内的电磁波，波长对应 3mm～30μm，狭义的太赫兹波是指频率在 0.3～3THz 波段的电磁波，位于微波和红外之间，处于电子学向光学的过渡频段。在早期发展阶段，太赫兹波也称为亚毫米波或远红外波，亚毫米在我国早期的计量单位定义中对应丝米。19 世纪 20 年代，美国学者最早提出“红外与电波结合”[1]，1970 年正式出现“太赫兹”一词[2]，1988 年世界首部太赫兹雷达问世[3]。近年来，随着太赫兹波产生、探测、传输等技术的逐步发展，太赫兹频段已成为军事高科技竞争的新的战略制高点，太赫兹雷达实验系统不断涌现。相比于微波雷达，太赫兹雷达波长短、带宽大，具有极高的空时频分辨率[4, 5]：在空间上意味着成像分辨率高，同时目标粗糙结构和细微结构变得可见，能够对目标特征进行精细刻画；在时间上意味着成像帧率高，有利于对目标实时成像和引导武器系统精确打击；在频谱上意味着多普勒敏感，有利于微动探测和高精度速度估计。此外，太赫兹雷达波束窄使得天线增益和角跟踪精度高；频段宽易于实现抗干扰，而严重的大气衰减客观上也对太赫兹雷达形成了保护；器件小使系统可以高度集成化、小型化、阵列化，适合于小型无人机及其集群、卫星、导弹等平台搭载；能够反材料隐身和外形隐身，并利用传播特性近光学特点大量使用准光器件对波束进行扩束、聚焦、准直等调控。相比于激光雷达，太赫兹波穿透烟雾、浮尘、沙土的能力更强，且对空间高速运动目标的气动光学效应与热环境效应不敏感，可用于复杂环境和空间高速运动目标探测。

可见，太赫兹技术和太赫兹雷达在军民领域具有广阔的应用前景，因此受到世界强国的高度重视。美国国防高级研究计划局(Defense Advanced Research Projects Agency，DARPA)自 1999 年以来持续安排了亚毫米波焦平面成像技术(submillimeter wave imaging focal-plane-array technology，SWIFT)、高频集成真空电子学(high frequency integrated vacuum electronics，HiFIVE)、太赫兹作战延伸、太赫兹电子学等相关项目[6]，2012 年推出视频合成孔径雷达(video synthetic aperture radar，ViSAR)计划[7]，2014 年推出成像雷达先进扫描技术(advanced scanning technology for imaging radar，ASTIR)计划[8]，2016 年在专家雷达特征解决方案(expert radar signature solutions，ERADS)项目中加强亚毫米波目标特性测量雷达的研究。

欧盟相继提出第七框架计划(2011～2019 年)和第八框架计划(2020 地平线计划)[9]，大力发展太赫兹人体安检、通信、微制造、芯片等技术[10-12]，经费超过 3000 万欧元。国内方面，在原 973/863 以及国家自然科学基金项目、国家重点研发计划等支持下，人们在太赫兹波产生、检测、传输发射组件、应用系统方面取得了重要进展，“十三五”期间围绕核心器件性能提升和“杀手级应用”持续加大投入。太赫兹技术和太赫兹雷达正处于实验验证向实际应用的过渡阶段，基础和应用研究均呈现出强劲发展的势头。尽管在器件成熟程度、性能极限、应用方式等方面存在争议，但其科学价值、应用前景和发展潜力得到人们越来越多的关注和认可。

与微波毫米波雷达和激光雷达相比，太赫兹雷达存在一定的频段特殊性。下面主要从雷达系统、目标特性、目标成像、应用技术四个方面概述太赫兹雷达研究进展情况，最后对太赫兹雷达技术的重点发展方向进行展望。

1.2 太赫兹雷达系统

太赫兹波产生辐射的方式主要分为电子学和光学两类，其产生机理与典型代表如图 1.1 所示。据此，太赫兹雷达可分为电子学太赫兹雷达和光学太赫兹雷达两类。量子级联激光器(quantum cascade laser，QCL)和半导体激光器太赫兹雷达采用激光激励，也归入光学太赫兹雷达。

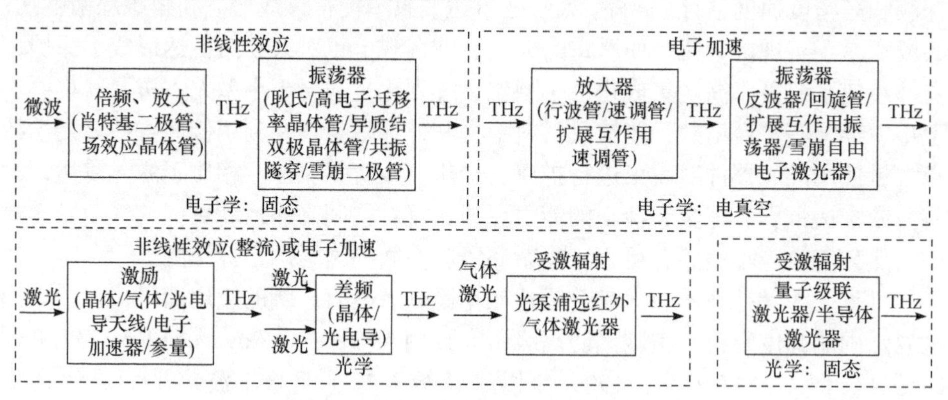

图 1.1 太赫兹波产生机理与典型代表

1.2.1 电子学太赫兹雷达

目前报道的电子学太赫兹雷达系统主要基于固态电子学器件和真空电子学器件，一般采用外差式接收方式。根据公开报道，220GHz 电子学器件发展水平(2020 年)如表 1.1 所示。此外，使用准光光路的电子学太赫兹雷达单独介绍。

表 1.1 220GHz 电子学器件发展水平(2020 年)

器件类型		国外	国内
固态电子学器件	倍频器	效率 20% 功率 80mW	效率 10% 功率 30mW
	固态功放	功率 180mW	功率 40mW
	分谐波混频器	噪声系数 7dB 变频损耗 6dB	噪声系数 7dB 变频损耗 7dB
	低噪声放大器	噪声系数 5dB 增益 25dB	噪声系数 7dB 增益 21dB
真空电子学器件	行波管功放	峰值功率 50W 增益 30dB 带宽大于 15GHz	峰值功率 20W 增益 20dB 带宽大于 10GHz

1. 固态电子学太赫兹雷达

固态电子学器件以其相对先进的工艺技术成为目前太赫兹雷达实验系统收发设备的主要构成。20 世纪 90 年代末，美国弗吉尼亚大学在 GaAs 肖特基二极管倍频技术方面获得突破[13, 14]，使得基于固态电子学倍频源的太赫兹雷达技术向前迈进了一大步，后来在 2004 年分离形成的弗吉尼亚二极管公司(Virginia Diodes Incorporation，VDI)成为业界在固态电子学倍频源方面的主要代表。2008 年，美国加州理工学院喷气推进实验室(Jet Propulsion Laboratory，JPL)成功研制的 0.6THz 雷达，是第一部具有高分辨率测距能力的雷达系统[15]。接收端混频的参考信号同样需要倍频并需要一定差频，因此采用双源结构实现相干探测，这也是目前太赫兹雷达的主流架构。

欧洲以德国为首最早开展了相关系统研究，包括瑞典、丹麦、英国、以色列、荷兰等国的研究机构也纷纷基于不同方式建立了电子学太赫兹雷达实验系统。2008 年，德国弗劳恩霍夫应用研究促进会(Fraunhofer-Gesellschaft, FGAN)下属的弗劳恩霍夫高频物理与雷达技术研究所(Fraunhofer Institute for High Frequency Physics and Radar Techniques，FHR)在 94GHz 毫米波雷达 COBRA 的基础上研制了基于固态电子学器件的 220GHz 调频连续波(frequency modulation continuous wave，FMCW)特征测量实验雷达[16, 17]。2013～2016 年，其又研制了工作频率为 0.3THz 的米兰达(Miranda)300 实验雷达系统[18]，由于使用了低噪声放大器，该系统作用距离达到百米级。

瑞典查尔姆斯理工大学在 2010 年基于倍频链路与外差接收链路实现了一部 340GHz、相对带宽 6.5%的太赫兹雷达[19]，2011 年又与德国夫琅禾费应用固体物理研究所(Fraunhofer Institute for Applied Solid State Physics，IFA)合作研制成功频率为 220GHz 单片集成的外差低噪接收机与发射机模块，并且在收发模块上融合了基于 0.1μm 砷化镓异质场效应晶体管技术的片上集成天线。该集成收发模块可在主、被动雷达成像与高速数据通信等方面产生重要应用。

近几年，国内有多家单位均开展了固态电子学太赫兹雷达应用技术研究，并且在短时间内取得了一些重要成果。中国工程物理研究院最早在 2011 年基于自研的倍频发射链路和谐波混频器实现了 140GHz 雷达实验系统[20]，2013 年集成搭建了 670GHz 全固态实验雷达[21]。2013 年，中国科学院电子学研究所设计实现了一种 0.2THz 聚焦波束扫描系统，可对人体携带的隐藏目标进行成像[22]。2014 年，电子科技大学研制了 340GHz 太赫兹雷达，最高带宽达到 28.8GHz。北京理工大学则基于脉冲步进频信号体制研制了 0.2THz 雷达系统，并完成了分辨率与测距实验。太赫兹雷达系统均采用大带宽信号实现距离向高分辨率，其难点之一在于保证带宽范围内的频率调制线性度，这将决定接收信号是否具有稳定的相位而利于相干处理和提高分辨性能。因此，研究不同的信号调制方式如线性调频、步进频与编码信号等在太赫兹雷达中的应用具有重要意义。

太赫兹雷达体制发展的一个趋势是阵列天线收发系统，包括采用单片式微波集成电路(monolithic microwave integrated circuit，MMIC)的收发阵列和稀疏布置的多发多收(multiple input multiple output，MIMO)天线阵列。天线阵列的宽辐射特性将会产生一个较大的视场，并且带来更高的空间分辨率，基于孔径合成技术可以快速实现太赫兹雷达实时高分辨成像。

基于集成收发阵列的雷达系统研究也进展迅速，美国 JPL 已成功研制 340GHz 雷达阵列收发器[23]，并计划将其应用于安检以实现视频帧率的成像，美国 JPL 所实现的 8 阵元集成收发阵列大小仅为 8.4cm。德国法兰克福大学与丹麦科技大学合作在太赫兹阵列雷达的理论研究与实验系统建设方面取得了进展，他们基于固态电子学信号源提出了一种太赫兹阵列雷达系统，在水平方向利用线性收发阵列进行扫描，在垂直方向进行机械扫描，线性阵列扫描合成孔径雷达(synthetic aperture radar，SAR)如图 1.2 所示。系统的线性阵列由 8 个发射阵元与 16 个接收阵元构成，工作频段为 220～320GHz，对线性接收阵列接收的数据基于 BPA(back projection algorithm，BPA)进行合成图像重建，在 2ms 内可以实现像素为 128×128 的图像聚焦[24, 25]。德国的 SynView 公司在基于全固态太赫兹雷达 SynViewScan 的基础上也进一步提出了采用 MIMO 天线与合成重建方法实现太赫兹实时成像[26]。

2. 真空电子学太赫兹雷达

太赫兹真空电子学器件以其高功率输出优势在太赫兹雷达系统发展中具有重要意义。最早关于真空电子学太赫兹雷达的报道是 1988 年美国马萨诸塞大学的

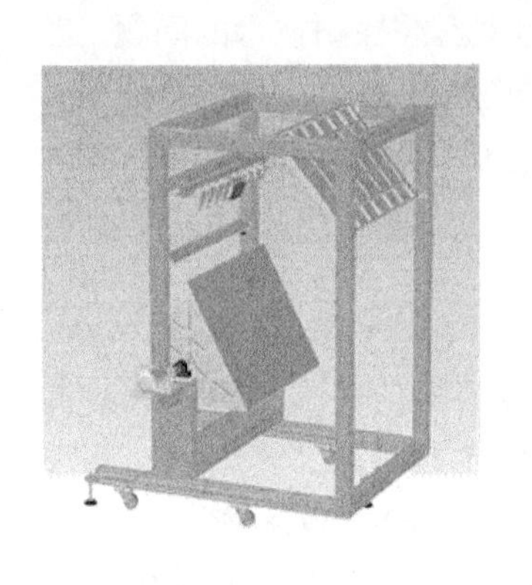

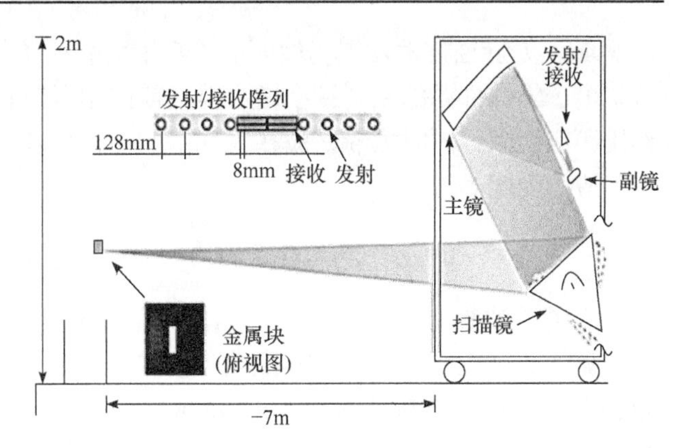

(a) 结构示意图 (b) 工作示意图

图 1.2 线性阵列扫描合成孔径雷达

Mcintosh 等[3]基于当时真空器件扩展互作用振荡器(extended interaction oscillator，EIO)的发展在 215GHz 的大气窗口附近研制了一部高功率非相干脉冲雷达。1991 年，美国佐治亚理工学院的 McMillan 等[27]为美国军方提出并实现了 225GHz 相干脉冲实验雷达，同样采用脉冲扩展互作用振荡器作为发射机，发射脉冲功率峰值达到 60W，全固态接收机基于 1/4 次谐波混频器实现。这是当时第一部在如此高的频段实现锁相的相参雷达。但是受限于真空器件本身频率响应，无法实现大带宽信号的发射，只能利用该雷达进行目标的多普勒回波测量。太赫兹雷达由于波长非常短，多普勒特征非常明显，可以基于多普勒特征识别目标的不同运动部件。图 1.3 为 225GHz 脉冲相干雷达与履带坦克多普勒回波测量结果。

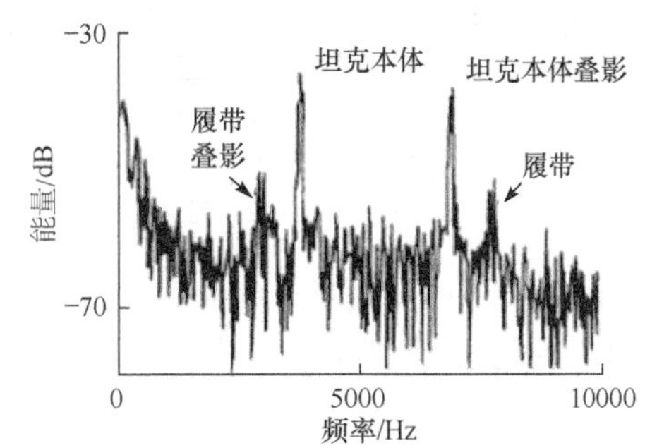

(a) 雷达实物图 (b) 履带坦克多普勒回波测量结果

图 1.3 225GHz 脉冲相干雷达与履带坦克多普勒回波测量结果

上述雷达系统受限于发射机体积与信号体制等因素未能进一步走向实用，仅见诸如基于扩展互作用放大器(extended interaction klystron，EIK)的测云雷达，以及国内基于 EIO 的 345GHz 近程逆合成孔径雷达(inverse SAR，ISAR)系统设计(尚未实现)。太赫兹技术发展仍然面临可实用太赫兹源与太赫兹探测技术的问题。当传统电子学器件源的发射频率增大至太赫兹频段时,可获得的发射功率急剧下降,作用距离受限，同时太赫兹波在大气中的传输损耗严重，这些都使得太赫兹雷达技术应用受限。

3. 基于准光的电子学太赫兹雷达

太赫兹波具有近光学特点，因此太赫兹雷达可以大量使用准光器件对波束进行调控，这也是太赫兹雷达的鲜明特点之一。自 2008 年以来，美国 JPL 基于固态电子学器件研制了 580GHz、600GHz、670GHz 频段 FMCW 相参主动太赫兹雷达[28-31]，利用宽带信号实现距离向高分辨率，通过安装在双轴旋转台上的偏轴椭球反射镜来完成波束聚焦与逐点扫描，实现方位向厘米级的分辨率，可对 4～25m 远的隐藏目标进行三维成像。为提高帧率采用了两种方法：一种方法通过时分复用多径技术将单波束变成双波束先后照射目标，成像时间缩短 1/2；另一种方法通过设计前端集成阵列收发器实现多像素点同时扫描，时间大大缩短。图 1.4 给出了 675GHz 雷达结构组成框图以及对衣服下隐藏的三个直径为 1in① 的聚氯乙烯管的成像。

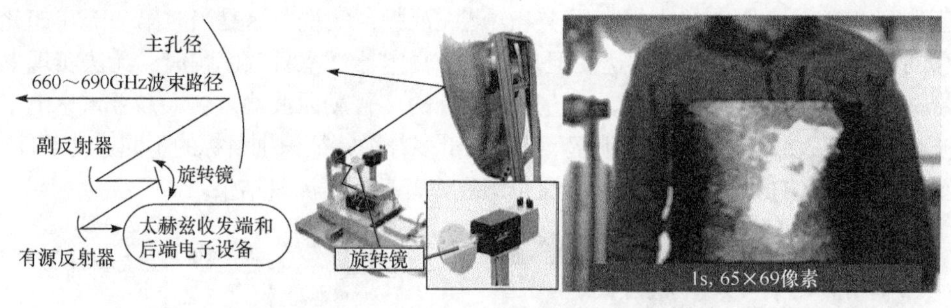

(a) 结构组成框图　　(b) 隐藏目标的躯干成像结果

图 1.4　675GHz 雷达结构组成框图与成像结果

此外，国内使用准光光路太赫兹雷达系统的还有中国科学院电子学研究所和中国工程物理研究院刀刃状波束准光扫描雷达[22, 32]，频段分别为 220GHz 和 340GHz，这里不再赘述。

4. 片上太赫兹雷达

太赫兹雷达波长短，包括收发前端、天线在内都具有芯片化潜力。早在 2011 年，奥地利的约翰·开普勒林茨大学即研发了 120GHz FMCW 雷达，采用 SiGe

① 1in=2.54cm。

芯片，芯片组由包含压控振荡器的基波信号生成芯片和收发芯片组成，尺寸仅为 4cm×3.5cm[33]。2011 年 12 月，德国法兰克福大学研发团队在欧盟资助下研发出一款尺寸为 8mm×8mm 的 122GHz 雷达[33]，也是当时世界上最小的雷达芯片(图 1.5(a))。2014 年，德国卡尔斯鲁厄理工学院成功研制了 122GHz 小型短距离雷达传感器[34] (图 1.5(b))。2015 年，德国乌尔姆大学研发了 110～140GHz 可重建雷达前端集成电路，带宽可达 30GHz[35]。2016 年，奥地利通信工程与射频系统研究所研发出一种基于 130nm SiGe 芯片的全集成 D 波段双向 FMCW 雷达传感器，功耗为 560mW，封装尺寸为 12mm×6mm[32]。

(a) 当时世界上最小的雷达芯片

(b) 122GHz小型短距离雷达传感器

图 1.5　太赫兹雷达芯片

在更高的 240GHz 频段，2013 年德国波鸿鲁尔大学研发了一种基于 SiGe MMIC 芯片的 240GHz 雷达传感器，用于实现高分辨成像。该雷达带宽超过 60GHz，包括 MMIC 芯片和数字控制模块，能够实现 204～265GHz 的快速、高线性频率扫描，最大等效全向辐射功率(equivalent isotropically radiated power，EIRP)约为−1dBm[36]。2014 年，德国伍珀塔尔大学研发出一种基于具有单收发芯片的 240GHz 圆形极化 SiGe FMCW 雷达系统。该系统可用于各种短距离应用，如 SAR/ISAR 成像和三维扫描成像等[37]。

1.2.2　光学太赫兹雷达

1. 时域雷达

时域雷达是太赫兹时域光谱技术与雷达技术相结合的相干雷达系统，具有频段高(2THz 以上)、带宽大、时间(距离)分辨率高、频谱信息丰富、集成小型化等优势，尽管存在功率小、采集效率低、光斑小(波束窄)、波形固定等问题，但在无损检测、雷达散射截面(radar cross section，RCS)测量等特定场景具有独特的应用。自2000年以来，美国、德国、丹麦等国家，以及国内首都师范大学、国防科技大学等相继研制了时域光谱(time domain spectrum，TDS)系统，当其以反射方式用于目标测量时，可视为时域雷达。目前，时域雷达主流工作频段为0.1～3THz，国外最高工作频段可达5～6THz，并向手持式、不需要激光激励的方向发展。

2. 远红外激光器雷达

远红外激光器主要是指光泵浦气体激光器，它通过高功率的CO_2激光器泵浦甲醇、甲酸等气体，通过气体的转动跃迁产生单频太赫兹波，若有两路输出，则可形成相干的远红外激光器雷达。其主要特点是输出的太赫兹波是单频信号，频率稳定性高，在很宽的频段范围内可以间断调谐，功率可达毫瓦甚至百毫瓦，是太赫兹高频段主要的相干源。自1993年以来，美国马萨诸塞大学亚毫米波技术实验室(Submillimeter-Wave Techniques Laboratory，STL)相继研制了0.32GHz、0.52GHz、0.58GHz、1.56GHz远红外激光器雷达[38-42]，并尝试从点频扩展到宽带。日本核聚变科学国家研究所成功研制了800mW、6.3THz高功率远红外激光器源。国内的天津大学基于单路激光器搭建了非相干远红外激光器雷达，但其信噪比较低[43]；中国工程物理研究院研制的183mW、2.52THz光泵浦激光器(optically pumped laser，OPL)代表了国内最高水平，但其在雷达集成与应用方面未开展相关研究。

3. QCL雷达

QCL能够在1THz以上提供平均功率大于10mW的太赫兹辐射。美国马萨诸塞大学STL在2010年基于QCL实现了一部2.408THz相干雷达[44, 45]，它利用光抽运分子激光器作为本振并将QCL锁频到其上，保证发射信号与接收信号的相位稳定性，接收端与参考通道采用一对肖特基二极管混频器，保证系统实现对旋转目标的相干成像。图1.6为2.408THz成像雷达组成原理图与成像结果。图1.6(a)中，OAP表示离轴抛物面（off axis paraboloid）；BS表示分束器（beam splitter）；Ref.SD表示参考肖特基二极管；Rec.SD表示接收混频器。

此外，光学太赫兹雷达还有光电导阵列雷达、光差频雷达、太赫兹相干/非相干焦平面雷达、太赫兹光子学雷达等形式。其中，太赫兹光子学雷达把接收到的太赫兹波通过电光转换变到光的频段，然后进行光的滤波、放大等处理，并利用干涉、光外差或光学电荷耦合元件(charge coupled device，CCD)阵列提取太赫兹信息，目前尚在实验阶段。总体而言，光学太赫兹雷达由于受功率、光斑等限制，主要用于近距离室内实验，从探测应用上看不如电子学太赫兹雷达前景广阔。

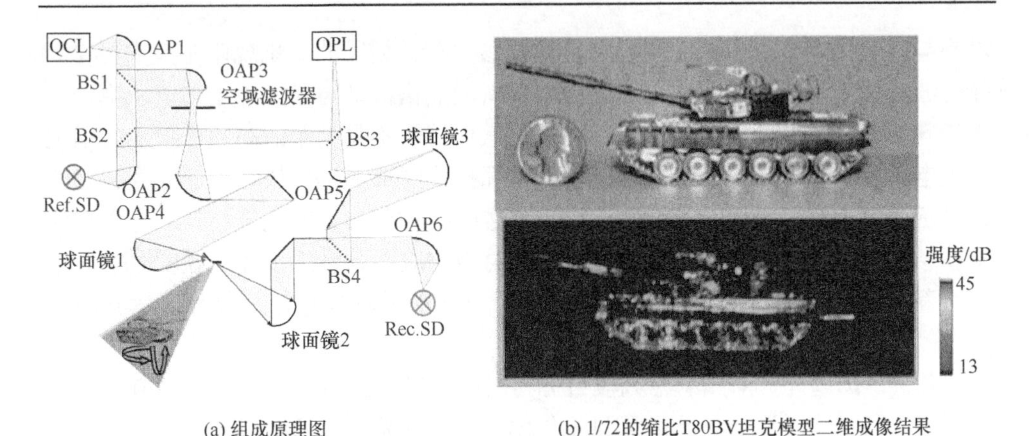

(a) 组成原理图 (b) 1/72的缩比T80BV坦克模型二维成像结果

图 1.6 2.408THz 成像雷达组成原理图与成像结果

太赫兹雷达系统的发展历程如图 1.7 所示。

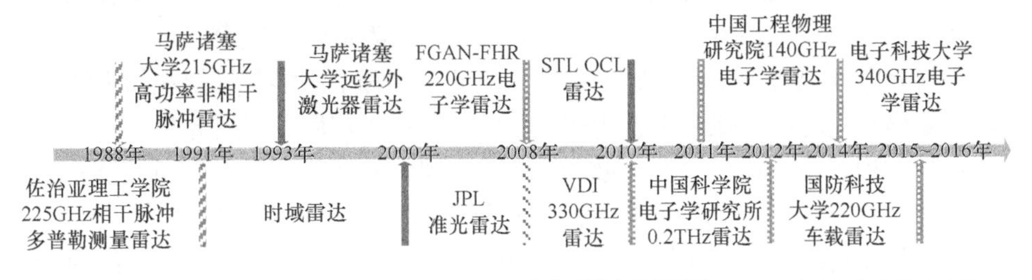

图 1.7 太赫兹雷达系统的发展历程

1.3 太赫兹雷达目标特性

目标特性是太赫兹雷达论证、设计以及实际应用面临的共性基础问题。在太赫兹频段，金属材料的介电特性处于从导体到介质的过渡，目标细微结构处于从不可见到可见的过渡，目标表面处于从光滑到粗糙的过渡，散射行为处于从镜面反射到漫反射的过渡。长期以来，这个过渡频段的诸多特性没有得到充分研究，导致对太赫兹频段目标散射机理、目标散射特性获取等问题认知上的“太赫兹Gap”。近年来，各国研究机构对这一问题高度重视，相关研究获得了长足的发展。下面从三个方面回顾近年来该领域取得的研究成果。

1.3.1 目标散射机理

由于太赫兹波介电响应已经跨入微观理论的领域，太赫兹波的新现象和新技术都与微观机理紧密联系，掌握材料介电参数在该频段的变化规律尤为重要。太赫兹波与物质材料的相互作用能够激发材料的晶格振动声子，声子与电子耦合产生特殊的电磁散射效应，使得太赫兹波的散射特性不是简单的高频外推，必须把宏观电磁理论与微观电磁机理相结合，从而推广经典 Drude 模型并建立太赫兹波的电磁介电响应模型以计算全频段介电参数[46]。此外，太赫兹波材料的介电响应实验结果呈现出许多复杂的现象，如部分材料响应函数敏感于环境温度[47]。对于这类新出现的矛盾，人们希望能够从量子力学水平对其进行解释并揭示其内在规律。

目前，国内外针对太赫兹频段目标材料散射机理的研究较为欠缺。2014 年以来，国防科技大学联合中国航天科工集团第二研究院 207 所针对这一问题展开了前瞻性研究。由于在太赫兹频段介电参数变化的机理尚不明确，介电响应敏感于材料种类、晶体结构、声子电子耦合等，在构造材料哈密顿量时存在诸多不确定因素。需要改进和发展非局域理论以及电子、光量子与声量子相互作用理论，给出经典等效介电响应模型，揭示太赫兹频段材料散射的新机理[48]。

材料介电响应特性来源于原子种类、原子结构和电子能带等微观物理特性。为能够给出介电响应近似解析表达式，中国航天科工集团第二研究院 207 所采用玻尔兹曼方程来描述材料中的大量电子运动规律，并研究了材料受到太赫兹波激励后其电子分布函数弛豫回到平衡态的过程，其中电子弛豫时间由微观机理阐述，提出了空间非局域、时间非局域、电子电子耦合和电子声子耦合四种可能的新机理，给出了典型太赫兹频段材料介电参数拟合模型，在纯铝、过渡金属、氧化物等材料的实验对比中得到了较好的验证，为揭示太赫兹波与物质相互作用规律和给出典型材料全频段介电参数提供了依据。

1.3.2 目标散射特性建模与计算

目标散射特性建模与计算是获取目标散射特性的有效方法。太赫兹频段实际目标一般应视为粗糙表面目标，表面细微结构散射较强，不可忽略，且是超电大尺寸目标，这是太赫兹频段目标散射特性建模与计算的瓶颈问题。研究太赫兹频段目标散射特性可采用两种技术途径：一种是由微波/毫米波频段向上扩展；另一种是由光学频段向下扩展。

微波/毫米波频段目标散射特性建模与计算方法向太赫兹频段扩展的基础仍然是计算电磁学。美国电磁代码联合体(Electromagnetic Code Consortium，EMCC)组织开发了基于弹跳射线(shooting and bouncing ray，SBR)技术的 X-Patch 电磁计算软件[49]，该软件可以完成复杂目标雷达散射截面的计算，实现一维距离像、SAR 像、ISAR 像及三维散射中心的信息提取等。美国马萨诸塞大学 STL 利用 X-Patch 电磁计算软件进行了太赫兹频段目标 RCS 计算，并与实测结果进行比较，得到了较为一致的结果[50]，如图 1.8 所示，但仅能计算小尺寸目标。

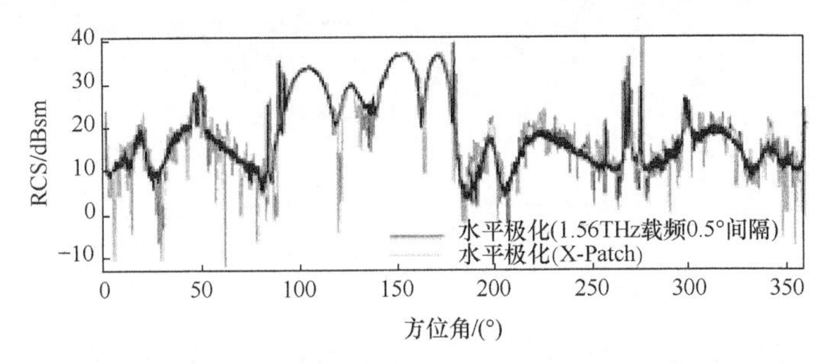

图 1.8 T5M3 目标的 RCS 测量结果与 X-Patch 计算结果比较(1.56THz)

太赫兹频段目标表面粗糙起伏，正好处于由不可见到可见的过渡区域。相关测量研究表明，太赫兹频段下目标表面的亚波长粗糙和细微结构对电磁散射行为具有重要影响。研究人员将目标表面的粗糙起伏作为判断建模是否准确的一个重要因素。典型的粗糙表面散射理论计算方法主要包括微扰法(small perturbation method，SPM)、基尔霍夫近似(Kirchhoff approximation，KA)法、小斜率近似(small slope approximation，SSA)法、双尺度法(two scale method，TSM)等。部分学者对这些方法在太赫兹频段的适用性进行了研究，包括美国马萨诸塞大学 STL 的 Jagannathan 等[51]、波特兰大学的 Zurk 等[52]、德国的 Jansen 等[53]针对不同类型的粗糙表面，基于 SPM 或 KA 模型进行太赫兹频段目标粗糙表面散射回波强度的理论计算，并与实验测量结果进行了对比验证。美国马萨诸塞大学 STL 研究人员比较了粗糙表面均方根值在 5～20μm 的粗糙铝表面样品的测量值与 KA 模型值，并通过比较精确地求出了粗糙表面的均方根值，如图 1.9 所示。

粗糙表面散射理论本身并不具备计算相位的能力。为了提供散射场的相位，从而为后续雷达成像等应用提供支撑，德国研究人员在 2014 年提出了一种方法对太赫兹频段的表面粗糙人体散射特性进行理论建模与计算，基于散射计算数据获得了人体目标的成像结果，并将理论结果与测量结果进行了比较。图 1.10 为粗糙表面人体的仿真数据成像结果和实测数据成像结果的比较[54]。

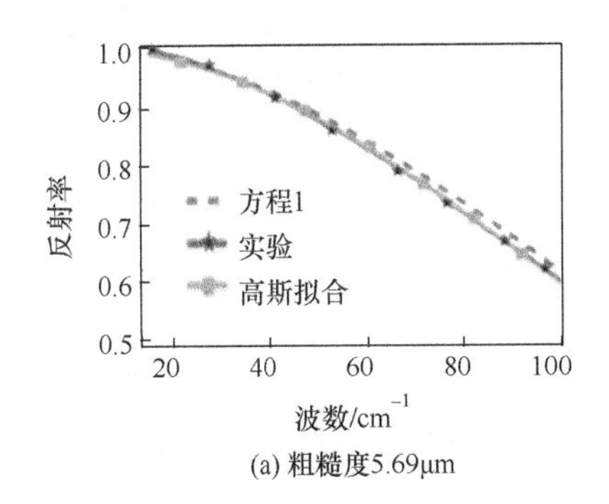

(a) 粗糙度5.69μm

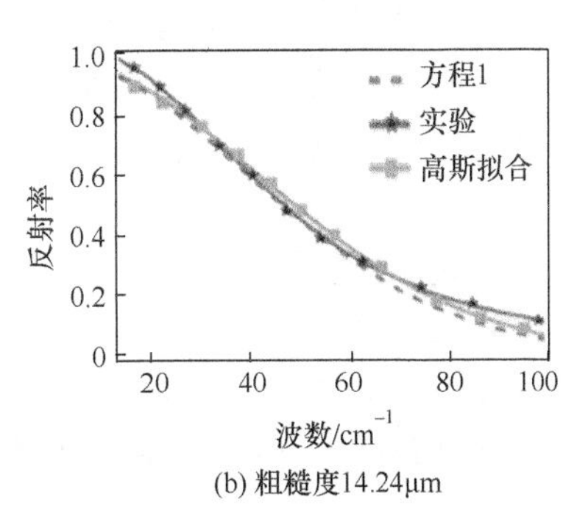

(b) 粗糙度14.24μm

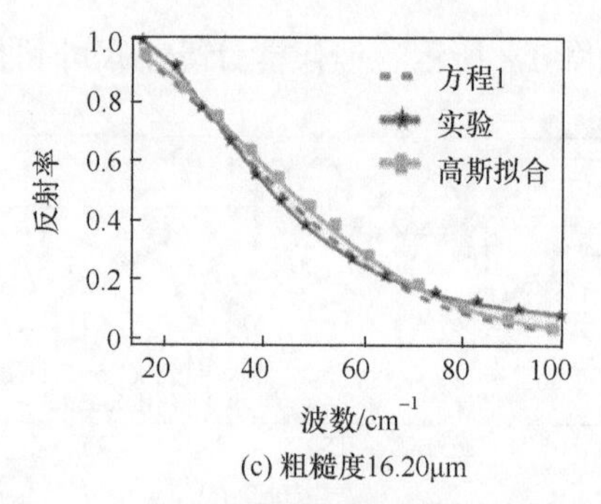

(c) 粗糙度16.20μm

图 1.9　美国马萨诸塞大学 STL 对三份不同粗糙铝表面样品的散射系数测量结果

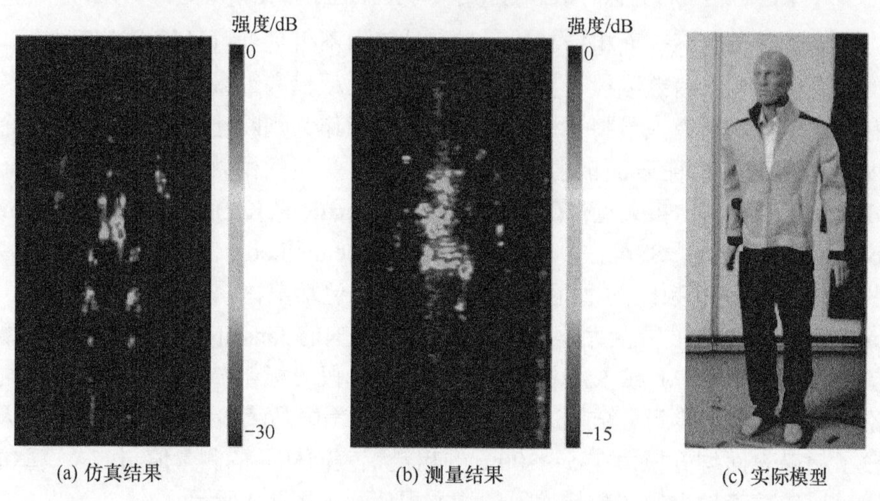

(a) 仿真结果　(b) 测量结果　(c) 实际模型

图 1.10　仿真数据与实测数据的重建图像比较

国内方面，东南大学开发实现了基于高频近似-弹跳射线法与增量长度绕射系数法的太赫兹频段目标散射计算方法，并与数值方法(多层快速多极子)计算结果进行比较，验证了所实现高频方法计算的准确性[55]。国防科技大学通过对太赫兹频段目标进行散射建模与计算[56-58]，分析了太赫兹频段复杂目标的成像特性，揭示了太赫兹波散射成像的高分辨优势[59, 60]。图 1.11 为基于电磁计算数据的 T64 坦克二维多普勒成像结果，可见太赫兹频段目标散射成像可直观地反映目标轮廓和详细的散射特征信息，非常有利于目标识别。图 1.12 为金属立方体模型考虑表面粗糙度前后的雷达成像结果。通过成像分析可以看出，粗糙表面使得成像结果可以直观地反映目标的轮廓信息，相比之下，光滑立方体成像仅由少数几个散射点构成。另外，针对目标表面粗糙问题，国防科技大学还提出了一种半确定性面片分级散射建模方法[61]，该方法降低了对超电大目标进行极密网格剖分的难度，使得在现有计算条件下计算太赫兹频段超电大目标的散射特性成为可能。

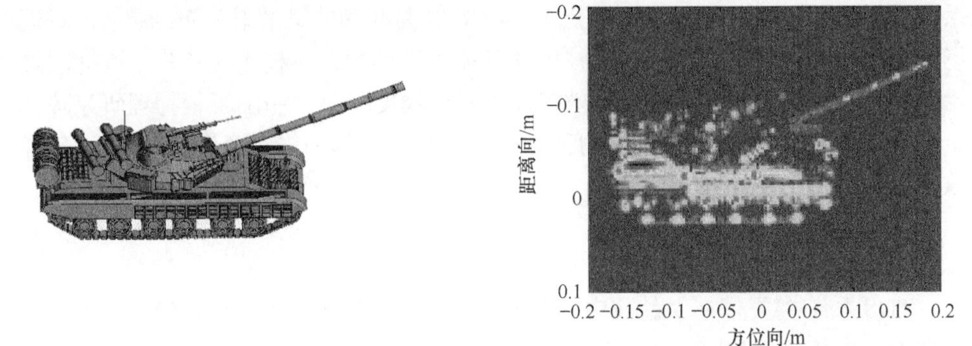

(a) T64坦克模型　　　　(b) T64坦克二维多普勒成像

图 1.11　频率 0.6THz 时 T64 坦克二维多普勒成像结果

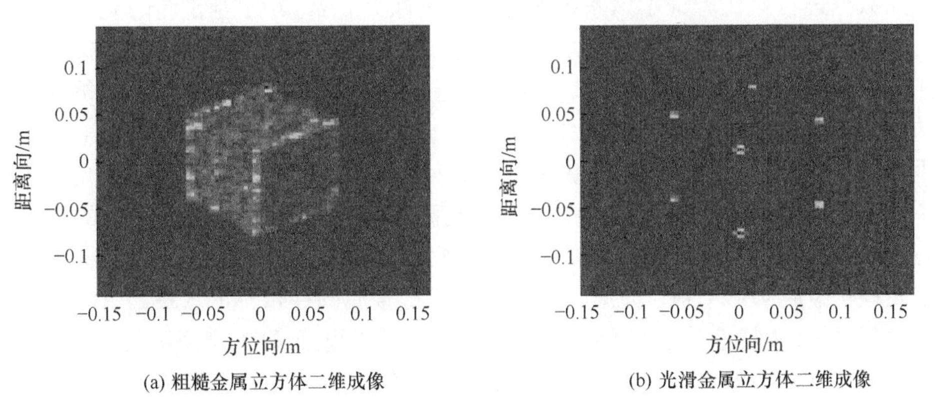

(a) 粗糙金属立方体二维成像　　　　(b) 光滑金属立方体二维成像

图 1.12　金属立方体模型考虑表面粗糙度前后的雷达成像结果

1.3.3　目标散射特性测量

太赫兹频段目标散射特性测量系统的实现方式通常分为电子学和光学两大类。电子学方式主要基于固态倍频链路实现；光学方式主要包括基于飞秒激光器的太赫兹时域光谱测量系统和基于远红外激光器的散射测量系统[3]。

1. 基于电子学系统的测量

微波倍频源测量系统主要在太赫兹低频段开展测量，其被测目标尺寸较其他两种方法大，且 RCS 数据包含相位信息[62, 63]。美国马萨诸塞大学 STL 于 1997 年和 2010 年搭建了 0.524THz 和 0.24THz 抛物面紧缩场测量系统，对坦克等目标的缩比模型进行了测量并成像[63]。芬兰赫尔辛基大学 2006 年基于微波倍频源建立了 0.31THz 全息图形太赫兹紧缩场测量系统，对导弹模型的测量结果与计算结果进行了对比验证。以国防科技大学、中国航天科工集团第二研究院 207 所和中国航天科技集团第八研究院 802 所为代表的研究机构，基于固态电子学源测量系统进行了散射测量实验，获得了目标的 RCS 曲线和二维散射分布结果。针对近场测量和测量背景杂波，国防科技大学开展了近远场变换技术和背景杂波抑制技术的研究，在实测数据处理中有效提高了测试精度[62, 63]。中国工程物理研究院基于 140GHz 成像雷达通过近远场变换技术，利用目标的一维距离像、二维 ISAR 像数据估计得到了目标 RCS[62, 63]。

2. 基于 TDS 系统的测量

TDS 系统主要是在太赫兹中低频段开展测量，其被测目标尺寸较小，且 RCS 数据不包含相位信息[1]。德国布伦瑞克太赫兹通信实验室在 2009 年基于光纤耦合太赫兹收发器搭建了 RCS 时域测量系统，通过将金属球和平板的测量结果与理论数据进行对比验证了该系统测量的可行性[64]，2012 年基于新的光纤耦合天线与双圆测角器改进了该测量系统，使其能够灵活完成不同角度配置的双站 RCS 测量，获得了 1∶250 缩比旋风 200 战机与 F-117 战机的 RCS 随频率和角度变化的曲线，并且对比分析了旋风 200 战机在挂弹前后的 RCS 变化以及 F-117 战机垂直尾翼展开前后的 RCS 变化[65]。2010 年，丹麦技术大学基于飞秒激光器建立了一套太赫兹时域脉冲系统，获得了远场条件下 1∶150 缩比 F-16 飞机的不同姿态角 RCS 结果[66]。2013 年以来，国防科技大学利用自主搭建的 TDS 系统测得了金属球、金属圆形平板、光滑金属圆柱和粗糙金属圆柱目标的太赫兹 RCS 数据，并进行了 RCS 特性分析[62, 63]。2014 年以来，中国航天科工集团第二研究院 207 所利用 TDS 系统在 0.1～2.4THz 测量了玻璃钢材料的反射率和金属铝的介电参数，同时测量了金属球的 RCS，精度优于 3dB。由于 TDS 在如此宽的频段存在光斑-功率、带宽-功率矛盾以及高斯波束非静区等问题，将其用于 RCS 测量尚存争议[67]。

3. 基于远红外激光器系统的测量

基于远红外激光器系统的测量主要是在太赫兹高频段开展，其被测目标尺寸同样较小，且 RCS 数据不包含相位信息[68, 69]。美国马萨诸塞大学 STL 2001 年以来，先后研制了 0.35THz、1.56THz 和 2.4THz 抛物面紧缩场测量系统，并于 2010 年利用 2.4THz 系统对军用卡车、T-80BV 坦克等目标的缩比模型进行了 RCS 测量[68]。2015 年以来，哈尔滨工业大学基于远红外激光实验测量系统研究了高斯波束对圆柱、球等标准体目标太赫兹雷达散射截面的影响。天津大学基于远红外激光实验测量系统开展了基于远红外傅里叶光谱仪的透射式介质介电参数测量方法的研究，完成透射式、反射式介电参数测量系统的搭建及典型介质材料的介电参数数据测量，并对标准体 RCS 及双站 RCS 散射特性进行了测量，完成粗糙样片双站 RCS 散射特性测量系统的搭建及数据测量。由当前测量结果来看，粗糙度为

3～30μm 的目标，其粗糙特性对 RCS 存在明显影响。

总体来看，太赫兹频段目标散射特性测量尚存在光学方法功率小、静区过小，电子学方法频段低、静区小等问题，测量精度均偏低(对于简单形体目标，在 3dB 左右)，缩比测量技术与近远场变换技术的研究也有待加强。

1.4　太赫兹雷达目标成像

成像旨在获得目标某种物理量的空间分布，如散射系数、介电参数、辐射亮温、坐标位置等，高分辨成像能力是太赫兹雷达最重要的优势。由于能够同时借鉴光学和微波成像，太赫兹成像方式林林总总，包括主动式雷达成像、飞行时间成像、层析与衍射层析成像、逐点扫描成像、被动焦平面成像、隐失波近场成像、时间反转成像、单像素压缩感知成像、全息成像、菲涅耳透镜成像、暗场成像、动态孔径成像、声学成像等。对于本书关注的雷达成像，太赫兹频段雷达成像并未突破经典相参雷达成像的范畴，在机理上依然是利用层析原理和距离-多普勒原理，在模型上依然是利用综合孔径或阵列实孔径，在方法上依然是利用后向投影、距离-多普勒、距离徙动等方法，并且不同角度和频点间目标回波的相干性依然得以保持。但是，太赫兹雷达客观上存在一定的频段特殊性问题(如大带宽信号非线性影响、近场效应等)，以及一定的频段特殊性优势(如对准光扫描技术的普遍应用，高帧率成像，对粗糙表面、细微结构甚至材料参数的成像能力等)。

目前，从成像方式的角度，可以将已有的太赫兹雷达成像分为三类，如图 1.13 所示。不同方式可以融合，下面按照这一分类介绍太赫兹雷达成像方式及国内外取得的一些成果，其中准光扫描方式不再单独介绍。

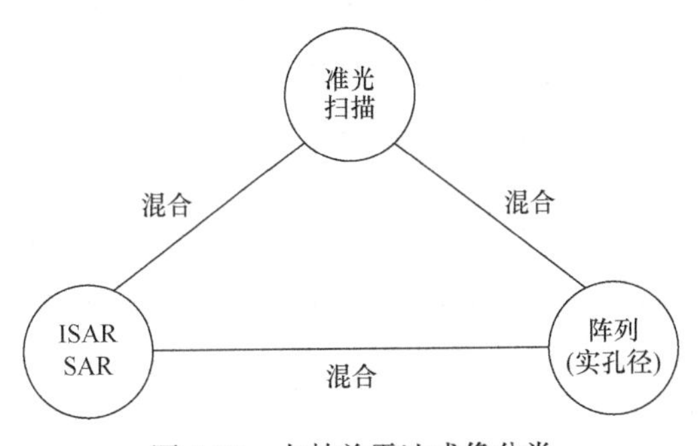

图 1.13　太赫兹雷达成像分类

1.4.1　ISAR 成像

在转台成像方面，国内外诸多研究单位基于电子学系统对标准体、人体、飞机模型、坦克模型、自行车、吸波材料等目标进行了 0.14THz、0.22THz、0.33THz、0.44THz、0.67THz 宽带转台成像实验，在 0.67THz 开展了点频 360°成像实验，表明不同脉冲和不同转角下相位相干性依然得以保留，转台成像至少在太赫兹低频段仍然适用；同时围绕非线性校正及其导致的等效转台中心偏移、远场成像条件、近场大转角成像方法等开展了研究。其中，转台成像实验最典型的代表是 2013～2015 年德国利用米兰达(Miranda)300 系统[70]开展的人体和自行车成像实验，自行车成像结果如图 1.14 所示。该系统载频为 300GHz，带宽为 40GHz，实现了最远 700m 处的携带隐匿物品的人体成像，分辨率达到 3.75mm。2015 年，德国对该系统进行了优化升级，实现了更为清晰的自行车目标成像[71]。国内比较有代表性的是电子科技大学研制的 340GHz 雷达，其利用二维快速傅里叶变换(fast Fourier transform，FFT)和 BPA 等实现了目标高分辨成像[72]。

图 1.14　140m 处的自行车目标转台成像

太赫兹由于波长短、对相对转角要求较低，还可以通过方位-俯仰成像来获得横剖面类光学图像，用于目标散射中心的诊断与分析。马萨诸塞大学 STL 基于远红外激光器和 QCL 分别实现了 1.5THz 和 2.4THz 方位-俯仰成像[44, 73]。国防科技大学针对目标成像结果中散射点数目急剧增加和目标散射分布呈现出的块结构特性，提出了基于块稀疏恢复理论的目标方位-俯仰图像重建方法[74]；并提出了基于双频干涉的目标距离-方位-俯仰三维成像方法，在距离维成像的同时回避了大带宽信号非线性校正难题。

在太赫兹雷达微动目标 ISAR 成像方面，国防科技大学对其进行了深入研究，利用太赫兹雷达的微多普勒敏感性和高分辨成像优势，估计得到了目标微动参数并获得了高分辨、高帧率 ISAR 成像[75, 76]，成像结果如图 1.15 所示。

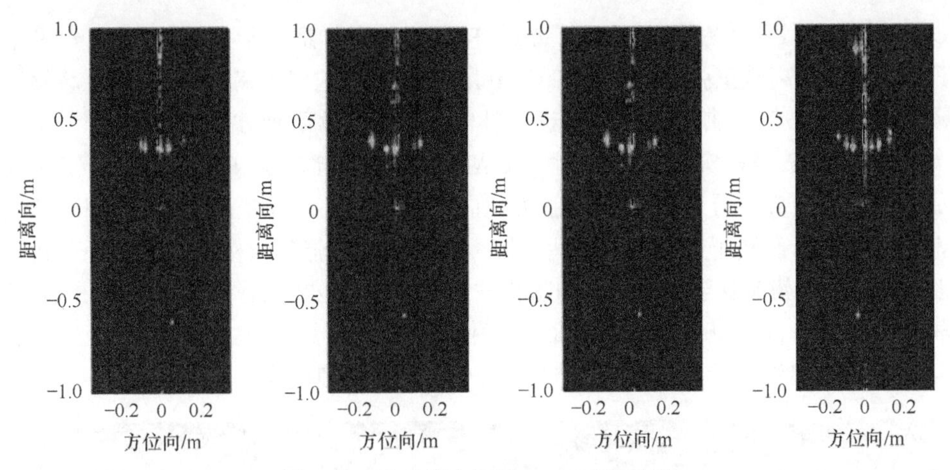

图 1.15　进动弹头目标 ISAR 成像结果

此外，太赫兹波的波长短导致目标或平台抖动对成像的影响显著增强，带来了分辨率恶化，国防科技大学对此也开展了探索性研究。总的来看，太赫兹 ISAR 成像还需要在以下方面加强研究：散射中心模型适用性与目标特征增强成像、太赫兹高频段 ISAR 成像、太赫兹超大带宽成像与色散性分析、高速运动及等离子体包覆目标 ISAR 成像理论与实验等。

1.4.2　SAR 成像

太赫兹 SAR 可以搭载于空中移动平台实现对地物成像、遂行抵近侦察、一体化侦察打击等任务，具有集群小型化、高分辨、高帧率、多普勒敏感等优势。早在 2010 年，西安电子科技大学对太赫兹 SAR 系统进行了详细论证设计[77, 78]。同年，中国工程物理研究院开展了无人机载太赫兹 SAR 概念研究。2012 年 5 月，DARPA 发布 ViSAR 研究项目[79]，频段选为 230GHz，雷达可装置在各种航空平台上穿透云层对地面成像，帧率与红外传感器相当，同时具备地面运动目标指示能力。DARPA 确定了该系统的四项关键技术：紧凑型机载发射机与接收机、功率放大器、场景仿真与数据测试系统、实时成像先进方法，2017 年 DARPA ViSAR 在改装的 DC-3 客机上成功进行了飞行测试[80]。

在成像方法研究方面，2009 年，电子科技大学基于太赫兹 SAR 系统，采用时频分析方法检测微动目标，并用小波估计其微动参数[81]。2010 年，西安电子科技大学对太赫兹 SAR 频段目标微多普勒现象进行了定量分析，提出了基于原子分解的微多普勒分析方法，并对太赫兹 SAR 系统中典型微动形式的微多普勒进行建模，采用 Gabor 变换方法提取微动特征参数[82]，采用时频分析的方法提取振动目标和转动目标的微动特征参数[83]。2015 年，哈尔滨工业大学将 R-D(range-

Doppler)方法用于太赫兹 SAR，验证了 R-D 方法同样适用于太赫兹 SAR 这一结论，同时基于离散正弦调频变换和 Chirplet 分解的方法对太赫兹 SAR 平台高频振动这一微波 SAR 无须考虑的因素进行补偿，验证了这两种方法的有效性[84]。

在太赫兹 SAR 实验方面，德国 FGAN-FHR 利用 MIRANDA-300 进行了车载成像实验，距离向分辨率为 5mm，方位向分辨率为 1.5mm(图 1.16)。中国科学院电子学研究所研制了 200GHz 雷达系统，并对角反射器等目标进行了室外车载实验，方位向分辨率达到 7.5mm。国防科技大学研制了 220GHz 车载太赫兹 SAR 系统并获得了自行车目标的清晰图像[85]。中国航天科工集团第二研究院 23 所还研制了我国首部机载太赫兹 SAR 系统并初步实现了视频成像。

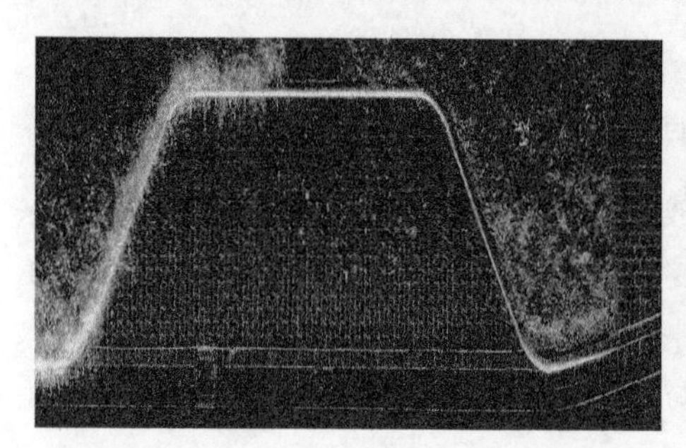

图 1.16　MIRANDA-300 雷达车载成像结果

总的来看，太赫兹 SAR 在平台抖动补偿、匀速直线及圆周 SAR 运动目标检测与成像方法、飞行平台 SAR 系统集成与试验技术等方面仍有待进一步研究。

1.4.3　阵列成像

阵列化是雷达成像体制的发展趋势。尽管存在加工和集成难度大等问题，但太赫兹雷达尺寸小，尤其适合阵列化，在阵列成像领域具有很大的应用潜力。德国法兰克福大学与丹麦科技大学合作基于 8 发 16 收线阵雷达提出了双站快速因子分解 BPA 进行图像重建，在 2ms 内可以完成大小为 128×128 像素的图像聚焦[25]。美国 JPL 提出的 8 阵元集成收发阵列也已应用于安检成像系统以实现视频帧速的成像[23]。2013 年，欧盟开展了一项名为 TeraSCREEN 的项目[9]，致力于研究用于站开式安检的太赫兹实时成像系统，计划搭建一套 30GHz 带宽的 360GHz 接收机阵列以数据融合的方式进行安检成像(图 1.17)。

国内方面，2012 年中国科学院电子学研究所设计研制了中心频率为 0.2THz、扫频带宽为 15GHz 的三维全息成像系统。系统发射束腰半径为 2.7cm 的高斯波束，阵元间隔为 2mm，成像分辨率可达 8.8mm，实现了太赫兹准光高斯波束下对隐藏危险物品人体模型的三维图像重建[22, 86-88]。图 1.18 为该系统对隐藏手枪目标人体模型成像结果。

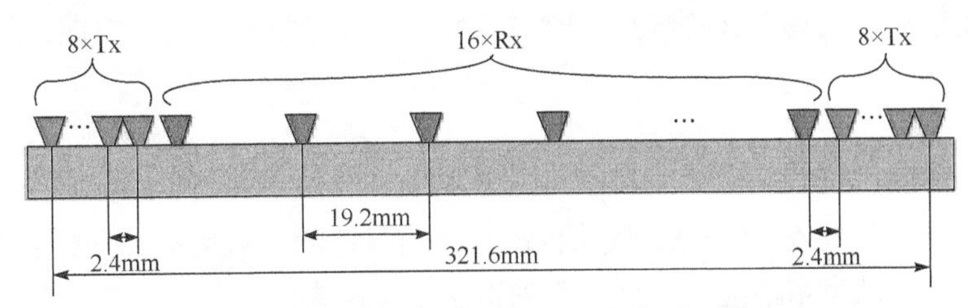

图 1.17　TeraSCREEN 项目拟采用的阵列构型

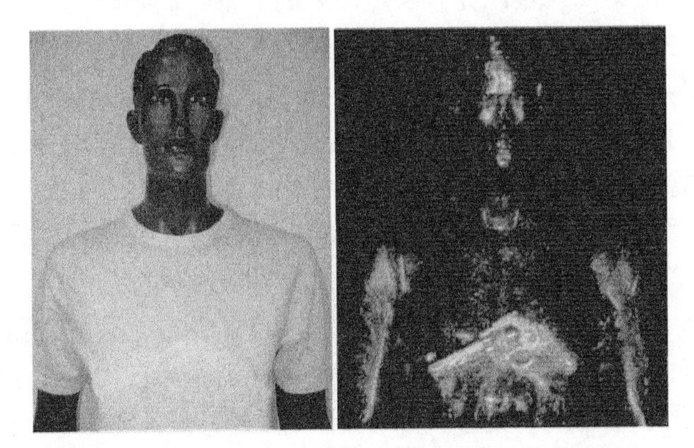

图 1.18　0.2THz 雷达隐藏手枪人体模型成像结果

2016 年，中国工程物理研究院搭建了一套基于 MIMO 阵列的 340GHz 准光式三维扫描成像系统。该系统采用 4 发 16 收阵列，发射信号带宽为 16GHz。能在 4m 远处对人体目标大小的成像场景实现准实时成像(图 1.19)[89]。

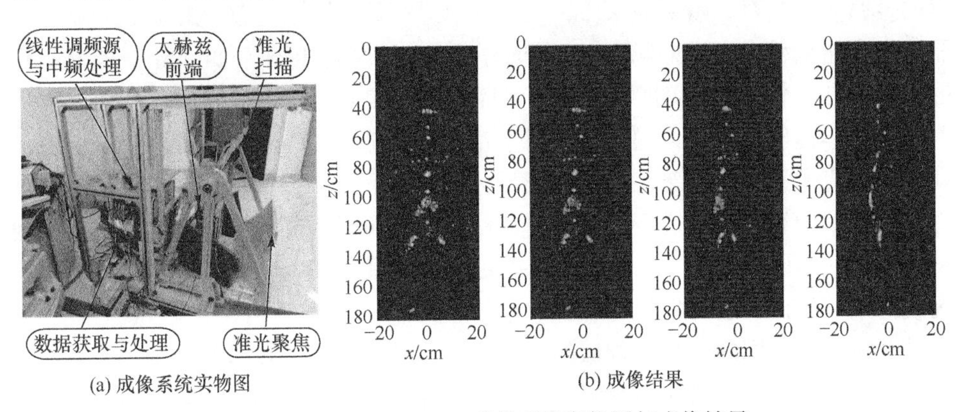

(a) 成像系统实物图　　(b) 成像结果

图 1.19　340GHz-MIMO 成像系统实物图与成像结果

总体而言，太赫兹阵列雷达成像理论与系统均受到高度重视，但相控阵技术尚不成熟，且一般都通过快速开关切换而非波形正交实现通道切换。为了降低面阵阵元数量和成本，目前多采用线阵与综合孔径、准光扫描、稀疏等技术策略性减少阵元数量。太赫兹面阵阵列实时成像代表着成像技术的发展方向，尽管任重而道远。

1.4.4 孔径编码成像

前述太赫兹 ISAR 和 SAR 成像依赖雷达与目标的相对运动，需要孔径合成时间积累，成像帧率依然受限；而实阵列雷达由于需要使用的阵元数量多，结构复杂，建设与维护成本高，难以完全满足需要高分辨、高帧率前视或凝视成像的应用场景。太赫兹孔径编码成像雷达技术应运而生，它借鉴融合了太赫兹成像技术与微波关联成像技术[90]等重要思想，利用孔径编码天线改变目标区域太赫兹波空间幅相分布，构造具有显著时间-空间不相关性的辐射场分布形式，并通过计算成像思想进行成像。

2014 年 8 月，美国 DARPA 发布了 ASTIR 研究项目[8]，旨在寻求一种不依赖 SAR 和 ISAR 成像中目标或平台运动的先进雷达三维成像技术，设想使用电控次反射面和单个收发链路实现高分辨成像。该项目的发布是太赫兹孔径编码成像发展的里程碑事件。太赫兹编码天线的兴起与迅猛发展为孔径编码成像技术向太赫兹频段拓展提供了重要技术支撑。自 2014 年开始，美国 Notre Dame 和 Virginia Diodes Inc.的研究人员联合提出了一种光诱导孔径编码成像技术[91, 92]，通过数字光处理(digital light processing，DLP)投影机实时地将数字 Hadamard 掩模投影到硅晶片上，从而对入射到硅晶片上的太赫兹波束(500～750GHz)透过率实现高速实时编码。2016 年，天津大学与第三军医大学的研究人员使用具有特定振幅编码方案的金属掩模板对太赫兹波束(0.5～2.7THz)进行调制[93]，金属掩模板由机械导轨驱动在光路中移动，实现编码方案的时序改变，再结合压缩感知(compressive sensing，CS)的基本思想，实现了对特定目标的单像素太赫兹主动成像。2017 年，国防科技大学提出了一种可同时实现对太赫兹波束随机相位编码与波束指向控制的孔径编码成像技术，用于实现对近场目标的高速数字扫描成像，还对孔径编码成像雷达技术的编码策略进行了深入研究，对比分析了不同编码位置、不同编码对象以及不同编码方式各自的特点，并开展了仿真成像研究。该研究结果对孔径编码成像系统的设计与开发具有重要的指导意义[94]。

总体而言，国内外相关领域的学者已对孔径编码成像技术开展了一系列研究并拓展到了太赫兹频段。但受限于目前的器件工艺水平，他们多采用机械编码方式或光诱导硅晶片，天线编码方式单一，切换速度较慢，导致对太赫兹辐射场的编码调制效果不够理想，天线设计、孔径编码策略等关键技术尚未突破，实验研究有待加强。太赫兹孔径编码成像技术总体上仍处于起步阶段。

1.5 太赫兹雷达应用技术

下面简述太赫兹雷达在五个领域的应用。

1.5.1 预警探测应用

太赫兹雷达自诞生以来一直追求在空间或地面军事目标预警探测上的应用。早在1992年，美国就依托战略防御倡议(星球大战计划)探索了太赫兹雷达在动能武器中的应用，并提出太赫兹相控阵、超导混频等技术设想，在电子学计划中又明确寻求太赫兹技术在空间监视、导弹预警、反恐行动等领域的应用，并于2012年启动直接面向地面目标探测的ViSAR项目，2016年，启动天地协同一体化太赫兹雷达技术研究，通过地面和太空部署的太赫兹雷达与地面传统雷达协同，有效反制依靠涂层和外形隐身的五代战机。

在反导拦截方面，太赫兹主动雷达导引头通过独立或与红外复合，可作为弹头识别的有效手段：它采用主动方式工作，可以有效探测冷弹头；可以远距离对弹头进行二维高分辨成像，获得包括细微结构和粗糙表面在内的几何特征，据此识别真弹头和选择打击点；弹头的微动在太赫兹频段可产生显著的微多普勒效应，可据此识别真弹头。此外，它的高精度测距、测速能力还可以实现对机动弹头的高精度制导，并且不受星体杂波和地面杂波的影响。

此外，太赫兹雷达可搭载于飞艇或卫星用于对临近空间高超声速目标的探测，能够穿透等离子体对目标本体远距离高分辨成像，天基太赫兹雷达能够近距离探测空间碎片并进行成像，得到其类型和轨道信息，从而为航天器的安全提供保障。太赫兹雷达在引信与末制导领域也有广阔的应用前景：测角和测距精度高，引导信息更加精准；具备近距离快速成像和微多普勒测量能力，支持目标及其部位识别；功率小、大气衰减严重，天然具备抗干扰能力；对沙尘烟雾有穿透性，优于激光制导。

1.5.2 安检反恐应用

近年来，国际国内反恐维稳形势呈现出袭击领域多、危害程度大、影响范围广的复杂态势，在公共安全场所对人员进行安检是预防公共安全事件有效的手段之一。目前，以美国L3系统为代表的毫米波成像仪成熟度高且已部署应用，但机械扫描时需要人体静止驻留，耗时略长，且阵元数目多、成本较高。太赫兹雷达具有分辨率高、成像帧率高、器件小、集成度高等特点，通过与被动焦平面、准光扫描、合成孔径、编码孔径等技术结合实现对无驻留人体的高精度实时成像和步态行为识别，大幅提升了安检效率，应对易聚集且不愿配合安检的群体，具有广阔的应用前景。目前，以 TeraSCREEN 为代表的太赫兹安检雷达正在验证测试，处于应用的前夕。

1.5.3 车辆防撞应用

车辆防撞报警可在自车与前车或障碍物之间存在潜在的碰撞危险时，提醒驾驶员规避危险。相比于 24GHz 和 77GHz 的毫米波防撞报警雷达[95-98]，太赫兹雷达在分辨率和小型化上更具优势。2015 年，英国伯明翰大学研制了太赫兹车辆防撞雷达(采用 FMCW 信号，中心频率为 150GHz，带宽为 6GHz，扫描成像的分辨率达 3cm×38cm)，在成本、阵列、射频干扰等问题解决后有望成为汽车主动安全驾驶和无人驾驶的传感器(图 1.20)。

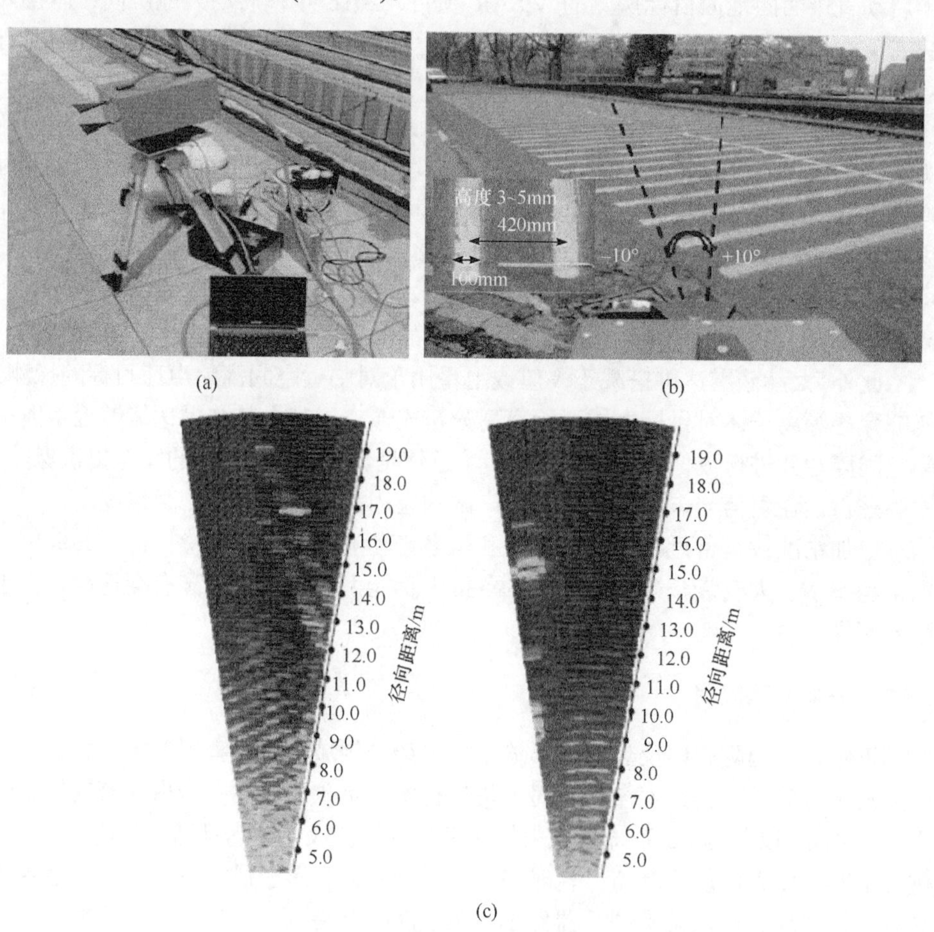

图 1.20 英国伯明翰大学实验系统及实验结果

1.5.4 气象测云应用

天基太赫兹雷达可用于气象测云，以支持暴雨、台风等预警。相比于毫米波雷达，太赫兹雷达可更准确地提供云粒子特性，同时星载平台避免了太赫兹波近地面大气衰减严重的问题，云遥感雷达正从 94GHz 向 200GHz 以上频段发展。事实上 1989 年以来，215GHz/200GHz/225GHz 雷达即被用来对薄云、粒子、降雪过程进行监测研究。北京理工大学对云粒子散射特性进行了研究，并设计了太赫兹测云雷达系统[99]。目前，太赫兹云遥感雷达尚需突破大功率太赫兹源、高增益反射面天线、气象目标全极化信息获取、云粒子特性与气象参数反演等关键技术。

1.5.5 生物医学应用

利用微多普勒敏感优势，太赫兹雷达在非接触式生命信号监测方面也具有非常广阔的应用前景，可以突破接触式检测设备的局限性，实现对大面积烧烫伤病人、婴幼儿、防区监控范围内流动人群的呼吸和心跳进行监控，排查安全隐患；在军事上可以对远距离地面战场的士兵的心跳和呼吸进行监控，使指挥中心及时掌握战场伤亡情况，从而为下一步作战计划提供参考。目前，120GHz、228GHz 生命信号监测雷达已经问世，并在进行室内实验。

1.6 本书内容及结构安排

全书共 12 章。第 1 章综述了太赫兹雷达及其成像技术的研究现状。第 2 章介绍太赫兹雷达成像的基本原理与基础知识，揭示太赫兹雷达图像的特点与规律。第 3 章针对太赫兹雷达信号特点，介绍太赫兹雷达转台成像方法。第 4 章将二维成像进行拓展，介绍太赫兹雷达方位-俯仰三维成像模型与方法。第 5 章引入干涉技术，研究太赫兹雷达干涉三维成像方法。第 6 章开始引入阵列技术，介绍太赫兹雷达单发单收(single input single output，SISO)模拟的阵列全息成像技术并基于毫米波雷达进行等效验证。第 7 章介绍太赫兹雷达 MIMO 线阵三维成像与重建技术。第 8 章改变阵列运动方式，介绍基于旋转的太赫兹线阵扫描成像技术。第 9 章介绍静止和运动目标在不同航迹下的太赫兹 SAR 成像技术。第 10 章介绍太赫兹雷达孔径编码成像技术。第 11 章从进一步提高分辨率、降低旁瓣和增强特征出发，引入稀疏贝叶斯和深度学习技术，介绍参数化的太赫兹雷达成像方法。第 12 章对太赫兹雷达成像技术的发展进行总结和展望。

参 考 文 献

[1] Nichols E F, Tear J D. Joining the infra-red and electric wave spectra. Astrophysics Journal, 1923, 9(6): 211-214.

[2] Wiltse J C. History of millimeter and submillimeter waves. IEEE Transactions on Microwave Theory and Techniques, 1984, 32(9): 1118-1127.

[3] McIntosh R E, Narayanan R M, Mead J B, et al. Design and performance of a 215GHz pulsed radar system. IEEE Transactions on Microwave Theory and Techniques, 1988, 36(6): 994-1001.

[4] Siegel P H. Terahertz technology. IEEE Transactions on Microwave Theory and Techniques, 2002, 50(3): 910-928.

[5] Horiuchi N. Terahertz technology: Endless applications. Nature Photonics, 2010, 4(3): 140.

[6] Albrecht J D. THz electronics transistors, TMICs, and high power amplifiers. CS Mantech Conference, Palm Springs, 2011.

[7] Wallace H B. Video synthetic aperture radar (ViSAR). Arlington: DARPA, 2012.

[8] Wallace H B. Advanced scanning technology for imaging radars (ASTIR). Arlington: DARPA, 2014.

[9] Alexander N E, Alderman B, Allona F, et al. TeraSCREEN: Multi-frequency multi-mode Terahertz screening for border checks. SPIE, Baltimore, 2014: 1-12.

[10] Appleby R, Wallace H B. Standoff detection of weapons and contraband in the 100GHz to 1THz region. IEEE Transactions on Antennas and Propagation, 2007, 55(11): 2944-2956.

[11] Carlo A D, Paoloni C, Brunetti F, et al. The European project OPTHER for the development of a THz tube amplifier. IEEE International Vacuum Electronics Conference, Rome, 2009: 100, 101.

[12] Nagatsuma T. Exploring sub-terahertz waves for future wireless communications. The 31st International Conference on Infrared Millimeter Waves and 14th International Conference on Teraherz Electronics, Shanghai, 2006: 4.

[13] Crowe T W, Hesler J L, Bishop W L, et al. Integrated GaAs diode technology for millimeter and submillimeter-wave components and systems. MRS Online Proceedings Library, 2000, 631(1): 231-236.

[14] Crowe T W, Bishop W L, Porterfield D W, et al. Opening the terahertz window with integrated diode circuits. IEEE Journal of Solid-State Circuits, 2005, 40(10): 2104-2110.

[15] Cooper K B, Dengler R J, Chattopadhyay G, et al. A high-resolution imaging radar at 580GHz. IEEE Microwave & Wireless Components Letters, 2008, 18(1): 64-66.

[16] Essen H, Hagelen M, Johannes W, et al. High resolution millimetre wave measurement radars for ground based SAR and ISAR imaging. IEEE Radar Conference, Rome, 2008: 1-5.

[17] Essen H, Wahlen A, Sommer R, et al. High-bandwidth 220 GHz experimental radar. Electronics Letters, 2007, 43(20): 1114-1116.

[18] Stanko S, Palm S, Sommer R, et al. Millimeter resolution SAR imaging of infrastructure in the lower THz region using MIRANDA-300. The 46th European Microwave Conference, London, 2016: 1505-1508.

[19] Dahlbäck R, Rubaek T, Bryllert T, et al. A 340GHz CW non-linear imaging system. International Conference on Infrared, Millimeter, and Terahertz Waves, Rome, 2010: 1, 2.

[20] Cheng B B, Jiang G, Wang C, et al. Real-time imaging with a 140GHz inverse synthetic aperture radar. IEEE Transactions on Terahertz Science and Technology, 2013, 3(5): 594-605.

[21] 成彬彬, 江舸, 陈鹏, 等. 0.67THz 高分辨力成像雷达. 太赫兹科学与电子信息学报, 2013, 11(1): 7-11.

[22] Gu S M, Li C, Gao X, et al. Three-dimensional image reconstruction of targets under the illumination of terahertz Gaussian beam: Theory and experiment. IEEE Transactions on Geoscience & Remote Sensing, 2013, 51(4): 2241-2249.

[23] Cooper K B. Performance of a 340GHz radar transceiver array for standoff security imaging. International Conference on Infrared, Millimeter, and Terahertz Waves, Tucson, 2014: 1.

[24] Friederich F, Spiegel W V, Bauer M, et al. THz active imaging systems with real-time capabilities. Dordrecht: Springer, 2014.

[25] Moll J, Schops P, Krozer V. Towards three-dimensional millimeter-wave radar with the bistatic fast-factorized back-projection algorithm: Potential and limitations. IEEE Transactions on Terahertz Science and Technology, 2012, 2(4): 432-440.

[26] Keil A, Hoyer T, Peuser J, et al. All-electronic 3D THz synthetic reconstruction imaging system. International Conference on Infrared, Millimeter, and Terahertz Waves, Houston, 2011: 1, 2.

[27] McMillan R W, Trussell C W , Bohlander R A, et al. An experimental 225GHz pulsed coherent radar. IEEE Transactions on Microwave Theory and Techniques, 1991, 39(3): 555-562.

[28] Chattopadhayay G, Lee C, Jung C, et al. Integrated arrays on silicon at terahertz frequencies. IEEE International Symposium on Antennas and Propagation, Spokane, 2011: 3007-3010.

[29] Cooper K B, Dengler R J, Llombart N, et al. Penetrating 3-D imaging at 4 ~ 25m range using a submillimeter-wave radar. IEEE Transactions on Microwave Theory and Techniques, 2008, 56(12): 2771-2778.

[30] Cooper K B, Dengler R J, Llombart N, et al. THz imaging radar for standoff personnel screening. IEEE Transactions on Terahertz Science and Technology, 2011, 1(1): 169-182.

[31] Llombart N, Cooper K B, Dengler R J, et al. Time-delay multiplexing of two beams in a terahertz imaging radar. IEEE Transactions on Microwave Theory and Techniques, 2010, 58(7): 1999-2007.

[32] Furqan M, Ahmed F, Feger R, et al. A 120GHz wideband FMCW radar demonstrator based on a fully-integrated SiGe transceiver with antenna in package. IEEE MTT-S International Conference on Microwaves for Intelligent Mobility, San Diego, 2016: 1-4.

[33] Jahn M, Hamidipour A, Tong Z, et al. A 120GHz FMCW radar frontend demonstrator based on a SiGe chipset. Microwave Conference, Manchester, 2011: 519-522.

[34] Göttel B, Pauli M, Gulan H, et al. Miniaturized 122GHz short range radar sensor with antenna-in-package (AiP) and dielectric lens. European Conference on Antennas and Propagation, The Hague, 2014: 709-713.

[35] Yuan S, Schumacher H. 110～140GHz single-chip reconfigurable radar frontend with on-chip antenna. Bipolar/BiCMOS Circuits and Technology Meeting-BCTM, Boston, 2015: 48-51.

[36] Jaeschke T, Bredendiek C, Pohl N. A 240GHz ultra-wideband FMCW radar system with on-chip antennas for high resolution radar imaging. Microwave Symposium Digest, Seattle, 2014: 1-4.

[37] Statnikov K, Sarmah N, Grzyb J, et al. A 240GHz circular polarized FMCW radar based on a SiGe

transceiver with a lens-integrated on-chip antenna. European Radar Conference, Rome, 2014: 447-450.

[38] Goyette T M, Dickinson J C, Waldman J. 1.56THz compact radar range for W-band imagery of scale-model tactical targets. SPIE, Orlando, 2000: 615-622.

[39] Coulombe M J, Horgan T, Waldman J, et al. A 160GHz polarimetric compact range for scale model RCS measurements. Antenna Measurements and Techniques Association Proceedings, Seattle, 1996: 239.

[40] Demartinis G B, Coulombe M J, Horgan T M, et al. A 240GHz polarimetric compact range for scale model RCS measurements. Antenna Measurements Techniques Association, Atlanta, Georgia, 2010: 3-8.

[41] Coulombe M J, Ferdin T, Horgan T, et al. A 585GHz compact range for scale model RCS measurements. Proceedings of the Antenna Measurements and Techniques Association Dallas, Texas, 1993: 129-134.

[42] Goyette T M, Dickinson J C, Gorveatt W J. X-band ISAR imagery of scale-model tactical targets using a wide-bandwidth 350GHz compact range. Defense and Security, Orlando, 2004: 227-236.

[43] 梁达川，魏明贵，谷建强，等. 缩比模型的宽频时域太赫兹雷达散射截面(RCS)研究. 物理学报, 2014, 63(21): 85-94.

[44] Danylov A A, Goyette T M, Waldman J, et al. Coherent imaging at 2.4THz with a CW quantum cascade laser transmitter. Proceedings of SPIE - The International Society for Optical Engineering, San Francisco, 2010, 7601: 760105.

[45] Danylov A A, Goyette T M, Waldman J, et al. Terahertz inverse synthetic aperture radar (ISAR) imaging with a quantum cascade laser transmitter. Optics Express, 2010, 18(15): 16264-16272.

[46] Lloyd-Hughes J, Jeon T I. A review of the terahertz conductivity of bulk and nano-materials. Journal of Infrared, Millimeter, and Terahertz Waves, 2012, 33(9): 871-925.

[47] Grosso G, Parravicini G P. Solid State Physics. 2nd ed. New York: Academic Press, 2014.

[48] Li L S, Yin H C. Fano-like resonance in cylinders including nonlocal effects. Chinese Physics Letters, 2014, 31(8): 143-146.

[49] Andersh D J, Hazlett M, Lee S W, et al. XPATCH: A high-frequency electromagnetic-scattering prediction code and environment for complex three-dimensional objects. Science, 1994, 286(5448): 2249-2250.

[50] Goyette T M, Dickinson J C, Waldman J, et al. Fully polarimetric W-band ISAR imagery of scale-model tactical targets using a 1.56THz compact range. Aerospace/Defense Sensing, Simulation, and Controls, Orlando, 2001: 229-240.

[51] Jagannathan A, Gatesman A J, Giles R H. Characterization of roughness parameters of metallic surfaces using terahertz reflection spectra. Optics Letters, 2009, 34(13): 1927-1929.

[52] Zurk L M, Orlowski B, Sundberg G, et al. Electromagnetic scattering calculations for terahertz sensing. Integrated Optoelectronic Devices, San Jose, 2007: 64720A.

[53] Jansen C, Priebe S, Moller C, et al. Diffuse scattering from rough surfaces in THz communication channels. IEEE Transactions on Terahertz Science and Technology, 2011, 1(2): 462-472.

[54] Pätzold M, Kahl M, Klinkert T, et al. Simulation and data-processing framework for hybrid synthetic aperture THz systems including THz-scattering. IEEE Transactions on Terahertz Science and Technology, 2013, 3(5): 625-634.
[55] Li Z, Cui T J, Zhong X J, et al. Electromagnetic scattering characteristics of PEC targets in the terahertz regime. IEEE Antennas and Propagation Magazine, 2009, 51(1): 39-50.
[56] Wang R J, Hong Q W, Deng B, et al. High-resolution terahertz radar imaging based on electromagnetic calculation data. Journal of Infrared and Millimeter Waves, 2014, 33(6): 577-583.
[57] Li C C, Deng B, Qin Y L, et al. RCS prediction of planar slotted waveguide array antenna in terahertz regime. International Conference on Infrared, Millimeter, and Terahertz Waves, Wollongong, 2012: 1, 2.
[58] 李纯纯, 邓彬, 王宏强, 等. 抛物面天线目标太赫兹雷达散射特性. 激光与红外, 2013, 43(6): 671-677.
[59] 高敬坤, 王瑞君, 邓彬, 等. THz 频段粗糙导体圆锥的极化成像特性. 太赫兹科学与电子信息学报, 2015, 13(3): 401-408.
[60] 王瑞君, 邓彬, 王宏强, 等. 不同表面结构特征圆柱导体的太赫兹散射特性. 强激光与粒子束, 2013, 25(6): 1549-1554.
[61] Gao J K, Wang R J, Deng B, et al. Electromagnetic scattering characteristics of rough PEC targets in the terahertz regime. IEEE Antennas and Wireless Propagation Letters, 2017, 16: 975-978.
[62] Wang R J, Deng B, Wang H Q, et al. Electromagnetic scattering characteristic of aluminous targets in the terahertz and far infrared region. Acta Physica Sinica, 2014, 63(13): 134102.
[63] Wang H Q, Wang R J, Deng B, et al. Compressed sensing of terahertz radar azimuth-elevation imaging. Journal of Electronic Imaging, 2015, 24(1): 13035.
[64] Jansen C, Krumbholz N, Geise R, et al. Scaled radar cross section measurements with terahertz-spectroscopy up to 800GHz. European Conference on Antennas and Propagation, Berlin, 2009: 3645-3648.
[65] Gente R, Jansen C, Geise R, et al. Scaled bistatic radar cross section measurements of aircraft with a fiber-coupled THz time-domain spectrometer. IEEE Transactions on Terahertz Science and Technology, 2012, 2(4): 424-431.
[66] Iwaszczuk K, Heiselberg H, Uhd Jepsen P. Terahertz radar cross section measurements. Optics Express, 2010, 18(25): 26399-26408.
[67] Liu H B, Zhong H, Karpowicz N, et al. Terahertz spectroscopy and imaging for defense and security applications. Proceedings of the IEEE, 2007, 95(8): 1514-1527.
[68] Henry S C, Schecklman S. Measurement and modeling of rough surface effects on terahertz spectroscopy. SPIE, San Francisco, 2010: 108-121.
[69] Arbab M H, Winebrenner D P, Thorsos E I, et al. Retrieval of terahertz spectroscopic signatures in the presence of rough surface scattering using wavelet methods. Applied Physics Letters, 2010, 97(18): 32-40.
[70] Caris M, Stanko S, Palm S, et al. 300GHz radar for high resolution SAR and ISAR applications. International Radar Symposium, Dresden, 2015: 577-580.

[71] Palm S, Sommer R, Caris M, et al. Ultra-high resolution SAR in lower terahertz domain for applications in mobile mapping. German Microwave Conference, Bochum, 2016: 205-208.

[72] Zhang B, Pi Y, Li J. Terahertz imaging radar with inverse aperture synthesis techniques system structure, signal processing and experiment results. IEEE Sensors Journal, 2015, 15(1): 290-299.

[73] Demartinis G B, Goyette T M, Coulombe M J, et al. A 1.56THz spot scanning radar range for fully polarimetric W-band scale model measurements. Amherst: University of Massachusetts Lowell, 1999.

[74] Wang R J, Deng B, Qin Y L, et al. Bistatic terahertz radar azimuth-elevation imaging based on compressed sensing. IEEE Transactions on Terahertz Science and Technology, 2014, 4(6): 702-713.

[75] Yang Q, Deng B, Wang H Q, et al. Experimental research on imaging of precession targets with THz radar. Electronics Letters, 2016, 52(25): 2059-2061.

[76] Yang Q, Deng B, Wang H Q, et al. Research on imaging of precession targets based on range-instantaneous Doppler in the terahertz band. 2017 International Workshop on Electromagnetics: Applications and Student Innovation Competition, London, 2017: 14, 15.

[77] 李晋, 皮亦鸣, 杨晓波. 基于回旋管的星载太赫兹成像雷达设计与仿真. 电子测量与仪器学报, 2010, 24(10): 892-898.

[78] 李晋. 太赫兹雷达系统总体与信号处理方法研究. 成都: 电子科技大学, 2010.

[79] 林华. 无人机载太赫兹合成孔径雷达成像分析与仿真. 信息与电子工程, 2010, 8(4): 373-377, 382.

[80] 韩长喜. DARPA 成功验证 ViSAR 对被云层遮蔽地面运动目标实时清晰成像能力. 现代雷达，2017，39(11): 100.

[81] 沈斌. THz 频段 SAR 成像及微多普勒目标检测与分离技术研究. 成都: 电子科技大学, 2008.

[82] 李晋, 皮亦鸣, 杨晓波. 太赫兹频段目标微多普勒信号特征分析. 电子测量与仪器学报, 2009, 23(10): 25-30.

[83] 李晋, 皮亦鸣, 杨晓波. 基于微动特征提取的太赫兹雷达目标检测算法研究. 电子测量与仪器学报, 2010, 24(9): 803-807.

[84] 王照法. THz 频段 SAR 成像算法研究. 哈尔滨: 哈尔滨工业大学, 2015.

[85] Yang Q, Qin Y L, Zhang K, et al. Experimental research on vehicle-borne SAR imaging with THz radar. Microwave and Optical Technology Letters, 2017, 59(8): 2048-2052.

[86] Gu S M, Li C, Gao X, et al. Terahertz aperture synthesized imaging with fan-beam scanning for personnel screening. IEEE Transactions on Microwave Theory and Techniques, 2012, 60(12): 3877-3885.

[87] Liu W, Li C, Sun Z Y, et al. Three-dimensional sparse image reconstruction for terahertz surface layer holography with random step frequency. Optics Letters, 2015, 40(14): 3384-3387.

[88] Sun Z Y, Li C, Gao X, et al. Minimum-entropy-based adaptive focusing algorithm for image reconstruction of terahertz single-frequency holography with improved depth of focus. IEEE Transactions on Geoscience and Remote Sensing, 2015, 53(1): 519-526.

[89] 崔振茂, 高敬坤, 陆彬, 等. 340GHz 稀疏 MIMO 阵列实时 3-D 成像系统. 红外与毫米波学

报, 2017, 36(1): 102-106.

[90] Li D Z, Li X, Qin Y L, et al. Radar coincidence imaging: An instantaneous imaging technique with stochastic signals. IEEE Transactions on Geoscience and Remote Sensing, 2014, 52(4): 2261-2277.

[91] Shams M I B, Jiang Z, Qayyum J, et al. Characterization of terahertz antennas using photoinduced coded-aperture imaging. Microwave and Optical Technology Letters, 2015, 57(5): 1180-1184.

[92] Kannegulla A, Jiang Z, Rahman S M, et al. Coded-aperture imaging using photo-induced reconfigurable aperture arrays for mapping terahertz beams. IEEE Transactions on Terahertz Science and Technology, 2014, 4(3): 321-327.

[93] Duan P, Wang Y Y, Xu D G, et al. Single pixel imaging with tunable terahertz parametric oscillator. Applied Optics, 2016, 55(13): 3670-3675.

[94] Chen S, Luo C, Deng B, et al. Study on coding strategies for radar coded-aperture imaging in terahertz band. Journal of Electronic Imaging, 2017, 26(5): 53021-53022.

[95] 李健. 24GHz 调频连续波雷达信号处理技术研究. 南京: 南京理工大学, 2017.

[96] 张慧, 余英瑞, 徐俊, 等. 77GHz 车载毫米波中远距雷达天线阵列设计. 强激光与粒子束, 2017, 29(10): 48-51.

[97] 黄源水. 基于毫米波雷达的前向防撞报警系统. 机电技术, 2017, 40(1): 80-82.

[98] 鲍迎. 小型化 24GHz FMCW 汽车防撞雷达. 杭州: 浙江大学, 2011.

[99] 王泓然. 太赫兹频段云粒子散射建模及雷达系统分析. 北京: 北京理工大学, 2015.

第 2 章　太赫兹雷达成像基础

2.1　引　　言

雷达成像本质上属于数学逆问题，具体来说属于电磁逆散射问题。本章对太赫兹雷达成像的基础性问题进行论述，对散射与透射、金属与介质、单站与双站、去斜接收与匹配滤波接收、层析与衍射层析等模式下的目标模型和成像机制进行统一表征，同时对太赫兹频段的目标成像规律进行论述，为太赫兹雷达成像模式和成像方法的研究奠定基础。

2.2　电磁散射计算基础

从雷达成像的角度来看，电磁计算是为了通过计算的方式获得目标散射场强或回波，一般用复数的 RCS 描述，简称复 RCS。它同时包含了幅度和相位信息。复 RCS(本书中复 RCS 用 O 或 $\sqrt{\sigma}$ 表示)定义为

$$O \stackrel{\text{def}}{=} \sqrt{\sigma} = \lim_{R \to \infty} 2\sqrt{\pi} R \frac{\boldsymbol{E}_{\mathrm{s}} \cdot \hat{\boldsymbol{e}}_{\mathrm{r}}}{E_0} \exp(\mathrm{j}kR) \tag{2.1}$$

式中，$k = 2\pi/\lambda = 2\pi f/c$ 为单程波数，λ 为波长，f 为频率；$\boldsymbol{E}_{\mathrm{s}}$ 为散射场矢量；$\hat{\boldsymbol{e}}_{\mathrm{r}}$ 为接收机极化方向。复 RCS 模的平方即 RCS。复 RCS 中涉及的目标上各点到雷达的波程均用“相对于相位参考中心”来表示，相位参考中心可取目标几何中心或场景中心。复 RCS 补偿 $\exp(-\mathrm{j}2kR)$ 后可以很方便地得到真正的波程。

复 RCS 的物理光学(physical optics，PO)解需要通过求解 Stratton-Chu 方程获得，过程较为复杂，但对于金属目标的单站后向散射，约定 $\hat{\boldsymbol{e}}_{\mathrm{r}}$ 取与入射波极化方向相反的方向，则复 RCS 可表示为

$$O = \mathrm{j}\frac{k}{\sqrt{\pi}} \int_{S'} \hat{\boldsymbol{r}} \cdot \hat{\boldsymbol{n}} \exp(\mathrm{j}2k\hat{\boldsymbol{r}} \cdot \boldsymbol{r}')\mathrm{d}S' \tag{2.2}$$

式中，S' 为目标上任一被照射到的小面元面积；$\hat{\boldsymbol{r}}$ 为后向散射方向单位矢量；$\hat{\boldsymbol{n}}$ 为小面元向外的单位法向矢量；$\hat{\boldsymbol{r}} \cdot \hat{\boldsymbol{n}} = \cos\theta$ 为小面元处入射角余弦；$\boldsymbol{r}'$ 为小面元中心位置矢量。尽管式(2.2)较为简单，但可以加深对电磁波如何与目标相互作用、散射中心如何形成等问题的理解。

对于球、椭球等具有双弯曲表面形式的目标，其复 RCS 几何光学解更加简单，可以表示为

$$O=\sqrt{\pi\rho_1\rho_2}\exp(\mathrm{j}2kr') \tag{2.3}$$

式中，ρ_1、ρ_2 为镜面反射点处的曲率；r' 为镜面反射点处的相对波程。

此外，本书采用 $\exp(\mathrm{j}\omega t)$ 形式的时谐因子体系[另一体系是 $\exp(-\mathrm{i}\omega t)$]，这时去载频后的目标回波一般表示为 $\exp(-\mathrm{j}2kR)$。

2.3　雷达成像系统数学模型

2.3.1　目标表征及成像物理量

成像旨在获得目标某种物理量的空间分布，该物理量对应入射场的复振幅调制，需要在幅度而非 RCS 或功率的意义下定义。根据不同的情况，本节给出以下表征方式。

1. 理想点散射表征(良导体或介质)

以二维为例，理想点散射可以表征为

$$o(x,y)=\begin{cases}\cos\theta, & \text{对导体面元}\\ \sqrt{\sigma}, & \text{对导体各散射中心}\\ k_{\mathrm{c}}^2\left[\varepsilon_{\mathrm{cr}}(x,y)-1\right]/(4\pi), & \text{对空气中的介质目标}\end{cases} \tag{2.4}$$

式中，$\varepsilon_{\mathrm{cr}}$ 为复相对介电系数。根据电磁散射与逆散射理论，式(2.4)前两项导体部分用到了物理光学(高频)近似、弱散射(Born)近似和基尔霍夫(第一类瑞利-索末菲公式)近似，满足绝大多数情况下的雷达成像应用。

从物理光学的角度来看，对于金属导体类目标，成像得到的物理量应是面元的入射角余弦值，反映面元接近镜面反射的程度。但是，实际上由于面元间散射场的干涉抵消，在高频区目标总的回波表现为其边角电流不连续处(表面一阶或二阶导数不连续)的散射，因此实际上用散射中心更能有效地表征回波和图像特点。对于介质目标，根据衍射层析理论，成像物理量对应介电系数分布。无论何种情况，都可以用 $o(x,y)$ 这一理想点形式表征目标散射，简单起见，可称其为散射系数的空间分布。从任意信号都可以进行谐波分解的观点来看，这一结论也是成立的，但是如后面所见，某些情况下这种表示存在不一定“高效”或不一定“有意义”的问题(如粗糙目标)。此外，由于 σ 常用于表示目标 RCS，在不存在混淆的情况下，目标散射系数分布也可以用 $\sigma(x,y)$ 表示。

对于作为单个散射中心的简单散射体，其散射幅度可以表示为

$$\sqrt{\sigma} = \lambda A\left(\frac{l}{\lambda}\right)^{n/2}\left|\operatorname{sinc}\left(\frac{Bl}{\lambda}\right)\operatorname{sinc}\left(\frac{Cl}{\lambda}\right)\right|$$

式中，l为散射体的长度，小于一个分辨单元，表征散射体的尺度；A、B、C、n为与散射体形状和入射电磁波状态(角度、极化等)相关的量。从上式也可看出，用λ归一化的目标复RCS$\left(\sqrt{\sigma}/\lambda\right)$仅与目标的电尺寸$(l/\lambda)$有关，而与实际尺寸无关。表2.1列出了理想导体简单散射体的RCS缩比参数。

表 2.1　理想导体简单散射体的 RCS 缩比参数

散射中心类型	参数			
	A	B	C	n
平板	$4\pi a^2 b^2 \cos^2\theta / l^4$	$2b\sin\theta\sin\phi / l$	$2a\sin\theta\cos\phi / l$	4
直柱面	$2\pi\rho h^2 \cos\theta / l^3$	$2h\sin\theta / l$	0	3
直边缘	$d^2 g(\beta)/(\pi l^2)$	$2\pi d\cos\beta / l$	0	2
双向弯曲表面(凸面)	$\pi\rho_1\rho_2 / l^2$	0	0	2
双向弯曲表面(凹面)	$4\pi S^2 / l^4$	0	0	4
曲边缘	$2\pi\rho / l$	0	0	2
尖顶($\alpha \ll \pi/2$)	$\frac{\alpha^4}{16\pi}\left(\frac{3+\cos^2\theta}{4\cos^3\theta}\right)^2$	0	0	0
尖顶(宽顶角)	$\frac{1-2\cos^2(\pi-\alpha)}{16\pi\cos^4(\pi-\alpha)}$	0	0	0

2. 散射系数表征(粗糙表面适用)

$$o(x,y) = \sqrt{\sigma_0 \Delta S} \tag{2.5}$$

式中，σ_0为草地、山地等背景的散射系数；ΔS为面元实际几何面积。实际应用中，由于ΔS一般对各面元都近似相同，同时为了方便，有时直接取$o(x,y)=\sigma_0$，但在概念上不够严格。

σ_0本身有很多建模方式，例如，典型的Currie散射模型为

$$\sigma_0 = A(\theta + C)^B \exp\left(\frac{-D}{1+\dfrac{0.1\sigma^h}{\lambda}}\right) \tag{2.6}$$

式中，σ^h 为小平面单元中心高度起伏的标准差(cm)；θ 为入射俯仰角，即擦地角(rad)；λ 为入射雷达波长(m)；A、B、C、D 为根据经验获得的常数，不同类型的场景(如沙地、草地、山地)对应不同的经验值。太赫兹频段根据典型实测数据拟合获得了 100GHz、240GHz HH 和 VV 极化下的粗糙混凝土表面 Currie 散射模型参数拟合值(表 2.2、表 2.3)。

表 2.2　100GHz HH 和 VV 极化下粗糙混凝土表面 Currie 散射模型参数拟合值

极化	A	B	C	D
HH	0.9982	2.7546	0.0000	5.0094
VV	1.0859	2.1336	0.0000	4.5619

表 2.3　240GHz HH 和 VV 极化下粗糙混凝土表面 Currie 散射模型参数拟合值

极化	A	B	C	D
HH	0.5504	2.0572	0.0202	5.8384
VV	0.6582	1.7611	0.0000	5.7935

100GHz、240GHz HH 和 VV 极化下粗糙混凝土表面 Currie 散射模型散射系数拟合曲线分别如图 2.1 与图 2.2 所示。

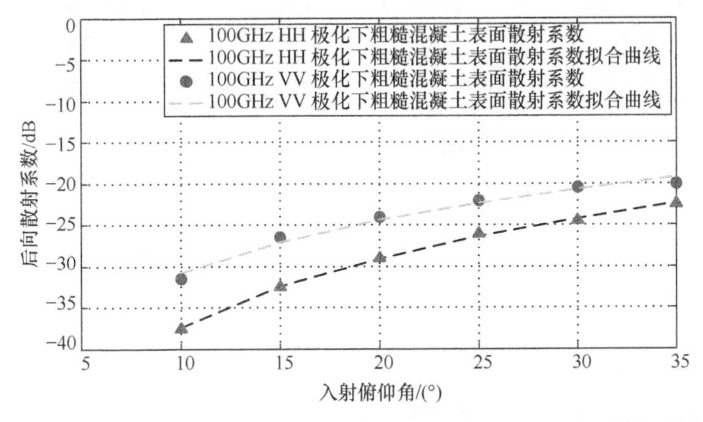

图 2.1　100GHz HH 和 VV 极化下粗糙混凝土表面 Currie 散射模型散射系数拟合曲线

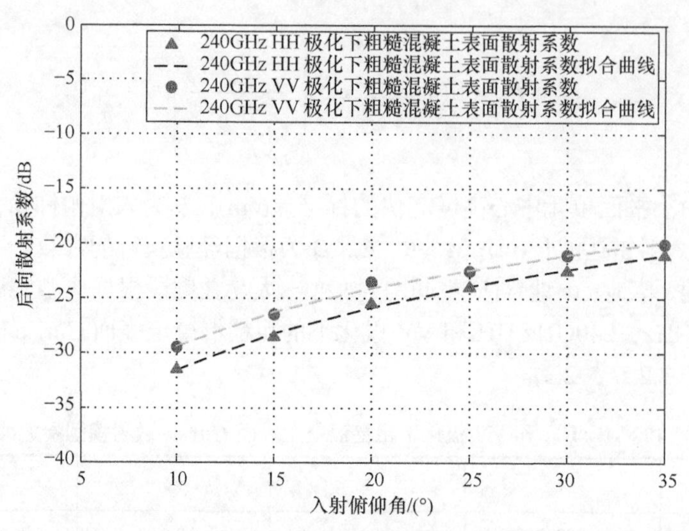

图 2.2　240GHz HH 和 VV 极化下粗糙混凝土表面 Currie 散射模型散射系数拟合曲线

3. 散射中心表征(光滑良导体适用，可表征非理想散射点)

散射中心模型相当于理想点散射模型的推广，能够表征目标散射的幅度与相位对频率和角度的依赖关系。从依赖关系的角度对先后出现的各种散射中心模型进行总结，如表 2.4 所示。

表 2.4　散射中心模型

散射中心模型	复 RCS 对频率或角度的依赖关系			
	幅度-频率依赖	幅度-方位角依赖	相位-频率非线性依赖	相位-角度非理想依赖
理想点散射中心模型[1]	不考虑	不考虑	不考虑	不考虑
DE/Prony 模型[2]	自然指数建模	不考虑	不考虑	不考虑
GTD 模型[3]	指数建模	不考虑	不考虑	不考虑
局域式散射中心模型[4]	指数建模	自然指数建模	不考虑	不考虑
属性散射中心模型[5]	指数建模	自然指数建模 sinc 函数建模	不考虑	不考虑
多项式模型[6]	不考虑	基分解	不考虑	多项式建模
Varshney 模型[7]	不考虑	基分解	不考虑	反映散射中心滑动的函数建模
非均匀属性散射中心模型[8]	指数建模	自然指数建模 sinc 函数建模	不考虑	不考虑

注：DE-衰减指数(damped exponential)；GTD-几何绕射理论(geometrical theory of diffraction)。

若复 RCS 的幅度对频率存在依赖或相位对频率存在非线性依赖，则将其称为色散型散射中心，如凹腔体，其散射中心的位置与频率有关，在相位中出现频率的非线性依赖关系：

$$\sqrt{\sigma(f,\phi)}=A\left(\mathrm{j}\frac{f}{f_{\mathrm{c}}}\right)^{\alpha}\exp\left\{-\mathrm{j}\frac{4\pi f}{c}\left[x\cos\phi+y\sin\phi+L\sqrt{1-\left(\frac{f_{\mathrm{L}}}{f}\right)^{2}}\right]\right\} \tag{2.7}$$

式中，L 为凹腔体的等效波导长度；f_{L} 为截止频率；$x\cos\phi+y\sin\phi$ 为凹腔体到雷达的相对距离；A 为复常数。

若幅度对方位角存在依赖，则称为其各向异性散射中心。若相位对方位角存在非理想依赖(不同于 $x\cos\phi+y\sin\phi$ 形式)，则称其为滑动型散射中心。

DE/Prony 模型、GTD 模型、局域式散射中心模型等已统一为属性散射中心模型，该模型也是目前表征能力最强的模型，尽管它不能表征由散射中心滑动等引起的相位-角度非理想依赖。

对于属性散射中心，有

$$\begin{aligned}\sqrt{\sigma(f,\phi)}=&A\left(\mathrm{j}\frac{f}{f_{\mathrm{c}}}\right)^{\alpha}\operatorname{sinc}\left[\frac{2\pi f}{c}L\sin\left(\phi-\bar{\phi}\right)\right]\exp\left(-2\pi f\gamma\sin\phi\right)\\&\cdot\exp\left[-\mathrm{j}\frac{4\pi f}{c}\left(x\cos\phi+y\sin\phi\right)\right]\end{aligned} \tag{2.8}$$

对于球、柱面等滑动型散射中心，有

$$\sqrt{\sigma(f,\phi)}=A\left(\mathrm{j}\frac{f}{f_{\mathrm{c}}}\right)^{\alpha}\exp\left\{-\mathrm{j}\frac{4\pi f}{c}\left[x\cos\phi+y\sin\phi+\Delta r(\phi)\right]\right\} \tag{2.9}$$

式中，$\Delta r(\phi)$ 为散射中心随电磁波入射角的距离滑动量。

对属性散射中心模型相位项进行改动使之能够描述腔体色散和散射中心位置滑动，得到

$$\begin{aligned}\sqrt{\sigma(f,\phi)}=&A\left(\mathrm{j}\frac{f}{f_{\mathrm{c}}}\right)^{\alpha}\operatorname{sinc}\left[\frac{2\pi f}{c}L\sin\left(\phi-\bar{\phi}\right)\right]\exp\left(-2\pi f\gamma\sin\phi\right)\\&\cdot\exp\left\{-\mathrm{j}\frac{4\pi f}{c}\left[x\cos\phi+y\sin\phi+\Delta r(f,\phi)\right]\right\}\end{aligned} \tag{2.10}$$

对属性散射中心模型 sinc 项进行改动使之能够描述非均匀镜面反射(如圆锥侧面垂直照射情况)，得到非均匀属性散射中心模型，见文献[8]。

在理想点散射中心模型的基础上令散射中心复振幅 A 随机，并服从某一个概

率分布，得到统计型散射中心模型：

$$\sqrt{\sigma(f,\phi)} = A\exp\left[-\mathrm{j}\frac{4\pi f}{c}(x\cos\phi + y\sin\phi)\right],\quad A \sim p(A) \tag{2.11}$$

2.3.2　成像系统及其模型

太赫兹雷达带宽较大，因此一般采用去斜接收方式(若带宽在 1GHz 以下，则也可采用直采方式和匹配滤波接收方式)。波形一般采用 FMCW，但实际中出于数据传输、距离时延等考虑，通常将其占空比设置为小于 100%，这类雷达系统严格地说属于准 FMCW 体制。

典型的双源太赫兹雷达结构如图 2.3 所示。

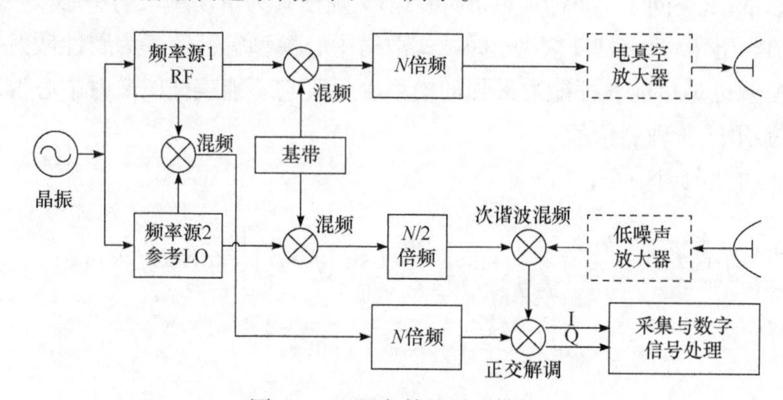

图 2.3　双源太赫兹雷达结构

RF-射频(radio frequency)；LO-参考本振(local oscillation)

作为例子，图 2.3 中太赫兹雷达为 FMCW 全相参体制，载频为 220GHz。100MHz 恒温晶振经功率分配器分别给频率源 1、频率源 2 提供参考信号，保证具有差频的两频率源相位同步。RF 通道信号和 LO 通道信号与基带波形混频后分别经过倍频得到太赫兹发射信号和参考信号；同时，RF 与 LO 又经混频产生参考基频信号，再经倍频产生中频参考信号，提供给中频处理模块进行 I、Q 解调，最后经采集与数字信号处理进行成像。注意，上面提到的频率源均有两路输出，从而使其误差总能在某处对消以保证系统相参性能。

按照上述去斜接收系统模型，从信号处理的角度进行回波表示。事实上，对于单站去斜接收和完成匹配滤波的直采接收，回波经傅里叶逆变换后将直接得到距离像。此回波在距离频域可以统一表征为以下形式：

$$s(f_{\mathrm{r}},t_{\mathrm{m}}) = o\ \mathrm{rect}\left(\frac{f_{\mathrm{r}}}{B}\right)\mathrm{win}(t_{\mathrm{m}})\,\mathrm{e}^{-\mathrm{j}\frac{4\pi}{c}(f_{\mathrm{c}}+f_{\mathrm{r}})R_{\Delta}} \tag{2.12}$$

式中，c 为光速；f_c 为中心频率；f_r 为相对距离频率($f \stackrel{\text{def}}{=} f_c + f_r$)；$B$ 为射频带宽(去斜接收时为等效的射频带宽)；t_m 为慢时间，同时对应着照射视角；$R_\Delta = R - R_{\text{ref}}$，$R$ 为目标(各散射点)到雷达的距离，R_{ref} 为参考距离。在 ISAR 或聚束 SAR 和条带 SAR 等模式下需要施加不同的慢时间窗 $\text{win}(t_m)$。需要说明的是：

(1) 对于去斜接收方式，式(2.12)经过了时频变换，即 $f_r \stackrel{\text{def}}{=} \gamma\hat{t}$，$\gamma$ 为调频率，$\hat{t}$ 为快时间；参考距离 R_{ref} 为系统去斜时设定的参考信号时延对应的距离(若以某强散射点目标为参考基准进行非线性校正，则 R_{ref} 为参考目标到雷达的距离)。若信号剩余视频相位(residual video phase，RVP)项和斜置项不可忽略且未校正，则回波可以表示为 $s(f_r,t_m) = o\,\text{rect}\left(\dfrac{f_r - 2\gamma R_\Delta}{B}\right)\text{win}(t_m)\,\mathrm{e}^{-\mathrm{j}\frac{4\pi}{c}(f_c+f_r)R_\Delta}\,\mathrm{e}^{\mathrm{j}\frac{4\pi\gamma}{c^2}R_\Delta^2}$ (RVP 和斜置项有时有用，如对 SAR 模式下的频域变标方法)。

(2) 对于匹配滤波接收方式，参考距离 R_{ref} 为对脉内回波采集时设定的距离门中心时延所对应的距离。

(3) 在表征雷达信号时，目标位置变量和回波信号自变量最好均采用以零点为中心的相对表示方式，例如，相对距离频率采用 f_r 而非 f，且需要满足时域和频域采样定理(可补偿不必要的时延或频移)，否则在编程实现时会面临诸多难以预料的错误。

(4) o 可代表各散射点的幅度(可以是复数)，同时可把式(2.12)中与目标有关、与 f_r 及其傅里叶变换无关的指数项 $\mathrm{e}^{-\mathrm{j}\frac{4\pi}{c}f_c R_\Delta}$ 作为新 o。同时，$o(f_r,t_m)$ 或 $\sqrt{\sigma(f_r,t_m)}$ 还可以表示各个频点和视角下目标总体的复 RCS(含各个散射点贡献)，此时式(2.12)指数项中的 R_{ref} 需定义为目标相位参考中心到雷达的距离。

(5) 式(2.12)可以方便地变换为波数域表示方式，即令双程波数 $K \stackrel{\text{def}}{=} \dfrac{4\pi}{c}(f_c + f_r)$、$K_c \stackrel{\text{def}}{=} \dfrac{4\pi}{c}f_c$、$K_r \stackrel{\text{def}}{=} \dfrac{4\pi}{c}f_r$ 或单程波数 $k \stackrel{\text{def}}{=} \dfrac{2\pi}{c}(f_c + f_r)$、$k_c \stackrel{\text{def}}{=} \dfrac{2\pi}{c}f_c$、$k_r \stackrel{\text{def}}{=} \dfrac{2\pi}{c}f_r$。

2.3.3 成像距离方程

太赫兹成像雷达作用距离仍然满足传统的雷达距离方程，但实际应用中存在若干需要关注的细节，否则差之毫厘，谬以千里。ISAR 和 SAR、去斜和匹配滤波接收体制均适用的点目标距离方程为

$$R^4 = \frac{P_{\mathrm{T}} G_{\mathrm{T}} G_{\mathrm{R}} \lambda^2 D N \sigma 10^{-\frac{\alpha R}{5000}}}{(4\pi)^3 k T_{环} F_{\mathrm{n}} B_{\mathrm{n}} \mathrm{SNR}_{\mathrm{out}} L_{\Sigma}} \tag{2.13}$$

式中，λ 为波长(m)；R 为最大作用距离(m)；P_{T} 为发射功率(峰值功率，W)；G_{T}、G_{R} 分别为发、收天线增益；D 为脉冲压缩比，亦即时宽带宽积；N 为脉冲积累个数(若取 1 且不进行方位成像，则 σ 取一个距离分辨单元 RCS)；σ 为目标在一个距离分辨单元内的 RCS(m^2)；k 为玻尔兹曼常数，$k = 1.38 \times 10^{-23}\,\mathrm{J/K}$；$T_{环}$ 为环境温度(超低温环境下上述方程不适用，K)；F_{n} 为接收机噪声系数(在室温 290K 下进行定义，单边带)；B_{n} 为接收机中频带宽(在去斜体制下与射频带宽不同，Hz)；$\mathrm{SNR}_{\mathrm{out}}$ 为相关/匹配滤波/积累等处理后检测所需的信噪比；L_{Σ} 为其他损耗(插损等)(大于 1，太赫兹雷达一般大于 10)；α 为单程大气衰减系数(220GHz 太赫兹波在非干燥空气中可取 2～3dB/km)。

除 α 以外，上述无量纲的变量均不用 dB 表示，若原始值用 dB 表示，则需要转化。$k T_{环} F_{\mathrm{n}} B_{\mathrm{n}} \mathrm{SNR}_{\mathrm{out}}$ 作为一个整体，表示灵敏度。

按照文献[9]，ISAR 的雷达方程与普通脉压雷达的雷达方程相同，所需的信噪比与跟踪雷达中高精度目标跟踪所需的信噪比基本相同。因此，可按距离成像模式设计 ISAR，取 $N=1$，σ 取一个距离分辨单元 RCS(若有 m 个距离分辨单元，则 $\sigma \approx \sigma_{总}/m$)。实际上，如果应用了脉压压缩比 D 和脉冲积累个数 N，那么尽管增益提高，但意味着进行了高分辨成像，从而导致一个分辨单元的 σ 变小。分析表明，对于太赫兹雷达，D 的增大程度远大于 σ 的减小程度(约超出 20dB)，而 N 的增大程度与 σ 的减小程度相当，故可忽略。

对于匀直 SAR 体制，当其照射分布式目标时，距离方程变为

$$R^3 = \frac{P_{\mathrm{av}} G_{\mathrm{T}} G_{\mathrm{R}} \lambda^3 \sigma_0 c 10^{-\frac{\alpha R}{5000}}}{4(4\pi)^3 k T_{环} F_{\mathrm{n}} B_{\mathrm{n}} \mathrm{SNR}_{\mathrm{out}} L_{\Sigma} V_{\mathrm{a}} \cos\theta \cos\eta} \tag{2.14}$$

式中，$P_{\mathrm{av}} = P_{\mathrm{T}} \tau \mathrm{PRF}$ 为平均功率，τ 为脉宽；c 为光速；V_{a} 为平台速度；θ 为斜视角(0°正侧视)；η 为擦地角。

此外，还需注意 $k T_{环} F_{\mathrm{n}}$ 项：

(1) 若噪声系数较小，则 $k T_{环} F_{\mathrm{n}}$ 项换成 $k T_{环} (F_{\mathrm{n}} - 1) \stackrel{\mathrm{def}}{=} k T_{\mathrm{e}}$ 更加准确，但它仅描述了接收机自身的噪声，并未考虑天线噪声(天空噪声)温度和接收馈线噪声温度。

(2) 对于太赫兹雷达，在温度较低的工作环境中，噪声以接收机噪声为主时，可按照(1)替换 $k T_{环} F_{\mathrm{n}}$。

(3) 严格地说，将 $k T_{环} F_{\mathrm{n}}$ 换成 $k T_{\mathrm{s}}$ 最为准确[$T_{\mathrm{s}} = T_{\mathrm{a}} + T_{环}(L_{\mathrm{r}} - 1) + L_{\mathrm{r}} T_{\mathrm{e}}$ 为系统总

噪声温度，T_a 为天线噪声温度，L_r 为接收馈线损耗]，它同时适用于超低温环境。

2.4　雷达成像基础

雷达成像的本质是逆问题的求解和信号参数的估计，对此可从不同的观点和角度进行审视。

2.4.1　散射与逆散射观点

成像，按字面理解是对目标图像(某一物理量的空间分布)的反演，与其对应的正问题是目标对雷达波的散射过程。从通信或信息论的角度看，散射可视为目标对电磁波的调制过程或编码过程，成像则是对携带目标信息的散射回波的解调过程或解码过程。了解编码方式是成功解码的前提。

1. 散射问题

雷达成像的基本原理依赖电磁波及目标散射的波动性，惠更斯原理表明，散射体外任一点处的场可由包围散射体的闭曲面上的切向场唯一表示。假设平面波照射到散射体上，则在远场处的散射场可表示为

$$\begin{aligned}\boldsymbol{E}^{\mathrm{s}}(\boldsymbol{r})=&\frac{\mathrm{j}k\exp(\mathrm{j}kR_0)}{4\pi R_0}\hat{\boldsymbol{k}}_{\mathrm{s}}\\&\cdot\int_S\left\{\hat{\boldsymbol{n}}\times\boldsymbol{E}(\boldsymbol{r}')-\eta_0\hat{\boldsymbol{k}}_{\mathrm{s}}\times\left[\hat{\boldsymbol{n}}\times\boldsymbol{H}(\boldsymbol{r}')\right]\right\}\cdot\exp\left[-\mathrm{j}k\left(\hat{\boldsymbol{k}}_{\mathrm{s}}-\hat{\boldsymbol{k}}_{\mathrm{i}}\right)\cdot\boldsymbol{r}'\right]\mathrm{d}\boldsymbol{r}'\end{aligned}\tag{2.15}$$

式中，$\boldsymbol{E}^{\mathrm{s}}$、$\boldsymbol{E}$、$\boldsymbol{H}$ 分别为散射回波、目标表面的总电场和总磁场；k 为空间波数；R_0 为目标中心到观察点的距离；$\hat{\boldsymbol{k}}_{\mathrm{s}}$、$\hat{\boldsymbol{k}}_{\mathrm{i}}$ 分别为电磁波散射和入射方向的单位矢量；S 为目标表面；$\hat{\boldsymbol{n}}$ 为目标表面法矢量；η_0 为自由空间波阻抗。

可以看出，式(2.15)是一个形式比较复杂的方程，散射场即雷达回波会随着观察角度、极化、频率等多种因素变化，且并不存在一个显式的目标期望图像。若试图完整地定义期望图像，则需要在高维空间(维度需足够高以包含上面列举的多种因素)中定义。此外，式(2.15)等号右边变量 $\boldsymbol{E}$、$\boldsymbol{H}$ 即总电场和总磁场包含了等号左边变量 $\boldsymbol{E}^{\mathrm{s}}$ 即散射场。可见，依据式(2.15)仍难以简单直接地计算出散射场，与其对应的物理解释为，散射场中包含了诸如多次散射、绕射等散射分量，这进一步增大了完整定义目标图像的难度。

当前，在雷达成像中普遍采用的正问题模型是对式(2.15)进行了物理光学近似、基尔霍夫近似和弱散射近似，近似后如式(2.12)所示。以三维转台模型为例，若继续进行远场近似，则其散射模型可进一步表示为

$$
\begin{aligned}
O(k,\theta,\varphi) = & \int_{z_1}^{z_2}\int_{y_1}^{y_2}\int_{x_1}^{x_2} o(x,y,z) \\
& \cdot \exp\left[-\mathrm{j}2k\left(x\sin\theta\cos\varphi + y\sin\theta\sin\varphi + z\cos\theta\right)\right]\mathrm{d}x\mathrm{d}y\mathrm{d}z
\end{aligned}
\tag{2.16}
$$

式中，θ、φ 分别为三维转台模型中的入射角和方位角，令 $\theta = 90^\circ$ 、z=0 可得到模型二维形式；$o(x,y,z)$ 为显式定义的目标图像，可见其忽略了对观察角度、极化、频率等因素的依赖，而仅认为其为三维坐标 x、y、z 的函数。$o(x,y,z)$ 即直观理解的目标散射系数的空间分布。

从形式上不难看出，式(2.16)恰好是 $o(x,y,z)$ 以极坐标形式表示的傅里叶变换，这是一个极其重要的结论。

2. 逆散射问题

成像逆问题也就是常说的成像，其依赖具体的成像体制。仍以三维远场转台模型为例进行讨论。回到正问题模型(2.16)，根据傅里叶逆变换或积分相似变换定理，可得对应的成像过程为

$$
\begin{aligned}
\hat{o}(x,y,z) = & \int_{\varphi_1}^{\varphi_2}\int_{\theta_1}^{\theta_2}\int_{k_1}^{k_2} O(k,\theta,\varphi)\cdot|2k|^2\sin\theta \\
& \cdot \exp\left[\mathrm{j}2k\left(x\sin\theta\cos\varphi + y\sin\theta\sin\varphi + z\cos\theta\right)\right]\mathrm{d}k\mathrm{d}\theta\mathrm{d}\varphi
\end{aligned}
\tag{2.17}
$$

当模型退化为二维时，可得

$$
\hat{o}(x,y) = \int_{\varphi_1}^{\varphi_2}\int_{k_1}^{k_2} O(k,\varphi)\cdot|2k|\exp\left[2\mathrm{j}k\left(x\cos\varphi + y\sin\varphi\right)\right]\mathrm{d}k\mathrm{d}\varphi \tag{2.18}
$$

可见，虽然式(2.16)中已显式定义了目标图像 $o(\cdot)$，但由于 k 、θ 、φ 均有取值范围的限制，依据式(2.17)仅能得到其估计值 $\hat{o}(\cdot)$ 。传统的线性成像方法均是在式(2.17)的基础上发展而来的，它是一切远场成像方法的源头。不同成像方法的主要区别在于：通过采用不同的近似、变换或积分次序处理找到成像精度和效率的平衡。任何积分只要满足傅里叶变换形式，就可以借助快速傅里叶变换实现而不需要真正地去进行积分，但要注意，快速傅里叶变换默认的积分限一般以零点为中心对称。

雷达增强成像研究中常采用的非线性成像方法同样基于式(2.16)模型，但其成像过程不同于式(2.17)，通过引入先验信息，所得 $\hat{o}(\cdot)$ 可以更趋向于 $o(\cdot)$ 或人们期待的形式，详见第 11 章。

由于在散射建模时采用了式(2.16)所示的近似，成像结果有时与客观物理世界并非直观对应，此时还需根据实际正问题模型(2.15)对图像进行解释，SAR 图像解译正是针对这一问题而产生的。尽管如此，成像过程往往并不关心图像与真实物

理世界的对应法则，而仅专注于在式(2.16)的简化模型下反演目标图像$o(\cdot)$。在与雷达成像相似的逆散射研究领域中，需依据更贴近原始正问题的模型进行目标结构以及电磁参数的反演。本书后续的成像研究均基于类似式(2.16)的近似正问题模型。

2.4.2　卷积与传输函数观点

2.4.1 节的结论表明，远场转台模型下回波是目标散射系数分布函数的傅里叶变换，因此也可称其为谱域或波数域的散射系数分布，只是进行了加窗。实际的时域回波也可理解成目标函数通过了一个简单的线性时不变的二维带限系统。对于 SAR 或 ISAR 模式，时域回波可理解成目标函数通过了一个更加复杂甚至时变的二维线性系统(时变实际上对应着空变)，从这个意义上讲，回波是目标函数与系统传输函数响应的广义卷积，对应着数学中的第一类 Fredholm 方程。成像相当于广义的反卷积。如果只从距离像或只从快时间的角度进行分析，成像系统是线性时不变系统，回波是目标一维分布函数(也称为冲激响应)与系统传输函数的卷积。

2.4.3　数学与层析观点

从层析的观点看，雷达成像是利用数据在各个角度下的投影(距离像序列)来恢复数据本身(散射系数分布)。Radon 变换是层析的数学理论基础，由 Radon 在 1917 年提出。

如图 2.4 所示，在观测坐标系 u-v 中对目标进行观测，当观测角为 φ 时，$o(x,y)$ 沿 v 轴的投影信号幅度(Radon 变换)为

$$p_{\varphi}(u)=\int_{-\infty}^{\infty}o(u\cos\varphi-v\sin\varphi,u\sin\varphi+v\cos\varphi)\mathrm{d}v \tag{2.19}$$

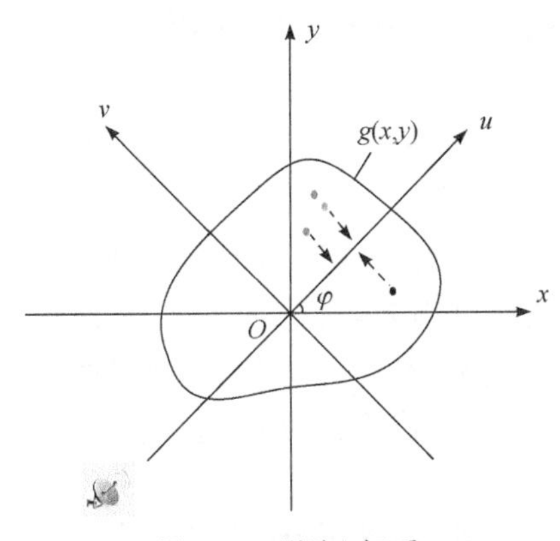

图 2.4　观测坐标系

对式(2.19)进行一维傅里叶变换，可得

$$
\begin{aligned}
P_\varphi(K) &= \int_{-\infty}^{\infty} p_\varphi(u)\exp(-\mathrm{j}Ku)\mathrm{d}u \\
&= \int_{-\infty}^{\infty}\int_{-\infty}^{\infty} o(u\cos\varphi - v\sin\varphi, u\sin\varphi + v\cos\varphi)\cdot\exp(-\mathrm{j}Ku)\mathrm{d}u\mathrm{d}v \\
&\overset{\text{积分变换}}{=} \int_{-\infty}^{\infty}\int_{-\infty}^{\infty} o(x,y)\cdot\exp\left[-\mathrm{j}K\left(x\cos\varphi + y\sin\varphi\right)\right]\mathrm{d}x\mathrm{d}y \\
&= O(K\cos\varphi, K\sin\varphi) \overset{\text{def}}{=} O(K_x, K_y) \\
&\overset{\text{def}}{=} O(K, \varphi)
\end{aligned} \tag{2.20}
$$

由式(2.20)可以看出，当观测角为φ时，$o(x,y)$投影值$p_\varphi(u)$的一维傅里叶变换就是其二维傅里叶变换$O(K_x,K_y)$在相对于K_x轴夹角为φ的射线上一个切片，这就是著名的投影-切片定理。

由极坐标格式的二维傅里叶变换可得

$$
\begin{aligned}
\hat{o}(x,y) &= \int_{\varphi_1}^{\varphi_2}\int_{K_1}^{K_2} |K| O(k,\varphi)\exp\left[\mathrm{j}K\left(x\cos\varphi + y\sin\varphi\right)\right]\mathrm{d}K\mathrm{d}\varphi \\
&\overset{|K|\approx K_c\text{常数不计}}{\approx} \int_{\varphi_1}^{\varphi_2} p_\varphi(u)\Big|_{u=x\cos\varphi+y\sin\varphi}\mathrm{d}\varphi
\end{aligned} \tag{2.21}
$$

式(2.21)与式(2.19)一起构成$\hat{o}(x,y) \sim p_\varphi(u)$的变换对。

在具体编程实现时，注意到$K = K_\mathrm{c} + K_\mathrm{r}$，把式(2.21)对$K$在$K_1 \sim K_2$的积分转化为$K_\mathrm{r}$在$-\Delta k \sim \Delta k$的居中对称的积分，从而能够利用快速傅里叶变换得到

$$
\hat{o}(x,y) = \int_{\varphi_1}^{\varphi_2} \mathrm{FFT}_{K_\mathrm{r}}\left\{|K| O\left(K_\mathrm{r},\varphi\right)\right\}\Big|_{l=x\cos\varphi+y\sin\varphi}\cdot\exp\left[\mathrm{j}K_\mathrm{c}\left(x\cos\varphi + y\sin\varphi\right)\right]\mathrm{d}\varphi \tag{2.22}
$$

式(2.22)即卷积后向投影(convolutional back projection，CBP)方法。

需要注意的是，利用 X 射线的层析成像需沿视线(u轴)投影，雷达成像则是沿视线法向(v轴)投影。

2.4.4 雷达与距离-多普勒观点

在宽带、小角度下，雷达成像还可用距离-多普勒进行解释；在单频、大角度(甚至 360°)下，雷达成像可用多普勒层析进行解释(Doppler-only 成像)；在宽带、大角度、仅利用距离像包络(不含相位)进行成像时，雷达成像退化为实数形式的约旦逆变换(Range-only 成像)，这也是太赫兹 TDS 进行转台成像常用的方式。

在宽带、小角度下，按照图 2.4 所示的转台成像几何，目标距离为

$$R_\varphi(x,y)=\sqrt{\left(R_0\cos\varphi-x\right)^2+\left(R_0\sin\varphi-y\right)^2}$$
$$\overset{\text{远场近似}}{\approx}\quad R_0-x\cos\varphi-y\sin\varphi$$
$$=R_0-x\cos\left(\omega t_{\mathrm{m}}\right)-y\sin\left(\omega t_{\mathrm{m}}\right)$$

式中，ω 为旋转角频率。在 ωt_{m} 较小时，$\cos\left(\omega t_{\mathrm{m}}\right)\approx 1$，$\sin\left(\omega t_{\mathrm{m}}\right)\approx\omega t_{\mathrm{m}}$，则有

$$R_\Delta\left(t_{\mathrm{m}}\right)=R_\varphi(x,y)-R_0\approx x+\omega y t_{\mathrm{m}}$$

回波为

$$\begin{aligned}s(f_{\mathrm{r}},t_{\mathrm{m}})&=o\,\mathrm{e}^{\mathrm{j}\frac{4\pi}{\lambda_{\mathrm{c}}}R_\Delta(t_{\mathrm{m}})}\quad\mathrm{e}^{\mathrm{j}\frac{4\pi}{c}f_{\mathrm{r}}R_\Delta(t_{\mathrm{m}})}\\&\overset{\text{小角度近似}}{\approx}\quad o\,\mathrm{e}^{\mathrm{j}\frac{4\pi}{\lambda_{\mathrm{c}}}(x+y\omega t_{\mathrm{m}})}\quad\mathrm{e}^{\mathrm{j}\frac{4\pi}{c}f_{\mathrm{r}}(x+y\omega t_{\mathrm{m}})}\\&\overset{\text{忽略距离徙动}}{\approx}\quad o\,\mathrm{e}^{\mathrm{j}\frac{4\pi x}{\lambda_{\mathrm{c}}}}\,\mathrm{e}^{\mathrm{j}2\pi\frac{2\omega y}{\lambda_{\mathrm{c}}}t_{\mathrm{m}}}\quad\mathrm{e}^{\mathrm{j}2\pi\frac{2x}{c}f_{\mathrm{r}}}\end{aligned}\tag{2.23}$$

可见，目标纵向位置 x 作为 f_{r} 的系数对应距离像位置，目标横向位置 y 作为 t_{m} 的系数对应目标多普勒 $2\omega y/\lambda_{\mathrm{c}}$，从而在二维傅里叶变换后即得到目标位置分布图像，且图像是复图像，它包含目标各点在合成孔径中心时刻径向位置的相位项 $4\pi x/\lambda_{\mathrm{c}}$。

2.4.5　雷达成像方法研究的若干方法与问题

1. 常用泰勒展开近似

泰勒展开近似在雷达成像方法的推导中极为有用。设 x 为某一接近 0 的较小的量，则常用泰勒展开近似为

$$\sqrt{1\pm x^2}\approx 1\pm\frac{x^2}{2}\tag{2.24}$$

$$\sqrt{R^2\pm x^2}\approx R\pm\frac{x^2}{2R}\tag{2.25}$$

$$\sqrt{R^2+x^2-2ax}\approx R-\frac{a}{R}x\tag{2.26}$$

$$\sqrt{1+x}\approx 1+\frac{x}{2}-\frac{x^2}{8}\tag{2.27}$$

$$\sqrt{R+x}\approx\sqrt{R}+\frac{x}{2\sqrt{R}}-\frac{x^2}{8\sqrt{R^3}}\tag{2.28}$$

$$\frac{1}{R+x} \approx \frac{1}{R} - \frac{x}{R^2} \tag{2.29}$$

$$\frac{1}{(1+x)^2} \approx 1 - 2x\left(+3x^2\right) \tag{2.30}$$

$$\frac{1}{\sqrt{1 \pm x^2}} \approx 1 \mp \frac{x^2}{2} \tag{2.31}$$

$$\frac{1}{\sqrt{1+x}} \approx 1 - \frac{x}{2} \tag{2.32}$$

$$\frac{1}{1+x} \approx 1 - x \tag{2.33}$$

$$\frac{1}{\sqrt{R^2 \pm x^2}} \approx \frac{1}{R} \mp \frac{x^2}{2R^3} \tag{2.34}$$

$$(R+x)^2 \approx R^2 + 2Rx \tag{2.35}$$

$$R(t_{\mathrm{m}} + \hat{t}) \approx R(t_{\mathrm{m}}) + \frac{v^2 t_{\mathrm{m}} \hat{t}}{R(t_{\mathrm{m}})} \tag{2.36}$$

$$\sqrt{(R+x)^2 + y^2} \approx \sqrt{R^2 + y^2} + \frac{Rx}{\sqrt{R^2 + y^2}} \tag{2.37}$$

$$\sqrt{[V(t_{\mathrm{m}} + \hat{t})]^2 + {R_0}^2} \approx \sqrt{(Vt_{\mathrm{m}})^2 + {R_0}^2} + \frac{V^2 t_{\mathrm{m}} \hat{t}}{\sqrt{(Vt_{\mathrm{m}})^2 + {R_0}^2}} \tag{2.38}$$

$$\cos x \approx 1 - \frac{x^2}{2} \tag{2.39}$$

$$\sec x = \frac{1}{\cos x} \approx 1 + \frac{x^2}{2} \approx 1 + \frac{\sin^2 x}{2} \tag{2.40}$$

$$\tan(\theta + x) \approx \tan\theta + (1 + \tan^2\theta)x \tag{2.41}$$

$$\sin(\theta + x) \approx \sin\theta + x\cos\theta \tag{2.42}$$

$$\cos(\theta + x) \approx \cos\theta - x\sin\theta \tag{2.43}$$

$$\cos^2(\theta + x) \approx \cos^2\theta\cos^2 x - 2\cos\theta\sin\theta\cos x\sin x + \sin^2\theta\sin^2 x \tag{2.44}$$

$$\cos^2 x \approx \cos x - \frac{\sin^2 x}{2} \tag{2.45}$$

$$\sin x \approx x\left(|x| \leqslant 30^\circ\right) \tag{2.46}$$

2. 常用信号的频谱解析表达式

信号的频谱一般可用驻定相位原理推导，通常可以忽略幅度项$\sqrt{2\pi/\left[-\mathrm{j}\varphi\left(x^*\right)\right]}$($x^*$为驻相点)。常用信号的频谱解析表达式总结如下：

$$\mathrm{e}^{\mathrm{j}\pi kt^2} \xrightarrow{t\to f} \mathrm{e}^{-\mathrm{j}\pi\frac{f^2}{k}} \tag{2.47}$$

$$\mathrm{e}^{\mathrm{j}ax^2} \xrightarrow{x\to k_x} \mathrm{e}^{-\mathrm{j}\frac{k_x^2}{4a}} \tag{2.48}$$

$$\mathrm{e}^{-\mathrm{j}\frac{4\pi}{\lambda}\sqrt{R^2+v^2t^2}} \xrightarrow{t\to f} \mathrm{e}^{-\mathrm{j}4\pi|R|\sqrt{\left(\frac{1}{\lambda}\right)^2-\left(\frac{f}{2v}\right)^2}} \tag{2.49}$$

$$\mathrm{e}^{\mathrm{j}\frac{4\pi}{\lambda}\sqrt{R^2+v^2t^2}} \xrightarrow{t\to f} \mathrm{e}^{\mathrm{j}4\pi|R|\sqrt{\left(\frac{1}{\lambda}\right)^2-\left(\frac{f}{2v}\right)^2}} \tag{2.50}$$

$$\mathrm{e}^{-\mathrm{j}|k|\sqrt{R^2+x^2}} \xrightarrow{x\to k_x} \mathrm{e}^{-\mathrm{j}|R|\sqrt{k^2-k_x^2}} \tag{2.51}$$

$$\mathrm{e}^{\mathrm{j}|k|\sqrt{R^2+x^2}} \xrightarrow{x\to k_x} \mathrm{e}^{\mathrm{j}|R|\sqrt{k^2-k_x^2}} \tag{2.52}$$

式中，f 为频率；k_x 为角频率(波数)。若需要精确的频域支撑区，则可采用对相位求导获得瞬时频率的方式进行推导。

3. 球面波分解

在平面波假设下，雷达回波模型和傅里叶变换有直接的对应关系，因此回波可直接视为对目标函数的谱域采样，进而成像也可直接通过傅里叶逆变换实现。基础的转台模型和多数 ISAR 成像场景均属于这一类情况。当目标的尺寸与雷达至目标的距离处于同一量级时，平面波假设不再适用，必须用更精确的球面波几何进行建模，SAR 成像场景多属于这一类情况。由于平面波的表示形式和傅里叶变换具有天然的相似性，若能将球面波表示为多组平面波的叠加，则原理上仍能利用傅里叶变换进行球面波条件下的高效成像。介质透射时的衍射层析成像也利用了球面波分解。以下分解可以通过驻定相位原理进行证明，其中均忽略对成像几乎无影响的幅度项。

1) 直角坐标下的分解

三维笛卡儿坐标系下球面波的平面波分解表达式为

$$\exp\left(-\mathrm{j}K\sqrt{x^2+y^2+z^2}\right)\approx\iiint\exp\left(-\mathrm{j}k_xx-\mathrm{j}k_yy-\mathrm{j}k_zz\right)\mathrm{d}k_x\mathrm{d}k_y\mathrm{d}k_z \tag{2.53}$$

$$\exp\left(\mathrm{j}K\sqrt{x^2+y^2+z^2}\right)\approx\iiint\exp\left(\mathrm{j}k_xx+\mathrm{j}k_yy+\mathrm{j}k_zz\right)\mathrm{d}k_x\mathrm{d}k_y\mathrm{d}k_z \tag{2.54}$$

式中，k_x、k_y、k_z 分别为空间波数在三个坐标方向的分量，由于 $K\overset{\text{def}}{=}\sqrt{k_x^2+k_y^2+k_z^2}$，

式(2.53)和式(2.54)三重积分实质上只有两重。

对于柱面坐标，有

$$\begin{aligned}&\exp\left(\mathrm{j}K\sqrt{x^2+y^2+z^2}\right)\\&\approx\iint\exp\left(\mathrm{j}\sqrt{K^2-k_z^2}\cos\alpha\cdot x+\mathrm{j}\sqrt{K^2-k_z^2}\sin\alpha\cdot y+\mathrm{j}k_z z\right)\mathrm{d}\alpha\mathrm{d}k_z\end{aligned}\tag{2.55}$$

2) 极坐标下的分解

Soumekh[10]早在 20 世纪 90 年代研究圆迹合成孔径雷达(circular synthetic aperture radar，CSAR)成像时就给出了极坐标下球面波分解的推导过程。极坐标下的球面波分解公式可表示为

$$\exp\left(\mathrm{j}K\sqrt{x^2+y^2}\right)\approx\int\exp\left[\mathrm{j}K\left(\cos\alpha\cdot x+\sin\alpha\cdot y\right)\right]\mathrm{d}\alpha\tag{2.56}$$

式(2.56)具有明确的物理意义，表明球面波可以分解为多个传播方向的平面波的叠加，在近场转台成像、近场柱面全息成像、衍射层析成像等领域中具有极其重要的应用。

4. 谱域特征与 Eward 圆

从前面的分析可知，单站远场情况下目标回波相当于目标散射系数分布函数的二维傅里叶变换(有时是傅里叶逆变换，但可以按傅里叶变换理解)。双站远场情况下目标上任一散射点 $\boldsymbol{r}'$ 处的回波可以进行以下的等价定义：

$$\exp\left[-\mathrm{j}\left(\boldsymbol{k}_{\mathrm{T}}+\boldsymbol{k}_{\mathrm{R}}\right)\cdot\boldsymbol{r}'\right]\overset{\mathrm{def}}{=}\exp\left(-\mathrm{j}2\boldsymbol{k}\cdot\boldsymbol{r}'\right)\tag{2.57}$$

式中，$\boldsymbol{k}_{\mathrm{T}}$ 和 $\boldsymbol{k}_{\mathrm{R}}$ 分别为收发天线在目标坐标系下位置方向的波数矢量；$\boldsymbol{k}=\left(\boldsymbol{k}_{\mathrm{T}}+\boldsymbol{k}_{\mathrm{R}}\right)/2$ 为等效的单站波数矢量(单程)。可见，在假设目标为各向同性的理想点散射且远场条件下，双站散射可以等效为收发角平分线处等效中心频率有所改变的单站散射，收发天线位置、方向的变化，构成仅在 k_x 正半轴出现的 Eward 圆，如图 2.5 所示。同时可见，多个角度下的双站观测，即使仅利用单频也可以获得多个中心频率观测的效果。

文献[11]从目标特性的角度给出了双站散射的角平分线关系成立的条件：

$$\beta\left(\mathrm{rad}\right)<\sqrt{\frac{2\lambda}{\pi L}\Delta P}\tag{2.58}$$

式中，L 为目标尺寸；ΔP 为预设的容许相位误差(rad)。

实际上，在近场条件下仍存在上述关系，但需要利用球面波分解进行一定的补偿才能使回波严格地对应目标二维频谱。

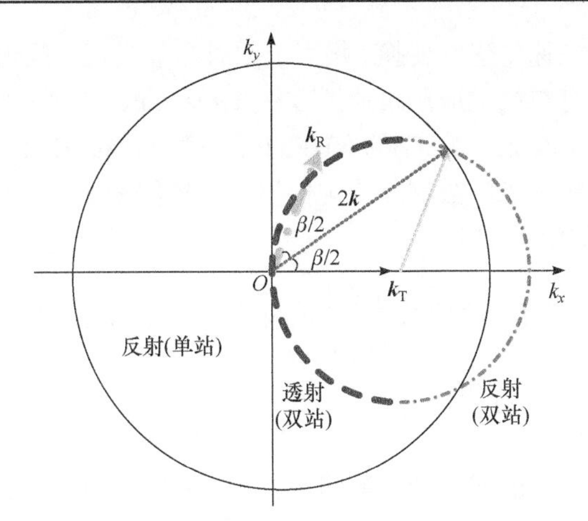

图 2.5 单频观测时的 Eward 圆(右半象限)

5. 相位误差的影响

各阶相位误差对成像的影响汇总如表 2.5 所示[12-14]。

表 2.5 各阶相位误差对成像的影响

相位误差阶数	对成像的影响	保证成像质量的相位误差条件
1 阶	错位	π
2 阶	散焦，主瓣峰值下降	π / 4
3 阶	旁瓣非对称畸变，主瓣峰值下降、错位	π / 8
4 阶	旁瓣对称升高，主瓣峰值下降	π / 2
高阶 (高频振荡)	成对回波(鬼影)	π / 16
随机	散焦	—

泰勒展开具有非正交性，根据勒让德正交多项式，3 阶相位误差通常包含部分 1 阶相位误差，4 阶相位误差包含部分 2 阶相位误差。可见，3 阶相位误差的影响部分包含了 1 阶相位误差的影响，对于 4 阶相位误差，也有类似的结论。

此外，相参雷达要求脉冲发射信号有严格一致的初相，但由于系统不稳定、环境噪声影响等，实际上各脉冲回波的初相存在随机抖动的误差，同样会对成像(方位)造成影响，严重时甚至出现去相干效应，一般需要控制在 10°以内。

6. 非均匀快速傅里叶变换

非均匀快速傅里叶变换(non-uniform fast Fourier transform，NUFFT)能够对非

均匀采样数据进行快速傅里叶变换，相当于同时高效实现了插值+傅里叶变换，对太赫兹雷达成像具有较高的应用价值。其中，Greengard 等[15]提出的基于快速高斯网格(fast Gaussian gridding，FGG)的 NUFFT 方法，利用高斯卷积核的良好计算特性，简单、高效地实现了波数域非均匀傅里叶变换问题。

三维 NUFFT 的定义如下：

$$F(k_1,k_2,k_3)=\frac{1}{N}\sum_{j=0}^{N-1}f_{\mathrm{u}}\exp\left[-\mathrm{j}(k_1,k_2,k_3)\boldsymbol{x}_j\right] \tag{2.59}$$

式中，$-\dfrac{M}{2}\leqslant k_1,k_2,k_3<\dfrac{M}{2}$；$\boldsymbol{x}_j\in[0,2\pi]\times[0,2\pi]\times[0,2\pi]$。

为解决非均匀数据的傅里叶变换问题，采用周期核函数对非均匀数据 f_{u} 进行卷积，函数主周期为$[0,2\pi]\times[0,2\pi]\times[0,2\pi]$，三维高斯卷积核的展开形式为

$$\begin{aligned}&\exp\left[-\frac{1}{4\tau}\left(x_j-\frac{2\pi m}{M_{\mathrm{r}}}\right)^2\right]\cdot\exp\left[-\frac{1}{4\tau}\left(y_j-\frac{2\pi n}{M_{\mathrm{r}}}\right)^2\right]\cdot\exp\left[-\frac{1}{4\tau}\left(z_j-\frac{2\pi l}{M_{\mathrm{r}}}\right)^2\right]\\&=\exp\left[-\frac{1}{4\tau}\left(x_j+y_j+z_j\right)^2\right]\cdot\left[\exp\left(\frac{x_j\pi}{M_{\mathrm{r}}\tau}\right)\right]^m\cdot\left[\exp\left(\frac{y_j\pi}{M_{\mathrm{r}}\tau}\right)\right]^n\cdot\left[\exp\left(\frac{z_j\pi}{M_{\mathrm{r}}\tau}\right)\right]^l\\&\quad\cdot\exp\left[-\frac{1}{\tau}\left(\frac{\pi m}{M_{\mathrm{r}}}\right)^2\right]\cdot\exp\left[-\frac{1}{\tau}\left(\frac{\pi n}{M_{\mathrm{r}}}\right)^2\right]\cdot\exp\left[-\frac{1}{\tau}\left(\frac{\pi l}{M_{\mathrm{r}}}\right)^2\right]\end{aligned} \tag{2.60}$$

式中，m、n、l 为三维重采样数；M_{r} 为三维总采样数；τ 为三维有效展宽系数，τ 值可根据文献[15]进行计算，当 τ 值很小时，可忽略高斯卷积函数之间的重叠部分，仅计算$[0,2\pi]$区间的值，这样可极大地简化计算。另外，式(2.60)所示的高斯核具有张量积的形式，可实现三个维度上的分维处理，也就是说，可以将耗时的三维卷积转换为三个级联的一维卷积，这样计算效率将得到很大提升。

下面对非均匀数据 f_{u} 和高斯核函数的卷积重采样的结果进行三维快速傅里叶变换。根据傅里叶变换时域卷积等效频域相乘的性质，将傅里叶变换后的结果除以高斯核函数的傅里叶变换形式，此为解卷积，至此为三维 NUFFT 处理的全部过程。三维 NUFFT 处理可以方便地退化为二维 NUFFT 处理和一维 NUFFT 处理。

7. 其他

一般软件集成的快速傅里叶变换方法默认信号起始时刻为 0s，变换后频谱的起始位置也为 0Hz，为保证实际中的信号与之对应，一般均用傅里叶变换或傅里叶逆变换函数转换为横坐标以零为中心的表示方式，同时结合汉明窗或泰勒窗获

得较低的旁瓣。此外，在成像中需要注意相位中心近似、菲涅耳近似、RVP/斜置近似、走停近似等各种近似的条件。

2.5　雷达成像分辨率

1. 宽带 360°

当宽带 360°成像时，点扩展函数(point spread function，PSF)为[16]

$$\mathrm{PSF}(r)=k_{\max}\frac{\mathrm{J}_1(2k_{\max}r)}{\pi r}-k_{\min}\frac{\mathrm{J}_1(2k_{\min}r)}{\pi r} \tag{2.61}$$

式中，$\mathrm{J}_1(\cdot)$ 为一阶第一类贝塞尔函数；r 为目标径向坐标；$k_{\max}=2\pi f_{\max}/c$；$k_{\min}=2\pi f_{\min}/c$。按照第一个零点位置定义，可得分辨率满足

$$0.3\lambda_{\min}\leqslant\delta_{\mathrm{r}}<0.3\lambda_{\max} \tag{2.62}$$

式中，$\lambda_{\min}$ 和 $\lambda_{\max}$ 分别为对应最大、最小频率的波长。

2. 单频 360°

点扩展函数为[16]

$$\mathrm{PSF}(r)=2k_{\mathrm{c}}\mathrm{J}_0(2k_{\mathrm{c}}r) \tag{2.63}$$

式中，$\mathrm{J}_0(\cdot)$ 为零阶第一类贝塞尔函数。分辨率满足

$$\delta_{\mathrm{r}}\approx 0.2\lambda_{\mathrm{c}} \tag{2.64}$$

可见，单频 360°成像理论上能够实现 1/5 波长的分辨率，这个分辨率几乎达到亚波长量级，但是需要注意的是，它只是理论上的分辨潜能，实际中零阶第一类贝塞尔函数旁瓣很高。

3. 宽带小转角

在宽带小转角条件下，设 B 和 θ_0 分别为带宽(Hz)和积累转角(rad)，则距离向和方位向的分辨率分别为

$$\delta_{\mathrm{r}}=0.886\frac{c}{2B}\approx\frac{c}{2B} \tag{2.65}$$

$$\delta_{\mathrm{a}}=\frac{\lambda_{\mathrm{c}}}{4\sin\dfrac{\theta_0}{2}}\approx\frac{\lambda_{\mathrm{c}}}{2\theta_0} \tag{2.66}$$

式(2.65)和式(2.66)在形式上具有相似性。它们与不模糊范围在形式上也是相似的，只需把 B 和 θ_0 分别换成频点间隔和角度间隔。这种相似在某种意义上体现

出了数学的对称美。

4. 宽带任意转角

任意转角层析成像的点扩展函数可以表示为[17]

$$\mathrm{PSF}(r,\varphi)=\int_{\rho_{\lambda\min}}^{\rho_{\lambda\max}}\int_{-\varphi_0}^{\varphi_0}\left|\rho_\lambda\right|\mathrm{e}^{\mathrm{j}2\pi\rho_\lambda[r\cos(\theta-\varphi)]}\mathrm{d}\rho_\lambda\mathrm{d}\varphi \tag{2.67}$$

式(2.67)是二维超越函数积分问题。与小转角层析成像的点扩展函数求解不同，任意转角层析成像点扩展函数要求对形如$\int \mathrm{e}^{\sin x}\mathrm{d}x$的超越函数进行定积分，而完成此积分过程难度很大，统一描述成像的分辨性能也很困难。点扩展函数并不具有各向同性，且其支撑区域无法等效为矩形区域。文献[17]尝试给出任意转角下点扩展函数解析表达式，但结果十分复杂。

2.6 太赫兹雷达目标成像规律

尽管从电尺寸的角度看成像特点与频段无关，但太赫兹频段雷达图像仍然具有一定的特殊性，主要体现在目标粗糙表面和细微结构两个方面。

2.6.1 粗糙表面高分辨成像规律

1. 粗糙表面成像仿真与规律分析

设多样本成像观测几何关系示意图如图 2.6 所示，观测俯仰角$\theta=50°$，方位角ϕ的范围为$(0°,360°)$，间隔为 0.5°，频率f的范围为$(280\mathrm{GHz},320\mathrm{GHz})$，间隔为 2GHz。粗糙圆板直径为 4cm，仿真规模约为$40\lambda\times40\lambda$。选择如图 2.6 所示的

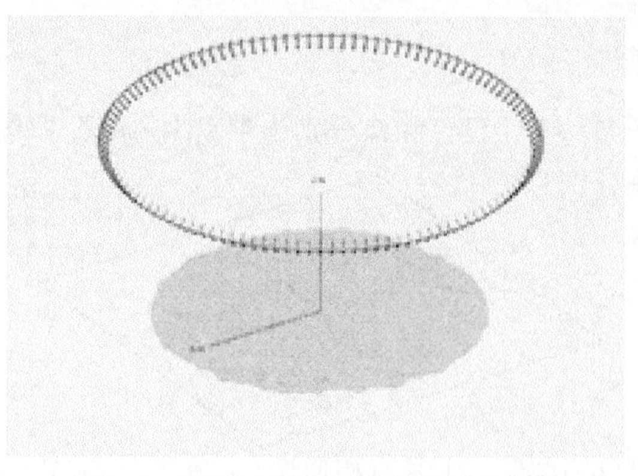

图 2.6 多样本成像观测几何关系示意图

观测几何的好处是：首先，孔径范围广，有利于获得高分辨成像；其次，对于粗糙圆板目标，同一俯仰角、不同方位角的观测可近似为对不同样本的观测，从而可以利用不同方位角的多组观测数据进行相干散射系数与非相干散射系数的研究。

计算所得数据从理论上来说具有三维成像的能力，目前仅利用散射计算数据进行二维成像，成像平面选取为目标坐标系中的 *XOY* 平面。

不同粗糙参数的粗糙圆板 VV 极化成像结果如图 2.7 所示。需要说明的是，这些粗糙圆板样本均由同一个初始二维高斯随机过程生成。仿真过程中，并未使用高斯波束照射，因此散射场中既包含面散射分量，又包含边缘绕射分量。由图 2.7(h)～(l)可以看出，当粗糙度较小、相关长度较大时，粗糙表面边缘逐渐呈现出清晰的确定性的环状结构。这说明，①随着圆板趋向于光滑，相干散射分量占总散射分量的比例不断增加；②相干散射分量的贡献主要来自目标上的边缘区域。

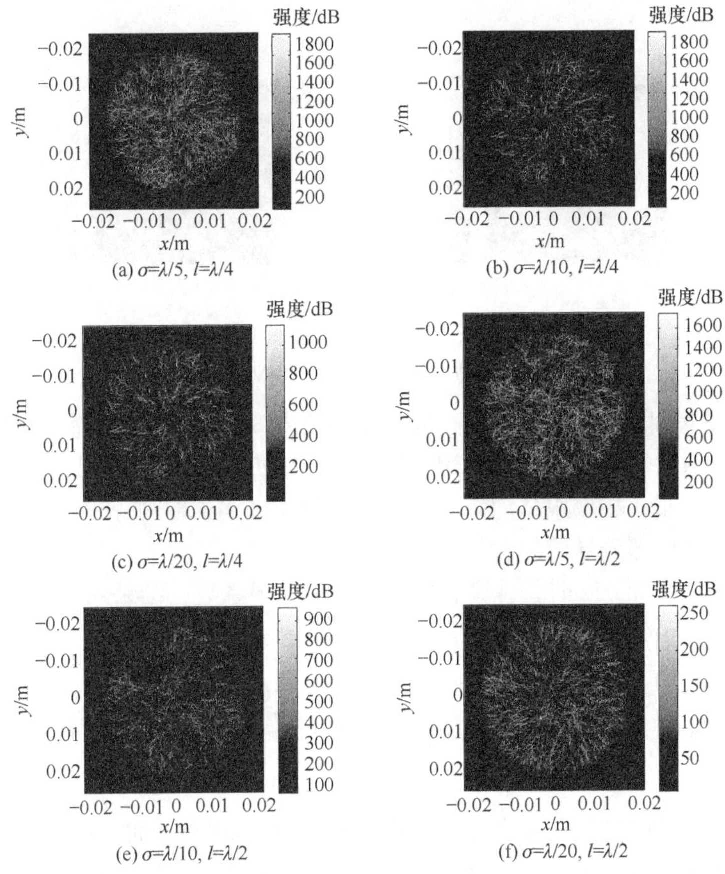

(a) $\sigma=\lambda/5$, $l=\lambda/4$　(b) $\sigma=\lambda/10$, $l=\lambda/4$

(c) $\sigma=\lambda/20$, $l=\lambda/4$　(d) $\sigma=\lambda/5$, $l=\lambda/2$

(e) $\sigma=\lambda/10$, $l=\lambda/2$　(f) $\sigma=\lambda/20$, $l=\lambda/2$

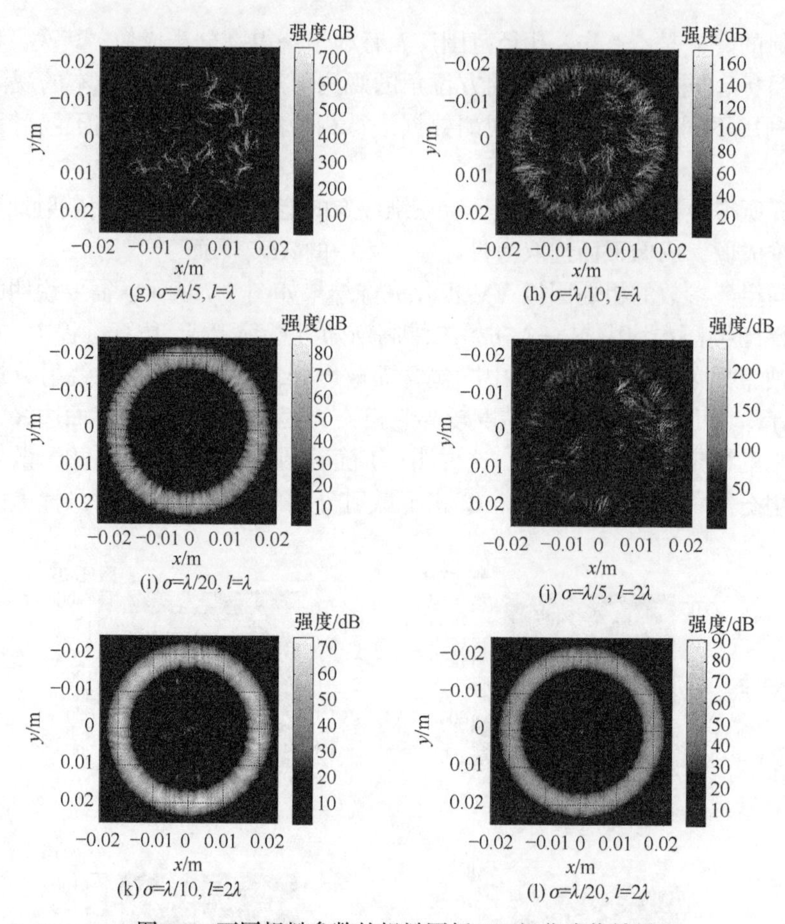

图 2.7　不同粗糙参数的粗糙圆板 VV 极化成像结果

依据假设，将散射场分为相干部分与非相干部分。在高斯粗糙表面的假设下，非相干部分散射场的实、虚部利用高斯分布的随机变量建模，此时，散射场幅度应服从瑞利分布，相位服从均匀分布。幅度与相位偏离瑞利分布和均匀分布的部分是由相干散射部分导致的。

当频率为 300GHz 时，计算各粗糙圆板的散射系数，结果列于表 2.6～表 2.8 中。相干散射系数与非相干散射系数的定义分别为

$$\sigma_{\text{coherent}}^{\text{PQ}} = 4\pi \frac{\left|\left\langle G^{\text{PQ}}(k,\theta,\phi)\right\rangle\right|^2}{A},\quad \sigma_{\text{incoherent}}^{\text{PQ}} = 4\pi \frac{\left\langle \left|G^{\text{PQ}}(k,\theta,\phi) - \left\langle G^{\text{PQ}}(k,\theta,\phi)\right\rangle\right|^2\right\rangle}{A} \tag{2.68}$$

式中，上标 P、Q 可为 H、V，代表入射场及散射场的极化方向；G^{PQ} 为传递函数，当入射场强度为 1 时，其值等于散射场的值 $G^{\text{PQ}} = E_{\text{s}}^{\text{PQ}}$；$A$ 为粗糙圆板的照射面积。

表 2.6　VV 极化散射系数(相干+非相干)　(单位：dB)

相关长度 l	粗糙度 σ		
	$\lambda/5$	$\lambda/10$	$\lambda/20$
$\lambda/4$	−1.17	−3.49	−8.18
$\lambda/2$	−1.94	−9.19	−18.44
λ	−11.57	−21.31	−24.59
2λ	−20.82	−24.22	−24.54

由表 2.6 可见，随着粗糙度的降低和相关长度的增加，粗糙表面的总散射系数(相干+非相干)不断下降，这与图 2.7 中图像右侧灰度标识保持一致。另外发现，对于均方根斜率相同的(表 2.6 中的副对角线方向)粗糙表面，散射系数亦相近，这与粗糙表面理论中的小斜率方法保持一致，同时直观地反映出射线模拟电磁波散射及传播过程的合理性。

表 2.7　VV 极化相干散射系数　(单位：dB)

相关长度 l	粗糙度 σ		
	$\lambda/5$	$\lambda/10$	$\lambda/20$
$\lambda/4$	−35.95	−34.32	−33.51
$\lambda/2$	−42.07	−43.72	−33.09
λ	−44.57	−28.61	−25.51
2λ	−34.76	−27.69	−25.42

由表 2.7 可见，随着粗糙度的降低和相关长度的增加，粗糙表面相干散射系数呈上升趋势，由前面对图 2.7 的分析可知，这与目标边缘在粗糙表面趋于光滑过程中愈加清晰，并与散射场形成确定性的相干分量的贡献有关。

表 2.8　VV 极化非相干散射系数　(单位：dB)

相关长度 l	粗糙度 σ		
	$\lambda/5$	$\lambda/10$	$\lambda/20$
$\lambda/4$	−1.17	−3.49	−8.19
$\lambda/2$	−1.94	−9.19	−18.58
λ	−11.57	−22.20	−31.78
2λ	−20.99	−26.82	−31.91

由表 2.8 可以看出，其中大部分数据与表 2.6 相近，在粗糙表面已十分趋近于光滑平面时(表 2.8 中右下角)，非相干分量逐渐减弱至小于相干分量，相干分量成为散射场的主要成分。

图 2.8～图 2.11 给出了四组粗糙圆板在不同俯仰角下的 VV 极化成像结果。

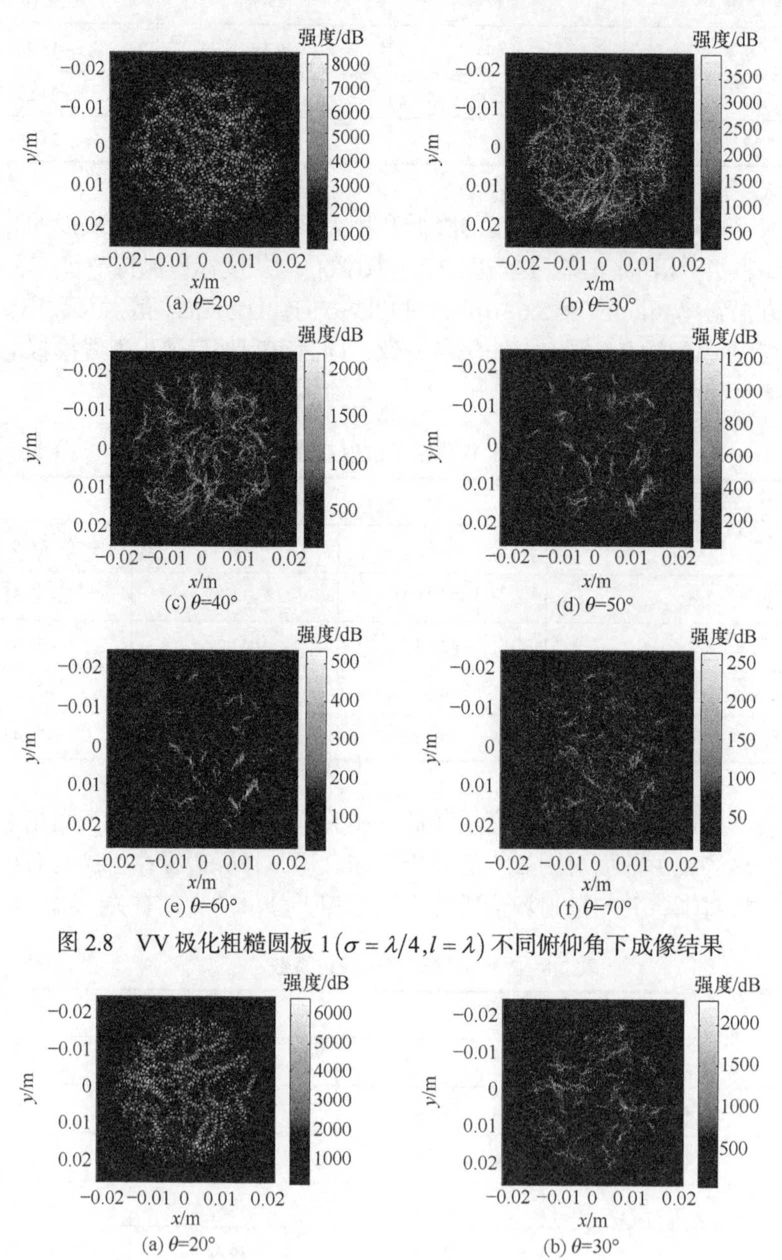

(a) θ=20°　(b) θ=30°

(c) θ=40°　(d) θ=50°

(e) θ=60°　(f) θ=70°

图 2.8　VV 极化粗糙圆板 1 $(\sigma = \lambda/4, l = \lambda)$ 不同俯仰角下成像结果

(a) θ=20°　(b) θ=30°

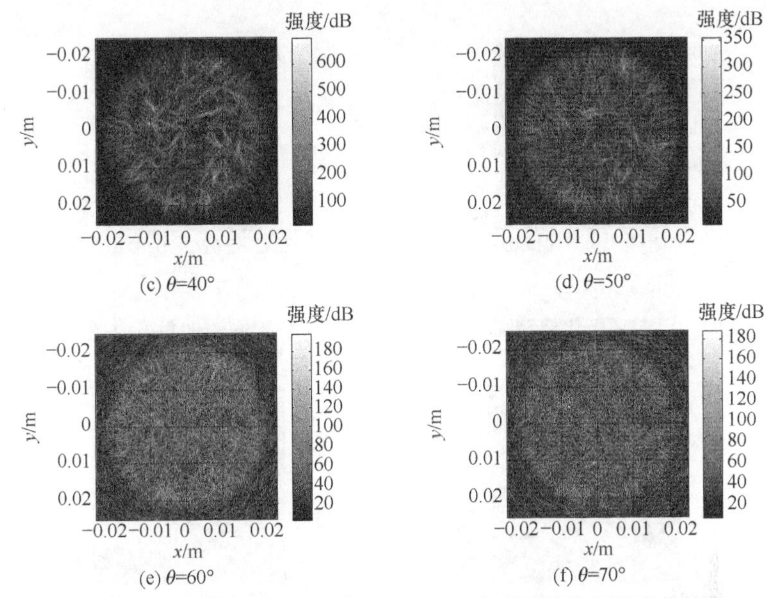

图 2.9　VV 极化粗糙圆板 2 $(\sigma=\lambda/8, l=\lambda)$ 不同俯仰角下成像结果

下面以粗糙圆板 1 $(\sigma=\lambda/4, l=\lambda)$ 为例，对不同俯仰角下的图像进行谱域分析，此处图像的含义是复图像，而非图中绘出的幅度图像。图 2.7 中复图像的 X-Y 平面谱域如图 2.12 所示。通过计算发现，图 2.12 中圆环的大小与环带宽度正好等于由计算条件确定的三维谱域在 X-Y 平面上的投影。

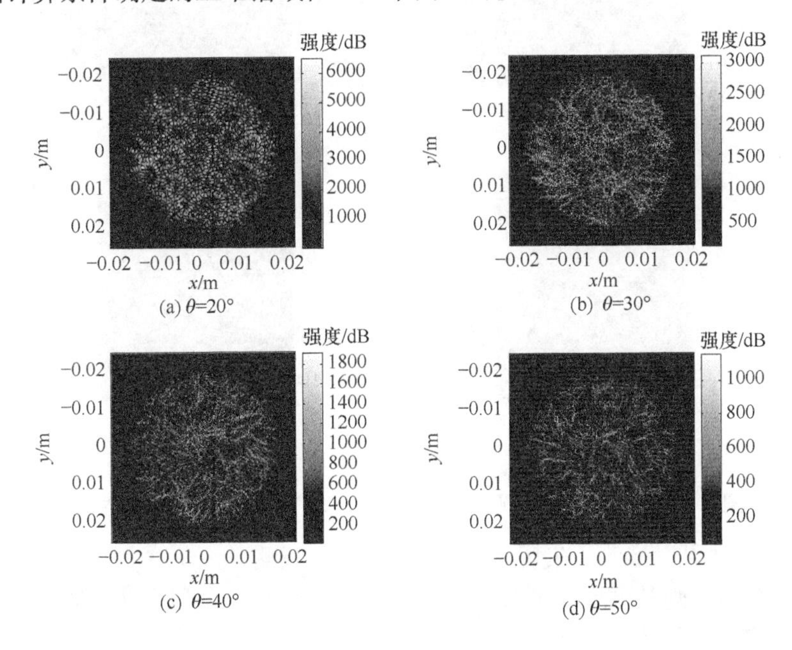

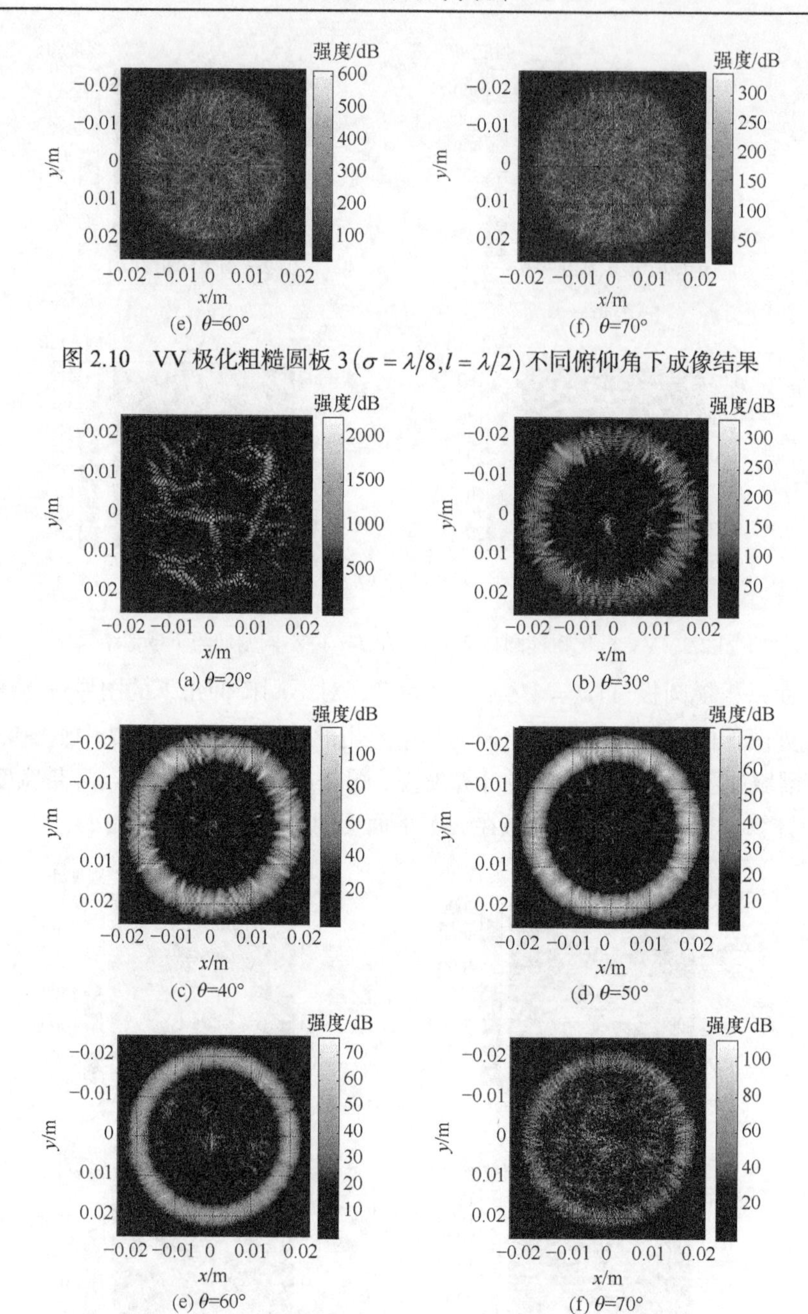

图 2.10　VV 极化粗糙圆板 3 $(\sigma = \lambda/8, l = \lambda/2)$ 不同俯仰角下成像结果

图 2.11　VV 极化粗糙圆板 4 $(\sigma = \lambda/8, l = 2\lambda)$ 不同俯仰角下成像结果

由图 2.12 可以推测，在其他观测条件下，如观测方位角并非 360°，而是一个有限的小角度，则其谱域亦可对应图 2.13 中圆环谱域的一段。这样便可由高分辨成像生成多幅不同视角下的低分辨成像。

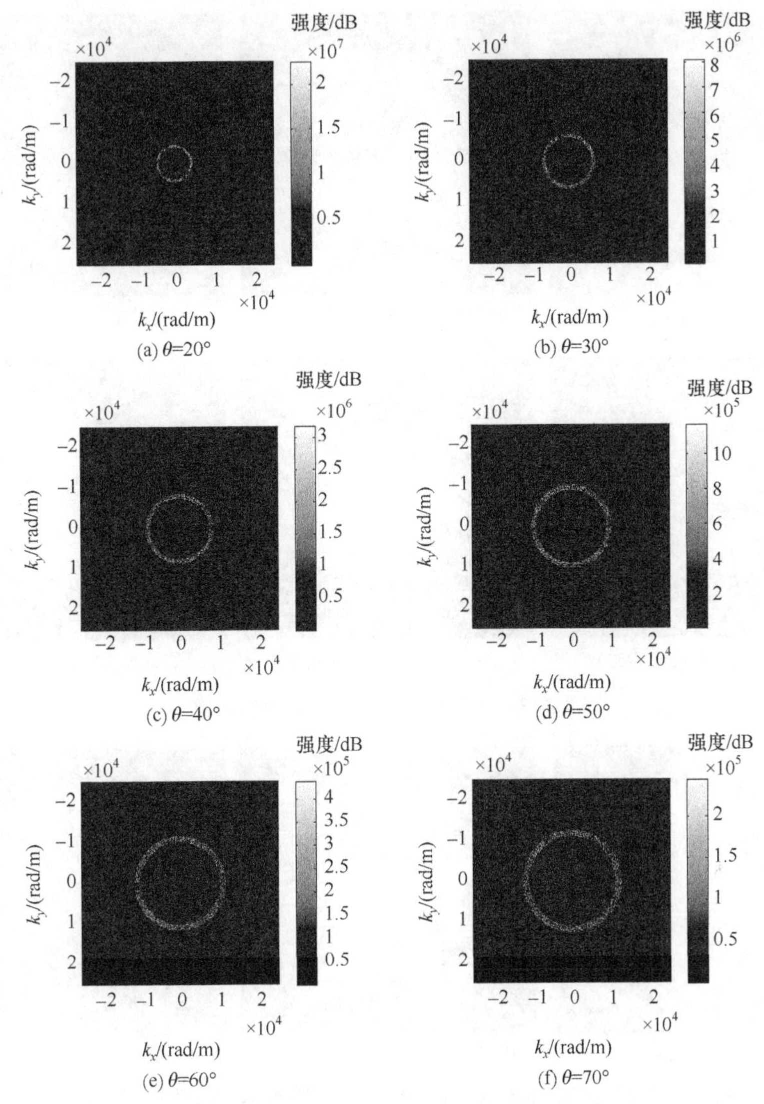

图 2.12　VV 极化粗糙圆板 1($\sigma=\lambda/4$, $l=\lambda$)不同俯仰角下图像的谱域

在相干成像方式下，图像受相干斑的影响十分显著，图 2.8～图 2.11 中灰度的快速明暗交替变化就是相干斑的直接体现。相干斑的存在是由点扩展函数旁瓣的存在造成的，而旁瓣形状与回波波束域支撑区形状有直接关系，因此图像特征亦会随着观测方式的变化而变化。

2. 粗糙表面成像实测与规律分析

本小节分别对 5 种粗糙度的金属铝板进行 440GHz 频段和 660GHz 频段的测量，成像结果分别绘于图 2.13 和图 2.14 中。由粗糙金属铝板的实验结果可以看

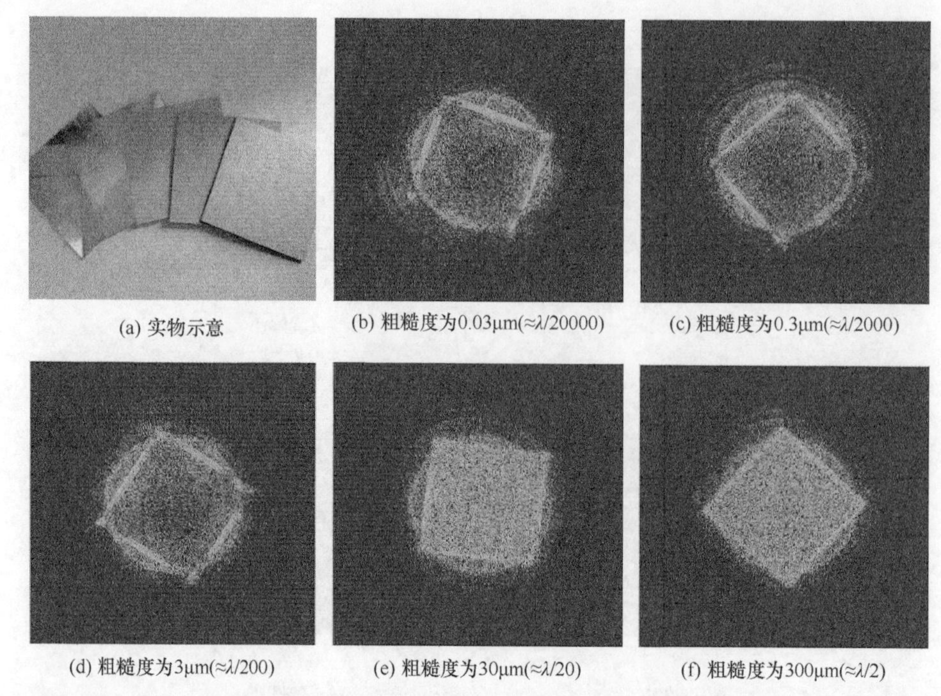

(a) 实物示意　(b) 粗糙度为0.03μm(≈λ/20000)　(c) 粗糙度为0.3μm(≈λ/2000)

(d) 粗糙度为3μm(≈λ/200)　(e) 粗糙度为30μm(≈λ/20)　(f) 粗糙度为300μm(≈λ/2)

图 2.13　不同粗糙度的铝质方板的成像

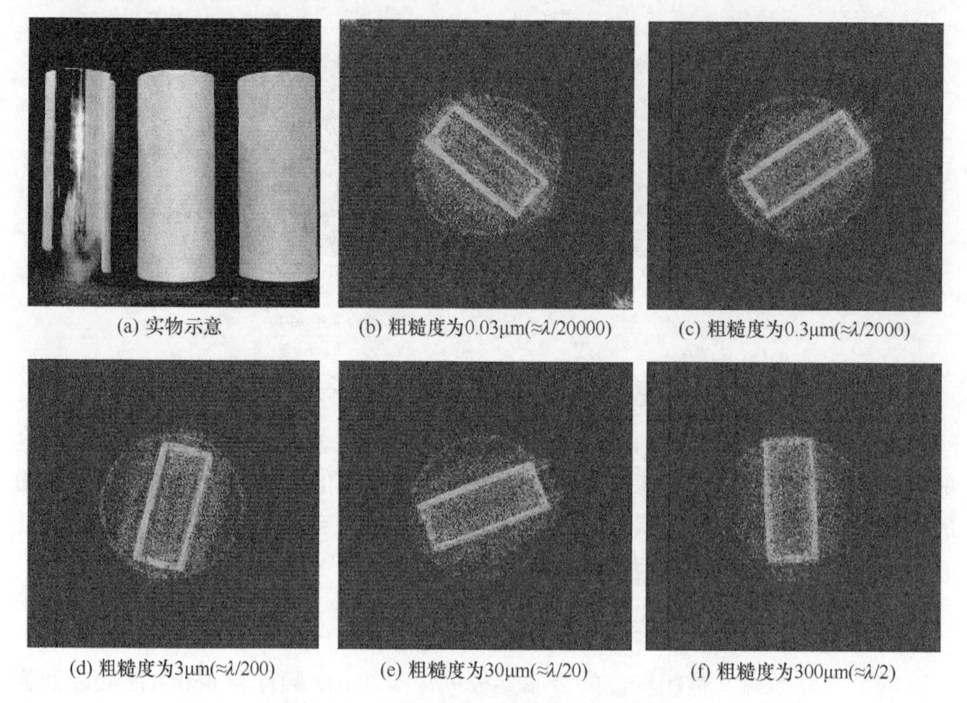

(a) 实物示意　(b) 粗糙度为0.03μm(≈λ/20000)　(c) 粗糙度为0.3μm(≈λ/2000)

(d) 粗糙度为3μm(≈λ/200)　(e) 粗糙度为30μm(≈λ/20)　(f) 粗糙度为300μm(≈λ/2)

图 2.14　不同粗糙度的铝质圆柱的成像

出，在所给实验条件下，当粗糙度小于 $\lambda/150$ 时，粗糙表面对散射的影响不显著，图像特征主要表现为金属铝板的边缘散射；当粗糙度达到 $\lambda/20$ 时，粗糙效应开始显现，图像与光学图像具有更高的相似性。

2.6.2　细微结构高分辨成像规律

1. 单个细微结构成像仿真与规律分析

对细微结构基板和各结构几何建模的参数设置如下：基板直径 80mm、最厚处 21mm，调姿孔孔深 15mm、上直径 10mm、下直径 5mm，缝隙宽 1mm、深 2mm、长 80mm，螺钉边长 5mm、高 3mm，铆钉直径 10mm、高 2.7mm。

图 2.15 为细微结构基板计算机辅助设计(computer aided design，CAD)几何模型，图 2.16 分别展示了调姿孔、缝隙、螺钉和铆钉 CAD 几何模型。

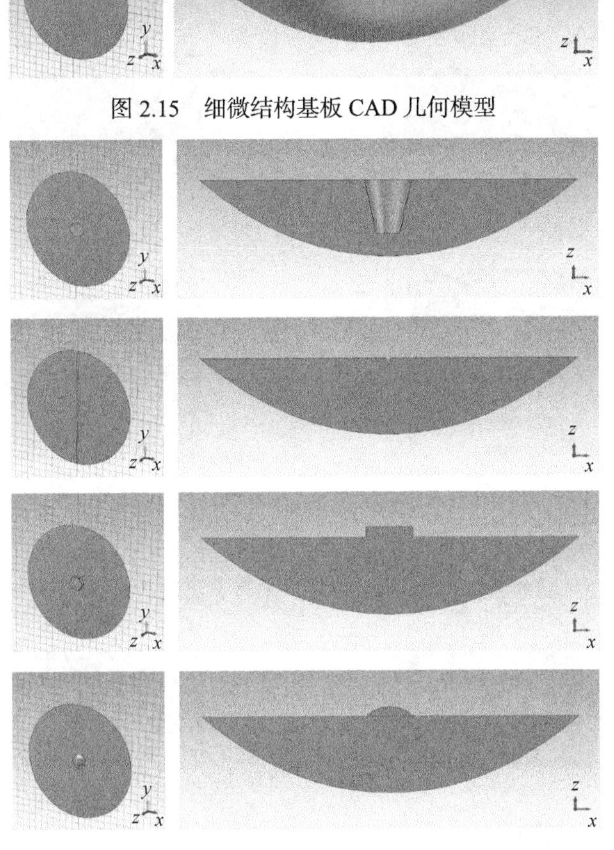

图 2.15　细微结构基板 CAD 几何模型

图 2.16　调姿孔、缝隙、螺钉、铆钉 CAD 几何模型

在图 2.15 与图 2.16 所示的建模方式下，来自基板的散射绝大部分为边缘散射分量，且由于基板直径与细微结构尺寸间留有较大的冗余空间，来自基板的散射贡献可以用较简单的方法分离，如从成像结果中进行分离。

对单个细微结构的电磁仿真计算参数如表 2.9 所示。

表 2.9　单个细微结构的电磁仿真计算参数

中心频率	带宽	频点间隔	观测方位角	观测俯仰角	方位角间隔
600GHz	40GHz	1GHz	0°～360°	20°、30°、40°、50°、60°、70°	0.12°

1) 小转角成像结果及分析

首先在小范围的方位向转角条件下，对不同细微结构在不同俯仰角下的结果进行分析。图 2.17～图 2.20 分别展示了 VV 极化条件下四种单个细微结构在 10° 方位转角范围内的成像结果。

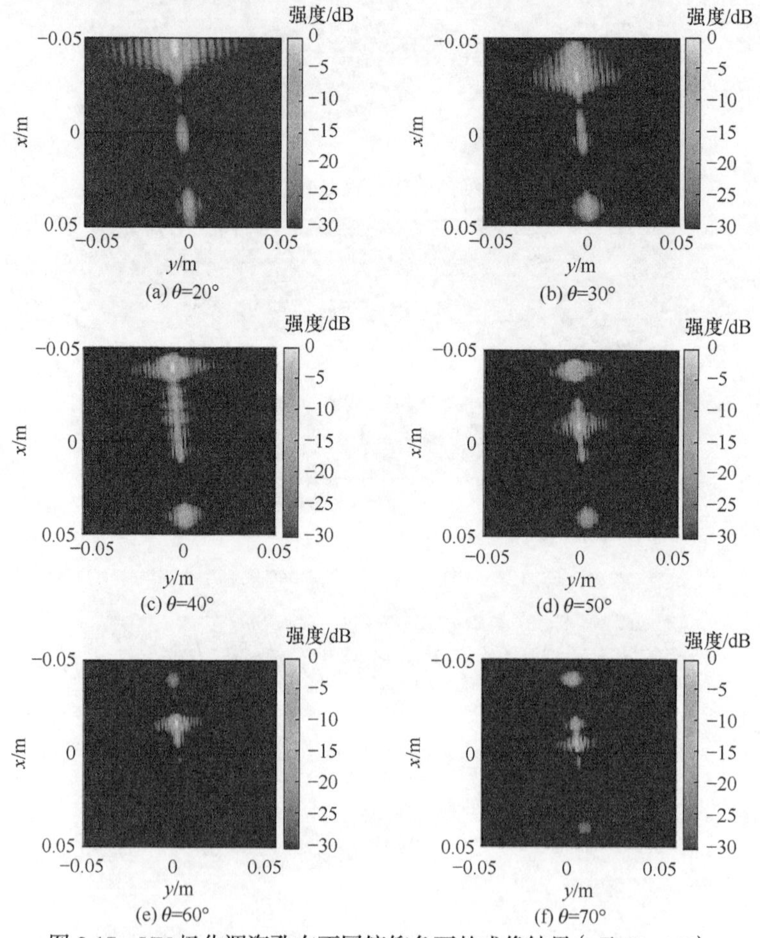

图 2.17　VV 极化调姿孔在不同俯仰角下的成像结果（φ取0°～10°）

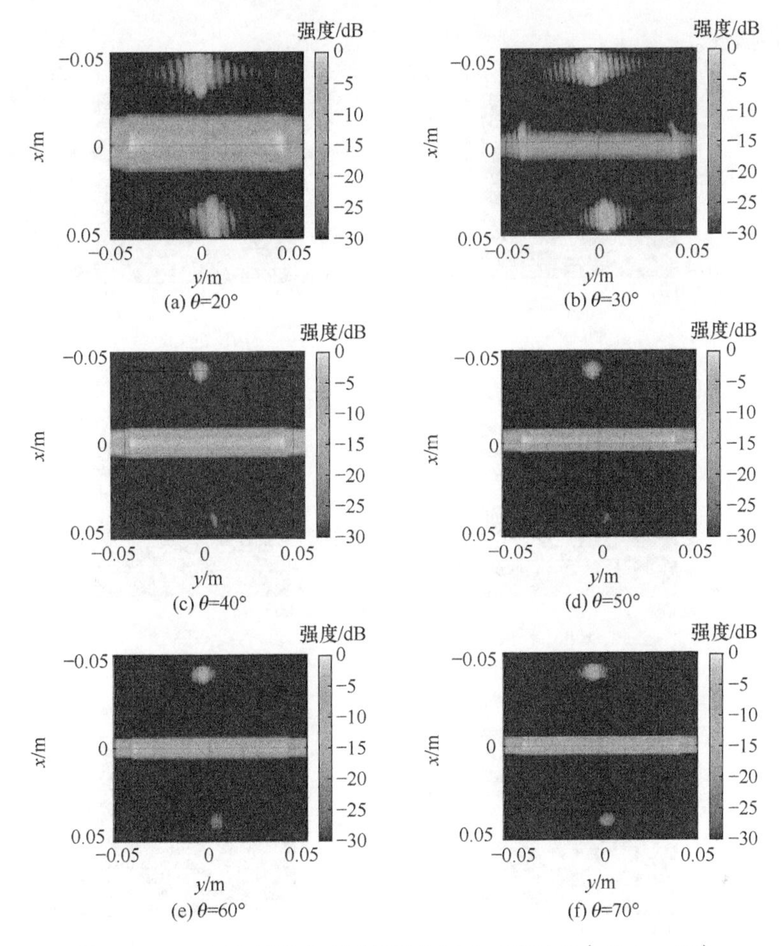

图 2.18　VV 极化缝隙在不同俯仰角下的成像结果（φ取0°～10°）

在四种单个细微结构中，调姿孔和缝隙具有凹腔结构，螺钉和铆钉的散射行为则相对简单。其中，调姿孔的图像最为多变，这是因为调姿孔的腔体尺寸最大且其尺度明显大于图像分辨率，从射线的角度理解，俯仰角的变化会导致电磁波的传播射线路径在调姿孔墙体内发生明显改变，亦使波程和相位发生显著变化，从而造成图像的改变。在图 2.18 中，所取观测方位角包含了垂直于缝隙的观测角，因此成像结果与其几何结构的对应关系十分明显。从几何结构的角度亦可看出，调姿孔的散射不随方位角的变化而变化，而随俯仰角的变化而显著变化；缝隙的散射对观测俯仰角的变化并不敏感，而对方位角的变化比较敏感。对于螺钉和铆钉，其图像具有显著的散射中心特征，由图 2.19 和图 2.20 可以看出，在指定的观测角度下，螺钉的散射主要由边缘及顶点散射描述，铆钉的散射则主要由滑动型散射中心描述。

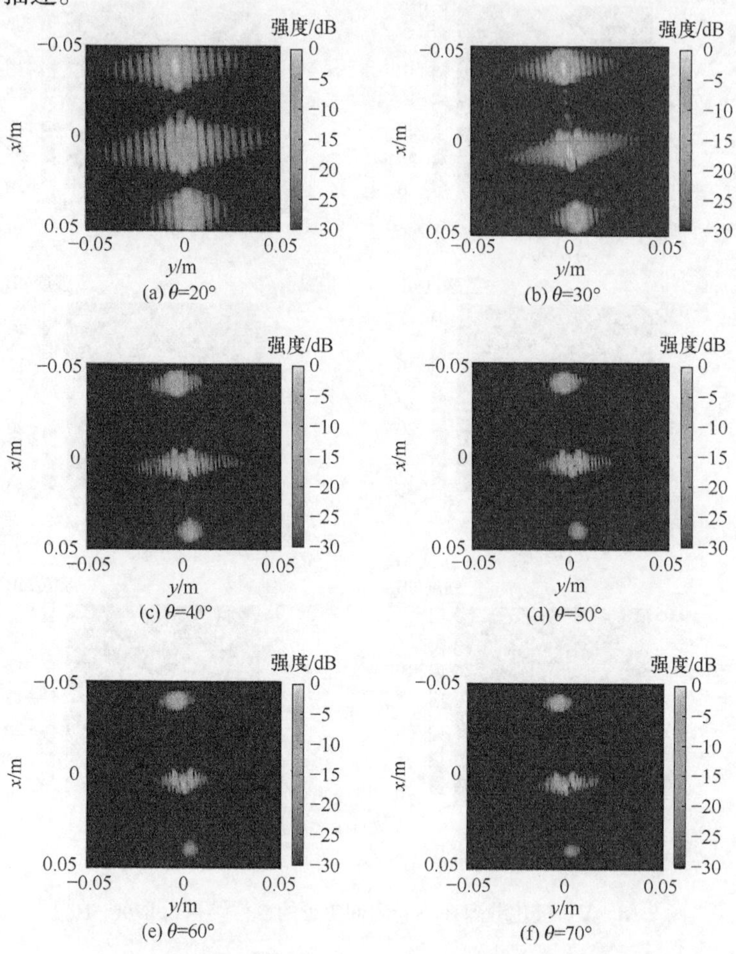

(a) θ=20°　(b) θ=30°

(c) θ=40°　(d) θ=50°

(e) θ=60°　(f) θ=70°

图 2.19　VV 极化螺钉在不同俯仰角下的成像结果(φ取0°~10°)

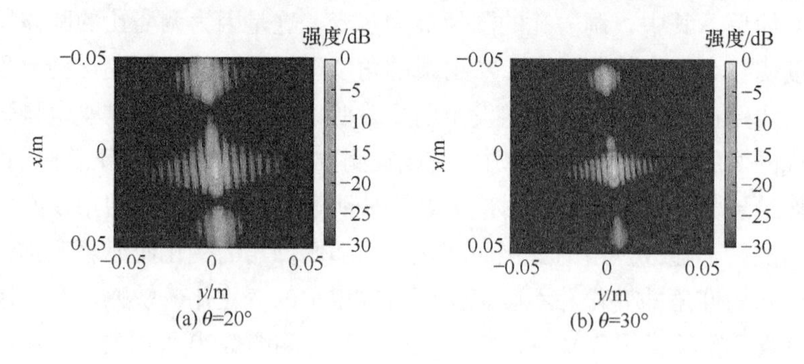

(a) θ=20°　(b) θ=30°

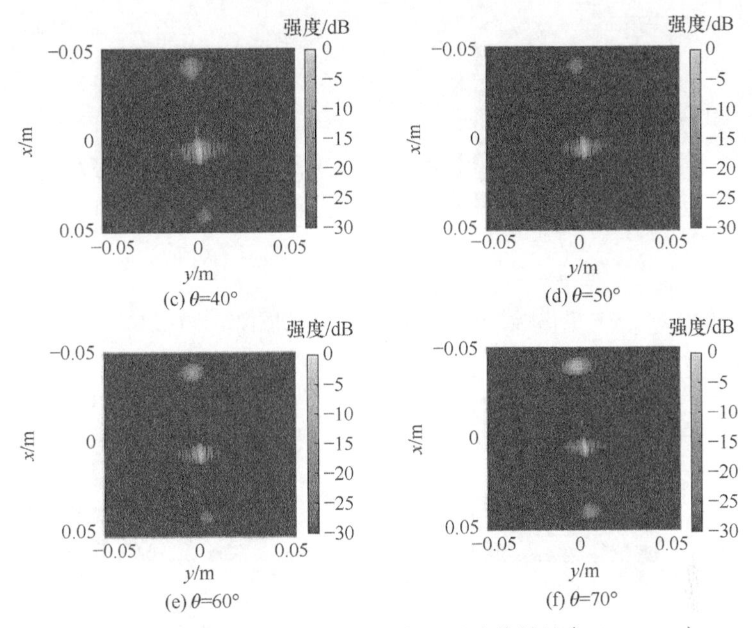

图 2.20　VV 极化铆钉在不同俯仰角下的成像结果(φ取0°～10°)

2) 大转角成像结果及分析

下面利用方位角 360°的观测数据进行大转角成像,结果绘于图 2.21～图 2.24 中。

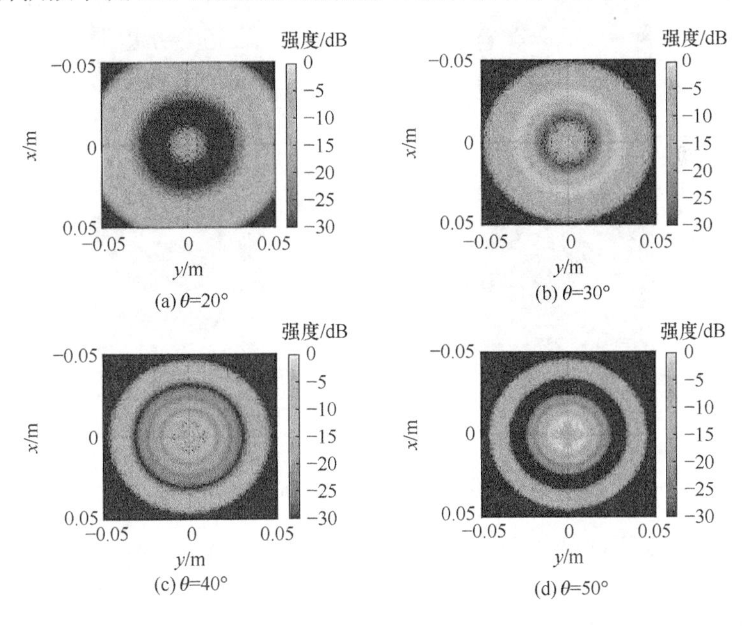

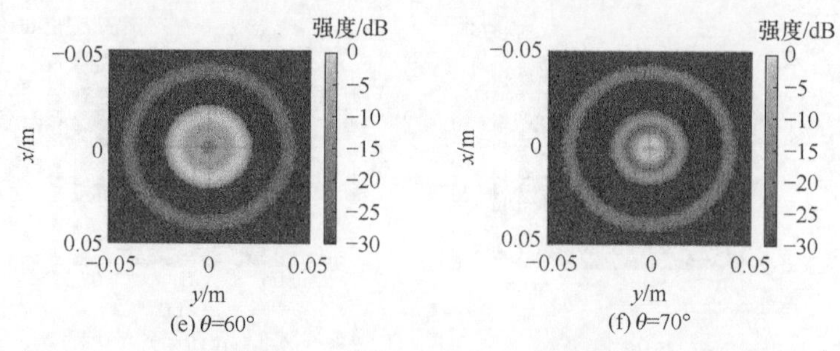

图 2.21　VV 极化调姿孔在不同俯仰角下的成像结果(φ取0°～360°)

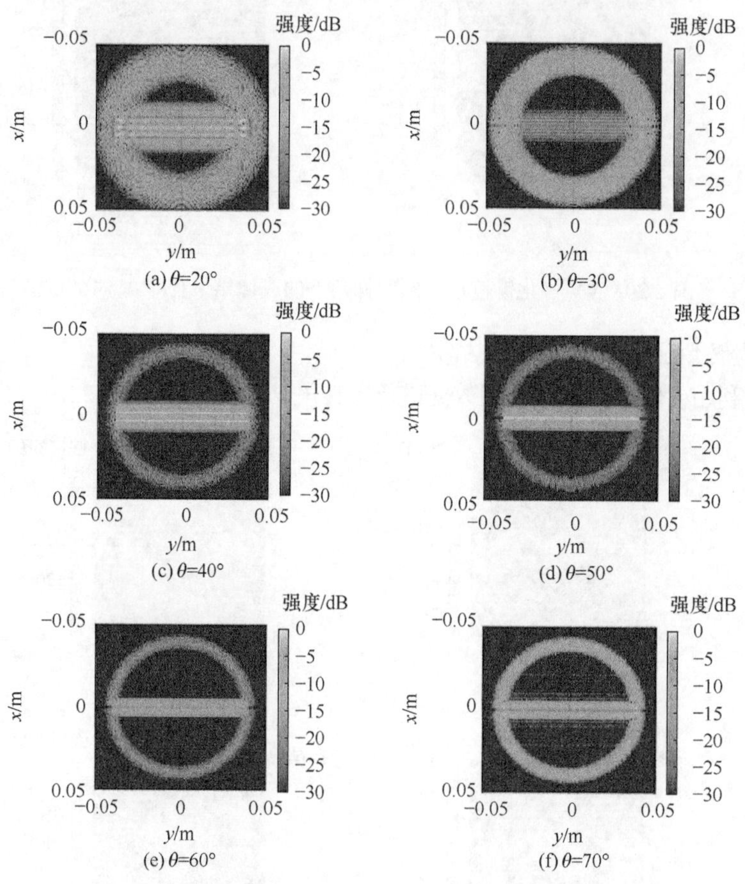

图 2.22　VV 极化缝隙在不同俯仰角下的成像结果(φ取0°～360°)

对比发现，在四种单个细微结构中，图 2.23 所示螺钉的散射强度最强(基板的边缘散射分量几乎被压制)，这是由螺钉与基板间的二面角反射结构造成的，二面角反射结构同时使得螺钉成像结果的六角结构显著。对于调姿孔，虽然存在腔体结构但散射强度并没有螺钉强，这是由于调姿孔的孔深较深且没有直角反射结构存在，

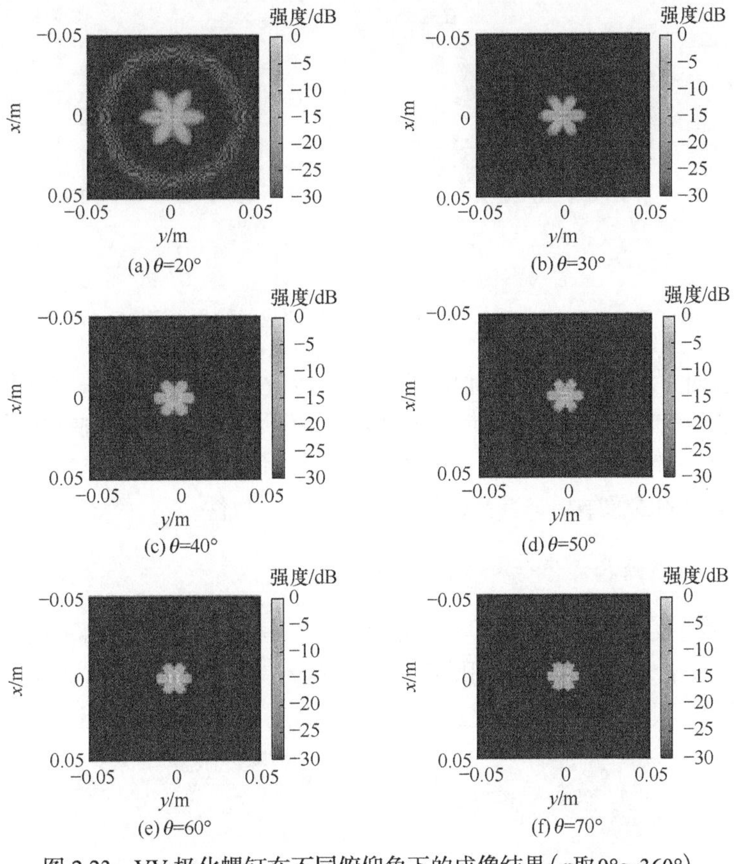

图 2.23　VV 极化螺钉在不同俯仰角下的成像结果(φ取0°～360°)

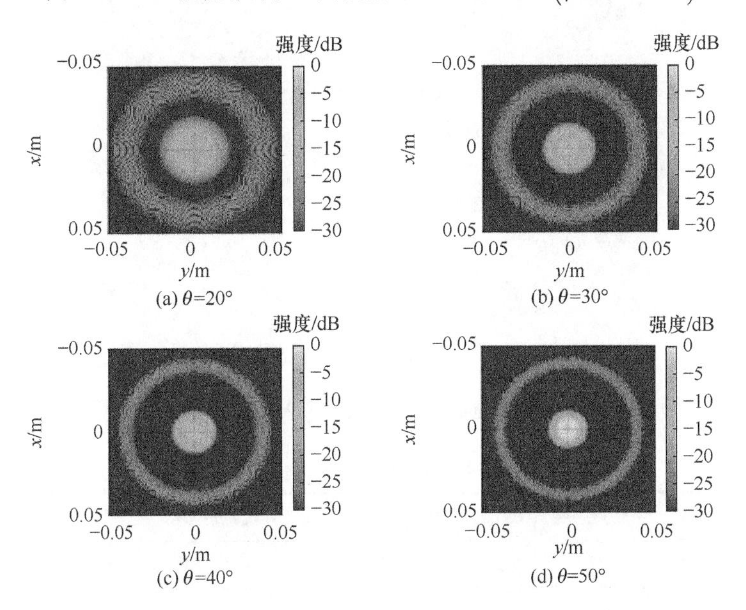

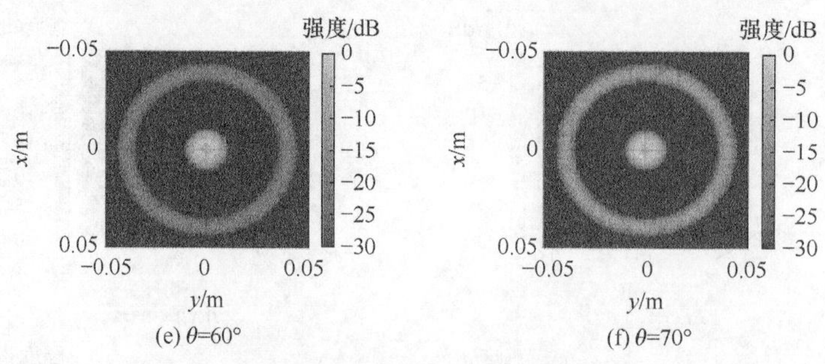

图 2.24 VV 极化铆钉在不同俯仰角下的成像结果(φ取0°～360°)

在后向散射时并不存在强回波，但腔体结构可能造成空间中的另一散射方向具有较强的散射能量。对于缝隙，由于其结构尺寸小，因此腔体结构并未造成强散射现象，其散射强度与铆钉相当。同时，可以看出，在大转角成像条件下，除了调姿孔结构，其余细微结构的成像结果与其几何结构具有高度一致性。

2. 阵列细微结构成像仿真与规律分析

基板直径 5cm，厚度 2mm。周期网孔结构 CAD 几何模型如图 2.25 所示，每个网孔宽 1mm、间隔 0.3mm，孔深 0.7mm。击芯铆钉阵列结构 CAD 几何模型如图 2.26 所示，其中单个铆钉半径约 0.5mm，高度约 0.25mm，铆钉间隔 2mm。

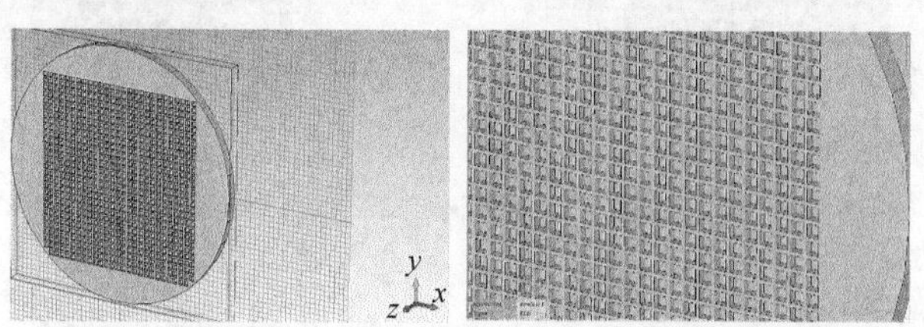

图 2.25 周期网孔结构 CAD 几何模型

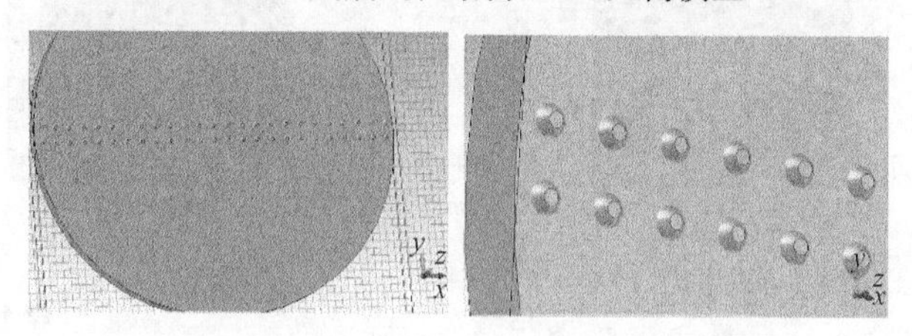

图 2.26 击芯铆钉阵列结构 CAD 几何模型

对阵列细微结构的电磁仿真计算参数如表 2.10 所示。

表 2.10 阵列细微结构的电磁仿真计算参数

中心频率	带宽	频点间隔	观测方位角	观测俯仰角	方位角间隔
600GHz	40GHz	2GHz	0°～360°	30°、36°、42°、48°、54°、60°、66°、72°	0.18°

1) 周期网孔结构成像及分析

图 2.27 为周期网孔结构在不同俯仰角条件下，利用方位角 85°～95°内的散射数据成像的结果。成像平面均为 x-y 平面，成像方法为前面描述的 CBP 方法。在所有俯仰角下，所成图像的底部均有一个小的散射点，这是由基板在远离观察方向处的边缘散射效应造成的，而并非由周期网孔结构引起，因此不是本书讨论与分析的重点。观察图 2.27 可以发现，在所给观测条件下，依据图像特征，可将成像结果大致分为三类：第一类的特征是两条明显的线状强散射区域，如图 2.27(a)、

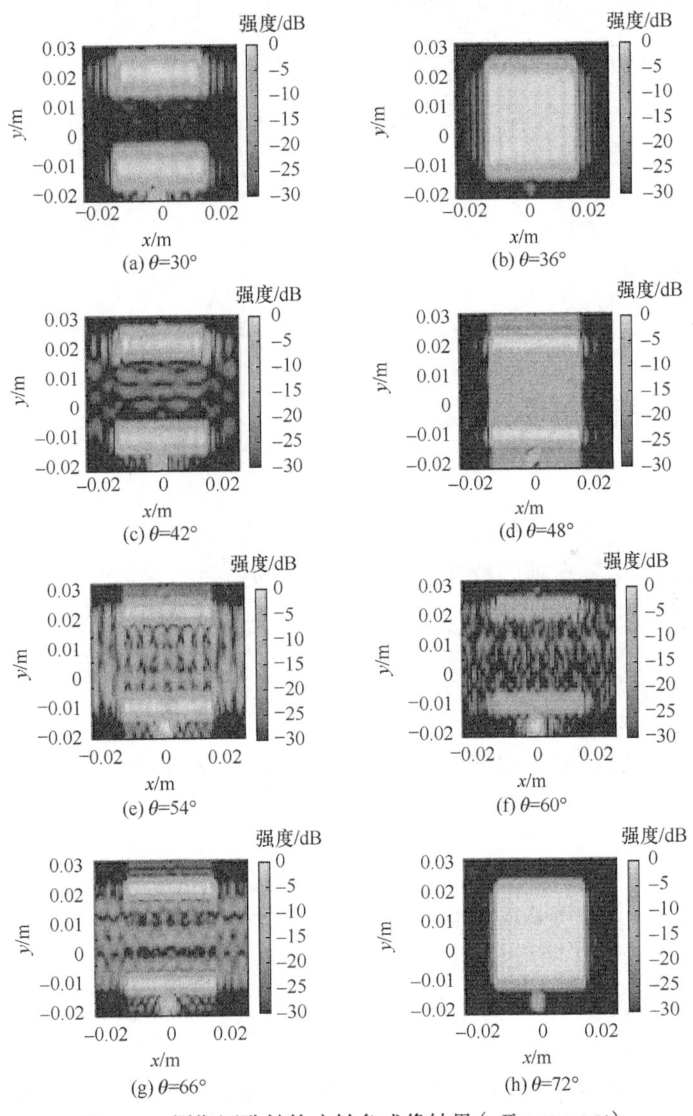

(a) θ=30°　(b) θ=36°　(c) θ=42°　(d) θ=48°　(e) θ=54°　(f) θ=60°　(g) θ=66°　(h) θ=72°

图 2.27　周期网孔结构小转角成像结果(φ取85°～95°)

(c)、(e)、(f)、(g)所示；第二类的特征是一整块强面散射区域，如图 2.27(b)、(h)所示；第三类介于第一类与第二类之间，如图 2.27(d)所示。

为了探究这三类特征出现的原因，首先对距离像进行分析。分别取 θ 为 30°、36°、48°，$\varphi=90°$ 下的散射数据并进行距离成像，结果如图 2.28 所示。将图 2.28 中三条曲线与图 2.27(a)、(b)、(d)对比可以发现，此时的距离像与二维图像在 $x=0$ 处的截面具有很高的一致性。可见，在小转角成像条件下，距离像特征直接决定了二维图像的特征。下面分析距离像不同特征的形成原因。观察图 2.28 中三条曲线，发现三类特征可以由零点幅度大小进行界定。具体来说，三类特征分别对应距离像零点处的相干相消、相干增强或介于前两者之间。

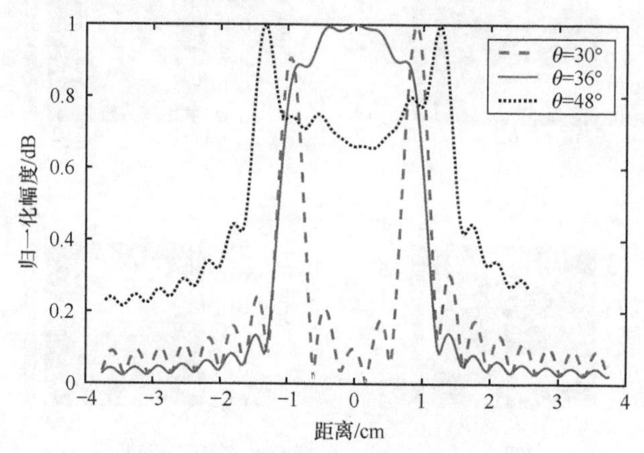

图 2.28　不同俯仰角下的距离像 ($\varphi=90°$)

为分析距离像零点处的特性，对散射回波随频率的变化进行建模：

$$S(k)=\sum_{R}\exp(\mathrm{j}2kR) \tag{2.69}$$

则目标距离像为

$$g(r)=\int_{k_{\min}}^{k_{\max}}S(k)\exp(-2\mathrm{j}kr)\mathrm{d}k=2\Delta k\sum_{R}\mathrm{sinc}\left[\Delta k(R-r)\right]\exp\left[2\mathrm{j}k_{\mathrm{mid}}(R-r)\right] \tag{2.70}$$

式中，$\Delta k=k_{\max}-k_{\min}$、$k_{\mathrm{mid}}=(k_{\max}+k_{\min})/2$。为分析距离像零点幅度(简称零点幅度)，令 $r=0$。同时，为分析不同散射点间隔的影响，假定场景中包含若干间隔均匀分布的散射点目标，并令其间隔在 $0.1\lambda\sim3\lambda$ (0.05～1.5mm)变化。图 2.29 为在所选实验参数下，距离像零点幅度随散射点间隔 ΔR 的变化曲线。可以看出，当散射点间隔处在半波长整数倍附近时，距离像零点处会发生相干增强。

根据几何建模参数可知，网孔间距为 1.3mm，在所选取的观测俯仰角下，对应的距离像投影间隔分别为 0.65mm、0.76mm、0.86mm、0.96mm、1.05mm、

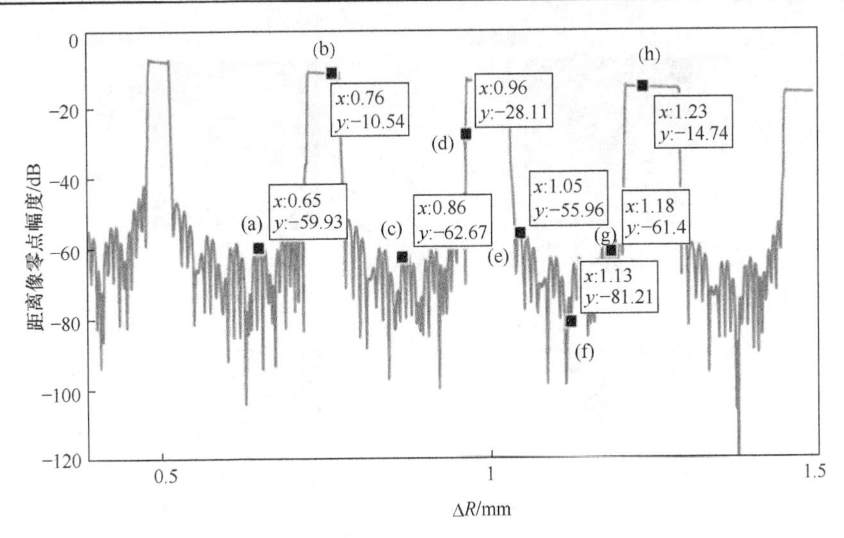

图 2.29　距离像零点幅度随散射点间隔的变化曲线

1.13mm、1.18mm、1.23mm。图 2.29 中分别标出了这些间隔处对应的距离像零点幅度。容易看出，图 2.29 中(b)、(h)对应投影距离像零点处发生相干增强，图 2.30 中(a)、(c)、(e)、(f)、(g)对应位置发生相干相消，图 2.30 中(d)则处于相干增强与相干相消的过渡区域。这与前面的成像结果高度一致。一方面说明了本书所采用分析方法的正确性；另一方面也对图像中所出现的不同特征给出了形成原因。

观察图 2.27，以图 2.27(e)、(g)为代表，图像在方位向(图中 x 轴方向)有明显的虚影效应。经分析，这些虚影是由腔体多次散射与网孔结构间的互遮挡效应引起的。具体来讲，对于简单散射体，如散射点目标，散射回波的幅度与相位随着方位角的变化而缓慢变化。此时，从谱分析的角度看，单散射点目标的回波对应了一个单频或窄带的谱分量。对于复杂散射体，尤其是包含腔体与遮挡的散射体，随着观测角度的变化，电磁波的多次散射路径与遮挡关系都可能随之变化，从而造成散射回波的幅度与相位随着方位角出现快速、不规则的变化。这时，回波的谱分量不再是一个窄带信号，而会出现一定的展宽。这一效应体现在图像上就显现为方位向的虚影效应。

综上，相干相消、相干增强和虚影效应会造成不同的图像特征。

由雷达成像原理可知，成像是一个相干处理的过程。所得图像除了由散射数据决定，还受到由观测角度、频段与带宽决定的谱域支撑区形状的影响。在远场近似下，谱域支撑区形状决定了图像的点扩展函数，因此谱域支撑区形状也影响着图像中相干斑的特性。上述特点决定了雷达图像不如光学图像直观，尤其是当目标存在类似腔体等多次散射结构并造成了复杂的散射分量时。

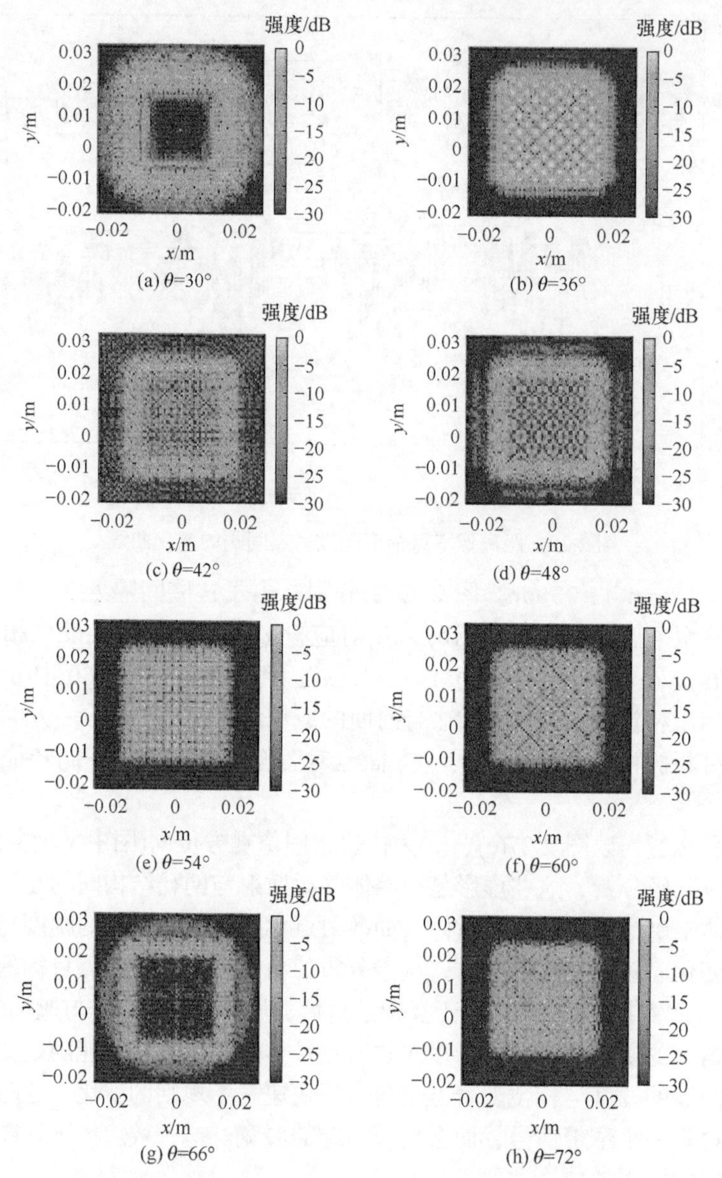

图 2.30　周期网孔结构大转角成像结果（φ取0°～360°）

图 2.30 为利用全部 360°方位角数据进行成像的结果，可以将其看作由若干相邻的小转角成像结果相干叠加所得，这一点由 CBP 方法的成像过程很容易推断得到。对于每段小的方位转角，其成像结果均可用前面对图 2.27 采取的分析方法进行分析。相似地，对于每段小转角成像结果，亦可用相干相消、相干增强和虚影效应进行解释。当将所有小转角图像叠加起来时，全方位成像结果的特征更为复杂，这说明周期网孔结构的散射特性随着方位角的变换发生了显著的改变。但在

复图像的意义上，从图像与回波数据的傅里叶变换关系角度出发，不难得出以下结论：利用图 2.30 所示的复图像可以生成任意小转角范围对应的子孔径图像，特别地，由图 2.30 可以生成对应俯仰角下的图 2.27 所示图像。采用这种方法，就间接地完成了对图 2.30 中图像的成因解释。另外，由图 2.30 可以看出，对于周期网孔结构这类复杂散射目标，散射特性亦强烈依赖俯仰观察角。

2) 击芯铆钉阵列结构成像及分析

平头细微结构周围有一圈弧形散射结构，为铆钉斜面。可见，击芯铆钉阵列结构的成像散射中心主要由平头结构与铆钉斜面的镜面反射组成。

图 2.31 为两排击芯铆钉阵列结构在不同俯仰角条件下，利用方位角 85°～95° 内的散射数据成像的结果。成像平面均为 x-y 平面，成像方法仍为前面描述的 CBP 方法。同样地，所有图像底部均有一个小的强散射点，这是由基板在远离观察方向处的边缘散射效应造成的，而并不是由细微结构引起的。相比前面的周期网孔结构，击芯铆钉阵列结构不存在腔体等复杂散射结构。

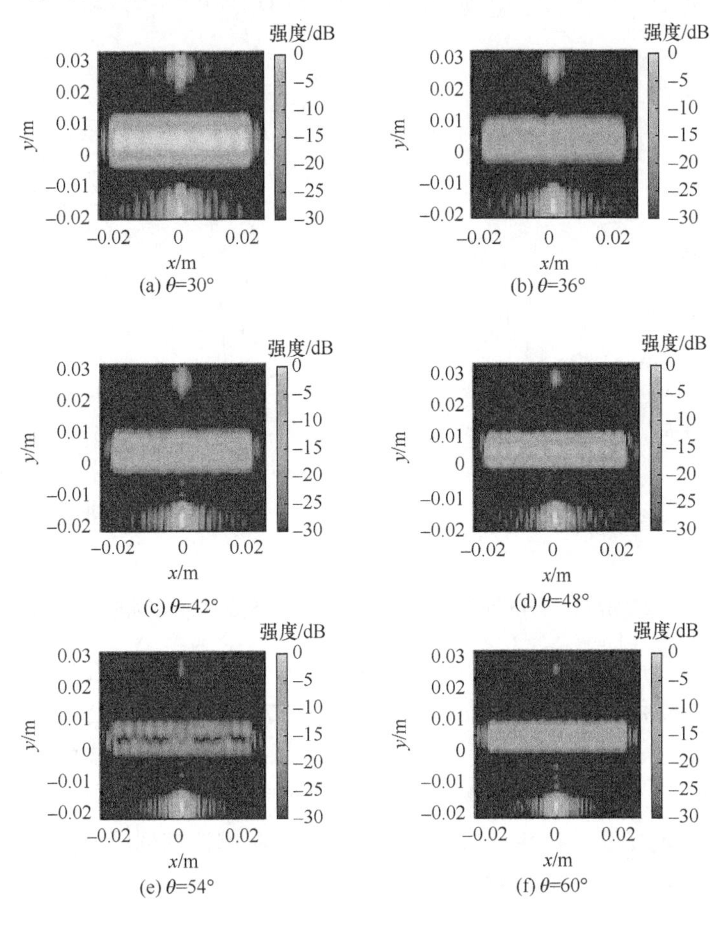

(a) θ=30°　(b) θ=36°

(c) θ=42°　(d) θ=48°

(e) θ=54°　(f) θ=60°

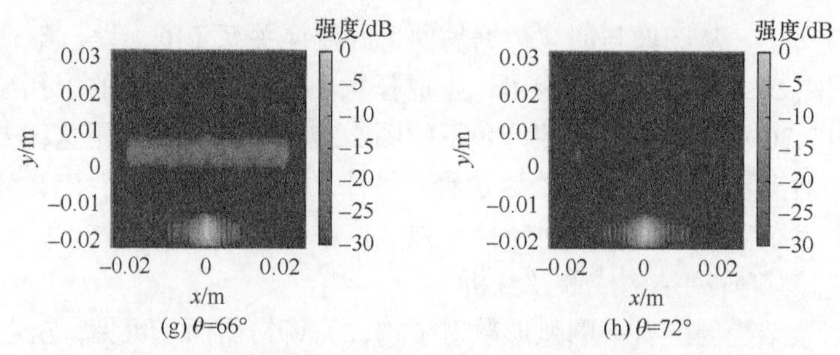

图 2.31　击芯铆钉阵列结构小转角成像结果(φ取85°～95°)

本节采用与周期网孔结构相同的分析方法，即分析距离像零点幅度。两排击芯铆钉阵列在方位角 90°的投影方向上可以看作两个散射点，因此设定场景中包含 2 个间隔均匀分布的散射点目标，并令其间隔在1.5λ～4.5λ (0.75～2.25mm)变化。图 2.32 为在所选实验参数下，距离像零点幅度随相邻点目标间隔的变化曲线。可以看出，距离像零点幅度呈现出以半波长为周期的周期性涨落。

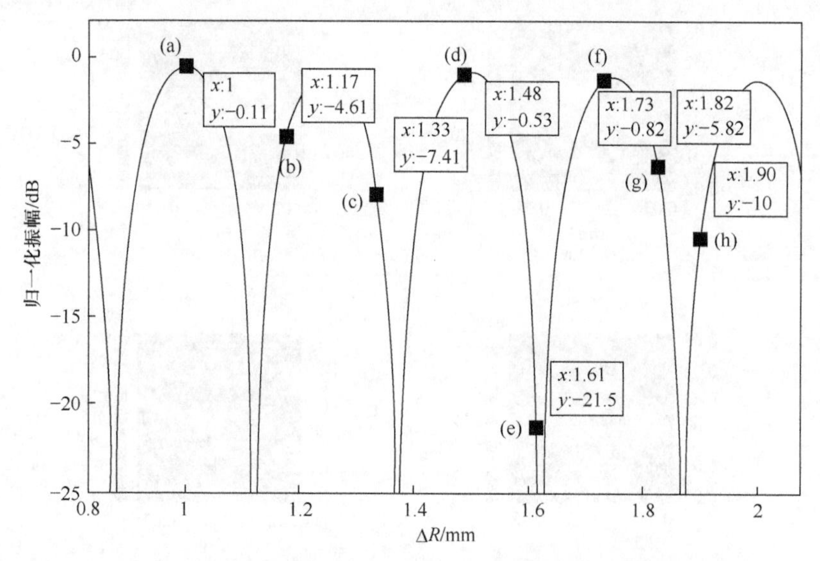

图 2.32　击芯铆钉阵列结构距离像零点幅度随散射点间隔的变化曲线

同样地，根据几何参数，两排击芯铆钉阵列间隔为 2mm，在所选取的观测俯仰角下，对应的距离向投影间隔分别为 1mm、1.17mm、1.33mm、1.48mm、1.61mm、1.73mm、1.82mm、1.90mm。图 2.32 分别标出了这些间隔处对应的距离像零点幅度。可以看出，距离像零点幅度并非随俯仰角而变得单调，并且各角度处的幅度与成像结果呈现高度一致性。这给出了图像中击芯铆钉阵列成像强度涨落变化的形成原因。另外，由于击芯铆钉不包含腔体或遮挡结构，图像中方位向(x 轴方向)

并未发生类似周期网孔结构的虚影现象。

图 2.33 为击芯铆钉阵列结构全方位角成像结果。与周期网孔结构的 360°成像结果不同，击芯铆钉阵列的全方位角成像结果随俯仰角的特征变换并不显著，这是由于目标结构不存在复杂的散射分量，且击芯铆钉可以近似看作点散射体，

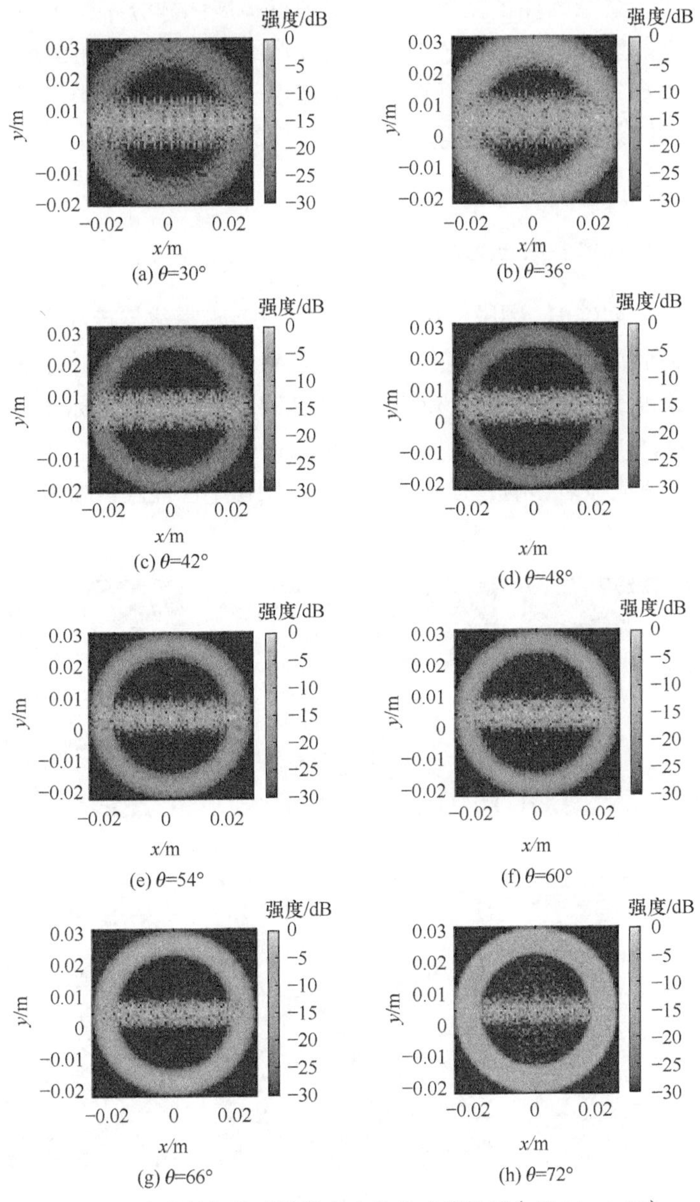

图 2.33　击芯铆钉阵列结构全方位角成像结果(φ取0°～360°)

因此成像结果相比周期网孔结构结果更加直观、更易理解。由图 2.33 可以看出，随着俯仰角的增加，两排击芯铆钉阵列结构的成像结果在图像中的分布更加紧凑。这一现象主要是由观测条件不同导致的谱域形变而形成的。具体地，随着俯仰角的增加，对应谱域形状为内外径均不断增加的圆环。由谱域与图像域的对偶关系可知，谱域圆环半径越大，图像中点扩展函数分布越集中。击芯铆钉可近似看作点散射体，因此击芯铆钉阵列成像结果随着俯仰角的增加，在图像中分布更加紧凑。另外，击芯铆钉散射强度小于包含腔体结构的周期网孔，因此基板的边缘散射效应在图中得以显现并体现为一个与基板几何尺寸一致的圆环区域。

3. 细微结构成像实测与规律分析

雷达工作于 440GHz 频段，带宽达到 25.6GHz。雷达与转台位于同一水平高度，转台俯仰向倾角为 10°。在成像时，控制转台转速使得所有脉冲采样均匀分布在 360°方位角范围内，实验场景和结果如图 2.34 所示。实验目标分别选取了各一种凹和凸的目标(网孔板和击芯铆钉板)。可见，毫米级尺寸的细微结构足以对太赫兹波的散射造成显著影响，且从太赫兹雷达图像中已能较清晰地识别细微结构的轮廓和尺寸。

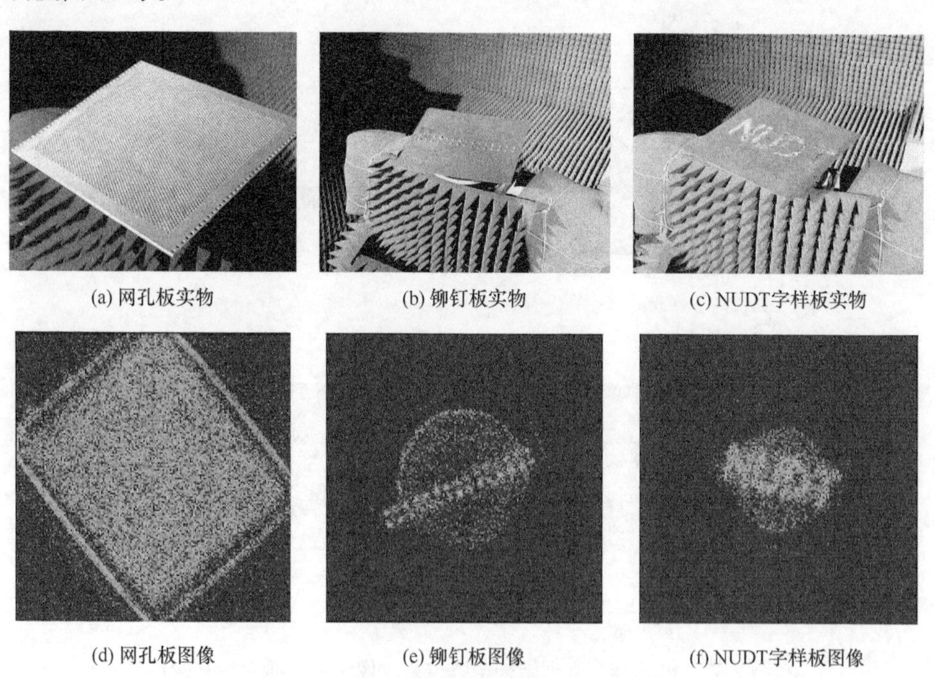

(a) 网孔板实物　(b) 铆钉板实物　(c) NUDT字样板实物

(d) 网孔板图像　(e) 铆钉板图像　(f) NUDT字样板图像

图 2.34　不同细微结构平板的成像结果

2.7 小　　结

本章介绍了雷达成像涉及的电磁散射计算、目标模型、成像系统模型等基础知识，统一了目标表征模型和各种模式的成像系统模型，通过雷达成像不同观点的阐述深化了对成像这一逆问题的理解，最后论述了太赫兹频段粗糙表面和细微结构成像的边缘模糊、相干相消、相干增强、虚影效应等现象与规律，为后续成像方法的研究奠定了基础。需要指出的是，雷达成像还可从全息的观点进行理解，全息意味着对含相位的空间场的分布进行记录和反演。例如，SAR 在方位向上属于全息，在距离向上依赖匹配滤波，可视为准全息成像。由于雷达使用的频率远小于光波频率，对场及其相位的记录相对容易，从这个意义上讲，雷达实际上一直在用全息的方式进行成像，一直都是计算成像，一直都在与光学成像相互借鉴的过程中促进彼此的发展，到太赫兹频段这一成像技术发展的规律尤为显著。

参 考 文 献

[1] 汪雄良, 冉承其, 王正明. 基于紧致字典的基追踪方法在 SAR 图像超分辨中的应用. 电子学报, 2006, 34(6): 996-1001.

[2] Hurst M, Mittra R. Scattering center analysis via Prony’s method. IEEE Transactions on Antennas and Propagation, 1987, 35(8): 986-988.

[3] Potter L C, Chiang D M, Carriere R, et al. A GTD-based parametric model for radar scattering. IEEE Transactions on Antennas and Propagation, 1995, 43(10): 1058-1067.

[4] Potter L C, Moses R L. Attributed scattering centers for SAR ATR. IEEE Transactions on Image Processing, 1997, 6(1): 79-91.

[5] Gerry M J, Potter L C, Gupta I J, et al. A parametric model for synthetic aperture radar measurements. IEEE Transactions on Antennas and Propagation, 1999, 47(7): 1179-1188.

[6] Jonsson R, Gennel A, Loesaus D, et al. Scattering center parameter estimation using a polynomial model for the amplitude aspect dependence. SPIE, Orlando, 2002: 46-57.

[7] Varshney K R, Çetin M, Fisher J W, et al. Sparse representation in structured dictionaries with application to synthetic aperture radar. IEEE Transactions on Signal Processing, 2008, 56(8): 3548-3561.

[8] 艾发智. 弹头目标特性分析及特征提取技术. 长沙: 国防科学技术大学, 2012.

[9] 刘永坦. 雷达成像技术. 哈尔滨: 哈尔滨工业大学出版社, 1999.

[10] Soumekh M. Reconnaissance with slant plane circular SAR imaging. IEEE Transactions on Image Processing, 1996, 5(8): 1252-1265.

[11] 黄培康, 殷红成, 许小剑. 雷达目标特性. 北京: 电子工业出版社, 2005.

[12] 邓彬, 黎湘, 王宏强. SAR 微动目标检测成像的理论与方法. 北京: 科学出版社, 2014.

[13] Carrara W G, Goodman R S, Majewski R M. Spotlight Synthetic Aperture Radar: Signal Processing Algorithms. Boston: Artch House, 1995.

[14] 张澄波. 综合孔径雷达——原理、系统分析与应用. 北京: 科学出版社, 1989.

[15] Greengard L, Lee J Y. Accelerating the nonuniform fast Fourier transform. SIAM Review, 2004, 46(3): 443-454.

[16] 黄培康. 雷达目标特征信号. 北京: 宇航出版社, 1993.

[17] 丁小峰. 基于窄带信息的弹道中段目标特性反演技术研究. 长沙: 国防科学技术大学, 2011.

第 3 章　太赫兹雷达转台/ISAR 二维成像

3.1　引　　言

当单发单收的雷达不动、目标圆周转动时，即转台成像；当目标存在平动时，即 ISAR 成像。转台成像可视为 ISAR 成像的特例。太赫兹频段上述成像方式仍然适用，但存在诸如信号调频非线性、相位中心偏移、近场效应等特殊性问题，以及方位-俯仰成像等特殊性成像模型和方法。上述成像方式既是研究太赫兹雷达成像的基础，能够为目标特性诊断和雷达性能验证提供参考，同时在空间目标成像探测等领域也有很大的实用价值。下面分别对其进行阐述。

3.2　太赫兹雷达信号补偿校正

采集到的太赫兹雷达信号需要预处理才能用于后续成像。在预处理阶段需要完成信号去除野值、去除直流(各脉冲分别去除或整体去除)、相干相减背景对消、距离门滤波以及零多普勒滤波。零多普勒滤波是为了在转台成像时去除不随转台转动的静止目标杂波(例如，转台边缘是圆形的，即使转动也等效为静止)。某些情况下，功率较小且不平坦的频率分量也必须去除(尽管会牺牲部分带宽)。去斜体制太赫兹雷达在一定条件下($4\pi\gamma R_{\Delta}^{2} / c > \pi / 4$)还需校正 RVP 及斜置项。完成上述校正后，还有三大效应需要校正——非线性效应、转台等效中心偏移效应和近场效应。近场效应将在 3.3 节论述，本节重点论述前两种效应及其校正方法。

3.2.1　宽带信号非线性效应校正

当传统雷达成像时，通常利用信号带宽实现距离向分辨，相比于微波频段，太赫兹频段频率高，雷达易于实现大带宽信号的发射，从而获得更高的距离向分辨率。然而，在实际雷达系统中，受太赫兹频段器件水平的制约，很难保证大带宽发射信号的线性度，存在非线性效应，进而造成距离像的模糊与展宽，导致实际分辨率与理论分辨率相差甚远，最终会恶化目标二维或三维成像结果。本节首先分析太赫兹宽带信号的非线性效应对成像的影响，随后提出两种方法对雷达回波的非线性相位误差进行补偿，最终得到聚焦良好的成像结果。

1. 非线性效应及其对成像性能影响分析

在太赫兹频段，发射信号的带宽通常可达十几甚至几十吉赫兹，根据 Nyquist 采样定理，匹配滤波接收方式的采样率需大于两倍信号带宽，实际系统中难以实现，而去调频(去斜)接收方式可有效降低系统采样率，因此太赫兹雷达通常采用去调频接收方式。假设点目标 P 到雷达的距离为 R_{n}，参考距离为 R_{ref}，雷达发射信号为线性调频(linear frequency modulated，LFM)信号，则去调频接收处理后的回波信号可表示为[1]

$$\begin{aligned} s_{\mathrm{r}}\left(\hat{t},t_{\mathrm{m}}\right)=&\ o_{\mathrm{n}}\cdot\mathrm{rect}\left(\frac{\hat{t}-2R_{\mathrm{n}}/c}{T_{\mathrm{p}}}\right)\cdot\exp\left[-\mathrm{j}\frac{4\pi f_{\mathrm{c}}}{c}\left(R_{\mathrm{n}}-R_{\mathrm{ref}}\right)\right] \\ &\cdot\exp\left[-\mathrm{j}\frac{4\pi\gamma}{c}\left(\hat{t}-\frac{2R_{\mathrm{ref}}}{c}\right)\cdot\left(R_{\mathrm{n}}-R_{\mathrm{ref}}\right)\right]\cdot\exp\left[\mathrm{j}\frac{4\pi\gamma}{c^{2}}\left(R_{\mathrm{n}}-R_{\mathrm{ref}}\right)^{2}\right] \end{aligned} \tag{3.1}$$

式中，$\mathrm{rect}(u)=\begin{cases}1, & |u|\leqslant\dfrac{1}{2}\\ 0, & |u|>\dfrac{1}{2}\end{cases}$；$o_{\mathrm{n}}$ 为目标散射系数；$\hat{t}$ 、t_{m} 分别为快时间和慢时间；T_{p} 为脉冲持续时间；f_{c} 为信号中心频率；$\gamma=B_{\mathrm{w}}/T_{\mathrm{p}}$ 为信号调频率，B_{w} 为信号带宽。

发射信号的非线性在雷达回波中可表示为随快时间变化的相位误差[2,3]，忽略式(3.1)中第三个指数项 RVP 项的影响，则去调频接收的回波信号可改写为

$$\begin{aligned} s_{\mathrm{r}}\left(\hat{t},t_{\mathrm{m}}\right)=&\ o_{\mathrm{n}}\cdot\mathrm{rect}\left(\frac{\hat{t}-2R_{\mathrm{n}}/c}{T_{\mathrm{p}}}\right)\cdot\exp\left[-\mathrm{j}\frac{4\pi f_{\mathrm{c}}}{c}\left(R_{\mathrm{n}}-R_{\mathrm{ref}}\right)\right] \\ &\cdot\exp\left[-\mathrm{j}\frac{4\pi\gamma}{c}\left(\hat{t}-\frac{2R_{\mathrm{ref}}}{c}\right)\cdot\left(R_{\mathrm{n}}-R_{\mathrm{ref}}\right)\right]\cdot\exp\left[\mathrm{j}\phi\left(\hat{t}\right)\right] \end{aligned} \tag{3.2}$$

式中，$\phi\left(\hat{t}\right)$ 为信号非线性引起的相位误差，它是以快时间 $\hat{t}$ 为变量的函数，在时频图上表现为斜曲线，且在有限的距离内其特性基本不随距离而变化(但当目标与参考信号对应距离很大时，非线性特性会发生变化，需要特殊处理[3])，在有限的时间内(雷达 1 次开机后若干小时甚至数天内)其特性不随脉冲变化，如图 3.1 所示。此外，除相位外，信号幅度或功率也具有一定的非平坦效应。通过数字预失真的方式能够在一定程度上从系统的角度校正发射信号的非线性，但混频接收导

致的非线性仍无法去除。

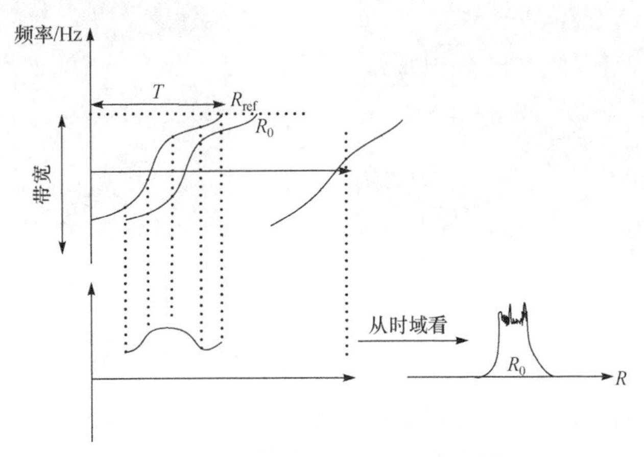

图 3.1　非理想条件下解线频调原理图

下面通过实验进行分析。太赫兹雷达系统的发射信号中心频率为 221.6GHz，带宽为 12.8GHz，脉冲持续时间为 100μs，脉冲重复周期为 200μs，采样率为 40MHz。首先，将一个角反射器放置于成像场景中心点，多次采集目标回波信号，做短时傅里叶变换得到回波信号的时频分布，不同时刻的时频图如图 3.2 所示。然后，在成像场景中放置两个角反射器，多次采集回波，不同时刻回波信号的时频图如图 3.3 所示。从图 3.2、图 3.3 中可以看出，不同时刻不同目标回波的非线性程度随快时间的变化规律是基本一致的，且不随慢时间的变化而变化，图中时频曲线强弱的变化是由调频周期内雷达功率不平坦造成的。

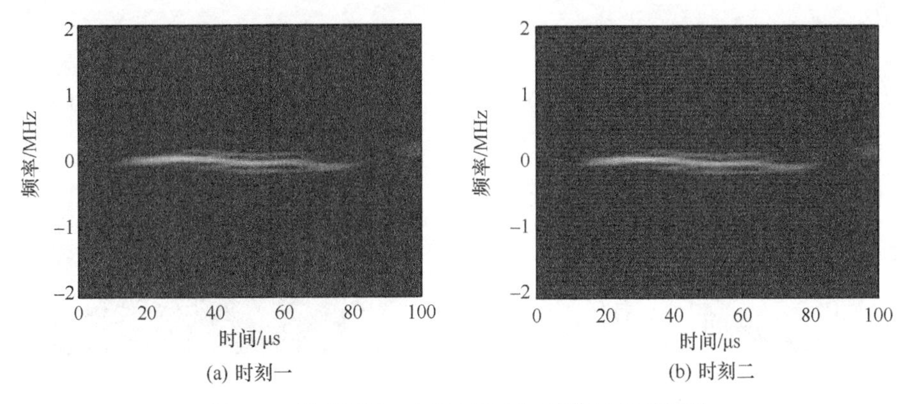

(a) 时刻一　(b) 时刻二

图 3.2　不同时刻一个角反射器回波信号的时频图

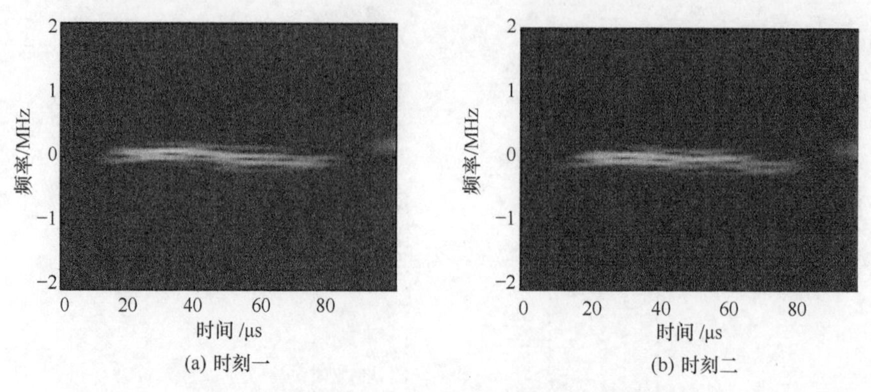

(a) 时刻一　　(b) 时刻二

图 3.3　不同时刻两个角反射器回波信号的时频图

当雷达与目标之间存在相对运动时，雷达与目标之间的距离 R_n 随慢时间的变化而变化，式(3.2)第一个指数项表示多普勒历史，对式(3.2)表示的雷达回波做二维傅里叶变换即可得到目标的二维成像结果。实验中保持雷达固定不动，将待测目标放置于转台上，转速为 30°/s，角度采样间隔为 0.006°，方位向采集 1024 个脉冲的回波信号，则方位向角度变化为 6.138°。以场景中心为原点建立固定目标坐标系，对雷达回波做二维傅里叶变换得到目标成像结果。图 3.4 为单个角反射器的一维距离像和二维成像结果，图 3.5 为两个角反射器和飞机模型的二维成像结果。从图中可以看出，信号的非线性会造成目标距离像的模糊和展宽，甚至出现伪峰，恶化目标二维成像结果。当对角反射器成像时，由于其散射强度较强，图 3.4(b)和图 3.5(a)的二维成像结果中方位向均聚焦良好，仅距离向散焦，能简单分辨出目标的位置和数量；当对复杂目标成像时，由于飞机模型由大量散射点组成，且散射强度不均匀，图 3.5(b)中含有大量旁瓣，几乎分辨不出目标模型。

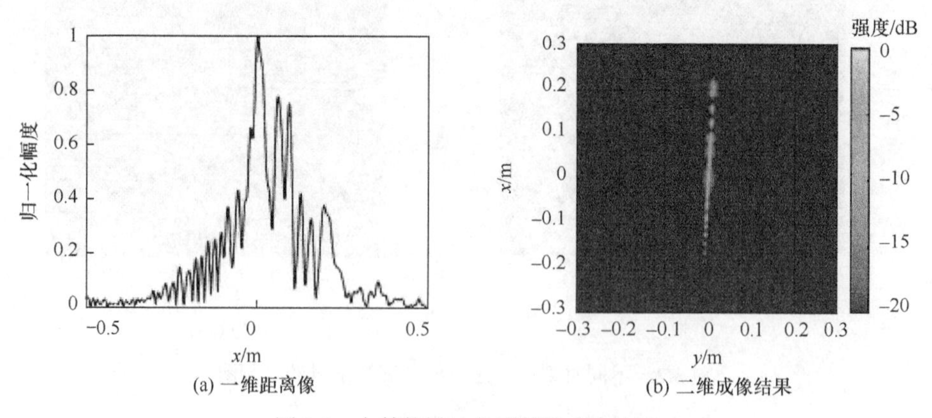

(a) 一维距离像　　(b) 二维成像结果

图 3.4　太赫兹雷达角反射器成像结果

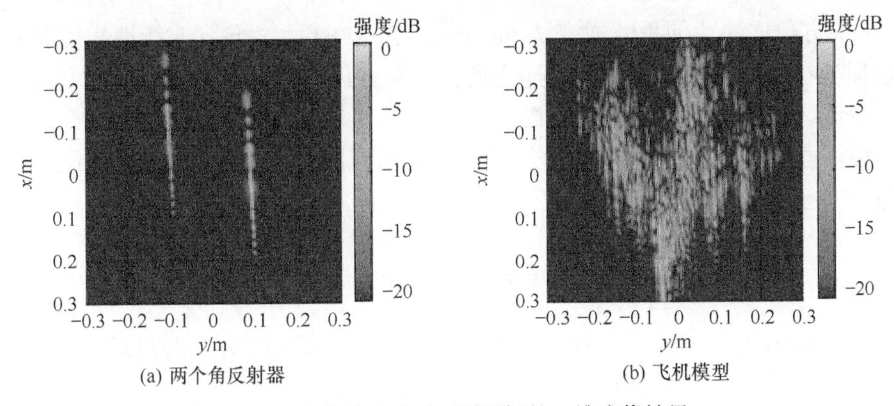

图 3.5　太赫兹雷达对不同目标的二维成像结果

2. 非线性相位误差补偿方法——PGA 与参考目标法

在实际成像处理中，必须对信号非线性进行校正，以改善目标成像效果。在传统微波 SAR 成像中，研究人员已对信号的非线性效应及非线性相位误差补偿方法开展了广泛研究[2,4,5]，在太赫兹实验系统中常用的校正方法为参考目标法，通过采集成像场景中参考目标的回波信号对待测目标回波进行非线性误差校正[6-8]。另外，加利福尼亚大学 JPL 提出利用希尔伯特变换去除中频信号斜率的方法来校正相位偏移[9]；北京理工大学提出相位补偿方法来校正非线性[10]。本节针对信号非线性的影响，首先提出基于相位梯度自聚焦(phase gradient autofocus，PGA)的相位补偿方法；其次介绍参考目标法的具体实施步骤；最后利用太赫兹雷达实验系统，比较分析两种方法对实测数据的非线性相位误差补偿结果。

1) 基于 PGA 的相位补偿方法

PGA 方法是传统 SAR 和 ISAR 成像中一种典型的方位自聚焦方法，常用于校正方位向的运动模糊[11,12]。文献[13]中提出了基于 PGA 的非线性校正方法，适用于非线性失真严重的一维成像处理，本节研究的是目标二维成像中非线性的影响，且现有宽带信号的非线性失真程度已随着太赫兹器件水平的提升得到一定改善，如图 3.2 和图 3.3 所示。信号非线性变化规律是恒定的，成像处理中仅需考虑距离向信号非线性变化的影响。因此，本节在二维成像场景的基础上，提出基于 PGA 的相位补偿方法。

从图 3.3 中可以看出，当成像场景中包含两个强散射点时，距离向的时频曲线发生耦合，若直接选取某一慢时刻的距离向回波信号求解相位误差，则会给后续成像带来误差。因此，实际处理中应首先对雷达回波进行方位向的聚焦，寻找方位向上的强散射点，然后利用强散射点所在的方位向分辨单元内的距离向信号求解相位误差函数，最后由该相位误差函数对全部二维雷达回波进行校正，方法具体处理流程如下。

(1) 方位向快速傅里叶逆变换(inverse FFT，IFFT)。对包含非线性相位误差的雷达回波在方位向做快速傅里叶逆变换，实现方位向的聚焦，在方位向上将各散射点分离，避免相位误差估计错误。

(2) 强散射单元提取。将每个方位向分辨单元内的能量累加，可得方位向上的能量分布函数为

$$P(n)=\sum_{m=1}^{M}\left|g(m,n)\right|^{2} \tag{3.3}$$

式中，$g(m,n)$为方位向压缩后的表达式；m、n分别为距离向和方位向下标；M为距离向采样点数，选取方位向能量最大的分辨单元：

$$n_0=\arg\max_{n}\left\{P(n)\right\} \tag{3.4}$$

(3) 相位误差估计。根据第(2)步得到的第n_0个方位向分辨单元内的距离向时域信号$g(m,n_0)$估计相位误差，将$g(m,n_0)$记为$g_{n_0}(m)$，则相位误差函数的估计值为[11, 14]

$$\hat{\phi}_{\mathrm{e}}(l)=\sum_{m=1}^{l}\frac{\operatorname{Im}\left[d(m)g_{n_0}^{*}(m)\right]}{\left|g_{n_0}(m)\right|^{2}},\quad l=1,2,\cdots,M \tag{3.5}$$

式中，$d(m)$为$g_{n_0}(m)$的一阶差分：

$$d(m)=g_{n_0}(m)-g_{n_0}(m-1) \tag{3.6}$$

(4) 相位校正。利用式(3.5)求得的相位误差函数$\hat{\phi}_{\mathrm{e}}(l)$对方位向压缩后的雷达回波$g(m,n)$在距离向上进行相位校正，再在方位向上做快速傅里叶变换，得到二维时域回波表达式。

(5) 二维成像。对相位校正后的雷达时域回波进行二维成像处理，得到最终的二维成像结果。

仿真分析中，设置雷达发射信号频率为215.2～228GHz，采样点数为4000，方位向角度变换为0°～6.138°，角度采样间隔为0.006°，采样点数为1024，仿真生成理想散射点飞机模型的雷达回波，并对理想条件下的雷达回波叠加非线性相位误差。包含非线性误差的距离向时域信号的时频图如图3.6(a)所示，根据雷达成像原理，不含相位误差的时频线为直线，而图中时频线为曲线。直接对雷达回波成像的结果如图3.6(c)所示，散射点的距离向发生散焦。采用本节提出的相位补偿方法对非线性进行校正，结果如图3.6(b)和(d)所示，距离向时频线经校正后变为直线，二维像中目标散射点均聚焦良好，验证了本节方法的可行性和有效性。

下面对太赫兹雷达系统的实测数据进行校正分析，对单个角反射器回波进行

相位补偿，结果如图 3.7 所示，图 3.7(a)为校正后的时频图，与图 3.6 中原始时频分布相比，校正后的时频线为直线，且主瓣能量更集中，图 3.7(b)中一维距离像的主瓣变窄，伪峰被消除，验证了基于 PGA 的相位补偿方法的良好性能。

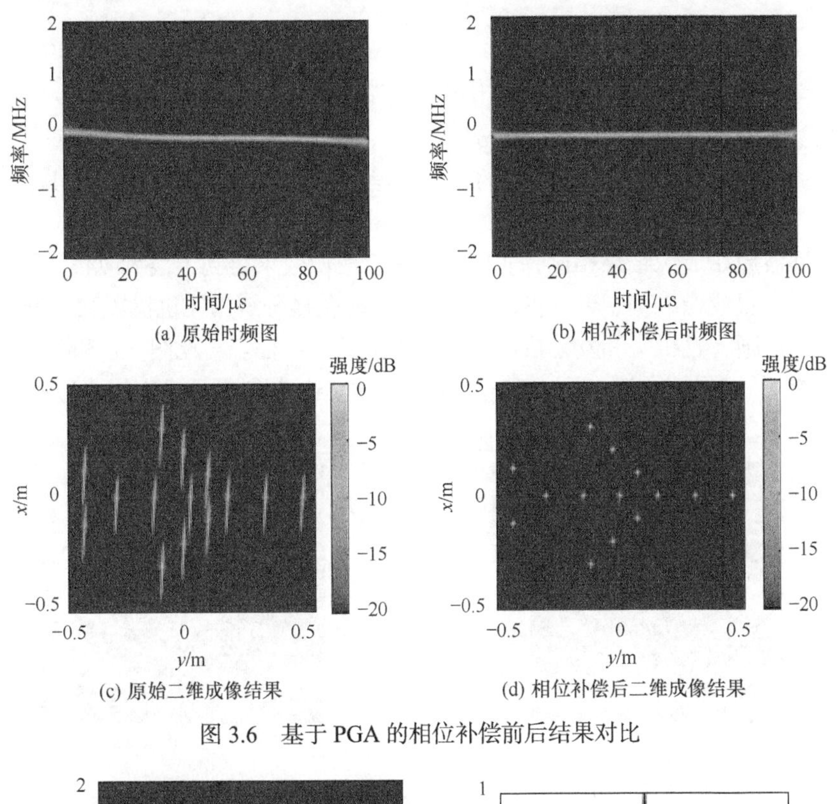

(a) 原始时频图　(b) 相位补偿后时频图
(c) 原始二维成像结果　(d) 相位补偿后二维成像结果

图 3.6　基于 PGA 的相位补偿前后结果对比

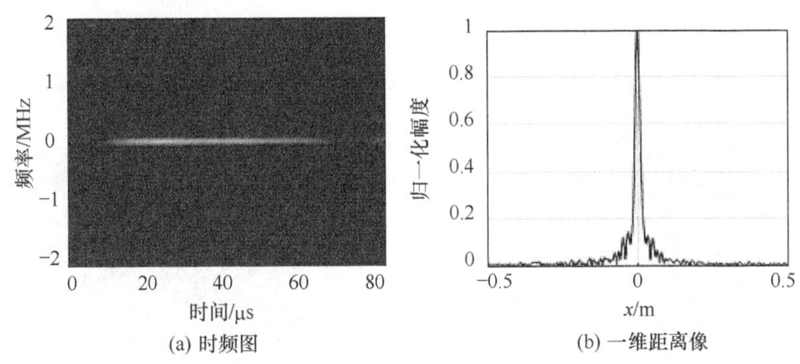

(a) 时频图　(b) 一维距离像

图 3.7　实测数据的非线性相位补偿结果

2) 参考目标法

在太赫兹雷达实验中，通常人为地采集强散射目标的雷达回波作为参考信号，对实验目标的回波进行校正，即参考目标法。参考信号可以是在目标区域中心附近单独放置角反射器，极近距离成像时也可以是来自发射机泄露的信号。实际中，为消除实验场景中背景噪声的影响，对目标回波信号进行如下处理[15]：

$$s_{\text{sig}} = \frac{s - s_{\text{b}}}{s_{\text{ref}} - s_{\text{b}}} \tag{3.7}$$

式中，s 为雷达采集的待测目标回波信号；s_{b} 为无目标情况下的背景噪声信号；s_{ref} 为参考目标信号，实验中常采用角反射器作为参考目标；s_{sig} 为参考目标校正后的雷达回波，可直接用于成像处理。

实验中，分别采用基于 PGA 的相位补偿方法和参考目标法对待测目标回波进行校正，角反射器和飞机模型的二维成像结果分别如图 3.8 和图 3.9 所示，与图 3.5 中雷达回波原始成像结果相比，非线性校正后成像效果得到了很大改善，图 3.8 中角反射器位置成像准确、聚焦良好，图 3.9 中能明显分辨出飞机机翼和机身，飞机模型轮廓清晰，且机头和发动机部位表现出强散射特征。对比图 3.8 和图 3.9 中的成像结果可知，图 3.8(b)和图 3.9(b)中旁瓣更少，说明参考目标法的成像效果略好

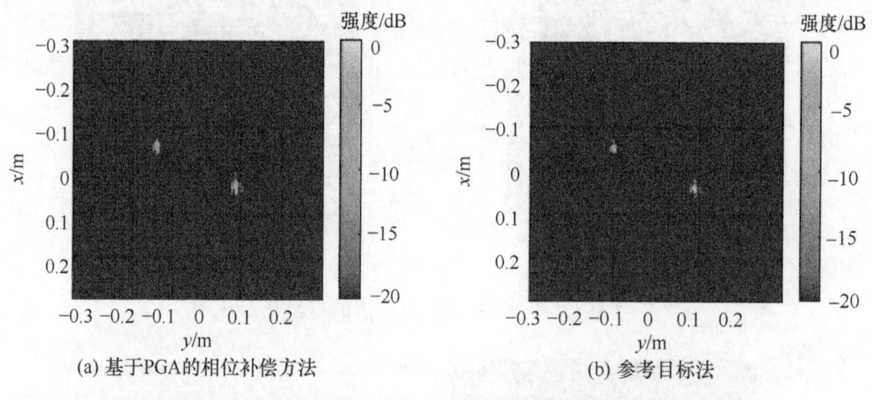

(a) 基于PGA的相位补偿方法　　(b) 参考目标法

图 3.8　不同非线性相位误差补偿方法的角反射器成像结果

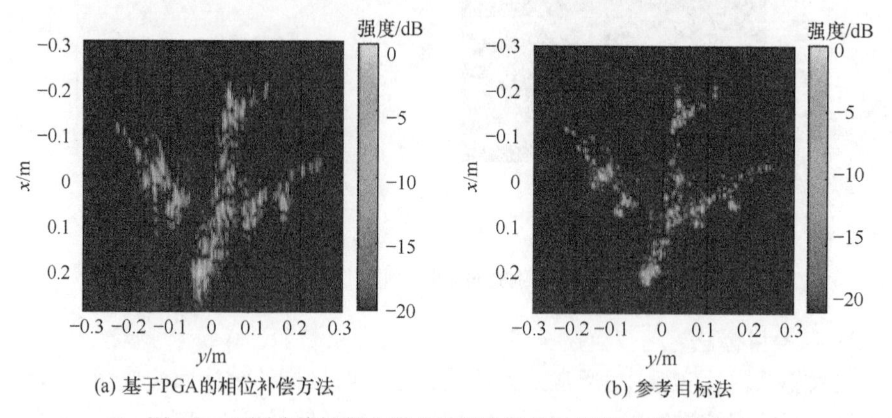

(a) 基于PGA的相位补偿方法　　(b) 参考目标法

图 3.9　不同非线性相位误差补偿方法的飞机模型成像结果

于基于 PGA 的相位补偿方法。然而，在实际应用中，很难获得参考目标的回波信号，参考目标法通常是不实用的，而本节提出的基于 PGA 的相位补偿方法是对目标回波进行后处理操作，不需要额外的强散射点回波信号，在实际系统中是可以广泛适用的。

3. 非线性相位误差补偿方法——双参考目标法

若信号直接相除，则幅度的不平坦特性会得到一定的校正。但由于目标回波与参考信号都存在噪声，幅值项直接相除有时会产生大量噪声极值点，信噪比严重恶化。为此，本书提出采用两个参考信号进行多次校正的非线性校正方法。

录取两组参考信号，两组参考目标放置位置有几厘米的微小差异以降低噪声的相关程度。两组参考信号分别表示为 $s_{\text{ref-1}}(\hat{t})$ 与 $s_{\text{ref-2}}(\hat{t})$。在进行非线性校正时，先用参考信号 2 对参考信号 1 以共轭相乘方式校正非线性，得到新的参考信号 $s_{\text{ref-3}}(\hat{t})$：

$$s_{\text{ref-3}}(\hat{t}) = s_{\text{ref-1}}(\hat{t}) \cdot s^*_{\text{ref-2}}(\hat{t}) \tag{3.8}$$

经过校正的参考信号 $s_{\text{ref-3}}(\hat{t})$ 较为纯净，仅有一个峰值与有限的旁瓣，有限的旁瓣则是由存在于幅值中的非线性造成。首先，将 $s_{\text{ref-3}}(\hat{t})$ 除峰值与旁瓣外全部置零，得到纯净的参考信号。然后，用参考信号 2 对目标回波以共轭相乘方式校正非线性，得到初步校正的回波信号 $s_{\text{sig}}(\hat{t})$：

$$s_{\text{sig}}(\hat{t}) = s(\hat{t}) \cdot s^*_{\text{ref-2}}(\hat{t}) \tag{3.9}$$

最后，将初步校正的回波信号 $s_{\text{sig}}(\hat{t})$ 除以部分置零后的新参考信号 $s_{\text{ref-3}}(\hat{t})$ 完成非线性校正，最终得到的信号为

$$s'_{\text{sig}}(\hat{t}) = \frac{s_{\text{sig}}(\hat{t})}{s_{\text{ref-3}}(\hat{t})} = \frac{s(\hat{t}) \cdot s^*_{\text{ref-2}}(\hat{t})}{s_{\text{ref-1}}(\hat{t}) \cdot s^*_{\text{ref-2}}(\hat{t})} \tag{3.10}$$

经过以上三重信号非线性校正，包含在信号幅值项与相位项中的非线性都被成功校正。参考信号互相校准获得的新参考信号噪声较低，用于雷达成像可以获得较高的信噪比。

采用实测数据进行验证。雷达中心频率为 330GHz，转台距离地面的高度为 1m，天线距离地面的高度为 1.2m，天线到转台中心的距离为 3.2m，转台转速为 $90°/\text{s}$，成像采用的是 $360°$ 大转角成像，录取数据时目标均位于转台中心，成像场景如图 3.10 所示。在成像过程中雷达前端略高于目标，形成一定角度以获得更好的成像效果。

图 3.10　转台成像验证信号非线性校正效果场景

实验中角反射器可以等效为理想点目标，其理论雷达距离像只有单一峰值。由于非线性的存在，图 3.11(a)所示角反射器距离像具有多个峰值。无论是相位项还是幅值项中的非线性都会导致差频信号频域展宽。

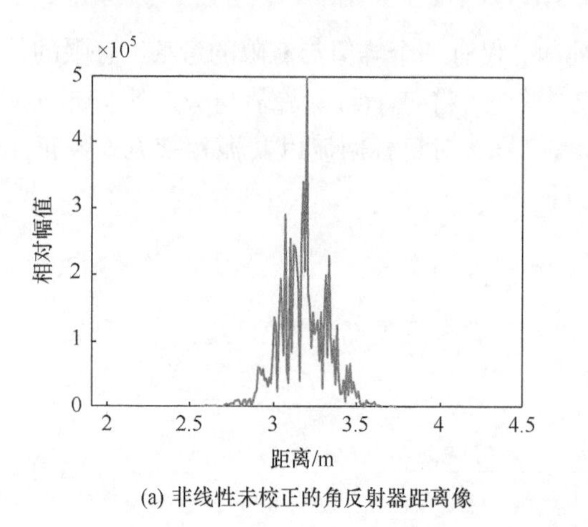

(a) 非线性未校正的角反射器距离像

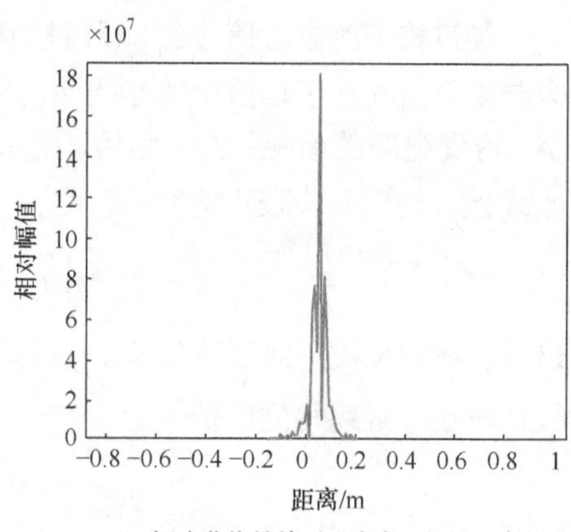

(b) 初步非线性校正后参考目标的距离像

图 3.11　角反射器距离像

当对角反射器回波以共轭相乘方式进行非线性校正时，角反射器距离像如图 3.11(b)所示。通过旁瓣可以判断此时信号虽然完成了相位项的非线性校正，但是仍然具有位于幅值项中的非线性，非线性带来的旁瓣可以等效为在中频信号附近频段的信号，因而称为分谐波。将雷达回波以共轭相乘方式进行非线性校正后，成像结果如图 3.12 所示。由图 3.12 可知，铝板成像较为清晰，但是由于幅值项非线性并未完全得到抑制，剩余的旁瓣导致成像发生了散焦，在铝板周围有一圈多余的虚影。

为了消除幅值项中的非线性，将回波直接除以参考信号进行非线性校正，校正结果如图 3.13 所示。由图 3.13 可明显看出，信号非线性虽然被消除，但成像质量急剧恶化。

为了抑制分谐波造成的非线性，同时实现较高的信噪比，采用本节提出的基于分谐波抑制的多次非线性校准方法，通过录取两个参考信号的多次非线性校正，获得了纯净的参考信号，降低了信号噪声，得到的成像结果如图 3.14 所示。相比于直接将目标回波除以参考信号的校正方法，本节提出的方法有效消除了信号相位中的调频非线性和幅值中的功率不平坦性，极大地提升了信噪比，是一种有效的非线性校正方法。图 3.14 中的圆环对应转台的圆周边缘。

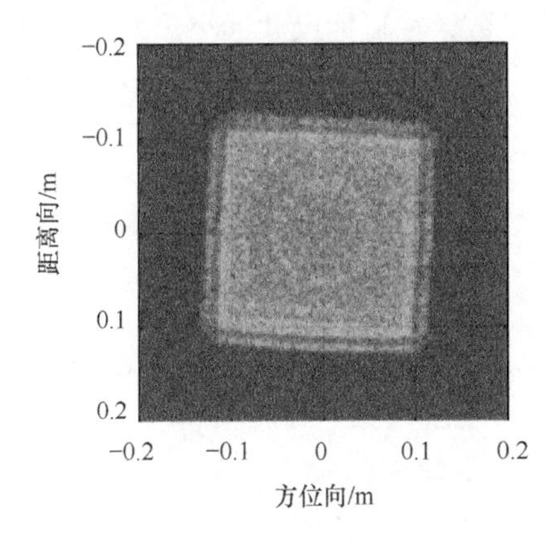

图 3.12　分谐波导致的成像散焦

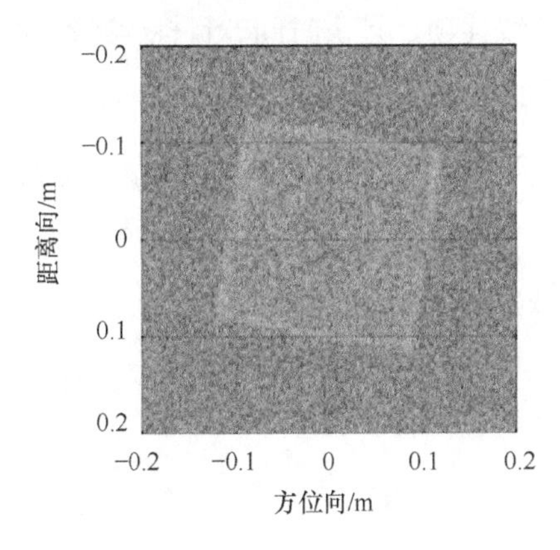

图 3.13　单参考目标非线性校正后成像

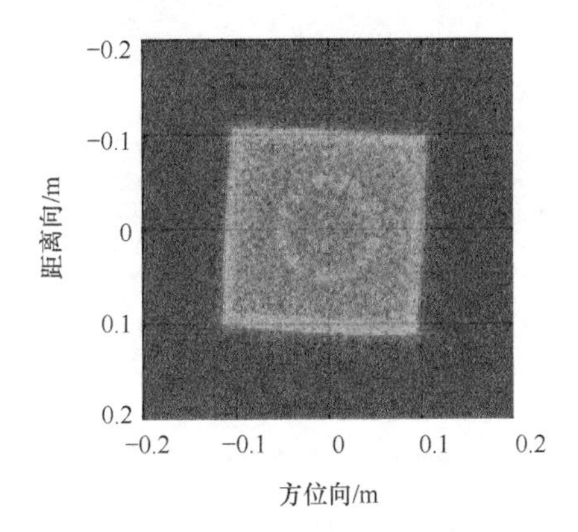

图 3.14　双参考目标非线性校正后成像(330GHz)

3.2.2　转台等效中心偏移效应校正

对于如图 3.15 所示的成像场景，假设发射机发射线性调频信号，接收机采用解线频调方式接收，对于理想点目标，经解线频调后的中频信号为理想正弦波，但由于实际太赫兹器件的非线性较强，实际点目标回波不再是单频信号，假设距

雷达 R_{r} 远处有一个理想点目标，则其中频回波信号为

$$
\begin{aligned}
s_{\mathrm{r}}\left(\hat{t},t_{\mathrm{m}}\right)=A\cdot\operatorname{rect}\left(\frac{\hat{t}-2R_{\mathrm{r}}/c}{T_{\mathrm{p}}}\right)\\
\cdot\exp\Big[-\mathrm{j}4\pi f_{\mathrm{c}}R_{\Delta}^{r}/c-\mathrm{j}4\pi\gamma\left(\hat{t}-2R_{\mathrm{r}}/c\right)R_{\Delta}^{r}/c-\mathrm{j}4\pi\gamma R_{\Delta}^{r2}/c^{2}\\
+\mathrm{j}\varphi\left(\hat{t}-2R_{\mathrm{ref}}/c,R_{\Delta}^{r}\right)\Big]
\end{aligned}
\tag{3.11}
$$

式中，$R_{\Delta}^{r}=R_{\mathrm{r}}-R_{\mathrm{ref}}$，$R_{\mathrm{ref}}$ 为雷达系统选择的参考距离；γ 为调频率；$\varphi\left(\hat{t}-2R_{\mathrm{ref}}/c,R_{\Delta}^{r}\right)$ 为非线性项，是快时间、目标-参考点距离的函数，在目标尺寸远小于发射信号的空间尺寸时，$\varphi\left(\hat{t}-2R_{\mathrm{ref}}/c,R_{\Delta}^{r}\right)$ 可看作关于 R_{Δ}^{r} 的常值函数。做变量替换 $\hat{t}\overset{\mathrm{def}}{=}\hat{t}-2R_{\mathrm{ref}}/c$，即快时间基准零时刻变换为参考距离对应的时刻：

$$
\begin{aligned}
s_{\mathrm{r}}\left(\hat{t},t_{\mathrm{m}}\right)=A_{\mathrm{r}}\cdot\operatorname{rect}\left(\frac{\hat{t}-2R_{\Delta}^{r}/c}{T_{\mathrm{p}}}\right)\\
\cdot\exp\left[-\mathrm{j}4\pi f_{\mathrm{c}}R_{\Delta}^{r}/c-\mathrm{j}4\pi\gamma\left(\hat{t}-2R_{\Delta}^{r}/c\right)R_{\Delta}^{r}/c-\mathrm{j}4\pi\gamma R_{\Delta}^{r2}/c^{2}+\mathrm{j}\varphi\left(\hat{t},R_{\Delta}^{r}\right)\right]
\end{aligned}
\tag{3.12}
$$

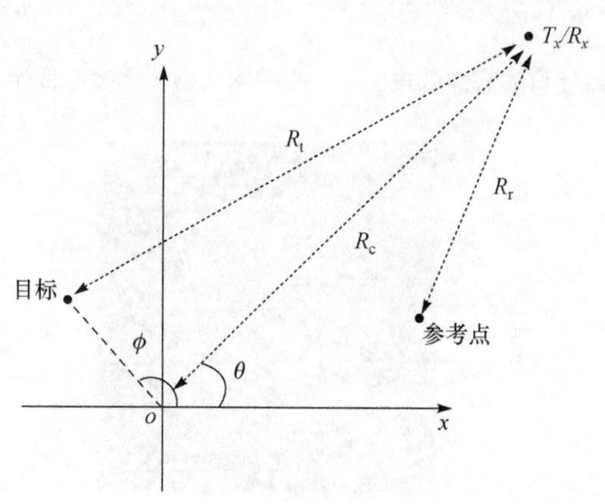

图 3.15　基本几何关系

同理，距离雷达 R_{t} 处的目标回波信号为

$$
\begin{aligned}
s_{\mathrm{t}}\left(\hat{t},t_{\mathrm{m}}\right)=A_{\mathrm{t}}\cdot\operatorname{rect}\left(\frac{\hat{t}-2R_{\Delta}^{t}/c}{T_{\mathrm{p}}}\right)\\
\cdot\exp\left[-\mathrm{j}4\pi f_{\mathrm{c}}R_{\Delta}^{t}/c-\mathrm{j}4\pi\gamma\left(\hat{t}-2R_{\Delta}^{t}/c\right)R_{\Delta}^{t}/c-\mathrm{j}4\pi\gamma R_{\Delta}^{t2}/c^{2}+\mathrm{j}\phi\left(\hat{t},R_{\Delta}^{t}\right)\right]
\end{aligned}
\tag{3.13}
$$

式中，$R_{\Delta}^{t}=R_{\mathrm{t}}-R_{\mathrm{ref}}$。以 $s_{\mathrm{r}}(\hat{t},t_{\mathrm{m}})$ 为参考信号对目标回波进行修正：

$$\begin{aligned}s_{\mathrm{tr}}(\hat{t},t_{\mathrm{m}})&=s_{\mathrm{t}}(\hat{t},t_{\mathrm{m}})/s_{\mathrm{r}}(\hat{t},t_{\mathrm{m}})\\&=A_{\mathrm{t}}/A_{\mathrm{r}}\cdot\mathrm{rect}\left(\frac{\hat{t}-2R_{\Delta}/c}{T_{\mathrm{p}}}\right)\mathrm{rect}\left(\frac{\hat{t}}{T_{\mathrm{p}}}\right)\\&\quad\cdot\exp\left[-\mathrm{j}4\pi f_{\mathrm{c}}R_{\Delta}/c-\mathrm{j}4\pi\gamma\left(\hat{t}-2R_{\Delta}/c\right)R_{\Delta}/c-\mathrm{j}4\pi\gamma R_{\Delta}{}^{2}/c^{2}\right]\end{aligned}\tag{3.14}$$

式中，$R_{\Delta}=R_{\mathrm{t}}-R_{\mathrm{r}}$。通常 $T_{\mathrm{p}}\gg 2R_{\Delta}/c$，则经斜置项与 RVP 校正的信号为

$$\begin{aligned}s_{\mathrm{tc}}(\hat{t},t_{\mathrm{m}})&=\mathrm{IFT}\left\{\mathrm{FT}\left[s_{\mathrm{tr}}(\hat{t},t_{\mathrm{m}})\right]\cdot\exp\left(-\mathrm{j}\pi f^{2}/\gamma\right)\right\}\\&=A_{\mathrm{t}}/A_{\mathrm{r}}\cdot\mathrm{rect}\left(\frac{\hat{t}}{T_{\mathrm{p}}}\right)\cdot\exp\left[-\mathrm{j}4\pi\left(f_{\mathrm{c}}+\gamma\hat{t}\right)R_{\Delta}/c\right]\end{aligned}\tag{3.15}$$

假设回波数据已进行包络对齐和初相校正，则在远场假设下，距离 R_{t} 可表示成如下标准转台形式：

$$R_{\mathrm{t}}=R_{\mathrm{c}}-(x\cos\theta+y\sin\theta)\tag{3.16}$$

同时，将回波表达式的 $\hat{t}$ 、t_{m} 分别替换成 k 、θ ：

$$s_{\mathrm{tc}}(k,\theta)=A_{\mathrm{t}}/A_{\mathrm{r}}\cdot\mathrm{rect}\left(\frac{k-k_{\mathrm{c}}}{B_{\mathrm{p}}}\right)\cdot\exp\left\{-\mathrm{j}2k\left[R_{\mathrm{c}}-R_{\mathrm{r}}-(x\cos\theta+y\sin\theta)\right]\right\}\tag{3.17}$$

将点目标回波推广至目标区域的回波：

$$G(k,\theta)=\iint\limits_{x,y}F(x,y)\cdot\exp\left[\mathrm{j}2k(x\cos\theta+y\sin\theta)\right]\cdot\exp\left[-\mathrm{j}2k(R_{\mathrm{c}}-R_{\mathrm{r}})\right]\mathrm{d}x\mathrm{d}y\tag{3.18}$$

由于 R_{c} 为未知量，根据积分相似逆变换，成像表达式为

$$F(x,y)=\iint\limits_{k,\theta}G(k,\theta)\cdot\exp\left[-\mathrm{j}2k(x\cos\theta+y\sin\theta)\right]\cdot\exp\left[\mathrm{j}2k\left(\hat{R}_{\mathrm{c}}-R_{\mathrm{r}}\right)\right]k\mathrm{d}k\mathrm{d}\theta\tag{3.19}$$

由式(3.19)可见，成像的过程即目标回波生成的逆过程，成像质量的高低取决于回波模型的准确性，以及成像时对回波中幅度与相位进行积累的匹配程度。

为了对距离偏差进行补偿，选取能量归一化后的图像熵作为图像质量的评判准则，在 SAR 与 ISAR 自聚焦问题中，图像熵已经得到了成功应用，其定义如下：

$$\mathrm{En}=\iint-f(x,y)\cdot\ln f(x,y)\mathrm{d}x\mathrm{d}y\tag{3.20}$$

式中，$f(x,y)=\dfrac{|F(x,y)|^{2}}{\iint|F(x,y)|^{2}\mathrm{d}x\mathrm{d}y}$，为归一化后的能量密度函数。

下面根据成像方程(3.19)，分析点扩展函数的性质，不妨假设点目标位于目标坐标系原点，令 $\Delta R = R_{\mathrm{c}} - R_{\mathrm{r}}$、$\Delta\hat{R} = \hat{R}_{\mathrm{c}} - R_{\mathrm{r}}$，则点扩展函数表达式为

$$\mathrm{PSF}(r,\phi)=\int_{\theta_{\min}}^{\theta_{\max}}\int_{k_{\min}}^{k_{\max}}\exp\left\{-\mathrm{j}2k\left[r\cos(\theta-\phi)-\left(\Delta\hat{R}-\Delta R\right)\right]\right\}k\mathrm{d}k\mathrm{d}\theta \tag{3.21}$$

特别地，当 $\Delta\hat{R}-\Delta R=0$、$\theta_{\max}-\theta_{\min}=2\pi$ 时，式(3.21)可表示为

$$\mathrm{PSF}(r,\phi)=k_{\max}\frac{J_1(2k_{\max}r)}{\pi r}-k_{\min}\frac{J_1(2k_{\min}r)}{\pi r} \tag{3.22}$$

可见，此时点扩展函数为只与 r 有关的各向同性函数。但在一般情况下，式(3.21)不存在解析表达式，其表达式与方位 ϕ 有关，此时既不能将其表示为独立的距离向与方位向的函数，也不能将其表示为只与 r 有关的函数。为了分析距离偏差 $\Delta\hat{R}-\Delta R$、转角对点扩展函数及聚焦深度的影响，本书采用数值方法进行了研究，仿真选择的频率范围为 320～330GHz，结果如图 3.16 所示。

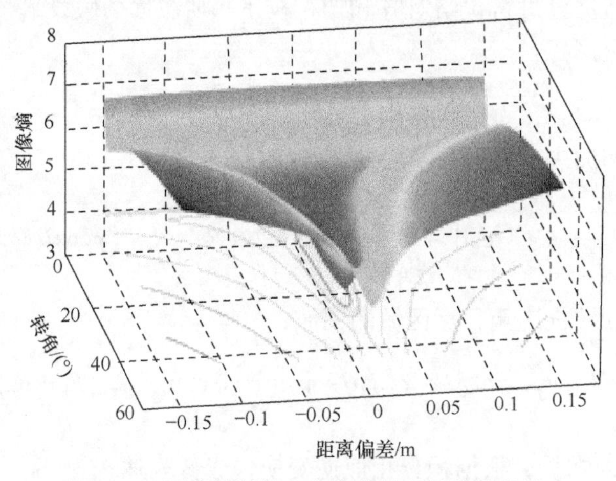

图 3.16　图像熵随转角与距离偏差的变化曲线

图 3.16 中绘出了当 $\Delta\hat{R}-\Delta R\in(-0.15\mathrm{m},0.15\mathrm{m})$、$\theta_{\max}-\theta_{\min}\in(0°,60°)$ 时图像熵的变化曲线。从图 3.16 中可以看出，对于固定的转角，图像熵总在距离偏差为 0 时达到最小值，这说明选取图像熵作为聚焦程度和图像质量的评判标准是合理的。在小转角时，图像熵随着转角的增大而下降，这说明通过角度积累使图像熵变化曲线更加尖锐，图像质量随着转角的增加而提高，还可以看出，在小转角时，距离偏差的变化并未带来图像熵的明显变化，这是由于在小转角下距离偏差引入的相位误差较小，并未破坏目标回波相位的相干性。随着转角的增加，图像熵对距离偏差的依赖性逐渐加强，且图像熵变化曲线在距离偏差为 0 的附近比较尖锐，即图像熵在距离偏差为 0 时对其依赖性最强，这一特点有助于利用图像熵对距离偏差进行精确估计。另外还可发现，当距离偏差为 0 时，图像熵未随着转角的增

加而单调下降，这是因为直接利用式(3.21)对点目标进行成像，相当于在目标回波谱域支撑区施加阶跃型窗函数，此时点扩展函数会有明显旁瓣，可以通过旁瓣抑制技术来对其进行改进。因此，在一定转角区域内，图像熵随着转角的增加而增加，并不能说明图像质量随着转角的增加而下降。

下面给出不同转角情况下，校正前后图像的对比分析，如图 3.17～图 3.20 所示。

对比图 3.17(a)和(b)可以发现，在小转角情况下，由于使用参考信号进行非线性校正带来的转台中心偏移除了使图像的 x 向坐标产生一定偏移，并未对图像质量产生明显影响，三个角反射器的位置关系并未发生畸变，且成像的点扩展函数也十分相似。这一结果与图 3.16 所示结果一致，造成这一现象的原因是，小转角情况下转台中心的距离偏差所导致的相位误差并未破坏图像的方位向聚焦。

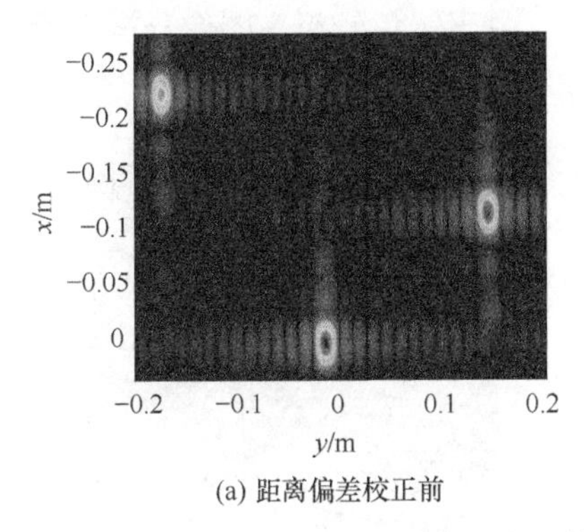

(a) 距离偏差校正前

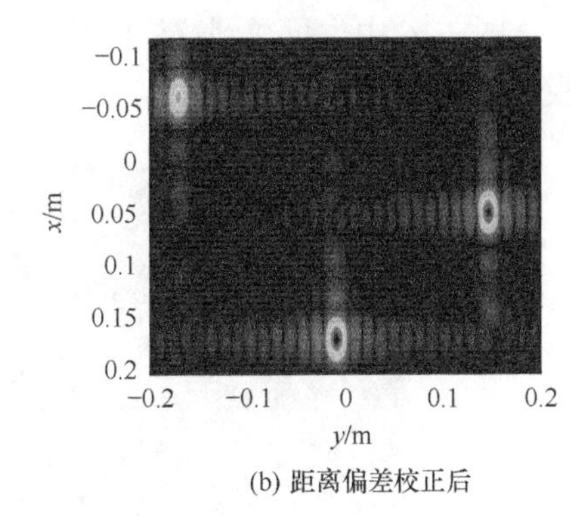

(b) 距离偏差校正后

图 3.17　角反射器 2°转角下成像结果

对比图 3.18(a)和(b)可以发现，当转角增加至 30°时，由于存在转台中心的位置偏差，图像分辨率不但没有上升，反而急剧下降，造成这一现象可以从两个角度进行解释：①将整个成像过程视作二维匹配滤波过程，则转台中心距离偏差的存在，使得随着转角的增大误差相位不断积累，从而造成了严重的散焦现象，并且转角越大，积累的相位误差越明显，散焦现象也就越严重；②大转角成像可分解为若干小转角成像过程，由图 3.16 可知，小转角情况下转台中心的偏移并不会带来散焦现象，只是导致了图像 x 向的偏移，将若干小转角下形成的图像坐标变换至同一目标坐标系下并叠加，子图像中的 x 向偏移便会导致散射点在大转角图像中形成系列点迹，由这一分析可以猜想：点目标散焦所形成的圆弧对应半径为转台中心的偏移距离。另外，对比图 3.17(b)和图 3.18(b)可以看出，在进行了转台中心的位置偏移补偿后，通过角度积累能明显提高图像分辨率。

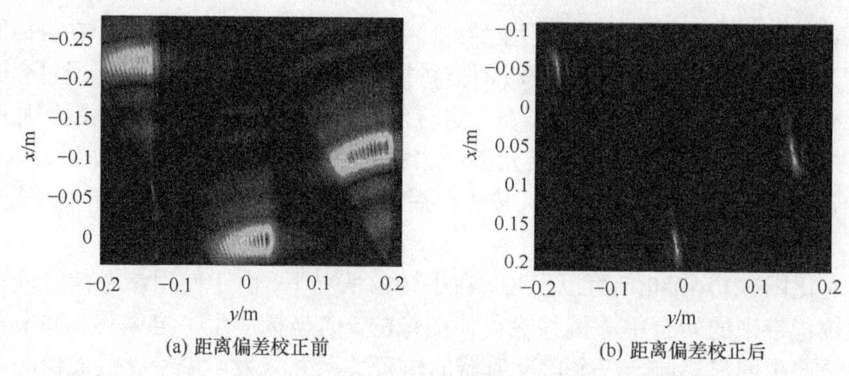

(a) 距离偏差校正前　　(b) 距离偏差校正后

图 3.18　角反射器 30°转角下成像结果

对比图 3.19(a)和(b)可以发现，与图 3.17 所得结果一致，在小转角情况下，转台中心位置偏移除了使图像 x 向坐标产生一定偏移，并未对图像质量产生明显影响，从图 3.16 中也可得到这样的结论。此时，由于转角较小，图像分辨率不高，只能看清飞机模型的大致轮廓。

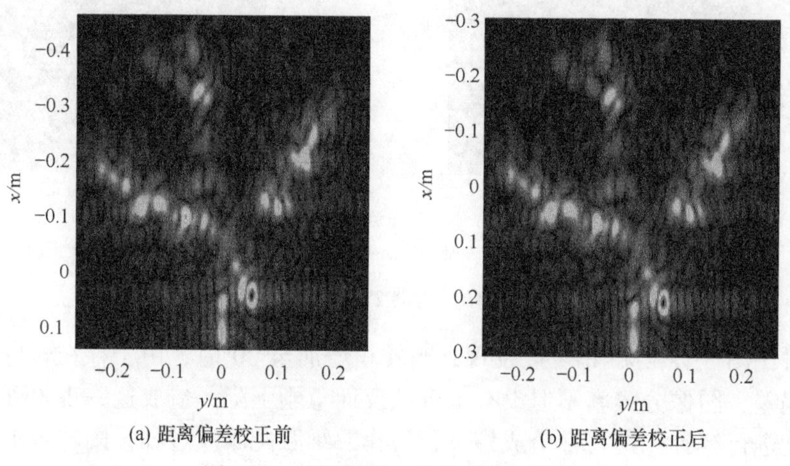

(a) 距离偏差校正前　　(b) 距离偏差校正后

图 3.19　飞机模型 2°转角下成像结果

对比图 3.20(a)和(b)，可以得出与图 3.18 相同的结论，由于转台中心偏差的存在，转角的增加不但没有提高图像分辨率，反而恶化了图像质量。对比图 3.20(a)与图 3.18(a)发现，图像都出现了较严重的散焦现象，不同的是，图 3.20(a)中并没有出现图 3.18(a)中圆弧状的散焦曲线，这是由于飞机模型图像中的散射点较多、间隔较密，同时可能存在不能用点散射中心描述的散射行为，因此很难从飞机模型这类复杂目标的散焦图像中判断出造成散焦的原因。对比图 3.19(b)与图 3.20(b)可以看出，通过偏移距离补偿，大转角积累使图像分辨率有了明显提升，从图 3.20(b)中可以清晰分辨机头、涡轮、机翼、尾翼等细节。另外，发现图像中机头附近出现了圆弧形带状区域，这是由实验中圆形转台边缘对应的滑动型散射中心造成的。转台边缘的滑动型散射中心在角反射器成像的实验中也存在，但角反射器的散射能量较大，抑制了转台边缘在图像中的亮度，若改变图像的动态范围，则也可从图 3.18(b)中观察到这一现象。对于转台成像，场景中非转台中心处的其他强静止目标也具有与转台边缘类似的成像表现。由于转台可视为圆形光滑对称结构，尽管它在旋转，但从自身散射上看相当于静止目标。

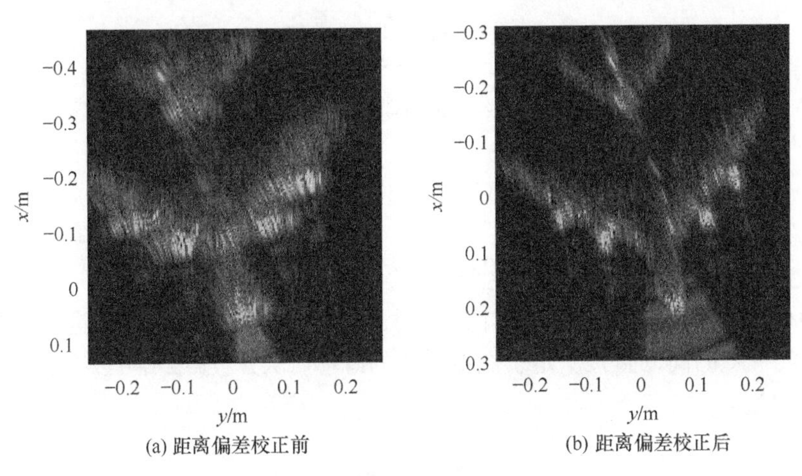

(a) 距离偏差校正前　(b) 距离偏差校正后

图 3.20　飞机模型 30°转角下成像结果

3.3　太赫兹雷达转台成像远场条件

远场假设认为，当满足 $D^2 < R_0\lambda/2$(或更严格的 $D^2 < R_0\lambda/4$)条件时，入射电磁波的等相位面能够近似为平面，其中，D 为目标横向尺寸。实际中，受太赫兹波的传播距离和短波长的影响，照射到目标的太赫兹波前应该用更一般的格林函数描述，且以下分析表明用于成像的远场条件相对宽松。考虑球面波前，转台上位于 (r_t,ϕ) 处的目标到雷达的距离为

$$R_t = \sqrt{r_t^2 + R_c^2 - 2r_tR_c\cos(\theta-\phi)} \tag{3.23}$$

则其回波信号为

$$G(k,\theta) = \iint_{x,y} F(x,y)\exp\left[\mathrm{j}2k(R_c - R_t)\right]\exp\left[-\mathrm{j}2k(R_c - R_r)\right]\mathrm{d}x\mathrm{d}y \tag{3.24}$$

相应地，成像方程改写为

$$F(x,y) = \iint_{k,\theta} G(k,\theta)\exp\left[-\mathrm{j}2k(\hat{R}_c - R_t)\right]\exp\left[\mathrm{j}2k(\hat{R}_c - R_r)\right]k\mathrm{d}k\mathrm{d}\theta \tag{3.25}$$

若仍利用式(3.19)对实际的回波信号(3.24)进行成像，设点目标坐标为$\left(x_{\mathrm{t}}, y_{\mathrm{t}}\right)=\left(r_{\mathrm{t}} \cos \phi, r_{\mathrm{t}} \sin \phi\right)$，假设线性相位偏差项已完全补偿，即$\hat{R}_{\mathrm{c}}=R_{\mathrm{c}}$，则有

$$\operatorname{PSF}(x, y)=\iint_{k, \theta} \exp \left[\mathrm{j} 2 k\left(R_{\mathrm{c}}-R_{\mathrm{t}}\right)\right] \exp [-\mathrm{j} 2 k(x \cos \theta+y \sin \theta)] k \mathrm{d} k \mathrm{d} \theta \tag{3.26}$$

根据式(3.23)对R_{t}进行泰勒展开：

$$R_{\mathrm{t}}=R_{\mathrm{c}}-r_{\mathrm{t}} \cos (\theta-\phi)+\frac{r_{\mathrm{t}}^{2}}{2 R_{\mathrm{c}}} \sin ^{2}(\theta-\phi)+o\left(R_{\mathrm{c}}^{-1}\right) \tag{3.27}$$

将式(3.27)代入式(3.26)并忽略高阶小项，得

$$\begin{aligned} \operatorname{PSF}(x, y)= & \iint_{k, \theta} \exp \left\{\mathrm{j} 2 k\left[r_{\mathrm{t}} \cos (\theta-\phi)-\frac{r_{\mathrm{t}}^{2}}{2 R_{\mathrm{c}}} \sin ^{2}(\theta-\phi)\right]\right\} \\ & \cdot \exp [-\mathrm{j} 2 k(x \cos \theta+y \sin \theta)] k \mathrm{d} k \mathrm{d} \theta \end{aligned} \tag{3.28}$$

由前面的分析可知，成像的本质是对回波信号中的幅度与相位进行匹配的过程，匹配程度的高低直接决定了图像质量的好坏，从方程(3.28)可以看出，不匹配的相位项为

$$\Phi_{\mathrm{e}}=-\mathrm{j} 2 k \frac{r_{\mathrm{t}}^{2}}{2 R_{\mathrm{c}}} \sin ^{2}(\theta-\phi) \tag{3.29}$$

为推导得到式(3.29)的解析表达式，不妨假设式中θ为小量，这样假设的合理性基于两点考虑：第一，由式(3.28)成像过程对角度的积分可以分解成对若干小转角积分的叠加；第二，对于任意θ，可以通过旋转目标坐标系，使x轴指向电磁波的入射方向，成像后再将目标坐标系旋转回原来的方向。这样对任意θ的成像过程均可看成对若干$\Delta\theta$成像过程的组合。在对每一个$\Delta\theta$成像过程中，x方向为距离向，y方向为方位向。基于这样的考虑，有如下近似：

$$\begin{aligned} & \sin \Delta \theta \approx \Delta \theta \\ & \sin ^{2} \Delta \theta \approx \Delta \theta^{2} \\ & \cos \Delta \theta \approx 1-0.5 \Delta \theta^{2} \\ & \cos ^{2} \Delta \theta \approx 1-\Delta \theta^{2} \\ & k_{x}=k \cos \Delta \theta \approx k \\ & k_{y}=k \sin \Delta \theta \approx k \Delta \theta \end{aligned} \tag{3.30}$$

于是，得

$$\Phi_{\mathrm{e}}=-\mathrm{j} \frac{x_{\mathrm{t}}^{2}-y_{\mathrm{t}}^{2}}{R_{\mathrm{c}} k} k_{y}^{2}+\mathrm{j} \frac{2 x_{\mathrm{t}} y_{\mathrm{t}}}{R_{\mathrm{c}}} k_{y}-\mathrm{j} \frac{y_{\mathrm{t}}^{2}}{R_{\mathrm{c}}} k_{x} \tag{3.31}$$

由式(3.31)可知，如果仍利用远场假设对近程回波进行成像，即忽略球面波前的影响，那么引入的相位偏差将带来两方面影响：一方面引起点目标位置在距离向和方位向分别产生$-\dfrac{y_{\mathrm{t}}^2}{2R_{\mathrm{c}}}$和$\dfrac{x_{\mathrm{t}}y_{\mathrm{t}}}{R_{\mathrm{c}}}$的偏移；另一方面，相位项$-\dfrac{x_{\mathrm{t}}^2-y_{\mathrm{t}}^2}{R_{\mathrm{c}}k}k_y^2$带来的误差会影响聚焦的精度。为使图像能良好聚焦，令$\left|\dfrac{x_{\mathrm{t}}^2-y_{\mathrm{t}}^2}{R_{\mathrm{c}}k}k_y^2\right|\leqslant\dfrac{\pi}{8}$，则有

$$|x_{\mathrm{t}}|,|y_{\mathrm{t}}|\leqslant\frac{1}{4\Delta\theta}\sqrt{R_{\mathrm{c}}\lambda} \tag{3.32}$$

利用式(3.32)可以大致判断小转角下远场假设的适用性。另外可以看出，式(3.32)限定的远场条件相比于球面波前近似为平面波前的限定条件宽松许多，导致这一点的原因是，成像时的聚焦是通过对相位变化历程的累积实现的，即在一定距离处球面波尚不能近似为平面波，但这会给回波相位引入明显的绝对偏差，而对相位变化历程的影响不显著。因此，虽然绝对的相位偏差使目标点的位置发生偏移，但并未对聚焦精度造成严重影响，即没有出现严重的散焦现象。

图 3.21(a)和(b)分别展示了当$R_{\mathrm{c}}=4\mathrm{m}$时，在$\theta$=0°和$\theta$=30°情况下，一片1m×1m 成像区域中散射点位置偏移情况，等高线描述了散射点偏移绝对值在图像中的分布，矢量箭头描述了不同位置散射点偏移的大小和方向。

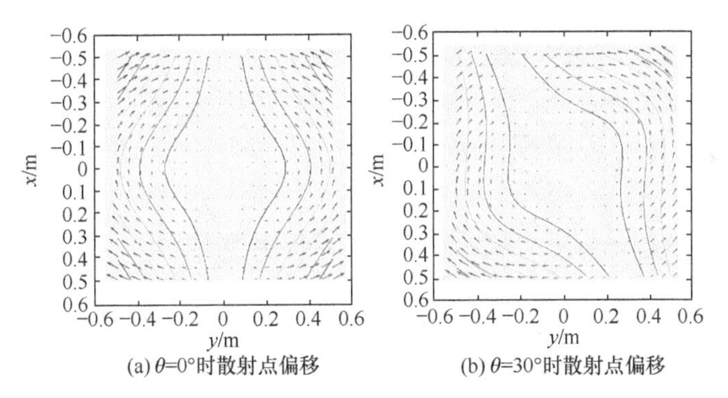

(a) θ=0°时散射点偏移　(b) θ=30°时散射点偏移

图 3.21　散射点位置偏移情况

在大转角情况下，方位向即便可以分解为若干小转角成像过程的叠加，并且每个小转角成像都能实现较好的聚焦，但由于观测的角度不同，目标点在不同角度下偏移的距离与方向也不相同，该目标点在整个转角的成像结果中便可能会形成一系列点迹，因此近程对大转角成像的影响不同于小转角情况，图 3.22 表明了这一问题。

下面对这一问题进行分析。由小转角情况下的分析结论可知，当θ=0°时，有

$$\mathrm{d}x\big|_{\theta=0}=-\frac{y^2}{2R_{\mathrm{c}}},\quad \mathrm{d}y\big|_{\theta=0}=\frac{xy}{R_{\mathrm{c}}} \tag{3.33}$$

当θ不为 0°时，对目标坐标系进行旋转，$u=x\cos\theta+y\sin\theta$、$v=-x\sin\theta+y\cos\theta$，在新的坐标系下有

$$\mathrm{d}u=-\frac{u^2}{2R_\mathrm{c}},\quad \mathrm{d}v=\frac{uv}{R_\mathrm{c}} \tag{3.34}$$

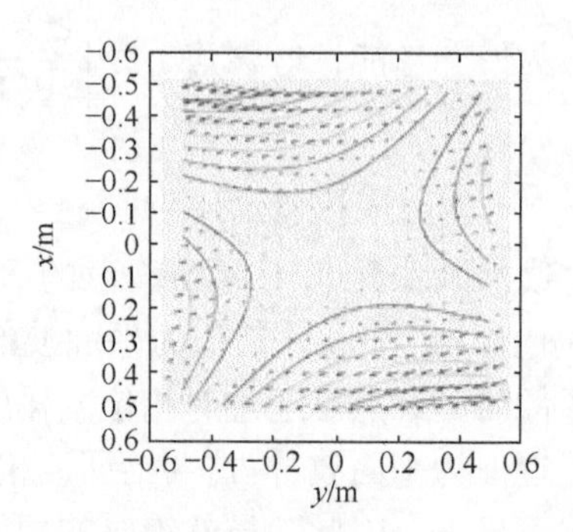

图 3.22　30°转角情况下散射点在图像中的移动轨迹

将式(3.34)所示偏差变换回原坐标系，得

$$\mathrm{d}x\big|_\theta=\mathrm{d}u\cdot\cos\theta-\mathrm{d}v\cdot\sin\theta,\quad \mathrm{d}y\big|_\theta=\mathrm{d}u\cdot\sin\theta+\mathrm{d}v\cdot\cos\theta \tag{3.35}$$

由式(3.33)和式(3.35)可得，目标点在图像中产生的位移为

$$\boldsymbol{s}=\left(\mathrm{d}x\big|_\theta-\mathrm{d}x\big|_{\theta=0^\circ},\mathrm{d}y\big|_\theta-\mathrm{d}y\big|_{\theta=0^\circ}\right)^\mathrm{T} \tag{3.36}$$

为保证大转角下聚焦良好，需使散射点位移小于图像分辨率，简单起见，将使用的分辨率定义为

$$\boldsymbol{s}^\mathrm{T}\boldsymbol{s}\leqslant\left(\frac{c}{2B_\mathrm{p}}\right)^2+\left[\frac{\lambda}{4\sin(\theta/2)}\right]^2 \tag{3.37}$$

利用式(3.37)可以判断大转角下远场假设是否会导致显著的散射点位置移动与散焦。

下面对非平面波效应进行实验研究。为了便于比较图像的差异，将图像绘制在同一坐标系中，如图 3.23(a)所示，其中一个点目标的局部放大对比如图 3.23(b)所示。

图 3.23(a)将远场假设下与球面波修正后所得图像绘制于同一坐标系中，可以发现，实验中的三个角反射器距离转台中心较近，非平面波效应对图像的形变影响并不显著。由图 3.23(b)可以看出，散射点位置偏移符合图 3.21 所示的规律。

进一步地，图 3.24 给出了飞机模型 30°转角下成像结果对比，可以发现远场假设并未给图像带来显著的畸变或者散焦现象，这是由于模型尺寸相比其与雷达的距离较小，球面波效应并不强烈，这一点可以通过式(3.37)验证。仔细观察椭圆

内的区域，从尾翼间夹角的变化、机翼末端形状的变化可以看出，远场假设使得两尾翼间的夹角变小，并且左侧尾翼和右侧尾翼与机身夹角并不相等，同时机翼出现弯曲，其末端向 x 轴负向偏移，这些变化与图 3.21 中展示的理论分析结果一致。

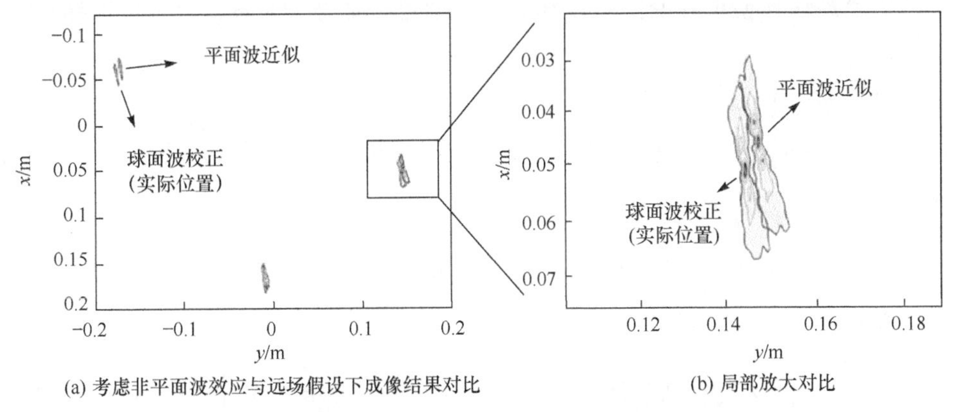

(a) 考虑非平面波效应与远场假设下成像结果对比　(b) 局部放大对比

图 3.23　角反射器 30°转角下成像结果

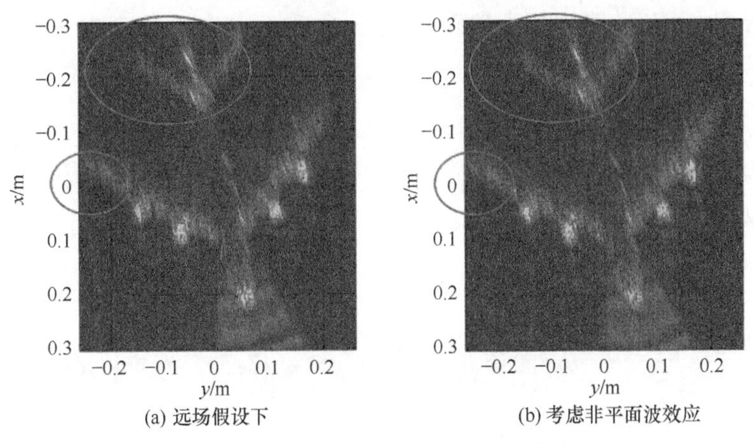

(a) 远场假设下　(b) 考虑非平面波效应

图 3.24　飞机模型 30°转角下成像结果

3.4　太赫兹雷达转台成像方法

3.4.1　距离-方位成像

1. 远场

第 2 章实际上从投影切片定理和距离-多普勒原理的角度给出了转台模式下的目标远场成像方法，它也是一切成像方法(包括单频 360°成像)的源头，三维情况也有类似结论。

原始形式：

$$\hat{o}(x,y)=\iint O(K,\varphi)\cdot|K|\exp\left[\mathrm{j}K(x\cos\varphi+y\sin\varphi)\right]\mathrm{d}K\mathrm{d}\varphi \tag{3.38}$$

先借助快速傅里叶变换对 K 积分，再通过叠加方式对 φ 积分，即得到 CBP 方法。

直角坐标-极坐标形式：

$$\hat{o}(x,y)=\iint O(K,\varphi)\cdot|K|\exp\left[\mathrm{j}K(x\cos\varphi+y\sin\varphi)\right]\mathrm{d}K\mathrm{d}\varphi \tag{3.39}$$

极坐标-极坐标形式：

$$\hat{o}(\rho,\phi)=\iint O(K,\varphi)\cdot|K|\exp\left\{\mathrm{j}K\left[\rho\cos(\varphi-\phi)\right]\right\}\mathrm{d}K\mathrm{d}\varphi \tag{3.40}$$

极坐标-直角坐标形式：

$$\hat{o}(\rho,\phi)=\iint O(K_x,K_y)\cdot\exp\left[\mathrm{j}(K_x\rho\cos\phi+K_y\rho\sin\phi)\right]\mathrm{d}K_x\mathrm{d}K_y \tag{3.41}$$

需要注意的是，极坐标形式下的因子 $|K|$ 意味着频域滤波或时域卷积，在有限的系统带宽内可以将其近似为常数 K_c 而不予考虑。此时，CBP 方法退化为 BPA。

2. 近场

假设雷达发射线性调频信号并采用解线频调方式接收，设雷达系统选取的参考距离为 0，并且在雷达录取回波过程中目标匀速转动，则忽略幅度衰减的回波信号可以表示为

$$\begin{aligned}S(k,\varphi)=&\iint_{x,y}o(x,y)\\&\cdot\exp\left[2\mathrm{j}k\sqrt{(R_0\cos\varphi-x)^2+(R_0\sin\varphi-y)^2}\right]\mathrm{d}x\mathrm{d}y\end{aligned} \tag{3.42}$$

利用第 2 章介绍的球面波分解技术，可得

$$\begin{aligned}S(k,\varphi)&=\iint_{x,y}o(x,y)\cdot\int_{-\pi}^{\pi}\exp\left\{2\mathrm{j}k\left[\cos\alpha(R_0\cos\varphi-x)+\sin\alpha(R_0\sin\varphi-y)\right]\right\}\mathrm{d}\alpha\mathrm{d}x\mathrm{d}y\\&=\int_{-\pi}^{\pi}\iint_{x,y}o(x,y)\exp(-2\mathrm{j}kx\cos\alpha-2\mathrm{j}ky\sin\alpha)\mathrm{d}x\mathrm{d}y\cdot\exp\left[2\mathrm{j}kR_0\cos(\varphi-\alpha)\right]\mathrm{d}\alpha\end{aligned} \tag{3.43}$$

记

$$O(k,\alpha)\stackrel{\text{def}}{=}\iint_{x,y}o(x,y)\exp(-2\mathrm{j}kx\cos\alpha-2\mathrm{j}ky\sin\alpha)\mathrm{d}x\mathrm{d}y \tag{3.44}$$

由式(3.44)可以看出，$O(k,\alpha)$ 是极坐标格式下 $o(x,y)$ 的谱域表示形式，则

式(3.43)可写为

$$S(k,\varphi)=\int_{-\pi}^{\pi}O(k,\alpha)\exp\left[2\mathrm{j}kR_0\cos(\varphi-\alpha)\right]\mathrm{d}\alpha \tag{3.45}$$

可以看出，式(3.45)是关于变量 φ 的循环卷积表达式，于是式(3.45)可写成

$$S(k,\varphi)=O(k,\varphi)*_{(\varphi)}\exp(2\mathrm{j}kR_0\cos\varphi) \tag{3.46}$$

式中，$*_{(\varphi)}$ 为关于变量 φ 的循环卷积。由离散傅里叶变换的性质可知，循环卷积可在谱域通过相乘实现，对式(3.46)两边做关于 φ 的傅里叶变换，得

$$S(k,\omega)=O(k,\omega)\cdot H(k,\omega) \tag{3.47}$$

式中，$H(k,\omega)=\mathrm{FT}_{(\varphi)}\left[\exp(2\mathrm{j}kR_0\cos\varphi)\right]$。在式(3.46)和式(3.47)中，$\varphi$、$\omega$ 互为傅里叶变换的对偶变量，于是式(3.46)所示循环卷积可由式(3.47)配合快速傅里叶变换实现。

下面用一组仿真实验验证上面所提基于球面波分解的成像方法的有效性。仿真参数列于表 3.1 中。在数值仿真中，本节以若干理想散射点为目标，点目标位置示意图如图 3.25 所示。图 3.26 展示了进行球面波校正前后的成像结果。可以看出，在所设定的参数下，若仍采用平面波假设，则球面波效应会对成像产生明显的破坏聚焦作用，而利用球面波分解的成像方法则能实现准确聚焦。从中还可以得到以下结论：越靠近图像边缘，球面波影响越明显，图像中心点几乎不受球面波前的影响；球面波造成的图像散焦现象随着目标点位置的不同而不同，由图 3.26(a)可以看出，与图像中心距离相等的若干点目标，其点扩展函数朝向随着目标方位角的不同而变化。下面进一步用实验数据验证成像方法的有效性，极坐标球面波成像实验场景如图 3.27 所示，实验中天线波束角有限，为了使波束能够尽量覆盖目标，将 R_0 调整为 1.5m，其余实验参数与表 3.1 中相同。本小节对一个金属立方体和飞机模型展开近场测量，其成像结果分别绘于图 3.28 与图 3.29 中。

表 3.1　基于极坐标球面波分解的成像实例系统参数

中心频率	220GHz
带宽	12.8GHz
R_0	1m
φ_{max}	360°
$\Delta\varphi$	0.0225°
成像区域	0.5m×0.5m

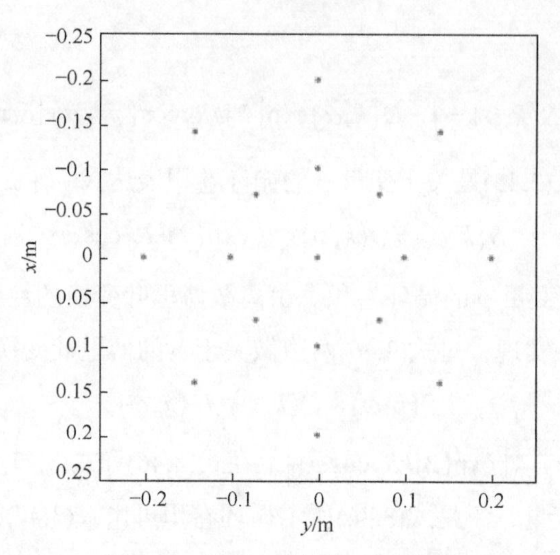

图 3.25　仿真点目标位置示意图

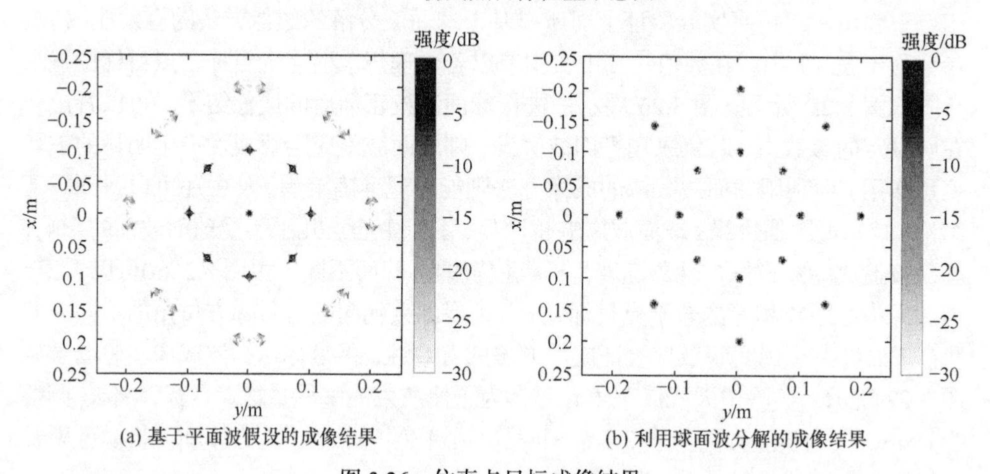

(a) 基于平面波假设的成像结果　　(b) 利用球面波分解的成像结果

图 3.26　仿真点目标成像结果

由图 3.28(a)可以看出，受球面波前的影响，金属立方体的侧边在图像中发生弯曲，与真实形状不符。图 3.28(b)为经过球面波分解的成像结果，侧边的弯曲问题得到解决，成像结果与目标实际形状和尺寸吻合良好。由图 3.29(a)可以看出，靠近图像边缘的区域如飞机机翼两端、尾翼、机头等部位发生了明显的变形与散焦，同时整个机身形状也发生了畸变；由图 3.29(b)可以看出，经过球面波校正，成像结果与实际飞机模型吻合良好。另外，对比图 3.28 和图 3.29 可以看出，图 3.29 中飞机机身部分出现一个圆盘形目标，这是由转台的边缘散射造成的，由于金属立方体的 RCS 比飞机模型大很多，在相同的对数显示范围内，图 3.28 中并没有观测到这一现象。

图 3.27　极坐标球面波成像实验场景

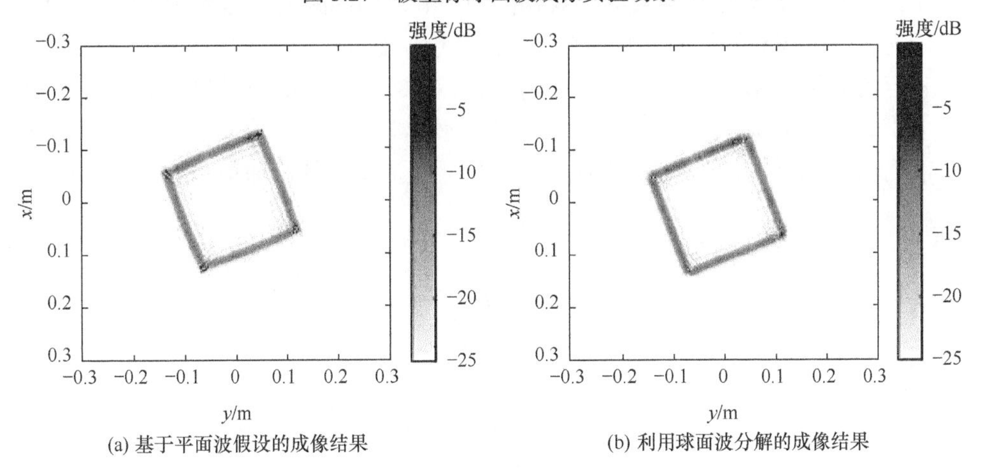

(a) 基于平面波假设的成像结果　(b) 利用球面波分解的成像结果

图 3.28　金属立方体成像结果

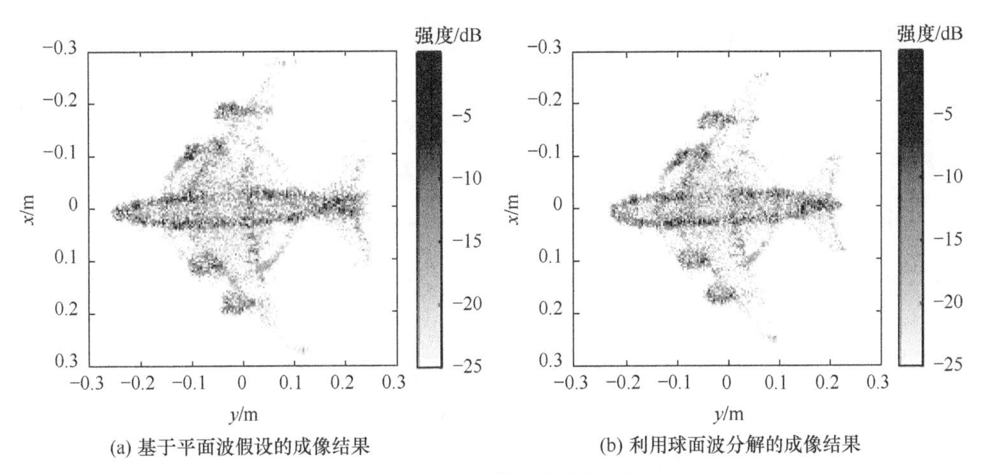

(a) 基于平面波假设的成像结果　(b) 利用球面波分解的成像结果

图 3.29　飞机模型成像结果

3.4.2 方位-俯仰成像

太赫兹雷达由于有极高的角分辨率，只需较小的角度即可实现高分辨，为方位、俯仰两个维度上同时实现高分辨成像提供了可能，方位-俯仰图像具有符合人类视觉的类光学效果。

下面基于 ISAR 成像原理建立三维雷达成像的几何模型和雷达回波模型，令 k 为常数，即退化为单频下的方位俯仰成像。

1. 成像模型

图 3.30 为雷达三维成像几何示意图，其中 $oxyz$ 构成目标直角坐标系，o 为等效相位中心，R_0 为雷达与目标等效相位中心 o 之间的距离。当雷达固定不动时，目标需在方位向和俯仰向分别旋转一定的角度。这也可以等效为目标不动，雷达在一定的方位角和俯仰角范围内对目标进行观测。考虑固定目标坐标系，某一姿态下雷达视线(line of sight，LOS)的单位矢量形式可表示为 $(\cos\theta\cos\varphi, \cos\theta\sin\varphi, \sin\theta)$，其中 θ 与 φ 分别表示该视线角在目标坐标系中的俯仰角与方位角。

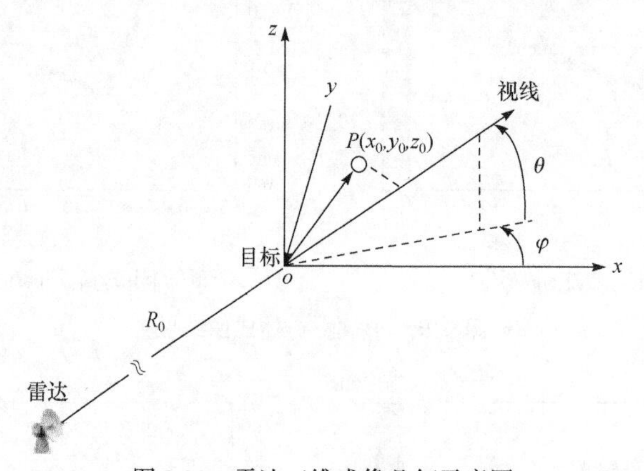

图 3.30　雷达三维成像几何示意图

假定雷达发射线性调频信号，f_0 和 γ 分别表示载频频率与调频率。方位向与俯仰向的观测孔径范围分别为 $\left[-\Delta\varphi/2+\varphi_{\mathrm{c}}, \Delta\varphi/2+\varphi_{\mathrm{c}}\right]$ 和 $\left[-\Delta\theta/2+\theta_{\mathrm{c}}, \Delta\theta/2+\theta_{\mathrm{c}}\right]$，其中，$\Delta\varphi$ 和 $\Delta\theta$ 分别表示方位向和俯仰向的转角大小，φ_{c} 和 θ_{c} 分别表示观测孔径的中心方位角与俯仰角。

在任意观测视角下，目标上的一散射点 $P(x_0, y_0, z_0)$ 的雷达回波形式可表示为

$$r(k,\theta,\varphi) = S_P \cdot \exp\left[-\mathrm{j}2\pi k\left(R_P - R_0\right)\right] \tag{3.48}$$

式中，$k = 2(f_0+\gamma t)/c$ 为波数；S_P 为散射点 P 的强度；R_P 为散射点 P 至雷达的距离；t 为快时间。当雷达处于远场区时，雷达与目标之间的距离远远大于目标本

身的尺寸，照射到目标上的电磁波和雷达接收机接收到的电磁波均可视为平面波。此时，式(3.48)中的 R_P 可进行以下近似：

$$R_P \approx R_0 + \langle OP \cdot \mathrm{LOS} \rangle = R_0 + r \tag{3.49}$$

式中，$r = x_0 \cos\theta \cos\varphi + y_0 \cos\theta \sin\varphi + z_0 \sin\theta$ 为距离 OP 在雷达视线方向上的投影长度；$\langle\cdot\rangle$ 符号表示矢量点乘。当目标的散射分布由大量散射点构成时，$f(x,y,z)$ 表示目标的三维散射分布函数，则在任一视角下相干雷达回波可表示为

$$r(k,\theta,\varphi) = \iiint\limits_{x,y,z} f(x,y,z) \exp\left[-\mathrm{j}2\pi(x \cdot k_x + y \cdot k_y + z \cdot k_z)\right] \mathrm{d}x\mathrm{d}y\mathrm{d}z \tag{3.50}$$

其中，空间波数矢量模值可表示为

$$\begin{cases} k_x = k\cos\theta\cos\varphi \\ k_y = k\cos\theta\sin\varphi \\ k_z = k\sin\theta \end{cases} \tag{3.51}$$

由式(3.50)可以看出，其形式满足三维傅里叶变换，因此利用一次傅里叶逆变换即可获得目标的散射分布函数表达式：

$$f(x,y,z) = \iiint\limits_{k,\theta,\varphi} k^2 \cos\theta \cdot r(k,\theta,\varphi) \cdot \exp\left[\mathrm{j}2\pi(xk_x + yk_y + zk_z)\right] \mathrm{d}k\mathrm{d}\theta\mathrm{d}\varphi \tag{3.52}$$

式(3.52)给出了雷达在波数域的观测采样与目标散射分布函数之间的关系，可见波数域数据的获取与方位角、俯仰角及扫频范围有关。为了便于进一步进行 ISAR 成像处理，将式(3.52)描述的关系从固定目标坐标系变换到固定雷达坐标系。假定当雷达视线矢量与固定目标坐标系的 X 方向矢量相反时，固定雷达坐标系与固定目标坐标系一致，则两个坐标系之间的变换可以视为围绕中心方位角(φ_c)和中心俯仰角(θ_c)的二次旋转关系。坐标系变换的坐标变换矩阵可表示为

$$T = \begin{bmatrix} \cos\varphi_\mathrm{c}\cos\theta_\mathrm{c} & \sin\varphi_\mathrm{c}\cos\theta_\mathrm{c} & \sin\theta_\mathrm{c} \\ -\sin\varphi_\mathrm{c} & \cos\varphi_\mathrm{c} & 0 \\ -\cos\varphi_\mathrm{c}\sin\theta_\mathrm{c} & -\sin\varphi_\mathrm{c}\sin\theta_\mathrm{c} & \cos\theta_\mathrm{c} \end{bmatrix} \tag{3.53}$$

变换到固定雷达坐标系后，式(3.52)可重新写为

$$f(x',y',z') = \iiint\limits_{k,\theta,\varphi} k^2 \cos\theta \cdot r(k,\theta,\varphi) \exp\left[\mathrm{j}2\pi(x'k_{x'} + y'k_{y'} + z'k_{z'})\right] \mathrm{d}k\mathrm{d}\theta\mathrm{d}\varphi \tag{3.54}$$

其中波数矢量模值 $k_{x'}$、$k_{y'}$ 和 $k_{z'}$ 分别由下列关系给出：

$$\begin{cases} k_{x'} = k\left[\cos\theta\cos\theta_\mathrm{c}\cos(\varphi-\varphi_\mathrm{c}) + \sin\theta\sin\theta_\mathrm{c}\right] \\ k_{y'} = k\cos\theta\sin(\varphi-\varphi_\mathrm{c}) \\ k_{z'} = k\left[-\cos\theta\sin\theta_\mathrm{c}\cos(\varphi-\varphi_\mathrm{c}) + \sin\theta\cos\theta_\mathrm{c}\right] \end{cases} \tag{3.55}$$

根据式(3.55)，在固定目标坐标系下波数域的数据采集孔径可表示为图 3.31 所示部分截取的球体结果。在小孔径条件下，直接对波数域的三维采样数据进行傅里叶变换即可获得目标的三维成像结果。对于上述三维成像原理，成像分辨率分别由发射信号带宽和方位与俯仰转角大小决定。

$$R_{\mathrm{Range}}=\frac{c}{2B_{\mathrm{w}}},\quad R_{\mathrm{Azi}}=\frac{\lambda}{2\Delta\varphi},\quad R_{\mathrm{Ele}}=\frac{\lambda}{2\Delta\theta} \tag{3.56}$$

距离向与方位向的最大不模糊距离由式(3.57)给出：

$$D_{\mathrm{d}}=\frac{c}{2\delta f},\quad D_{\mathrm{Azi}}=\frac{\lambda}{2\delta\varphi},\quad D_{\mathrm{Ele}}=\frac{\lambda}{2\delta\theta} \tag{3.57}$$

式中，δf 、$\delta\varphi$ 和 $\delta\theta$ 分别为在频率维、方位向和俯仰向的采样间隔大小。

根据图 3.31 所示的三维样本数据采集方式，在对样本数据进行三维傅里叶变换之前，首先需要对三维球形栅格数据块进行插值，将数据插值到三维直角坐标网格中。通过观测，在采集数据的每一个俯仰平面上，距离向和方位向数据为扇形极坐标数据，因此可以首先在每个俯仰平面内对数据进行插值，将其插值成一个直角坐标方格，然后在俯仰向完成直角坐标方格的插值。

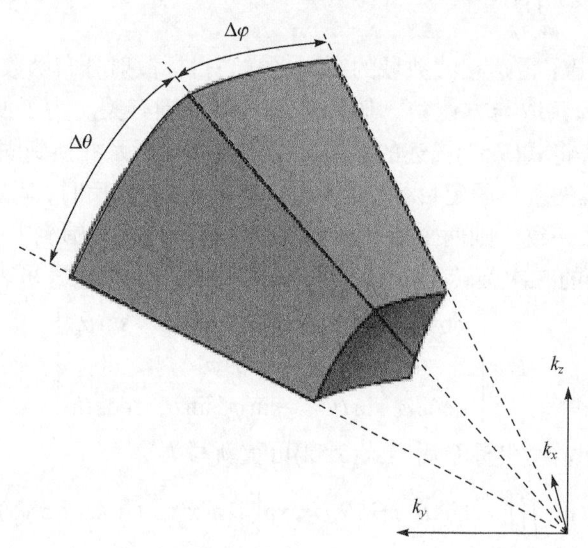

图 3.31　固定目标坐标系中波束域的三维数据采集孔径

对于式(3.56)，若在俯仰向或方位向达到 4mm 的分辨率，则在载频为 340GHz 和 675GHz 时，对应的方位转角和俯仰转角仅为 6.3°和 3.15°，但是在距离向上要达到相当分辨率则需要 37.5GHz 的信号带宽，虽然目前太赫兹雷达器件水平不断发展，但这一要求在未来一段时间的工程应用中仍将难以满足。同时可以看出，对于太赫兹雷达高分辨成像，由于波长短，俯仰向与方位向的分辨率存在非常大的优势，距离向分辨率则受限于器件水平以及调频线性度的问题等，难以得到理想结果。同时，由于三维成像需要距离向、方位向和俯仰向的三维测量数据，数据获取量与计算量均非常大，为基于实验测量方法和仿真计算方法研究太赫兹频段目标成像特性带来了一定的困难。

基于太赫兹雷达成像的方位向和俯仰向高分辨率优势，假定雷达发射单频信号且在俯仰向和方位向的宽视角范围对目标进行观测，由于雷达采取相干处理方式，当目标在俯仰向与方位向存在转动时，目标相位将与方位向距离成比例变化，式(3.58)给出了对应于小角度转动的相位变化：

$$\Delta\phi \approx \frac{2\pi\theta_{\mathrm{T}}x}{\lambda} \tag{3.58}$$

式中，θ_{T} 为转动角度；x 为方位向距离。因此，转动时不同方位向距离上点的相位变化将不同，利用标准的多普勒处理技术即可实现对横向上不同距离散射点的分辨。在获取目标在俯仰向和方位向的二维转动回波数据后，分别在俯仰向和方位向进行傅里叶变换，即可获得目标在二维多普勒平面内的成像结果，即方位-俯仰成像结果。

二维多普勒成像平面垂直于方位-俯仰观测孔径的中心视线角，因此方位-俯仰成像与视觉看到的目标成像非常类似，这使得对目标上不同散射点的识别更加容易。相比之下，传统的距离-多普勒成像方法获取目标在雷达视线方向上的散射点信息，成像结果为目标的下视剖面图。距离-多普勒成像不包含俯仰向信息，容易导致散射点识别的模糊问题。方位-俯仰成像受目标姿态敏感性和各向异性散射的影响较弱。

2. 数值仿真结果及分析

下面给出目标模型的方位-俯仰成像结果。图 3.32 给出了 VV 极化下弹头模型及其方位-俯仰成像结果，这里的弹头模型在尾翼间增加了四个小的调姿孔。弹头模型的单频 RCS 计算在 $5°\times5°$ 的横向孔径内完成，角度采样间隔为 0.03°。在该参数下，成像结果的俯仰向分辨率为 5mm，方位向分辨率由于存在较大的俯仰观测角变得较差，为 19.5mm。图 3.32(b)为俯仰角 75°、方位角 0°视角下的成像结果。与该视角下弹头模型相比，可以看出方位-俯仰成像结果准确、清楚地反映了弹头上的顶端、尾翼、孔、底端、不连续边缘等结构的散射特征。图 3.32(c)为俯仰角 75°、方位角 45°视角下的成像结果，同样反映了该视角下目标上的主要散射点分布。由此可见，太赫兹方位-俯仰高分辨成像可获得目标光学视角下的详细散射点分布。

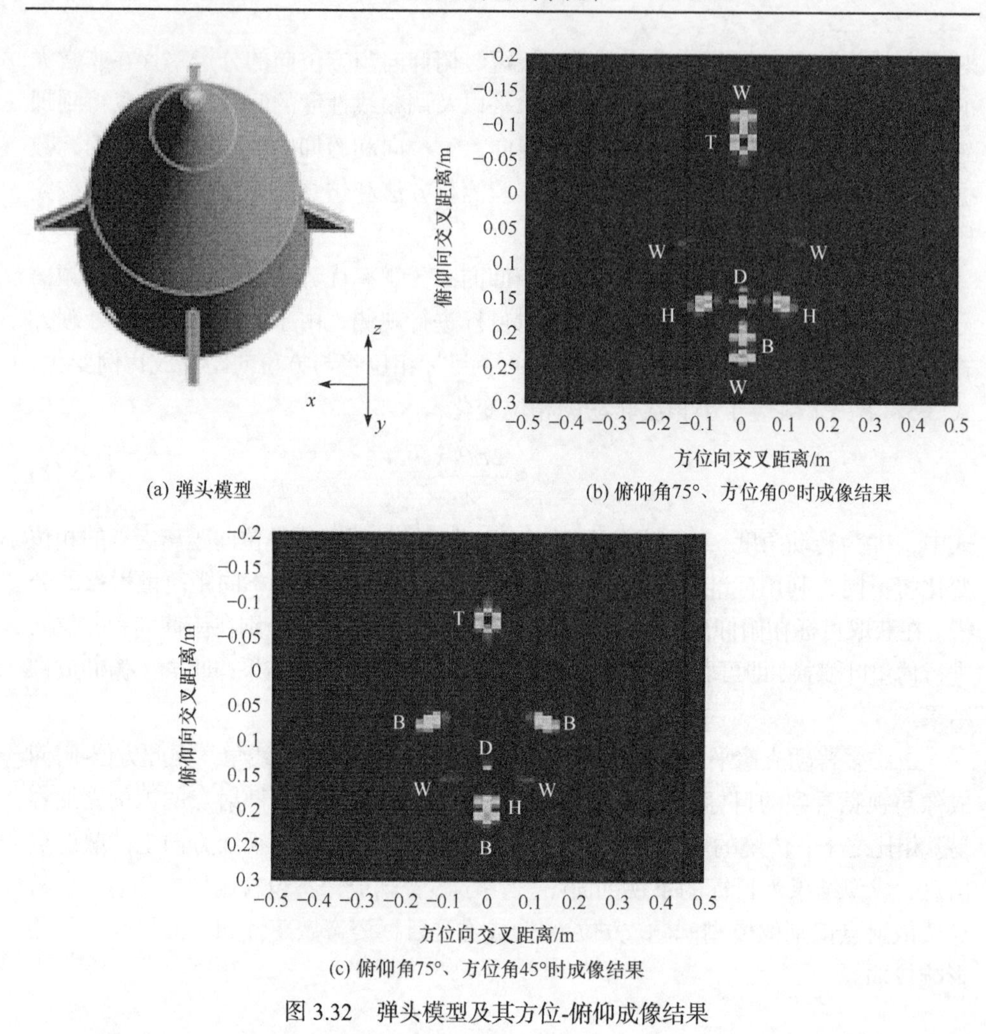

(a) 弹头模型　　(b) 俯仰角75°、方位角0°时成像结果

(c) 俯仰角75°、方位角45°时成像结果

图 3.32　弹头模型及其方位-俯仰成像结果

W-尾翼；T-顶部；H-孔；B-底端；D-不连续处

图 3.33 为 T62 坦克模型在 340GHz 和 675GHz 载频下的方位-俯仰成像结果，方位向分辨率分别达到 4mm 和 2mm。图 3.33(a)成像结果不但展示了该观测视角下坦克模型的轮廓，而且坦克上的履带和炮塔可清晰分辨。在频率为 675GHz 时，成像结果变得更加清晰，与该视角下的光学图像相类似。但是，坦克上的炮管由于与观测视角之间的非垂直关系而未能观测到。图 3.34 给出了另一个坦克模型的 VV 极化下的方位-俯仰成像结果及坦克模型图，观测视角为俯仰角 40°和方位角 0°，中心频率为 340GHz。由图 3.34 成像结果可明显看到，坦克模型的履带、炮塔和炮管均可分辨，因此方位-俯仰成像技术非常有利于目标散射点的诊断和散射特性的分析。

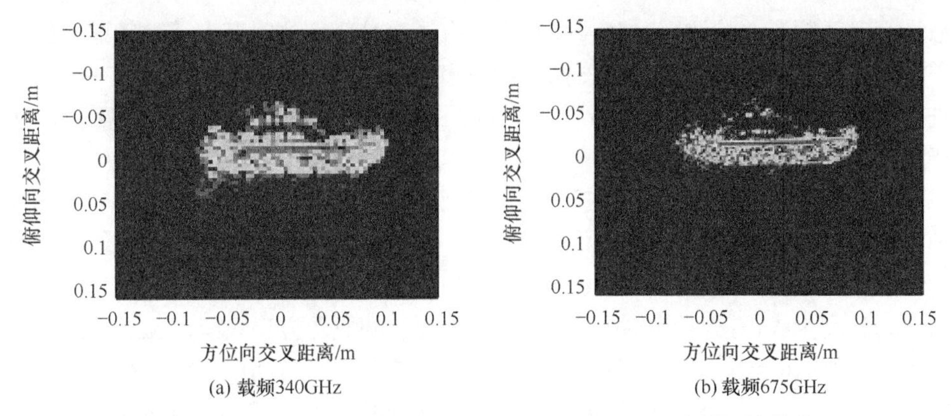

(a) 载频340GHz　(b) 载频675GHz

图 3.33　俯仰角 5°和方位角 75°时不同载频下的 T62 坦克模型成像结果

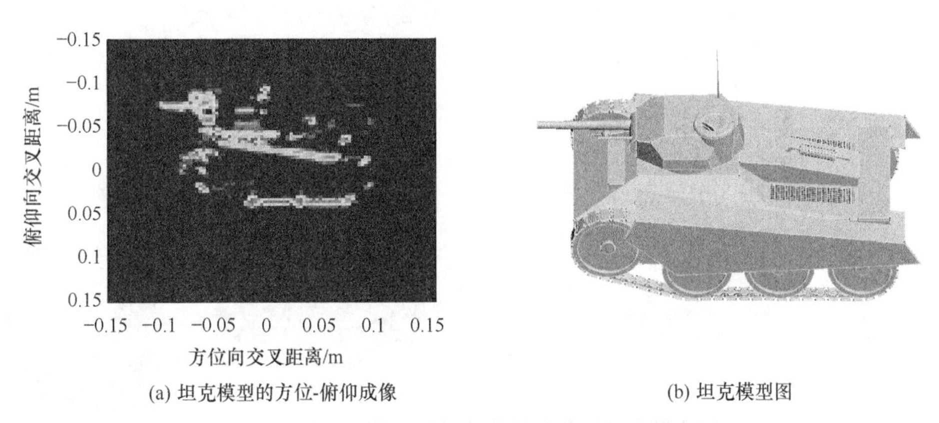

(a) 坦克模型的方位-俯仰成像　(b) 坦克模型图

图 3.34　坦克模型的方位-俯仰成像及坦克模型图

由以上仿真结果可以看出，太赫兹频段雷达高分辨二维与三维成像技术对研究太赫兹频段目标散射特性、获得目标成像规律等具有重要意义。借助高分辨成像技术，可以得到目标上的散射特征和细节，特别是对于复杂目标可获得其类光学图像的成像结果，为目标识别与特征提取提供条件。此外，微动弹头等目标在运动中姿态丰富，能够提供方位、俯仰两个维度的转角，因此可以实现其方位-俯仰成像，能够看出弹头的锥顶、尾翼等结构，但观测孔径内角度稀疏，需要利用参数化成像方法。

3.5　太赫兹雷达 ISAR 成像方法

3.5.1　距离-瞬时多普勒 ISAR 成像

为了应用基于时频分析的 ISAR 成像方法，需要设计一种时频变换，专门用来计算时变频谱并检测瞬时多普勒频率。有了高分辨率的时变多普勒频谱，就不需要为了得到一幅清晰的目标图像而寻找多普勒谱的分布特征，并对单一散射点进行运动补偿。时变多普勒谱产生一系列距离-多普勒图像，而不是一幅距离-多普勒图像。

图 3.35 给出了基于时频变换的雷达成像系统。基于时频变换的雷达成像系统和传统的雷达成像系统的唯一不同之处是，在时间采样后，时频变换取代了傅里叶变换。假设回波数据是一个复数二维数组 $G(r_{m,n})$，有 M 个时间序列，每一个时间序列长度为 N (有 N 个脉冲)，基于傅里叶变换的成像方法只能从 $M\times N$ 矩阵中产生一帧 ISAR 图像。基于时频分析的成像方法对每个时间序列做时频变换，产生该序列的一个 $N\times N$ 时频分布，M 个时间序列共产生 M 个 $N\times N$ 时频分布，组成一个 $N\times M\times N$ 的距离-时间-多普勒立方图 $Q\left(r_m,f_n,t_n\right)$：

$$Q\left(r_m,f_n,t_n\right)=\mathrm{TFT}_n\left\{G(r_{m,n})\right\}\tag{3.59}$$

式中，TFT_n 为关于变量 n 的时频变换。

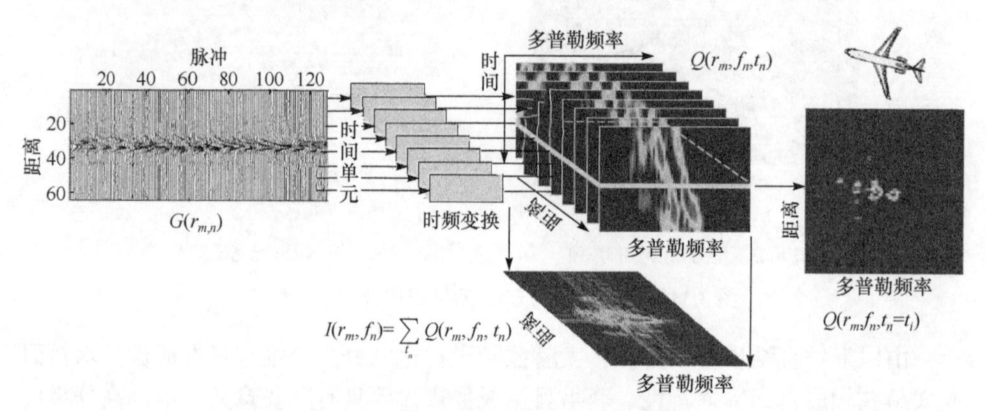

图 3.35　距离-瞬时多普勒成像示意图

因为时频变换计算的是瞬时多普勒频率，所示在任一时刻 t，目标上任一散射中心点 P 的多普勒频移是固定的，其分辨率取决于所采用的时频分析方法。在采样时刻 t_i，只有一幅距离-瞬时多普勒图像 $Q\left(r_m,f_n,t_n=t_i\right)$ 能够从 $N\times M\times N$ 的距离-时间-多普勒立方图中提取出来。共有 N 帧图像，每一帧代表了某个时刻的距离-多普勒图像。因此，用时频变换替代传统的傅里叶变换，一个二维的距离-多普勒图像就变成了一个三维的距离-时间-多普勒立方图像。通过时间采样，就可以得到一个二维距离-多普勒图像序列，序列中每一帧图像都提供了一幅高分辨率 ISAR 像。对距离-时间-多普勒立方图像沿时间轴进行积分，就得到了传统的傅里叶变换 ISAR 像。

$$I\left(r_m,f_n\right)=\sum_{t_n=t_0}^{t_{N-1}}Q\left(r_m,f_n,t_n\right)\tag{3.60}$$

通常，时间采样次数 N 并不需要很大，因为从一个采样时刻到下一个采样时刻之间的多普勒变化不明显，一般16 或者 32 的等间隔采样已经足够显示具体的多普勒变换。

下面通过实测数据进行验证。图 3.36 给出了暗室中待成像的微动弹头模型目标。由图 3.37 的成像结果可以清楚地看出，对于运动目标，由于目标多普勒的时变性，距离-多普勒成像结果会发生严重模糊。

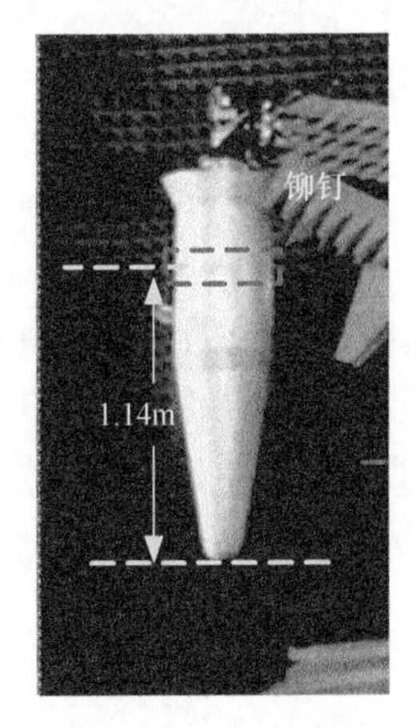

图 3.36　弹头模型

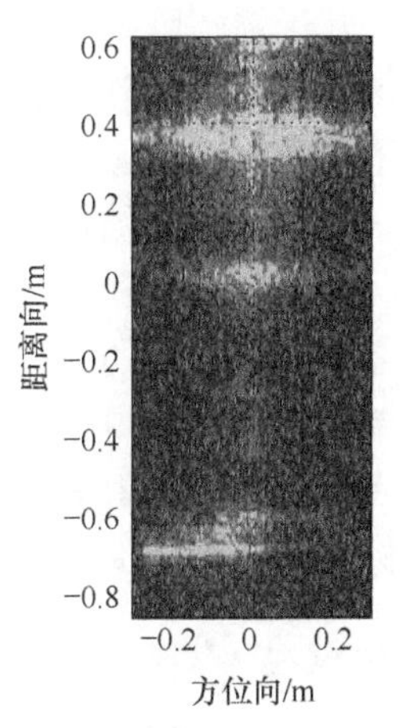

图 3.37　距离-多普勒成像结果

由图 3.38 的结果可以看出，距离-瞬时多普勒成像具有较好的结果，锥顶清晰可见，距离向分辨率和方位向分辨率约为 2cm，且锥顶到锥底的平均距离约为

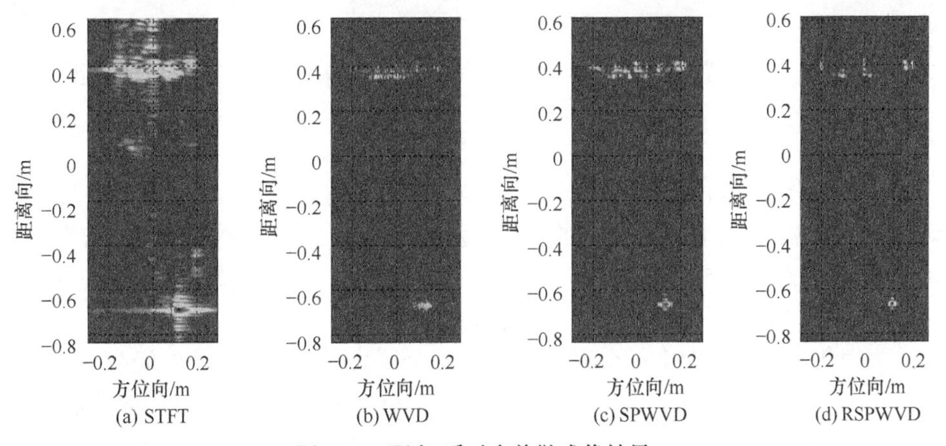

图 3.38　距离-瞬时多普勒成像结果

RSPWVD-基于重排平滑伪维格纳分布(reassigned smoothed pseudo Wigner-Ville distribution)

1.14m，这个距离恰好等于锥底铆钉到锥顶的距离，因此可以断定，图中的锥底散射中心来自目标上的铆钉。此外，通过图 3.38 中几种基于时频分析的成像方法的比较可以看出，成像方法具有最好的时频聚焦性和最小的交叉项干扰，成像结果中目标的细节信息也是最清楚和最丰富的。

3.5.2 太赫兹雷达阵列 ISAR 成像

目前报道的太赫兹雷达系统由于其实现方式不同，采用的成像技术各有特点，如基于波束扫描的成像技术、合成孔径与机械扫描合作的成像技术、逆合成孔径成像技术、基于稀疏阵列的成像技术、干涉合成孔径成像技术等。太赫兹波较短的波长使得基于收发实阵列的雷达成像也可获得较高的方位向分辨率，同时太赫兹波的相干特性允许成像系统中采用合成孔径技术。因此，直观的思路是将实阵列成像与合成孔径成像结合起来，这样将带来极高的方位向分辨率。基于这一设想，保持目标不动，收发天线阵列通过相对旋转获得目标的多幅距离-多普勒图像，多幅图像之间保持确定的相位关系，这样由收发实阵列形成的多幅独立的相干图像通过简单的叠加可获得一幅更高分辨率的图像，该成像结果相当于在一个等效的更大的观测孔径下获得的图像。这种混合成像的方式应用于太赫兹雷达可实现对空间目标的高分辨成像。

1. 成像模型

收发天线阵列可以在不采用机械扫描的条件下实现方位向的分辨，在太赫兹频段这一优势更加明显。一般情况下，对于单站主动雷达配置，较大的天线孔径提供的角分辨率为

$$\theta_{\mathrm{dB}}=\frac{\lambda}{2L} \tag{3.61}$$

式中，λ为波长；L 为天线孔径大小。空间方位向分辨率由以下表达式给出：

$$\rho_{\mathrm{a}}=\theta_{\mathrm{dB}}R=\frac{\lambda}{2\theta} \tag{3.62}$$

式中，R 为天线到目标的距离；θ 为天线孔径的视角。对于太赫兹雷达，当波长为 600GHz 时，1m 的天线孔径在 10m 远处可获得 2.5mm 的方位向分辨率，在 100m 处则可获得 2.5cm 的方位向分辨率。由此可见，采用太赫兹收发阵列成像具有高分辨率的优势。

为简化推导，考虑由一个发射阵元和 N 个接收阵元构成的收发天线阵列，如图 3.39 所示。接收阵元等间距配置，在该双站条件下仅需考虑每个接收阵元到目标的距离，这时天线的有效孔径大小变为 $L/2$，接收阵列可获得的有效角分辨率为 $\theta_{\mathrm{dB}}=\lambda/L$。因此，空间分辨率也下降 1/2。

远场条件下，由第 m 个接收阵元获得的相干雷达回波可表示为

$$S(k,RX_m)=\iint\limits_{x,y} o(x,y)\exp\left(-\mathrm{j}2\pi k\frac{R_{\mathrm{t}}+R_{\mathrm{r}m}-2R_0}{2}\right)\mathrm{d}x\mathrm{d}y \tag{3.63}$$

式中，$o(x,y)$ 为目标的二维散射分布函数；R_{t} 为发射阵元到目标中心的距离；$R_{\mathrm{r}m}$ 为第 m 个接收阵元到目标中心的距离；R_0 为发射阵元到收发阵列中心的距离。基于式(3.63)对获得的所有阵元回波信号进行逆变换即可实现对目标的距离-多普勒二维成像。

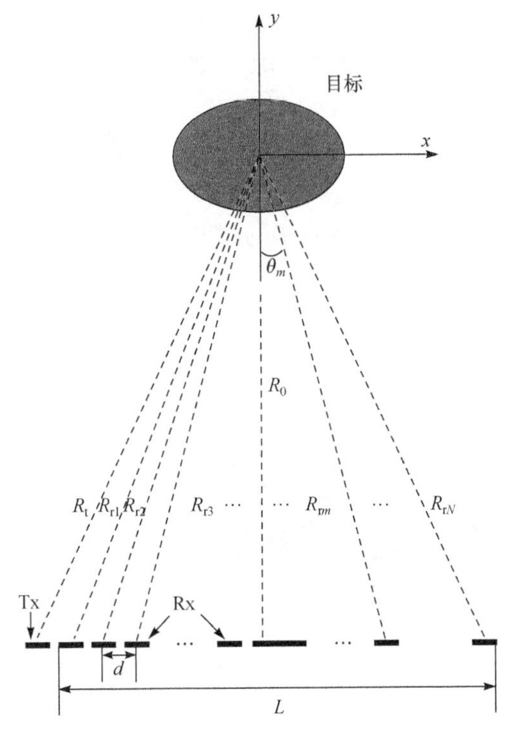

图 3.39　一维收发实阵列对目标的成像几何示意图

为了获得一个较大的成像视场，相邻接收阵元之间需保持足够小的间距，不模糊角度间隔与阵元间距之间满足下列关系：

$$\theta=\frac{\lambda}{d}=\frac{\lambda N}{L} \tag{3.64}$$

对应方位向的最大不模糊距离为

$$R_{\mathrm{cr}}=\theta R=\frac{\lambda}{\theta}N \tag{3.65}$$

对于大的目标，成像需要紧密排布的接收天线阵列。大量的天线阵元为实际

雷达成像的实现带来了困难，但成像的相干处理过程允许由少数收发阵元实现一个大的合成孔径。采用稀疏排布的收发阵列则可极大限度地降低阵列复杂度，对实际应用具有重要意义。稀疏阵列成像中存在的栅瓣问题使得成像质量受到影响，但通过对太赫兹收发阵列进行自适应加权等处理可以压制栅瓣效应，提高成像质量。此外，可通过优化收发阵元的稀疏排布方式来改善稀疏阵列的成像质量，关于低冗余度的稀疏一维和二维阵列设计已有较多研究。

尽管在太赫兹频段基于实阵列即可实现对目标的横向分辨与成像，但结合合成孔径成像技术，可进一步获得更大的观测孔径，实现更高的成像分辨率。如图 3.40 所示，在原始的实阵列旁边增加一个虚拟的阵列观测孔径，该虚拟的阵列观测孔径可视为由目标相对阵列天线的旋转构成，即实阵列天线在不同视角下获得了对目标多个观测孔径的数据。每个观测孔径下均可获得目标的一幅距离-多普勒图像，基于多个观测孔径之间的相干性，即可实现太赫兹多视角实阵列成像。因为多幅图像进行相干处理的相位信息均包含在复图像信息中，所以多个视角下获得的图像可直接叠加获得一幅更高分辨率的图像，该图像相当于在更大的等效观测孔径下获得的成像结果。

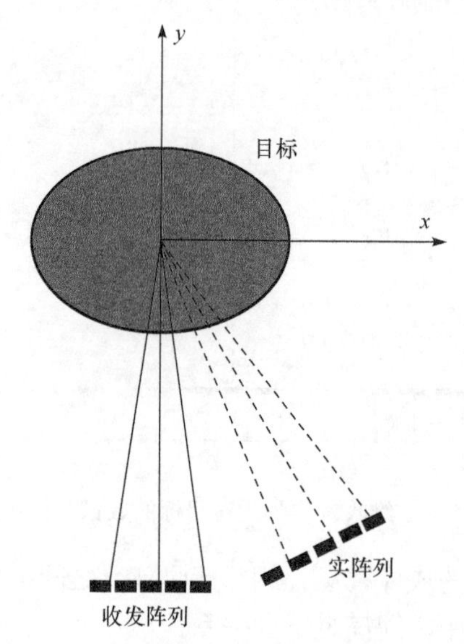

图 3.40　太赫兹多视角实阵列成像示意图

2. 数值仿真结果及分析

在本节的仿真中主要考虑成像方式而不考虑一维收发阵列的具体实现方式，因此假设观测回波由全排布采样阵列获得，通过仿真验证太赫兹多视角实阵列成像方法，同时通过分析点扩展函数验证该方法在提高成像分辨率方面的优势。仿真参数设置如表 3.2 所示，首先考虑在不同的观测视角下由实阵列获得的两幅目标复图像，每幅目标复图像由 CBP 方法获得，然后讨论两幅复图像的叠加。对于坐标位置为(0mm, 0mm)的一个点目标，图 3.41 给出了在观测视角分别为−93°和−87°时由实阵列获得的点目标成像结果。图 3.42 给出了上述两幅复图像直接叠加后的结果。从图 3.42 中可以看出，对于实阵列观测孔径，成像的方位向分辨率与距离向分辨率相当，在叠加后点目标的方位向分辨率明显改善，并优于距离向分辨率。由此可以看出，利用合成孔径成像技术可以进一步改善方位向分辨率。

表 3.2 仿真参数设置

参数	取值
载频	600GHz
带宽	30GHz
视角	6°
距离向分辨率	5mm
方位向分辨率	4.75mm
接收阵元数目	209

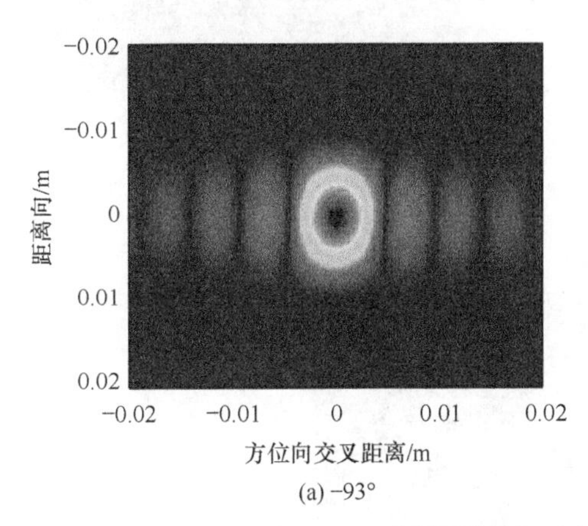

(a) −93°

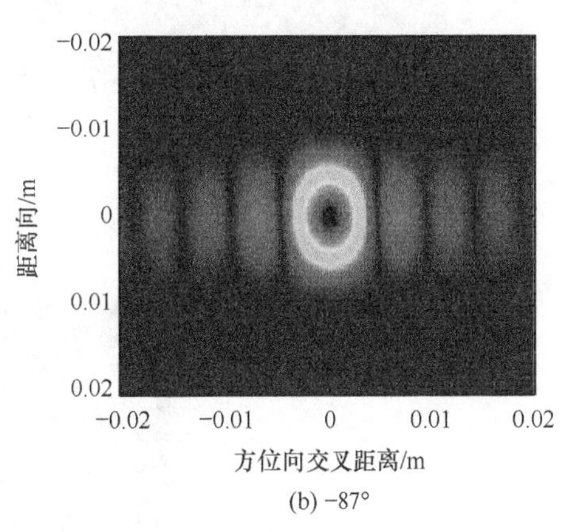

(b) −87°

图 3.41 不同观测视角下实阵列对点目标的成像结果

为了更加直观地展示该成像方法在改善方位向分辨率方面的优势，对相近的两个点目标(0mm, 0mm)和(−3.5mm, 0mm)进行成像。图 3.43 为两个点目标在不同观测视角下的实阵列成像结果。对于实阵列，其方位向名义分辨率为 4.75mm，大于两个点目标之间的距离，因此实阵列成像结果无法将这两个目标分辨开来。在将图 3.43 中的两幅实阵列成像叠加后，结果如图 3.44 所示。可以看出，这时两个点目标被分辨开来，由于等效观测孔径的增加，方位向分辨率得以改善。

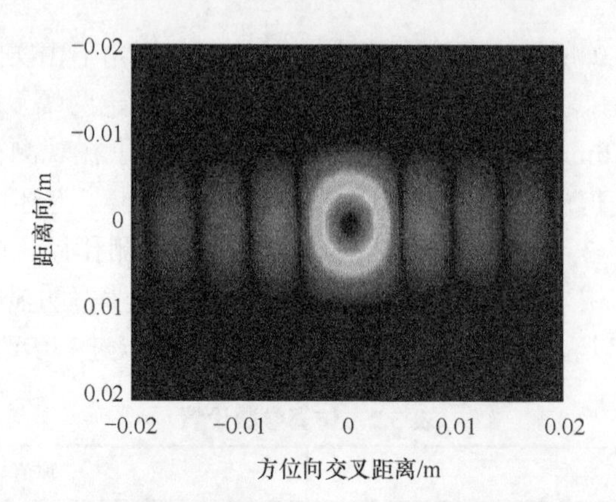

图 3.42 不同观测视角下复图像叠加后的点目标成像结果

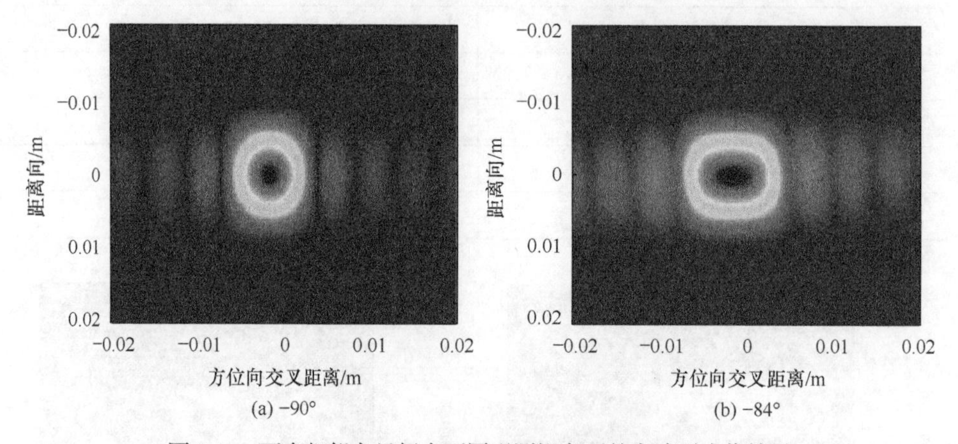

图 3.43 两个相邻点目标在不同观测视角下的实阵列成像结果

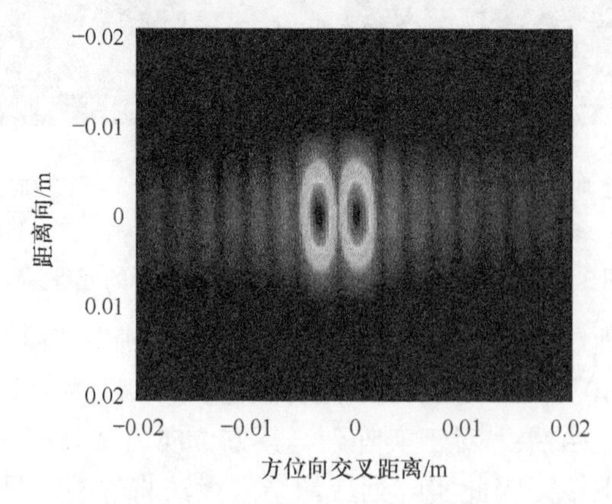

图 3.44 相邻点目标不同观测视角下的图像叠加后的成像结果

下面利用电磁计算数据对本节的成像方法进行验证。考虑图 3.45 所示的粗糙圆锥目标，其表面服从随机高斯粗糙分布，高为 9.7cm，底半径为 2.5cm，基于高频近似方法和成像几何求解粗糙圆锥目标不同角度下的双站复 RCS 并进行成像。

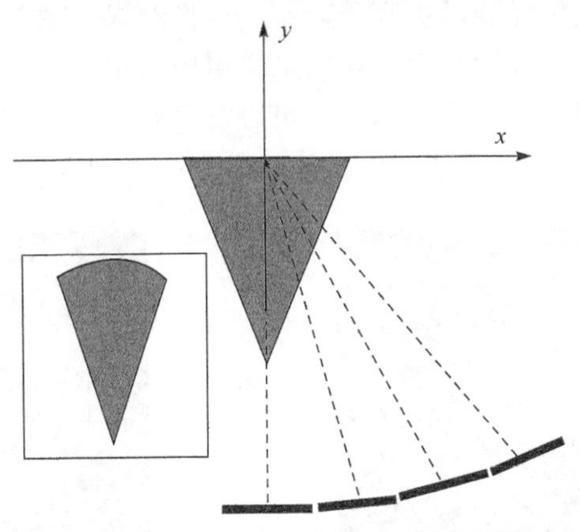

图 3.45　粗糙圆锥的成像几何(插入图为圆锥侧视图)

图 3.46 给出了收发实阵列相对于粗糙圆锥在不同方位角观测时的成像结果，方位角分别为 0°、6°、12°和 18°。从图 3.46 中可以看出，粗糙圆锥表面具有可与太赫兹波长比拟的粗糙结构，因此成像结果直观地反映了粗糙圆锥的轮廓结构，为

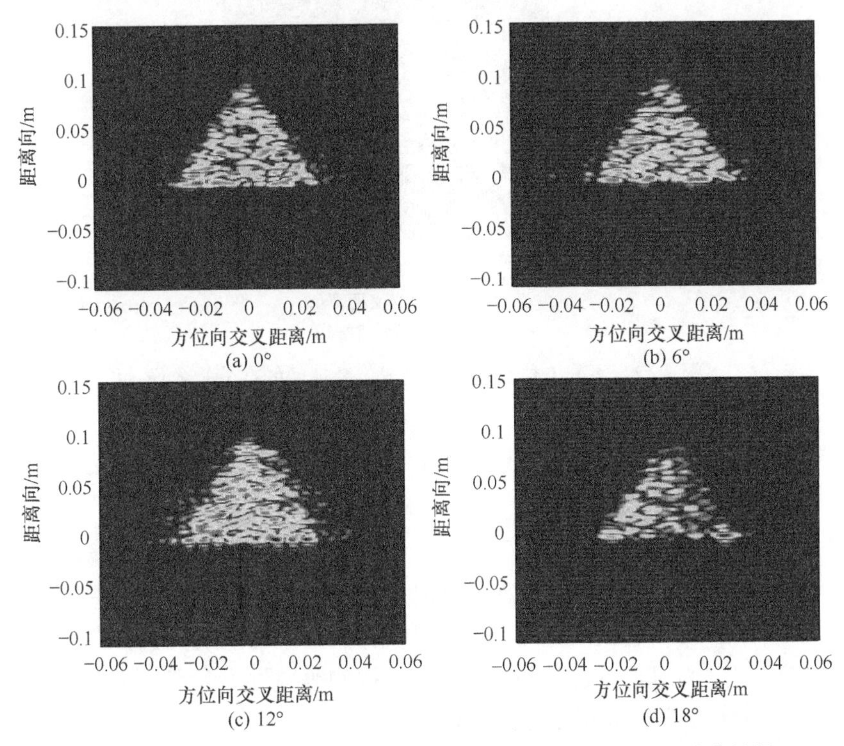

图 3.46　收发实阵列相对于粗糙圆锥在不同方位角观测时的成像结果

获取目标更加详细的散射特征提供了条件。由实阵列获得的不同视角下的成像结果可进一步叠加得到粗糙圆锥更高分辨率的成像结果。图 3.47 给出由 2、3、4 个子孔径图像叠加得到的成像结果。比较结果可以看出，方位向分辨率随着叠加的子孔径数目的增加而增大，在实际中，可以首先利用实阵列天线获得运动目标一系列的成像结果，然后基于合成孔径原理进行相干叠加来获得目标的高分辨成像。

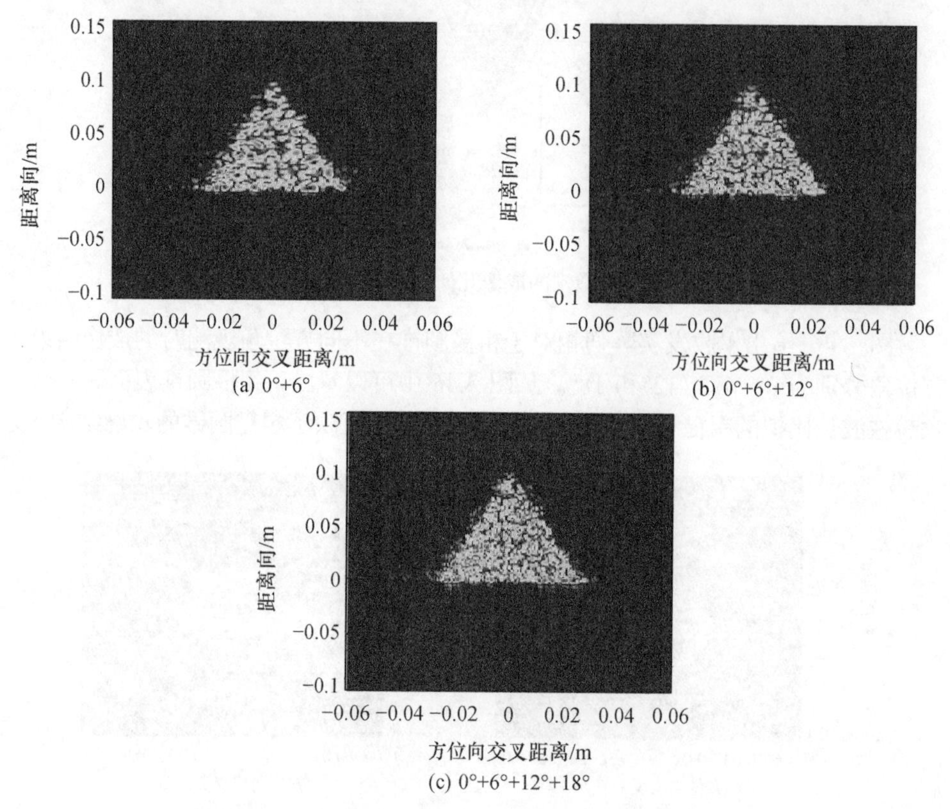

图 3.47 不同方位角的实阵列成像叠加后的高分辨成像

3.6 小 结

本章研究了太赫兹雷达转台和 ISAR 成像模型，系统阐述了太赫兹雷达信号补偿、非线性效应校正、转台等效中心偏移效应校正和近场效应校正的方法，给出了用于成像的太赫兹频段远场条件，利用仿真和实测数据验证了转台成像及 ISAR 成像方法，为目标特性分析、空间目标探测等提供了参考，同时为后续更加复杂的模型成像方法的研究奠定了基础。

参考文献

[1] 保铮, 邢孟道, 王彤. 雷达成像技术. 北京: 电子工业出版社, 2005.

[2] 江志红. 调频连续波 SAR 实时成像算法研究. 长沙: 国防科学技术大学, 2008.

[3] Meta A. Signal processing of FMCW synthetic aperture radar data. Delft: Delft University of Technology, 2006.

[4] Meta A, Hoogeboom P, Ligthart L P. Signal processing for FMCW SAR. IEEE Transactions on Geoscience and Remote Sensing, 2007, 45(11): 3519-3532.

[5] 耿淑敏. FM-CW SAR 信号处理关键技术研究. 长沙: 国防科学技术大学, 2008.

[6] Cooper K B, Dengler R J, Llombart N, et al. THz imaging radar for standoff personnel screening. IEEE Transactions on Terahertz Science and Technology, 2011, 1(1): 169-182.

[7] Cheng B B, Jiang G, Wang C, et al. Real-time imaging with a 140GHz inverse synthetic aperture radar. IEEE Transactions on Terahertz Science and Technology, 2013, 3(5): 594-605.

[8] 成彬彬, 江舸, 陈鹏, 等. 0.67THz 高分辨力成像雷达. 太赫兹科学与电子信息学报, 2013, 11(1): 7-11.

[9] Dengler R J, Cooper K B, Chattopadhyay G, et al. 600GHz imaging radar with 2cm range resolution. 2007 IEEE/MTT-S International Microwave Symposium, Honolulu, 2007: 1371-1374.

[10] Liang M Y, Zhang C L. Improvement in the range resolution of THz radar using phase compensation algorithm. Acta Physica Sinica, 2014, 63(14): 148701.

[11] Wahl D E, Eichel P H, Ghiglia D C, et al. Phase gradient autofocus: A robust tool for high resolution SAR phase correction. IEEE Transactions on Aerospace and Electronic Systems, 1994, 30(3): 827-835.

[12] Eichel P H, Ghiglia D C, Jakowatz C V. Speckle processing method for synthetic-aperture-radar phase correction. Optics Letters, 1989, 14(1): 1-3.

[13] Jiang Y W, Deng B, Wang H Q, et al. An effective nonlinear phase compensation method for FMCW terahertz radar. IEEE Photonics Technology Letters, 2016, 28(15): 1684-1687.

[14] 安道祥. 基于实测数据的 UWB SAR 图像自聚焦算法研究. 长沙: 国防科学技术大学, 2006.

[15] Jiang Y, Deng B, Qin Y, et al. Experimental results of concealed object imaging using terahertz radar. The 8th International Workshop on Electromagnetics: Applications and Student Innovation Competition, London, 2017: 16, 17.

第 4 章　太赫兹雷达方位-俯仰三维成像

4.1 引　言

在传统微波成像中，通常利用雷达与目标之间的相对转动形成合成孔径来获取方位向的分辨能力，根据方位向成像原理，方位向分辨率与合成孔径大小成正比，若要实现方位向高分辨率，则需要依赖相当长的积累时长来实现大的合成孔径，相应地，俯仰向成像高分辨率也需要长时间的俯仰向积累时长来形成大的俯仰向合成孔径。因此，在微波频段雷达往往难以同时满足方位向和俯仰向的高分辨率要求。然而，由于方位向分辨率与信号波长成反比，在太赫兹频段波长短，用较小的合成孔径即可实现方位向或俯仰向的高分辨成像，因此太赫兹雷达能够同时实现方位-俯仰二维高分辨成像。另外，由于太赫兹波长短，太赫兹雷达更容易实现大带宽信号，获得更高的距离向分辨率。因此，太赫兹雷达能够实现更高分辨率的方位-俯仰目标三维成像，为目标探测与识别提供更丰富的信息。然而，受限于现有太赫兹频段硬件系统水平，雷达发射的大带宽信号存在非线性问题，同时三维采样带来的大数据量也给快速成像处理带来了很大困难，这些问题都亟须深入研究并解决。

本章建立基于方位-俯仰的宽带三维成像模型，提出基于非均匀快速傅里叶逆变换(non-uniform inverse fast Fourier transform，NUIFFT)的三维快速成像方法，利用电磁仿真数据及成像实验验证其三维成像能力；提出方位-俯仰双频三维成像方法，回避了信号非线性的影响，同时解决了三维成像数据量大的难题。

4.2 基于方位-俯仰的宽带三维成像方法

4.2.1 成像模型与方法

图 4.1 为三维直角坐标系下的雷达成像几何示意图，雷达在不同的方位角和俯仰角对目标进行照射，远场条件下，太赫兹雷达照射到目标上的电磁波和雷达接收到的目标散射回波均可视为平面波。在图 4.1 中，$oxyz$ 为固定目标坐标系，目标中心为坐标系原点 o ，雷达视线的单位矢量形式可表示为 $(\cos\theta\cos\varphi, \cos\theta\sin\varphi, \sin\theta)$ ，其中 θ 为雷达视线与 xoy 平面的夹角，φ 为雷达视线在 xoy 平面内与 x 轴

的夹角。在回波数据采集过程中，雷达视线在方位向和俯仰向均匀变化，其中 θ 和 φ 的变化范围分别为 $[-\Delta\varphi/2+\varphi_{\mathrm{c}},\Delta\varphi/2+\varphi_{\mathrm{c}}]$、$[-\Delta\theta/2+\theta_{\mathrm{c}},\Delta\theta/2+\theta_{\mathrm{c}}]$，$\theta_{\mathrm{c}}$、$\varphi_{\mathrm{c}}$ 分别为雷达视线中心角，$\Delta\theta$、$\Delta\varphi$ 为雷达成像横向孔径的大小。雷达在不同方位角、俯仰角对目标的观测可等效为均匀球形面阵的成像。根据图 4.1，在任一视线角下，目标上散射点 $P(x_P,y_P,z_P)$ 的回波可以表示为

$$s_{\mathrm{r}}=\sigma_P\cdot \mathrm{e}^{-\mathrm{j}2k(R_P-R_0)} \tag{4.1}$$

式中，σ_P 为 P 点的散射强度；$k=2\pi f/c$ 为波数，c 为光速，$f\in[f_{\mathrm{c}}-B_{\mathrm{w}}/2,f_{\mathrm{c}}+B_{\mathrm{w}}/2]$ 为雷达发射信号频率，f_{c} 为雷达信号中心频率，B_{w} 为信号带宽；R_P 为雷达与散射点 P 之间的距离；R_0 为雷达与坐标系原点 o 之间的距离。

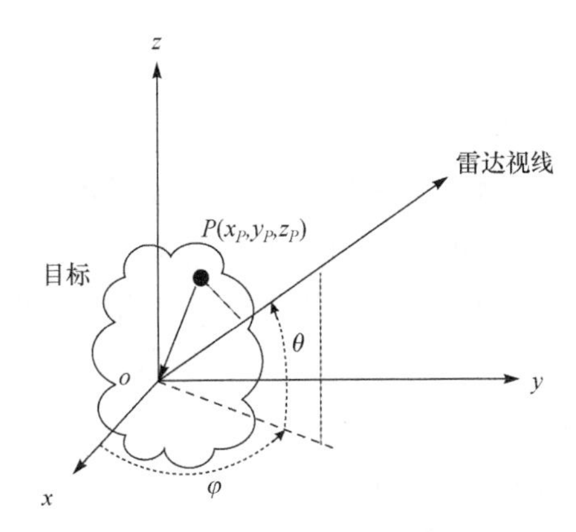

图 4.1　远场条件下雷达方位-俯仰成像几何示意图

远场假设下，式(4.1)中的距离计算表达式可进行近似，即 $R_P-R_0\approx x_P\cos\theta\cos\varphi+y_P\cos\theta\sin\varphi+z_P\sin\theta$，因此，雷达接收到的目标总回波可以表示为[1]

$$\begin{aligned}S_{\mathrm{r}}(k,\theta,\varphi)&=\iiint f(x,y,z)\cdot \mathrm{e}^{-\mathrm{j}2k(x\cos\theta\cos\varphi+y\cos\theta\sin\varphi+z\sin\theta)}\mathrm{d}x\mathrm{d}y\mathrm{d}z\\&=\iiint f(x,y,z)\cdot \mathrm{e}^{-\mathrm{j}(k_x x+k_y y+k_z z)}\,\mathrm{d}x\mathrm{d}y\mathrm{d}z\end{aligned} \tag{4.2}$$

式中，$f(x,y,z)$ 为目标的三维散射分布函数；k_x、k_y、k_z 为空间三维波数域变量，分别表示为

$$\begin{cases}k_x=2k\cos\theta\cos\varphi\\k_y=2k\cos\theta\sin\varphi\\k_z=2k\sin\theta\end{cases} \tag{4.3}$$

图 4.2 为空间波数域矢量分布示意图，与式(4.3)对应，波数域矢量在空间直角坐标系中的分布为三维球体的一部分，极坐标下的三维展宽分别为 Δk、$\Delta\theta$、

$\Delta\varphi$，波数域矢量中心角分别与雷达视线中心角 θ_c、φ_c 对应。根据傅里叶变换的性质，对式(4.2)进行三维傅里叶变换即可得到目标散射分布函数：

$$f(x,y,z)=\iiint k^2\cdot\cos\theta\cdot S_r(k,\theta,\varphi)\cdot e^{j2k(x\cos\theta\cos\varphi+y\cos\theta\sin\varphi+z\sin\theta)}dkd\theta d\varphi \quad (4.4)$$

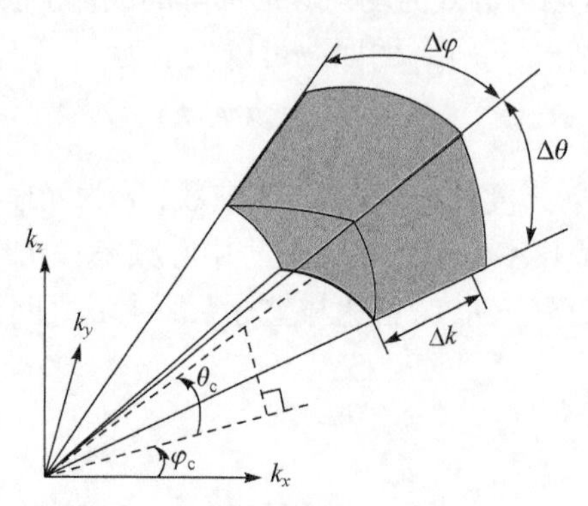

图 4.2 空间波数域矢量分布示意图

实际成像处理时需要将式(4.4)从固定目标坐标系变换到固定雷达坐标系。从图 4.1 中可以看出，当雷达视线矢量与固定目标坐标系的 X 方向矢量相反时，固定目标坐标系到固定雷达坐标系的变换可视为绕阵列中心视线角 θ_c 和 φ_c 的二次旋转，坐标变换矩阵可表示为

$$\boldsymbol{T}=\begin{bmatrix}\cos\varphi_c\cos\theta_c & \sin\varphi_c\cos\theta_c & \sin\theta_c\\ -\sin\varphi_c & \cos\varphi_c & 0\\ -\cos\varphi_c\sin\theta_c & -\sin\varphi_c\sin\theta_c & \cos\theta_c\end{bmatrix} \quad (4.5)$$

对式(4.4)进行坐标变换并求解，即可得到雷达目标三维成像结果。求解时假设 $\theta_c=0$ 和 $\varphi_c=0$，则式(4.5)所示的坐标变换矩阵为单位矩阵，当雷达成像的横向孔径较小时，$\cos\theta\approx1$、$\cos\varphi\approx1$、$\sin\theta\approx\theta$、$\sin\varphi\approx\varphi$，求解雷达三维成像的点扩展函数为

$$\begin{aligned}\mathrm{PSF}(x,y,z)&=\iiint k^2\cdot\cos\theta\cdot e^{j2k(x\cos\theta\cos\varphi+y\cos\theta\sin\varphi+z\sin\theta)}dkd\theta d\varphi\\&=\iiint k^2\cdot e^{j2kx}\cdot e^{j2ky\varphi}\cdot e^{j2kz\theta}dkd\theta d\varphi\\&=\int_{k_{\min}}^{k_{\max}}k^2\cdot e^{j2kx}\cdot\int_{-\Delta\varphi/2}^{\Delta\varphi/2}e^{j2ky\varphi}d\varphi\cdot\int_{-\Delta\theta/2}^{\Delta\theta/2}e^{j2kz\theta}d\theta\cdot dk\\&=\int_{k_{\min}}^{k_{\max}}e^{j2kx}\cdot\frac{\sin(ky\Delta\varphi)}{y}\cdot\frac{\sin(kz\Delta\theta)}{z}dk\\&=\frac{2\pi B_w k_0^2\Delta\varphi\Delta\theta}{c}\cdot\mathrm{sinc}\left(\frac{2\pi B_w x}{c}\right)\cdot\mathrm{sinc}(k_0y\Delta\varphi)\cdot\mathrm{sinc}(k_0z\Delta\theta)\cdot e^{j2k_0x}\end{aligned} \quad (4.6)$$

忽略式(4.6)中系数的影响，点扩展函数在三个不同成像平面内的结果可分别表示为

$$\begin{cases}\mathrm{PSF}(x,0,0)=\mathrm{sinc}\left(\dfrac{2\pi B_{\mathrm{w}}x}{c}\right)\cdot \mathrm{e}^{\mathrm{j}2k_0x}\\ \mathrm{PSF}(0,y,0)=\mathrm{sinc}(k_0y\Delta\varphi)\\ \mathrm{PSF}(0,0,z)=\mathrm{sinc}(k_0z\Delta\theta)\end{cases} \tag{4.7}$$

因此，雷达目标三维成像的分辨率分别由发射信号带宽和雷达方位向、俯仰向的孔径大小决定，对应 x 、y 、z 方向的分辨率可由对应 sinc 函数的第一零点位置求得

$$\begin{cases}\rho_x=\dfrac{c}{2B_{\mathrm{w}}}\\ \rho_y=\dfrac{\lambda_0}{2\Delta\varphi}\\ \rho_z=\dfrac{\lambda_0}{2\Delta\theta}\end{cases} \tag{4.8}$$

式中，λ_0 为信号波长。从式(4.8)中可以看出，太赫兹频段较高，太赫兹雷达容易实现大带宽信号，因此能获得的距离向分辨率比微波雷达高；另外，太赫兹频段信号波长较短，因此当采用方位-俯仰方式对目标进行成像时，只需要较小的转角即可获得与微波雷达相同的分辨率，也就是说，太赫兹雷达能获得更高的方位向分辨率。因此，太赫兹雷达方位-俯仰成像能实现较高的三维分辨率。

当雷达成像的二维孔径较小时，图 4.2 中所示波数域矢量三维球形分布可近似为三维直角网格，根据式(4.4)所示雷达回波与目标散射分布函数之间的关系，可直接对雷达回波进行三维傅里叶逆变换得到目标的三维成像结果：

$$f(x,y,z)=\mathrm{IFFT}_{\mathrm{3D}}\left[S_{\mathrm{r}}(k,\theta,\varphi)\right] \tag{4.9}$$

当雷达在方位向与俯仰向的转角较大时，直角坐标系下的波数域矢量分布是不均匀的，不可近似为三维直角网格上的分布。其在不同二维平面的分布如图 4.3 所示，图 4.3(a)为 $\theta=0°$ 、$\varphi_{\mathrm{c}}=0°$ 时 k_x - k_y 的二维分布图，波数域矢量分布表现为扇形，图 4.3(b)为 $\theta_{\mathrm{c}}=0°$ 、$\varphi_{\mathrm{c}}=0°$ 且 $k=2\pi f_{\mathrm{c}}/c$ 时 k_y - k_z 的二维分布图，波数域矢量网格分布为弯曲的弧线。若直接将图 4.3 所示的非均匀分布通过三维插值变换到直角坐标系下的均匀分布，再进行三维傅里叶逆变换可获得目标三维成像结果，但插值误差会影响成像精度，恶化成像效果。在传统雷达成像中，CBP 成像方法是一个相干叠加的过程，适用于大转角的情况[2, 3]。因此，本节借鉴传统二维转台

CBP 成像方法的基本原理，将其从二维变换为三维，令 $G(k,\theta,\varphi)=k^2\cos\theta\cdot S_{\mathrm{r}}(k,\theta,\varphi)$，设 $g(u,\theta,\varphi)$ 为 $G(k,\theta,\varphi)$ 的一维傅里叶逆变换形式：

$$g(u,\theta,\varphi)=\mathrm{IFFT}_k\left[G\left(k,\theta,\varphi\right)\right] \tag{4.10}$$

因此，式(4.4)可写为

$$\begin{aligned} f(x,y,z) &= \iiint G(k,\theta,\varphi)\cdot \mathrm{e}^{\mathrm{j}2k(x\cos\theta\cos\varphi+y\cos\theta\sin\varphi+z\sin\theta)}\mathrm{d}k\mathrm{d}\theta\mathrm{d}\varphi \\ &= \iint g\left[2\left(x\cos\theta\cos\varphi+y\cos\theta\sin\varphi+z\sin\theta\right),\theta,\varphi\right]\mathrm{d}\theta\mathrm{d}\varphi \end{aligned} \tag{4.11}$$

将成像场景区域进行三维网格划分，对于每个点 (x,y,z)，计算对应 $u(\theta,\varphi)=x\cos\theta\cos\varphi+y\cos\theta\sin\varphi+z\sin\theta$ 的值，并将 $g\left[u(\theta,\varphi),\theta,\varphi\right]$ 沿 θ 和 φ 进行叠加，即可求得目标的三维成像结果 $f(x,y,z)$。实际处理中，可能出现 $u(\theta,\varphi)$ 的某些位置无对应的 $g(u,\theta,\varphi)$ 值，继而需要增加对 $g(u,\theta,\varphi)$ 的一维插值。

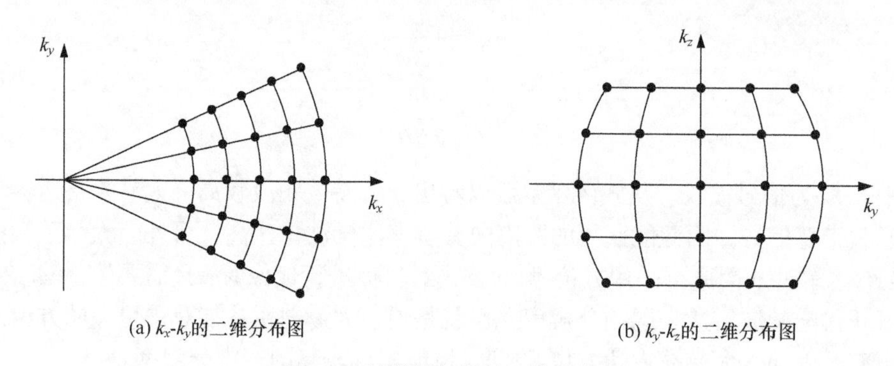

(a) k_x-k_y的二维分布图　　(b) k_y-k_z的二维分布图

图 4.3　波数域矢量的二维分布图

仿真实验中，设置雷达信号的中心频率为 330GHz，带宽为 20GHz，雷达视线中心角满足 $\theta_{\mathrm{c}}=0$ 、$\varphi_{\mathrm{c}}=0$，分别在小转角和大转角下对理想散射点目标进行成像，如图 4.4 所示，飞机模型由 14 个理想散射点组成，散射强度均为 1。小转角条件下，假设横向孔径 $\Delta\theta$ 、$\Delta\varphi$ 均为 6°，角度采样间隔均为 0.2°，根据式(4.8)，成像时 x、y、z 方向的分辨率分别为 7.5cm、4.3cm、4.3cm，基于三维快速傅里叶变换方法的飞机模型三维成像结果如图 4.5 所示，三维成像结果中仅给出了归一化幅度在−5～0dB 的像素点，其中空心圆圈表示散射点的理论位置，为更好地观测成像效果，图 4.5 将目标的三维成像结果分别投影到了 xoy 、xoz 、yoz 三个坐标平面，从四幅子图像中可以看出，目标散射点位置成像准确。在大转角条件下，假设横向孔径 $\Delta\theta$ 、$\Delta\varphi$ 均为 12°，角度采样间隔均为 0.2°，成像时 x、y、z 方向的分辨率分别为 7.5cm、2.2cm、2.2cm，图 4.6 给出了基于三维 CBP 方法的成像结果，从图中可以看出，散射点的聚焦效果更好，且在 y、z 方向散射点的主瓣宽度(impluse response width，IRW)明显小于图 4.5 中的散射点主瓣宽度，这与式(4.8)

相吻合，横向孔径越大，成像分辨率越高。

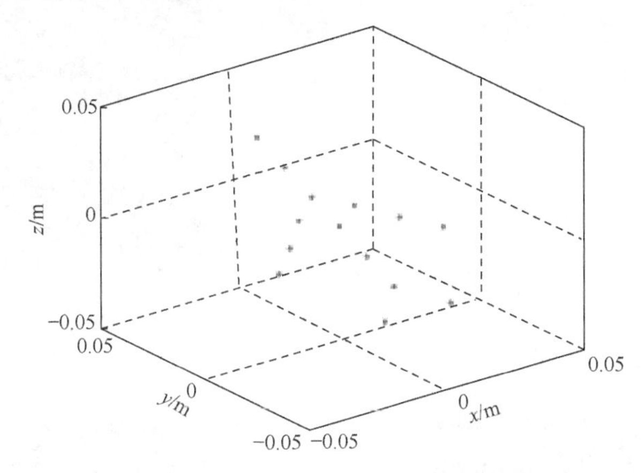

图 4.4　理想散射点飞机模型

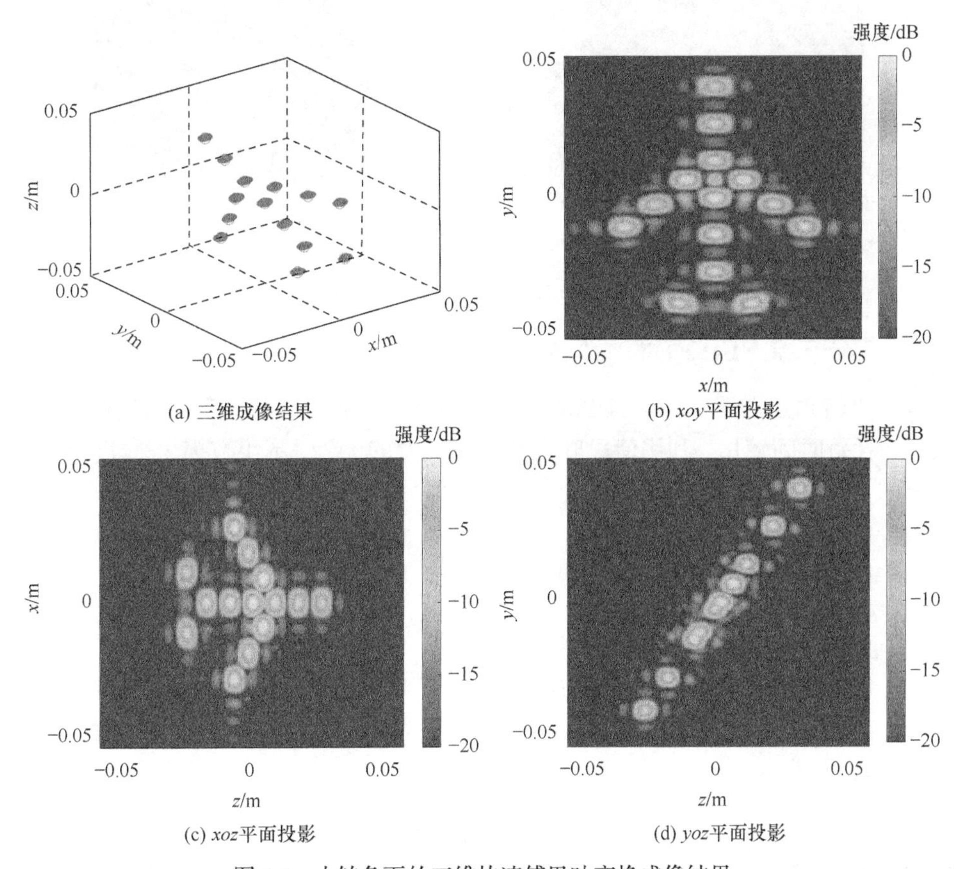

图 4.5　小转角下的三维快速傅里叶变换成像结果

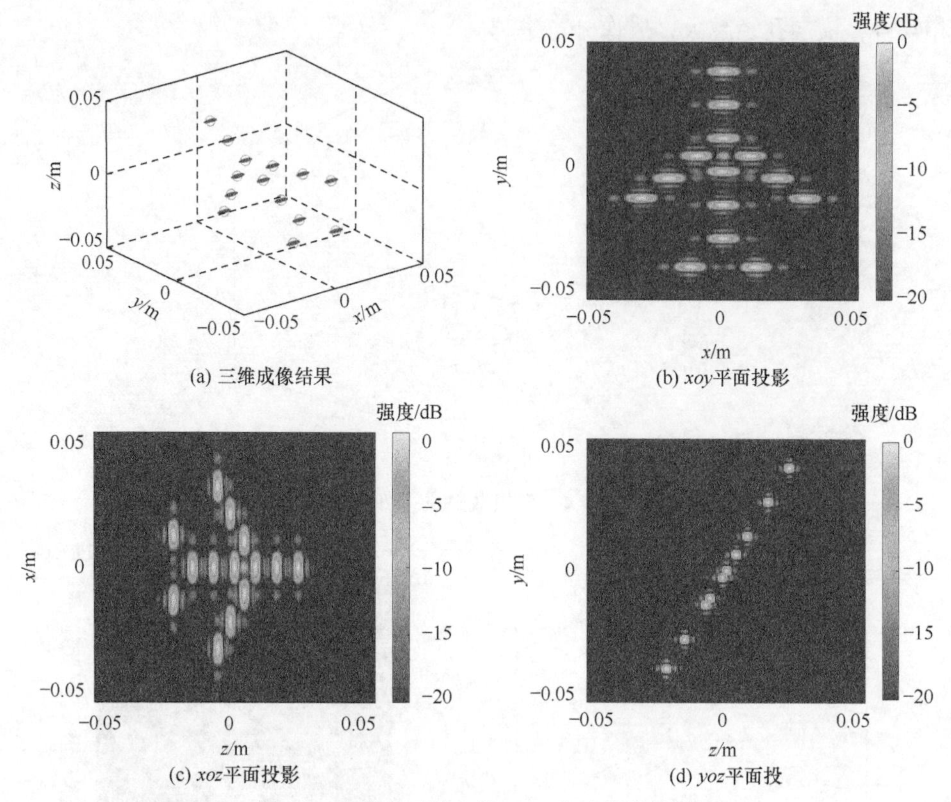

(a) 三维成像结果 (b) *xoy*平面投影

(c) *xoz*平面投影 (d) *yoz*平面投

图 4.6 大转角下的三维 CBP 方法成像结果

4.2.2 基于三维 NUIFFT 的成像方法

在大转角条件下，三维 CBP 成像处理时沿 θ 和 φ 二维相干叠加的过程运算量较大，耗费时间较长。利用傅里叶变换快速高效的优势，本小节提出采用 NUFFT 来解决对图 4.3 中非均匀数据的傅里叶变换难题。三维 NUFFT 的原理在 2.4.5 节已有介绍，此处不再赘述。

根据式(4.2)，三维成像过程可表示如下：

$$f(x,y,z)=\iiint S_{\mathrm{r}}(k_x,k_y,k_z)\cdot \mathrm{e}^{\mathrm{j}(k_x x+k_y y+k_z z)}\mathrm{d}k_x\mathrm{d}k_y\mathrm{d}k_z \tag{4.12}$$

式中，空间波数域变量 k_x、k_y、k_z 根据式(4.3)进行计算。成像过程是将波数域变量 (k_x,k_y,k_z) 变换为三维空间域变量 (x,y,z)，当采用非均匀傅里叶变换时，三维成像过程可表示为

$$f(x,y,z)=\mathrm{NUIFFT}_{\mathrm{3D}}\left[S_{\mathrm{r}}(k_x,k_y,k_z)\right] \tag{4.13}$$

式中，$\mathrm{NUIFFT}_{\mathrm{3D}}$ 表示三维非均匀傅里叶逆变换，其处理流程与三维 NUFFT 不同的是对卷积重采样处理后的数据进行三维快速傅里叶逆变换。因此，三维 FGG

NUIFFT 方法的基本处理流程是通过三维高斯核函数与非均匀波数域采样值的卷积运算，变换至均匀的三维网格，继而对重采样处理后的均匀卷积值进行三维快速傅里叶逆变换成像，最后在空间域解卷积即可得到目标三维成像结果。基于三维 NUIFFT 方法的成像处理流程如图 4.7 所示。

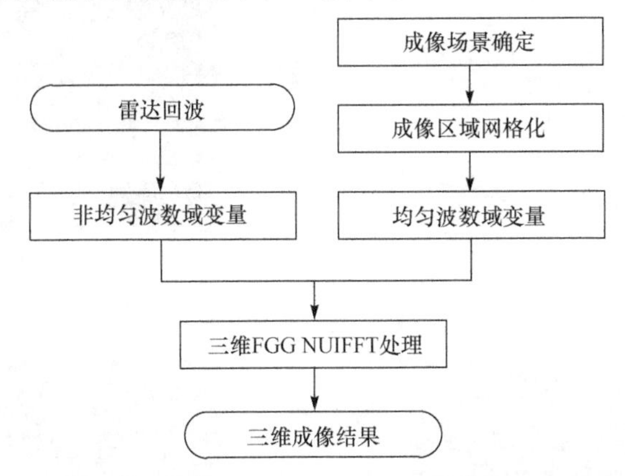

图 4.7 基于三维 NUIFFT 方法的成像处理流程

为更好地体现本节提出的基于三维 NUIFFT 方法的优势，下面对基于三维 CBP 和三维 NUIFFT 这两种成像方法的计算复杂度进行比较分析。假设雷达回波在距离向、方位向、俯仰向的采样点数分别为 N_f 、 N_φ 、 N_θ ，成像场景区域的三维网格数为 $N\times N\times N$ 。当采用基于三维 CBP 方法成像时，式(4.10)中的距离向一维傅里叶逆变换的计算复杂度为 $O(N_\theta N_\varphi N_f \log_2 N_f)$ ，式(4.11)中二维相干叠加的计算复杂度为 $O(N_\theta N_\varphi N^3)$ 。当采用基于三维 NUIFFT 方法成像时，基于 FGG 的卷积重采样过程的计算复杂度为 $O(N_f N_\theta N_\varphi)$ ，三维快速傅里叶逆变换的计算复杂度为 $O(N^3 \log_2 N)$ 。一般来说， $N_f N_\theta N_\varphi$ 越大，相应的成像网格数 N^3 也越大，这种情况下可假定 $O(N_f N_\theta N_\varphi)$ 和 $O(N^3)$ 的复杂度相等，因此基于三维 NUIFFT 方法的计算复杂度约为 $O(N^3 \log_2 N)$ ，基于低于三维 CBP 方法的计算复杂度为 $O(N^4)$ 。

4.2.3 仿真结果与分析

1. 理想散射点模型成像分析

首先，对基于三维 NUIFFT 方法的成像性能进行分析。仿真实验中，设置雷达信号中心频率为 330GHz，带宽为 20GHz，雷达视线中心角为 $\theta_c=0°$ 、 $\varphi_c=0°$ ，横向孔径 $\Delta\theta$ 、 $\Delta\varphi$ 均为 $12°$ ，角度采样间隔均为 $0.2°$ ，采用 4.2.2 节提出的三维 NUIFFT 方法对图 4.4 中的飞机模型进行成像，三维成像结果如图 4.8 所示。从图 4.8 中可以看出，各个散射点位置重建准确，且二维投影下的成像效果与三维

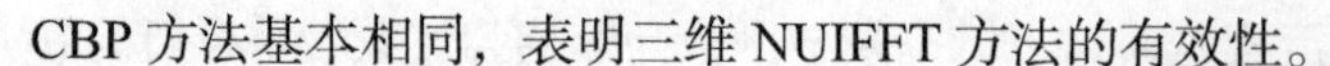

CBP 方法基本相同，表明三维 NUIFFT 方法的有效性。

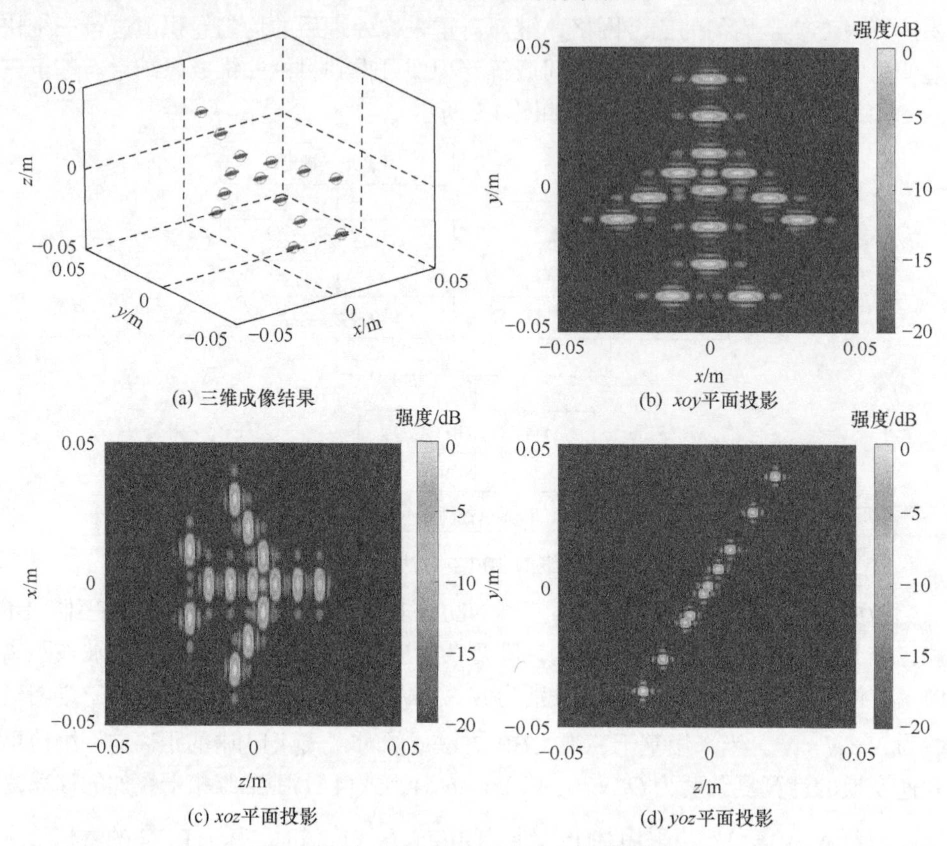

(a) 三维成像结果　　(b) *xoy*平面投影

(c) *xoz*平面投影　　(d) *yoz*平面投影

图 4.8　基于 NUIFFT 方法的三维成像结果

为进一步验证 4.2.2 节中成像方法的重建精度，对基于三维 CBP 方法和基于三维 NUIFFT 方法重建得到的点扩展函数进行对比分析。仿真实验中，分别对成像场景中心点(0m, 0m, 0m)和非场景中心点(0.03m, 0.03m, 0.03m)的点扩展函数进行分析，图 4.9 为利用不同成像方法仿真得到的场景中心点点扩展函数，图 4.10 为非场景中心点的点扩展函数仿真结果，由于方位向和俯仰向的成像性能相同，*xoz* 平面点扩展函数分布与 *xoy* 平面相同，图 4.9 和图 4.10 中为 *xoy* 平面和 *yoz* 平面的点扩展函数分布。另外，图 4.11 为距离向、方位向和俯仰向的一维点扩展函数对比图。从几幅图像中可以看出，两种成像方法仿真得到的点扩展函数几乎相同，图 4.11 所示一维剖面图基本完全重叠。

为突出本节提出的基于三维 NUIFFT 方法成像的优势，下面对两种成像方法的运行时间进行对比分析。仿真参数不变，仿真目标仍为图 4.4 中的飞机散射点模型，雷达回波在距离向、方位向、俯仰向的采样点数分别为 $N_f = 21$ 、$N_\varphi = 61$ 、

$N_\theta = 61$，x、y、z 方向的成像场景区域大小均为[−0.05m，0.05m]，成像场景区域的三维网格数为 N^3。对同一组雷达回波利用不同方法进行成像仿真，记录网格数不同时成像方法的运行时间，结果如图 4.12 所示，仿真环境为 HP 工作站(Intel Xeon CPU E5-2699)。从图 4.12 中可以看出，三维 CBP 方法的运行时间随 N 的增大而急剧变长，而三维 NUIFFT 方法的运行时间几乎不变，明显少于三维 CBP 方法，这与 4.2.2 节中计算复杂度分析得到的结论一致。

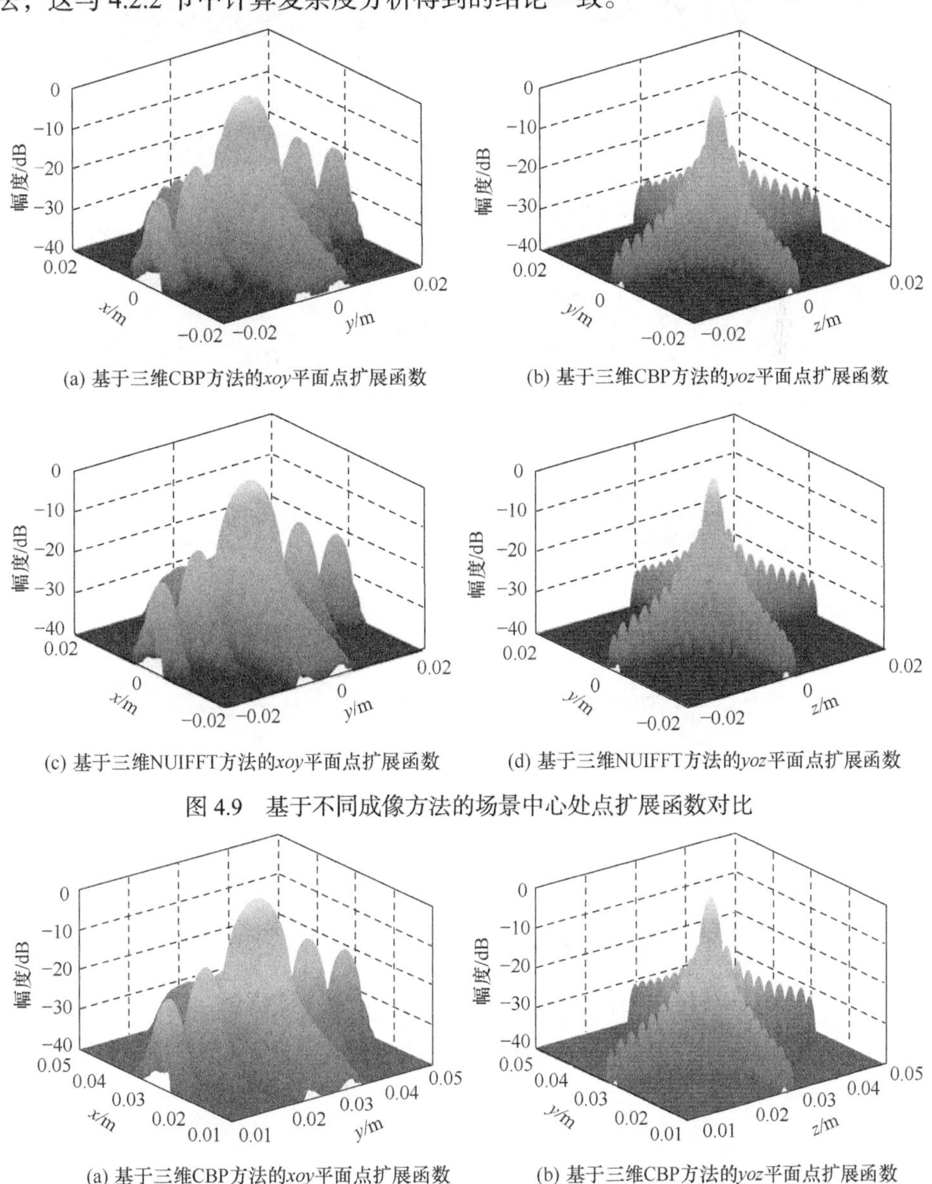

(a) 基于三维CBP方法的xoy平面点扩展函数　(b) 基于三维CBP方法的yoz平面点扩展函数

(c) 基于三维NUIFFT方法的xoy平面点扩展函数　(d) 基于三维NUIFFT方法的yoz平面点扩展函数

图 4.9　基于不同成像方法的场景中心处点扩展函数对比

(a) 基于三维CBP方法的xoy平面点扩展函数　(b) 基于三维CBP方法的yoz平面点扩展函数

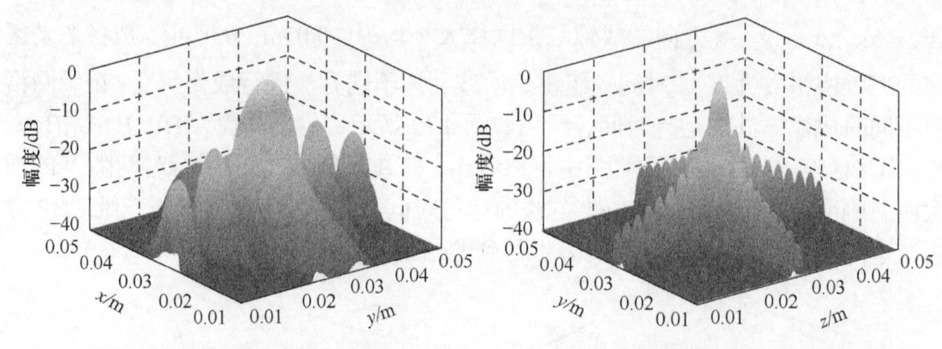

(c) 基于三维NUIFFT方法的*xoy*平面点扩展函数　(d) 基于三维NUIFFT方法的*yoz*平面点扩展函数

图 4.10　基于不同成像方法的非场景中心处点扩展函数对比

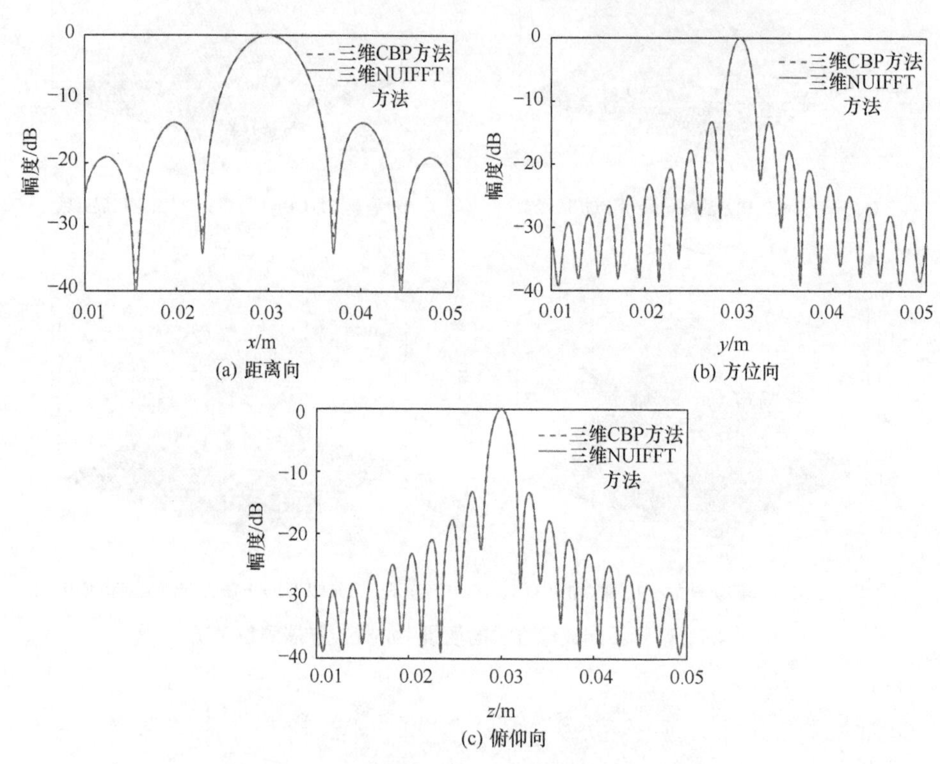

(a) 距离向　(b) 方位向

(c) 俯仰向

图 4.11　不同成像方法的一维点扩展函数对比

从上述的多组仿真实验中可知，本节提出的基于三维 NUIFFT 方法的成像性能与基于三维 CBP 方法的成像性能基本相同，但前者在运算效率上具有明显优势。后续的成像仿真均采用三维 NUIFFT 方法。

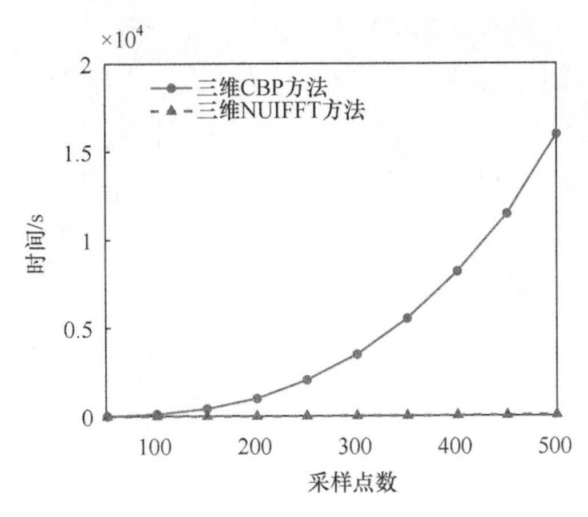

图 4.12　不同成像方法的运行时间比较

2. 电磁仿真数据成像结果

下面对复杂目标模型进行三维成像仿真，在不同频率、方位角和俯仰角下利用电磁计算软件 CST 得到目标 RCS 数据，合成雷达回波进行成像处理。复杂飞机模型及战斗机模型分别如图 4.13(a)和图 4.14(a)所示，图 4.13(b)和图 4.14(b)为电磁仿真计算时的坐标系示意图，xoz 平面内目标与 z 轴的夹角均为 30°。飞机模型的机翼展宽约为 12cm，机头至机尾长约为 11.5cm，机身厚度约为 3.7cm，战斗机模型对应方向的尺寸约为 10cm × 12.7cm × 3.2cm。电磁仿真计算时设置信号中心频率为 330GHz，带宽为 20GHz，频率采样间隔为 1GHz，横向孔径中心角为 $\theta_c = 0°$ 、$\varphi_c = 0°$ ，横向孔径大小 $\Delta\theta$ 、$\Delta\varphi$ 均为 12°，角度采样间隔均为 0.15°。

(a) 飞机模型

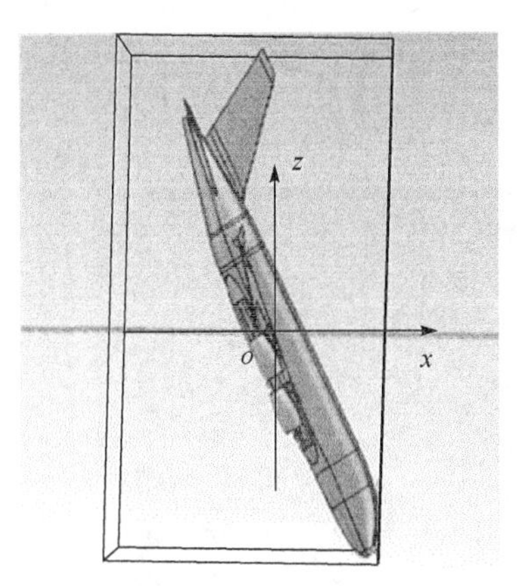

(b) 仿真计算坐标系

图 4.13　仿真计算复杂飞机模型图

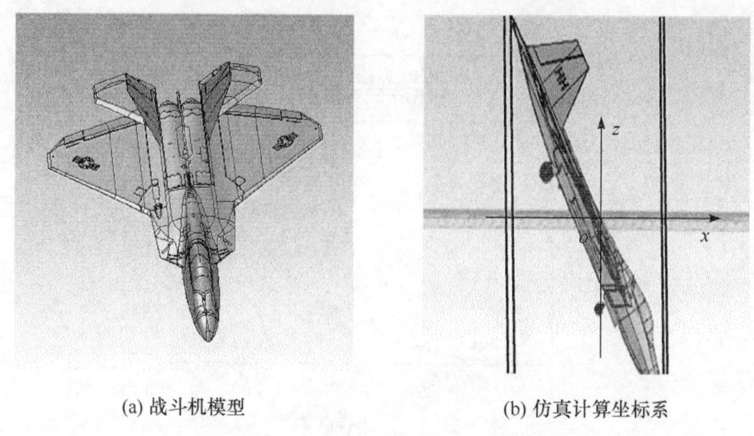

(a) 战斗机模型　　(b) 仿真计算坐标系

图 4.14　仿真计算复杂战斗机模型图

对电磁仿真数据合成的雷达回波进行成像，基于三维 NUIFFT 方法的成像结果分别如图 4.15 和图 4.16 所示，为保证清晰的显示效果，两幅图像中的三维子图

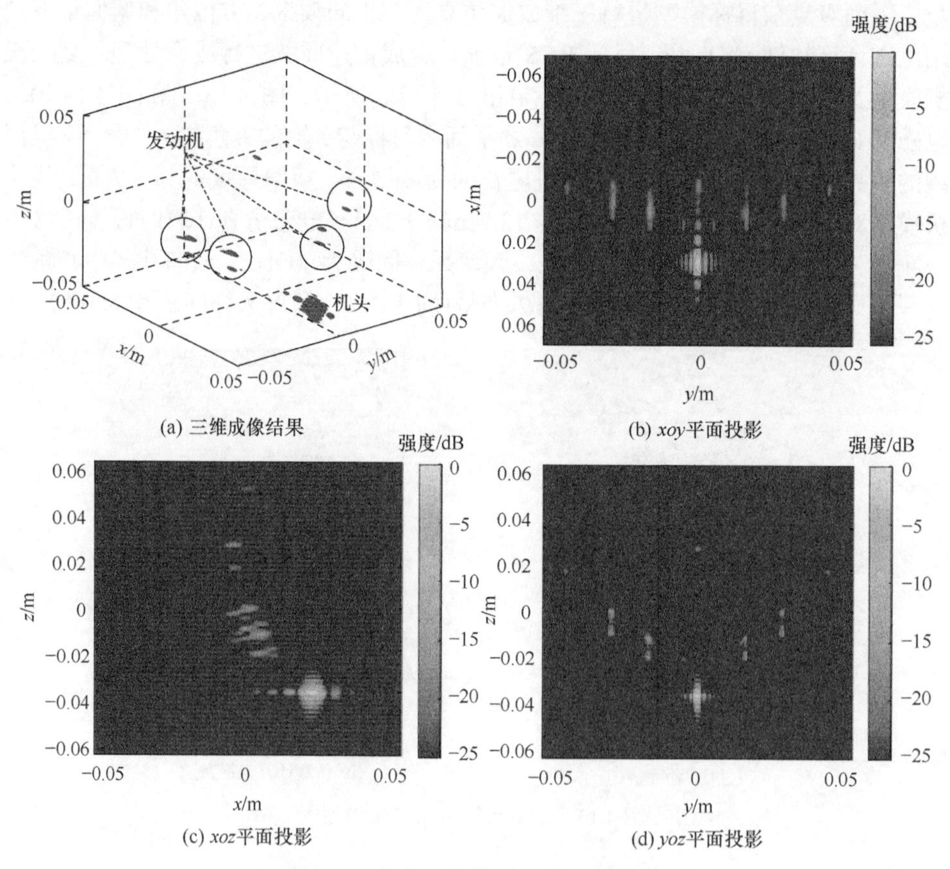

(a) 三维成像结果　　(b) *xoy*平面投影

(c) *xoz*平面投影　　(d) *yoz*平面投影

图 4.15　复杂飞机模型三维成像结果

像仅包含归一化幅度在–20～0dB 的像素点。从图 4.15 中可以看出，飞机的机头及机翼下的发动机均能清晰地分辨出来，且机头散射强度较强，飞机其他结构的散射强度较弱，当二维投影图为更大的显示范围–25～0dB 时，机翼两端的散射点能勉强分辨出来。如图 4.16 所示，战斗机模型的成像结果表明，机头也具有较强的散射强度，且机头的突起结构使得目标在 *z* 方向有两个较强的散射点，而机尾部分的复杂结构也形成了一定强度的散射分量，且在 *yoz* 平面上的投影具有一定弧度，这与战斗机模型实际结构相符合。

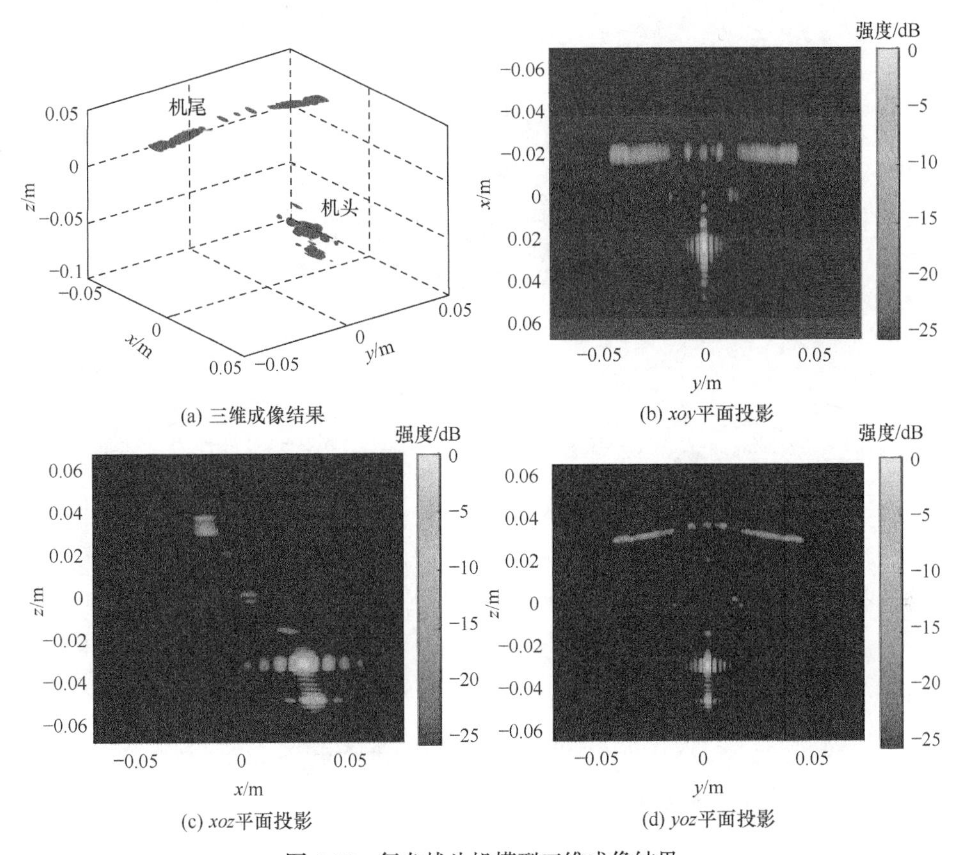

(a) 三维成像结果　(b) *xoy*平面投影

(c) *xoz*平面投影　(d) *yoz*平面投影

图 4.16　复杂战斗机模型三维成像结果

由于上述电磁计算时采用的均为光滑目标，未考虑目标实际表面的微结构特征，上述三维成像结果中均表现出强散射点的特征。在太赫兹频段，由于波长较短，目标的粗糙表面对电磁散射分布的影响不可忽视[4, 5]。因此，在电磁计算软件 CST 中导入粗糙圆锥模型进行计算，目标模型如图 4.17 所示，圆锥底面半径为 5cm，高为 4.9cm，圆锥的粗糙表面均呈二维高斯分布，对应粗糙度为 0.2mm、相关长度为 0.5mm[6, 7]。仿真计算时，频率设置不变，在图 4.17 所示坐标系中，方位向和俯仰向的角度变化范围分别为φ取–5°～5°和θ取–5°～5°，角度采样间隔均为0.2°。成像结果如图4.18所示，为获得更好的可视化效果，以两种方式进行表示，图4.18(a)中仅以同样颜色显示归一化幅度在–20～0dB的像素点，图4.18(b)中以颜色变化突出显示圆锥高度方向的变化，可以看出，表面粗糙的目标成像结果不再表现为少数强散射点或强散射结构的特征，目标的粗糙表面会形成不均匀的散射分布，使得三维成像结果中可清晰分辨目标的表面三维结构及变化，与实际目标模型表面结构一致。

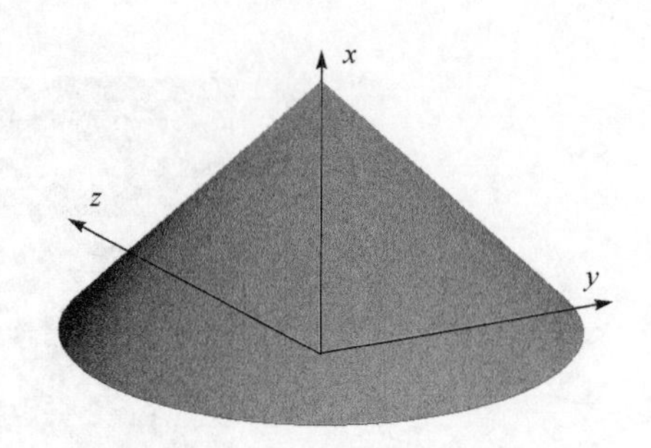

图4.17 粗糙圆锥模型示意图

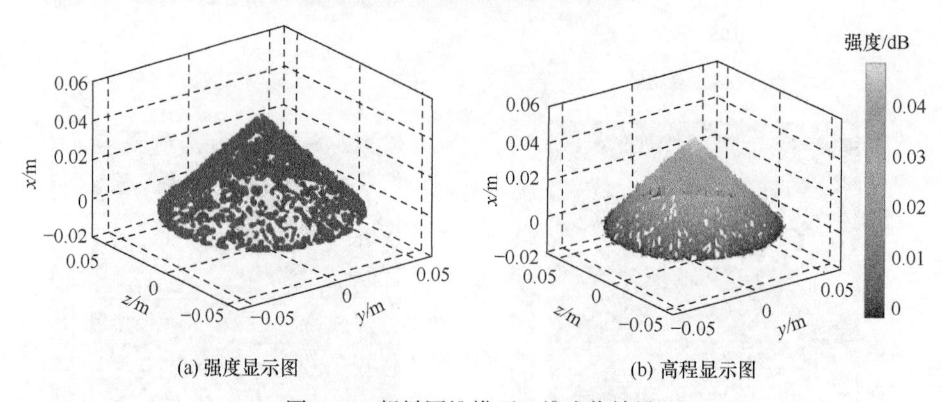

(a) 强度显示图 (b) 高程显示图

图4.18 粗糙圆锥模型三维成像结果

4.2.4 太赫兹雷达三维成像实验

太赫兹雷达三维成像实验测试场景如图4.19所示，实验环境为一个吸波暗室，太赫兹雷达系统固定放置于高台上，目标放置于二维精密转台的支架上，采集数据时调整转台在方位向和俯仰向进行二维转动，每一个俯仰角下采集相同大小和范围的方位角数据，这样可等效视为目标静止，雷达在不同的方位角和俯仰角对目标进行观测，构建基于方位-俯仰的三维成像模型。图4.19中，太赫兹雷达系统采用微波倍频源技术，将低频段信号经倍频器变频至太赫兹频段，再由天线辐射信号，假设转台上支架垂直地面时俯仰角为0°，水平时俯仰角为90°。

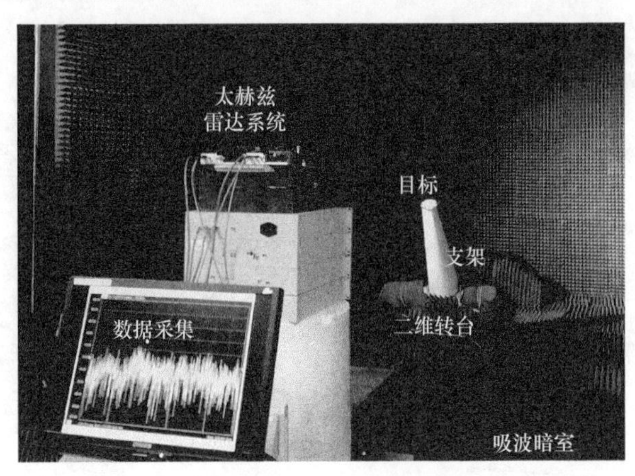

图 4.19　太赫兹雷达三维成像实验测试场景

太赫兹雷达三维成像实验参数设置如表 5.1 所示，太赫兹雷达发射信号频率为 215.2～228GHz，距离向分辨率约为 1.17cm。成像时横向孔径大小约为 31.2°，对应方位向和俯仰向的分辨率约为 1.2mm，太赫兹雷达收发天线和转台中心的水平距离为 2.77m。

表 5.1　太赫兹雷达三维成像实验参数设置

参数	取值
中心频率 f_c	221.6GHz
信号带宽 B_w	12.8GHz
频率采样点数 N_f	1024
方位角 φ 变化范围	−15.6°～15.6°
俯仰角 θ 变化范围	4°～35.2°
角度采样间隔	0.24°

成像实验测试目标如图 4.20 所示，图 4.20(a)为成像实验用目标柠檬片，直径为 12cm，目标表面包覆锡箔纸是为了增强目标散射强度，获得更好的成像效果，图 4.20(b)为参考目标三面角反射器，实验时，在与成像目标柠檬片相同的各个俯仰角下采集三面角反射器的回波信号，将其作为参考信号对柠檬片的回波信号进行校正。为更好地观测三维成像效果，图 4.21(a)和(b)分别给出了两个不同视角下的三维成像结果图。柠檬片的二维成像结果如图 4.22 所示。虽然在上述几幅成像结果图中柠檬片的结构不够完整，但目标表面上各点的散射强度变化符合实际情况，即中心圆圈和扇形表面部分的散射强度较强，扇形缺口部分几乎没有散射(其中，较弱散射可能是由强散射的旁瓣分量造成的)，柠檬片上的八个扇形缺口可清晰分辨，另外图 4.22(b)中柠檬片的直径大小与实际尺寸相符合。

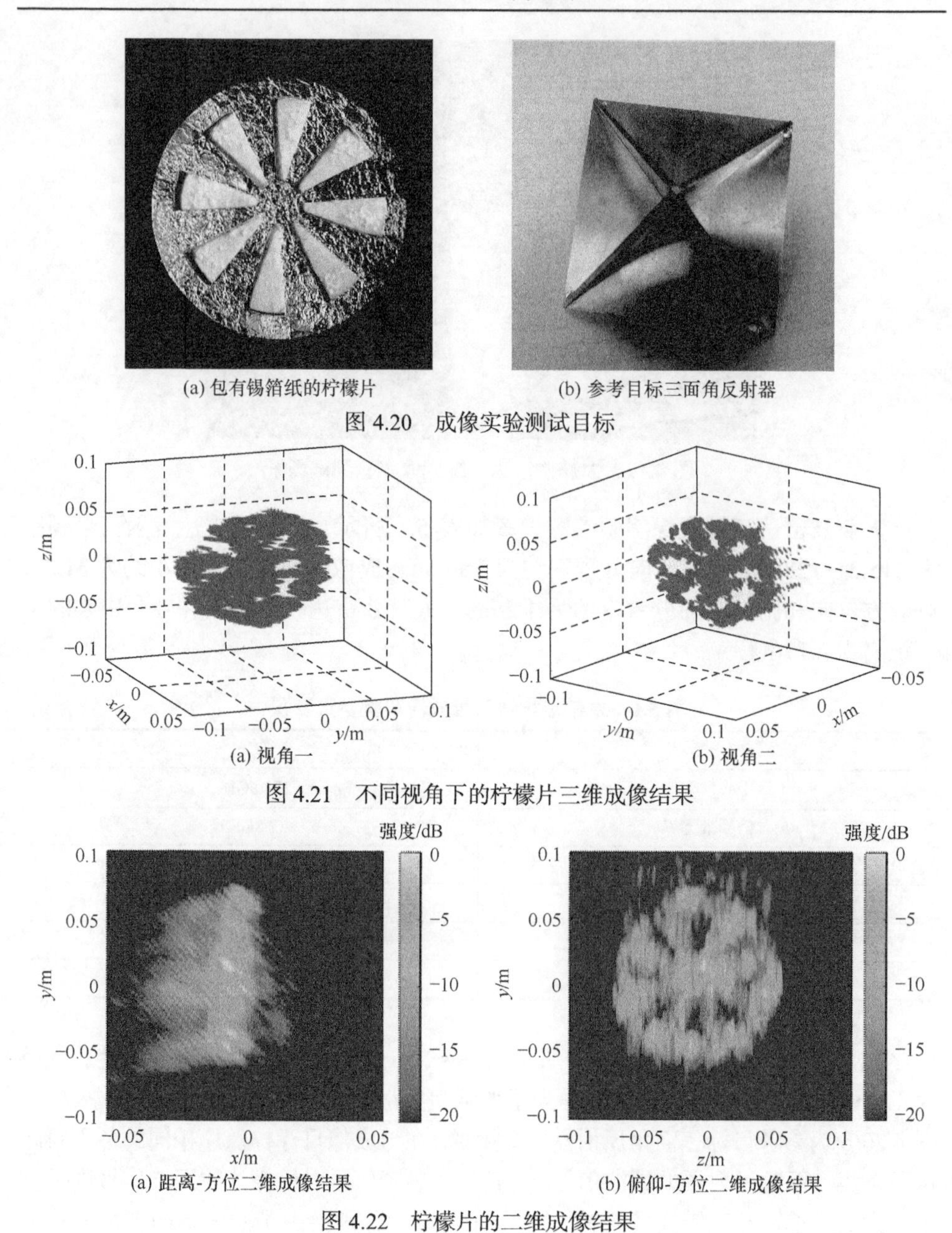

(a) 包有锡箔纸的柠檬片　(b) 参考目标三面角反射器

图 4.20　成像实验测试目标

(a) 视角一　(b) 视角二

图 4.21　不同视角下的柠檬片三维成像结果

(a) 距离-方位二维成像结果　(b) 俯仰-方位二维成像结果

图 4.22　柠檬片的二维成像结果

4.3　基于方位-俯仰的双频三维成像方法

实际应用中往往不容易获取参考目标信号，因此为回避信号非线性效应的影响，本节提出基于双频信号的方位-俯仰三维成像方法，该方法能大大降低成像处理的数据量，同时提高成像效率。传统的微波雷达技术常通过测量双频连续波信号的回波相位差对目标进行运动探测或比相测距[8-10]。干涉测量技术广泛应用于机载或星载干涉 SAR，通过单接收天线的多次观测或多接收天线的同时观测得到雷达回波的干涉处理，可以估计、测量地面高程，检测、定位地面运动目标，实现对地成像与探测[11, 12]。另外，干涉处理也已初步应用于太赫兹成像，例如，文献[13]利用基线干涉获得了两幅复图像的相位差，文献[14]、[15]利用电场的相关相位和幅度进行图像重建。本节提出的方位-俯仰三维成像方法是将双频测量技术与干涉处理相结合，通过对双频信号体制下的方位-俯仰二维成像结果进行共轭相乘处理，估算目标的距离向位置，进而实现对目标的三维重建。

4.3.1　三维图像重建方法

1. 基于双频信号的方位-俯仰三维成像方法

根据式(4.6)，在单频条件下，基于方位-俯仰的雷达二维成像结果可表示为[1]

$$\begin{aligned} f(x,y,z) &= \iint k_0^2 \cos\theta \cdot \mathrm{e}^{\mathrm{j}2k_0(x\cos\theta\cos\varphi + y\cos\theta\sin\varphi + z\sin\theta)} \mathrm{d}\theta \mathrm{d}\varphi \\ &= k_0^2 \Delta\varphi\Delta\theta \cdot \mathrm{e}^{\mathrm{j}2k_0 x} \cdot \mathrm{sinc}(\Delta\varphi k_0 y\cos\theta_\mathrm{c}) \cdot \mathrm{sinc}(\Delta\theta k_0 z) \end{aligned} \tag{4.14}$$

由式(4.14)可以看出，在单频条件下，雷达在方位向和俯仰向仍具有分辨能力，但 x 方向为距离向，雷达没有分辨能力，成像结果中仅包含表征目标坐标 x 的相位项，无法直接进行三维成像。

当雷达发射双频信号时，不同频率目标回波经成像处理，得到的方位-俯仰二维成像结果分别为

$$\begin{cases} f_1(x,y,z) = k_1^2 \Delta\varphi\Delta\theta \cdot \mathrm{e}^{\mathrm{j}2k_1 x} \cdot \mathrm{sinc}(\Delta\varphi k_1 y\cos\theta_\mathrm{c}) \cdot \mathrm{sinc}(\Delta\theta k_1 z) \\ f_2(x,y,z) = k_2^2 \Delta\varphi\Delta\theta \cdot \mathrm{e}^{\mathrm{j}2k_2 x} \cdot \mathrm{sinc}(\Delta\varphi k_2 y\cos\theta_\mathrm{c}) \cdot \mathrm{sinc}(\Delta\theta k_2 z) \end{cases} \tag{4.15}$$

式中，$k_1 = 2\pi f_1 / c$、$k_2 = 2\pi f_2 / c$ 为波数；f_1、f_2 为不同发射信号频率。令 $\Delta k = k_2 - k_1$，图 4.23 给出了固定目标坐标系下波数域数据采集孔径，从图中可以看出，单频信号下的数据采集孔径为球形平行四边形，而双频信号下的数据采集孔径为不同球面半径下的球形四边形。

根据式(4.15)，在不同频率的发射信号条件下，固定雷达坐标系中坐标轴 y 方向和 z 方向的分辨率分别为

$$\begin{cases} \rho_{y,i} = \dfrac{\lambda_i}{2\Delta\varphi\cos\theta_\mathrm{c}} \\ \rho_{z,i} = \dfrac{\lambda_i}{2\Delta\theta} \end{cases} \tag{4.16}$$

式中，$i = 1, 2$ 为不同的发射信号频率；$\lambda_1 = c / f_1$、$\lambda_2 = c / f_2$ 分别为相应的信号波

长。从式(4.16)中可以看出，当方位向和俯仰向的转角相同时，即$\Delta\varphi=\Delta\theta$，$y$方向和$z$方向的分辨率相同。

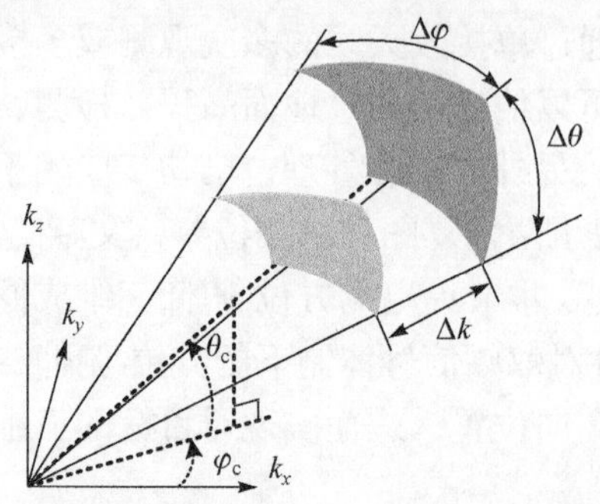

图 4.23　固定目标坐标系下波数域数据采集孔径

由图 4.23 和式(4.15)可知，当双频信号的频率相差较小时，其波数域数据采集孔径的大小基本相同，不同信号频率下获得的方位-俯仰二维成像结果在同一像素点上仅存在较小的相位差，可通过对两幅二维成像的结果进行共轭相乘并提取相位得到：

$$\phi=\text{Angle}[f_1^*(x,y,z)\cdot f_2(x,y,z)]=\frac{4\pi\Delta fx}{c} \tag{4.17}$$

式中，Angle[·]表示相位提取；$\Delta f=f_2-f_1$为发射信号频率差。根据三角函数的性质可知，式(4.17)中估计得到的相位ϕ会发生缠绕，取值范围为$(-\pi,\pi]$，而相位真值可由缠绕相位加减2π的整数倍得到，即$\psi=\phi\pm2m\pi$。本节采用 Flynn 最小不连续方法进行二维相位解缠[16]。

根据式(4.17)可得目标在x方向的坐标为

$$x=\frac{\psi\cdot c}{4\pi\Delta f} \tag{4.18}$$

根据式(4.17)和式(4.18)，目标三维成像结果可由方位-俯仰成像结果和目标坐标x重建得到，成像结果包含了目标的三维坐标、二维散射幅度和相位的信息，图 4.24 为本节提出的基于双频信号的方位-俯仰三维成像方法的流程图。

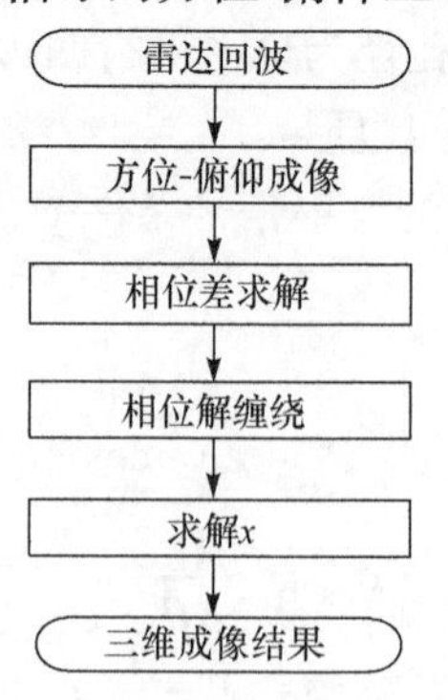

图 4.24　基于双频信号的方位-俯仰三维成像方法的流程图

2. 图像配准分析

下面对本节提出成像方法处理过程中图像配准的必要性进行分析。目标成像结果通常是由多个散射单元组成的，假设目标是中心对称的，当目标在雷达视线俯仰向的最大尺寸为 $2D_{\mathrm{e}}$ 时，其在二维成像结果中占据的横向分辨单元数目可根据式(4.16)所示的方位向分辨率计算得到：

$$\begin{cases} N_1 = \dfrac{D_{\mathrm{e}}}{\rho_{z,1}} = \dfrac{2D_{\mathrm{e}} f_1 \Delta\theta}{c} \\ N_2 = \dfrac{D_{\mathrm{e}}}{\rho_{z,2}} = \dfrac{2D_{\mathrm{e}} f_2 \Delta\theta}{c} \end{cases} \tag{4.19}$$

将式(4.19)中的 N_2 减去 N_1 可得两幅二维成像结果中目标分辨单元的数量差为

$$\Delta N = N_2 - N_1 = \frac{2D_{\mathrm{e}}\Delta\theta}{c}\Delta f \tag{4.20}$$

当 $\Delta N < 1/2$ 时，目标在两幅二维成像的结果中所占俯仰向分辨单元的数量差小于 1，计算可得

$$\Delta f < \frac{c}{4D_{\mathrm{e}}\Delta\theta} \tag{4.21}$$

同理，当目标在两幅二维成像的结果中所占方位向分辨单元的数量差小于 1 时，双频信号频率差应满足以下条件：

$$\Delta f < \frac{c}{4D_{\mathrm{a}}\Delta\varphi\cos\theta_{\mathrm{c}}} \tag{4.22}$$

式中，$2D_{\mathrm{a}}$ 为目标在雷达视线方位向的最大尺寸。因此，当信号频率差同时满足 $\Delta f < c/(4D_{\mathrm{e}}\Delta\theta)$ 和 $\Delta f < c/(4D_{\mathrm{a}}\Delta\varphi\cos\theta_{\mathrm{c}})$ 时，两幅方位-俯仰二维成像中分辨单元之间的差异性可以忽略，不需要进行图像配准，大大简化了三维成像处理流程。

4.3.2　仿真结果与分析

本节主要针对双频方位-俯仰三维成像方法进行仿真验证和性能分析。在太赫兹频段，目标表面的粗糙特性较为明显，因此本节首先对粗糙圆锥和粗糙圆柱进行成像仿真，为进一步分析本节所提方法的成像性能，在发射信号频率不稳定的情况下对目标距离向的重建误差进行了计算。本节通过计算距离向坐标 x，采用均方根误差(root mean square error，RMSE)来衡量成像方法的重建误差，评估方法性能。均方根误差定义如下：

$$\mathrm{RMSE}_x = \sqrt{\frac{\sum_{n=1}^{N_\mathrm{P}} \left| x_n - x_n^t \right|^2}{N_\mathrm{P}}} = \sqrt{\frac{\sum_{n=1}^{N_\mathrm{P}} \delta_n^2}{N_\mathrm{P}}} \tag{4.23}$$

式中，x_n、x_n^t 分别为散射点距离向坐标的估计值和理论值；$\delta_n = \left| x_n - x_n^t \right|$ 为 x_n 的估计误差；N_P 为目标包含的散射点数量。

1. 三维成像结果

仿真所用的雷达回波数据由不同方位角和俯仰角下的目标复 RCS 数据合成，RCS 值由电磁计算软件 CST 计算得到。图 4.25 为 CST 所用的目标计算模型，为理想电导体目标，图 4.25(a)为粗糙圆锥，底面半径为 5cm，高为 4.9cm，图 4.25(b)为粗糙立方体，边长为 5.6cm。为突出目标表面的粗糙特性，图 4.25 对粗糙圆锥和粗糙立方体的顶点进行放大显示，从中可明显看出目标表面的起伏。计算所用目标的粗糙表面均呈二维高斯分布，对应粗糙度为 0.2mm，相关长度为 0.5mm[8]。在图 4.25(a)所示的固定目标坐标系中，太赫兹雷达对粗糙圆锥目标的二维观测孔径范围 φ_1 取 $-5°\sim5°$ 和 θ_1 取 $-5°\sim5°$，雷达观测的中心方位角和俯仰角相应分别为 $\varphi_{\mathrm{c}1}=0°$、$\theta_{\mathrm{c}1}=0°$，在图 4.25(b)中，雷达对粗糙立方体的方位向和俯仰向二维观测孔径范围 φ_2 取 $40°\sim50°$ 和 θ_2 取 $30°\sim40°$，对应 $\varphi_{\mathrm{c}2}=45°$、$\theta_{\mathrm{c}2}=35°$，角度采样间隔均为 0.2°。因此，在固定雷达坐标系下，粗糙圆锥在方位向和俯仰向最大尺寸均为 10cm，粗糙立方体的方位向和俯仰向最大尺寸分别为 8.3cm 和 9.4cm。根据式(4.21)和式(4.22)，雷达发射信号的最大频率差应分别满足 $\Delta f < 8.6\mathrm{GHz}$、$\Delta f < 9.2\mathrm{GHz}$，为增大双频条件下得到的方位-俯仰成像结果的相关性，仿真计算时设置双频频率差 $\Delta f = 5\mathrm{GHz}$，相应的双频信号频率分别为 330GHz 和 335GHz。根据式(4.16)，粗糙圆锥成像的二维方位向分辨率均为 0.26cm，粗糙立方体成像的二维分辨率分别为 0.32cm 和 0.26cm。

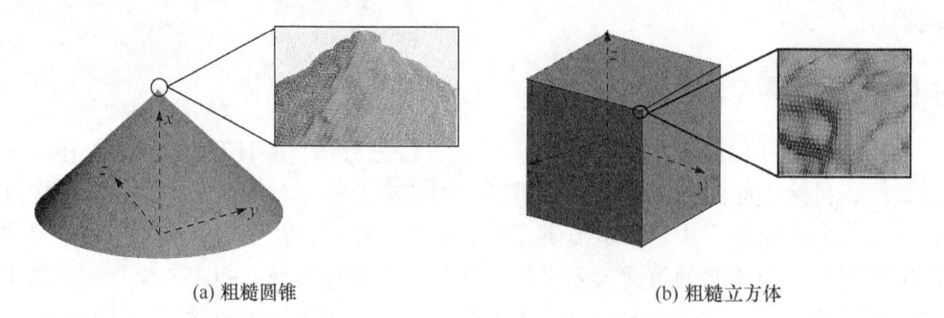

(a) 粗糙圆锥　　(b) 粗糙立方体

图 4.25　仿真计算粗糙目标模型

根据图 4.24 所示的三维成像处理流程，粗糙圆锥成像结果如图 4.26 所示。图 4.26(a)和(b)分别为 $f_1 = 330\text{GHz}$、$f_2 = 335\text{GHz}$ 时的方位-俯仰二维成像结果，从中可明显分辨出圆锥的二维轮廓，并且圆锥表面的粗糙使得成像结果表现出面的特征。根据式(4.17)，可得到两幅方位-俯仰二维成像的相位差，如图 4.26(c)所示，相位取值范围为 $(-\pi,\pi]$，图中颜色由浅到深变化，表现出相位缠绕。图 4.26(d)为采用 Flynn 的最小不连续方法解缠后的相位差，其取值为线性变化。基于解缠后的相位差和方位-俯仰二维成像结果可重建得到粗糙圆锥的三维成像，如图 4.26(e)所示，图中网格颜色深浅表示目标散射点的距离向坐标值，可明显看出圆锥锥面坐标值从大到小递减，根据式(4.23)，粗糙圆锥三维成像的重建误差 RMSE_x 为 0.009cm。图 4.27 为粗糙立方体的成像处理结果，其中图 4.27(a)、(b)所示的二维成像结果的方位-俯仰中心角分别为 45°和 35°，图 4.27(c)、(d)分别为解缠处理前后的相位差，图 4.27(e)为粗糙立方体的三维成像结果，可明显看出立方体平面距离向位置的变化，重建误差 RMSE_x 为 0.019m。总之，图 4.26(e)和图 4.27(e)所示三维成像结果充分验证了本节所提成像方法的正确性。

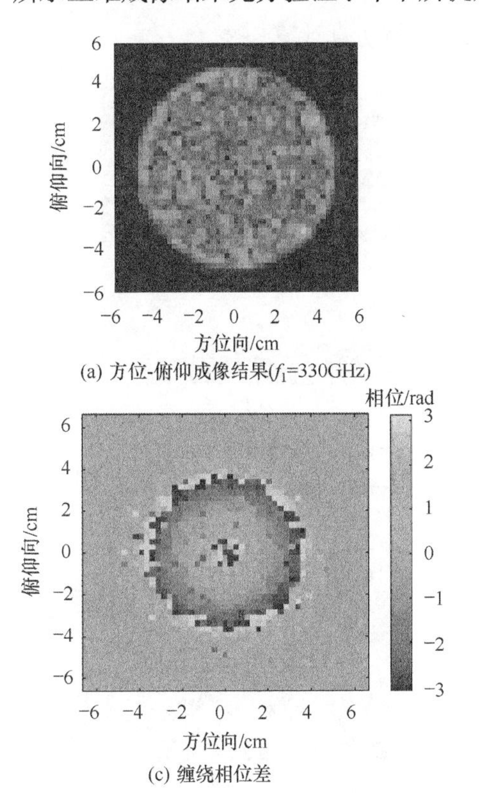

(a) 方位-俯仰成像结果(f_1=330GHz)

(c) 缠绕相位差

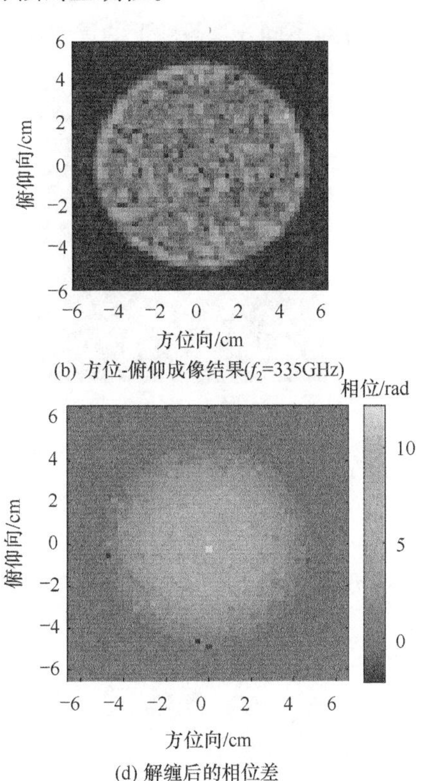

(b) 方位-俯仰成像结果(f_2=335GHz)

(d) 解缠后的相位差

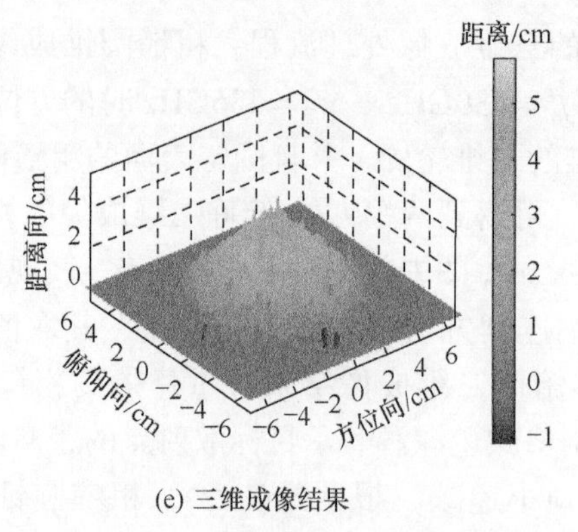

(e) 三维成像结果

图 4.26　粗糙圆锥成像结果

2. 频率稳定性影响分析

太赫兹频段，雷达发射信号的实际频率与系统设定频率存在偏差，进而影响三维成像的精度，本节定义 $\sigma_{\Delta f}$ 来表征实际双频信号频率差与理论值 Δf 之间的偏差，并对不同 $\sigma_{\Delta f}$ 条件下的重建误差 RMSE_x 进行仿真计算。

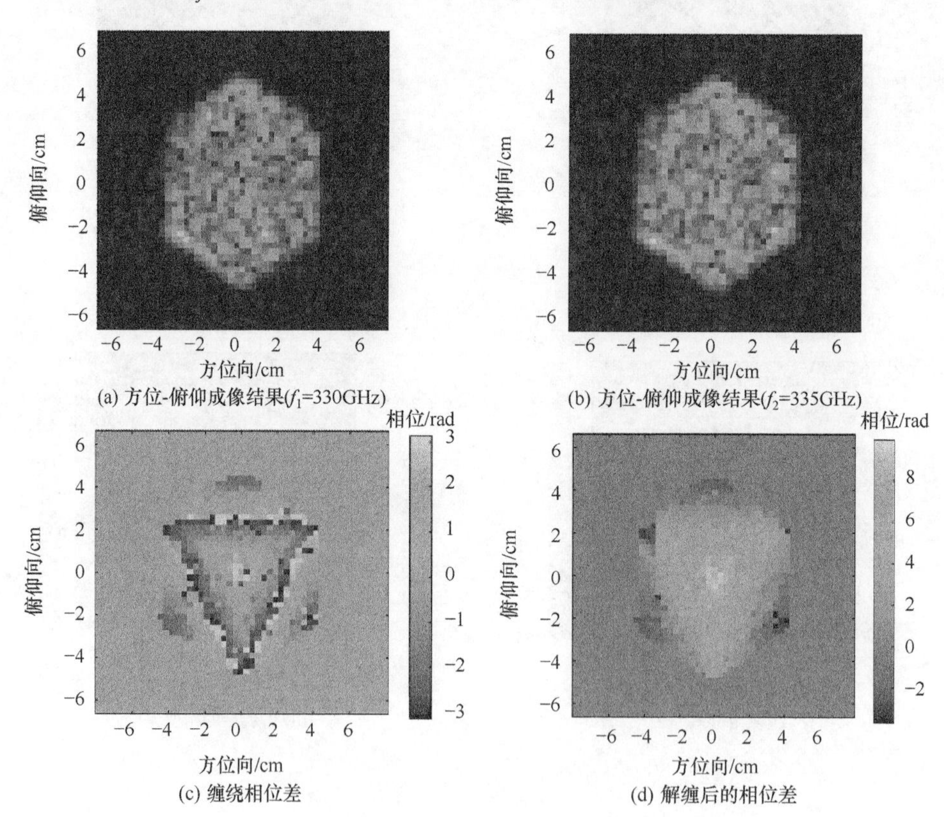

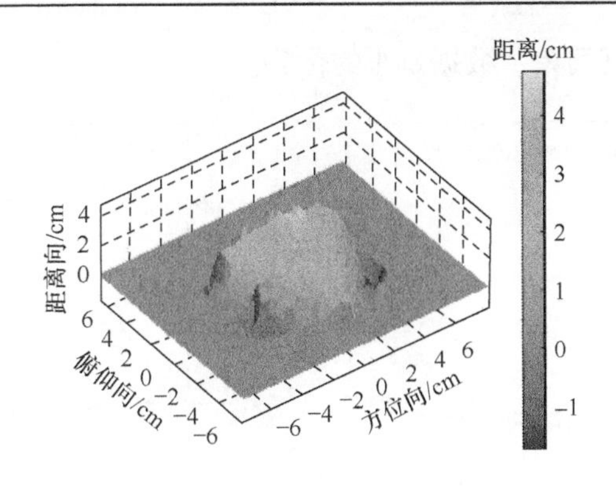

(e) 三维成像结果

图 4.27　粗糙立方体成像处理结果

为充分验证成像方法的性能，本节对相同尺寸、不同粗糙度表面的圆锥和立方体进行了仿真计算。圆锥和立方体的尺寸同 4.3.2 节第 1 部分，表面粗糙度分别为 0.2mm 和 0.125mm，相关长度均为 0.5mm，成像时的方位向和俯仰向孔径参数与 4.3.2 节第 1 部分相同。为消除相位缠绕对成像的影响，式(4.18)中表示的散射点成像相位差的绝对值必须小于π，即 $\Delta f < c/(4x_0)$，x_0 为距离向上目标的最大尺寸。根据图 4.25 所示的几何关系，粗糙圆锥和粗糙立方体在固定雷达坐标系中距离向上的最大尺寸均为 $x_0 = 4.9\text{cm}$，双频信号的频率差满足 $\Delta f < 1.5\text{GHz}$。因此，假设双频信号频率差的理论值为 1GHz、$\sigma_{\Delta f}$ 取−0.2～0.2GHz。在利用 CST 计算生成成像回波数据时，仿真频率 f_1 取 330GHz、f_2 取 330.8～331.2GHz，f_2 的采样间隔为 0.004GHz。

图 4.28 给出了粗糙度分别为 0.2mm 和 0.125mm 时目标三维成像重建误差 RMSE_x，当 $\sigma_{\Delta f}$ 逐渐增大时，重建误差 RMSE_x 仅存在较小的增量。下面对距离向坐标 x 的估计误差 δ 做进一步的统计分析。根据估计误差 δ 的取值将其划分为三个区间：$\delta \leqslant 0.1\text{cm}$、$0.1\text{cm} < \delta \leqslant 0.5\text{cm}$、$\delta > 0.5\text{cm}$，计算散射点位置估计误差落于各个区间内的数量与散射点总数的百分比 P_δ。图 4.29、图 4.30 分别给出了不同粗糙度的圆锥和立方体估计误差 δ 的分析结果。当 $\sigma_{\Delta f}$ 增大时，估计误差 $\delta \leqslant 0.1\text{cm}$ 区间内的散射点数量与总数的百分比基本保持不变，而 $0.1\text{cm} < \delta \leqslant 0.5\text{cm}$ 区间内的 P_δ 明显下降，$\delta > 0.5\text{cm}$ 区间内的 P_δ 显著增大。然而，$0.1\text{cm} < \delta \leqslant 0.5\text{cm}$ 区间内的散射点数量与总数的百分比始终大于 40%，$\delta > 0.5\text{cm}$ 区间内的 P_δ 始终保持在 40%以下。因此，当 $\sigma_{\Delta f} < 0.2\text{GHz}$ 时，本节提出的基于双频信号的方位-俯仰三维成像仍能获得较好的成像效果。

总之，基于双频信号的方位-俯仰三维成像仅需两个频点数据即可获得目标三维图像，一方面避免了宽带信号非线性效应的影响；另一方面回避了图像配准的难题，具有成像处理简单、数据量小的优势。

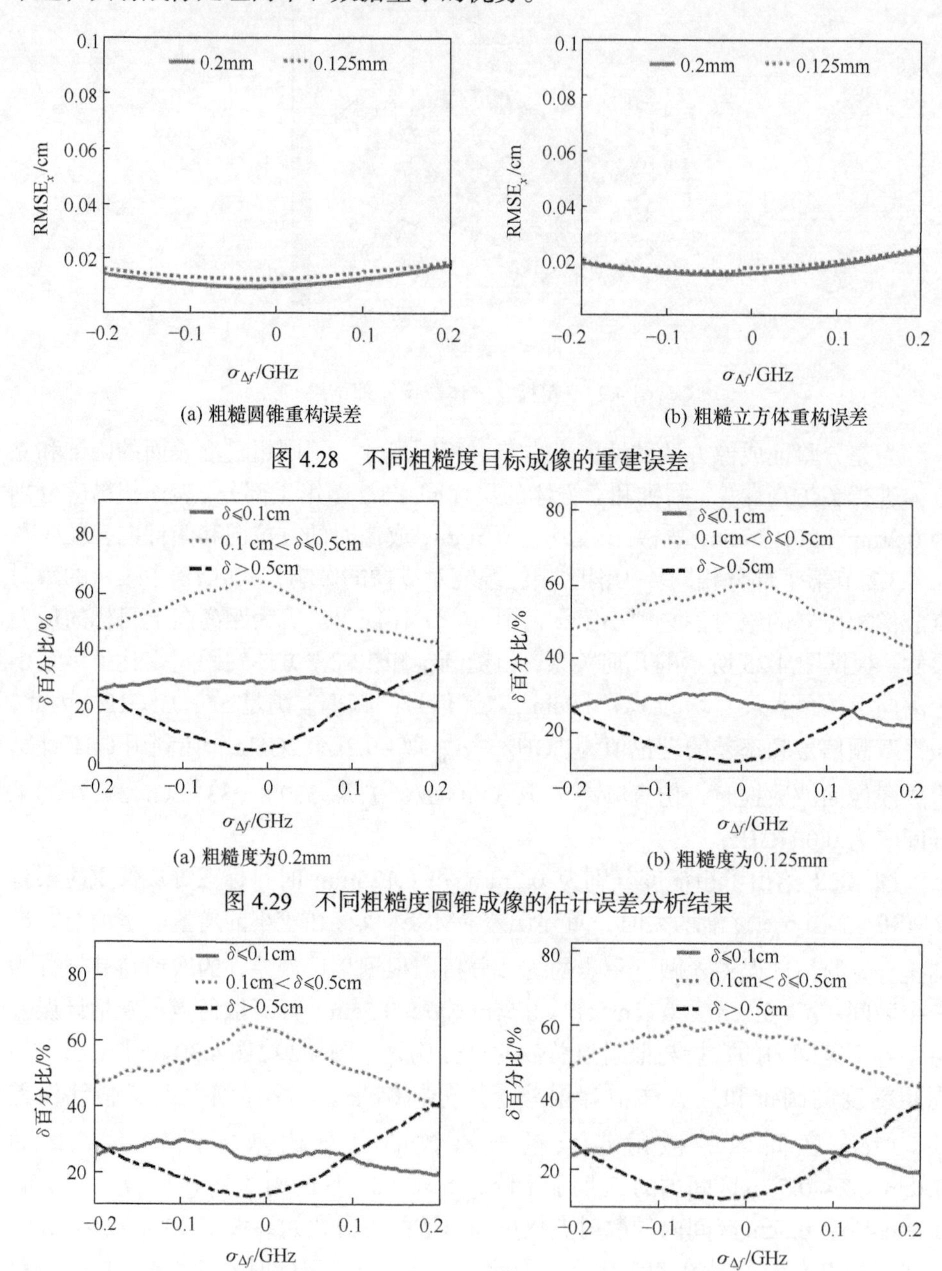

图 4.28 不同粗糙度目标成像的重建误差

图 4.29 不同粗糙度圆锥成像的估计误差分析结果

图 4.30 不同粗糙度立方体成像的估计误差分析结果

4.4 小　结

本章主要研究了基于方位-俯仰的三维成像模型和方法，分析现有太赫兹雷达成像存在的问题，针对性地提出解决办法，是全书研究的基础。本章取得的研究成果主要包括：

(1) 针对方位-俯仰宽带三维成像模型，提出了三维 NUIFFT 快速成像方法，计算复杂度为 $O(N^3)$，低于 CBP 的计算复杂度为 $O(N^4)$。仿真实验表明，三维 NUIFFT 方法在具有与 CBP 方法相同的成像效果前提下，运行时间远少于 CBP 方法，另外，柠檬片的方位-俯仰三维成像实测结果中可清晰分辨出柠檬片上的八个扇形缺口，验证了太赫兹雷达成像的高分辨优势。

(2) 提出了基于方位-俯仰的双频三维成像方法，既回避了信号非线性效应的影响，又大幅降低了距离维的数据量，实现了双频条件下对粗糙圆锥和粗糙立方体的三维成像。仿真实验表明，当信号频率误差小于 0.2GHz 时，该方法仍能取得良好的三维成像效果。

参 考 文 献

[1] Wang R J, Wang H Q, Deng B, et al. High-resolution terahertz radar imaging based on electromagnetic calculation data. Journal of Infrared and Millimeter Waves, 2014, 33(6): 577-583.
[2] 保铮, 邢孟道, 王彤. 雷达成像技术. 北京: 电子工业出版社, 2005.
[3] 陈颖滨, 邓彬, 王宏强. 基于投影-切片定理的转台成像算法. 信号处理, 2011, 27(9): 1380-1384.
[4] Yang B B, Kirley M P, Booske J H. Theoretical and empirical evaluation of surface roughness effects on conductivity in the terahertz regime. IEEE Transactions on Terahertz Science and Technology, 2014, 4(3): 368-375.
[5] 王瑞君, 邓彬, 王宏强，等. 不同表面结构特征圆柱导体的太赫兹散射特性. 强激光与粒子束, 2013, 25(6): 1549-1554.
[6] Kim H, Johnson J T. Radar images of rough surface scattering: Comparison of numerical and analytical models. IEEE Transactions on Antennas and Propagation, 2002, 50(2): 94-100.
[7] Jagannathan A, Gatesman A J, Giles R H. Characterization of roughness parameters of metallic surfaces using terahertz reflection spectra. Optics Letters, 2009, 34(13): 1927-1929.
[8] Ahmad F, Amin M G, Zemany P D. Performance analysis of dual-frequency CW radars for motion detection and ranging in urban sensing applications. Proceedings of the International Society for Optical Engineering, Bellingham, 2007: 6547.
[9] 曹延伟, 程翥, 皇甫堪. 多频连续波雷达两种测距算法研究. 电子与信息学报, 2005, 27(5): 789-792.
[10] Setlur P, Amin M, Ahmad F. Dual-frequency Doppler radars for indoor range estimation: Cramer-

Rao bound analysis. IET Signal Processing, 2010, 4(3): 256-271.

[11] Martone M, Gonzalez C, Bueso-Bello J, et al. Bandwidth considerations for interferometric applications based on TanDEM-X. IEEE Geoscience and Remote Sensing Letters, 2017, 14(2): 203-207.

[12] Xu G, Xing M D, Xia X G, et al. 3D geometry and motion estimations of maneuvering targets for interferometric ISAR with sparse aperture. IEEE Transactions on Image Processing, 2016, 25(5): 2005-2020.

[13] Fritz J, Gasiewski A J, Zhang K. 3D surface imaging through visual obscurants using a sub-THz radar. Proceeding of the International Society for Optical Engineering, Baltimore, 2014: 9087.

[14] Su K, Liu Z W, Barat R B, et al. Two-dimensional interferometric and synthetic aperture imaging with a hybrid terahertz/millimeter wave system. Applied Optics, 2010, 49(19): 13-19.

[15] Goltsman A, Dietlein C, Wikner D A, et al. Three-dimensional terahertz interferometric imaging system for concealed object detection. URSI International Symposium on Electromagnetic Theory, Berlin, 2010: 636-639.

[16] Flynn T J. Two-dimensional phase unwrapping with minimum weighted discontinuity. Journal of the Optical Society of America A: Optics and Image Science, and Vision, 1997, 14(10): 2692-2701.

第 5 章　太赫兹雷达干涉三维成像

5.1　引　　言

为缩短目标回波数据采集时间和减少回波数据量，提高成像帧率，本章借鉴传统微波雷达成像中的干涉处理技术，在距离-方位二维成像基础上利用俯仰向的多个天线干涉处理来实现目标三维成像。由第 4 章对粗糙目标的成像分析可知，太赫兹频段目标成像结果不再表现为少数几个强散射点，而表现出光学图像的特性，散射点数目急剧增加，会使得传统干涉处理中的图像配准和相位滤波[1]面临新的问题。另外，由于太赫兹波长短，干涉相位更容易发生缠绕，增大了相位解缠的难度。本章将针对太赫兹频段干涉处理面临的这些特殊性问题，结合太赫兹成像的优势，提出多种干涉处理方法和成像方法。

本章首先介绍典型双阵元干涉成像模型，推导太赫兹频段干涉测高表达式；其次利用太赫兹频段大带宽信号的优势，提出 L 型基线条件下的双频带联合处理方法；再次针对面目标成像特性，建立俯仰向多阵元干涉成像模型，提出适用面目标成像的背景去除方法和序贯解缠方法，实现面目标的三维高分辨成像；最后总结本章的主要研究内容。

5.2　双阵元干涉成像模型与方法

5.2.1　成像模型与方法

图 5.1 为单发多收双阵元干涉成像模型，其中 $oxyz$ 为固定坐标系，o 为目标中心，天线 A 发射信号，天线 A 、B 共同接收回波信号，xoz 平面内天线 A 、B 与 x 轴的夹角分别为 θ_0 、$\theta_0+\Delta\theta$ ，且 $|oA|=|oB|=R_0$ ，$P(x,y,z)$ 为目标上一点，对雷达天线 A 、B 接收到的目标回波用各自天线采集到的目标中心点回波作为参考信号进行校正，因此散射点 $P(x,y,z)$ 的波数域回波可以表示为

$$\begin{cases} s_A(k,\varphi)=\sigma\cdot\exp[-\mathrm{j}k(2R_{AP}-2R_0)] \\ s_B(k,\varphi)=\sigma\cdot\exp[-\mathrm{j}k(R_{AP}+R_{BP}-2R_0)] \end{cases} \tag{5.1}$$

式中，σ 为散射强度；$k=2\pi f/c$ 为波数，c 为光速，$f\in\left[f_{\mathrm{c}}-B_{\mathrm{w}}/2, f_{\mathrm{c}}+B_{\mathrm{w}}/2\right]$

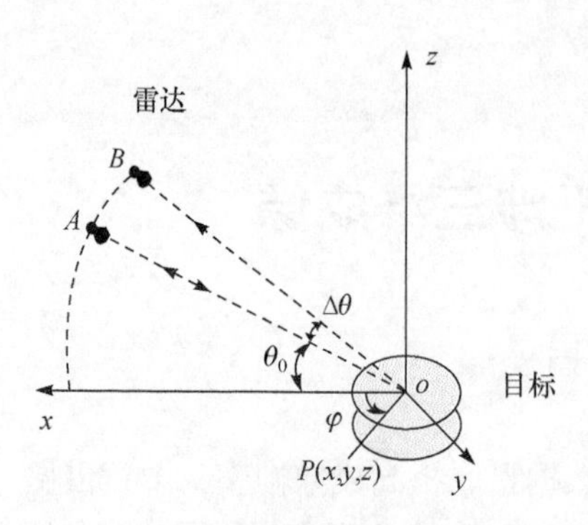

图 5.1　单发多收双阵元干涉成像模型

为雷达发射信号频率，f_c 为雷达信号中心频率，B_w 为信号带宽；R_{AP} 为天线 A 与散射点 P 之间的距离；R_{BP} 为天线 B 与散射点 P 之间的距离。

雷达成像时，目标绕 oz 轴旋转，转角 $\varphi \in [-\Delta\varphi/2, \Delta\varphi/2]$，中心角为 0°。根据转台成像原理，对式(5.1)中的二维回波进行成像处理可得到目标的距离-方位二维成像结果 $I(x,y)$，对天线 A、B 得到的成像结果做干涉处理，可得散射点 P 对应的相位差为

$$\phi_{AB} = \text{Angle}[I_A(x,y) \cdot I_B^*(x,y)] = -k(R_{AP} - R_{BP}) = -k\Delta R_{AB} \tag{5.2}$$

式中，ΔR_{AB} 为散射点 $P(x,y,z)$ 与天线 A、B 的波程差。

远场条件下，天线 A、B 的矢量方向分别为 $(\cos\theta_0, 0, \sin\theta_0)$、$[\cos(\theta_0+\Delta\theta), 0, \sin(\theta_0+\Delta\theta)]$，则散射点 $P(x,y,z)$ 在天线 A、B 视线方向的投影距离可分别近似为

$$\begin{cases} R_{AP} - R_0 = x\cos\theta_0 + z\sin\theta_0 \\ R_{BP} - R_0 = x\cos(\theta_0+\Delta\theta) + z\sin(\theta_0+\Delta\theta) \end{cases} \tag{5.3}$$

因此，散射点 $P(x,y,z)$ 与天线 A、B 的波程差 ΔR_{AB} 为

$$\begin{aligned} \Delta R_{AB} &= R_{AP} - R_{BP} \\ &= x[\cos\theta_0 - \cos(\theta_0+\Delta\theta)] + z[\sin\theta_0 - \sin(\theta_0+\Delta\theta)] \end{aligned} \tag{5.4}$$

远场条件下，$\Delta\theta$ 较小，$\cos\Delta\theta \approx 1$，则式(5.4)近似为

$$\Delta R_{AB} \approx x\sin\theta_0\sin\Delta\theta - z\cos\theta_0\sin\Delta\theta \tag{5.5}$$

式(5.2)中的干涉相位差为

$$\phi_{AB} = -k\Delta R_{AB} = \frac{2\pi}{\lambda}(z\cos\theta_0\sin\Delta\theta - x\sin\theta_0\sin\Delta\theta) \tag{5.6}$$

式中，λ 为信号波长。式(5.6)中第二项 $x\sin\theta_0\sin\Delta\theta$ 与目标点高程无关，当成像场景一定时，该项的值仅与目标距离向坐标位置有关。当观测目标表面无高度变化，即 $z=0$ 时，得到的干涉相位也会随着目标上散射点位置的变化而变化，这是由两个天线夹角的差别造成的，称为平地相位。

$$\phi_f = -\frac{2\pi}{\lambda} x \sin\theta_0 \sin\Delta\theta \tag{5.7}$$

平地相位 ϕ_f 在方位向上无变化，仅随目标距离向的位置变化。当求解散射点高度时，需要先将原始干涉相位减去平地相位，根据式(5.6)可得散射点 P 在 z 方向的位置为

$$z = \frac{\lambda}{2\pi\cos\theta_0 \sin\Delta\theta}\left(\phi_{AB} - \phi_f\right) \tag{5.8}$$

结合二维成像结果得到的散射点 x 、y 坐标，可重建得到散射点的三维坐标，实现目标三维成像。

当对不同位置俯仰角下获得的目标二维成像结果进行干涉处理时，首先进行图像配准，使配准后的两幅二维成像中同一位置像素对应目标上同一位置的散射点，保证两幅二维图像具有较高的相干性，最后才能获得精确、有效的干涉相位信息。在图 5.1 所示的成像模式下，目标散射区域较集中，且背景单一、散射强度较弱，目标与背景之间的散射强度差异较大，实际图像配准时只需达到像素级的配准精度，以每幅图像的质心为参考，通过图像移位保证每幅图像的质心在同一位置像素单元。因此，双阵元干涉三维成像的处理流程如图 5.2 所示。

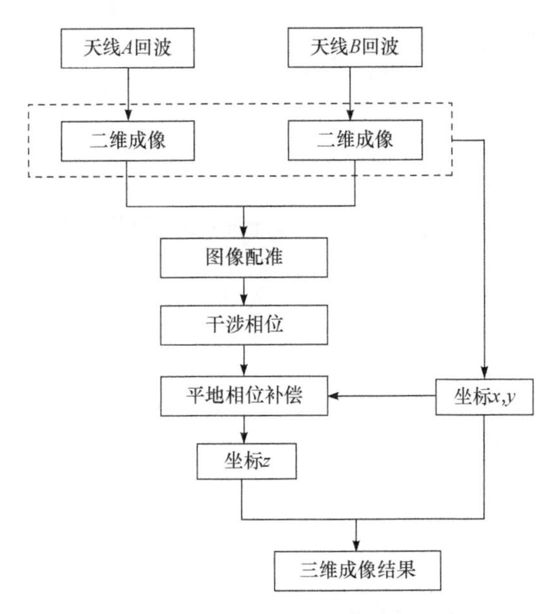

图 5.2　双阵元干涉三维成像的处理流程

5.2.2 仿真结果与分析

仿真实验中，设置雷达发射信号中心频率为 221.6GHz，带宽为 12.8GHz，频率采样点数为 512，方位向转角范围为−5°～5°，角度采样间隔为 0.04°，相邻天线 A 、B 之间的观测俯仰角间隔 $\Delta\theta$ 为 0.2°。对天线接收到的距离-方位向回波信号采用传统的 CBP 方法进行二维成像，当天线 A 与 xoy 平面的夹角 θ_0 =0° 时，天线 A 、B 对同一高度散射点的相位差为 0，平地相位 $\phi_f=0$。双阵元干涉的三维成像仿真结果如图 5.3 所示，图中实心圆点为测量值，圆圈为理论值，对比发现，每个散射点位置测量准确。当天线 A 与 xoy 平面的夹角 θ_0 =0°时，根据式(5.7)可知平地相位 $\phi_f\neq0$，需对两阵元的干涉相位进行平地相位补偿才能得到散射点的准确位置，平地相位补偿前后的三维成像仿真结果如图 5.4 所示，从图中可以看出，图 5.4(a)中平地相位补偿前散射点 z 方向的坐标与理论值存在很大偏差，且 x 方向的坐标值越大，该偏差越大，而图 5.4(b)中平地相位补偿后各散射点位置基本准确。

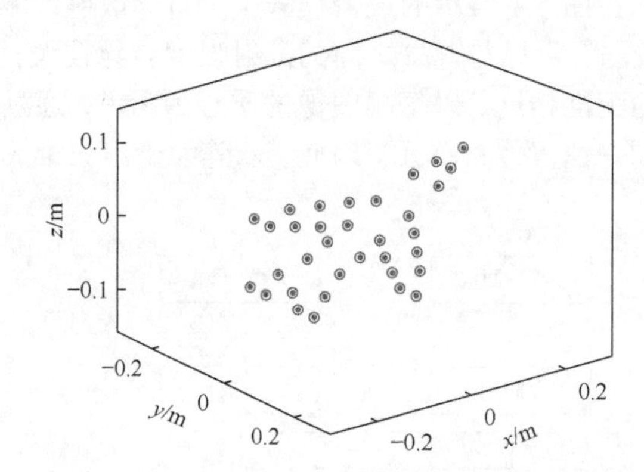

图 5.3 θ_0 =0° 时双阵元干涉三维成像仿真结果

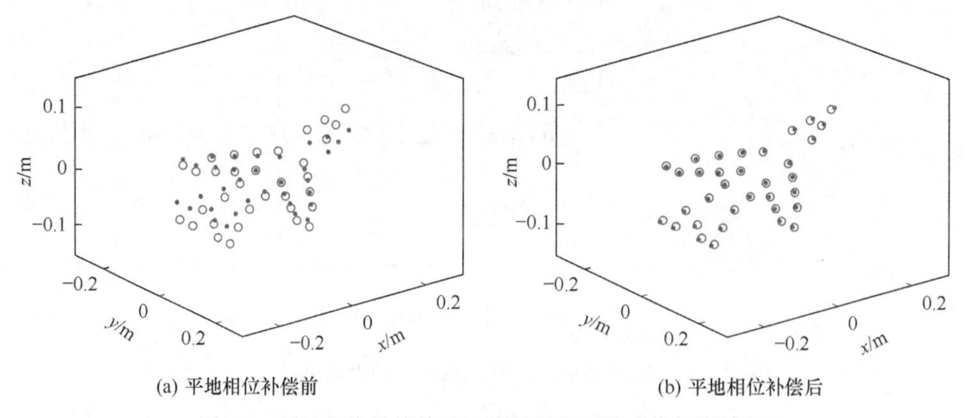

(a) 平地相位补偿前 (b) 平地相位补偿后

图 5.4 平地相位补偿前后双阵元干涉三维成像仿真结果

5.2.3　实验结果与分析

成像实验中，太赫兹雷达系统的一组收发天线 A 距离目标中心 4.2m，高度向分开放置另一接收天线 B，其相距 0.02m，则两天线俯仰向的夹角约为 0.27°。如图 5.5 所示，太赫兹雷达系统与目标所在水平面的俯仰向夹角约为 10°，实验测试目标为包有锡箔纸的飞机模型，实验中飞机模型放置于水平转台上并沿方位向转动，转角范围为 21.6°，角度采样间隔为 0.036°。对天线 A、B 接收到的目标散射回波进行成像，成像结果如图 5.6 所示，图中飞机模型的发动机部位存在较强散射，同时带来了较强的旁瓣。下面对两幅二维图像进行干涉处理，根据式(5.8)计算散射点 z 方向的位置。三维成像实验结果如图 5.7 所示，从图中可以分辨出飞机模型的轮廓。

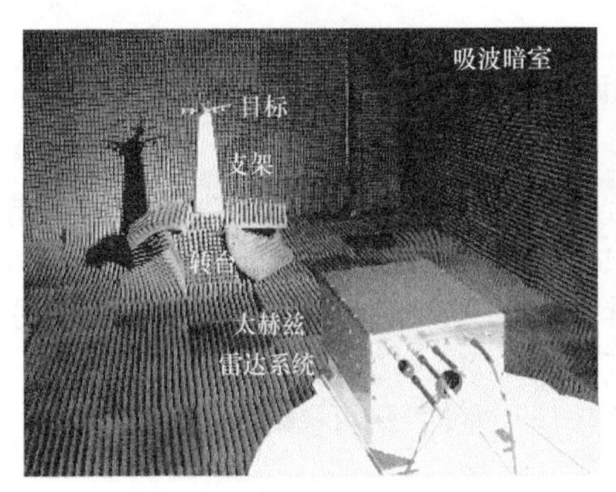

(a) 雷达系统及成像场景　　(b) 飞机模型

图 5.5　双阵元干涉成像实验场景及目标

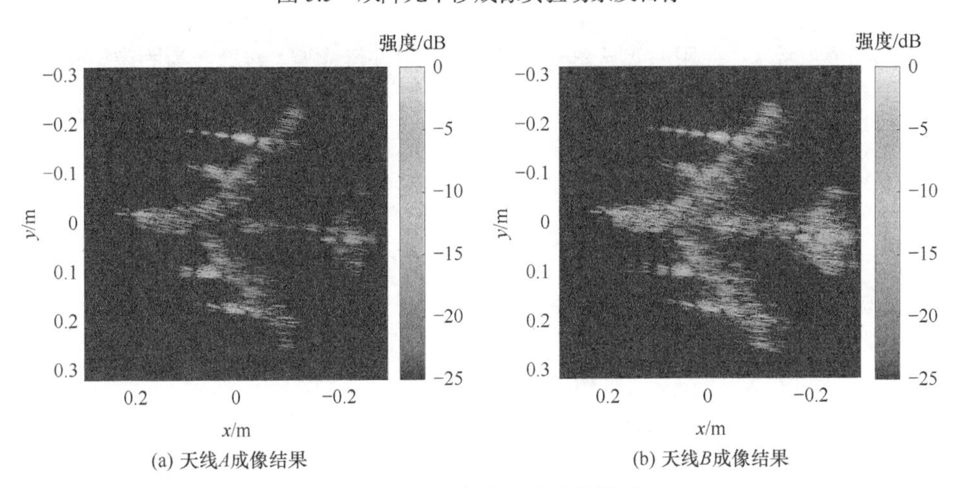

(a) 天线A成像结果　　(b) 天线B成像结果

图 5.6　距离-方位二维成像结果

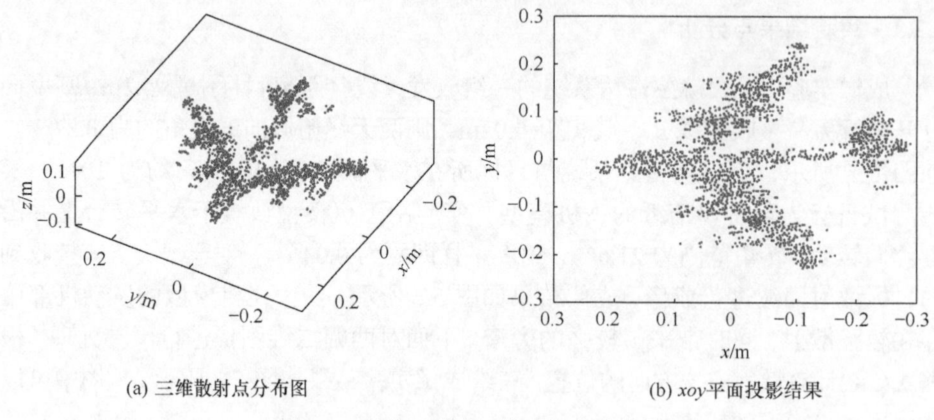

(a) 三维散射点分布图　(b) *xoy*平面投影结果

图 5.7　双阵元干涉三维成像实验结果

5.3　基于双频带联合处理的 L 型基线干涉成像方法

5.2 节中利用高度向的一发两收阵元实现了干涉测高处理，本节在此基础上借鉴传统干涉逆合成孔径雷达(interferometric ISAR，InISAR)成像模型，利用 L 型基线干涉来同时实现二维干涉测量。在太赫兹频段，信号的大带宽优势使得距离向分辨率高于方位向分辨率，本节提出双频带联合处理的方法，将大带宽信号划分为两个频带分别进行干涉处理，既能充分利用大带宽优势，又可提高干涉测量精度。

5.3.1　L 型基线条件下的成像方法

1.L 型基线干涉成像原理

如图 5.8 所示，采用 L 型天线结构[2-4]对目标进行成像，$OXYZ$ 为固定雷达坐标系，天线 O 位于坐标原点，为收发一体天线，另两个天线 M 、N 仅为接收天线，

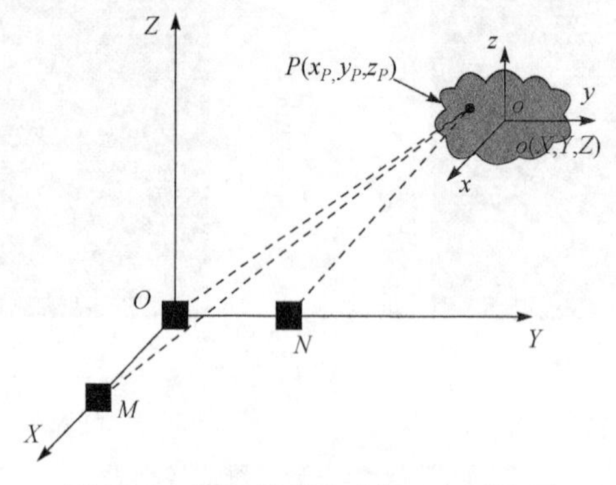

图 5.8　L 型天线干涉成像几何示意图

分别位于 X 轴和 Y 轴上，构成互相垂直的干涉基线，基线长度均为 L，对应的 M、N 天线坐标分别为 $(L,0,0)$ 和 $(0,L,0)$。$oxyz$ 为固定目标坐标系，目标上任意一点 P 在 $oxyz$ 坐标系中的坐标为 (x_P,y_P,z_P)，目标中心 o 在固定雷达坐标系中对应坐标为 (X,Y,Z)，目标中心 o 相对雷达的初始位置坐标为 (X_0,Y_0,Z_0)。

假设雷达天线 O 发射 LFM 信号：

$$s(\hat{t},t_m)=\operatorname{rect}\left(\frac{\hat{t}}{T_{\rm w}}\right)\exp\left[\mathrm{j}2\pi\left(f_{\rm c}t+\frac{1}{2}\gamma\hat{t}^2\right)\right] \tag{5.9}$$

式中，$\operatorname{rect}\left(\frac{\hat{t}}{T_{\rm w}}\right)=\begin{cases}1, & |\hat{t}|\leqslant T_{\rm w}/2\\ 0, & |\hat{t}|>T_{\rm w}/2\end{cases}$；$T_{\rm w}$ 为脉宽；$f_{\rm c}$ 为发射信号中心频率；$\gamma=B_{\rm w}/T_{\rm w}$ 为调频率，$B_{\rm w}$ 为信号带宽；$\hat{t}=t-t_m$ 为快时间；$t_m=mT(m=0,1,2,\cdots,M-1)$ 为慢时间，T 为脉冲重复周期，M 为总脉冲数。

假设回波信号满足停走模型，将天线 O 接收到的 P 点回波信号进行解线频调、包络对齐、初相校正、傅里叶变换等处理后[5,6]，忽略幅度信息，可得到复数域的距离向-方位向二维成像结果：

$$S_O(f,f_m)=\operatorname{sinc}\left[T_{\rm w}\left(f+\frac{2\gamma}{c}R_{\Delta OP0}\right)\right]\operatorname{sinc}\left[T_1\left(f_m+\frac{2V_{OP}}{\lambda}\right)\right]\exp\left(-\mathrm{j}\frac{4\pi}{\lambda}R_{\Delta OP0}\right) \tag{5.10}$$

式中，$R_{\Delta OP0}$ 为初始时刻目标点 P 相对于解线频调参考点的距离；V_{OP} 为目标点 P 相对于雷达的径向速度；T_1 为成像数据录取期间总的相干积累时间；$\lambda=c/f_{\rm c}$ 为信号波长。类似地，分别可得天线 M 和天线 N 接收回波的复数域二维成像结果为

$$\begin{aligned}S_M(f,f_m)=&\operatorname{sinc}\left\{T_{\rm w}\left[f+\frac{\gamma}{c}R_{\Delta OP0}+R_{\Delta MP0}\right]\right\}\operatorname{sinc}\left[T_1\left(f_m+\frac{V_{OP}+V_{MP}}{\lambda}\right)\right]\\&\cdot\exp\left[-\mathrm{j}\frac{2\pi}{\lambda}(R_{\Delta OP0}+R_{\Delta MP0})\right]\end{aligned} \tag{5.11}$$

$$\begin{aligned}S_N(f,f_m)=&\operatorname{sinc}\left\{T_{\rm w}\left[f+\frac{\gamma}{c}(R_{\Delta OP0}+R_{\Delta NP0})\right]\right\}\operatorname{sinc}\left[T_1\left(f_m+\frac{V_{OP}+V_{NP}}{\lambda}\right)\right]\\&\cdot\exp\left[-\mathrm{j}\frac{2\pi}{\lambda}(R_{\Delta OP0}+R_{\Delta NP0})\right]\end{aligned} \tag{5.12}$$

根据式(5.10)～式(5.12)可知，目标点 P 在三幅二维成像结果中的位置是不同的，直接对未配准的成像结果进行共轭相乘，会给干涉相位带来误差，影响最终干涉结果。因此，本节将采用文献[6]中提出的基于相位校正的 InISAR 图像配准方法，该方法在解线频调处理的同时有效补偿了 OM、ON 天线之间的位置差异，

削弱了两天线间的基线去相干效应，使得两天线二维像之间的失配量远远小于传统微波段干涉成像方法(本节简称传统成像方法)，可以忽略不计。

对 OM 、ON 天线得到的成像结果分别进行共轭相乘，可得 P 点处的干涉相位差为

$$\Delta\phi_{OM} = \text{Angle}\left[S_O^*(f,f_m)S_M(f,f_m)\right] = \frac{2\pi}{\lambda}(R_{\Delta OP0} - R_{\Delta MP0}) \stackrel{\text{def}}{=} \frac{2\pi}{\lambda}\Delta R_{OM0} \quad (5.13)$$

$$\Delta\phi_{ON} = \text{Angle}\left[S_O^*(f,f_m)S_N(f,f_m)\right] = \frac{2\pi}{\lambda}(R_{\Delta OP0} - R_{\Delta NP0}) \stackrel{\text{def}}{=} \frac{2\pi}{\lambda}\Delta R_{ON0} \quad (5.14)$$

根据目标与雷达间的几何关系，可以解算出散射点 P 在 x 轴和 y 轴方向的坐标为[7,8]

$$x = \frac{\lambda R_0 \Delta\phi_{OM}}{2\pi L} \quad (5.15)$$

$$y = \frac{\lambda R_0 \Delta\phi_{ON}}{2\pi L} \quad (5.16)$$

散射点 P 在 z 轴方向的坐标可通过对应距离向解算，最终可获得目标的干涉三维成像结果。

2. 基于双频带联合处理的成像方法

为提高太赫兹频段 L 型基线干涉成像的精度，本节提出一种基于双频带联合处理的成像方法，处理流程如图 5.9 所示。首先将各雷达天线回波信号在快时间域分为两部分，每部分信号带宽仅为发射信号带宽的 1/2，对各部分回波信号分别按 5.3.1 节第 1 部分描述的传统成像方法进行三维成像，然后对两幅三维成像进行综合比较分析，判断并去除冗余点和坏点，即可得到最终的三维成像结果。

对于合成孔径成像，太赫兹雷达发射的大带宽信号通常能实现毫米级的距离向分辨率。举例来说，假设太赫兹雷达发射信号中心频率为 330GHz，带宽为 20GHz，距离向分辨率为 7.5mm，则按划分双频的方式，每一部分信号带宽为 10GHz，距离向分辨率达 1.5cm。因此，仅利用回波信号带宽的 1/2 也可得到厘米级的距离向分辨率，最终获得高分辨的二维成像结果，满足干涉三维成像的分辨率要求。

下面对基于双频带联合处理的太赫兹干涉三维成像方法进行理论推导，将天线 O 、M 、N 接收到的回波分为两个频率范围，即 $f_1 \in (f_c - B_w/2, f_c)$ 、$f_2 \in (f_c, f_c + B_w/2)$，对应波长分别为 $\lambda_1 = c/f_{c1} = c/(f_c - B_w/4)$ 、$\lambda_2 = c/f_{c2} = c/(f_c + B_w/4)$，其中 f_{c1}、f_{c2} 为对应频率范围的中心频率。根据式(5.10)，由天线 O 接收回波得到的两幅复数域二维成像分别为

$$
\begin{aligned}
S_{O1}(f_1,f_m)&=\operatorname{sinc}\left[\frac{T_{\mathrm{p}}}{2}\left(f_1+\frac{2\gamma}{c}R_{\Delta OP0}\right)\right]\operatorname{sinc}\left[T_1\left(f_m+\frac{2V_{OP}}{\lambda_1}\right)\right]\exp\left(-\mathrm{j}\frac{4\pi}{\lambda_1}R_{\Delta OP0}\right)\\
S_{O2}(f_2,f_m)&=\operatorname{sinc}\left[\frac{T_{\mathrm{p}}}{2}\left(f_2+\frac{2\gamma}{c}R_{\Delta OP0}\right)\right]\operatorname{sinc}\left[T_1\left(f_m+\frac{2V_{OP}}{\lambda_2}\right)\right]\exp\left(-\mathrm{j}\frac{4\pi}{\lambda_2}R_{\Delta OP0}\right)
\end{aligned}
\tag{5.17}
$$

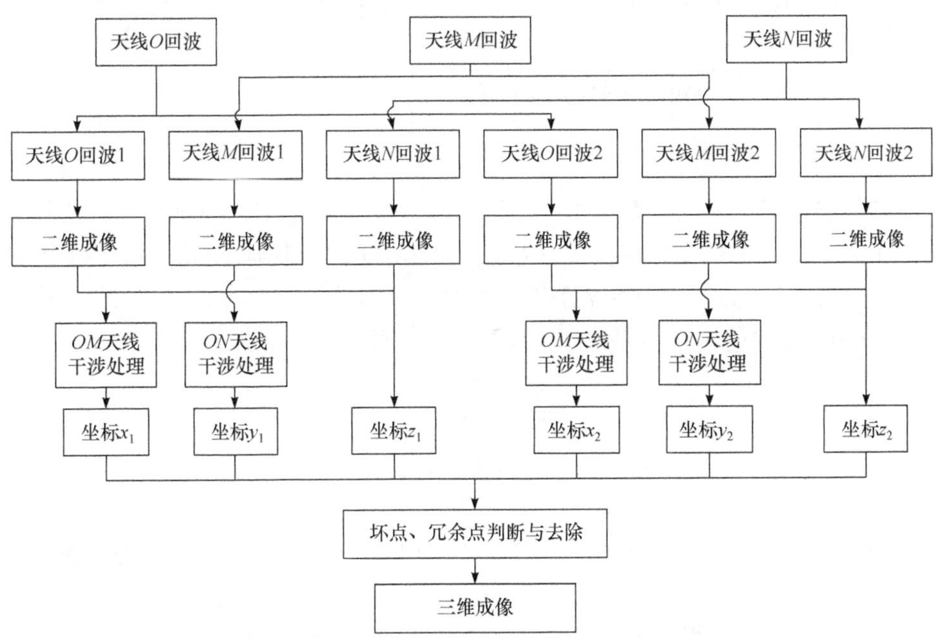

图 5.9　基于双频带联合处理的成像方法处理流程

类似地，根据式(5.11)和式(5.12)，由天线 M 和天线 N 接收回波得到的复数域二维成像结果分别为

$$
\begin{cases}
S_{M1}(f_1,f_m)=\operatorname{sinc}\left\{\dfrac{T_{\mathrm{p}}}{2}\left[f_1+\dfrac{\gamma}{c}(R_{\Delta OP0}+R_{\Delta MP0})\right]\right\}\operatorname{sinc}\left[T_1\left(f_m+\dfrac{V_{OP}+V_{MP}}{\lambda_1}\right)\right]\\
\qquad\cdot\exp\left[-\mathrm{j}\dfrac{2\pi}{\lambda_1}(R_{\Delta OP0}+R_{\Delta MP0})\right]\\
S_{M2}(f_2,f_m)=\operatorname{sinc}\left\{\dfrac{T_{\mathrm{p}}}{2}\left[f_2+\dfrac{\gamma}{c}(R_{\Delta OP0}+R_{\Delta MP0})\right]\right\}\operatorname{sinc}\left[T_1\left(f_m+\dfrac{V_{OP}+V_{MP}}{\lambda_2}\right)\right]\\
\qquad\cdot\exp\left[-\mathrm{j}\dfrac{2\pi}{\lambda_2}(R_{\Delta OP0}+R_{\Delta MP0})\right]
\end{cases}
\tag{5.18}
$$

$$\begin{cases} S_{N1}(f_1,f_m)=\operatorname{sinc}\left\{\dfrac{T_{\rm p}}{2}\left[f_1+\dfrac{\gamma}{c}(R_{\Delta OP0}+R_{\Delta NP0})\right]\right\}\operatorname{sinc}\left[T_1\left(f_m+\dfrac{V_{OP}+V_{NP}}{\lambda_1}\right)\right] \\ \qquad\qquad \cdot\exp\left[-{\rm j}\dfrac{2\pi}{\lambda_1}(R_{\Delta OP0}+R_{\Delta NP0})\right] \\ S_{N2}(f_2,f_m)=\operatorname{sinc}\left\{\dfrac{T_{\rm p}}{2}\left[f_2+\dfrac{\gamma}{c}(R_{\Delta OP0}+R_{\Delta NP0})\right]\right\}\operatorname{sinc}\left[T_1\left(f_m+\dfrac{V_{OP}+V_{NP}}{\lambda_2}\right)\right] \\ \qquad\qquad \cdot\exp\left[-{\rm j}\dfrac{2\pi}{\lambda_2}(R_{\Delta OP0}+R_{\Delta NP0})\right] \end{cases} \tag{5.19}$$

对频率范围 $f_1 \in (f_{\rm c}-B_{\rm w}/2, f_{\rm c})$ 回波得到的三幅复数域二维成像进行干涉处理，根据式(5.13)和式(5.14)，$S_{O1}(f_1,f_m)$ 和 $S_{M1}(f_1,f_m)$ 共轭相乘得到干涉相位 $\Delta\phi_{OM1}$，$S_{O1}(f_1,f_m)$ 和 $S_{N1}(f_1,f_m)$ 共轭相乘得到干涉相位 $\Delta\phi_{ON1}$。因此，基于式(5.15)和式(5.16)，可得 P 点在 x 轴和 y 轴方向的坐标分别为

$$x_1=\frac{\lambda_1 R_0 \Delta\phi_{OM1}}{2\pi L} \tag{5.20}$$

$$y_1=\frac{\lambda_1 R_0 \Delta\phi_{ON1}}{2\pi L} \tag{5.21}$$

同样，对频率范围 $f_2 \in (f_{\rm c}, f_{\rm c}+B_{\rm w}/2)$ 回波得到的三幅复数域二维成像进行干涉处理，$S_{O2}(f_2,f_m)$ 和 $S_{M2}(f_2,f_m)$ 共轭相乘得到干涉相位 $\Delta\phi_{OM2}$，$S_{O2}(f_2,f_m)$ 和 $S_{N2}(f_2,f_m)$ 共轭相乘得到干涉相位 $\Delta\phi_{ON2}$，P 点在 x 轴和 y 轴方向的坐标分别为

$$x_2=\frac{\lambda_2 R_0 \Delta\phi_{OM2}}{2\pi L} \tag{5.22}$$

$$y_2=\frac{\lambda_2 R_0 \Delta\phi_{ON2}}{2\pi L} \tag{5.23}$$

对获得的三维坐标 (x_1,y_1,z_1) 和 (x_2,y_2,z_2) 进行综合比较分析，若相邻点坐标距离小于门限 $d_{\min}$，则认为产生了冗余点，求得相邻坐标的平均值作为新的坐标值；若某点坐标与原点距离大于 $d_{\max}$，则认为该点是误差较大的坏点，将其从成像结果中剔除。

3. 成像误差理论分析

根据式(5.15)和式(5.16)，对于固定的基线 L，目标二维坐标 (x,y) 的测量精度取决于相位测量精度，相位测量精度由系统误差、测量噪声等因素决定，因此可将测量相位与真实相位的关系建模为

$$\hat{\phi} = \phi + n_{\phi}, \quad n_{\phi} \sim N(0, \sigma^2) \tag{5.24}$$

式中，参数 σ 决定了相位测量精度，系统误差和噪声越小，σ 也越小，相位测量精度越高。

对于给定的测量系统和噪声水平，由式(5.15)可得，目标坐标的测量值 $\hat{x}$ 与理论值 x 满足

$$\hat{x} = x + n_x, \quad n_x \sim N\left(0, \frac{\lambda^2 R_0^2 \sigma^2}{4\pi^2 L^2}\right) \tag{5.25}$$

当采用双频带联合处理的成像方法时，双频雷达回波是相互独立的，因此由相邻的三维坐标 (x_1, y_1, z_1) 和 (x_2, y_2, z_2) 求得的坐标平均值满足

$$\hat{x}_n = x + n_x^n, \quad n_x^n \sim N\left(0, \frac{\lambda_1^2 + \lambda_2^2}{4} \cdot \frac{R_0^2 \sigma^2}{4\pi^2 L^2}\right) \tag{5.26}$$

目前人们在太赫兹干涉三维成像方面的研究较少，因此这里将本节成像方法与传统成像方法进行对比。对于给定的同一系统，传统成像方法求得的目标坐标值满足

$$\hat{x}_o = x + n_x^o, \quad n_x^o \sim N\left(0, \frac{\lambda^2 R_0^2 \sigma^2}{4\pi^2 L^2}\right) \tag{5.27}$$

本节成像方法与传统成像方法获得的坐标值方差分别为

$$\sigma_n = \frac{\lambda_1^2 + \lambda_2^2}{4} \cdot \frac{R_0^2 \sigma^2}{4\pi^2 L^2} = \frac{c^2 R_0^2 \sigma^2}{4\pi^2 L^2} \cdot \frac{f_{c1}^2 + f_{c2}^2}{4 f_{c1}^2 f_{c2}^2} \tag{5.28}$$

$$\sigma_o = \frac{\lambda^2 R_0^2 \sigma^2}{4\pi^2 L^2} = \frac{c^2 R_0^2 \sigma^2}{4\pi^2 L^2} \cdot \frac{4}{(f_{c1} + f_{c2})^2} \tag{5.29}$$

推导可知

$$\sigma_n < \sigma_o \tag{5.30}$$

即本节成像方法精度高于传统成像方法。

5.3.2 仿真结果与分析

按照图 5.8 所示的 L 型天线干涉结构，对本节成像方法进行成像仿真验证。仿真目标采用由 35 个散射点组成的三维飞机模型，如图 5.10 所示，成像仿真参数设置如表 5.1 所示。

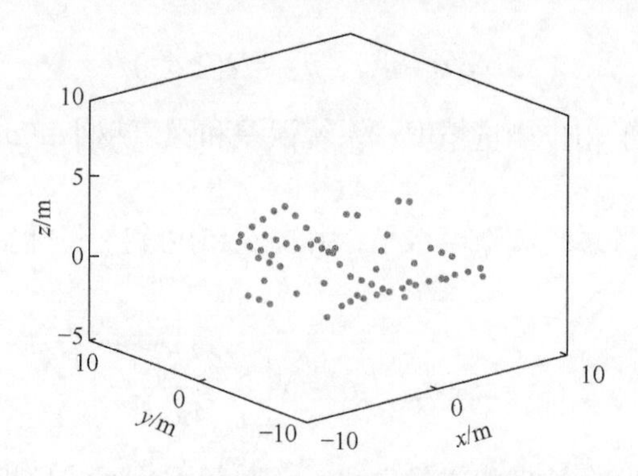

图 5.10　飞机三维散射中心模型

表 5.1　双频带联合处理干涉三维成像仿真参数

参数	数值
干涉基线长度	1m
中心频率	330GHz
信号带宽	20GHz
脉冲重复频率	2kHz
脉宽	400μs
采样率	30MHz
成像积累时长	0.6s
目标运动速度	(300m/s,0m/s,0m/s)
目标初始位置坐标	(0km,50km,10km)

根据式(5.17)和式(5.18)，目标最大尺寸不超过 10m，OM 天线对距离向和方位-多普勒向的失配量分别为[6]

$$n_x' = \frac{B}{c}\left[\frac{2L(X_0 + x_P) - L^2}{R_{OP} + R_{MP}} - \frac{2LX_0 - L^2}{R_{Oo} + R_{Mo}}\right] \approx 0.013 < 1 \tag{5.31}$$

$$m_x' = \frac{1}{\lambda}\left(\frac{2LV_X T_1}{R_{OP} + R_{MP}} - \frac{2LV_X T_1}{R_{Oo} + R_{Mo}}\right) \approx 1\times10^{-7} \ll 1 \tag{5.32}$$

因此，OM 天线得到的 ISAR 像在距离向和多普勒向的偏差均小于一个分辨单元，由此带来的图像失配的影响可以忽略，实际处理中可不进行图像配准。

根据式(5.20)和式(5.22)，以目标模型中散射点(7,–3,0)为例，初始时刻天线 O 和天线 M 之间的相位差为

$$\Delta\varphi_{OM1}=\frac{2\pi Lx_1}{\lambda_1 R_0}=0.27<\pi \tag{5.33}$$

$$\Delta\varphi_{OM2}=\frac{2\pi Lx_1}{\lambda_2 R_0}=0.28<\pi \tag{5.34}$$

考虑天线 M 和天线 N 之间的对称关系，天线 O 和天线 N 之间的相位差也满足 $\Delta\varphi_{ON1}<\pi$ 、 $\Delta\varphi_{ON2}<\pi$ [3]，因此干涉处理时不会产生相位模糊的现象，不需要进行相位解缠。根据图 5.9 所示的处理流程，本节提出的基于双频带联合处理的 InISAR 成像方法首先需要将雷达回波分为两部分，因此本节仿真时仅考虑在雷达回波信号中添加噪声，这里的信噪比[9]均指雷达回波信号功率与噪声功率的比值。

1. 成像仿真结果

根据 5.3.1 节中的基于双频带联合处理的太赫兹 InISAR 成像方法，可获得如图 5.11 所示的雷达回波不添加噪声时飞机模型的三维重建结果。其中，联合处理判断门限根据目标散射点模型的尺寸和间距设置，$d_{\min}=0.5\text{m}$ 、$d_{\max}=10\text{m}$ 。需要说明的是，由于目前对太赫兹 InISAR 成像方法的研究较少，这里仅给出本节成像方法与传统成像方法的对比。图 5.12 为雷达回波不添加噪声时传统 L 型天线干涉三维成像结果，图中目标散射点模型理论位置以空心圆圈表示，仿真成像结果以实心点表示，错误估计点以空心方框指示，采用目标散射点仿真结果与理论值欧氏距离的 RMSE 来衡量成像精度。从图 5.11 中可以看出，本节成像方法能够准确、有效地重建目标散射点的三维位置，反映出了目标真实三维散射点的分布情况，RMSE 为 0.12。从图 5.12 中可以看出，传统成像方法成像结果中包含一个空缺点和一个错误估计点，RMSE 为 0.13。因此，本节成像方法的三维成像效果优于传统成像方法。

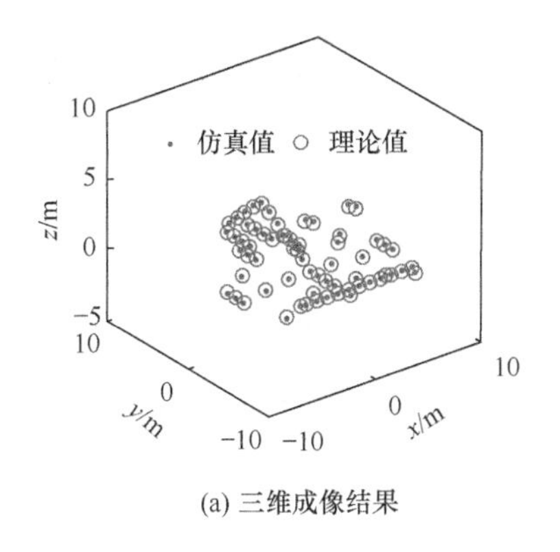

(a) 三维成像结果

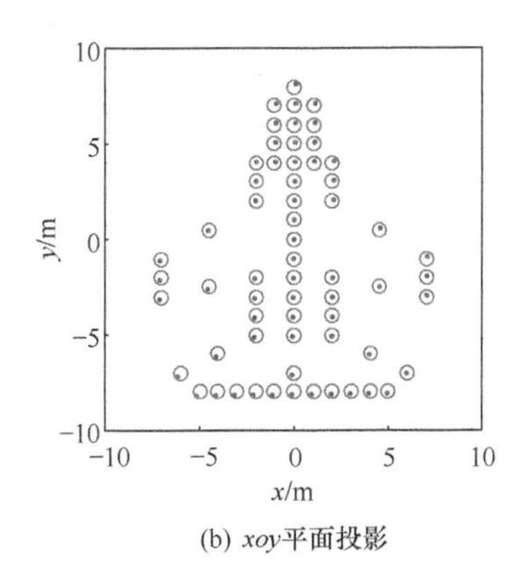

(b) xoy平面投影

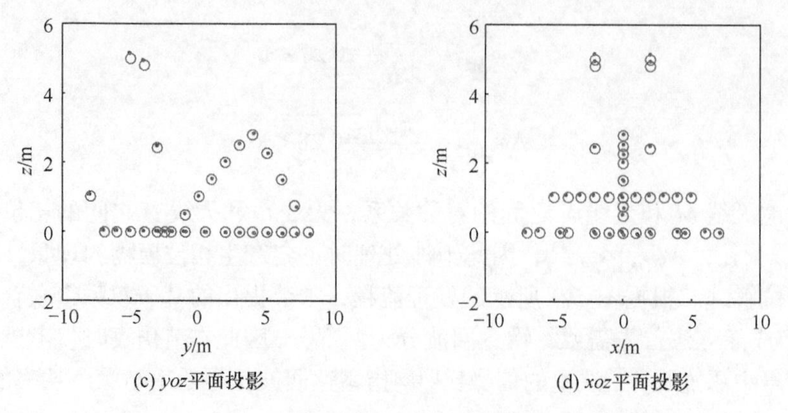

(c) yoz平面投影　(d) xoz平面投影

图 5.11　基于双频带联合处理的成像方法三维成像结果

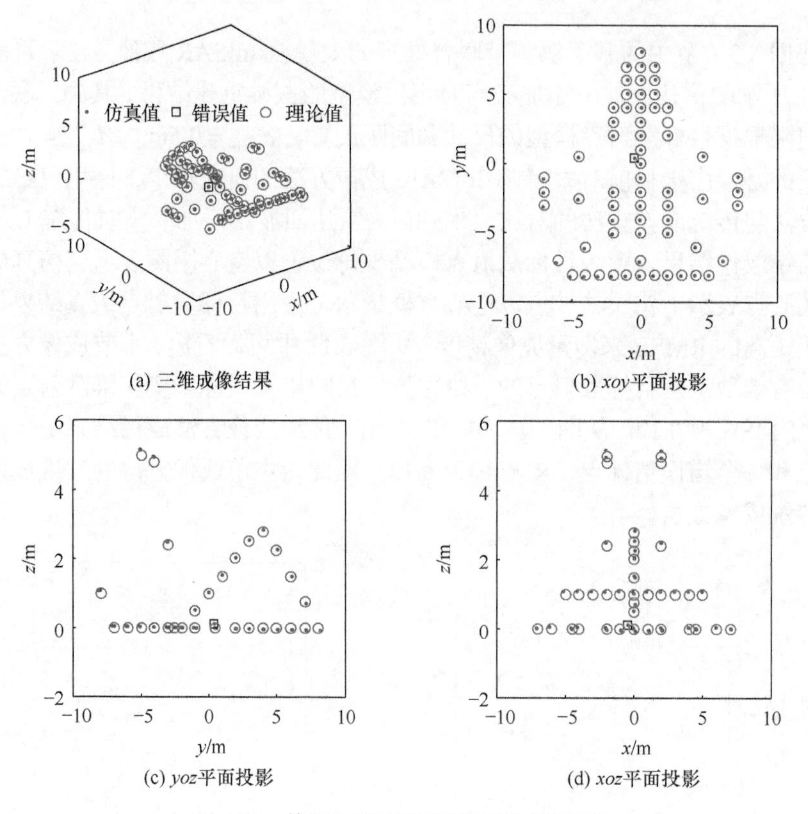

(a) 三维成像结果　(b) xoy平面投影

(c) yoz平面投影　(d) xoz平面投影

图 5.12　传统 L 型天线干涉三维成像结果

2. 不同信噪比条件下误差分析

这里对不同信噪比[9]的雷达回波信号分别进行了 100 次 InISAR 成像实验，图 5.13 (a)是目标散射点仿真结果与理论值欧氏距离的 RMSE 曲线，图 5.13 (b)是

InISAR 三维成像结果中错误估计点数量。从图 5.13 中可以看出，本节成像方法成像结果的 RMSE 小于传统成像方法成像结果的 RMSE，验证了式(5.30)中的结论，同时，错误估计点的数量也小于传统成像方法。因此，本节成像方法通过对双频条件下两组成像结果的分析判断，有效提升了三维成像精度。

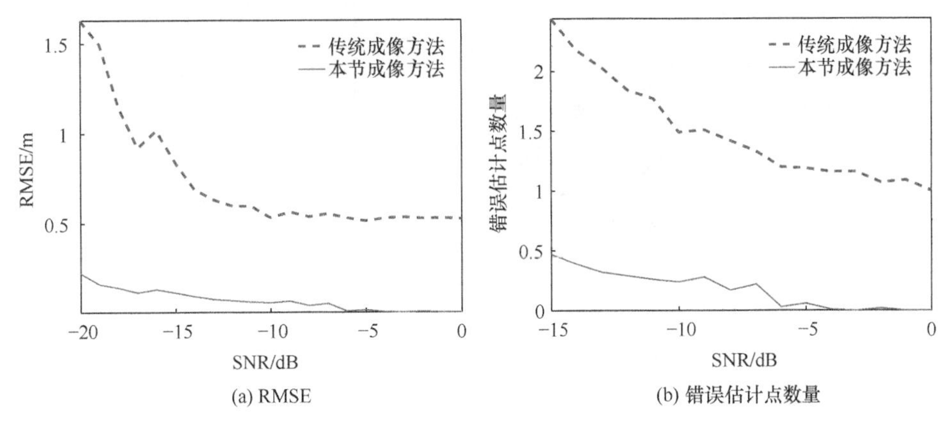

图 5.13　不同成像方法误差比较结果

因此，相比于传统成像方法，本节提出把天线回波信号在快时间域分为两部分，对每部分回波信号分别进行 InISAR 成像，然后对两部分成像结果进行综合分析，得到最终三维成像结果。相比于传统成像方法，本节提出的基于双频带联合处理的成像方法能准确地重建出目标散射点的三维坐标，理论分析及仿真实验均表明本节成像方法能有效提高成像精度。

5.4　基于多阵元干涉的面目标成像方法

根据干涉测量原理，干涉基线越长，即双阵元视线夹角 $\Delta\theta$ 越大，干涉测量精度越高，但是 $\Delta\theta$ 越大，干涉相位缠绕程度越严重，相位解缠的难度也越大。为降低解缠处理难度，本节提出多阵元干涉的面目标成像方法，提高干涉测量精度，并对太赫兹频段干涉成像特有的背景去除问题进行深入研究。

5.4.1　成像模型

图 5.14 为多天线干涉成像模型，其中 $oxyz$ 为固定目标坐标系，o 为面目标中心，N 个自发自收天线 $A_0, A_1, \cdots, A_{N-1}$ 均位于 yoz 平面内，在不同俯仰角下对目标进行观测，相邻天线的观测俯仰角间隔为 $\Delta\theta$，天线 A_0 与 xoy 平面的夹角为 θ_0，每个天线与目标中心 o 的距离均相等，为 R_0。$P(x,y,z)$ 为目标表面上一点，对雷达天线接收到的目标回波用各自天线采集的目标中心点回波作为参考信号进行校

正，因此散射点 $P(x,y,z)$ 的波数域回波可以表示为

$$s_n(k,\varphi)=\sigma\cdot\exp[-\mathrm{j}2k(R_{A_nP}-R_0)] \tag{5.35}$$

式中，R_{A_nP} 为天线 A_n（$n=1,2,\cdots,N-1$）与散射点 P 之间的距离。

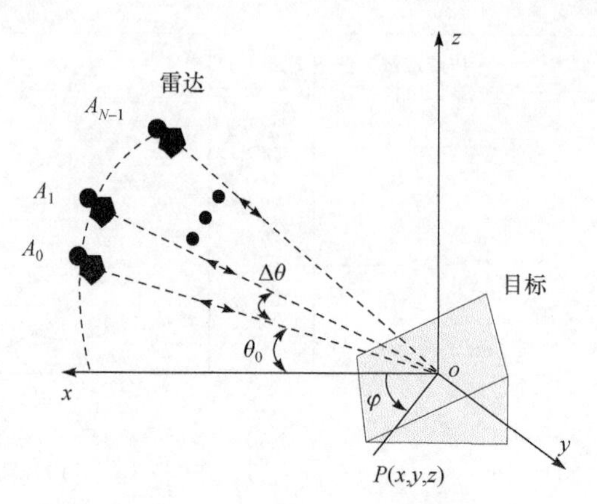

图 5.14　多天线干涉成像模型

雷达成像时，目标绕 oz 轴旋转，转角 $\varphi\in[-\Delta\varphi/2,\Delta\varphi/2]$，中心角为 0°。假设天线 A_n 的二维成像结果为 $I_n(x,y)$，对天线 A_0、A_n 得到的成像结果做干涉处理，可得散射点 P 对应的相位差为

$$\phi_{A_0A_n}=\mathrm{Angle}[I_0(x,y)\cdot I_n^*(x,y)]=-2k(R_{A_0P}-R_{A_nP}) \tag{5.36}$$

远场条件下，N 个天线的方位观测角始终保持一致，式(5.36)中的天线 A_0、A_n 与散射点 $P(x,y,z)$ 之间的波程差为

$$R_{A_0P}-R_{A_nP}\approx x\sin\theta_0\sin(n\Delta\theta)-z\cos\theta_0\sin(n\Delta\theta) \tag{5.37}$$

式(5.36)中相位差改写为

$$\phi_{A_0A_n}=2k\left(z\cos\theta_0-x\sin\theta_0\right)\sin(n\Delta\theta) \tag{5.38}$$

由天线 A_0、A_n 位置差带来的平地相位表示为

$$\phi_{f,A_0A_n}=-2kx\sin\theta_0\sin(n\Delta\theta) \tag{5.39}$$

在进行传统干涉成像处理时，当式(5.38)中的相位发生缠绕时，对天线 A_0、A_n 的干涉相位解缠后可求得散射点 P 的坐标 z 为

$$z=\frac{\mathrm{unwrap}[\phi_{A_0A_n}]-\phi_{f,A_0A_n}}{2k\cos\theta_0\sin(n\Delta\theta)} \tag{5.40}$$

式中，unwrap[·]表示相位解缠。结合二维成像结果得到的散射点 x、y 坐标，可重建得到散射点的三维坐标，实现目标三维成像。

5.4.2　多阵元干涉三维成像方法

传统干涉成像处理中，在一定角度范围内，根据式(5.40)，两天线观测俯仰角间隔越大，由干涉相位得到的散射点高度的精度越高[1]，当采用图 5.14 所示多天线干涉成像时，由俯仰角间隔为 $(N-1)\Delta\theta$ 的天线 A_0 、A_{N-1} 干涉获得的散射点高度的精度最高，但干涉相位 $\phi_{A_0A_{N-1}}$ 的解缠处理是一个难题，且会给干涉测量带来一定误差。因此，为充分利用 N 个天线的回波信息，本节提出多阵元干涉三维成像方法，与传统成像方法不同，本节针对太赫兹频段面目标的成像特性，构建连续封闭的目标区域窗函数，去除背景信息，同时利用天线 $A_1 \sim A_{N-1}$ 与天线 A_0 的干涉相位实现相位解缠的序贯处理，提高干涉测量精度。

1. 背景去除方法

在图 5.14 所示的侧视模式下，面目标上的各点散射强度不一致，且漫反射、多次散射带来的叠加或相消，使得面目标的成像结果中出现强弱散射点，若单纯地对图像采用幅度阈值二值化处理，则提取出的目标区域将包含很多空洞，连通性和完整性较差，对后续干涉相位提取和坐标求解带来误差。

本节针对面目标的干涉处理提出一种新的背景去除方法，利用图像处理的相关理论，对 N 个俯仰角下获得的二维图像进行循环处理，最终获得一个统一的目标区域窗函数。具体实施步骤如图 5.15 所示。

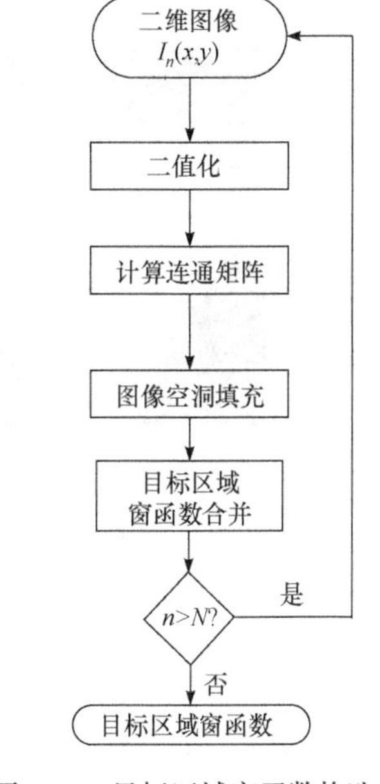

图 5.15　目标区域窗函数构造方法

(1) 对二维图像 $I_n(x,y)$ 进行二值化处理。对幅度图像进行归一化处理，设定幅度阈值 μ ，图像中幅度大于阈值的设置为 1，小于阈值的设置为 0，初步区分图像中的目标和背景。

(2) 求解图像的最小连通矩阵。对于二维图像，图像处理中通常采用四连通矩阵，矩阵形式为

$$\mathbf{LT}_4 = \begin{bmatrix} 0 & 1 & 0 \\ 1 & 1 & 1 \\ 0 & 1 & 0 \end{bmatrix} \tag{5.41}$$

(3) 填充二值化图像中的空洞区域。基于式(5.41)所示的最小连通矩阵，利用图像形态学的理论对图像中的空洞区域进行填充，得到完整且连通的目标区域。

(4) 对目标区域函数进行合并，若 $n<N$ ，则重复上述步骤，最后构造出一个

统一的目标区域窗函数。

仿真实验中，由多个俯仰角观测下的面目标二维成像结果构造目标区域窗函数。不同视角下的目标区域窗函数结果如图 5.16 所示，图中白色区域值为 1，黑色区域值为 0，图 5.16 (a)为二值化处理得到的窗函数结果，包含较多空洞和不连续部分，且目标姿态变化后的窗函数连通性更差，图 5.16 (b)为本节背景去除方法构造的目标区域窗函数，中间部分无空洞，均连通在一起，仅在目标边缘处存在一些缺口，且能适应目标姿态的变化，连续的目标区域窗函数可增强后续干涉三维成像结果的可视化程度。

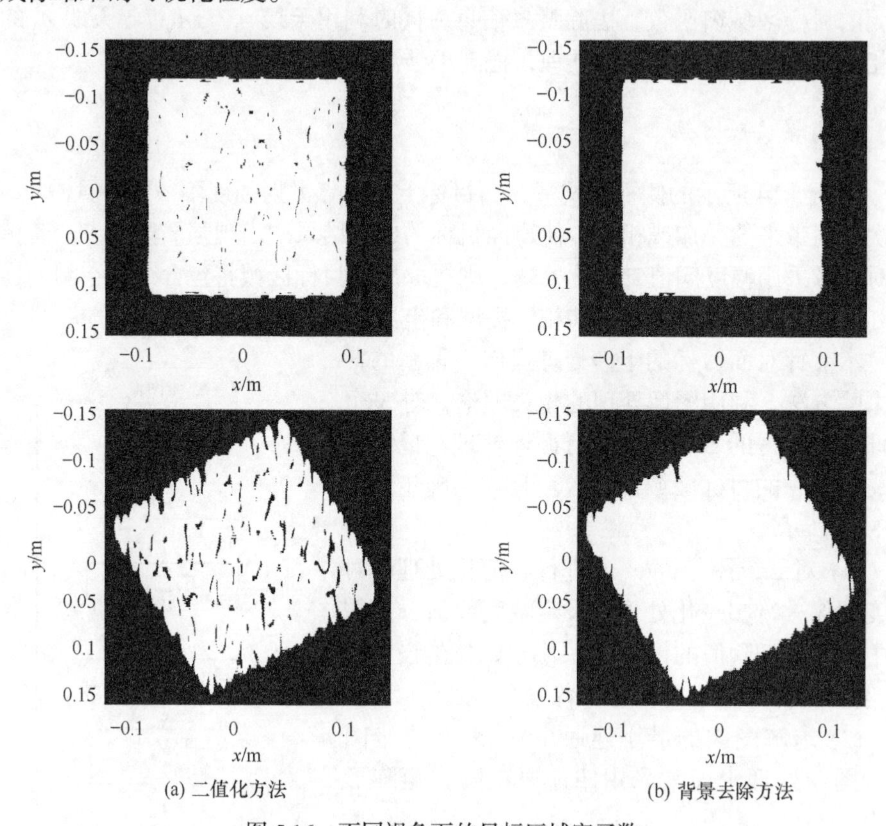

(a) 二值化方法　　(b) 背景去除方法

图 5.16　不同视角下的目标区域窗函数

2. 相位解缠方法

系统噪声、天线方向图的不一致性等因素的影响，导致两幅二维图像 $I_0(x,y)$、$I_n(x,y)$ 之间并不完全相干，从而使得干涉相位图上存在随机分布的噪声，这些噪声干扰会给后续相位解缠、高度估计带来严重误差，因此必须对干涉相位图进行降噪处理，即相位滤波。假设粗糙目标表面的高度起伏变化较平缓，且相邻像素点的相位间相关性较强，相位噪声是统计独立分布的，因而本节采用常用的均值滤波方法[1,10,11]，$\phi(x,y)$ 为干涉相位图中的二维相位分布，定义矩形滤波窗口大小为 $(2P+1)\times(2Q+1)$，对窗口中心点相位进行滤波，则滤波后的相位值为

$$\tilde{\phi}(x,y)=\mathrm{Angle}[\tilde{f}(x,y)]+\frac{1}{(2P+1)\times(2Q+1)}\sum_{p=-P}^{P}\sum_{q=-Q}^{Q}\mathrm{Angle}\left\{\frac{\exp[\mathrm{j}\phi(x+p,y+q)]}{\tilde{f}(x,y)}\right\} \tag{5.42}$$

式中，$\phi(x+p,y+q)$ 为滤波窗口中各点的相位值；$\exp[\mathrm{j}\phi(x+p,y+q)]$ 为各点相位值对应的复数形式表示的单位向量；平均方向向量 $\tilde{f}(x,y)$ 为滤波窗口内各相位向量之和，其表达式为

$$\tilde{f}(x,y)=\sum_{p=-P}^{P}\sum_{q=-Q}^{Q}\exp[\mathrm{j}\phi(x+p,y+q)] \tag{5.43}$$

相位均值滤波计算滤波窗口内各像素与平均方向向量的相位差均值，将相位差均值与平均方向向量的和作为滤波后的相位值，既能达到相位平滑的目的，又能保持缠绕相位本身跳变的特性，后续相位解缠中假设所有干涉相位已进行相位滤波处理。

当 N 个天线以不同俯仰角观测同一目标时，相应二维成像结果的相干性会随角度间隔的变大而降低，为保证所有二维成像结果之间的相干性，总的俯仰角间隔 $(N-1)\Delta\theta$ 的取值通常较小，则 $\sin(n\Delta\theta)\approx n\Delta\theta$ 成立，将 $\phi_{A_0A_n}$ 简写为 $\phi(n)$，式(5.38)中的干涉相位表达式可改写为

$$\phi(n)\approx 2kn\Delta\theta(z\cos\theta_0-x\sin\theta_0) \tag{5.44}$$

式中，$n=1,2,\cdots,N-1$。由统计信号处理的相关知识可知，式(5.44)满足线性信号模型形式，可求得 z 的最小二乘(least squares，LS)估计量为[12]

$$\hat{z}(N)=\frac{\sum_{n=1}^{N-1}n\cdot\mathrm{unwrap}[\phi(n)]}{2k\Delta\theta\cos\theta_0\sum_{n=1}^{N-1}n^2}+x\tan\theta_0 \tag{5.45}$$

式中，$x\tan\theta_0$ 为平地相位补偿项。

由序贯最小二乘估计的基本原理可知，当已经由 $[\phi(1),\ \phi(2),\ \cdots,\ \phi(N-2)]$ 得到估计值 $\hat{z}(N-1)$ 时，如果要获得新的观测量 $\phi(N-1)$，那么可不必按式(5.45)中方程求和更新估计量 $\hat{z}$，而是采用递推方式进行求解，首先，定义递推变量[13]为

$$\begin{cases} A(N) = \sum_{n=1}^{N-1} n \cdot \text{unwrap}\left[\phi(n)\right] \\ B(N) = \sum_{n=1}^{N-1} n^2 \end{cases} \tag{5.46}$$

随之，式(5.45)可表示为

$$\hat{z}(N) = \frac{A(N)}{2k\Delta\theta\cos\theta_0 B(N)} + x\tan\theta_0 \tag{5.47}$$

相应地，$A(N)$、$B(N)$ 的递推表达式为

$$\begin{cases} A(N) = A(N-1) + (N-1) \cdot \text{unwrap}\left[\phi(N-1)\right] \\ B(N) = B(N-1) + (N-1)^2 \end{cases} \tag{5.48}$$

由 $A(N-1)$ 递推求解 $A(N)$ 的关键在于 $\text{unwrap}\left[\phi(N-1)\right]$ 的计算，即对相位 $\phi(N-1)$ 的解缠。假设 $\phi(N)$ 表示缠绕的干涉相位，$\text{unwrap}\left[\phi(N)\right]$ 表示解缠后的干涉相位，则由相位解缠原理可知，两者存在如下关系：

$$\text{unwrap}\left[\phi(N)\right] = \phi(N) + 2\pi \cdot \text{INT}\left[\frac{\text{unwrap}\left[\phi(N)\right] - \phi(N)}{2\pi}\right] \tag{5.49}$$

式中，$\text{INT}[\cdot]$ 表示取整操作。从 5.4.1 节中可知，利用式(5.40)直接求解估计量 $\hat{z}$ 为

$$\hat{z}(N) = \frac{\text{unwrap}\left[\phi(N)\right]}{2kN\Delta\theta\cos\theta_0} + x\tan\theta_0 \tag{5.50}$$

根据式(5.47)和式(5.50)可得 $\text{unwrap}\left[\phi(N)\right]$ 的粗估计值为

$$\text{unwrap}\left[\phi(N)\right] = \frac{N \cdot A(N)}{B(N)} \tag{5.51}$$

将式(5.51)代入式(5.49)可得 $\text{unwrap}\left[\phi(N)\right]$ 的递推求解表达式为

$$\text{unwrap}\left[\phi(N)\right] = \phi(N) + 2\pi \cdot \text{INT}\left[\frac{N \cdot A(N) / B(N) - \phi(N)}{2\pi}\right] \tag{5.52}$$

从上述推导中可以看出，$\text{unwrap}\left[\phi(N)\right]$ 的求解不需要直接对相位进行解缠，而是采用递推方式，观测量的增多可提高相位估计精度。

本节提出的多阵元干涉三维成像方法的具体流程如下：

(1) 二维成像。对 N 个天线 $A_0, A_1, \cdots, A_{N-1}$ 的回波采用传统 CBP 成像方法获得二维成像结果。

(2) 图像配准。以图像的质心为参考，通过图像移位保证每幅图像的质心在同一位置，实现亚像素级配准。

(3) 加窗处理。采用图 5.15 描述的背景去除方法构造目标区域窗函数，对所

有二维成像结果进行加窗处理。

(4) 相位解缠。

输入：$n=1$，$I_0(x,y)$，$I_n(x,y)$，$A(0)=B(0)=0$。

① 求解干涉相位 $\phi(n)=\text{Angle}[I_0(x,y)\cdot I_n^*(x,y)]$，$\phi(n)$ 为缠绕的干涉相位；

② 对相位进行滤波，根据式(5.42)选用均值滤波法；

③ 根据式(5.48)由 $A(n-1)$、$B(n-1)$ 求解 $A(n)$、$B(n)$；

④ 根据式(5.52)求解 $\text{unwrap}\left[\phi(n)\right]$，当 $n<N$ 时，$n=n+1$，返回①，否则迭代结束。

(5) 散射点高度求解。求解散射点的坐标 z：

$$\hat{z}=\frac{\text{unwrap}\left[\phi(N)\right]}{2kN\Delta\theta\cos\theta_0}+x\tan\theta_0 \tag{5.53}$$

由上述处理流程可以看出，当采用递推方式进行相位解缠时，第(4)步递推过程中均没有平地相位项，只在第(5)步求解坐标 z 时对平地相位进行补偿，简化了整个多阵元干涉三维成像的处理流程。

5.4.3　仿真结果与分析

首先，对多阵元干涉三维成像方法的性能进行验证分析。仿真实验中，设置雷达信号中心频率为 221.6GHz，带宽为 12.8GHz，频率采样点数为 512，方位向转角范围为−5°～5°，角度采样间隔为 0.02°，天线 A_0 与 xoy 平面的夹角 θ_0 为 10°，相邻天线的观测俯仰角间隔 $\Delta\theta$ 为 0.1°，最大俯仰角间隔为 0.8°，则 N 为 9 。图 5.17 为构建的理想散射点面目标模型，根据粗糙平面成像时的散射特性[14, 15]，设置各点的散射强度为 (0,1) ，且服从高斯分布，图中颜色变化表示散射点强弱分布的示意图。

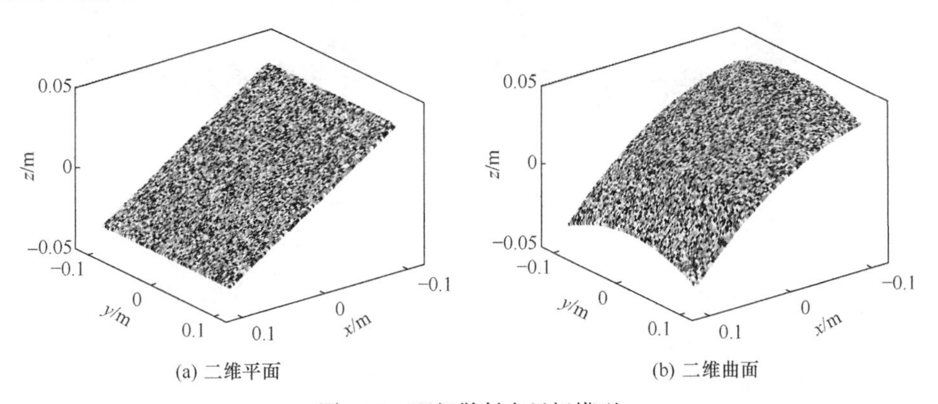

(a) 二维平面　　(b) 二维曲面

图 5.17　理想散射点目标模型

图 5.18 为天线 A_0 对目标的距离-方位二维成像仿真结果。由于散射强度不均匀，成像结果出现斑点状的强弱散射区域的对比。由于二维曲面的特殊结构，图 5.18 (b)中呈现强弱分明的两大部分。图 5.19 为基于 9 个天线 $A_0, A_1, \cdots, A_8$ 的二维成像结果构建的自适应目标区域窗函数，二维平面的窗函数连通性较好且边缘完整，而二维曲面部分散射强度较弱，使得边缘出现少部分缺失，但整体形状仍较完好。

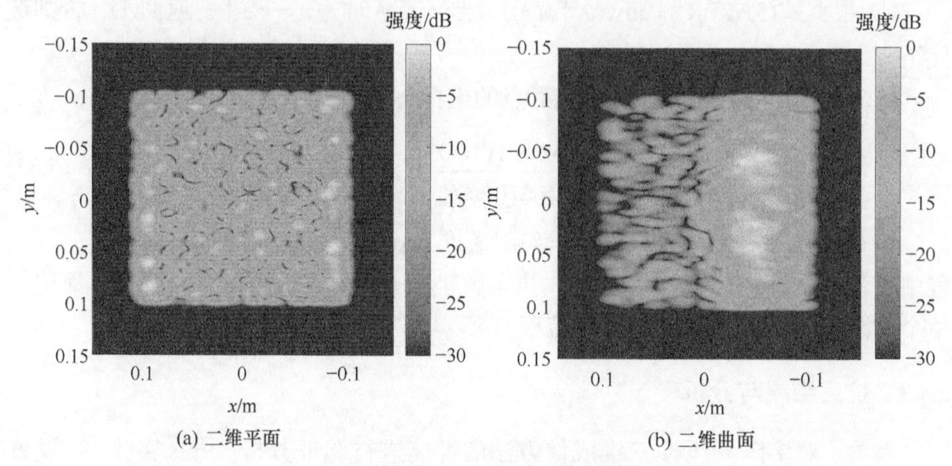

(a) 二维平面　(b) 二维曲面

图 5.18　二维成像仿真结果

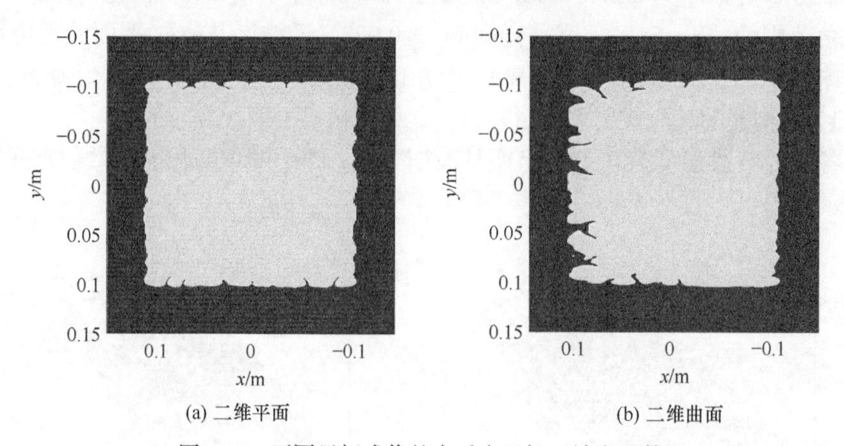

(a) 二维平面　(b) 二维曲面

图 5.19　不同目标成像的自适应目标区域窗函数

根据式(5.53)可实现二维平面和二维曲面的三维重建，结果如图 5.20 所示，由图 5.20 (a)能直接分辨出二维平面上高度向沿 x 轴的直线变化趋势，由图 5.20 (b)能分辨出二维曲面上高度向沿 x 轴和 y 轴的弯曲变化趋势，均符合目标表面实际变化规律。同时，本节也采用传统成像方法直接对天线 A_0、A_8 进行干涉处理来实现目标三维成像，成像结果如图 5.21 所示，对比发现，当目标边缘处存在相位跳变时，传统成像方法的三维成像结果与目标理论位置相差较大。

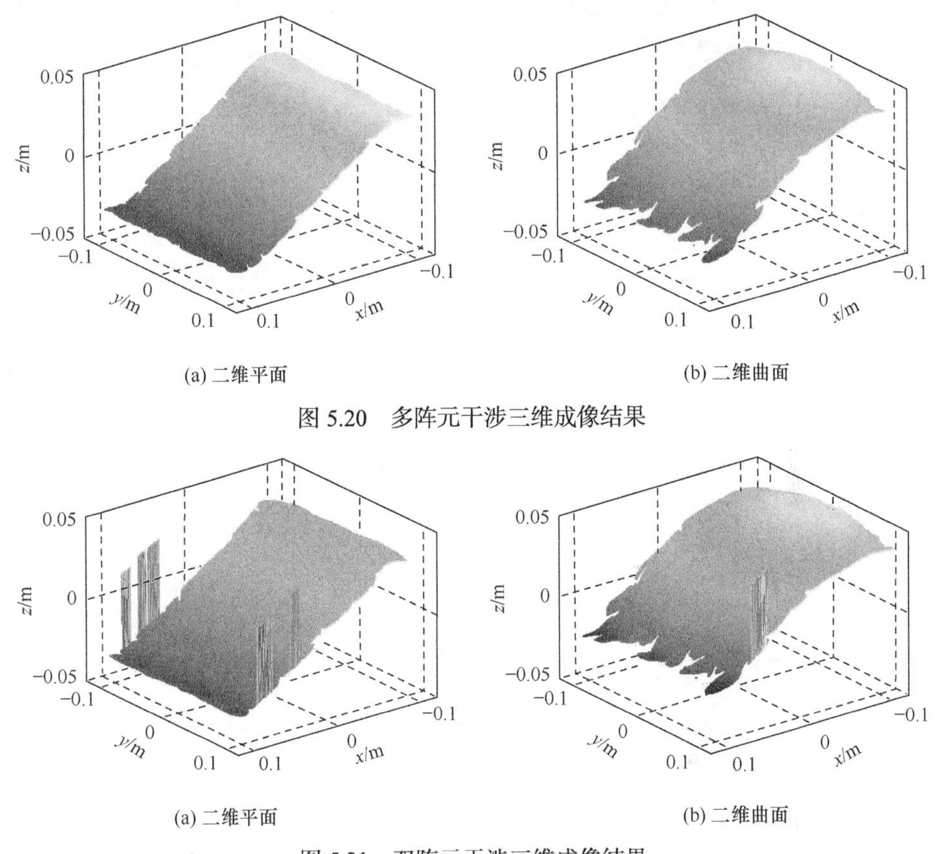

(a) 二维平面　(b) 二维曲面

图 5.20　多阵元干涉三维成像结果

(a) 二维平面　(b) 二维曲面

图 5.21　双阵元干涉三维成像结果

为更好地分析本节成像方法在不同俯仰角间隔下对散射点 z 方向坐标的重建性能，图 5.22 给出了俯仰角间隔分别为 0.1°、0.4°、0.8°时 $y=0$ 剖面图，图中实线为 $y=0$ 时散射点 z 方向坐标的理论值，对比发现，俯仰角间隔越大，重建得到的 $y=0$ 剖面曲线越贴近理论曲线，散射点 z 方向坐标越接近理论值。

下面对本节成像方法的重建性能进行定量分析，根据 RMSE 定义计算目标点 z 方向的重建误差。图 5.23 给出了不同俯仰角间隔下进行 100 次重建的平均误差，可以看出重建误差随 N 的增大而减少。图 5.24 给出了不同信噪比条件下不同成像方法的 100 次重建平均误差。从图中可以看出，本节成像方法的重建性能远好于传统成像方法，且信噪比越大重建性能越好，重建误差趋于稳定，二维平面和二维曲面的干涉测量 RMSE 均小于 0.4cm。

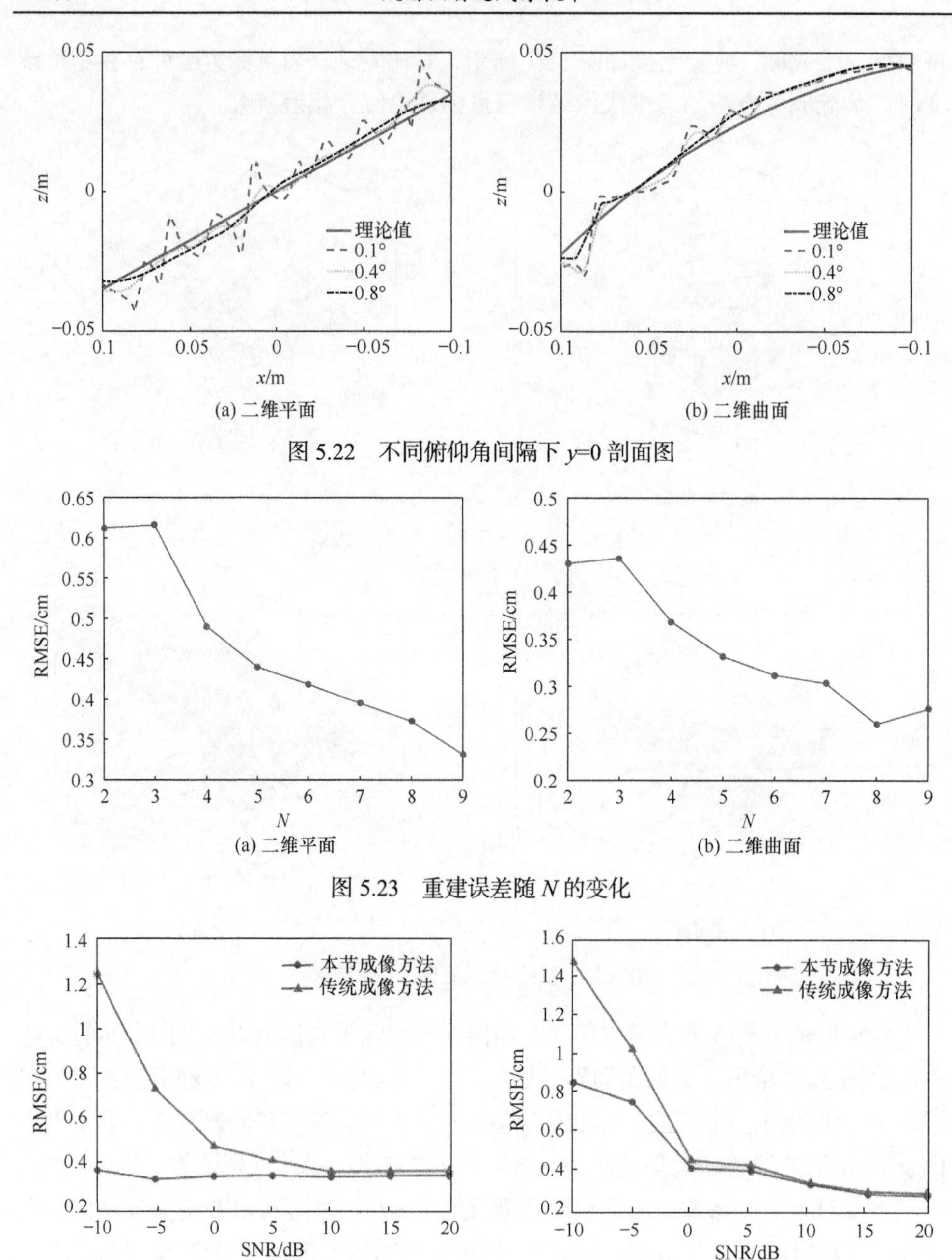

图 5.22 不同俯仰角间隔下 $y=0$ 剖面图

图 5.23 重建误差随 N 的变化

图 5.24 不同成像方法重建误差随信噪比的变化

5.4.4 实验结果与分析

实验场景如图 5.25 (a)所示，图 5.25 (b)为待测目标(方形粗糙平板)，平板大小为 20cm × 20cm，表面粗糙度为 300μm。实验环境为一个吸波暗室，太赫兹雷达系统固定放置于高台上，目标平放在二维精密转台的支架上，首先固定俯仰角，使目标在一定方位角范围内转动并采集目标散射回波，完成后使目标在俯仰向转动一个小角度，并在相同方位角范围内采集目标散射回波，这样可等效视为目标不动，多个阵元在不同的方位角和俯仰角对目标进行观测，构建基于多阵元干涉的三维成像模型。假设二维精密转台的支架垂直地面时俯仰向角度为 0°，支架水平时俯仰向角度为 90°，太赫兹雷达收发天线和二维精密转台中心的距离为 2.77m。

实验中，太赫兹雷达发射信号频率范围为 215.2～228GHz，频率采样点数为 1024，方位向转角范围为−5°～5°，采样间隔为 0.02°，俯仰向角度采样间隔为 0.2°，根据图 5.25(a)中雷达与目标之间位置关系将其转换至图 5.14 所示坐标系下，等效为 6 个天线 $A_0, A_1, \cdots, A_5$ 在不同俯仰角下对目标成像，天线 A_0 与 xoy 平面的夹角为 θ_0=14.85°，相邻天线的观测俯仰角间隔 $\Delta\theta \approx 0.22°$。

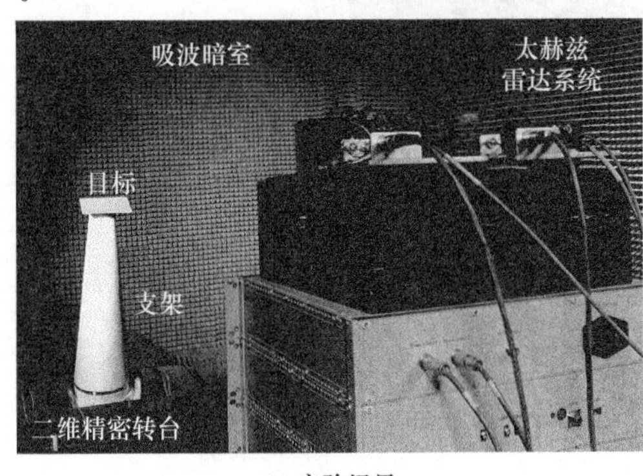

(a) 实验场景

(b) 待测目标

图 5.25　多阵元干涉成像实验场景

对太赫兹雷达采集到的目标散射回波进行成像，天线 A_0 、A_5 二维成像结果如图 5.26 所示，目标图像呈现不均匀的强弱斑点状，其中右侧边缘处散射较强。根据 6 个天线成像结果得到的目标区域窗函数如图 5.27 所示，旁瓣和杂波的影响，导致目标图像区域外出现部分伪像区域，但整体目标图像内部的连通性和边缘仍保持比较完整。

实验中，粗糙平板平放在二维精密转台支架上，沿 x 方向高度不变，当利用天线 A_0 、A_2 进行干涉时，干涉相位仅为平地相位，根据式(5.39)计算可知 $\phi_{f,A_0A_2} < 2\pi$ 。图 5.28 为图像配准前后天线 A_0、A_2 干涉相位图，图像未配准带来的相位误差使得图 5.28(a)中的干涉相位发生缠绕，与理论值不符，而图 5.28(b)中图像配准后的干涉相位则未发生缠绕，两者对比结果说明图像配准的必要性。图像配准后，图 5.29 中天线 A_0 、A_5 干涉相位表现出明显的干涉条纹，且条纹间的界限较清晰。

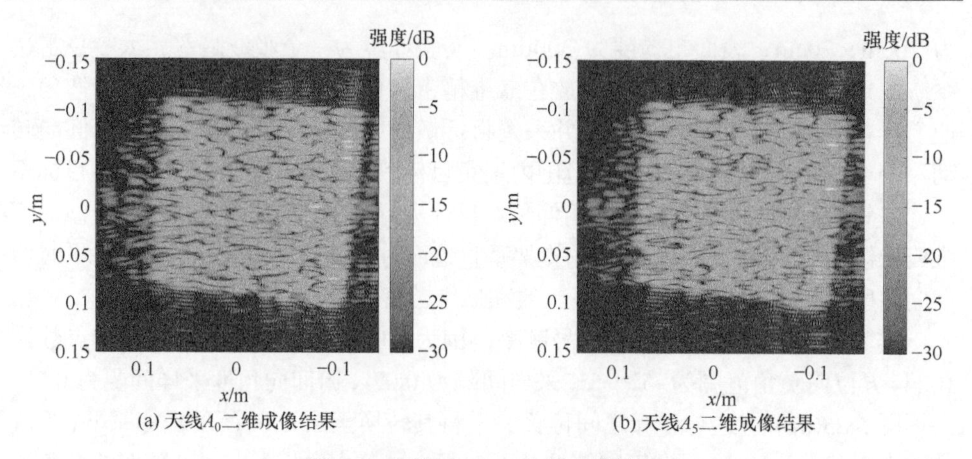

图 5.26　天线 A_0、A_5 二维成像结果

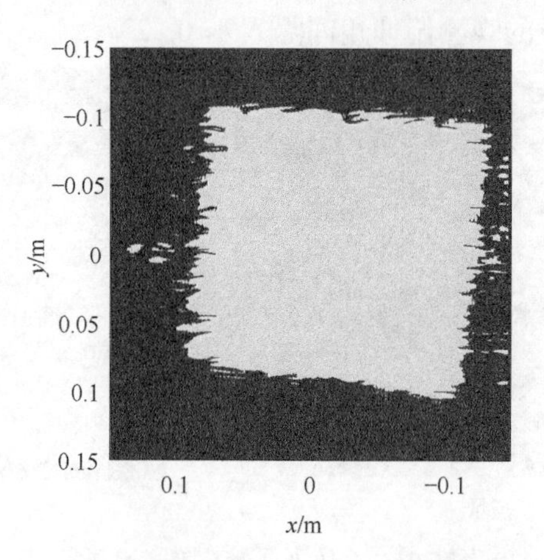

图 5.27　粗糙平板成像的目标区域窗函数

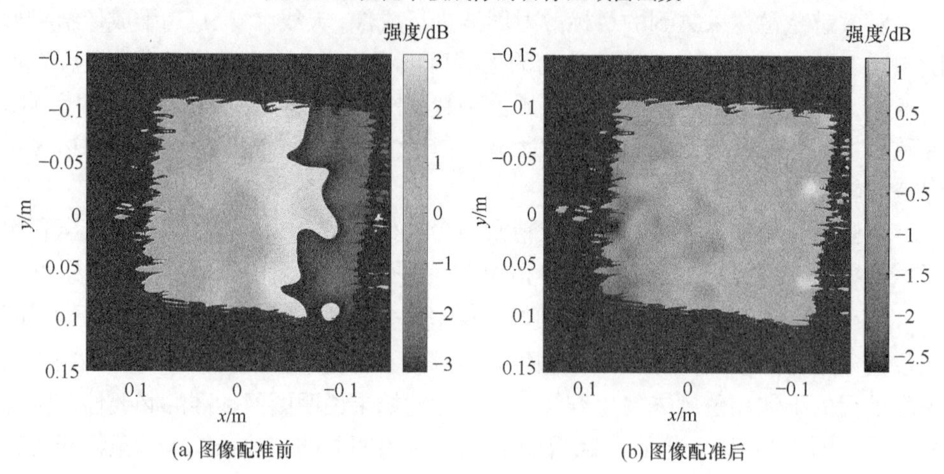

图 5.28　天线 A_0、A_2 干涉相位图

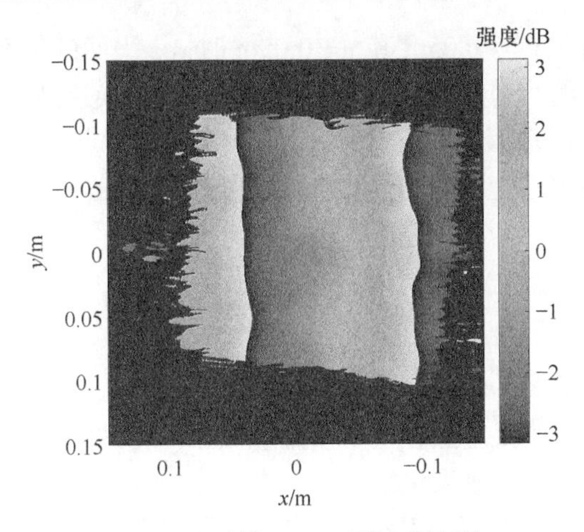

图 5.29　天线 A_0、A_5 干涉条纹图

图 5.30 为基于多阵元干涉成像方法的粗糙平板三维成像实验结果，系统噪声的影响使得目标边缘部分出现相位畸变，导致散射点位置重建出现错误，但从目标整体三维重建结果来看，目标表面高度基本保持不变，符合实际成像几何。图 5.31

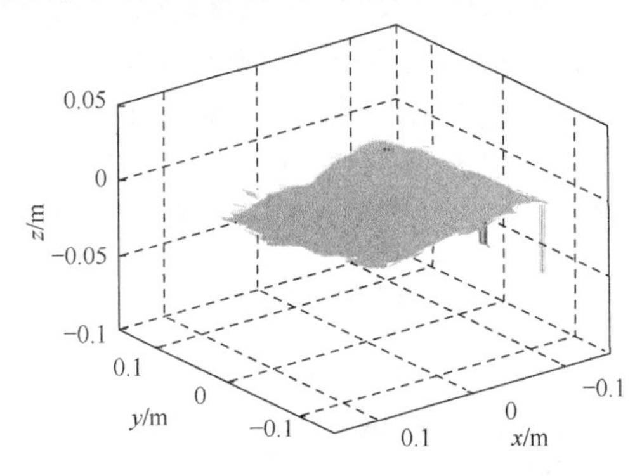

图 5.30　粗糙平板的三维成像实验结果

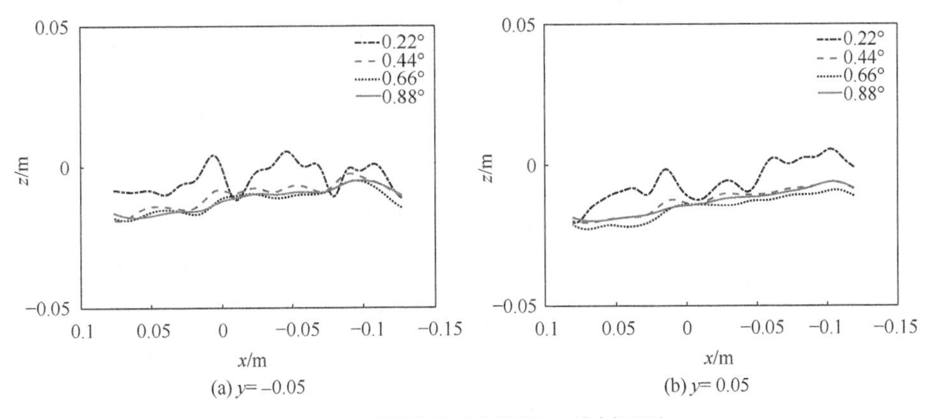

图 5.31　不同俯仰角间隔下一维剖面图

为不同俯仰角间隔下 $y = -0.05\text{m}$ 和 $y = 0.05\text{m}$ 时 xoz 平面的剖面图，从图中可以看出，随着俯仰角间隔的增大，目标表面高度的振荡变换逐渐平缓，更趋近于一个平面，当俯仰角间隔取最大值 0.88° 时，z 方向散射点的位置变化最大值小于 1.4cm，说明实测条件下多阵元干涉测量精度优于 1.4cm。

5.5 小 结

本章主要研究了多阵元干涉下的目标三维成像方法，包括一维干涉和二维干涉两种处理方式，针对太赫兹频段干涉处理面临的特殊问题，提出一系列解决方法，本章取得的主要研究成果包括：

(1) 推导了太赫兹频段的双阵元干涉的成像理论模型，给出了双阵元干涉三维成像的处理流程，基于回波仿真数据和实测数据实现了飞机模型的三维成像，验证了太赫兹频段干涉测量的可行性和准确性。

(2) 利用太赫兹雷达大带宽信号的优势，提出了 L 型基线条件下的双频带联合干涉处理方法，准确重建出目标散射点的三维坐标，理论分析和仿真结果表明双频带联合干涉处理方法的测量精度高于传统成像方法。

(3) 提出了多阵元干涉成像方法，针对太赫兹频段目标散射点数目急剧增加带来的特殊性问题，提出了背景去除方法和递推相位解缠方法，仿真和实测数据充分验证了所提方法的有效性，实测条件下多阵元干涉测量精度优于 1.4cm。

参考文献

[1] 保铮, 邢孟道, 王彤. 雷达成像技术. 北京: 电子工业出版社, 2005.
[2] 毕严先, 魏少明, 王俊, 等. 基于最小二乘估计的 InISAR 空间目标三维成像方法. 电子与信息学报, 2016, 38(5): 1079-1084.
[3] Zhang Q, Yeo T S. Three-dimensional SAR imaging of a ground moving target using the InISAR technique. IEEE Transactions on Geoscience and Remote Sensing, 2004, 42(9): 1818-1828.
[4] Wang Y, Li X L. Three-dimensional interferometric ISAR imaging for the ship target under the Bi-static configuration. IEEE Journal of Selected Topics in Applied Earth Observations and Remote Sensing, 2016, 9(4): 1505-1520.
[5] Wu W Z, Hu P J, Xu S Y, et al. Image registration for InISAR based on joint translational motion compensation. IET Radar, Sonar & Navigation, 2017, 11(10): 1597-1603.
[6] 刘承兰, 高勋章, 贺峰, 等. 一种基于相位校正的 InISAR 图像配准新方法. 国防科技大学学报, 2011, 33(5): 116-122.
[7] 张冬晨. InISAR 三维成像的关键技术研究. 合肥: 中国科学技术大学, 2009.
[8] 刘承兰. 干涉逆合成孔径雷达(InISAR)三维成像技术研究. 长沙: 国防科学技术大学, 2012.
[9] Richards M A. 雷达信号处理基础. 2 版. 邢孟道, 王彤, 李真芳, 等译. 北京: 电子工业出版社, 2010.

[10] Eichel P H, Ghiglia D C. Spotlight SAR interferometry for terrain elevation mapping and interferometric change detection. Sandia National Labs Technical Reports, 1993.

[11] Wu N, Feng D Z, Li J X. A locally adaptive filter of interferometric phase images. IEEE Geoscience and Remote Sensing Letters, 2006, 3(1): 73-77.

[12] Kay S M. 统计信号处理基础——估计与检测理论. 北京: 电子工业出版社, 2011.

[13] Gao J K, Qin Y L, Deng B, et al. A novel method for 3-D millimeter-wave holographic reconstruction based on frequency interferometry techniques. IEEE Transactions on Microwave Theory and Techniques, 2017, 66(3): 1579-1596.

[14] Yang Q, Deng B, Wang H Q, et al. ISAR imaging of rough surface targets based on a terahertz radar system. 2017 Asia-Pacific Electromagnetic Week, The 6th Asia-Pacific Conference on Antennas and Propagation, Xi'an, 2017: 1-3.

[15] 王瑞君, 邓彬, 王宏强, 等. 不同表面结构特征圆柱导体的太赫兹散射特性. 强激光与粒子束, 2013, 25(6): 1549-1554.

第6章　太赫兹雷达SISO阵列全息成像

6.1　引　　言

阵列全息一般指一种基于天线阵列的近距离主动式成像技术，太赫兹频段波长短，只需很小的阵列尺寸即可实现高分辨快拍成像。其与常见的雷达成像体制如SAR/ISAR等具有相同的原理，因此可视为一种特殊的雷达成像技术。“全息”一词多见于光学领域，其直观理解如下：电磁波携带的信息包含在幅度和相位中，相比于仅记录幅度信息的传感器(如照相机)，能同时记录幅度和相位信息的传感器就获得了光场携带的全部信息。从这一角度理解，相干雷达天然就是一种电磁波的全息传感器。本书对这一称谓的由来及其如何与雷达成像“联姻”不做更多探究，而是沿用文献中的惯常叫法。在阵列全息系统中，天线与目标间距离通常较近且阵列尺寸与目标尺寸相近，加之宽波束天线的使用，使得阵列全息系统能对目标形成较大的观测孔径。再配合发射的宽带信号，阵列全息系统能获得目标的高分辨率高动态范围三维图像。此外，太赫兹波和毫米波对非导体目标如衣物、包装物等具有较强的穿透性，这使得阵列全息技术在安检、危险品探测、工业无损检测、探地雷达等领域得到了广泛应用[1-5]。

在绝大部分阵列全息系统中，其最终产品是三维图像，即一个由许多紧密堆叠的体素构成的三维张量，且体素中的相位信息通常被忽略，而仅将幅度图像作为最终输出。对于典型的系统参数，这种成像方式有一个相似的问题，即成像的距离向分辨率显著低于方位向分辨率。例如，对于柱面扫描方式的“SISO-平面扫”体制，当系统工作于35GHz、带宽为5GHz、天线波束宽为50°时，图像的距离向分辨率约为3cm，而方位向分辨率约为4mm，可以看出两者相差近一个数量级。这将导致图像对目标的细微三维结构难以精确刻画。若要进一步提高距离向分辨率，则需要更大的系统带宽，这可能需要重新设计现有系统，而要设计大带宽的系统尤其是射频链路也并非易事[6]。

与上述传统阵列全息三维成像不同，本章提出一种新的技术，可以在较小带宽，即不改动现有系统设计的条件下获得目标高精度的点云和三维曲面测量结果，并且点云和三维曲面测量精度远远高于由系统带宽决定的距离向分辨率。这本质上是通过利用雷达系统稳定的高精度相位测量能力实现的。需要强调的是，本章所提方法获得的最终产品是目标的三维点云和曲面模型，而非传统雷达成像获得的由像素或体素构成的图像。为便于区分，本书将产出三维点云和曲面模型的过程称为三维重建，而将传统产出体素的过程称为三维成像。实际上，点云测量以及目标三维曲面重建本是计算机视觉领域的一个热点主题。在那里，已有一些光学手段能测量目标的点云模型，光学手段通常包括双目视觉、结构光、激光雷达[7-9]等。相比这些光学手段，本章提出的基于阵列全息系统的测量技术具有一些独特的性质。与双目视觉相比，阵列全息是一种主动测量手段，因此对环境、光照条件等没有任何要求。与结构光、激光雷达相比，太赫兹和毫米波阵列全息的独特性在于其对衣物等弱散射体具有较强的穿透性，因此能实现对感兴趣目标的透视测量。由于具有这些特点，本章所提方法将在某些特殊应用中具有独特优势。

6.2　“SISO-平面扫”目标成像

成像方法是太赫兹近场阵列成像技术的核心部分，成像方法的性能直接决定成像的效率和质量。目前，太赫兹近场阵列成像方法主要集中于 BPA 和距离徙动方法(range migration algorithm，RMA)，BPA 精度高，可以精确地实现目标的三维图像重建，但是运算量非常大、成像时间长，无法满足快速成像的要求。RMA 运算量较 BPA 小，但是其插值过程仍然带来了较长的时间损耗，并且插值的不精确会影响成像的质量。目前，太赫兹近场阵列均匀成像系统均采用一维机械扫描和一维电扫描相结合的数据录取方式，扫描架的振动和阵列的运动会带来阵元位置的偏差，进而影响成像结果。

本章首先推导近场条件下二维成像和三维成像的 RMA，针对插值的大运算量和可能存在的插值不精确的问题，提出基于动态调整距离徙动校正因子补偿距离的距离偏移徙动方法，实现理论上目标散射特性信息的精确重建。针对扫描阵列体制下由扫描架振动引入的随机阵元位置偏差和天线阵列扫描过程中的加速-匀速-减速运动过程引入的固定阵元位置偏差，分析两种阵元偏差对成像结果的影响，并针对固定阵元位置偏差提出基于二维 NUFFT 的校正方法。

6.2.1　基于距离徙动方法的目标重建成像

1. 距离徙动方法

在太赫兹近场均匀阵列成像体制下，分辨率要求较高，平面阵列与目标的距离较近，图 6.1 为在 0.2m×0.2m 的平面阵列条件下，距离向位置分别在 0.3m、0.35m、0.4m 处的距离平面其原点处目标回波的响应曲面，0.1m 的距离向深度目标回波响应曲面的弯曲程度已经存在较大差异，因此必须考虑场景内目标回波距离徙动弯曲和距离徙动弯曲差对成像的影响。采取常用的距离多普勒方法、频率变标方法等带有近似条件的方法来校正距离徙动弯曲和距离徙动弯曲差，近似程度往往不够精确。

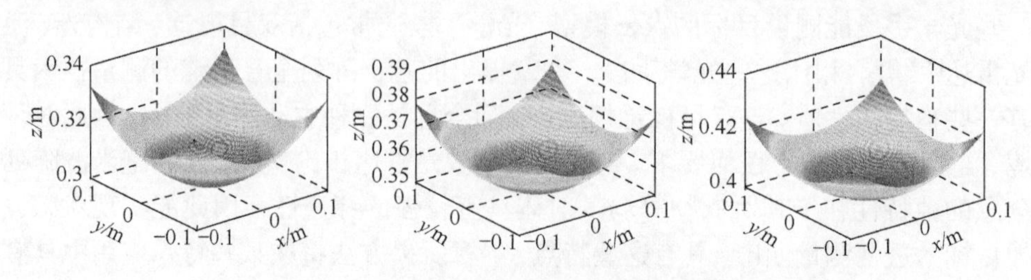

图 6.1　不同距离平面目标回波响应曲面

RMA 在波数域实现目标图像的重建，无论雷达射线的斜视角如何，也不管目标场景的大小，RMA 都可以对整个区域基于散射点模型而不加其他近似条件实现无几何形变的完全聚焦，在原理上是太赫兹近场均匀阵列成像体制的最优成像方法。太赫兹近场均匀阵列成像包括目标的一维成像、二维成像和三维成像，目前，一维成像的研究在合成孔径成像中已经比较普遍，本章的研究重点为目标的二维成像和三维成像。下面首先对 RMA 的太赫兹近场均匀阵列二维成像方法进行推导，成像模型如图 6.2 所示。

天线发射单频太赫兹相干信号，经过目标 S 的散射后，回波信号由 X-Y 平面上的等效二维天线阵列接收，将接收信号与本振信号进行混频得到零中频信号：

$$s(X,Y)=\iint_{D} f(x,y)\exp\left[-\mathrm{j}2k\sqrt{(x-X)^2+(y-Y)^2+{Z_0}^2}\right]\mathrm{d}x\mathrm{d}y \tag{6.1}$$

式中，$f(x,y)$ 为目标散射特性函数；D 为目标区域；$k=2\pi/\lambda$ 为波数，λ 为信号波长。

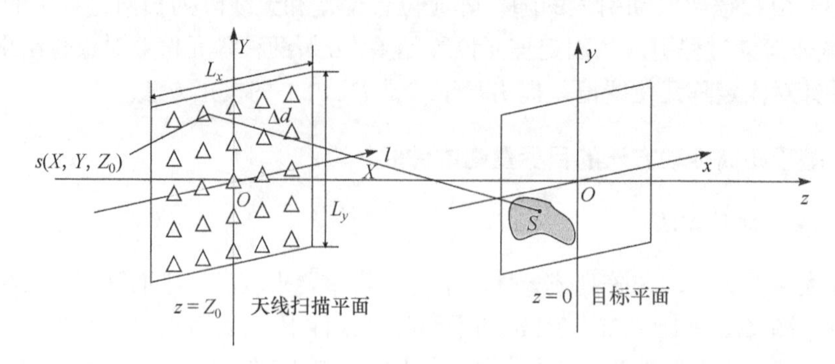

图 6.2　二维成像模型

式(6.1)中的指数部分表示目标散射的球面波信号，采取文献[10]中的方法，即基于球面波分解方法，在忽略幅值和无穷小项影响的条件下，对式(6.1)做进一步变换，可以将球面波在波数域表示成空间各个方向上平面波的叠加，即

$$\begin{aligned}&\exp\left[-\mathrm{j}2k\sqrt{(x-X)^2+(y-Y)^2+(z-Z_0)^2}\right]\\&\approx\iint\exp\left[\mathrm{j}k_x(X-x)+\mathrm{j}k_y(Y-y)+\mathrm{j}k_zZ_0\right]\mathrm{d}k_x\mathrm{d}k_y\end{aligned}\tag{6.2}$$

式中，k_x、k_y、k_z 依次为波数 k 沿 x、y、z 方向的波数分量。将式(6.2)代入零中频信号 $s(X,Y)$，整理可得

$$\begin{aligned}s(X,Y)&=\iint_D f(x,y)\exp\left[-\mathrm{j}(k_xx+k_yy)\right]\mathrm{d}x\mathrm{d}y\\&\quad\cdot\exp\left[\mathrm{j}(k_xX+k_yY+k_zZ_0)\right]\mathrm{d}k_x\mathrm{d}k_y\\&=\iint\mathrm{FT2}[f(x,y)]\exp[\mathrm{j}(k_xX+k_yY+k_zZ_0)]\mathrm{d}k_x\mathrm{d}k_y\\&=\mathrm{IFT2}\{\mathrm{FT2}[f(x,y)]\}\exp[\mathrm{j}k_zZ_0]\end{aligned}\tag{6.3}$$

式中，FT2 表示二维傅里叶变换；IFT2 表示二维傅里叶逆变换。调整式(6.3)可得

$$f(x,y)=\mathrm{IFT2}\{\mathrm{FT2}[s(X,Y)]\exp(-\mathrm{j}k_zZ_0)\}\tag{6.4}$$

式中，$f(x,y)$ 为所求的二维目标的散射信息。

以上是基于球面波分解方法的成像方法的推导。除球面波分解方法外，由于回波信号的幅度包络为缓变函数，而相位的变换要快得多，因此可以采用驻定相位法对 $f(x,y)$ 进行求解。下面采用驻定相位法对近程目标二维成像方法进行详细推导。对式(6.1)两端同时进行二维傅里叶变换可得

$$\begin{aligned}S(k_x,k_y)&=\iint_D f(x,y)\mathrm{d}x\mathrm{d}y\\&\quad\cdot\iint\exp\left[-\mathrm{j}2k\sqrt{(x-X)^2+(y-Y)^2+{Z_0}^2}\right]\\&\quad\cdot\exp(-\mathrm{j}k_xX-\mathrm{j}k_yY)\mathrm{d}X\mathrm{d}Y\end{aligned}\tag{6.5}$$

取

$$\begin{aligned}S_1(k_x,k_y)&=\iint\exp\left[-\mathrm{j}2k\sqrt{(x-X)^2+(y-Y)^2+{Z_0}^2}\right]\\&\quad\cdot\exp(-\mathrm{j}k_xX-\mathrm{j}k_yY)\mathrm{d}X\mathrm{d}Y\end{aligned}\tag{6.6}$$

将其代入式(6.5)可得

$$S(k_x,k_y)=\iiint\limits_V f(x,y,z)S_1(k_x,k_y)\mathrm{d}x\mathrm{d}y\mathrm{d}z \tag{6.7}$$

采用驻定相位法求解 $S_1(k_x,k_y)$ ，令

$$\phi(X,Y)=-2k\sqrt{(x-X)^2+(y-Y)^2+{Z_0}^2}-k_xX-k_yY \tag{6.8}$$

则式(6.6)可表示为

$$S_1(k_x,k_y)=\iint\exp\left[\mathrm{j}\phi(X,Y)\right]\mathrm{d}X\mathrm{d}Y \tag{6.9}$$

求解驻相点：

$$\frac{\partial\phi(X,Y)}{\partial X}=-2k\frac{X-x}{\sqrt{(X-x)^2+(Y-y)^2+{Z_0}^2}}-k_x \tag{6.10}$$

$$\frac{\partial\phi(X,Y)}{\partial Y}=-2k\frac{Y-y}{\sqrt{(X-x)^2+(Y-y)^2+{Z_0}^2}}-k_y \tag{6.11}$$

令式(6.10)、式(6.11)等于零，则可以求出驻相点 X^* 、Y^* 分别为

$$X^*=\frac{k_x}{\sqrt{4k^2-k_x^2-k_y^2}}Z_0+x \tag{6.12}$$

$$Y^*=\frac{k_y}{\sqrt{4k^2-k_x^2-k_y^2}}Z_0+y \tag{6.13}$$

将驻相点代入 $S_1(k_x,k_y)$ 可得

$$\begin{aligned}S_1(k_x,k_y)&\approx\exp\left[\mathrm{j}\phi(X^*,Y^*)\right]\\&=\exp(\mathrm{j}\sqrt{4k^2-k_x^2-k_y^2}Z_0)\exp(-\mathrm{j}k_xx-\mathrm{j}k_yy)\\&=\exp(\mathrm{j}k_zZ_0)\exp(-\mathrm{j}k_xx-\mathrm{j}k_yy)\end{aligned} \tag{6.14}$$

将 $S_1(k_x,k_y)$ 计算结果代入 $S(k_x,k_y)$ 可得

$$\begin{aligned}S(k_x,k_y)&=\iint\limits_D f(x,y)\exp(\mathrm{j}k_zZ_0)\exp(-\mathrm{j}k_xx-\mathrm{j}k_yy)\mathrm{d}x\mathrm{d}y\\&=\mathrm{FT2}[f(x,y)]\exp(\mathrm{j}k_zZ_0)\end{aligned} \tag{6.15}$$

利用傅里叶变换可得

$$\begin{aligned}f(x,y)&=\mathrm{IFT2}[S(k_x,k_y)\exp(-\mathrm{j}k_zZ_0)]\\&=\mathrm{IFT2}\left\{\mathrm{FT2}\left[S(X,Y)\right]\exp(-\mathrm{j}k_zZ_0)\right\}\end{aligned} \tag{6.16}$$

对比基于球面波分解方法的成像方法推导，两种方法推导出的结论相同，表

明采取驻定相位法作为近场目标成像方法的理论基础同样成立，式(6.16)即近场目标二维散射成像公式。

基于 RMA 的近场目标二维成像方法是在发射信号为单频的条件下得到的，不具有距离向的分辨能力。在近场条件下，必须考虑目标的相对距离徙动弯曲的影响，当目标存在距离向的尺度时，补偿距离不对应处的目标在进行距离徙动校正因子的补偿后存在距离徙动的弯曲，从而导致图像扩散现象的发生，需要进一步研究近场条件下的宽带三维成像方法。在宽带信号条件下，天线接收的回波为

$$s(X,Y,f)=\iiint\limits_{V} f(x,y,z)\exp\left[-\mathrm{j}2k\sqrt{(x-X)^2+(y-Y)^2+(z-Z_0)^2}\right]\mathrm{d}x\mathrm{d}y\mathrm{d}z$$

式中，$f(x,y,z)$ 为目标的散射特性函数；V 为目标区域；f 为发射信号频率。与二维目标的回波相比，此时的目标多了距离向的信息。采取驻定相位法对三维回波数据进行推导可得

$$f(x,y,z)=\mathrm{IFT3}\left\{\mathrm{FT2}\left[s(X,Y,f)\right]\exp(-\mathrm{j}k_z Z_0)\right\}$$

式中，IFT3 表示三维傅里叶逆变换；FT2 表示二维傅里叶变换；$f(x,y,z)$ 为所求的三维目标的散射信息。需要注意的是，此时天线发射的是宽带信号，式中 $k_z=\sqrt{4k^2-k_x^2-k_y^2}$，由于波数 k 具有一定的宽度，在波数域进行球面波的补偿时，补偿因子中 k_z 是不均匀分布的一组向量。实际成像过程中，在进行距离向傅里叶逆变换之前，需要对 k_z 进行插值处理以使三维数据位于均匀网格之上。基于 RMA 的近场目标三维成像流程如图 6.3 所示。

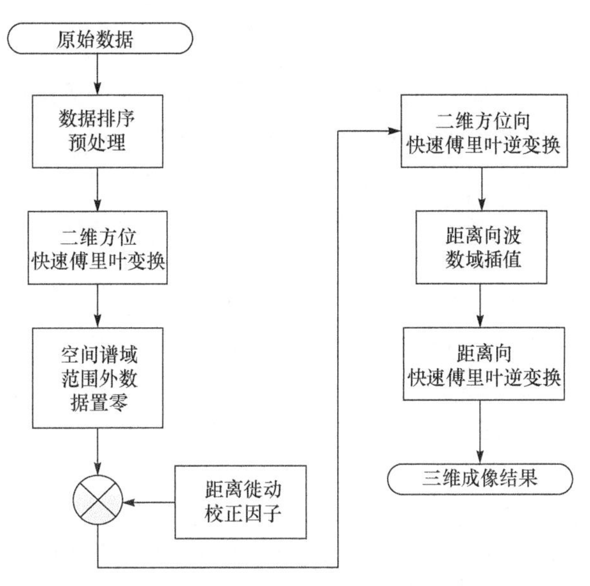

图 6.3　基于 RMA 的近场目标三维成像流程

RMA 的公式推导很简单，但是实际的实现需要采用 Stolt 插值，导致运算量非常大，尤其是在太赫兹频段，大量的阵元通道数目极大地增加了需要插值的距离向通道数据，进一步降低了方法的运行速度。此外，如果插值不精确，那么会对场景的成像质量有明显的影响。

2. 距离偏移徙动方法

为了解决 RMA 中插值运算量大，并且插值不精确会影响成像质量的问题，本书提出一种不需要插值运算的距离偏移徙动方法(range shift migration algorithm，RSMA)，RSMA 在测得目标距离的条件下，通过动态调整距离徙动校正因子中的补偿距离，实现了理论上目标散射信息的精确重建。

RSMA 的核心步骤是在波数域补偿距离徙动校正因子，其关键是补偿近场成像过程中由球面波前弯曲的相位偏差造成的相位干涉的影响。距离徙动校正可以等效为对弯曲球面进行一个相同曲率球面的对称补偿，其补偿效果如图 6.4 所示。

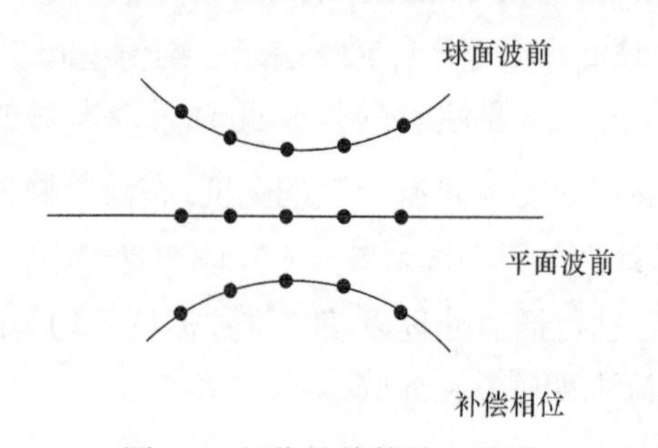

图 6.4　相位补偿等效示意图

RSMA 补偿的距离徙动校正因子中的补偿距离是一个固定值，其作用是补偿对应距离平面的球面波弯曲，其他距离平面的距离弯曲则通过插值完成补偿。在未插值的情况下，对应距离徙动校正因子中补偿距离的距离平面上目标的成像结果是完全聚焦的，而其他距离平面的目标回波在补偿后会存在一定的剩余相位误差，成像的质量会出现一定程度的下降。

为了在未插值的条件下实现目标三维散射信息的精确重建，利用 RMA 中对应距离徙动校正距离平面的目标可以精确重建成像的特点，提出基于动态调整距离徙动校正因子中补偿距离的 RSMA。RSMA 主要包括以下三个步骤：

(1) 根据系统距离向成像分辨率 δ_z、目标的距离向尺寸 L_z 确定补偿距离点数 $[L_z/\delta_z]+1$。

(2) 根据目标与平面阵列的距离选取不同的补偿距离 $Z_i(i=1,2,\cdots,[L_z/\delta_z]+1)$，采取去除插值步骤的 RMA 对目标进行成像，并保存对应补偿距离平面上目标的成像结果矩阵 $\boldsymbol{A}_i(i=1,2,\cdots,[L_z/\delta_z]+1)$。

(3) 将所有保存的不同距离平面的成像结果矩阵 $\boldsymbol{A}_i$ 投影合成目标的三维成像结果。

每一个距离平面目标的成像结果都是通过精确补偿得到的，因此 RSMA 在理论上可以实现目标散射信息的精确重建。RSMA 的运算量由补偿距离的点数决定，太赫兹近场阵列成像技术更关注目标的方位向成像结果，因此距离向分辨率一般较低，在目标的距离向尺度不大时，与 RMA 相比，RSMA 具有更高的效率。基于 RSMA 的近场目标三维成像流程如图 6.5 所示。

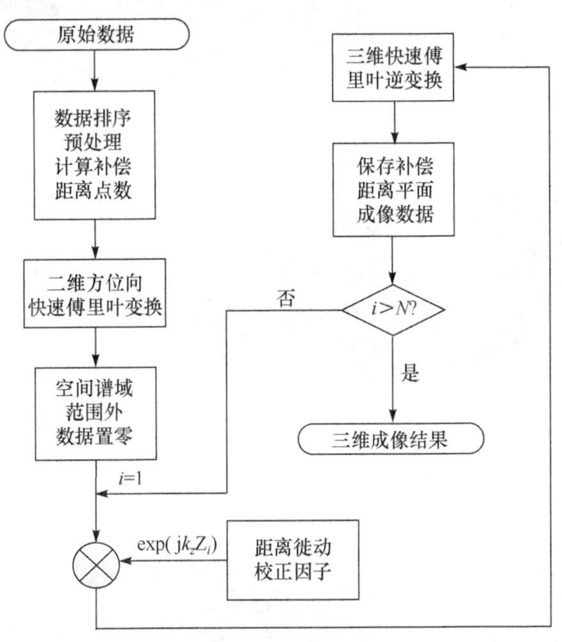

图 6.5　基于 RSMA 的近场目标三维成像流程

3. 仿真成像结果

为了验证本节提出的成像方法，下面进行仿真成像分析。仿真条件如下：天线发射中心频率为 140GHz、带宽为 5GHz 的宽带信号，阵列尺寸为 $0.2\text{m} \times 0.2\text{m}$，阵元间距为 1mm，阵列平面坐标为 $Z_0 = -0.5\text{m}$，计算可得二维方位向分辨率为 2.7mm，距离向分辨率为 3cm。目标为 4 个点目标，坐标依次为 $(0\text{m}, 0\text{m}, 0\text{m})$、$(-0.02\text{m}, 0\text{m}, 0.03\text{m})$、$(0\text{m}, -0.02\text{m}, 0.06\text{m})$、$(-0.02\text{m}, -0.02\text{m}, 0.09\text{m})$，散射强度均为 1。未插值 RMA 成像结果如图 6.6 所示，本组仿真实验的成像时间为 2.6107s。

由成像结果可以发现，当目标真实距离与补偿距离存在偏差时，成像结果会出现严重的散焦现象，距离偏差越大，成像质量越差。图 6.6(e)为三维目标距离向的最大值投影成像结果，此时的成像结果无法反映目标的真实散射强度信息。图 6.6(f)为目标的空间三维成像结果，此时坐标为 $(-0.02\text{m}, -0.02\text{m}, 0.09\text{m})$ 的点目标散焦现象严重，在−15～0dB 的成像范围内已经无法观测到。为观察插值对成像结果的影响，保持仿真参数不变，采用面的 RMA 的成像结果如图 6.7 所示，本组仿真实验的成像时间为 19.1050s。

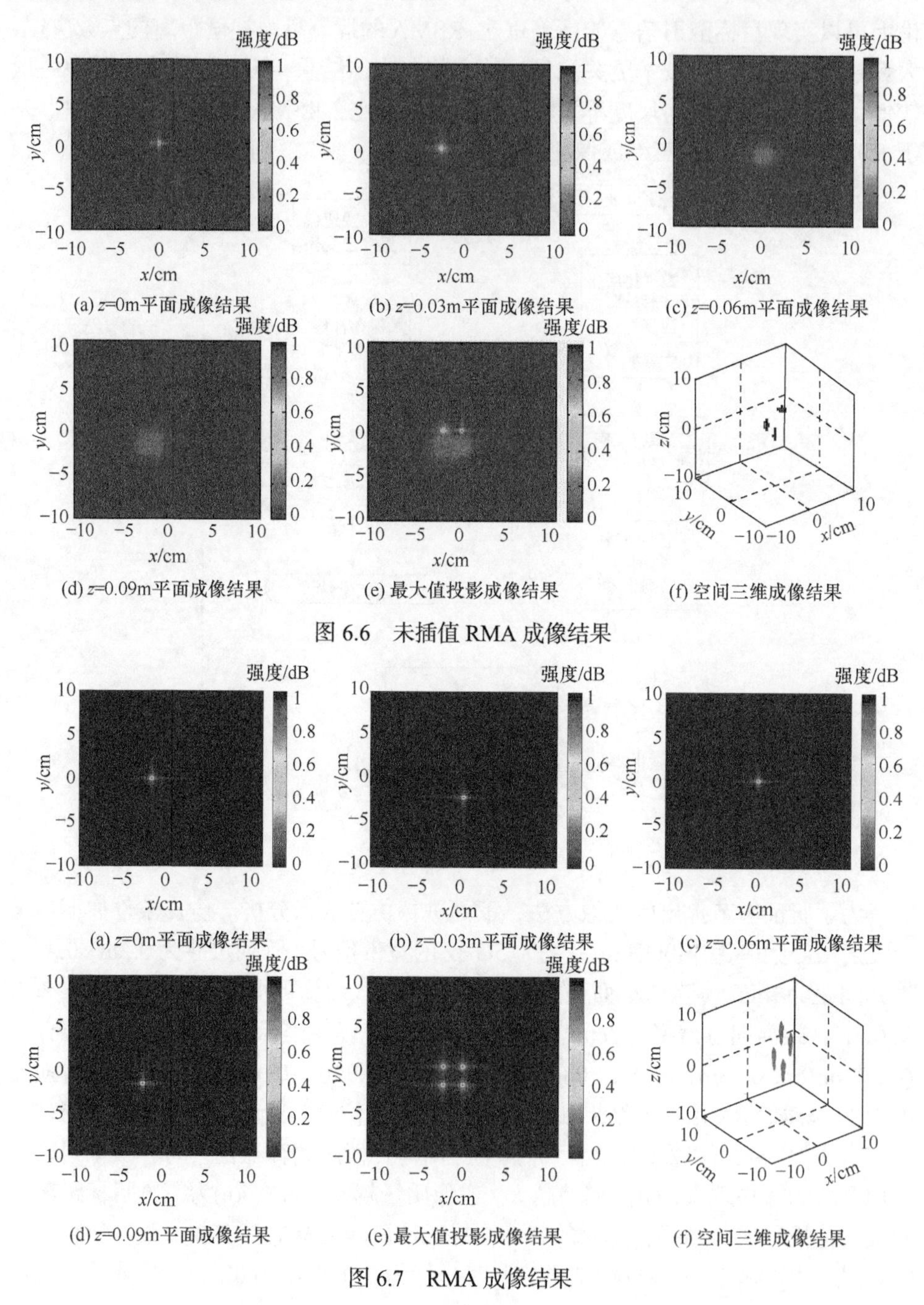

(a) z=0m平面成像结果　(b) z=0.03m平面成像结果　(c) z=0.06m平面成像结果

(d) z=0.09m平面成像结果　(e) 最大值投影成像结果　(f) 空间三维成像结果

图 6.6　未插值 RMA 成像结果

(a) z=0m平面成像结果　(b) z=0.03m平面成像结果　(c) z=0.06m平面成像结果

(d) z=0.09m平面成像结果　(e) 最大值投影成像结果　(f) 空间三维成像结果

图 6.7　RMA 成像结果

与图 6.6 的成像结果相比，采取插值运算的 RMA 校正了距离弯曲和距离弯曲差的影响，不同距离处的目标均实现了聚焦成像，图 6.7(e)最大值投影成像结果反映了目标真实的散射强度。在仿真参数不变的条件下，采用前面提出的 RSMA，针对不同平面的目标动态调整距离徙动校正因子中的补偿距离，成像结果如图 6.8 所示，本组仿真实验的成像时间为 7.7043s。

与以上两组仿真实验的成像结果相比，RSMA 与 RMA 的成像质量基本相同，但是 RSMA 耗时短，效率更高，当目标距离向尺寸减小或阵元数目增加时，其成像时间上的优势将更加明显。

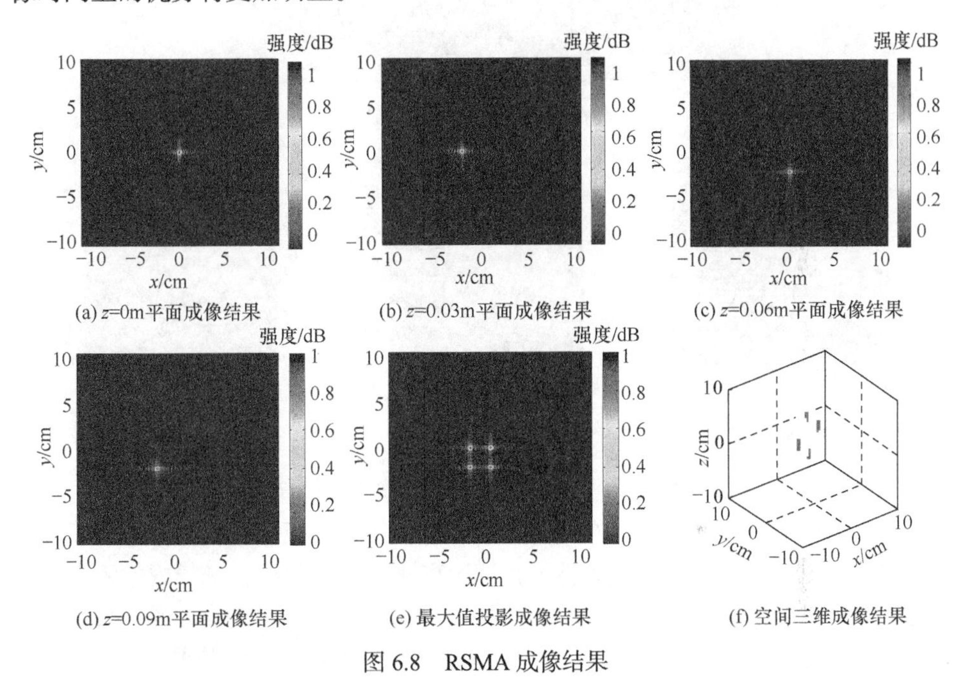

图 6.8　RSMA 成像结果

4. 实测数据成像结果

天线发射中心频率为 140GHz、带宽为 5GHz 的宽带步进频信号，波束宽度为 60°，一个脉冲周期的回波采样点数为 201，采用单对收发天线逐点扫描的方式进行数据录取，二维平面阵列采样点数为 200×200，形成了 20cm×20cm 的数据录取平面，阵元间距为 1mm，目标为 14cm×11cm×2.5cm 的手枪模型，与阵列平面平行放置，距离阵列平面 24cm，其光学图像如图 6.9 所示。

为了验证近场条件下目标回波距离徙动对成像结果的影响，在不校正场景内距离弯曲差的条件下，分别选取补偿距离为 21cm、24cm、27cm 时对回波数据进行处理，成像结果如图 6.10 所示，成像显示范围均为−20～0dB。

图 6.9　手枪模型光学图像

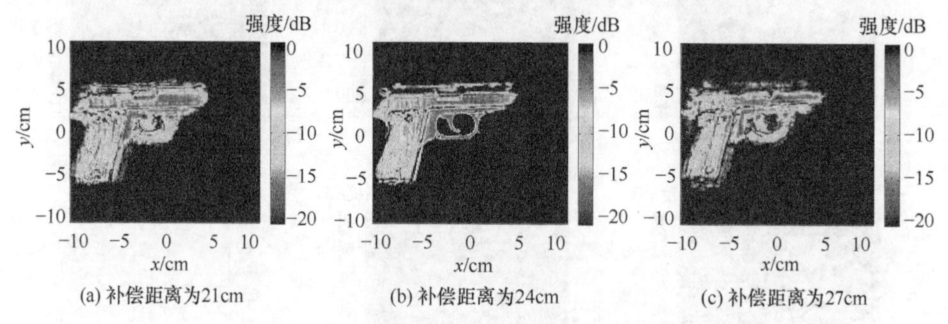

图 6.10　不同补偿距离下手枪模型成像结果

由成像结果可以发现，只有当补偿距离与目标真实距离相等时，才可以精确地重建目标图像。由于本实验条件下目标距离阵列平面很近，场景内的距离弯曲差对成像结果的影响非常显著，较小的补偿距离变化就会导致较大的剩余相位误差，从而使成像质量明显下降，图 6.10 (a)和(c)的成像结果已经严重散焦，无法还原目标的真实信息。

分别采用 RMA 和 RSMA 对手枪模型的回波数据进行成像，成像结果如图 6.11 所示。对比两种方法的成像结果可知，成像的质量基本相同。RMA 的成像时间为 19.7431s，RSMA 的成像时间为 3.2270s，因此在保证相同成像质量的前提下，显然 RSMA 的效率更高。

为了进一步验证成像方法，在相同的实验系统下对携带物品的人体模型进行了成像。等效二维平面阵列采样点数为 1000×600，形成了 100cm×60cm 的数据录取平面，阵元间距为 1mm，目标为人体模型，并且其携带了金属刀具、塑料刀具、水晶项链和隐藏在衣服下的金属手枪模型四组物品，人体模型与阵列平面平行站立，人体模型与阵列平面最近部位的距离为 38cm，成像场景如图 6.12 所示。

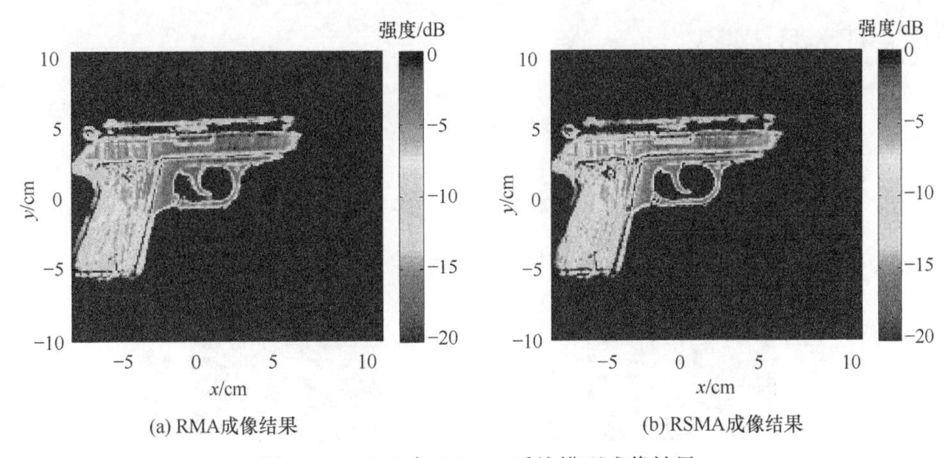

图 6.11　RMA 与 RSMA 手枪模型成像结果

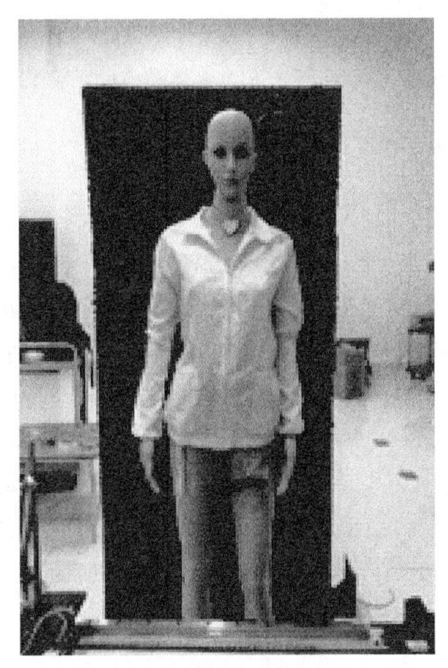

图 6.12　携带物品的人体模型成像场景

四个物品目标中金属手枪模型、塑料刀具和金属刀具大体上位于相同的距离平面，距离为 40cm，水晶项链位于 43cm 的距离平面上，人体模型的距离向成像区域为 38～50cm。分别采用 RMA 和 RSMA 的成像结果如图 6.13 所示，成像时间分别为 842.6591s 和 418.8940s，成像强度范围均为–30～0dB。

对比两种方法的成像结果可以发现，四个目标均实现了较好的聚焦成像，表明两种方法均可以较好地校正近场条件下目标回波距离徙动的影响，同时隐藏在衣服内的金属手枪模型的成像结果表明了太赫兹波良好的穿透性，适用于对隐匿的危险目标进行成像。

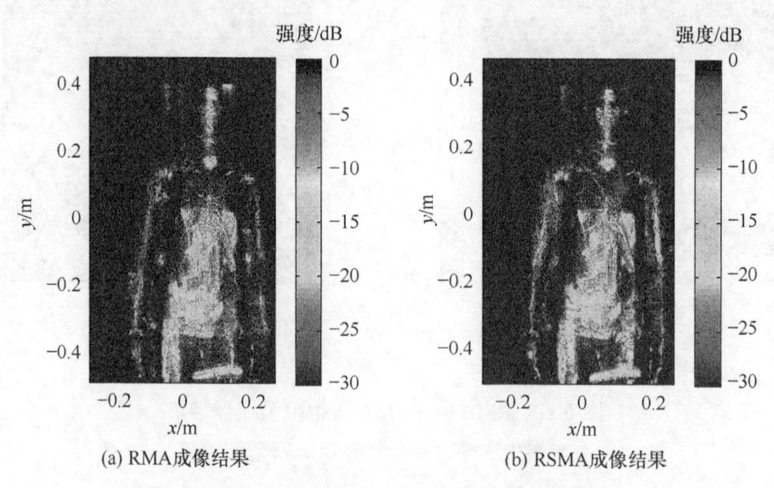

图 6.13　RMA 与 RSMA 人体模型目标成像结果

6.2.2　阵元位置偏差影响分析与校正

1. 机械运动阵元位置偏差建模

机械运动带来的阵元位置偏差主要分为机械振动的随机偏差和扫描阵列加速-匀速-减速过程的固定偏差两种。机械振动的随机偏差在每一次数据采集过程中是完全随机的，数值较小，只能通过提高扫描架的稳定性将其减小至不影响成像结果的范围。扫描阵列加速-匀速-减速过程的固定偏差在已知加速段、匀速段和减速段的加速度与持续时间的条件下，是完全确定的，可以在成像方法上加以补偿校正。以单一阵元为例，理想点目标在距离阵列平面为 Z_0 的平面的原点处，无偏差阵元坐标为 (x, y) ，x 方向和 y 方向的阵元位置偏差分别为 Δx 和 Δy ，阵元位置偏差对回波相位影响示意图如图 6.14 所示。

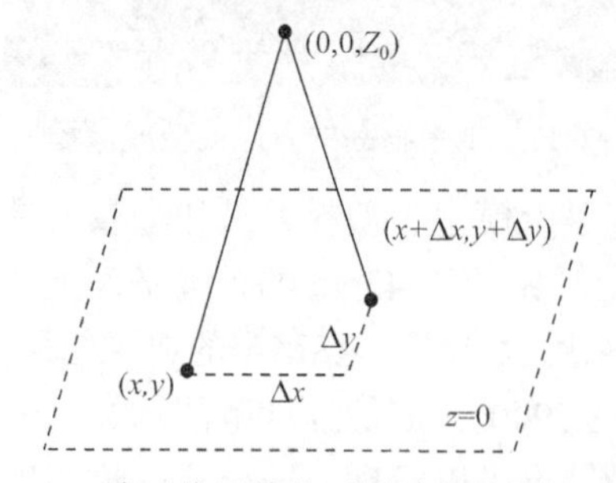

图 6.14　阵元位置偏差对回波相位影响示意图

存在阵元位置偏差时的回波相位偏差为

$$\begin{aligned}\Delta\varphi &= 2k\left[\sqrt{(x+\Delta x)^2+(y+\Delta y)^2+Z_0^2}-\sqrt{x^2+y^2+Z_0^2}\right]\\ &\approx 2k\sqrt{x^2+y^2+Z_0^2}\left(\sqrt{1+\frac{2x\Delta x+2y\Delta y}{x^2+y^2+Z_0^2}}-1\right)\\ &\approx 2k\frac{x\Delta x+y\Delta y}{\sqrt{x^2+y^2+Z_0^2}}\end{aligned} \tag{6.17}$$

式中，$k=2\pi f/c$ 为波数。可见阵元位置偏差对相位变化的影响与信号波数 k 和目标平面与天线阵列平面距离 Z_0 有关，信号中心频率 f 越大，目标平面与天线阵列平面距离 Z_0 越小，阵元回波相位偏差越大，对成像质量影响越大，随机阵元位置偏差所需控制的范围需要在特定的参数环境下进行分析。

当存在相位偏差时，相位的干涉作用将导致成像质量下降，出现一定的散焦现象，可以采用图像熵值作为成像结果聚焦好坏的判决准则[11]。图像熵定义如下：对于一个包含 $M\times N$ 个像素的复图像 X，有

$$S(X)=-\sum_m\sum_n \rho(m,n)\ln\rho(m,n) \tag{6.18}$$

$$\rho(m,n)=\left|x(m,n)\right|^2/P \tag{6.19}$$

$$P=\sum_m\sum_n\left|x(m,n)\right|^2 \tag{6.20}$$

式中，$S(X)$、$\rho(m,n)$、$x(m,n)$、P 分别为图像的熵、各像素功率在图像总功率中的比例、像素值、像素总功率。当阵元位置不存在偏差时，成像结果熵值最小，误差越大，熵值越大，因此可以根据不同参数条件下成像结果的图像熵值来判断成像结果的聚焦质量。

2. 随机阵元位置偏差影响仿真分析

为了观察随机阵元位置偏差对成像结果的影响，这里对不同随机阵元位置偏差条件下的目标进行仿真成像。仿真条件如下：采用频率为 220GHz 的单频信号，阵列大小为 $0.5\text{m}\times0.5\text{m}$，阵元间距为 1mm，目标平面与阵列平面间隔 1m，天线波束宽度为 $60°$，计算可得二维方位向分辨率为 1.4mm，目标为由电磁计算软件 CST 计算得到的长 12cm、宽 6cm 的坦克缩比模型的复 RCS 数据。假设阵元位置偏差是高斯随机分布的，相对偏差百分比是指最大阵元位置偏差数值相对于阵列尺寸的百分比，不同随机阵元位置偏差下坦克目标成像结果及其对应的图像熵值分别如图 6.15 和表 6.1 所示。

由图 6.15 的成像结果可以发现，随机阵元位置偏差的存在导致成像结果分辨率下降，并且伴随出现杂散的背景噪声，随机阵元位置偏差范围越大，成像分辨率越差，背景噪声越大，严重时甚至可能湮没目标信息，无法正确重建目标的真

实散射特性信息。表 6.1 中，图像熵随着随机阵元位置偏差的增加而增加的特点进一步证明了随机阵元位置偏差越大，成像质量越差。

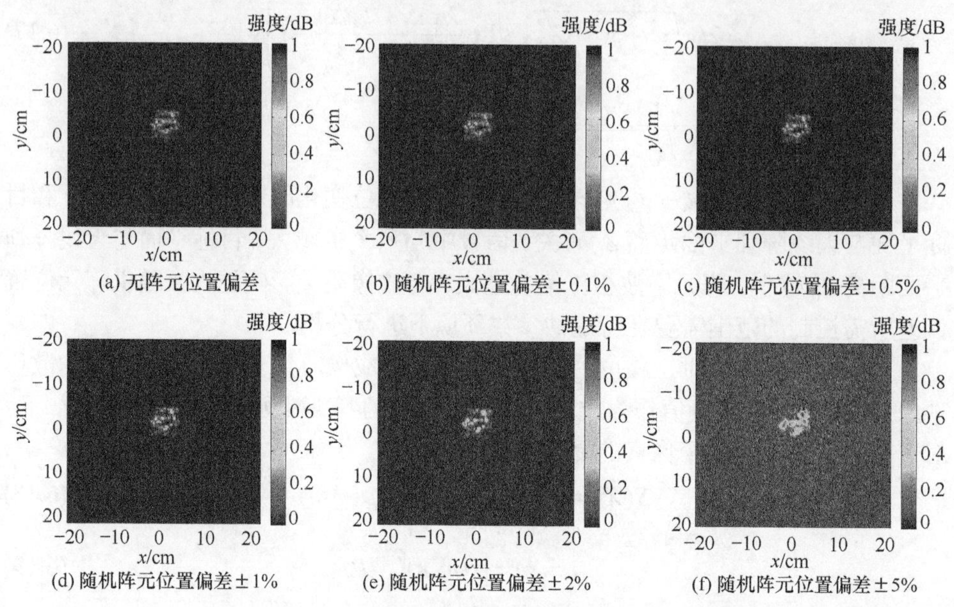

图 6.15　不同随机阵元位置偏差下坦克目标成像结果

表 6.1　不同随机阵元位置偏差下坦克目标成像结果对应的图像熵值

随机阵元位置偏差/%	0	±0.1	±0.5	±1	±2	±5
图像熵值	6.8157	6.8890	7.8320	8.8500	10.4431	11.6993

为了分析随机阵元位置偏差对成像结果的影响与信号频率和目标距离的关系，在上述仿真实验的参数基础上分别进行了以下两组仿真实验。随机阵元位置偏差取±2%，第一组仿真实验的信号频率分别取 140GHz、220GHz 和 330GHz，其他仿真参数不变，成像结果如图 6.16 所示。第二组仿真实验的目标距离分别取 1m、1.5m 和 2m，其他仿真参数不变，成像结果如图 6.17 所示。

由以上两组仿真实验的成像结果可以发现，在控制其他参数不变的条件下，信号频率越高，目标平面与阵列平面距离越近，随机阵元位置偏差的存在对成像结果的影响越显著。图 6.16 成像结果的图像熵值依次为 9.8141、10.4431、11.5904，图 6.17 成像结果的图像熵值依次为 10.4431、9.9647、9.5532，表明在控制其他参数不变的条件下，信号频率越高，目标平面与阵列平面距离越近，成像结果图像熵值越大，进一步证明了信号频率 f 越大，目标平面与阵列平面距离 Z_0 越小，阵元回波相位偏差越大，对成像结果的影响越显著。

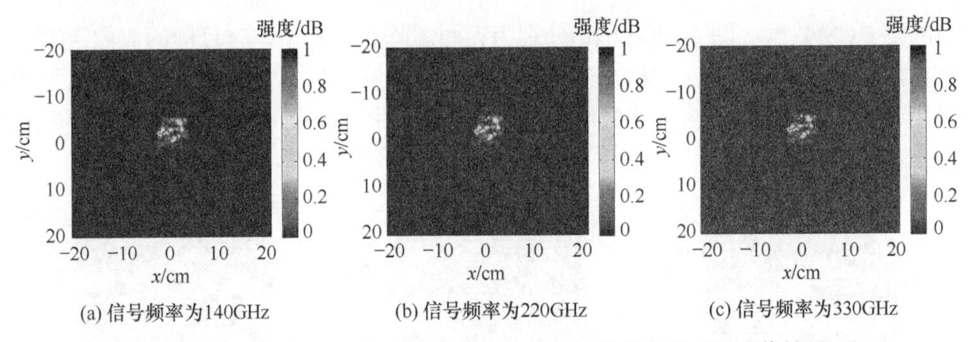

(a) 信号频率为140GHz　(b) 信号频率为220GHz　(c) 信号频率为330GHz

图 6.16　不同信号频率在 ±2% 随机阵元位置偏差条件下的成像结果

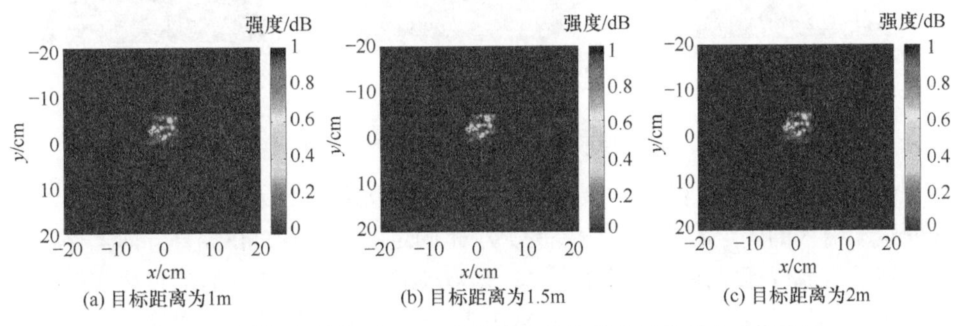

(a) 目标距离为1m　(b) 目标距离为1.5m　(c) 目标距离为2m

图 6.17　不同目标距离在 ±2% 随机阵元位置偏差条件下的成像结果

3. 固定阵元位置偏差校正

固定阵元位置偏差是由阵列扫描的加速-匀速-减速过程导致的，扫描过程中由竖直方向位置触发每一行阵元第一个信号的发射，因此每一行的第一个阵元位置没有偏差，其他阵元运动速度的存在将导致一定的阵元位置偏差，越靠后的阵元，位置偏差越大，随着速度的增加，每一行的阵元位置偏差逐渐增大。

在已知各段运动参数和持续时间的条件下，固定阵元位置偏差是完全已知的，采取传统的基于二维傅里叶变换的方法进行成像，阵元位置偏差带来的相位偏差导致的干涉作用会造成成像结果散焦且分辨率下降。NUFFT 可以在实现传统的二维快速傅里叶变换过程的同时，采取一定的插值方法完成对相位偏差的校正。此时，式(6.3)的成像方法公式可修正为

$$f(x,y,z) = \text{IFT3}\left\{\text{NUFFT2}\left[s(X,Y)\right]\exp(-\text{j}k_z Z_0)\right\} \tag{6.21}$$

式中，NUFFT2 代表二维快速非均匀傅里叶变换。

为了证明该方法的有效性，这里采取仿真实验进行验证。仿真条件如下：采用频率为 220GHz 的单频信号，阵列大小为 $0.5\text{m}\times 0.5\text{m}$，阵元间距为1mm，目标平面与阵列平面间隔 1m，天线波束宽度为 60°，计算可得二维方位向分辨率为 4.2mm。目标为由电磁计算软件 CST 计算得到的长12cm、宽6cm 的坦克缩比模

型的复 RCS 数据。图 6.18(a)～(c)分别为无固定阵元位置偏差时目标的成像结果、存在由阵列扫描的加速-匀速-减速运动引入的固定阵元位置偏差的目标成像结果和采用 NUFFT 校正后的目标成像结果，其中阵列扫描运动条件下最大阵元位置偏差为 2cm。

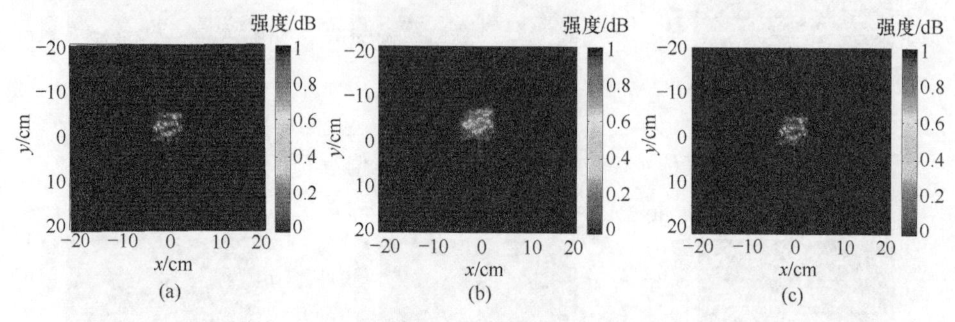

图 6.18　固定阵元位置偏差成像结果

由图 6.18 (b)的成像结果可以发现，与随机阵元位置偏差的影响不同，由天线阵列运动引入的固定阵元位置偏差的大小是固定的，并且只在竖直方向上存在，其存在会造成成像结果的分辨率下降，采取 NUFFT 校正方法后的目标成像结果与无固定阵元位置偏差成像结果基本相同。图 6.18 成像结果的图像熵值依次为 6.8157、7.3704、6.8297，校正后成像结果的图像熵值与无固定阵元位置偏差条件下基本相同，进一步验证了采用 NUFFT 进行固定阵元位置偏差校正的有效性。

本节重点研究了适用于太赫兹近场均匀阵列的成像方法和阵元位置偏差的影响及校正方法。首先分别采取基于球面波分解和驻定相位原理的方法推导了近场条件下的二维和三维 RMA，针对传统 RMA 插值的大运算量和可能存在的插值不精确的问题，提出了基于动态调整距离徙动校正因子补偿距离的 RSMA。RSMA 根据目标的距离向尺寸和系统的距离向分辨率，确定补偿距离的点数，采取不同补偿距离的距离徙动校正因子多次成像并保存对应距离平面的成像结果，最终对所有成像结果进行投影合成，在保证甚至提高成像质量的同时提高了成像速度，目标距离像尺寸越小，阵元数目越多，成像速度的提升越明显。仿真和实测数据的成像结果对 RSMA 进行了验证。

本节随后分析了阵元位置偏差对成像结果的影响，分析了由机械扫描架振动带来的随机阵元位置偏差对成像结果的影响，在不同随机阵元位置偏差百分比条件下对目标的成像结果表明，随机阵元位置偏差的存在会导致成像结果分辨率下降并且伴随出现杂散的背景噪声，随机阵元位置偏差越大，成像分辨率越差，背景噪声越大。验证了随机阵元位置偏差对成像结果的影响与信号频率和目标距离的关系，在其他参数相同的条件下，信号频率越高，目标距离越近，随机阵元位置偏差对成像结果的影响越显著。针对由线阵列扫描过程中的加速-匀速-减速过程带来的已知固定阵元位置偏差，提出了基于 NUFFT 的阵元位置偏差校正方法，并通过仿真实验验证了该方法的有效性。

6.3 “SISO-平面扫”目标三维重建

“SISO-平面扫”体制是阵列全息体制中出现最早也是技术最成熟的一种，其成像模型是二维 SAR 向三维的直接推广，典型方法如线调频变标方法(chirp scaling algorithm，CSA)、频率变标方法(frequency scaling algorithm，FSA)、RMA 均可经扩展直接用于该体制成像。近些年来，研究者还围绕该体制研究了更精确的图像重建方法[12]、部分观测孔径位置下的压缩感知成像[13,14]、更高频段如太赫兹的成像问题[15-18]等。如 6.2 节所述，当前的绝大部分研究均围绕三维成像展开。本节从新的视角审视这一传统体制，围绕新问题“三维重建”提出新的解决方法，拓展该体制能力，有助于获得更多的目标细节信息。

6.3.1 相关研究基础

本节工作是在现有阵列全息成像技术基础上建立的，为方便阐述，本小节对现有的基于“SISO-平面扫”的成像方法做一个简单回顾。本小节主要给出 RMA 和相移徙动(phase shift migration，PSM)方法的关键表达式，具体推导可以参见文献[17]，这些方法可以看作对 BPA 的近似快速实现。第 2 章讨论的球面波的平面波分解技术是这些方法的重要支撑。

“SISO-平面扫”坐标系定义如图 6.19 所示，忽略幅度衰减的回波信号为

$$s(x,y,k)=\iiint o(x',y',z') \cdot \exp\left[-2\mathrm{j}k\sqrt{(x-x')^2+(y-y')^2+z'^2}\right]\mathrm{d}x'\mathrm{d}y'\mathrm{d}z' \tag{6.22}$$

式中，x、y 为阵面上的阵元位置；$k=2\pi f/c$ 为空间波数；$o(x',y',z')$ 为目标函数，x',y',z' 为目标的三维空间坐标。在单频情况下，k 为常数，回波 $s(x,y,k)$ 退化为 $s(x,y)$，此时的单频二维成像公式为

$$\hat{o}(x,y)=\mathrm{IFFT}_{\mathrm{2D}}\left\{\mathrm{FFT}_{\mathrm{2D}}\left[s(x,y)\right]\cdot\exp(\mathrm{j}k_z z_{\mathrm{ref}})\right\} \tag{6.23}$$

式中，$k_z=\sqrt{(2k)^2-k_x^2-k_y^2}$，$k_x$、$k_y$、$k_z$ 分别为空间波数矢量在三个坐标轴方向的投影；z_{ref} 为参考距离，通常选取为目标中心距平面阵列的垂直距离，此时由于没有带宽信息，只能获得目标的二维成像，也就是目标函数在 z 方向上的投影。在宽带情况下，可以实现对目标的三维成像，宽带三维成像公式为

$$\hat{o}(x,y,z) = \mathrm{IFFT}_{3\mathrm{D}}\left(\mathrm{Interp}_{k_z}\left\{\mathrm{FFT}_{2\mathrm{D}}\left[s(x,y,k)\right]\cdot\exp\left(\mathrm{j}k_z z_{\mathrm{ref}}\right)\right\}\right) \tag{6.24}$$

式(6.24)正是 RMA 的表达式，可以看出，快速傅里叶变换和插值操作构成 RMA 成像中的主要运算。PSM 是一种相比 RMA 具有更高精度的成像方法，其成像表达式为

$$\hat{o}(x,y,z) = \int_k \mathrm{FFT}_{2\mathrm{D}}\left[s(x,y,k)\right]\cdot\exp\left(\mathrm{j}k_z z\right)\mathrm{d}k \tag{6.25}$$

在式(6.24)中 z_{ref} 为一个常数，但在式(6.25)中 z 为一个变量，由于绕过了插值操作，PSM 方法更加精确，但效率也更低。

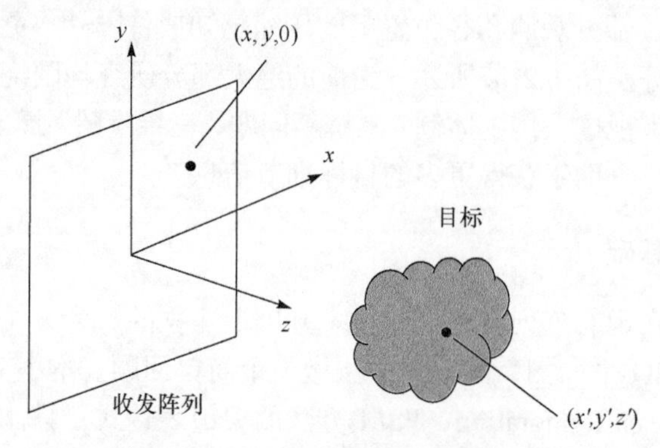

图 6.19　“SISO-平面扫”坐标系定义

Qiao 等[19]提出了一种距离分辨率增强(range resolution enhancement，RRE)方法，其研究出发点和目标与本节研究内容十分相似。在 RRE 方法中，三维成像结果中体素携带的残余相位信息被利用，从而提高了距离重建精度。该方法的基本思路如下：首先，经典的 RMA 被用于重建目标的三维复图像；然后，每条距离向中幅度峰值处的相位信息被提取并利用二维相位解缠方法获得相位分布；最后，利用相位分布与距离间的线性对应关系重建目标的深度图像。由于深度图像与点云数据可以相互转换，RRE 方法与本节所提方法所得的最终产品是相似的。但是，RRE 方法存在一些固有缺陷，本章后续小节将进行更全面的对比分析。

6.3.2　频率干涉基本理论

本节所提方法的基础是单频二维成像，下面推导单频二维成像的点扩展函数。假设场景中$(0,0,z')$处有一单位散射强度点目标，此时回波表达式为

$$s(x,y) = \exp\left(-2\mathrm{j}k\sqrt{x^2+y^2+z'^2}\right) \tag{6.26}$$

将式(6.26)代入式(6.23)，得

$$\begin{aligned}\hat{o}(x,y) &= \mathrm{IFFT}_{2\mathrm{D}}\left\{\mathrm{FFT}_{2\mathrm{D}}\left[s(x,y)\right]\cdot\exp\left(\mathrm{j}k_z z_{\mathrm{ref}}\right)\right\} \\ &= \iint \exp\left[\mathrm{j}k_x x + \mathrm{j}k_y y - \mathrm{j}k_z\left(z' - z_{\mathrm{ref}}\right)\right]\mathrm{d}k_x\mathrm{d}k_y \\ &= \iint \exp\left[\mathrm{j}k_x x + \mathrm{j}k_y y - \mathrm{j}\sqrt{4k^2 - k_x^2 - k_y^2}\left(z' - z_{\mathrm{ref}}\right)\right]\mathrm{d}k_x\mathrm{d}k_y\end{aligned} \tag{6.27}$$

可以看出，式(6.27)是对 $\exp\left[\mathrm{j}\sqrt{4k^2 - k_x^2 - k_y^2}\left(z' - z_{\mathrm{ref}}\right)\right]$ 的二维傅里叶逆变换，为了获得解析的点扩展函数，需对其进行近似。观察发现 $\sqrt{4k^2 - k_x^2 - k_y^2}$ 是关于 k_x、k_y 的一个球面函数且具有轴对称特性，因此采用二次多项式 $ak_x^2 + ak_y^2 + b$ 对其进行拟合，令两者在 $(0,0)$ 处的各阶导数相同。采用上述思路，点扩展函数可近似为

$$\hat{o}(x,y) = \iint \exp\left[\mathrm{j}\left(\frac{1}{2k}k_x^2 + \frac{1}{2k}k_y^2 - 2k\right)\left(z' - z_{\mathrm{ref}}\right)\right]\cdot\exp\left(\mathrm{j}k_x x + \mathrm{j}k_y y\right)\mathrm{d}k_x\mathrm{d}k_y \tag{6.28}$$

发现式(6.28)的二重积分可以写成关于 k_x、k_y 分离的两个一重积分：

$$\begin{aligned}\hat{o}(x,y) \approx \exp\left[-\mathrm{j}2k\left(z' - z_{\mathrm{ref}}\right)\right]\cdot\int_{-k\sin(\theta/2)}^{k\sin(\theta/2)}\exp\left(\mathrm{j}k_x x + \mathrm{j}\frac{z' - z_{\mathrm{ref}}}{2k}k_x^2\right)\mathrm{d}k_x \\ \cdot\int_{-k\sin(\theta/2)}^{k\sin(\theta/2)}\exp\left(\mathrm{j}k_y y + \mathrm{j}\frac{z' - z_{\mathrm{ref}}}{2k}k_y^2\right)\mathrm{d}k_y\end{aligned} \tag{6.29}$$

式中，θ 为天线波束张角。利用驻定相位原理可求得上述积分的近似解为

$$\begin{aligned}\hat{o}(x,y) \approx{} & \exp\left[-\mathrm{j}2k\left(z' - z_{\mathrm{ref}}\right)\right]\cdot\frac{k\pi}{2\left(z' - z_{\mathrm{ref}}\right)}\cdot\mathrm{e}^{\mathrm{j}\pi/2} \\ & \cdot\exp\left[\frac{-\mathrm{j}x^2 k}{2\left(z' - z_{\mathrm{ref}}\right)}\right]\exp\left[\frac{-\mathrm{j}y^2 k}{2\left(z' - z_{\mathrm{ref}}\right)}\right] \\ & \cdot\mathrm{rect}\left[\frac{x}{2\left(z' - z_{\mathrm{ref}}\right)\sin(\theta/2)}\right]\mathrm{rect}\left[\frac{y}{2\left(z' - z_{\mathrm{ref}}\right)\sin(\theta/2)}\right]\end{aligned} \tag{6.30}$$

其中

$$\mathrm{rect}(x) = \begin{cases}1, & -0.5 < x < 0.5 \\ 0, & \text{其他}\end{cases}$$

需要说明的是，在推导中为了方便获得解析的表达式，将 $\sqrt{4k^2 - k_x^2 - k_y^2}$ 近似为 $-k_x^2/(2k) - k_y^2/(2k) + 2k$ 时并未考虑 k_x 、k_y 之间的耦合关系。因此，点扩展函数也可写成关于 x 、y 可分离的形式，这并不是严格准确的表达式，但其反映出的基本性质已满足后续研究的需要。由式(6.30)可以得到以下信息：① $z' - z_{\mathrm{ref}}$ 越大，点扩展函数的横向尺度也越大；②令 $x = 0$ 、$y = 0$ ，则 $\angle\hat{o}(0,0) = 2k\left(z' - z_{\mathrm{ref}}\right) -$

$\pi/2$，可以看出，k 越大，$\angle\hat{o}(x,y)$ 也越大。再次观察二维成像公式可以发现，成像过程也可用滤波理论进行解释，成像过程就是在谱域利用滤波器 $H=\exp(-\mathrm{j}k_z z_{\mathrm{ref}})$ 对回波进行滤波的过程。可以看出，滤波器需选择参数 z_{ref}，当 $z_{\mathrm{ref}}=z'$ 时，滤波器成为回波信号的匹配滤波器；z_{ref} 偏离 z' 越大，滤波器的失配程度也越高，并带来了点扩展函数的展宽与附加相位项 $\exp\left[-\mathrm{j}2k\left(z'-z_{\mathrm{ref}}\right)\right]$。

在以往的成像中，相位信息通常被直接省去，仅用幅度作为二维成像结果。本书恰恰要利用相位信息，通过若干不同频点回波数据的干涉处理，获得目标的三维信息。设分别在两个频点 k_1、k_2 下获得了点扩展函数 $\hat{o}(x,y,k_1)$ 和 $\hat{o}(x,y,k_2)$，讨论以下表达式：

$$\varphi(x,y,k_1,k_2)=\angle\left[\hat{o}(x,y,k_1)\cdot\hat{o}^*(x,y,k_2)\right] \tag{6.31}$$

式中，$\varphi(x,y,k_1,k_2)$ 为利用频率干涉方法获得的点扩展函数干涉图像。为了体现干涉图像的主要性质，本节重点关注主瓣峰值处的干涉结果，令 $x=0$、$y=0$，则有

$$\varphi(0,0,k_1,k_2)=\angle\left[\hat{o}(0,0,k_1)\cdot\hat{o}^*(0,0,k_2)\right]=-2\Delta k\Delta z \tag{6.32}$$

式中，$\Delta k=k_1-k_2$；$\Delta z=z'-z_{\mathrm{ref}}$。对于固定的 Δk，干涉所得相位与 Δz 呈线性关系，这样就可以利用不同频点间的干涉相位推演获得目标的深度信息。需要注意的是，相位的范围不超过 2π，特别地，式(6.32)需满足

$$0<2\Delta k\Delta z<2\pi\rightarrow 0<\Delta z<c/(2\Delta k) \tag{6.33}$$

式(6.33)说明，利用干涉相位获得的深度图像的不混叠范围为 $c/(2\Delta k)$，这一结论与雷达成像中的距离像不混叠范围相同。当目标的深度范围超过不混叠距离时，目标图像将发生相位缠绕，此时，在恢复目标深度信息前还需要进行相位解缠。于是，深度成像公式可以写为

$$\Delta\hat{z}(x,y)=-\mathrm{unwrap}\left[\varphi(x,y,k_1,k_2)\right]/(2\Delta k) \tag{6.34}$$

式中，$\mathrm{unwrap}(\cdot)$ 为相位解缠函数。在此期间，仅 k_1 和 k_2 两个频点的信息被用于重建目标的深度图像 $\Delta\hat{z}(x,y)$，剩余的宽带信息并未得到利用。因此，从估计理论的角度看，式(6.34)所示统计量并非关于 $\Delta z(x,y)$ 的充分统计量。为获得一个更好的估计器，下面在式(6.34)的基础上推导一个更精确的估计。假设最小波数值为 $k_{\min}$，波数采样间隔为 δk，总采样点数为 N_k，则可得到 N_k 个不同的点扩展函数 $\hat{o}(x,y,k_{\min}+m\cdot\delta k)$，其中 $m=0,1,2,\cdots,N_k-1$，将每个 $\hat{o}(x,y,k_{\min}+m\cdot\delta k)$ 与 $\hat{o}(x,y,k_{\min})$ 进行频率干涉，可得 N_k-1 个不同的干涉相位图为

$$\varphi(x,y,m)=\angle\left[\hat{o}(x,y,k_{\min}+m\cdot\delta k)\cdot\hat{o}^*(x,y,k_{\min})\right] \tag{6.35}$$

式中，$m=1,2,\cdots,N_k-1$。与式(6.32)相似，令 $x=0$、$y=0$，可得

$$\varphi(0,0,m)=-2m\delta k\Delta z,\quad m=1,2,\cdots,N_k-1 \tag{6.36}$$

式(6.36)解释了干涉相位与目标相对深度的关系，据此，可得最小二乘意义下的充分统计量为

$$\Delta\hat{z}(x,y)=-\frac{\sum_{m=1}^{N_k-1} m\cdot \operatorname{unwrap}\left[\varphi(x,y,m)\right]}{2\delta k\cdot\sum_{m=1}^{N_k-1} m^2} \tag{6.37}$$

式(6.37)中相位解缠算子 $\operatorname{unwrap}(\cdot)$ 的具体实现方法将在 6.3.4 节介绍。由上面的重建过程可以看出，重建的最终结果为目标的相对深度 Δz，若要求出绝对深度，则需选定一个参考点并求出其绝对深度。需要说明的是，在利用频点干涉方法提取目标深度信息时，有两点潜在的假设：①针对相同的 x、y 坐标，只在一个距离单元中存在目标，当多个距离单元都存在目标时，干涉相位与目标深度之间将不再满足简单的线性关系；②目标具有较强的散射强度，虽然提取深度信息时只利用了相位信息，但在实际情况下，旁瓣和噪声的存在使得散射强度较弱的目标的相位受到来自周围目标和背景噪声的较大扰动，从而使得干涉相位中包含的目标深度信息受到干扰。

6.3.3　信噪比提升与方法步骤

6.3.2 节阐述了基于频率干涉的三维重建基本原理。在实际应用中，基于单频全息的二维成像可能受到噪声和相干斑的干扰，从而影响干涉处理的效果。为了缓解这一问题，本小节提出了一种可提升信号并抑制相干斑的重建方法。其基本思路如下：对于选定的两个频点 k_1、k_2，不再是直接对两个频点的图像 $\hat{o}(x,y,k_1)$ 和 $\hat{o}(x,y,k_2)$ 进行干涉，而是先分别以 k_1、k_2 为中心，对其周围 k_Δ 范围内频点对应的图像进行相干叠加获得新的图像 $\hat{o}'(x,y,k_1)$ 和 $\hat{o}'(x,y,k_2)$，再对 $\hat{o}'(x,y,k_1)$ 和 $\hat{o}'(x,y,k_2)$ 进行干涉处理。上述过程的示意图如图 6.20 所示，其中符号“+”代表多幅图像的相干叠加。

下面给出上述过程的公式化描述，依据式(6.30)的点扩展函数，新图像 $\hat{o}'(x,y,k_1)$ 的表达式可写为

$$\hat{o}'(x,y,k_1)=\int_{k_1-k_\Delta/2}^{k_1+k_\Delta/2}\hat{o}(x,y,k)\mathrm{d}k \tag{6.38}$$

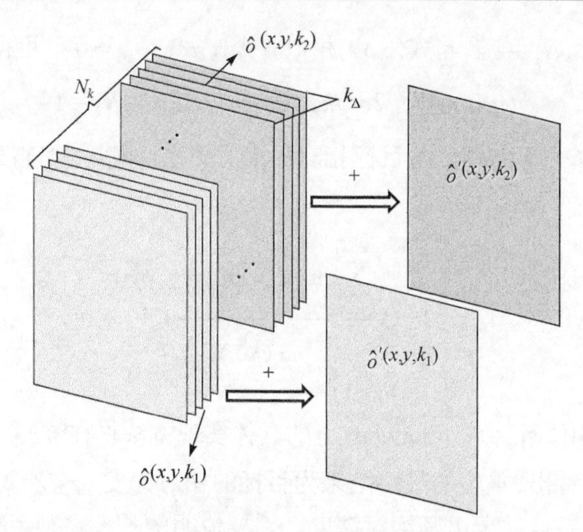

图 6.20　提升信噪比的频率干涉方法示意图

为了简化推导过程并突出主要结论，此处只关注目标函数主瓣峰值处的性质，即$\hat{o}'(0,0,k_1)$的性质。将式(6.30)代入式(6.38)并令$x=0$、$y=0$，可得

$$\begin{aligned}\hat{o}'(0,0,k_1)&=\int_{k_1-k_\Delta/2}^{k_1+k_\Delta/2}\exp\left[-\mathrm{j}2k\left(z'-z_{\mathrm{ref}}\right)\right]\cdot\frac{k\pi}{2\left(z'-z_{\mathrm{ref}}\right)}\cdot\mathrm{e}^{\mathrm{j}\pi/2}\mathrm{d}k\\&\approx\frac{k_\Delta k_1\pi}{2\left(z'-z_{\mathrm{ref}}\right)}\mathrm{e}^{\mathrm{j}\pi/2}\mathrm{sinc}\left[k_\Delta\left(z'-z_{\mathrm{ref}}\right)\right]\exp\left[-\mathrm{j}2k_1\left(z'-z_{\mathrm{ref}}\right)\right]\end{aligned}\tag{6.39}$$

在式(6.39)中，通常情况下$k_\Delta \ll k_1$，被积函数中的幅度包络项$k\pi/\left[2\left(z'-z_{\mathrm{ref}}\right)\right]$被近似为$k_1\pi/\left[2\left(z'-z_{\mathrm{ref}}\right)\right]$，从而简化了运算。与式(6.31)和式(6.32)类似，可知干涉相位图可表示为

$$\varphi'\left(x,y,k_1,k_2\right)=\angle\left[\hat{o}'\left(x,y,k_1\right)\cdot\hat{o}'^{*}\left(x,y,k_2\right)\right]\tag{6.40}$$

将式(6.39)代入式(6.40)并令$x=0$、$y=0$，可得

$$\begin{aligned}\varphi'\left(0,0,k_1,k_2\right)&=\angle\left[\hat{o}'\left(0,0,k_1\right)\cdot\hat{o}'^{*}\left(0,0,k_2\right)\right]\\&=2\left(k_1-k_2\right)\left(z'-z_{\mathrm{ref}}\right)=-2\Delta k\Delta z\end{aligned}\tag{6.41}$$

对比式(6.41)和式(6.32)可以发现，加入了信噪比提升步骤后并没有改变干涉相位图的性质，即$\varphi'\left(0,0,k_1,k_2\right)$和$\Delta z$之间的正比例关系。基于频率干涉的三维重建方法步骤总结如下。

(1) 利用传统的单频二维全息成像方法得到每个频点对应的二维图像。

(2) 选取适当的k_Δ并依据式(6.38)计算新的二维图像$\hat{o}'\left(x,y,k'_{\min}+m\cdot\delta k\right)$。

(3) 利用式(6.42)计算干涉相位图：

$$\varphi'(x,y,m)=\angle\left[\hat{o}'(x,y,k'_{\min}+m\cdot\delta k)\cdot\hat{o}'^{*}(x,y,k'_{\min})\right] \tag{6.42}$$

式中，$k'_{\min}=k_{\min}+k_{\Delta}/2$。

(4) 对干涉相位图 $\varphi'(x,y,m)$ 进行相位解缠，并利用式(6.43)进行目标三维重建：

$$\Delta\hat{z}(x,y)=-\frac{\sum_{m=1}^{N'_k-1} m\cdot\mathrm{unwrap}\left[\varphi'(x,y,m)\right]}{2\delta k\cdot\sum_{m=1}^{N'_k-1} m^2} \tag{6.43}$$

式中，$N'_k=N_k-k_{\Delta}/(\delta k)$。

由式(6.38)和式(6.25)可以看出，对 $(k_1-k_{\Delta}/2,k_1+k_{\Delta}/2)$ 范围内的图像 $\hat{o}(x,y,k)$ 求和的过程，实际就是对三维图像的 $z=z_{\mathrm{ref}}$ 切片进行成像。从 RMA 的角度看，求和就是求零频处的傅里叶系数，从成像的物理意义角度进行解释，也就是求三维图像中参考距离处对应的切片图像。不同的是，在 RMA 或者 PSM 方法中，求和是对所有 N_k 个频点数据进行的，而这里仅对一定范围内的频点数据进行求和。众所周知，距离向分辨率与带宽成反比，使用小带宽的数据将导致距离向分辨率的恶化，即距离单元的尺寸变大，这样距离单元将包含一定深度范围内的目标信息。从分辨率的角度看，距离单元尺寸变大降低了分辨能力，但是从干涉的角度看，这正是其期望和需要的。正是距离单元中包含了一定深度范围内的目标信息，才使得利用干涉的方法能够提取出目标的三维信息。因此，尽管越大的 k_{Δ} 越有利于获得高信噪比的图像，但 k_{Δ} 的选择不应过大。在此，依据式(6.39)对选取的 k_{Δ} 的上限做如下限定：

$$k_{\Delta}<\frac{\pi}{D_z},\quad D_z=\max|z'|-\min|z'| \tag{6.44}$$

式中，D_z 为目标的深度范围。在式(6.44)的限制下，可以保证式(6.38)中获得的距离切片中包含了所有深度的目标信息。另外，假设 k_{Δ} 中包含的频点数为 $N_{k_{\Delta}}$ 个，则与 SAR 中增加孔径数目能提高信噪比类似，利用所提方法提高的图像信噪比可表示为

$$\Delta\mathrm{SNR}=10\lg\left(N_{k_{\Delta}}\right) \tag{6.45}$$

由前面的分析可知，图像信噪比越高，目标像素携带的相位信息越能准确地表征其深度信息。

6.3.4 相位解缠与序贯估计

本小节首先给出前面涉及的相位解缠算子 $\mathrm{unwrap}(\cdot)$ 的详细定义，然后介绍一

种三维重建的序贯实现方法。针对相位缠绕，本小节提出一种同时利用一大一小两个 Δk 进行相位解缠的方法。其基本思路如下：首先，选取一个较小的不会引起相位缠绕的 Δk 值用于粗略地恢复一个初始的 Δz；然后，选取一个更大的可能引起相位缠绕的 Δk 值，并利用基于小 Δk 值恢复的无相位缠绕的 Δz 作为先验，以辅助对较大 Δk 值获得的相位干涉图的解缠操作。在此以一个小的 Δk_{S} 和一个大的 Δk_{L} 为例对相位解缠算子进行公式化描述。

Δk_{S} 需要足够小以保证不会产生相位缠绕现象，即其满足

$$d_{\mathrm{S}}=\frac{\pi}{\Delta k_{\mathrm{S}}}>D_{z} \tag{6.46}$$

式中，d_{S} 为与 Δk_{S} 对应的距离不混叠范围。于是，可直接恢复得到相应的 Δz_{S}：

$$\Delta z_{\mathrm{S}}(x,y)=-\varphi(x,y,\Delta k_{\mathrm{S}})(2\Delta k_{\mathrm{S}}) \tag{6.47}$$

为了书写简洁，下面将 $\Delta z_{\mathrm{S}}(x,y)$ 简写为 Δz_{S}。与式(6.46)相似，可得 Δk_{L} 对应的不混叠距离为

$$d_{\mathrm{L}}=\frac{\pi}{\Delta k_{\mathrm{L}}} \tag{6.48}$$

若 $d_{\mathrm{L}}<D_{z}$，即 Δk_{L} 导致 $\varphi(x,y,\Delta k_{\mathrm{L}})$ 发生了缠绕，则首先利用 $\varphi(x,y,\Delta k_{\mathrm{L}})$ 直接得到混叠的 $\Delta z_{\mathrm{L}}'$，再利用已知的 Δz_{S} 对 $\Delta z_{\mathrm{L}}'$ 进行修正。依据这一思路，最终恢复得到的 Δz_{L} 可表示为

$$\Delta z_{\mathrm{L}}=\Delta z_{\mathrm{L}}'+\left[\frac{\Delta z_{\mathrm{S}}-\Delta z_{\mathrm{L}}'}{d_{\mathrm{L}}}\right]\cdot d_{\mathrm{L}} \tag{6.49}$$

式中，$\Delta z_{\mathrm{L}}'=\varphi(x,y,\Delta k_{\mathrm{L}})/(2\Delta k_{\mathrm{L}})$；$[\cdot]$代表取整运算符。至此，重建得到了目标深度图像。以上例子只选择了两级 Δk，若需要多级 Δk，则只需将上述 Δz_{L}、Δk_{L} 看作新的 Δz_{S}、Δk_{S}，并选择更大的 Δk_{L} 重复上述过程。

可以发现，上面定义的相位解缠方法与 InSAR 或 RRE 中采用的传统二维相位解缠方法不同，主要区别在两个方面：第一，在式(6.49)所示的相位解缠操作中，各像素是相互独立的，而 InSAR 或 RRE 中的二维相位解缠依赖像素间的相互关联；第二，依据式(6.49)进行相位解缠时，需要用更小的 Δk 获得无缠绕的相位图作为输入，也就是该方法依赖第一步的相位解缠结果，这使得整个重建过程更适合用序贯方式实现。

下面基于式(6.37)介绍三维重建的序贯实现方法，首先将式(6.37)简写为

$$\Delta\hat{z}(N) = -\frac{\sum_{m=1}^{N-1} m \cdot \text{unwrap}\left[\varphi(m)\right]}{2\delta k \cdot \sum_{m=1}^{N-1} m^2} \tag{6.50}$$

为实现序贯估计，定义如下变量：

$$\begin{cases} A(N) = \sum_{m=0}^{N-1} m \cdot \text{unwrap}\left[\varphi(m)\right] \\ B(N) = \sum_{m=0}^{N-1} m^2 \end{cases} \tag{6.51}$$

于是，有

$$\Delta\hat{z}(N) = -\frac{A(N)}{2\delta k \cdot B(N)} \tag{6.52}$$

根据式(6.51)，容易得到其迭代计算形式为

$$\begin{cases} A(N+1) = A(N) + N \cdot \text{unwrap}\left[\varphi(N)\right] \\ B(N+1) = B(N) + N^2 \end{cases} \tag{6.53}$$

根据前面定义的 $\text{unwrap}(\cdot)$，需要前一步估计 $\Delta\hat{z}(N)$ 作为输入，于是根据式(6.48)和式(6.49)可得

$$\begin{cases} \Delta z_{\text{L}}' = -\dfrac{\varphi(N)}{2N \cdot \delta k} \\ \Delta z_{\text{L}} = \Delta z_{\text{L}}' - \left[\dfrac{\Delta z(N) - \Delta z_{\text{L}}'}{\pi/(N \cdot \delta k)}\right] \cdot \dfrac{\pi}{N \cdot \delta k} \\ \text{unwrap}\left[\varphi(N)\right] = -\Delta z_{\text{L}} \cdot 2N \cdot \delta k \end{cases} \tag{6.54}$$

通过几步简单的代数运算，式(6.54)可化简为

$$\text{unwrap}\left[\varphi(N)\right] = \varphi(N) + 2\pi \cdot \left[\frac{A(N)/B(N) \cdot N}{2\pi} - \frac{\varphi(N)}{2\pi}\right] \tag{6.55}$$

于是，$A(N)$、$B(N)$ 可依据式(6.51)、式(6.53)和式(6.55)进行迭代计算，最终估计 $\Delta z(x, y)$ 可由式(6.52)获得。

6.3.5　数值仿真结果

这里共开展三组仿真实验用于全面验证本节所提方法的有效性，并与现有方法进行性能对比。仿真 1 对所提的信噪比提升方法进行验证，对比方法在不同信噪比下的表现。仿真 2 将本节所提方法与现有其他方法进行对比。仿真 3 专门针对一种特殊情况，即在目标表面深度存在阶跃变化时，验证本节所提方法的有效性。

仿真 1：信噪比提升前与信噪比提升后

本仿真用于验证 6.3.3 节所提 SNR 提升方法的有效性。以一个倾斜放置的由密集分布的理想散射点组成的矩形板为重建对象，其在 x-y 平面上的投影是一个边长为15cm 的正方形，其几何中心到天线阵列($z=0$平面)的距离为 25cm，其几何示意图如图 6.21 所示。在本仿真中，目标回波由 MATLAB 基于式(6.56)生成：

$$s(x,y,k)=\sum\sum\sum o(x',y',z')\frac{\exp(2\mathrm{j}kr)}{r^2}\Delta x'\Delta y'\Delta z' \tag{6.56}$$

式中，$r=\sqrt{(x-x')^2+(y-y')^2+z'^2}$，仿真频率范围为 33～37GHz，频点数 $N_k=501$，天线阵列尺寸为$36\text{cm}\times 36\text{cm}$，阵元间隔为4mm。生成回波后，复高斯白噪声被加入以使 SNR 为10dB。

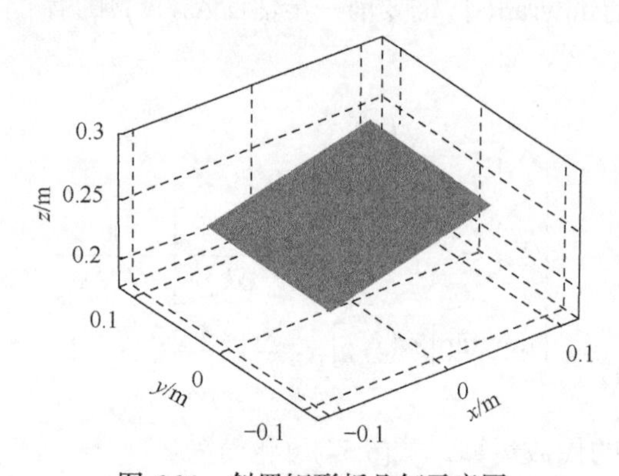

图 6.21　斜置矩形板几何示意图

图 6.22 和图 6.23 展示了 SNR 为10dB 时 SNR 提升前后二维成像结果与三维重建结果。SNR 提升方法中参数 N_{k_Δ} 设为 201。由图 6.22 可以看出，基于 SNR 提升方法中部分频带数据被用于二维成像，因此所得图像 SNR 有显著提升，这一提升直接改善了三维重建的效果。由图 6.23 可以看出，在当前 SNR 下，SNR 提升前后均能基本恢复目标轮廓的起伏变化，SNR 提升后的重建效果明显好于 SNR 提升前。

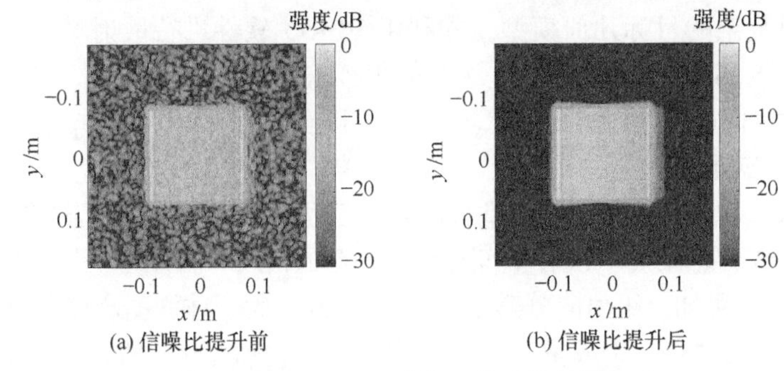

图 6.22　斜置矩形板 33.8GHz 单频二维成像结果(SNR=10dB)

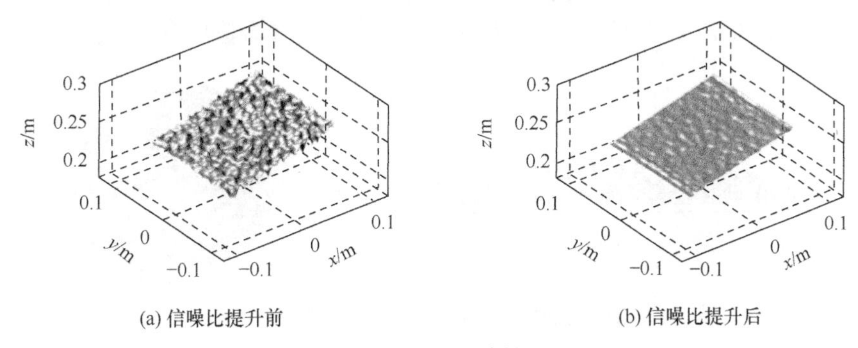

图 6.23　斜置矩形板三维重建结果(SNR=10dB)

下面以 RMSE 为定量指标，在不同 SNR 下对 SNR 提升前后的重建误差进行对比，结果列于表 6.2 中。可以看出，当 SNR 为10dB时，SNR 提升前后的重建精度相近，SNR 提升后方法的重建精度稍高于 SNR 提升前。当 SNR 降为 5dB 时，重建精度均有所下降，同时 SNR 提升前后的性能差距也在增大。当 SNR 降至 0dB 时，SNR 提升前后的差距已十分明显，此时重建精度性能的差距接近两个数量级。在信噪比由10dB降为0dB过程中，不提升 SNR 的重建精度下降了两个数量级，而提升 SNR 的重建精度较之前相差不到0.1mm 。这说明，SNR 提升方法可有效提高重建过程对噪声的鲁棒性。

表 6.2　斜置矩形板 SNR 提升前后重建精度对比

SNR/dB	信噪比提升前 RMSE/mm	信噪比提升后 RMSE/mm
10	0.79	0.49
5	1.1	0.52
0	43	0.58

仿真 2：本节所提方法与其他方法

为了更好地模拟实际物体的散射，从而更好地检验本节所提方法，本节建立了一个相对复杂的目标几何模型，并利用 FEKO 软件进行散射场计算。目标几何模型如图 6.24 所示，其上表面为部分球面，球面半径为 40cm，基板底部直径为 20cm，球面高度差约为1.27cm，仿真中材料设定为理想导电体(perfect electronic conductor，PEC)。

在 FEKO 软件计算中，将电偶极子作为激励源，计算求解近场散射场。计算所用频段、观测孔径大小和采样间隔均与仿真 1 相同。由计算中使用的信号频率为 33～37GHz 可知，距离向分辨率约为3.75cm，大于球面的高度差1.27cm。因此，对于传统的全息三维成像，1.27cm 内的目标轮廓变化是难以分辨的。在本仿真中，分别选取基于 RMA 成像的三维重建(以距离向峰值像素位置作为表面深度估计)和 RRE 方法与本节所提方法进行对比。本节所提方法中参数 N_{k_Δ} 设为 201。

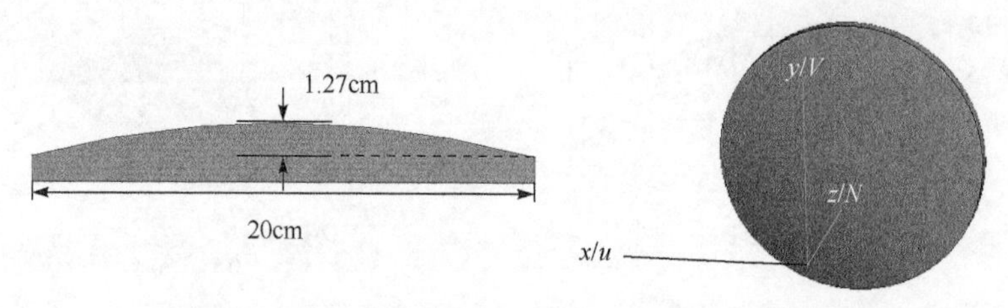

图 6.24　三维重建仿真 2 所用几何模型示意图

图 6.25 分别展示了基于 RMA 的重建方法、RRE 方法和本节所提方法进行三维重建的结果。可以看出，传统 RMA 由于距离向分辨率的限制，其重建结果呈现阶跃式跳变，无法反映球面轮廓的变化细节。RRE 方法利用三维复图像中的相位信息，因此具有对距离向分辨率内物体表面轮廓变化的描述能力。对比图 6.25(a)与图 6.25(b)可以发现，与图 6.25(a)中重建结果发生突变的位置对应，图 6.25(b)中相应位置也有轻微的波动。直观地，与前两种方法对比，本节所提方法获得了更好的重建结果。图 6.26 绘制了 $y = 0$cm 处的重建截面，从中可以得到更多信息。

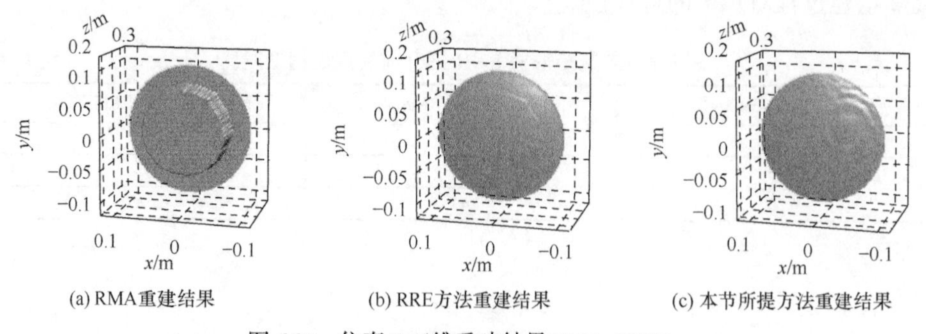

图 6.25　仿真 2 三维重建结果(SNR=10dB)

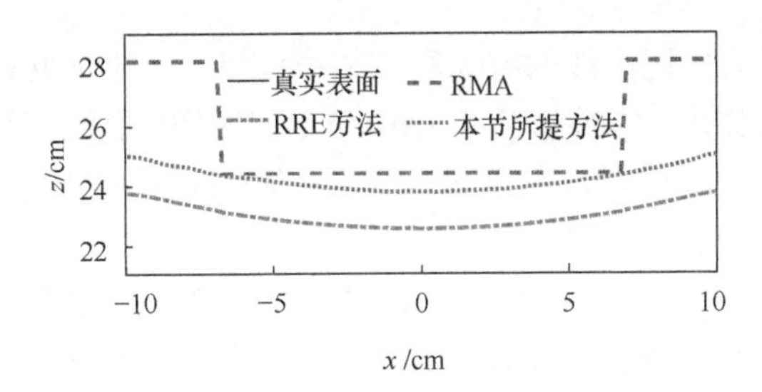

图 6.26　仿真 2 三维重建结果截面图(y=0cm)

Qiao 等[19]提到 RRE 方法重建的目标轮廓的绝对深度会存在一定的偏移，具体偏移量受到带宽等成像参数的影响。这一点在图 6.26 中可以清晰地观察到。相比之下，本节所提方法同样利用了回波相位信息，但利用方式与 RRE 方法在三维成像基础上进行二维相位解缠不同，本节所提方法提出并使用了频率干涉技术。由图 6.26 可以看出，本节所提方法能准确地、无偏移地重建物体表面轮廓。为了更全面地对以上三种方法进行分析，下面分别以偏移量和 RMSE 为指标，对比三种方法重建性能随 SNR 的变化，如表 6.3 所示。

表 6.3　仿真 2 不同方法重建性能随 SNR 变化的对比

SNR/dB	RMA		RRE 方法		本节所提方法	
	偏移量/mm	RMSE/mm	偏移量/mm	RMSE/mm	偏移量/mm	RMSE/mm
10	−21	16	21	0.40	−0.070	0.22
5	−21	16	12	0.40	−0.059	0.24
0	−21	16	12	0.40	−0.066	0.31
−5	−21	16	3.8	0.40	−0.058	0.45
−10	−21	16	3.8	0.40	−0.047	0.75

由表 6.3 可以看出，随着 SNR 的降低，RMA 和 RRE 方法都体现出了良好的噪声鲁棒性，RMA 由于没有利用相位信息，无法对亚分辨率级的目标轮廓变化进行刻画，其重建性能始终保持在较低水平。RRE 方法具有良好的重建精度，但该方法依赖 RMA 的三维成像结果且二维相位解缠过程对初相敏感、易受噪声影响，因此其偏移量具有一定的随机性。本节所提方法在重建精度和偏移量方面都具有良好的表现。在偏移量方面，本节所提方法的偏差保持在微米级，在 RMSE 方面，当 SNR 大于 0dB 时，本节所提方法在三种方法中具有最高的重建精度，当 SNR 小于−5dB 时，本节所提方法的重建精度略低于 RRE 方法，但仍具有亚毫米级的重建精度。这说明，本节所提方法在噪声鲁棒性方面的性能比 RMA 和 RRE 方法

略有逊色，这是因为采用干涉的方式利用相位信息，相比于 RMA 和 RRE 方法并没有利用匹配滤波技术，信号能量并未得到最大限度的叠加，因此对噪声更敏感。然而，本节所提方法在偏移量方面和 SNR 较高条件下(当前的毫米波阵列全息系统通常具有较高的信噪比)仍具有明显优势。

另外，如 6.3.4 节提到的，本节所提方法所用相位解缠技术与 RRE 方法有所不同，6.3.4 节的相位解缠过程中每个像素独立进行而不依赖像素间的相关性。相比于 RRE 方法，这一性质给本节所提方法带来了新的优势，仿真 3 便用于说明这一优势。

仿真 3：目标表面深度不连续的特殊情况

本仿真同样利用 FEKO 软件进行几何建模与散射计算，几何模型示意图如图 6.28 所示，电磁仿真参数与仿真 2 相同。同样地，在仿真回波中加入复高斯白噪声以使 SNR 为10dB。由图 6.27 可以看出，该模型与前面两个仿真所用模型的最大不同在于，当前模型中存在深度的突变，即边界的不连续性。

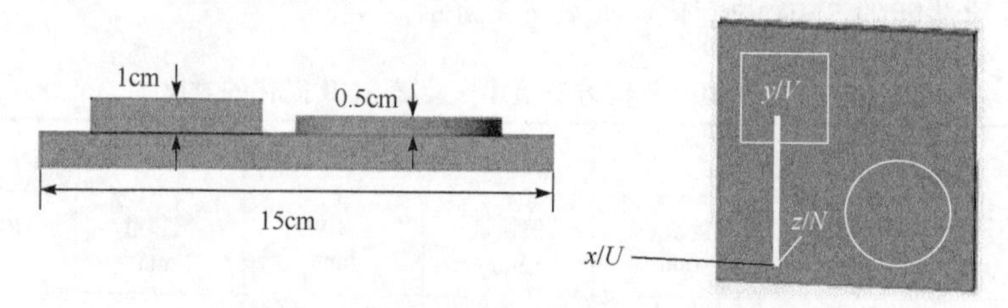

图 6.27　三维重建仿真 3 所用几何模型示意图

图 6.28 展示了三种方法的重建结果。直观地，RMA 由于距离向分辨率的限制，无法对目标表面进行精确描述，重建结果与距离像素的位置和划分方式有关，由图 6.28(a)可以看出，在当前仿真中，1cm 高的小方块与 0.5cm 高的小圆柱分别划分在了两个距离像素中，但由于距离像素的宽度受限于距离向分辨率，恢复出的1cm 高小方块的高度存在较大偏差。与仿真 2 中连续目标的重建结果不同的是，在本仿真中，RRE 方法与本节所提方法的重建结果存在较大差别。RRE 方法重建结果的起伏明显更小。这是由于 RRE 方法是在 RMA 三维成像基础上进行二维相位解缠操作，该方法依赖图像像素点间的相关性，当物体表面存在突变或不连续时，像素相位的相关性也被破坏，因此 RRE 方法在这种情况下难以获得准确的重建结果。

图 6.29 展示了不同位置截面处的重建结果，表 6.4 定量分析了三种方法重建性能随 SNR 的变化规律。可以看出，在三种方法中，本节所提方法重建结果与真实表面是最接近的。然而，仔细观察发现，本节所提方法重建结果与真实表面仍存在一定偏差，作者认为主要原因包含以下两方面：一方面，受限于系统的方位向分辨率，在设定的仿真参数下，可以计算出理论方位向分辨率约为3mm，用有

限的方位向分辨率显然无法精确描述真实表面的阶跃变化；另一方面，散射模型与理论推导中的假设存在不一致性。在理论推导中并未考虑实际散射中的遮挡、多次散射等效应，而对于图 6.27 所示的几何模型，在表面不连续处这种散射效应是存在的。综上，虽然存在以上两方面对重建不利的因素，但由仿真结果图 6.28、图 6.29 和表 6.4 可以看出，本节所提方法仍然能获得良好的重建结果。

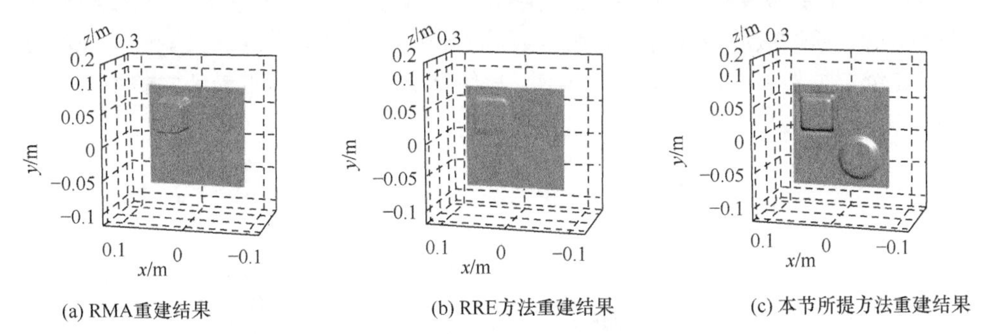

图 6.28　仿真 3 三维重建结果(SNR=10dB)

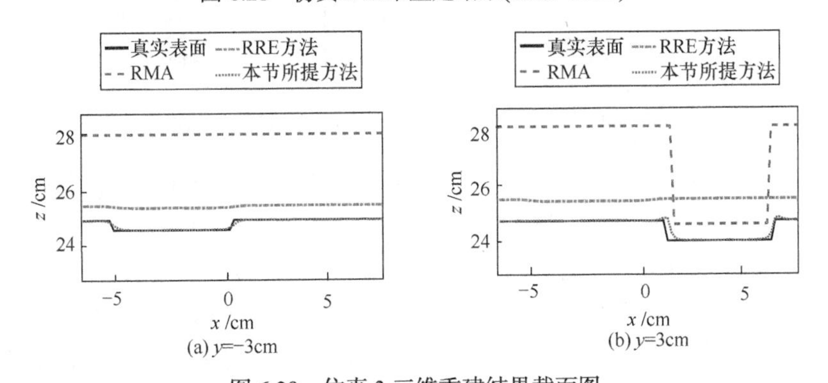

图 6.29　仿真 3 三维重建结果截面图

表 6.4　仿真 3 不同方法重建性能随 SNR 变化的对比

SNR/dB	RMA		RRE 方法		本节所提方法	
	偏移量/mm	RMSE/mm	偏移量/mm	RMSE/mm	偏移量/mm	RMSE/mm
10	−29	8.6	−2.1	3.1	−0.33	1.3
5	−29	8.6	2.2	3.1	−0.33	1.3
0	−29	8.6	−6.4	3.1	−0.32	1.3
−5	−29	8.7	−11	3.1	−0.34	1.4
−10	−29	24	6.5	3.1	−0.29	1.4

6.3.6 实验测量结果

图 6.30 展示了“SISO-平面扫”三维重建实验基本配置。个人计算机(personal computer，PC)通过串口与扫描架控制器相连，发送相应命令字控制二维扫描架的运动。PC 与矢量网络分析仪(vector network analyzer，VNA)之间通过网线连接，在 PC 端设置 VNA 参数，控制其触发并读取回波数据。其最高工作频率为 43.5GHz，通过微波电缆直接与 Ka 波段宽波束天线连接。Ka 波段宽波束天线固定在二维扫描架上，波束宽约为 50°。与仿真部分一致，在下面的实验中，设置 VNA 工作频段为 33～37GHz，扫频点数为 501。

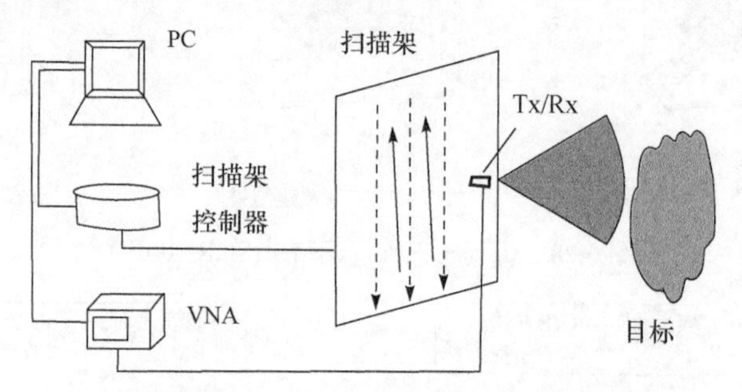

图 6.30 “SISO-平面扫”三维重建实验基本配置

图 6.31 展示了“SISO-平面扫”三维重建实验照片，其中的二维扫描架在竖直方向有两个独立的扫描轨道，在本实验中只涉及了 SISO 方式，因此发射天线和接收天线都被固定于左边的轨道，右边的轨道在本实验中并未用到。竖直方向轨道能同时沿水平轨道左右运动，从而实现二维扫描。在实验时，需要逐点扫过二维平面中每个孔径的位置，因此扫描过程是相对耗时的，根据扫描平面的大小，扫描时间将持续几十分钟至若干小时。本小节共开展三组实验，实验 1 中 6.3.5 节仿真 3 的 CAD 模型被做成实物，并对其进行实测。实验 2 对一个人体模型进行测量。实验 3 在人体模型腰部捆绑一个手枪模型。图 6.32 展示了根据图 6.27 的 CAD 模型制作的实物模型与测量场景，与仿真部分一致，扫描孔径尺寸为 36cm×36cm，扫描间隔为 4mm，目标至扫描平面距离约为 25 cm。图 6.33 展示了三种方法对该目标的实测三维重建结果。可以看出，实测结果与仿真结果保持了很好的一致性。这进一步验证了本节所提方法对类似目标具有更高的重建精度。图 6.34 展示了图 6.33 中三种方法分别在圆柱形突起和矩形突起处的重建截面。

由于实验摆放的误差，此处无法像图 6.29 中一样准确知道物体表面的真实位置，因此图 6.34 中仅包含了三种方法之间的对比。可以看出，在所给实验条件下，RMA

和 RRE 方法都无法准确重建两处深度不连续的区域。这与 RMA 受到距离向分辨率限制和 RRE 方法依赖像素点间的相互关系有关。本节所提方法得到的重建结果中则能清晰看出两个突变区域。另外还可以看出，尽管本节所提方法在三种方法中具有明显优势，但重建表面与实际物体的几何表面仍存在一定偏差。除了 6.3.5 节仿真 3 中分析的两方面因素外，由于在实际测量中使用了准单站测量方法，收发天线间存在 2～3cm 的间距，但总体来看，这些非理想因素对重建结果的影响并不明显。

图 6.31　“SISO-平面扫”三维重建实验照片

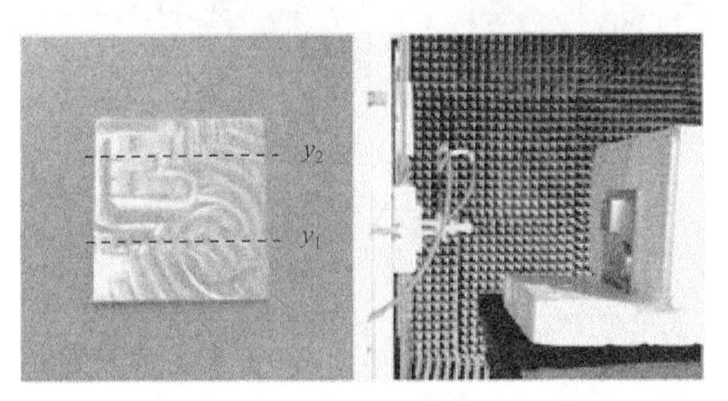

图 6.32　实验 1 实物模型与测量场景

实验 2 所用的人体模型如图 6.35 所示，扫描孔径尺寸为 $64\text{cm}\times83.6\text{cm}$，扫描间隔为 4mm，目标到扫描平面距离约为 50cm。本节所提方法中参数 N_{k_Δ} 设为

121。图 6.36 展示了 RMA 三维成像结果在 *x-z* 平面的投影和基于 SNR 提升的单频二维全息成像结果。受平面扫描的限制，物体侧面难以反映在图像中，这是因为在平面扫描过程中物体侧面接收到的波束能量远小于其他位置。因此，图像中这些位置的能量极弱，可以认为这些区域主要由噪声和旁瓣组成。−25dB 以下的像素点可认为主要由噪声和旁瓣构成，因此为了获得正确的相位信息，下面选取了强度大于−25dB 的像素点进行进一步的三维重建，实验 2 的三维重建结果见图 6.37。

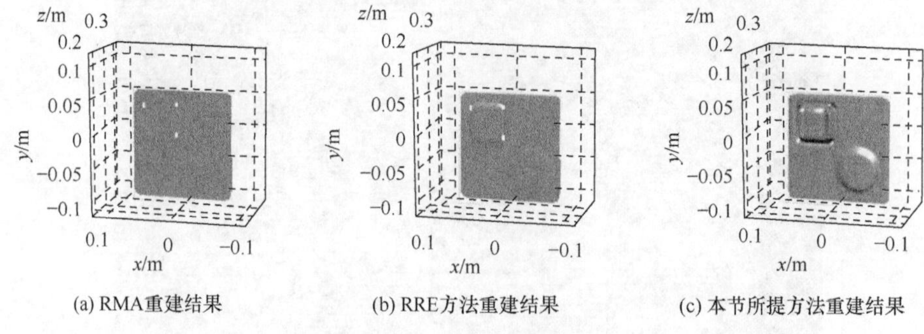

图 6.33　实验 1 三维重建结果

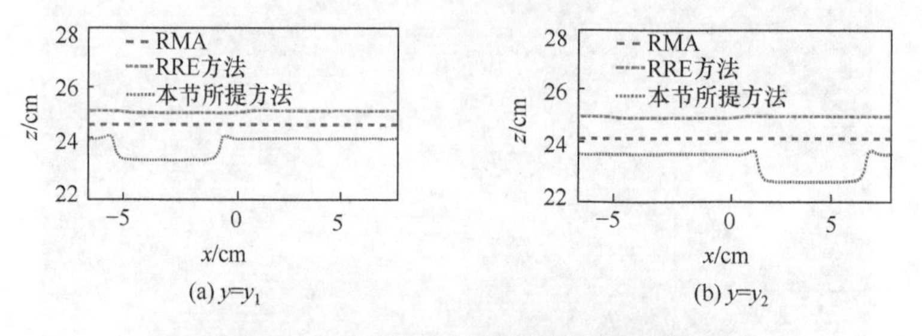

图 6.34　实验 1 三维重建结果截面图

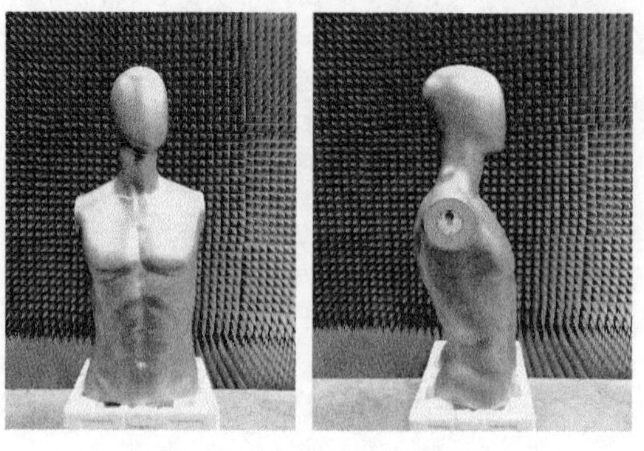

图 6.35　实验 2 人体模型

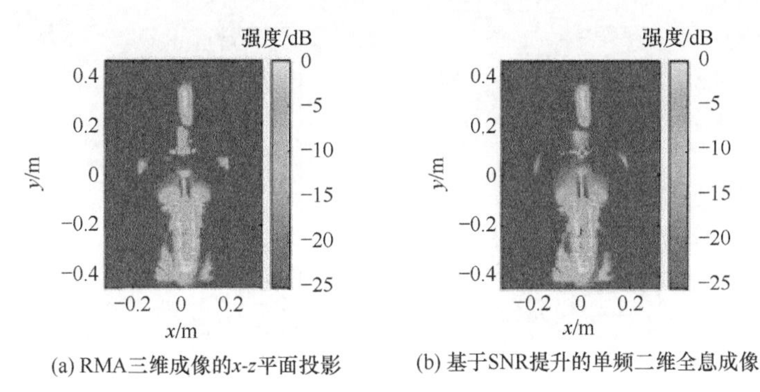

(a) RMA三维成像的x-z平面投影　(b) 基于SNR提升的单频二维全息成像

图 6.36　实验 2 成像结果

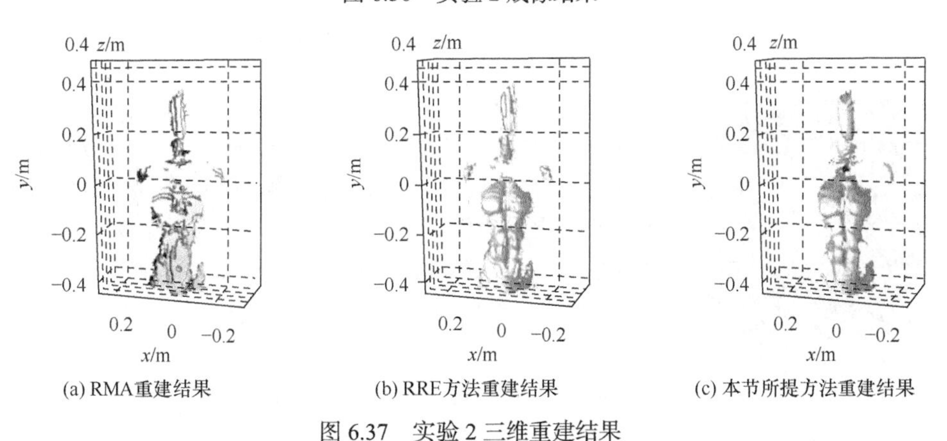

(a) RMA重建结果　(b) RRE方法重建结果　(c) 本节所提方法重建结果

图 6.37　实验 2 三维重建结果

由图 6.37 可以看出，RMA 重建结果具有明显的阶梯形状，这是由于目标表面被划分到以距离像素尺寸为单位的离散单元中。RMA 重建结果中的阶梯现象同样体现在 RRE 方法重建结果中。这与 6.3.5 节仿真 2 中观察到的现象是一致的。对比发现，所提方法的重建效果明显好于基于 RMA 的方法和 RRE 方法，人体胸部与腹部的轮廓更加平整且与图 6.35 中的光学图像一致。为了更清晰地展示所提方法的优势，图 6.38 从另一个角度展示了 RRE 方法与所提方法的重建结果。

从图 6.38 中的侧视图可以看出，RRE 方法与本节所提方法的重建结果在肩部和脖子处存在显著差别，在 RRE 方法的重建结果中，肩部和脖子与腹部和头部几乎处于同一 z 坐标附近。与图 6.35 和图 6.36 一同观察，可以发现，肩部在成像结果中并未与其他部分相连，而脖子在深度上与胸部和头部存在着不连续性，这与仿真 3 和实验 1 中的表面不连续目标具有一定相似性，而由前面的分析可知，正是由于这种不连续性，RRE 方法将难以准确恢复肩部、脖子等不连续部位与腹部、头部的相对位置关系。由图 6.38 可以看出，图 6.38(b)中本节所提方法的重构结果更符合真实情况。

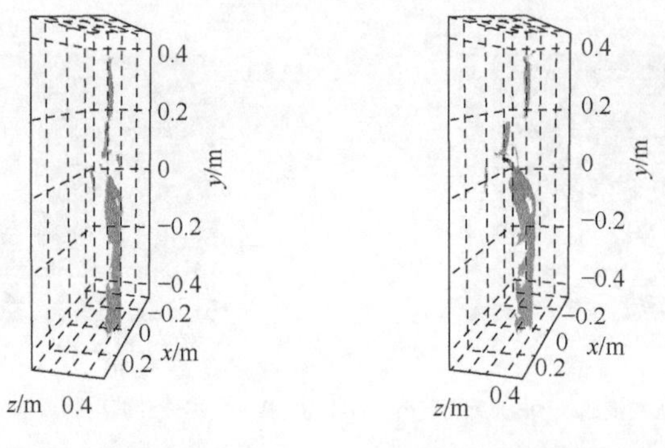

(a) RRE方法重建结果　　(b) 本节所提方法重建结果

图 6.38　实验 2 三维重建结果侧视图

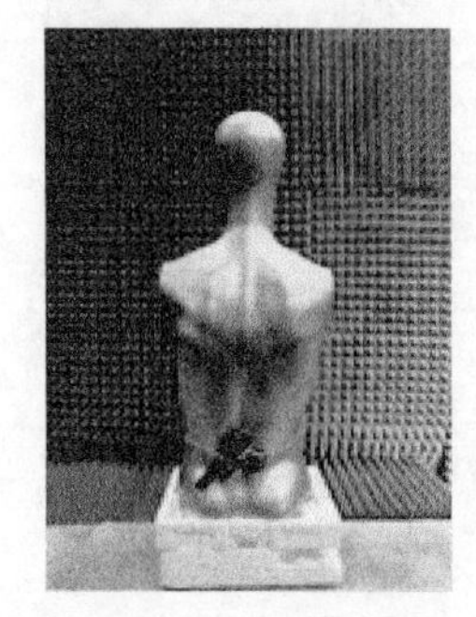

图 6.39　实验 3 实物模型

在实验 3 中，人体模型腰部固定了一只手枪模型，如图 6.39 所示，其他参数与实验 2 一致。图 6.40 分别展示了利用 RMA 获得的三维成像结果在 *x-z* 平面的投影和基于 SNR 提升方法所得单频二维全息成像结果。同样以−30dB 为界，小于−30dB 的像素点被认为主要包含噪声和旁瓣，只有−30dB 以上的像素点被进一步用于后续三维重建，实验 3 的重建结果见图 6.41。

由图 6.41 可以看出，三种方法的重建效果与图 6.37 所示结果是相似的。在此着重观察对手枪模型的重建结果，RRE 方法和本节所提方法对手枪模型的放大特写绘于图 6.42 中。由于手枪模型与人体模型腰部间存在着不连续性，因此这又属于前面提到的目标表面不连续的特殊情况。可以看出，本节所提方法能清晰地恢复出手枪轮廓，而 RRE 方法则无法进行准确重建。

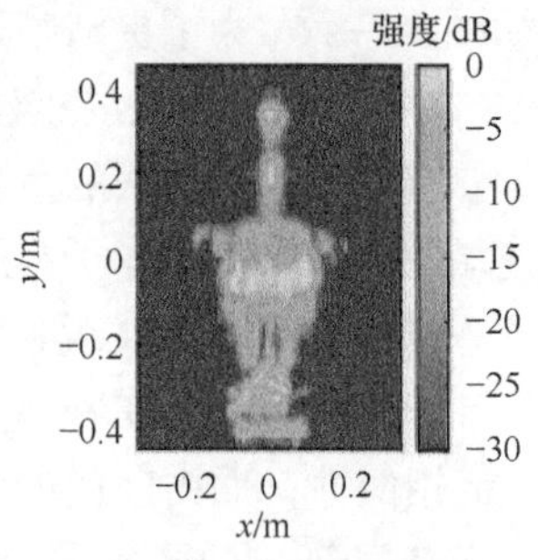

(a) RMA三维成像的*x-z*平面投影

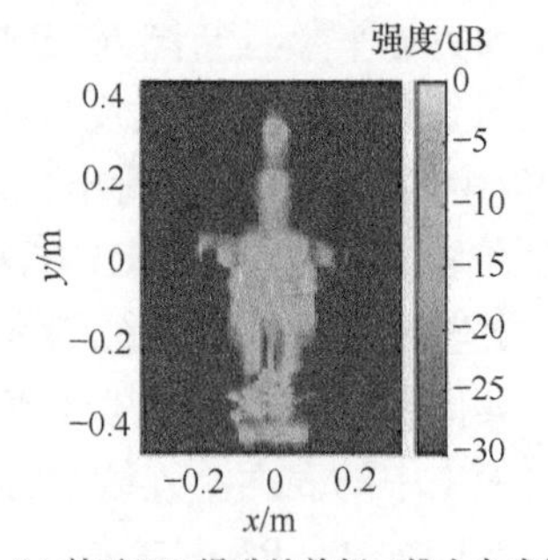

(b) 基于SNR提升的单频二维全息成像

图 6.40　实验 3 成像结果

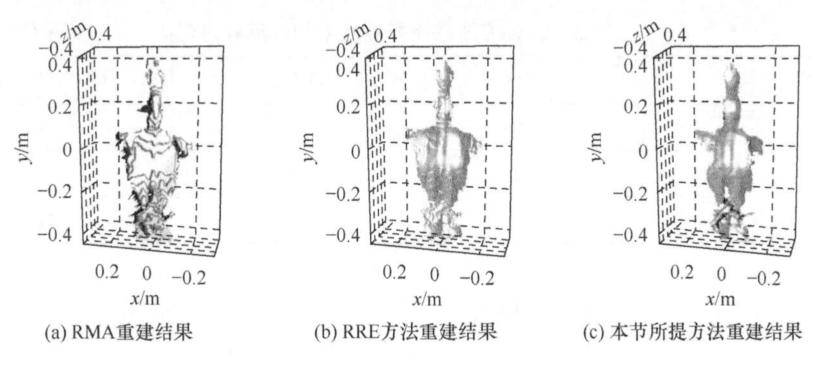

(a) RMA重建结果　(b) RRE方法重建结果　(c) 本节所提方法重建结果

图 6.41　实验 3 三维重建结果

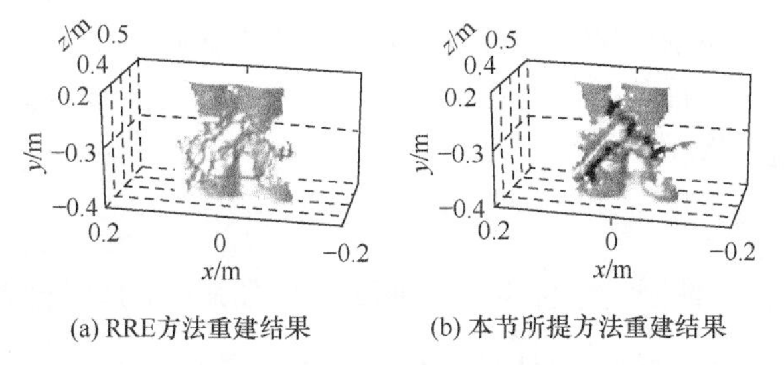

(a) RRE方法重建结果　(b) 本节所提方法重建结果

图 6.42　实验 3 三维重建结果的手枪模型特写

在以上实验中，对不规则的人体模型没有准确的 CAD 模型，因此难以对各种方法重建结果的精度给出定量的分析，但从前面的结果与分析中可以看出，对于实际复杂目标(如人体)，本节所提方法具有明显优势和更高的重建精度。虽然受到平面扫描体制的固有限制，目标侧面等弱散射区域由于无法体现在图像中而难以被重建，但在实际应用中，这一问题可以通过适当的设计来缓解，例如，从多个角度对目标进行扫描。此时，本节所提方法具备的恢复目标表面绝对位置的能力将十分有利。6.4 节中将介绍的基于“SISO-柱面扫”三维重建正是以本节研究为基础提出的。

表 6.5 对三种方法在以上三个实验中的计算耗时进行了对比，实验平台是一个配有 Intel i3-4130 处理器和 14GB 内存的台式机。可以看出，本节所提方法相比于其他两种方法具有更短的时间消耗，这是因为本节所提方法并不基于三维成像，所以避免了大量的插值操作。实验 2 与实验 3 的问题规模是相同的，因此各个方法在实验 2 和实验 3 中的计算耗时也是相近的。对比实验 1 与实验 2、实验 3 的计算耗时可以发现，本节所提方法在计算耗时方面的优势随着问题规模的增大更加明显。

表 6.5　三种方法在不同实验中的计算耗时对比　(单位：s)

实验	RMA	RRE 方法	本节所提方法
实验 1	5.32	5.78	3.13
实验 2	18.0	19.0	7.79
实验 3	18.0	19.0	7.84

6.4　“SISO-柱面扫”目标二维/三维重建

受平面观测几何的限制，基于“SISO-平面扫”的三维重建仅能从单一视角观测目标，对波束未覆盖的区域则无法重建。柱面全息体制能实现对目标 360° 的照射与近乎无死角的成像，能否用柱面全息实现对目标更加立体的三维重建，本节将给出肯定的回答。

6.4.1　信号模型与处理框架

“SISO-柱面扫”体制的坐标系定义如图 6.43 所示，于是可建立如下回波模型：

$$s(k,\varphi,z)=\iiint o(x',y',z')\exp(-2\mathrm{j}kR)\,\mathrm{d}x'\mathrm{d}y'\mathrm{d}z' \tag{6.57}$$

式中，$o(x',y',z')$ 为目标函数，代表了目标散射强度的空间分布；$k=2\pi/\lambda$ 为空间波数，λ 为波长；$R=\sqrt{(x'-R_0\cos\varphi)^2+(y'-R_0\sin\varphi)^2+(z'-z)^2}$ 为收发阵元和目标坐标间的距离。

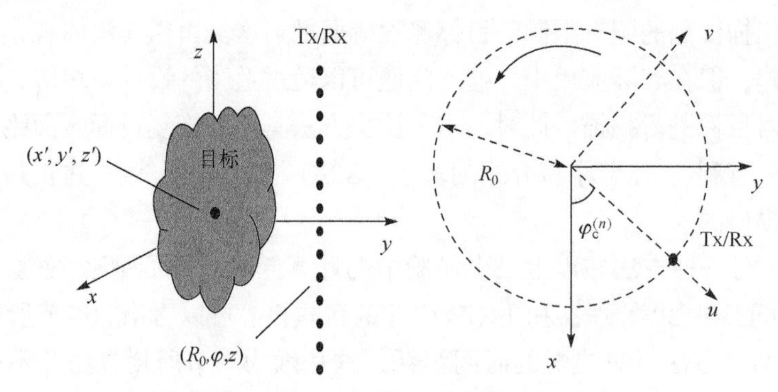

图 6.43　“SISO-柱面扫”体制的坐标系定义

为方便讨论，首先给出本节采用的子孔径定义，定义如下集合：

$$\varPsi=\left\{\varphi^{(n)}=\varphi_{\mathrm{c}}^{(n)}+\alpha \,\middle|\, \varphi_{\mathrm{c}}^{(n)}=\varphi_{\mathrm{step}}\cdot(n-1),\alpha\in\left[-\frac{\alpha_{\mathrm{range}}}{2},\frac{\alpha_{\mathrm{range}}}{2}\right],n=1,2,\cdots,N_{\mathrm{SA}}\right\} \tag{6.58}$$

式中，每个$\varphi^{(n)}$对应某个子孔径；α为当前子孔径坐标系中的方位角；$\varphi_c^{(n)}$为该子孔径的中心方位角；φ_{step}为子孔径间的步进角度；α_{range}为子孔径的角度范围；N_{SA}为子孔径的数量，下标“SA”是子孔径“sub-aperture”的简称。通常，需要合理选择参数φ_{step}、α_{range}、N_{SA}使得子孔径间有一定的相互重叠，并包含全部360° 观测角。

与子孔径的定义相对应，在图 6.43 右侧的俯视图中，建立了一个新的 u-v-z 坐标系，称为子孔径坐标系。该坐标系以 z 轴为轴心进行旋转。u 轴指向子孔径的中心方位角$\varphi_c^{(n)}$。于是，可得某个子孔径n的回波为

$$s^{(n)}(k,\alpha,z)=s\left(k,\varphi^{(n)},z\right) \tag{6.59}$$

在以上基本定义的基础上，下面给出“SISO-柱面扫”三维重建的总体思路(处理框架)，如图 6.44 所示。依据图 6.44，本节给出目标三维重建的基本思路：首先将 360° 观测孔径划分为若干重叠的子孔径，针对每个子孔径，将柱面回波等效转换为平面回波，然后在平面观测孔径模型下利用改进的频率干涉方法进行三维重建，最后将所有子孔径坐标中的重建结果转换至目标坐标系并进行综合。上述处理框架中的核心步骤有三项：①柱面回波到平面回波的转换；②平

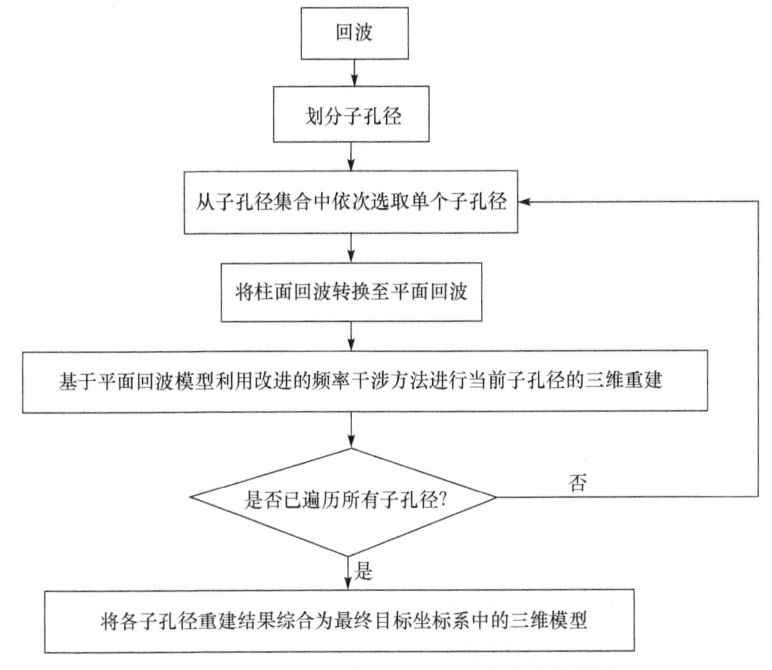

图 6.44　“SISO-柱面扫”三维重建处理框架

面体制下改进的频率干涉方法；③各子孔径重建结果综合形成目标点云和三维曲面模型。下面分别讨论上述三项关键技术。

6.4.2 柱面回波至平面回波的转换

对于柱面回波至平面回波的转换问题，人们已进行了卓有成效的研究。Fortuny-Guasch 等[20]提出了一种高效精确的将柱面孔径上的测量数据转换为平面孔径上的测量数据的方法。其基本思路如下：首先将柱面回波写成若干柱面波动方程基本解(基函数)的叠加形式，此时柱面回波由基函数的若干系数决定；然后依据该模型，利用实际测得的柱面回波求出基函数的系数；最后根据求出的模型，计算所需平面孔径上的散射场。本小节直接采用这一转换方法，为方便讨论，此处对柱面回波至平面回波转换的核心表达式进行简要介绍。其转换几何关系如图 6.45 所示，柱面子孔径的回波可表示为

$$s^{(n)}(k,\alpha,z)=\sum_{m=-\infty}^{\infty}\sum_{k_z=-\infty}^{\infty}c_{m,k_z,k}^{(n)}H_m^{(2)}\left(k_\rho R_0\right)\mathrm{e}^{\mathrm{j}m\alpha}\mathrm{e}^{\mathrm{j}k_z z} \tag{6.60}$$

式中，$H_m^{(2)}(\cdot)$ 为 m 阶第二类 Hankel 函数；$c_{m,k_z,k}^{(n)}$ 为当前柱面子孔径模型系数；k_ρ、k_z 分别为径向和纵向波束分量。式(6.60)中模型系数 $c_{m,k_z,k}^{(n)}$ 可由式(6.61)计算：

$$c_{m,k_z,k}^{(n)}=\frac{1}{2\pi\left(z_{\max}-z_{\min}\right)}\frac{1}{H_m^{(2)}\left(k_\rho R_0\right)}\cdot\int_{-\alpha_{\mathrm{range}}/2}^{\alpha_{\mathrm{range}}/2}\int_{z_{\min}}^{z_{\max}}s^{(n)}(k,\alpha,z)\mathrm{e}^{-\mathrm{j}k_z z}\mathrm{e}^{-\mathrm{j}m\alpha}\mathrm{d}z\mathrm{d}\alpha \tag{6.61}$$

式中，$z_{\max}$、$z_{\min}$ 分别为圆柱孔径 z 方向高度的最大值和最小值。在求得模型系数后，平面子孔径上的散射波可由下式计算：

$$g^{(n)}(k,u,v,z)=\sum_{m=-\infty}^{\infty}\sum_{k_z=-\infty}^{\infty}c_{m,k_z,k}^{(n)}H_m^{(2)}\left[k_\rho r_{\mathrm{p}}(u,v)\right]\mathrm{e}^{\mathrm{j}m\alpha_{\mathrm{p}}(u,v)}\mathrm{e}^{\mathrm{j}k_z z} \tag{6.62}$$

其中

$$\begin{cases}r_{\mathrm{p}}(u,v)=\sqrt{u^2+v^2}\\ \alpha_{\mathrm{p}}(u,v)=\arctan\dfrac{v}{u}\end{cases} \tag{6.63}$$

式中，下标“p”代表“planar”。

虚拟平面子孔径的位置可由四个角点的位置决定，如图 6.46 所示，本节选取虚拟平面子孔径的四个角点坐标分别为

$$\begin{cases} \boldsymbol{r}_1 = \left(u_0, v_{\min}, z_{\min}\right) \\ \boldsymbol{r}_2 = \left(u_0, v_{\min}, z_{\max}\right) \\ \boldsymbol{r}_3 = \left(u_0, v_{\max}, z_{\min}\right) \\ \boldsymbol{r}_4 = \left(u_0, v_{\max}, z_{\max}\right) \end{cases} \tag{6.64}$$

式中，$u_0 = R_0 \cos\left(\alpha'_{\text{range}}/2\right)$；$v_{\min} = R_0 \sin\left(-\alpha'_{\text{range}}/2\right)$；$v_{\max} = R_0 \sin\left(\alpha'_{\text{range}}/2\right)$；$\alpha'_{\text{range}}$ 为虚拟平面子孔径的方位角，其满足 $0 < \alpha'_{\text{range}} \leqslant \alpha_{\text{range}}$。

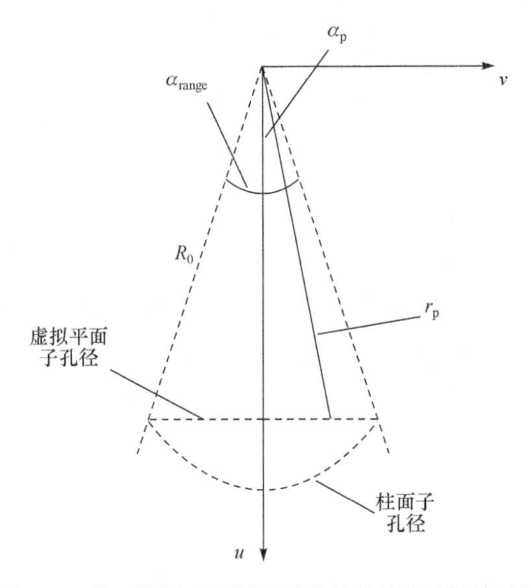

图 6.45　柱面子孔径至平面子孔径的转换几何关系图

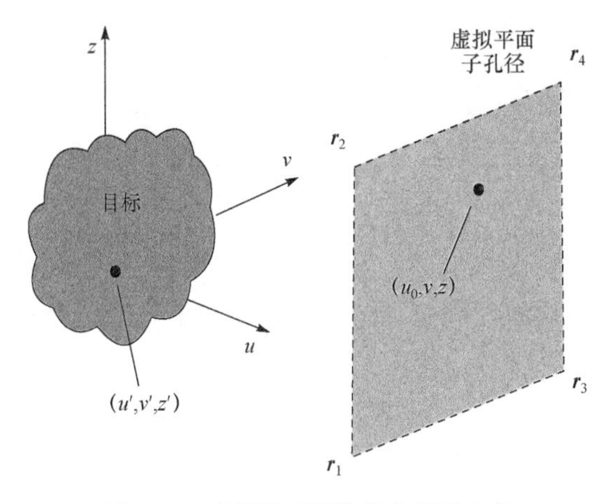

图 6.46　虚拟平面子孔径坐标系定义

6.4.3 改进的频率干涉方法

6.3 节提出了一种针对平面全息的基于频率干涉的三维重建方法。由 6.3.5 节和 6.3.6 节的仿真和实验可知，所提方法在重建精度和效率方面比其他方法具有明显优势。本节将在此基础上提出一种适用于纵深范围较大目标的改进的频率干涉方法。

6.4.2 节已将回波由柱面孔径等效转换至平面孔径，本小节直接在平面体制下重建回波模型。根据图 6.46，回波信号可以写为

$$\begin{aligned} g(k,v,z) = & \iiint o(u',v',z') \\ & \cdot \exp\left[-2\mathrm{j}k\sqrt{(v-v')^2+(z-z')^2+(u_0-u')^2}\right]\mathrm{d}u'\mathrm{d}v'\mathrm{d}z' \end{aligned} \tag{6.65}$$

式中，$g(k,v,z)$与式(6.62)中的$g^{(n)}(k,u,v,z)$具有相同的含义。对于平面观测孔径，$u=u_0$为常数，并且子孔径坐标系中的回波不会随n而变化，因此为书写简洁，将$g^{(n)}(k,u,v,z)$中的n,u略去。在基于频率干涉的三维重建中，需利用回波数据进行单频二维全息成像。于是，将式(6.65)中$g(k,v,z)$的k视为常数，并对目标进行二维成像。假设目标为位于$(u',0,0)$处的一个单位点目标，则可得此时目标点扩展函数为

$$\begin{aligned} \hat{o}(v,z,k) = & \mathrm{IFFT_{2D}}\left\{\mathrm{FFT}_{v,z}\left[g(k,v,z)\right]\cdot\exp(\mathrm{j}k_u u_{\mathrm{ref}})\right\} \\ & \approx \exp\left[-\mathrm{j}2k(u_0-u'-u_{\mathrm{ref}})\right]\cdot\frac{k\pi}{2(u_0-u'-u_{\mathrm{ref}})}\cdot\mathrm{e}^{\mathrm{j}\pi/2} \\ & \cdot\exp\left[\frac{-\mathrm{j}v^2k}{2(u_0-u'-u_{\mathrm{ref}})}\right]\cdot\exp\left[\frac{-\mathrm{j}z^2k}{2(u_0-u'-u_{\mathrm{ref}})}\right] \\ & \cdot\mathrm{rect}\left[\frac{v}{2(u_0-u'-u_{\mathrm{ref}})\sin(\theta/2)}\right]\cdot\mathrm{rect}\left[\frac{z}{2(u_0-u'-u_{\mathrm{ref}})\sin(\theta/2)}\right] \end{aligned} \tag{6.66}$$

式中，$k_u=\sqrt{4k^2-k_v^2-k_z^2}$，$k_u$、$k_v$、$k_z$为波数在三个坐标方向的分量；$u_{\mathrm{ref}}$为参考距离；$\theta$为天线波束宽度。于是，基于频率干涉的三维重建过程可表示为

$$\Delta\hat{u}(v,z) = \frac{\sum\limits_{p=1}^{N_k-1} p\cdot\mathrm{unwrap}\left[\vartheta(v,z,p)\right]}{2\delta k\cdot\sum\limits_{p=1}^{N_k-1} p^2} \tag{6.67}$$

式中

$$\vartheta(v,z,p)=\angle\left[\hat{o}\left(v,z,k_{\min}+p\cdot\delta k\right)\cdot\hat{o}^{*}\left(v,z,k_{\min}\right)\right] \tag{6.68}$$

$$\Delta u(v,z)=u'(v,z)+u_{\text{ref}}-u_0 \tag{6.69}$$

式中，$\vartheta(\cdot)$ 为干涉相位；N_k 为频率采样点总数；δk 为波数采样间隔；$k_{\min}$ 为发射信号的最小波数。根据式(6.69)，在重建得到目标相对深度 $\Delta\hat{u}(v,z)$ 后，可利用式(6.70)获得目标的绝对深度图像：

$$\hat{u}'(v,z)=\Delta\hat{u}(v,z)+u_0-u_{\text{ref}} \tag{6.70}$$

由于以上重建方法中参考距离 u_{ref} 是一个固定值，为方便与改进的频率干涉方法进行区分，将上述方法称为静态频率干涉(static frequency interferometry，SFI)。可以看出，在 SFI 中需设定一个关键参数——参考距离，即观测平面到目标的距离估计。并且，在 SFI 中这一参数是固定的，即 u_{ref} 在选定后对当前目标是不变的。对于目标纵深范围不大的情况，设定单一的参考距离比较合适。当目标纵深变化范围较大时，仅使用单一的参考距离则会影响最终重建的精度。在柱面观测孔径条件下，对目标观测角度更加多样，目标相对观测孔径的纵深范围变化更加明显。本小节所提改进的频率干涉方法实际上就是在原有 SFI 基础上加入了参考距离的动态调整机制。对于某个参考距离，仅取深度在该参考距离附近处的重建结果，最后将不同参考距离的重建结果进行拼接，进而形成最终的重建结果。与 SFI 对应，此处称改进的频率干涉方法为动态频率干涉(dynamic frequency interferometry，DFI)。

对式(6.66)的分析可知，一般情况下目标深度 u' 是在一定范围内变化的，因此用单一的 u_{ref} 显然无法实现对所有深度处目标的完全聚焦。事实上，频率干涉也正是利用不完全聚焦带来的残留相位实现三维重建。这一做法在 $\left|u_0-u'-u_{\text{ref}}\right|$ 的值不大时是合适的，也即要求目标深度 u' 在较小范围内变化。当 $\left|u_0-u'-u_{\text{ref}}\right|$ 的值较大时，目标点扩展函数将出现严重展宽，从而影响分辨率和重建效果。定义如下关于参考距离 u_{ref} 的集合：

$$U=\left\{u_{\text{ref}}^{(i)}=u_{\min}+u_{\text{step}}\cdot(i-1),i=1,2,\cdots,N_U\right\} \tag{6.71}$$

式中，$u_{\min}$ 为参考距离的最小值；u_{step} 为参考距离的步进值；N_U 为参考距离的总数。在实际中，确定集合 U 可以采用多种方法，例如，可以根据对目标的先验信息事先确定 u_{ref} 的具体取值，或者在获得目标回波后，利用目标的距离像信息，自适应地选择 u_{ref}。为了使方法具有通用性和对目标的自适应能力，本节采用如下操作：首先利用经典的 RMA 对目标进行三维成像，然后利用三维图像确定目标在距离向的分布范围，从而确定参考距离的取值区间。建立集合U后，根据式(6.70)得出对应于第i个参考距离的目标重建结果为

$$\hat{u}_i'(v,z)=\Delta\hat{u}_i(v,z)+u_0-u_{\text{ref}}^{(i)} \tag{6.72}$$

为了保证重建的质量，采用如下方法：与每个参考距离对应的重建结果$\hat{u}_i'(v,z)$仅取深度在$u_{\text{ref}}^{(i)}$附近的部分，进而将所有$\hat{u}_i'(v,z)$进行综合形成最终重建结果。这一过程可表示为

$$\hat{u}'(v,z)=\sum_{i=1}^{N_U}\hat{u}_i'(v,z)\cdot\text{rect}\left[\frac{\Delta\hat{u}_i(v,z)}{u_{\text{step}}}\right] \tag{6.73}$$

至此，得到了当前子孔径对应的深度图像，即三维重建结果，图 6.47 展示了 DFI 方法流程。

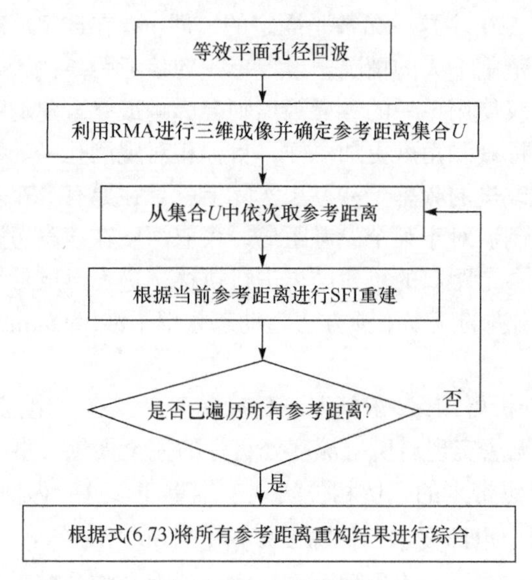

图 6.47　DFI 方法流程

6.4.4　子孔径综合与三维重建

由式(6.73)获得的深度图像，不难转换成点云格式。假设子孔径n重建结果对应点云中的点个数为N_n，则对应于子孔径n的点云可用如下集合表示，$\left\{\begin{bmatrix}u_m'^{(n)} & v_m'^{(n)} & z_m'^{(n)}\end{bmatrix}^{\text{T}},m=1,2,\cdots,N_n\right\}$。由于与子孔径$n$对应的子孔径坐标系$u$-$v$-$z$与目标坐标系$x$-$y$-$z$之间具有确定的旋转关系，可通过简单的坐标转换将子孔径坐标系转换至目标坐标系：

$$\begin{bmatrix} x_m'^{(n)} \\ y_m'^{(n)} \\ z_m'^{(n)} \end{bmatrix} = \begin{bmatrix} \cos\varphi_{\mathrm{c}}^{(n)} & -\sin\varphi_{\mathrm{c}}^{(n)} & 0 \\ \sin\varphi_{\mathrm{c}}^{(n)} & \cos\varphi_{\mathrm{c}}^{(n)} & 0 \\ 0 & 0 & 1 \end{bmatrix} \begin{bmatrix} u_m'^{(n)} \\ v_m'^{(n)} \\ z_m'^{(n)} \end{bmatrix} \tag{6.74}$$

于是，最终获得的目标三维点云可用以下集合表示：

$$P=\left\{P_n \middle| n=1,2,\cdots,N_{\mathrm{SA}}\right\}, \quad P_n=\left\{\begin{bmatrix} x_m'^{(n)} & y_m'^{(n)} & z_m'^{(n)} \end{bmatrix}^{\mathrm{T}}, m=1,2,\cdots,N_n\right\} \tag{6.75}$$

可以看出，这里仅通过坐标旋转操作就实现了对各子孔径点云数据的综合。事实上，这一操作是以所提方法的绝对深度重建能力为前提的。对于 RRE 方法，正如文献[19]所述，重建的深度图像将可能存在一个不确定的深度平移量。此时，通过坐标旋转的方式对各子孔径重建结果进行综合将导致很大的误差。对于获得的点云数据，可再利用 Poission 重建[21]获得目标的三维曲面模型。

6.4.5　数值仿真结果

本小节进行了两组仿真。与 6.3.5 节相似，这里采用 FEKO 软件进行目标建模与散射计算，电偶极子被用作激励源，以电偶极子处的目标近场散射场为求解对象，从而模拟 SISO 体制。在计算中，电偶极子位置和近场求解位置按照程序指定方式在图 6.43 所示柱面上进行扫描，从而获得目标的 360° 柱面回波。

1. 仿真 1：简单圆柱

圆柱是旋转对称和轴对称的，其散射回波对各个方位角是相同的，因此在仿真中仅需计算一个方位角，并且圆柱表面可以用代数式解析表示，从而便于对所提方法进行重建精度的检验。本仿真所用圆柱 CAD 模型如图 6.48 所示，圆柱高 80cm，直径 40cm。z 方向扫描范围为 –45.2 ～ 45.2cm，z 方向采样间隔为 4mm，扫描半径为 0.6m，仿真频率为 32.5 ～ 37.5GHz，频点数为 501。为防止发生混叠[22]，方位角采样总数需满足以下关系：

$$N_{\varphi} \geqslant \frac{8\pi f_{\max} R_0 R_{\mathrm{t}}}{c\sqrt{R_0^2+R_{\mathrm{t}}^2}} \tag{6.76}$$

式中，$f_{\max}$ 为信号频率分量的最大值；c 为光速；R_{t} 为目标外接圆半径。对于图 6.48 所示圆柱目标，R_{t}=20cm。依据式(6.76)可以求得，该目标所需的方向角采样点数的下限约为 600。为使方位采样具有一定冗余，令 N_{φ}=1000。将仿真所得单个方位角的散射数据矩阵沿方位角复制 1000 份，便得到了均匀分布在方位角 0°～360°

的散射回波。最终得到该目标柱面扫描体制的原始回波为一个 227×501×1000 三维张量，其中 227 为 z 方向的空间采样点数。

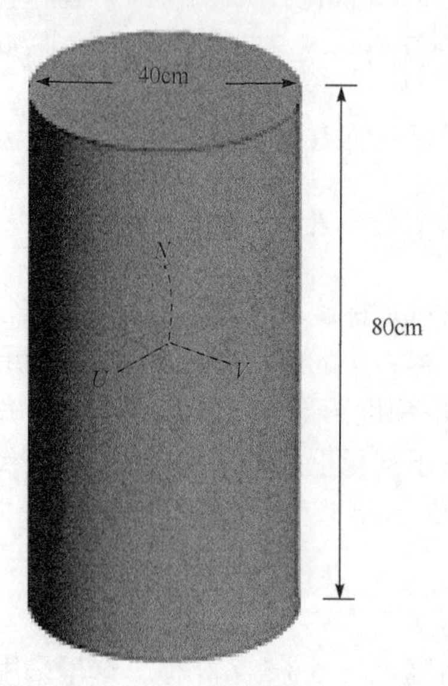

图 6.48　仿真 1 所用圆柱 CAD 模型

进行三维重建时，选用如下子孔径参数：子孔径中心角间隔 $\varphi_{\text{step}}=15°$，子孔径方位角范围 $\alpha_{\text{range}}=60°$。在进行柱面波至平面波转换时，选用如下参数：平面孔径对应的方位角范围 $\alpha'_{\text{range}}=50°$，虚拟平面孔径高 90.4cm，宽 50.8cm，采样间隔均为 4mm，坐标原点到平面孔径的距离 $u_0=54.4\text{cm}$。在利用 DFI 进行虚拟平面子孔径的深度重建时，所选参考距离间隔 $u_{\text{step}}=2\text{cm}$。需要说明的是，当前参数是根据经验手动选取的，本节暂不涉及对这些参数选取方法的研究。

图 6.49 和图 6.50 分别为利用 DFI 方法和利用 RRE 方法进行重建的结果，重建的中间结果也在其中进行了展示，由图 6.49 和图 6.50 可以观察到重建的中间过程。图 6.51 展示了依据图 6.49 和图 6.50 中点云数据重建所得的目标三维曲面，看似两种方法均得到了令人满意的结果，但仔细观察可以发现，两种方法得到的圆柱表面的半径有明显差别。为了定量分析这两种方法的重建精度，选用 RMSE 作为指标与圆柱表面的解析表达式进行对比，表 6.6 展示了两种方法所得的重建精度。

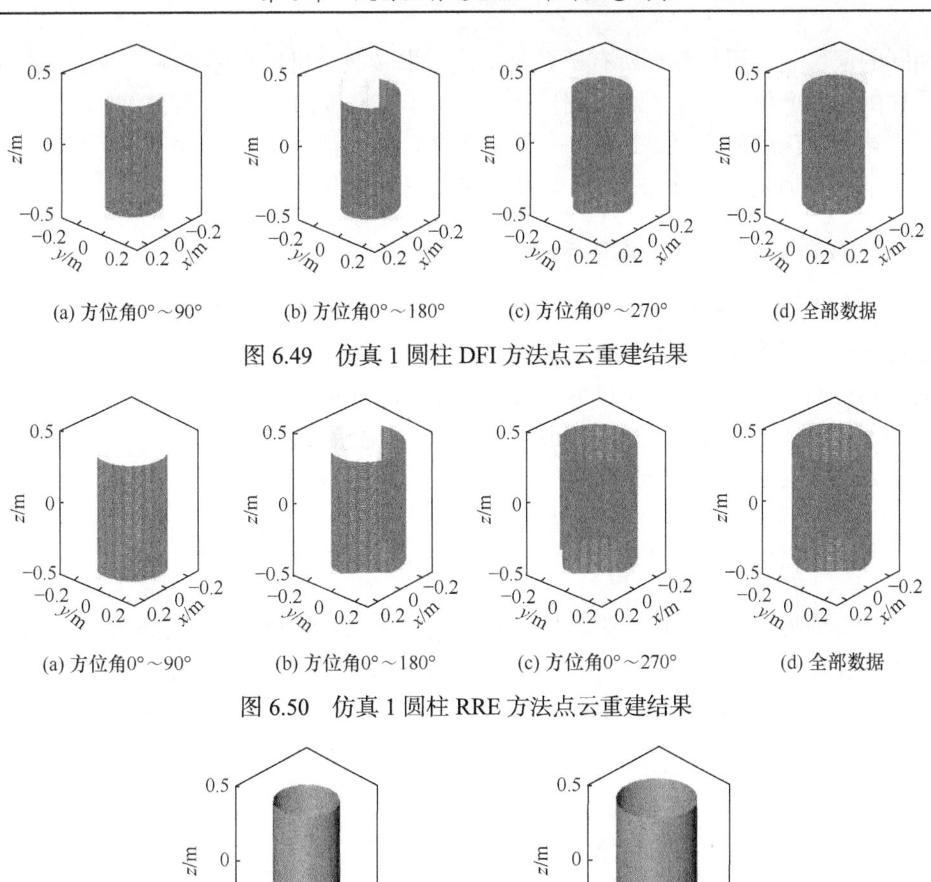

(a) 方位角0°～90°　(b) 方位角0°～180°　(c) 方位角0°～270°　(d) 全部数据

图 6.49　仿真 1 圆柱 DFI 方法点云重建结果

(a) 方位角0°～90°　(b) 方位角0°～180°　(c) 方位角0°～270°　(d) 全部数据

图 6.50　仿真 1 圆柱 RRE 方法点云重建结果

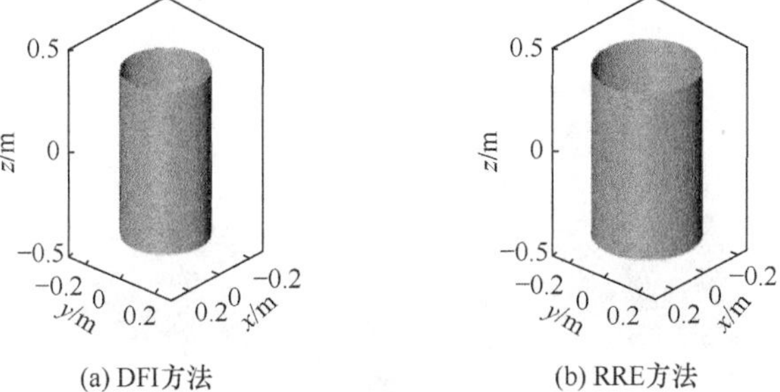

(a) DFI方法　(b) RRE方法

图 6.51　仿真 1 圆柱三维曲面重建结果

表 6.6　仿真 1 不同方法重建 RMSE 对比

重建方法	RMSE/mm
DFI 方法	0.169
RRE 方法	48.0

可以看出，DFI 方法的重建精度明显高于 RRE 方法。为何 RRE 方法会有如此大的偏差？实际上，这正是由于 RRE 方法在平面孔径重建中仅能精确重建目标表面的相对深度，而重建的绝对深度则存在一个随机的偏移量。圆柱目标具有良好的旋转对称性，因此不同子孔径利用 RRE 方法重建所得的深度图像均具有

相同的偏移量，于是在将所有子孔径重建结果转换至目标坐标系时，表现为重建圆柱的半径产生了偏差。对于圆柱目标，由于其高度的旋转对称性，RRE 方法无法重建绝对深度似乎只是造成了一定的重建误差，但由仿真 1 的结果可以看出，对于结构更加复杂的目标，这一缺陷可能破坏重建过程。

2. 仿真 2：非旋转对称目标

本仿真建立了一个相对复杂的目标，如图 6.52 所示，可以称其为“畸形圆柱”。该目标相对于简单圆柱的复杂性体现在，当从不同角度观察时，目标的深度分布范围具有明显的变化，同时目标不再具有良好的旋转不变性。“畸形圆柱”参数设置如下：柱体高 10cm，上下表面均为长 12cm、宽 8cm 的椭圆，上下表面椭圆的主轴方向相互垂直。“畸形圆柱”侧曲面的参数方程可以写为

$$\boldsymbol{C}(\varphi,z)=\left[\left(5+\frac{z}{5}\right)\cos\varphi \quad \left(5-\frac{z}{5}\right)\sin\varphi, z\right]^{\mathrm{T}}, \quad -5\mathrm{cm}\leqslant z\leqslant 5\mathrm{cm} \tag{6.77}$$

式中，φ 为方位角(rad)；z 为高度(cm)。式(6.77)也为下面评估各重建方法的精度提供了参考真值。柱面扫描半径为 25cm，高度为 32cm，角度间隔为 0.6°，角度采样点数 N_{φ}=600，z 采样间隔为 4mm，频率为 32.5～37.5GHz，频点数为 31。

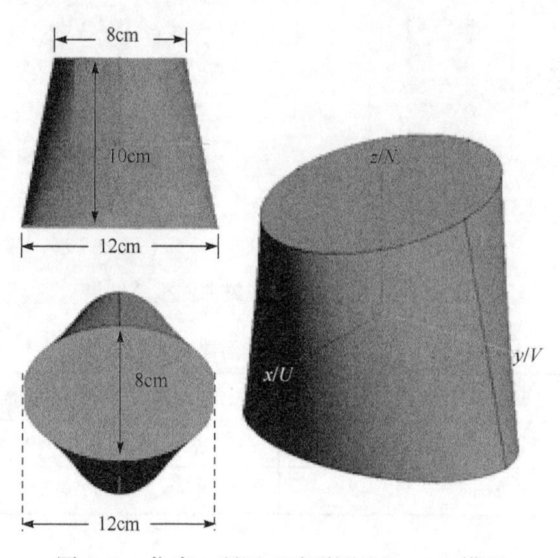

图 6.52　仿真 2 所用“畸形圆柱”CAD 模型

选用的子孔径参数如下：子孔径中心角间隔 $\varphi_{\mathrm{step}}=15°$，子孔径方位角范围 α_{range}=60°。在进行柱面波至平面波转换时，所选参数如下：平面子孔径对应的方

位角范围 $\alpha'_{\text{range}} = 50^\circ$，虚拟平面子孔径高 32cm，宽 21.1cm，采样间隔均为 4mm，坐标原点到平面子孔径的距离 $u_0 \approx 22.7\text{cm}$。在利用 DFI 进行虚拟平面子孔径的深度重建时，所选参考距离间隔 $u_{\text{step}} = 2\text{cm}$。

图 6.53 和图 6.54 分别为利用 DFI 方法和 RRE 方法进行点云重建的过程和结果。由图 6.53 可以看出，随着子孔径范围的增大，在各个子孔径坐标系中重建获得的点云在目标坐标系中实现了良好拼接，最终利用全孔径数据获得的点云已能明显显现目标的表面轮廓。与之相反，在图 6.54 中，由于每个子孔径重建结果均存在一个随机的深度偏移量，在将不同子孔径重建结果转换至目标坐标系中时，点云出现了明显错位，无法准确表征目标表面。图 6.55 展示了利用图 6.53 (d)和图 6.54 (d)中点云数据重建所得的目标三维曲面。可以看出，利用 DFI 方法得到了满意的结果，而利用 RRE 方法重建获得的目标曲面已面目全非。表 6.7 给出了两种方法的重建误差。可以看出，对于“畸形圆柱”，DFI 方法仍然实现了亚毫米级的重建误差，而 RRE 方法的重建误差达到了厘米级。由图 6.52 可知，“畸形圆柱”的尺寸较小，半径与高度均为厘米级。RRE 方法厘米级的重建误差可以认为重建是失败的。

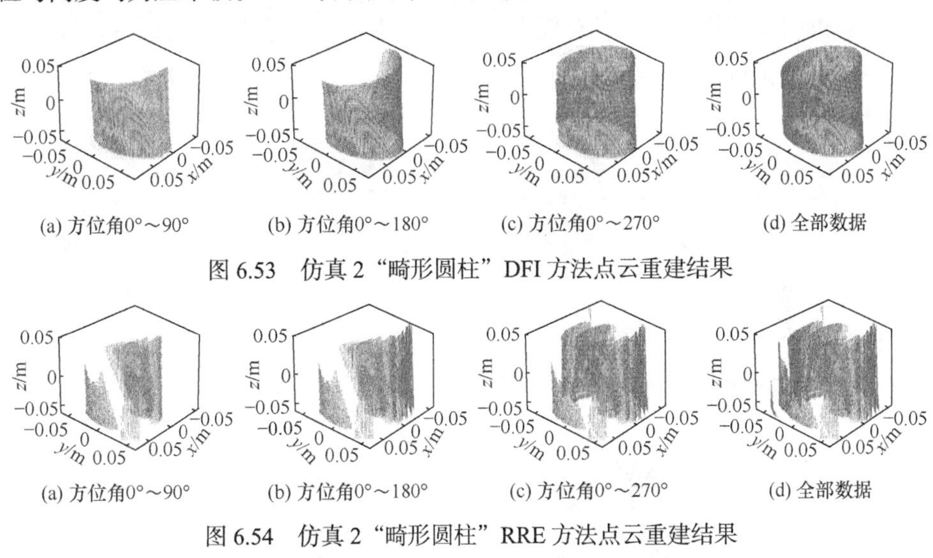

图 6.53　仿真 2“畸形圆柱”DFI 方法点云重建结果

图 6.54　仿真 2“畸形圆柱”RRE 方法点云重建结果

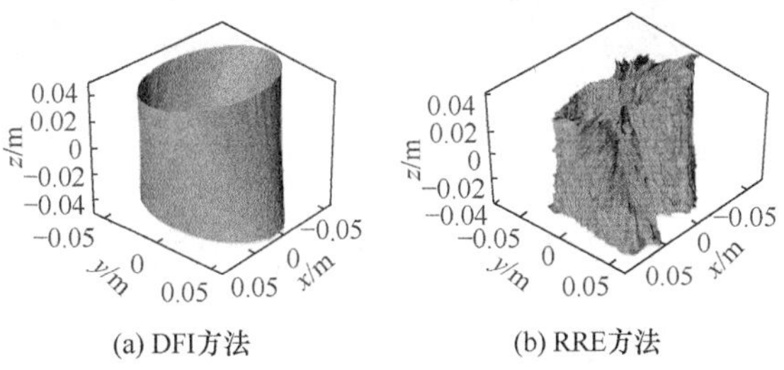

图 6.55　仿真 2“畸形圆柱”三维曲面重建结果

表 6.7 仿真 2 不同方法重建 RMSE 对比

重建方法	RMSE/mm
DFI 方法	0.155
RRE 方法	18.7

前面提到，DFI 相比于 SFI 方法的优势在于：在重建具有一定纵深范围的目标时，重建精度更高，下面对 DFI 方法和 SFI 方法进行对比。图 6.56 展示了不同参考距离 u_{ref} 下基于 SFI 方法的三维重建结果，可以看出，不同的参数会对重建精度造成一定影响。图 6.57 展示了不同 u_{step} 下基于 DFI 方法获得的三维重建结果。可以看出，在选取的两种参数下重建质量是相似的。表 6.8 定量对比了图 6.56 和图 6.57 中两种方法不同参数下的重建精度。可见，对于 SFI 方法，参考距离选择对重建结果有较明显的影响，且由于参考距离是固定不变的，对于具有一定纵深范围的目标，其恢复精度低于 DFI 方法。DFI 方法中参考距离自动选取并且动态可调的机制能较好地适应具有较大纵深范围的目标。另外，对于 DFI，u_{step} 选取得越小，重建精度越高。

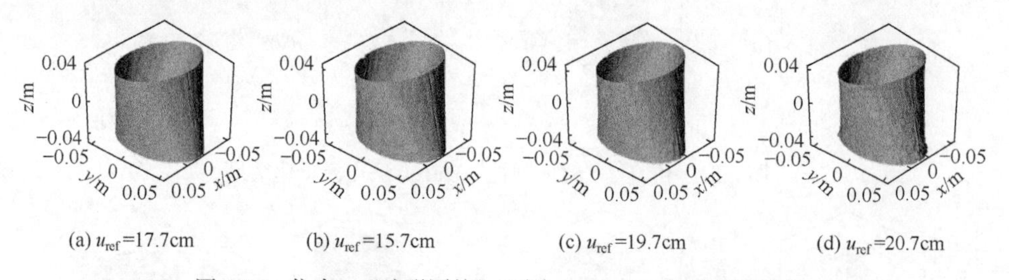

(a) u_{ref}=17.7cm (b) u_{ref}=15.7cm (c) u_{ref}=19.7cm (d) u_{ref}=20.7cm

图 6.56 仿真 2“畸形圆柱”不同 u_{ref} 下 SFI 方法重建结果

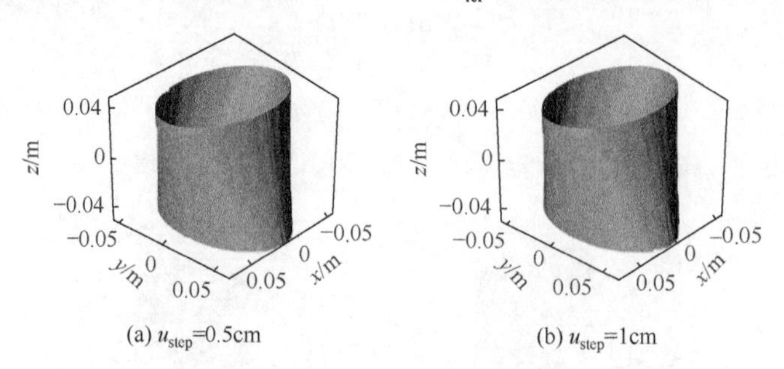

(a) u_{step}=0.5cm (b) u_{step}=1cm

图 6.57 仿真 2“畸形圆柱”不同 u_{step} 下 DFI 方法重建结果

表 6.8　仿真 2 SFI 方法和 DFI 方法重建精度对比

重建方法及参数	RMSE/mm
SFI 方法，u_{ref}=17.7cm	0.166
SFI 方法，u_{ref}=15.7cm	0.502
SFI 方法，u_{ref}=19.7cm	0.687
SFI 方法，u_{ref}=20.7cm	1.15
DFI 方法，u_{step}=0.5cm	0.116
DFI 方法，u_{step}=1cm	0.125

6.4.6　实验测量结果

“SISO-柱面扫”实验原理图如图 6.58 所示。VNA 工作频段设为 32.5～37.5GHz，频点数为 501。VNA 的 S_{21} 参数作为目标的原始散射回波。PC 控制扫描架进行一次纵向扫描后，再令转台转至下一方位角，依次交替进行，直至完成对目标 360° 柱面扫描。扫描架的纵向扫描高度为 90.4cm，阵元空间采样间隔为 4mm。柱面扫描半径为 63.5cm，方位角采样间隔为 0.36°，对应一周的方位采样点数为 1000。于是，与仿真 1 相似，实验得到的目标柱面扫描原始回波为一个 227×501×1000 三维张量。图 6.59 展示了实验场景与实验所用上半身人体模型。

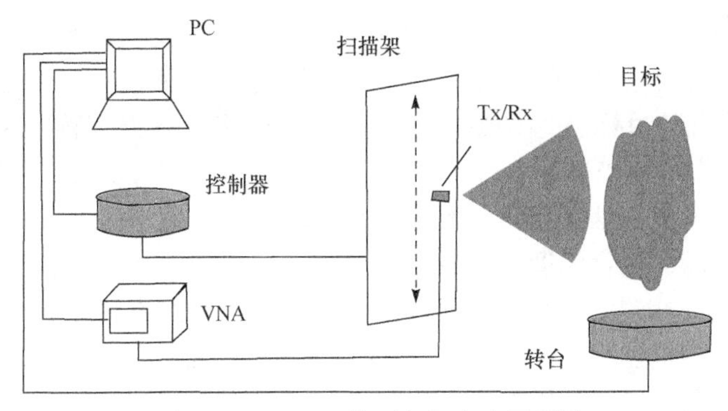

图 6.58　“SISO-柱面扫”实验原理图

当进行三维重建时，选用的子孔径参数如下：子孔径中心角间隔 $\varphi_{step}=7.5°$，子孔径方位角范围 α_{range}=60°。在进行柱面回波至平面回波转换时，所选参数如下：平面子孔径对应的方位角范围 $\alpha'_{range}=50°$，虚拟平面子孔径高 90.4cm，宽 53.7cm，采样间隔均为 4mm，坐标原点到平面孔径的距离为 57.6cm。在利用 DFI

方法进行虚拟平面子孔径的深度重建时，所选参考距离间隔 $u_{\text{step}} = 2\text{cm}$ 。

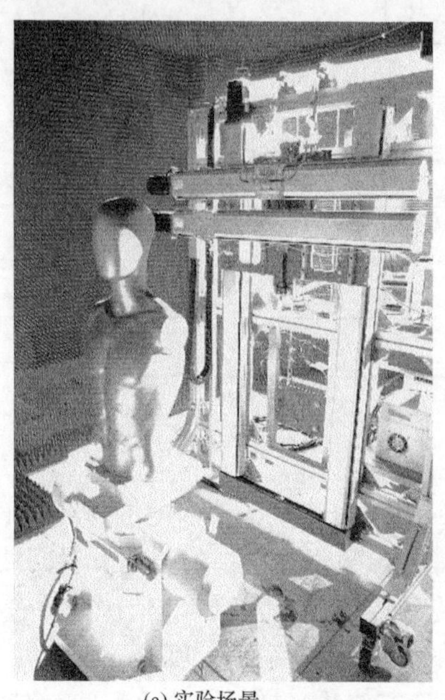

(a) 实验场景

(b) 人体模型侧视图

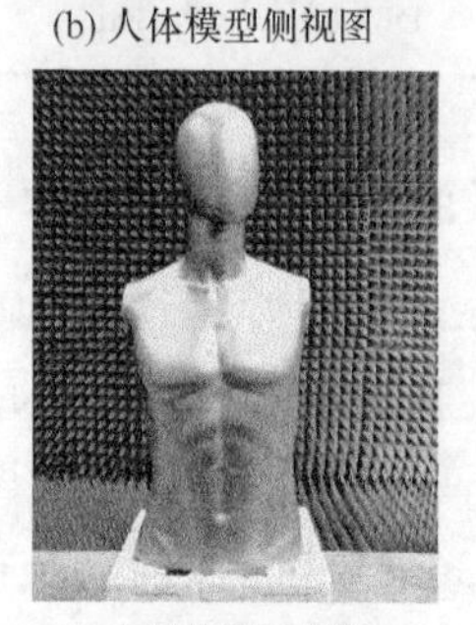

(c) 人体模型正视图

图 6.59 “SISO-柱面扫”实验场景及人体模型

图 6.60 展示了利用 DFI、SFI、RRE 三种方法获得的目标点云数据。可以看出，所提 DFI 方法和 SFI 方法获得的点云数据均能大致反映目标的表面轮廓，而 RRE 方法的重建质量则明显劣于前两种方法。RRE 方法对实际复杂目标的重建结果并不令人满意的原因主要有两方面：一方面，正如前面多次提到的，RRE 方法在重建每个子孔径目标深度图像时均会存在一个随机的深度偏移，这使得将各子孔径数据旋转至目标坐标系中时，点云无法准确拼接；另一方面，由于 RRE 方法基于二维相位解缠方法进行深度重建，其重建过程依赖图像像素点信息间的相互关联，当目标中包含深度不连续结构时，像素点间的相关性就无法反映实际物体表面之间的相对深度，从而导致重建误差。由图 6.60 可以看出，利用 RRE 方法对人体模型重建过程中，这两个因素都体现在了最终的重建结果中。仔细对比图 6.60(a)和图 6.60(b)可以看出，DFI 方法获得的点云数据更加集中和平滑，而 SFI 方法获得的点云数据包含了更多的噪声。图 6.61 展示了利用图 6.60 所示点云数据进行三维曲面重建结果。不出所料，基于 DFI 方法和 SFI 方法的点云数据的重建结果是令人满意的，而基于 RRE 方法的点云数据的重建结果出现了严重失真。进一步对比图 6.61(a)和图 6.61(b)，由胸部、腹部和锁骨的重建结果可以看出，DFI 方法获得的轮廓更加分明、表面更加光滑且具有更高的保真度。

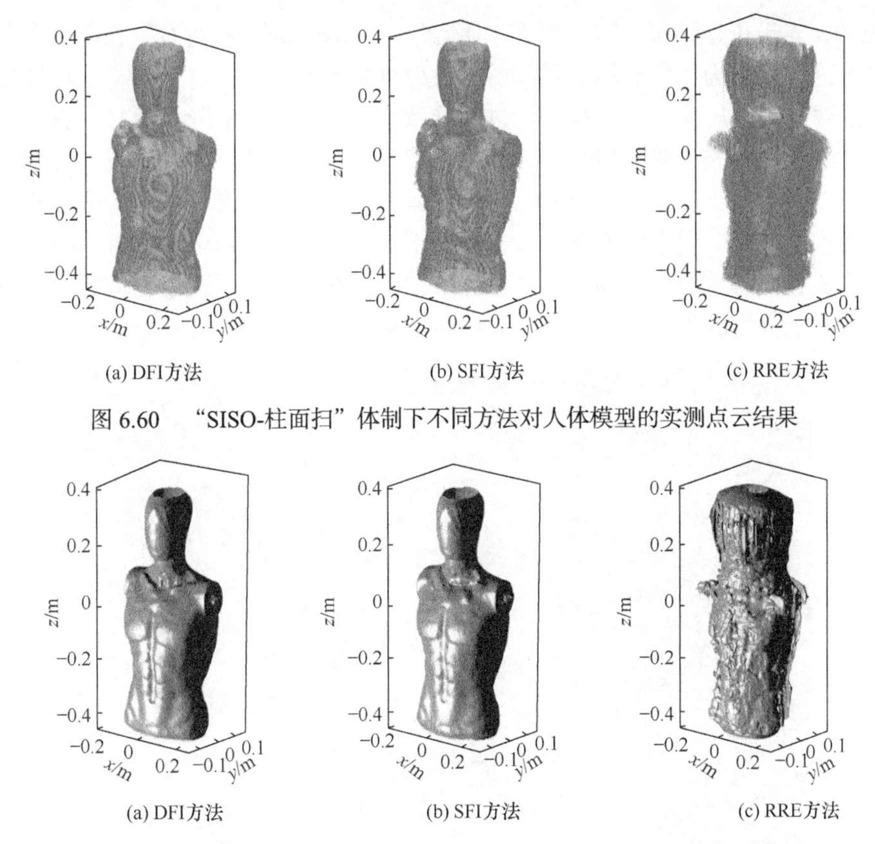

图 6.60　“SISO-柱面扫”体制下不同方法对人体模型的实测点云结果

图 6.61　“SISO-柱面扫”体制下不同方法对人体模型的三维曲面重建结果

由仿真和实验结果均可以看出，本节提出的基于阵列全息的目标三维重建技术是有效和精确的。但需要指出的是，当前重建方法仍有其适用局限性。在建立信号模型时，默认目标是单层的，即只有主导性的单一散射分量。在仿真和实验部分所使用的目标也是单层目标(未穿衣的人体模型可认为是单层目标)。然而在许多场景下的目标并不是严格的单层目标，因此研究多层目标的表面重建问题是十分有意义和必要的。事实上，多层目标与 InSAR 中的合成散射体是相似的。在 InSAR 领域，这一问题可以用层析 SAR(tomography SAR，TomoSAR)的方式解决。在阵列全息系统中，系统的多频点恰好与 TomoSAR 中的多个切航向观测孔径是类似的。可以预见，TomoSAR 的成像方法将为解决阵列全息中多层目标的重建问题提供良好的借鉴。

为了直观考察非严格单层目标对当前基于频率干涉深度重建的影响，此处在相同的实验条件下对穿衣人体模型进行了测量。实验场景如图 6.62 所示。相应的点云和三维曲面重建结果如图 6.63 和图 6.64 所示。由图 6.63 可以看出，相比于

图 6.60，点云重建结果出现了更多“野点”。图 6.64 的三维曲面也表现得非常不光滑。这正是因为衣物破坏了目标的单散射分量属性，从而对干涉相位和目标深度间的线性关系产生了一定扰动，进而导致了重建质量的下降。但是，衣物散射强度远小于目标表面的散射强度，因此重建结果仍能大致反映人体模型表面的轮廓。可以想象，当衣物较厚或衣物材质具有更强的散射强度时，基于干涉方法的重建将难以实现。但需要说明的是，尽管干涉方法难以适用于多层目标的重建，但毫米波和太赫兹波对衣物等的穿透性是依然存在的，仍可利用本章提出的处理框架配合更强大的参数化深度重建方法实现对多层目标的三维重建。

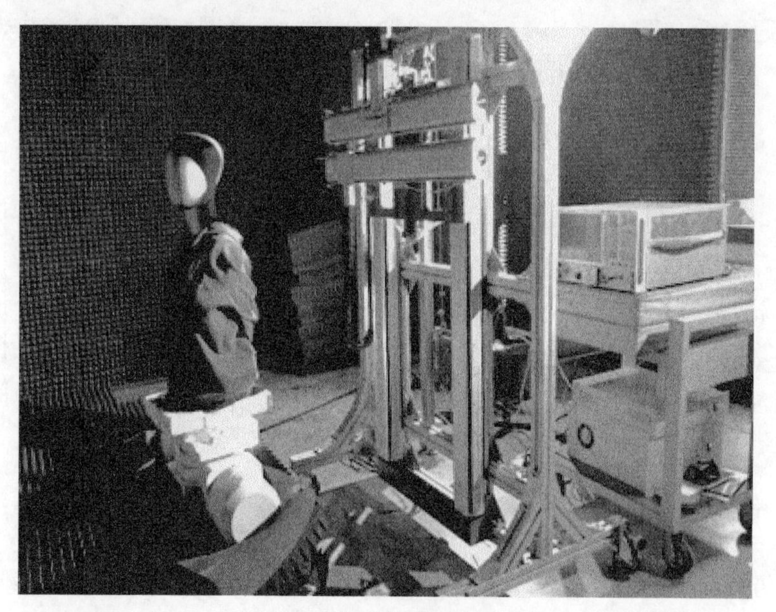

图 6.62　穿衣人体模型实验场景

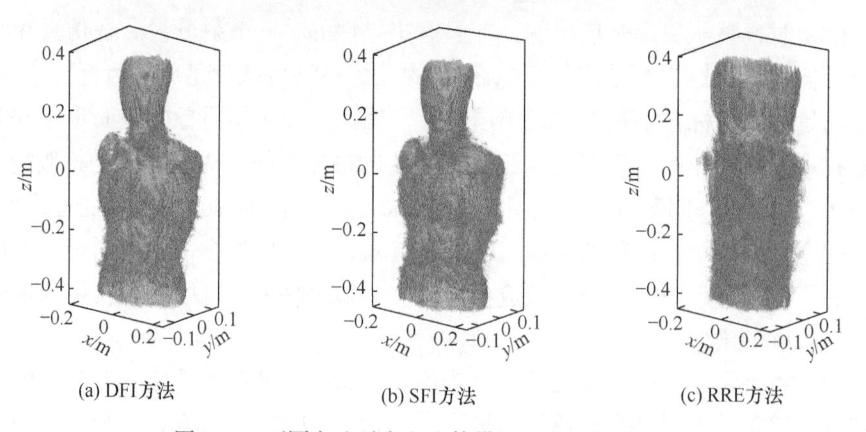

(a) DFI方法　(b) SFI方法　(c) RRE方法

图 6.63　不同方法对穿衣人体模型的点云测量结果

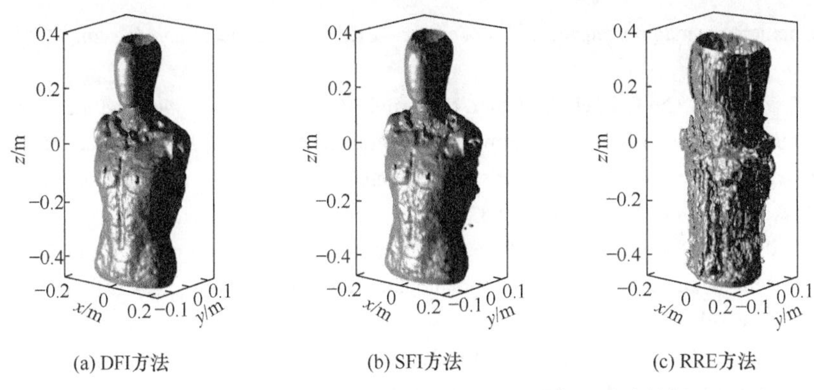

(a) DFI方法　(b) SFI方法　(c) RRE方法

图 6.64　不同方法对穿衣人体模型的三维曲面重建结果

6.5　小　　结

本章从新的视角重新研究了两种经典的太赫兹阵列全息体制，即“SISO-平面扫”和“SISO-柱面扫”，提出了目标三维重建的新问题，开发了以频率干涉为核心的一系列新方法，实现了对目标高精度的点云测量和三维曲面重建，采用目前相对成熟的毫米波系统进行了验证。本章主要研究成果和结论如下：

(1) 在“SISO-平面扫”体制下，提出了频率干涉基本理论并推导了相关公式，为基于阵列全息系统的高精度(远高于系统距离向分辨率)目标三维重建奠定了基础。在频率干涉基本框架下，提出了信噪比提升、相位解缠、序贯估计等具体方法，保证了所提重建方法对实测数据和实际目标的可行性。由系列数值仿真和实验测量可以看出，所提方法具有精度高、运行快、可获得绝对深度等特点。

(2) 以“SISO-平面扫”为基础，将三维重建方法推广至“SISO-柱面扫”。首先提出了在柱面观测孔径下进行三维重建的处理框架，其中关键是将整个柱面孔径划分为若干子孔径，并利用柱面回波至平面回波转换将柱面子孔径回波数据等效转换为虚拟平面子孔径回波数据；然后对频率干涉方法进行了改进，其核心思路是使参考距离可动态调整，改进的频率干涉方法对大纵深目标具有更高的恢复精度。数值仿真和实验测量验证了所提方法的有效性，所得生动立体的三维重建结果也赋予了雷达图像更丰富的内涵。

除了上述研究成果，本章也指出了当前方法的主要局限，即默认目标散射具有主导性的单散射分量(可直观理解为目标是单层的)，若不满足这一前提条件，则利用干涉方法提取目标深度的方法将失效。借鉴 TomoSAR 成像并结合参数化的思路和方法可解决这一问题。

参 考 文 献

[1] Chen H M, Lee S, Rao R M, et al. Imaging for concealed weapon detection: A tutorial overview of

development in imaging sensors and processing. IEEE Signal Processing Magazine, 2005, 22(2): 52-61.

[2] Li L C, Yang J Y, Cui G L, et al. Method of passive MMW image detection and identification for close target. Journal of Infrared, Millimeter, and Terahertz Waves, 2011, 32(1): 102-115.

[3] Mcmakin D L, Sheen D M. Millimeter-wave imaging for concealed weapon detection. Proceedings of SPIE, Bellingham, 2003, 5048(53): 52-62.

[4] Liu H, Zhang Y X, Long Z J, et al. Three-dimensional reverse-time migration applied to a MIMO GPR system for subsurface imaging. International Conference on Ground Penetrating Radar, Hong Kong, 2016: 1-4.

[5] Oka S, Togo H, Kukutsu N, et al. Latest trends in millimeter-wave imaging technology. Progress in Electromagnetics Research Letters, 2008, 1(1): 197-204.

[6] Ghasr M T, Case J T, Zoughi R. Novel reflectometer for millimeter-wave 3-D holographic imaging. IEEE Transactions on Instrumentation & Measurement, 2014, 63(5): 1328-1336.

[7] Fan R, Ai X, Dahnoun N. Road surface 3D reconstruction based on dense subpixel disparity map estimation. IEEE Transactions on Image Processing, 2018, 27(6): 3025-3035.

[8] Wang J J, Xu L J, Li X L, et al. A proposal to compensate platform attitude deviation's impact on laser point cloud from airborne LiDAR. IEEE Transactions on Instrumentation & Measurement, 2013, 62(9): 2549-2558.

[9] Meriaudeau F, Secades L A S, Eren G, et al. 3-D scanning of nonopaque objects by means of imaging emitted structured infrared patterns. IEEE Transactions on Instrumentation & Measurement, 2010, 59(11): 2898-2906.

[10] Keller P E, McMakin D L, Sheen D M, et al. Privacy algorithm for airport passenger screening portal. Proceedings of SPIE, Orlando, 2000:476-483.

[11] Dvir I, Rabinowitz N. Entropy deficiency based image: WO2008IL00030. 2008.

[12] Qiao L B, Wang Y X, Zhao Z R, et al. Exact reconstruction for near-field three-dimensional planar millimeter-wave holographic imaging. Journal of Infrared, Millimeter & Terahertz Waves, 2015, 36(12): 1221-1236.

[13] Kajbaf H, Case J T, Yang Z L, et al. Compressed sensing for SAR-based wideband three-dimensional microwave imaging system using non-uniform fast Fourier transform. IET Radar, Sonar & Navigation, 2013, 7(6): 658-670.

[14] Yang X H, Zheng Y R, Ghasr M T, et al. Microwave imaging from sparse measurements for near-field synthetic aperture radar. IEEE Transactions on Instrumentation & Measurement, 2017, 66(10): 2680-2692.

[15] Li C, Gu S M, Gao X, et al. Image reconstruction of targets illuminated by terahertz Gaussian beam with phase shift migration technique. The 38th International Conference on Infrared, Millimeter, and Terahertz Waves (IRMMW-THz), Mainz, 2013: 1-2.

[16] Sun Z Y, Li C, Gao X, et al. Minimum-entropy-based adaptive focusing algorithm for image reconstruction of terahertz single-frequency holography with improved depth of focus. IEEE Transactions on Geoscience and Remote Sensing, 2015, 53(1): 519-526.

[17] Sun Z Y, Li C, Gu S M, et al. Fast three-dimensional image reconstruction of targets under the

illumination of terahertz Gaussian beams with enhanced phase-shift migration to improve computation efficiency. IEEE Transactions on Terahertz Science and Technology, 2014, 4(4): 479-489.

[18] Baccouche B, Agostini P, Mohammadzadeh S, et al. Three-dimensional terahertz imaging with sparse multistatic line arrays. IEEE Journal of Selected Topics in Quantum Electronics, 2017, 23(4): 1-11.

[19] Qiao L B, Wang Y X, Zhao Z R, et al. Range resolution enhancement for three-dimensional millimeter-wave holographic imaging. IEEE Antennas & Wireless Propagation Letters, 2016, 15: 1422-1425.

[20] Fortuny-Guasch J, Lopez-Sanchez J M. Extension of the 3-D range migration algorithm to cylindrical and spherical scanning geometries. IEEE Transactions on Antennas and Propagation, 2001, 49(10): 1434-1444.

[21] Kazhdan M, Hoppe H. Screened Poisson surface reconstruction. ACM Transactions on Graphics, 2013, 32(3): 1-13.

[22] Berizzi F, Corsini G. A new fast method for the reconstruction of 2-D microwave images of rotating objects. IEEE Transactions on Image Processing, 1999, 8(5): 679-687.

第 7 章　太赫兹雷达 MIMO 线阵三维成像

7.1　引　　言

扫描线阵是一类特殊的阵列全息体制，本章主要围绕其中“MIMO-平面扫”和“MIMO-柱面扫”两种体制开发了若干精确高效的成像方法。为实现三维全息成像，通常需要形成二维孔径。一种最直观的方式就是使收发阵元直接分布在二维孔径上，如 MIMO 面阵体制，这种方式理论上可实现对目标的快拍三维成像。但是，即便采用了 MIMO 技术，其仍需要大量的收发阵元，这导致了极高的硬件成本。并且，当前尚没有一般性的适用于二维 MIMO 面阵的快速成像方法，这进一步提高了这种体制的计算成本。受上述因素的影响，利用一维线阵及与线阵方向垂直的机械扫描形成二维孔径的方式成为一种更可行的选择。第 6 章中涉及的“SISO-平面扫”和“SISO-柱面扫”就属于这种体制。近年来，MIMO 技术被引入扫描线阵成像体制中，在这些体制中，原本的 SISO 线阵被 MIMO 线阵代替。MIMO 线阵比传统的 SISO 线阵在阵元利用率、阵元间隔、波束照射多样性、图像动态范围等诸多方面更具优势。当前，针对扫描 MIMO 线阵的研究更多地集中在系统设计和阵列优化等方面，而针对该体制的高效成像方法的研究尚不充分。虽然关于 MIMO 雷达成像方法的研究成果颇丰，但这些研究绝大多数是在远场和平面波假设下进行的，并不适用于本章研究的成像体制。经典的 SAR 成像方法虽考虑了球面波效应，但仅适用于 SISO 模型，无法简单推广至本章的扫描 MIMO 线阵情况。可见，同时处理球面波几何和 MIMO 观测模型是开发快速成像方法要解决的核心问题。

7.2 节和 7.3 节分别研究适用于“MIMO-平面扫”体制和“MIMO-柱面扫”体制的快速成像方法。针对这两种体制的研究思路是相似的：首先建立正问题模型；然后利用第 2 章介绍的球面波的平面波分解技术对回波进行分解；接着利用各波数分量的约束关系将信号降维、插值至三维谱域；最后利用快速傅里叶变换实现成像。另外，对每种体制均进行了成像性能分析、数值仿真和实验测量(暂用毫米波系统)，以全方位地验证所提方法的有效性和优势。7.4 节对本章研究进行总结。

7.2　“MIMO-平面扫”快速成像方法

本节所提快速成像方法大部分操作在谱域进行，因此其属于一种谱域成像方法。经典的 SAR 频域成像方法基于 SISO 模型，回波数据在频域被分解为距离波数分量和方位波数分量。对于 MIMO 体制，上述分解不再适用，本节方法将距离波数分量和方位波数分量再细分为发射距离波数、接收距离波数、发射方位波数、接收方位波数，从而实现同时考虑球面波效应和 MIMO 几何。最终利用快速傅里叶变换实现聚焦，极大地提升成像效率。

7.2.1　方法原理

“MIMO-平面扫”体制坐标系定义如图 7.1 所示。发射阵元位置为$(x_{\mathrm{T}},0,z)$，接收阵元位置为$(x_{\mathrm{R}},0,z)$，目标位置坐标由(x',y',z')表示。可见，x 方向为阵列维度，z 方向为一维机械扫描维度。根据第 2 章的简化正问题模型，忽略幅度传播衰减，则“MIMO-平面扫”体制回波信号可表示为

$$s(k,x_{\mathrm{T}},x_{\mathrm{R}},z)=\iiint o(x',y',z')\exp(-\mathrm{j}kR_{\mathrm{T}}-\mathrm{j}kR_{\mathrm{R}})\,\mathrm{d}x'\mathrm{d}y'\mathrm{d}z' \tag{7.1}$$

式中，$s(\cdot)$为回波信号；空间波数$k=2\pi/\lambda$；$o(\cdot)$为目标函数；R_{T}、R_{R}分别为发射阵元和接收阵元到目标的距离，满足

$$\begin{cases}R_{\mathrm{T}}=\sqrt{(x'-x_{\mathrm{T}})^2+y'^2+(z'-z)^2}\\R_{\mathrm{R}}=\sqrt{(x'-x_{\mathrm{R}})^2+y'^2+(z'-z)^2}\end{cases} \tag{7.2}$$

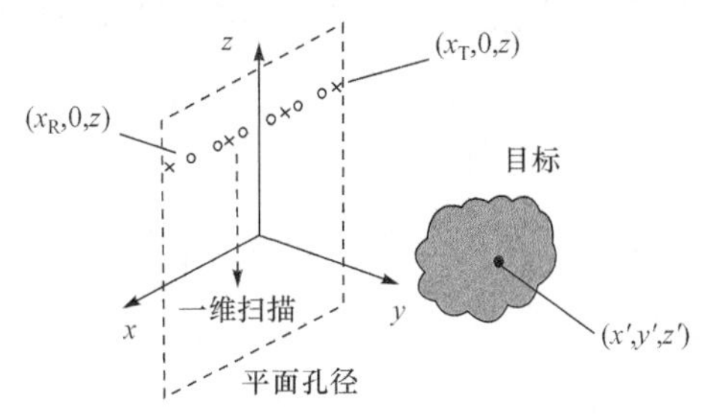

图 7.1　“MIMO-平面扫”体制坐标系定义

利用第 2 章介绍的球面波分解公式，可得

$$\exp(-\mathrm{j}kR_{\mathrm{T}})\approx\iint\exp(-\mathrm{j}k_{y,\mathrm{T}}y')\cdot\exp\left[-\mathrm{j}k_{x,\mathrm{T}}(x'-x_{\mathrm{T}})-\mathrm{j}k_z(z'-z)\right]\mathrm{d}k_{x,\mathrm{T}}\mathrm{d}k_z \tag{7.3}$$

$$\exp\left(-\mathrm{j}kR_{\mathrm{R}}\right)\approx\iint\exp\left(-\mathrm{j}k_{y,\mathrm{R}}y'\right)\cdot\exp\left[-\mathrm{j}k_{x,\mathrm{R}}\left(x'-x_{\mathrm{R}}\right)-\mathrm{j}k_{z}\left(z'-z\right)\right]\mathrm{d}k_{x,\mathrm{R}}\mathrm{d}k_{z} \tag{7.4}$$

式(7.3)和式(7.4)中各方向波数满足如下关系：

$$\begin{cases}k_{y,\mathrm{T}}^{2}=k^{2}-k_{x,\mathrm{T}}^{2}-k_{z}^{2}, & k_{y,\mathrm{T}}>0\\ k_{y,\mathrm{R}}^{2}=k^{2}-k_{x,\mathrm{R}}^{2}-k_{z}^{2}, & k_{y,\mathrm{R}}>0\end{cases} \tag{7.5}$$

将式(7.3)和式(7.4)代入式(7.1)并交换积分顺序，可得

$$\begin{aligned}s\left(k,x_{\mathrm{T}},x_{\mathrm{R}},z\right)=&\iiint\iiint o\left(x',y',z'\right)\\&\cdot\exp\left[-\mathrm{j}\left(k_{x,\mathrm{T}}+k_{x,\mathrm{R}}\right)x'-\mathrm{j}\left(k_{y,\mathrm{T}}+k_{y,\mathrm{R}}\right)y'-\mathrm{j}2k_{z}z'\right]\mathrm{d}x'\mathrm{d}y'\mathrm{d}z'\\&\cdot\exp\left(\mathrm{j}k_{x,\mathrm{T}}x_{\mathrm{T}}+\mathrm{j}k_{x,\mathrm{R}}x_{\mathrm{R}}+\mathrm{j}2k_{z}z\right)\mathrm{d}k_{x,\mathrm{T}}\mathrm{d}k_{x,\mathrm{R}}\mathrm{d}k_{z}\end{aligned} \tag{7.6}$$

令

$$\begin{cases}k_{x}=k_{x,\mathrm{T}}+k_{x,\mathrm{R}}\\ k_{y}=k_{y,\mathrm{T}}+k_{y,\mathrm{R}}\end{cases} \tag{7.7}$$

将式(7.7)代入式(7.6)，并对等式两端做关于 x_{T} 、 x_{R} 、 z 的傅里叶变换，可得

$$\begin{aligned}S\left(k,k_{x,\mathrm{T}},k_{x,\mathrm{R}},2k_{z}\right)&=\mathrm{FT}_{x_{\mathrm{T}},x_{\mathrm{R}},z}\left[s\left(k,x_{\mathrm{T}},x_{\mathrm{R}},z\right)\right]\\&\approx\iiint o\left(x',y',z'\right)\cdot\exp\left(-\mathrm{j}k_{x}x'-\mathrm{j}k_{y}y'-\mathrm{j}2k_{z}z'\right)\mathrm{d}x'\mathrm{d}y'\mathrm{d}z'\\&=\mathrm{FT}_{\mathrm{3D}}\left[o\left(x',y',z'\right)\right]\end{aligned} \tag{7.8}$$

式中，$\mathrm{FT}[\cdot]$ 代表傅里叶变换。式(7.8)中使用约等于号的原因是，式(7.6)受到观测孔径以及频谱范围的限制，关于 $k_{x,\mathrm{T}}$、$k_{x,\mathrm{R}}$、k_{z} 的三重积分的积分范围不能完全覆盖目标的谱域空间。因此，$\mathrm{FT}_{x_{\mathrm{T}},x_{\mathrm{R}},z}\left[s\left(k,x_{\mathrm{T}},x_{\mathrm{R}},z\right)\right]$ 只能近似地表示目标函数的谱域，即 $\mathrm{FT}_{\mathrm{3D}}\left[o\left(x',y',z'\right)\right]$。

根据式(7.8)，可得成像公式为

$$\hat{o}\left(x',y',z'\right)=\mathrm{IFT}_{\mathrm{3D}}\left[O\left(k_{x},k_{y},2k_{z}\right)\right] \tag{7.9}$$

式中，$\mathrm{IFT}[\cdot]$ 代表傅里叶逆变换；$\hat{o}(\cdot)$ 表示对 $o(\cdot)$ 的近似且 $o(k_x,k_y,2k_z)$满足

$$O\left(k_{x},k_{y},2k_{z}\right)=S\left(k,k_{x,\mathrm{T}},k_{x,\mathrm{R}},2k_{z}\right) \tag{7.10}$$

式(7.10)表示的是将原始四维空间中的谱域回波数据降维变换至三维谱域空间，进行如式(7.10)所示变换的依据是式(7.5)和式(7.7)。理论上，在不考虑坐标变换及插值误差的情况下，所得如式(7.9)所示的频域成像方法与 BPA 等效，即所得方法是一种精确的能实现完全聚焦的频域方法：

$$\mathrm{IFT_{3D}}\left[O\left(k_x,k_y,2k_z\right)\right]\approx\iiiint s\left(k,x_\mathrm{T},x_\mathrm{R},z\right)\exp\left(\mathrm{j}kR_\mathrm{T}+\mathrm{j}kR_\mathrm{R}\right)\mathrm{d}k\mathrm{d}x_\mathrm{T}\mathrm{d}x_\mathrm{R}\mathrm{d}z \tag{7.11}$$

在上面的推导中，所有公式均以连续形式出现，但对于实际阵列，阵元数量总是有限的，其空间分布也是离散的。因此，以上公式仅反映了成像的基本原理，在考虑实际阵列分布时，根据以上成像原理可导入不同的具体方法，下面分三种情况进行讨论。

方法 1：适用于收发阵元均匀分布阵列

当收发阵元各自都为均匀分布时，前面推导中涉及的傅里叶正、逆变换可直接由快速傅里叶变换和快速傅里叶逆变换代替，因此方法 1 的计算流程较简单直观。但其局限性在于对阵列构型的要求较高，许多优化后的阵列构型并不满足收发阵元都均匀分布的条件。方法 1 的主要步骤如下：

(1) 根据式(7.8)对回波信号的 x_T、x_R、z 三个维度分别进行快速傅里叶变换，从而将信号变换至谱域。

(2) 根据式(7.5)和式(7.7)将四维空间中的谱域数据变换至三维笛卡儿坐标系。

(3) 依据式(7.9)和式(7.10)将三维谱域中的数据插值至均匀网格上并利用三维快速傅里叶逆变换进行成像。

方法 2：适用于接收阵元均匀分布阵列

本方法考虑发射阵元任意分布、接收阵元均匀分布的阵列构型，常见的“MIMO-平面扫”系统大多采用了这类构型，因此方法 2 较方法 1 有更广的适用范围。由收发阵元的互易性可知，本方法对接收阵元任意分布、发射阵元均匀分布的阵列构型同样适用。

解决发射阵元任意分布下成像问题的思路如下：基于雷达系统良好的相干性，将 MIMO 阵列的成像问题分解为多个 SIMO 阵列的成像问题，利用多幅 SIMO 成像结果进行相干叠加即可获得 MIMO 的图像。根据这一思路，对“SIMO-平面扫”体制的成像方法进行推导。在 SIMO 条件下，回波信号模型变为

$$s\left(k,x_\mathrm{R},z\right)\Big|_{x_\mathrm{T}=x_1}=\iiint o\left(x',y',z'\right)\exp\left(-\mathrm{j}kR_\mathrm{T}-\mathrm{j}kR_\mathrm{R}\right)\mathrm{d}x'\mathrm{d}y'\mathrm{d}z' \tag{7.12}$$

式中，R_T、R_R 仍由式(7.2)给出，但由于此时 R_T 不再是 x_T 的函数，因此式(7.3)不再适用，而应变为

$$\exp\left(-\mathrm{j}kR_\mathrm{T}\right)\approx\int\exp\left[-\mathrm{j}k_{\mathrm{h,T}}\sqrt{\left(x'-x_\mathrm{T}\right)^2+y'^2}-\mathrm{j}k_z\left(z'-z\right)\right]\mathrm{d}k_z \tag{7.13}$$

式中，$k_{\mathrm{h,T}}$ 代表发射阵元在水平方向的波数分量，满足如下关系式：

$$k_{\mathrm{h,T}}^2 = k^2 - k_z^2, \quad k_{\mathrm{h,T}} > 0 \tag{7.14}$$

将式(7.13)和式(7.4)代入式(7.12)，并对两边做关于 x_{R}、z 的傅里叶变换，可得

$$\begin{aligned} S\left(k, k_{x,\mathrm{R}}, 2k_z\right)\Big|_{x_{\mathrm{T}}=x_1} &= \mathrm{FT}_{x_{\mathrm{R}},z}\left[s\left(k, x_{\mathrm{R}}, z\right)\Big|_{x_{\mathrm{T}}=x_1}\right] \\ &= \iint o\left(x', y', z'\right) \cdot \exp\left[-\mathrm{j}k_{\mathrm{h,T}}\sqrt{\left(x'-x_1\right)^2 + y'^2}\right] \\ &\quad \cdot \exp\left(-\mathrm{j}k_{x,\mathrm{R}}x' - \mathrm{j}k_{y,\mathrm{R}}y' - \mathrm{j}2k_z z'\right)\mathrm{d}x'\mathrm{d}y'\mathrm{d}z' \end{aligned} \tag{7.15}$$

对比式(7.15)和式(7.8)可以发现，前者积分式中多出了 $\exp\left[-\mathrm{j}k_{\mathrm{h,T}} \cdot \sqrt{\left(x'-x_1\right)^2 + y'^2}\right]$ 一项，且其中的 $k_{\mathrm{h,T}}$ 是关于 k、k_z 的变量，这使得此处无法像式(7.8)那样直接通过快速傅里叶逆变换进行成像。于是，将式(7.15)进一步改写为

$$\begin{aligned} S\left(k, k_{x,\mathrm{R}}, 2k_z\right)\Big|_{x_{\mathrm{T}}=x_1} = &\iint \tilde{o}\left(x', y', 2k_z\right) \\ &\cdot \exp\left[-\mathrm{j}k_{\mathrm{h,T}}\sqrt{\left(x'-x_1\right)^2 + y'^2}\right] \\ &\cdot \exp\left(-\mathrm{j}k_{x,\mathrm{R}}x' - \mathrm{j}k_{y,\mathrm{R}}y'\right)\mathrm{d}x'\mathrm{d}y' \end{aligned} \tag{7.16}$$

式中

$$\tilde{o}\left(x', y', 2k_z\right) = \int o\left(x', y', z'\right) \cdot \exp\left(-\mathrm{j}2k_z z'\right)\mathrm{d}z' \tag{7.17}$$

无法将式(7.16)等号右端写为傅里叶变换形式的关键在于 $k_{\mathrm{h,T}}$ 为 k、k_z 的函数。解决思路是：首先将等式两端的 k、k_z 固定，此时 $k_{\mathrm{h,T}}$ 为常数，于是通过快速傅里叶逆变换由 $S\left(k, k_{x,\mathrm{R}}, 2k_z\right)\Big|_{x_{\mathrm{T}}=x_1}$ 求得 $\tilde{o}\left(x', y', 2k_z\right) \cdot \exp\left[-\mathrm{j}k_{\mathrm{h,T}}\sqrt{\left(x'-x_1\right)^2 + y'^2}\right]$；然后利用 $\exp\left[\mathrm{j}k_{\mathrm{h,T}}\sqrt{\left(x'-x_1\right)^2 + y'^2}\right]$ 对快速傅里叶逆变换所得结果进行补偿，即可得到 $\tilde{o}(x', y', 2k_z)$。这一过程可表示为

$$\begin{aligned} \tilde{o}\left(x', y', 2k_z\right) = &\sum_{k_n} \mathrm{FT}_{k_{x,\mathrm{R}},k_{y,\mathrm{R}}}\left[\tilde{S}\left(k_{x,\mathrm{R}}, k_{y,\mathrm{R}}, 2k_z\right) \cdot \delta\left(k_n - \sqrt{k_{x,\mathrm{R}}^2 + k_{y,\mathrm{R}}^2 + k_z^2}\right)\right] \\ &\cdot \exp\left[\mathrm{j}k_{\mathrm{h,T}}\sqrt{\left(x'-x_1\right)^2 + y'^2}\right]\Big|_{k=k_n} \end{aligned} \tag{7.18}$$

式中

$$\tilde{S}\left(k_{x,\mathrm{R}}, k_{y,\mathrm{R}}, 2k_z\right) = S\left(k, k_{x,\mathrm{R}}, 2k_z\right)\Big|_{x_{\mathrm{T}}=x_1} \tag{7.19}$$

代表对 $S\left(k,k_{x,\mathrm{R}},2k_z\right)\Big|_{x_\mathrm{T}=x_1}$ 进行的坐标变换操作。根据式(7.17)和式(7.18)可得 SIMO 情况下的成像公式为

$$o\left(x',y',z'\right)\Big|_{x_\mathrm{T}=x_1}=\int\left\{\sum_{k_n}\mathrm{FT}_{k_{x,\mathrm{R}},k_{y,\mathrm{R}}}\left[\tilde{S}\left(k_{x,\mathrm{R}},k_{y,\mathrm{R}},2k_z\right)\right.\right.$$
$$\left.\left.\cdot\delta\left(k_n-\sqrt{k_{x,\mathrm{R}}^2+k_{y,\mathrm{R}}^2+k_z^2}\right)\right]\cdot\exp\left[\mathrm{j}k_{\mathrm{h,T}}\sqrt{\left(x'-x_1\right)^2+y'^2}\right]\Bigg|_{k=k_n}\right\} \tag{7.20}$$
$$\cdot\exp\left(\mathrm{j}2k_z z'\right)\mathrm{d}z'$$

在式(7.20)的基础上，易得 MIMO 情况下的成像表达式为

$$o\left(x',y',z'\right)=\sum_{x_m}o\left(x',y',z'\right)\Big|_{x_\mathrm{T}=x_m} \tag{7.21}$$

可以看出，式(7.21)表示的成像公式对发射天线的位置并未做任何限制，因此根据式(7.20)和式(7.21)可以对任意发射阵元分布的情况进行成像。方法 2 的主要步骤如下。

(1) 根据式(7.15)对回波信号的 x_R 、z 两个维度分别进行快速傅里叶变换，从而将信号变换至谱域。

(2) 对于固定的发射阵元、k_z 和 k :

① 根据式(7.19)对谱域数据进行坐标变换，并分别对 $k_{x,\mathrm{R}}$ 、 $k_{y,\mathrm{R}}$ 进行快速傅里叶逆变换。

② 对当前的发射阵元、k_z 和 k ，利用 $\exp\left[\mathrm{j}k_{\mathrm{h,T}}\sqrt{\left(x'-x_1\right)^2+y'^2}\right]$ 得到相位补偿后的 $\tilde{o}\left(x',y',2k_z\right)$。

(3) 对所有的发射阵元、k_z 和 k 重复步骤(2)，并将所有的 $\tilde{o}\left(x',y',2k_z\right)$ 进行相干叠加。

(4) 对 $\tilde{o}\left(x',y',2k_z\right)$ 的 $2k_z$ 维度进行快速傅里叶逆变换，得到三维成像。

可见，方法 2 处理发射阵元任意分布阵列的思路是将 MIMO 阵列的成像问题分解为若干个 SIMO 成像问题。对于满足均匀分布的接收阵元，仍利用快速傅里叶变换进行处理；对于任意分布的发射阵元，则通过相干叠加的方式进行综合。这种处理方法既利用了快速傅里叶变换的高效性，又具有时域方法相干叠加的属性，因此可看作一种半时域半频域方法。由此可以预见，该方法的复杂度将介于方法 1 与 BPA 之间。

方法 3：适用于收发阵元任意分布阵列

若沿着方法 2 的思路，即对不满足均匀分布的阵元采用相干叠加的处理方式，

则对收发阵元均任意分布的阵列就需要对发射阵元和接收阵元两个维度进行相干叠加。此时，仅有机械扫描维度可采用频域处理方法，可以预见，方法复杂度将进一步贴近 BPA，而这并不符合本节开发快速成像方法的本意。

重新观察式(7.8)～式(7.10)所示的成像原理可以发现，成像的主要障碍是对离散的非均匀采样位置实现 $\mathrm{FT}[\cdot]$ 和 $\mathrm{IFT}[\cdot]$ 算子。NUFFT 和 NUIFFT 技术正是针对这一问题提出的。于是，本方法在方法 1 的基础上，通过引入 NUFFT 和 NUIFFT 实现对收发阵元任意分布阵列的快速成像。方法 3 的主要步骤如下：

(1) 根据式(7.8)对回波信号的 x_{T}、x_{R} 维度分别进行 NUFFT 处理，对 z 维度进行快速傅里叶变换，从而将信号变换至谱域。

(2) 根据式(7.5)和式(7.7)将四维空间中的谱域数据变换至三维笛卡儿坐标系。

(3) 依据式(7.9)和式(7.10)将三维谱域中数据插值至均匀网格上并利用 NUIFFT 进行成像。

值得一提的是，当阵列退化为收发阵元均匀分布时，方法 3 也退化为方法 1。

7.2.2 成像性能分析

首先讨论系统分辨率，严格地说，评估 MIMO 阵列在近距离条件下的成像分辨率是一项复杂的工作。这是因为，此时系统的点扩展函数不再是关于三个坐标变量的可分离函数，并且点扩展函数还具有显著的空变性，这些因素都使得对系统分辨率的严格理论描述变得困难。因此，人们提出了简化的分析手段，例如利用有效孔径和等效相位中心近似进行分辨率估计。研究者已对该问题进行了分析[1, 2]，在此直接引用他们的结果，系统距离向分辨率、阵列方位向分辨率和机械扫描方位向分辨率可分别表示为

$$\delta_y = \frac{c}{2B}, \quad \delta_x = \frac{\lambda_{\mathrm{c}} R_0}{L_{x,\mathrm{T}} + L_{x,\mathrm{R}}}, \quad \delta_z = \frac{\lambda_{\mathrm{c}} R_0}{2L_z} \tag{7.22}$$

式中，B 为发射信号带宽；λ_{c} 为中心频率对应的波长；R_0 为目标到观测孔径的最短垂直距离；$L_{x,\mathrm{T}}$、$L_{x,\mathrm{R}}$ 分别为发射阵列与接收阵列的长度；L_z 为机械扫描的距离。以上各变量定义如下：

$$\begin{gathered} R_0 = \min y', \quad L_z = \max z - \min z, \\ L_{x,\mathrm{T}} = \max x_{\mathrm{T}} - \min x_{\mathrm{T}}, \quad L_{x,\mathrm{R}} = \max x_{\mathrm{R}} - \min x_{\mathrm{R}} \end{gathered} \tag{7.23}$$

可以看出，系统的分辨性能主要由各个维度孔径(带宽也可广义地视为频率维度的孔径)的尺寸决定。这并不意味着单纯增大孔径尺寸就能提高成像性能，因为在采样点数固定的条件下，增大孔径尺寸同时增大了采样点间隔。为了保证成像不发生混叠，且图像具有较好的动态范围与信噪比，还需确定阵元分布必须满足

的最大空间间隔和频谱最大间隔等采样准则。与分辨率问题相似，在 MIMO 条件下，对采样准则同样难以给出严格的闭式表达。已有研究者在等效相位中心假设下对该问题进行了分析[2]，假设目标在三个坐标方向的尺度范围分别为 D_x 、D_y 、D_z ，可得出以下结论：

$$\begin{cases} \Delta k < \dfrac{\pi}{D_y} \\ \Delta x < \dfrac{\lambda}{2}\dfrac{\sqrt{\left(L_x + D_x\right)^2/4 + R_0^2}}{L_x + D_x} \\ \Delta z < \dfrac{\lambda R_0}{2\min\left\{2R_0\tan\left(\theta_{\mathrm{HBW}}/2\right), D_z\right\}} \end{cases} \tag{7.24}$$

下面分析本节所提各方法的计算量。为方便表述，首先定义回波数据的频点采样数、发射阵元数、接收阵元数、高度向扫描点数分别为 N_k 、$N_{x,\mathrm{T}}$ 、$N_{x,\mathrm{R}}$ 、N_z ；然后定义图像三个维度的点数分别为 $N_{x'}$ 、$N_{y'}$ 、$N_{z'}$ ，发射阵元维度快速傅里叶变换点数为 $N_{k_{x,\mathrm{T}}}$ ，接收阵元维度快速傅里叶变换点数为 $N_{k_{x,\mathrm{R}}}$ ，z 维度快速傅里叶变换点数为 N_{k_z} ；接着令 C_1 代表单个源点一维插值所需计算量，C_2 代表单个源点二维插值所需计算量，C_3 代表某固定观测位置对单像素点进行投影及成像的计算量，其包含了至少 1 次复数乘法、1 次复数加法、1 次插值运算和 1 次指数运算。各方法主要操作及计算量分别列于表 7.1～表 7.3 中，为了对比，“MIMO-平面扫”体制下 BPA 主要操作及计算量也列于表 7.4 中。

表 7.1　“MIMO-平面扫”体制下方法 1 主要操作及计算量

主要操作	计算量
x_T 维度快速傅里叶变换	$5N_k N_{k_{x,\mathrm{T}}} N_{x,\mathrm{R}} N_z \log_2 N_{k_{x,\mathrm{T}}}$
x_R 维度快速傅里叶变换	$5N_k N_{k_{x,\mathrm{T}}} N_{k_{x,\mathrm{R}}} N_z \log_2 N_{k_{x,\mathrm{R}}}$
z 维度快速傅里叶变换	$5N_k N_{k_{x,\mathrm{T}}} N_{k_{x,\mathrm{R}}} N_{k_z} \log_2 N_{k_z}$
二维插值	$C_2 N_k N_{k_{x,\mathrm{T}}} N_{k_{x,\mathrm{R}}} N_{k_z}$
x' 维度快速傅里叶逆变换	$5N_{x'} N_{y'} N_{k_z} \log_2 N_{x'}$
y' 维度快速傅里叶逆变换	$5N_{x'} N_{y'} N_{k_z} \log_2 N_{y'}$
z' 维度快速傅里叶逆变换	$5N_{x'} N_{y'} N_{z'} \log_2 N_{z'}$

表 7.2 “MIMO-平面扫”体制下方法 2 主要操作及计算量

主要操作	计算量
x_{R} 维度快速傅里叶变换	$5N_k N_{x,\mathrm{T}} N_{k_{x,\mathrm{R}}} N_z \log_2 N_{k_{x,\mathrm{R}}}$
z 维度快速傅里叶变换	$5N_k N_{x,\mathrm{T}} N_{k_{x,\mathrm{R}}} N_{k_z} \log_2 N_{k_z}$
对发射阵元、k_z 和 k 三个维度的循环	$N_{x,\mathrm{T}} N_{k_z} N_k \left(5N_{k_{x,\mathrm{R}}} N_{y'} \log_2 N_{y'} + 5N_{x'} N_{y'} \log_2 N_{y'}\right)$
z' 维度快速傅里叶逆变换	$5N_{x'} N_{y'} N_{z'} \log_2 N_{z'}$

表 7.3 “MIMO-平面扫”体制下方法 3 主要操作及计算量

主要操作	计算量
x_{T} 维度 NUFFT	$C_1 N_k N_{x,\mathrm{T}} N_{x,\mathrm{R}} N_z + 5N_k N_{k_{x,\mathrm{T}}} N_{x,\mathrm{R}} N_z \log_2 N_{k_{x,\mathrm{T}}}$
x_{R} 维度 NUFFT	$C_1 N_k N_{k_{x,\mathrm{T}}} N_{x,\mathrm{R}} N_z + 5N_k N_{k_{x,\mathrm{T}}} N_{k_{x,\mathrm{R}}} N_z \log_2 N_{k_{x,\mathrm{R}}}$
z 维度快速傅里叶变换	$5N_k N_{k_{x,\mathrm{T}}} N_{k_{x,\mathrm{R}}} N_{k_z} \log_2 N_{k_z}$
x'，y' 维度二维 NUIFFT	$C_2 N_k N_{k_{x,\mathrm{T}}} N_{k_{x,\mathrm{R}}} N_{k_z} + 5N_{x'} N_{y'} N_{k_z} \left(\log_2 N_{x'} + \log_2 N_{y'}\right)$
z' 维度快速傅里叶逆变换	$5N_{x'} N_{y'} N_{z'} \log_2 N_{z'}$

表 7.4 “MIMO-平面扫”体制下 BPA 主要操作及计算量

主要操作	计算量
频率维度快速傅里叶逆变换获得距离像	$5N_k N_{x,\mathrm{T}} N_{x,\mathrm{R}} N_z \log_2 N_k$
后向投影	$C_3 N_{x,\mathrm{T}} N_{x,\mathrm{R}} N_z N_{x'} N_{y'} N_{z'}$

根据表 7.1～表 7.4，对各方法的总计算量估计可通过将各步骤对应计算量求和获得。根据表 7.1～表 7.4 虽可获得较准确的计算量估计，但尚难以直观对比各方法的计算复杂度。为此，假设 N_k、$N_{x,\mathrm{T}}$、$N_{x,\mathrm{R}}$、N_z、$N_{x'}$、$N_{y'}$、$N_{z'}$ 和 $N_{k_{x,\mathrm{T}}}$、$N_{k_{x,\mathrm{R}}}$、N_{k_z} 都与某一给定数值 N 具有相同的数量级，则可大致估计各方法的计算复杂度，结果列于表 7.5 中。可以看出，方法 1 与方法 3 具有相同的计算复杂度，方法 2 的计算复杂度高于方法 1 和方法 3，BPA 的计算复杂度最高。需要说明的是，表 7.5 的对比虽然直观，但在利用各方法成像时必须意识到计算复杂度并不代表实际计算量和运行耗时。实际计算量可依据表 7.1～表 7.4 进行估算，而运行耗时还与具体实现方式有关。例如，某种方法虽理论计算复杂度稍高，但更易于并行实现，则实际运行耗时并不一定处于劣势。因此，不能依据以上理论分析简单划分所提方法孰优孰劣，而是要根据实际问题选择最适合的方法。

表 7.5 "MIMO-平面扫"体制下不同方法计算复杂度对比

成像方法	计算复杂度
方法 1	$O(N^4 \log_2 N)$
方法 2	$O(N^5 \log_2 N)$
方法 3	$O(N^4 \log_2 N)$
BPA	$O(N^6)$

7.2.3 数值仿真结果

首先通过数值仿真的方式验证所提方法的有效性，并进行成像性能的定量评估。为对各方法进行充分验证，同时结合实际应用，本小节分别采用两种典型阵列构型对不同方法进行验证，两种阵列排布方式如图 7.2 所示。其中，Tx 代表发射阵元，Rx 代表接收阵元，EPC(equivalent phase center)代表等效相位中心。需要说明的是，在近场成像条件下，基于 EPC 的成像将导致严重的散焦现象，因此 EPC 实际是失效的。为了便于对比，此处仍将 EPC 绘于图中。阵列构型 1 中收发阵元均匀分布，阵列构型 2 中发射阵元非均匀分布、接收阵元均匀分布。实际上，阵列构型 1 有专门的名称，即稀疏互质阵列[3]。在原始文献中，其用途是用更少的实体阵元数对 SISO 阵列进行近似，而本书将其用于 MIMO 阵列成像。阵列构型 2 同样是阵列全息成像中常用的构型，其能用较少的阵元数实现较大的有效孔径。本仿真中，为加强照射的均匀度，在阵列中心加设了三个发射阵元。有必要说明，阵元的具体位置是根据经验设定的，并未进行专门的优化设计。本节核心工作围绕成像方法展开，因此并不打算对不同阵列构型的性能进行横向对比，而是验证所提方法对不同阵列构型的成像能力，以及针对给定阵列构型对比不同方法的成像性能。

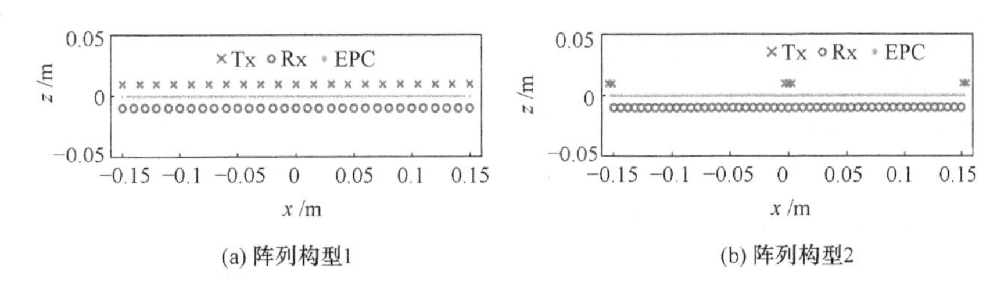

(a) 阵列构型1　　(b) 阵列构型2

图 7.2 "MIMO-平面扫"体制下数值仿真用阵列构型

传统的 RMA 是针对 SISO 体制开发的，为了使其能够处理 MIMO 体制下的回波数据，此处采用图 7.2 所示的等效相位中心假设，即一对 Tx 和 Rx 被其几何中心点处的一个相位中心代替。在这个过程中，若等效中心的位置发生重叠，则将对应的回波信号进行相干叠加。仿真中使用电磁计算软件 FEKO 进行目标几何建模与散射回波计算。目标几何模型如图 7.3 所示，其直径为12cm，厚度为2mm。目标至面阵距离为0.3m，仿真频率范围为30～36GHz，阵列 z 方向扫描间隔为3mm，扫描范围为30cm。电偶极子用作散射激励源，目标近场区的散射场作为求解对象。获得散射回波后，将其排成了一个四维的数据张量，四个维度依次是频率、接收阵元、发射阵元、z 方向扫描位置。仿真中设置的频点数为 31，由图 7.2 可以看出，阵列构型 1 的收发阵元数分别为 31 和 21，阵列构型 2 的收发阵元数分别为 51 和 7。因此，由仿真获得的阵列构型 1 的原始散射数据为一个 $31\times31\times21\times101$ 的四维张量，阵列构型 2 的原始散射数据为一个 $31\times51\times7\times101$ 的四维张量。

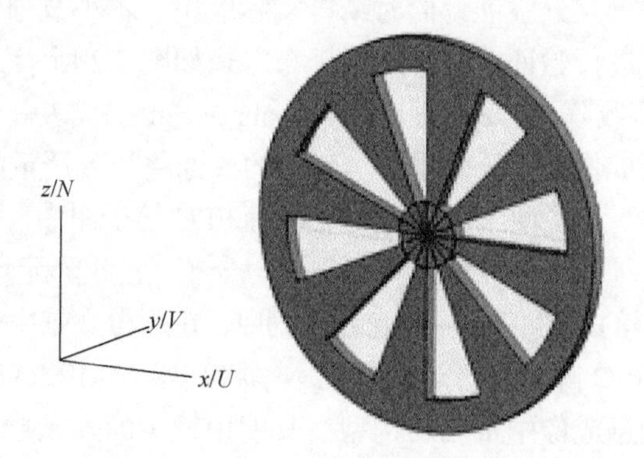

图 7.3　“MIMO-平面扫”体制下数值仿真用目标几何模型

仿真 1：阵列构型 1 成像

正如之前所说，对于收发均匀阵列，所提方法 2 与方法 1 等价。图 7.4 分别展示了利用基于 SISO 的 RMA、方法 1、方法 2 和 BPA 的三维成像结果。其中，图 7.4(a)、(c)、(e)、(g)为成像结果在 x-z 平面上的最大值投影结果，成像结果均被归一化至0dB，显示动态范围为20dB。图 7.4(b)、(d)、(f)、(h)为成像结果的三维视图，曲面包裹的区域为强度大于−15dB 的体素。由图 7.4 可以看出，基于等效相位中心假设的 SISO-RMA 成像结果出现了明显的散焦与混叠现象，进一步说明在近场条件下，等效相位中心假设不再适用于 MIMO 阵列。对比图 7.4(c)、(e)、(g)以及图 7.4(d)、(f)、(h)可以看出，方法 1、方法 2 和 BPA 的成像结果非常相似，这说明了所提成像方法的有效性。

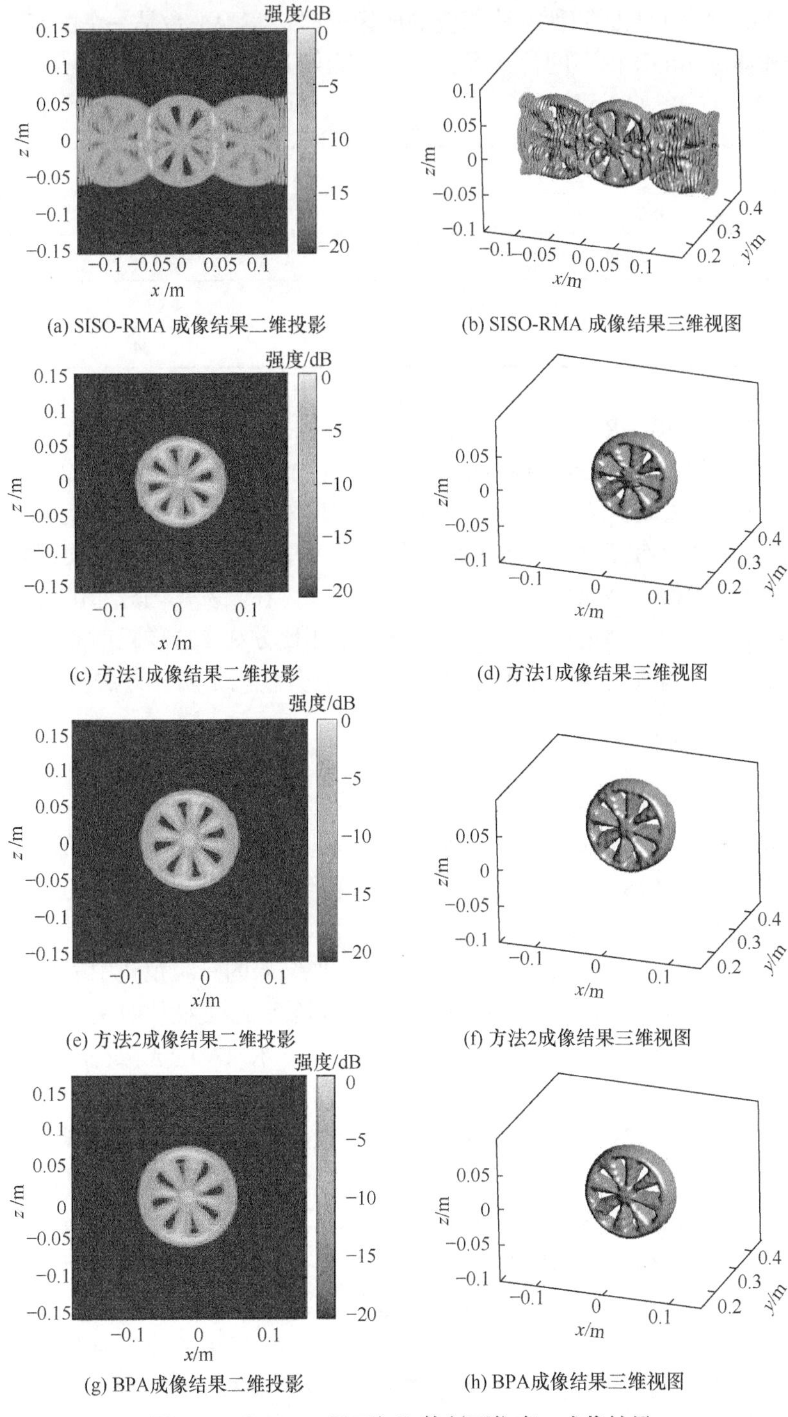

(a) SISO-RMA 成像结果二维投影　　(b) SISO-RMA 成像结果三维视图

(c) 方法1成像结果二维投影　　(d) 方法1成像结果三维视图

(e) 方法2成像结果二维投影　　(f) 方法2成像结果三维视图

(g) BPA成像结果二维投影　　(h) BPA成像结果三维视图

图 7.4　“MIMO-平面扫”体制下仿真 1 成像结果

表 7.6 列出了上面四种方法相应的成像耗时，实验平台是一个配有 Intel i3-4130 处理器和 14GB 内存的台式机，各方法均用 MATLAB 代码实现。

表 7.6 “MIMO-平面扫”体制下仿真 1 各方法成像耗时对比

成像方法	成像耗时/s
SISO-RMA	2.8
方法 1	9.1
方法 2	38.9
BPA	10103.4

可以看出，SISO-RMA 成像耗时最短，方法 1、方法 2、BPA 的成像耗时依次增加，这与 7.2.2 节中对这三种方法计算复杂度的分析一致。对照 7.2.1 节的方法步骤，方法 1 对发射阵元维度和接收阵元维度均采用了快速傅里叶变换操作，相比之下，方法 2 仅有接收阵元维度采用了快速傅里叶变换操作，而发射阵元维度则需进行循环操作。因此，方法 1 相比于方法 2，在收发均匀分布的前提下，计算复杂度和成像耗时都更具优势。虽然方法 2 相比方法 1 成像耗时更长，但是与 BPA 相比，其成像耗时不到 BPA 的 0.3%，这充分说明了所提方法的高效性。

仿真 2：阵列构型 2 成像

对于非均匀分布的阵列构型，方法 1 不再适用。图 7.5 分别展示了利用 SISO-RMA、方法 2、方法 3 和 BPA 的三维成像结果。与阵列构型 1 的成像结果相似，对于阵列构型 2，SISO-RMA 无法对目标实现聚焦。由于阵列构型的不同，目标散焦的形式也有所区别。对比方法 2、方法 3 与 BPA 的成像结果，可以看出三者十分相似。但与方法 2 和 BPA 相比，方法 3 成像结果的三维视图中表现出了一些较明显的旁瓣，这应当是由对回波信号进行发射阵元维度插值时引入的误差造成的。表 7.7 列出了上述四种方法的成像耗时。SISO-RMA 的成像耗时最短，这是由于其将四维数据变换为三维数据后，对每一维度都采用了快速傅里叶变换操作，因此该方法效率高。然而，由于其无法聚焦，其在计算复杂度和成像耗时上的优势并没有很大意义。与 BPA 对比可以看出，方法 2 和方法 3 的成像耗时均不到 BPA 的 0.5%，这说明所提方法的效率远高于 BPA。另外，对比表 7.7 和表 7.6 可以发现，方法 2 对阵列构型 2 的成像耗时明显短于阵列构型 1。由 7.2.1 节的方法步骤可以看出，这是因为目前方法 2 在实现时包含了对发射阵元的循环操作。由于阵列构型 2 的发射阵元数明显少于阵列构型 1，方法 2 对阵列构型 2 的成像耗时更短。对比方法 2 和方法 3 可以发现，虽然表 7.5 中方法 3 具有更低的计算复杂度，但在给定了具体成像参数后，其计算量和成像耗时并不一定小于方法 2，这与之前在

7.2.2 节中分析的结果一致。

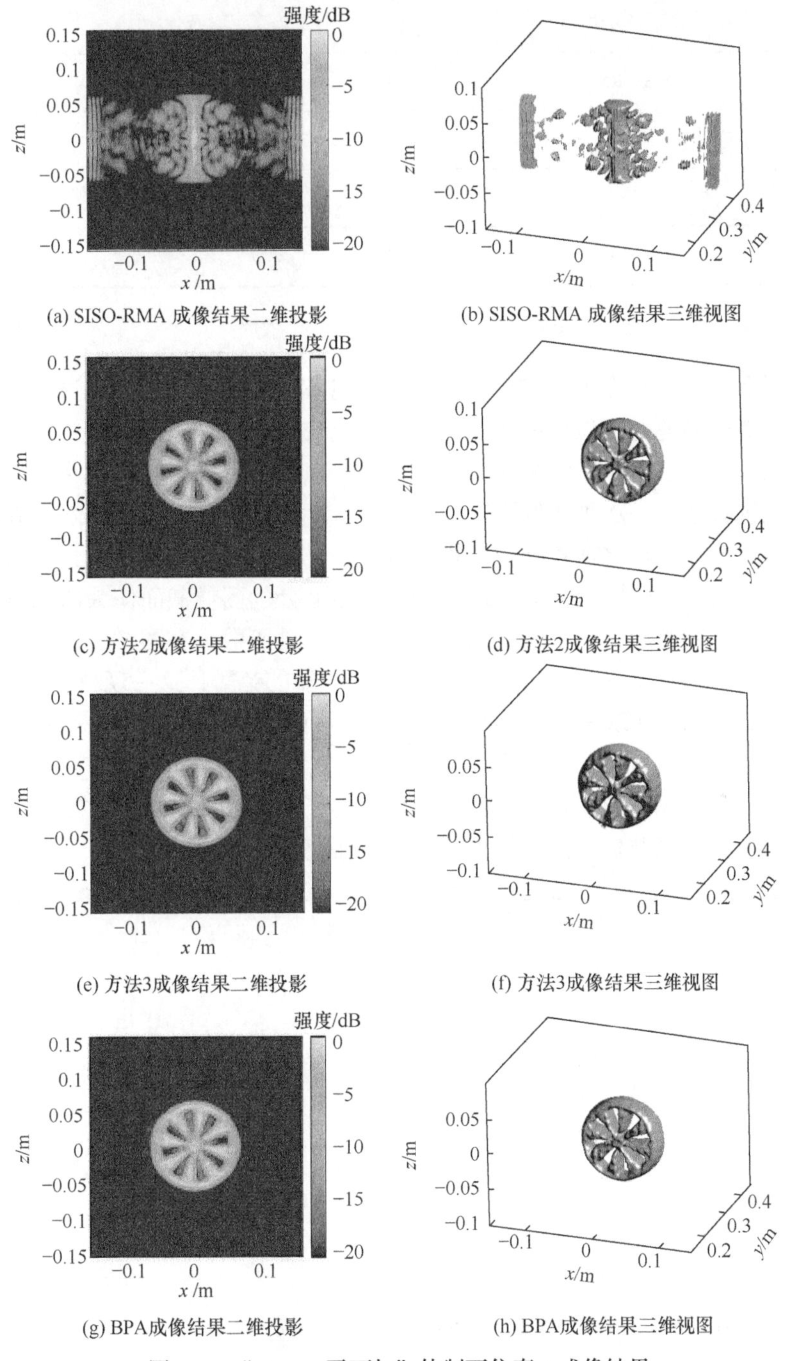

(a) SISO-RMA 成像结果二维投影

(b) SISO-RMA 成像结果三维视图

(c) 方法2成像结果二维投影

(d) 方法2成像结果三维视图

(e) 方法3成像结果二维投影

(f) 方法3成像结果三维视图

(g) BPA成像结果二维投影

(h) BPA成像结果三维视图

图 7.5 "MIMO-平面扫"体制下仿真 2 成像结果

表 7.7　“MIMO-平面扫”体制下仿真 2 各方法成像耗时对比

成像方法	成像耗时/s
SISO-RMA	9.3
方法 2	13.5
方法 3	30.9
BPA	5429.5

仿真 3：成像性能定量对比

前两个仿真分别在不同阵列构型条件下对不同方法的成像结果进行了直观对比。为了更严谨地对成像性能进行对比，仿真 3 分别选取峰值旁瓣比(peak side-lobe ration，PSLR)和积分旁瓣比(integrated side-lobe ration，ISLR)作为定量指标对成像性能进行考察。分别对两种阵列构型进行考察，假设坐标(0,0.3,0)处有一理想点目标，成像参数与之前相同。获得三维成像结果后，首先将其以最大值投影方式投至 x-z 平面，再沿阵列方向(x 轴方向)取 z=0 处的图像截面作为研究对象。

图 7.6 分别展示了两个阵列构型对应的点扩展函数，在图 7.6(a)中 $x = -0.1$m 和 $x = 0.1$m 处 SISO-RMA 的成像结果有两个明显的旁瓣，这一现象在图 7.4(a)中同样可以观察到。可以看出，方法 2 所得点扩展函数的形状与 BPA 所得点扩展函数的形状十分相似，这也意味着方法 2 取得了与“黄金标准”的 BPA 相近的成像精度。方法 1 与 BPA 之间稍有差距，但仍取得了不错的成像质量。在图 7.6(b)中，SISO-RMA 已彻底散焦，而所提方法均实现了高质量聚焦。

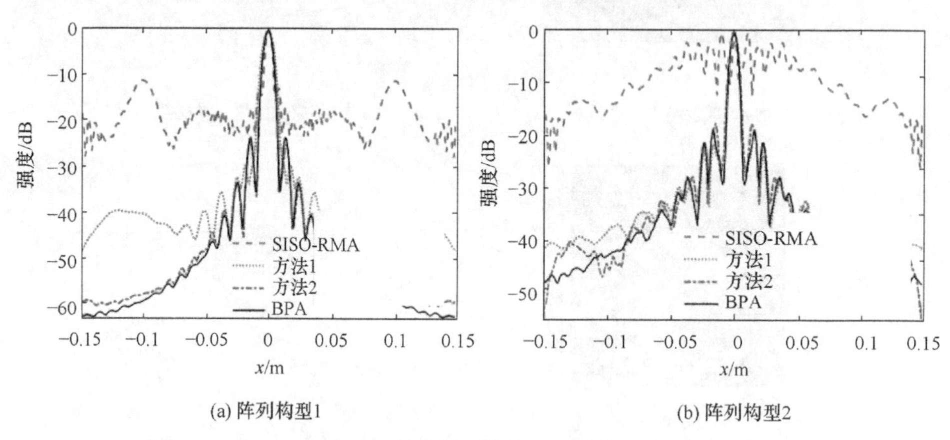

(a) 阵列构型1　　(b) 阵列构型2

图 7.6　“MIMO-平面扫”体制下仿真 3 不同方法点扩展函数对比

表 7.8 和表 7.9 分别列出了与图 7.6(a)、(b)对应的 PSLR 和 ISLR 指标。从这些数据来看，所提方法均获得了与 BPA 相近甚至优于 BPA 的指标。特别地，表 7.8 中方法 1 在两个指标上均明显优于 BPA，但从图 7.4 和图 7.6 中并未看出方法 1 在成像质量上比 BPA 更具优势。其中一个重要原因是，正如 7.2.2 节中提到的，在近场 MIMO 条件下点扩展函数的形状并不规则，而所采用的定量指标可能受到点扩展函数形状的较大影响。因此，图像的视觉质量与这些定量指标反映的质量可能并不一致。这将涉及更复杂的图像质量评估问题，本节并不打算对此问题进行更多讨论。总之，以上三个仿真已较充分地验证了所提方法能以更短时间实现高质量成像。

表 7.8　“MIMO-平面扫”体制下构型 1 各方法性能对比

成像方法	PSLR/dB	ISLR/dB
SISO-RMA	−12.8	0.0
方法 1	−29.6	−24.1
方法 2	−25.0	−22.7
BPA	−23.5	−21.7

表 7.9　“MIMO-平面扫”体制下构型 2 各方法性能对比

成像方法	PSLR/dB	ISLR/dB
SISO-RMA	−2.5	5.3
方法 2	−18.6	−14.2
方法 3	−17.3	−13.2
BPA	−18.6	−13.6

7.2.4　实验测量结果

实验所用的主要设备包括扫描架和 VNA。扫描架在水平方向有两个可独立移动的扫描轨道，两个水平轨道被共同固定在一个可竖直方向扫描的轨道上。收发天线分别固定在两个水平轨道上，从而可以实现等效的“MIMO-平面扫”成像体制。扫描架的水平和垂直最大行程分别为 80cm 和 90cm 。收发天线分别通过微波电缆与 VNA 端口相连，VNA 的 S_{21} 参数被记录作为目标散射回波的原始数据。扫描架与 VNA 分别通过串口和网口与 PC 相连，实验过程中由 PC 控制扫描架的机械移动并发送 VNA 触发信号，S_{21} 数据通过网线传回 PC 进行存储。实验原理框图和扫描架实物照片分别如图 7.7 和图 7.8(a)所示。

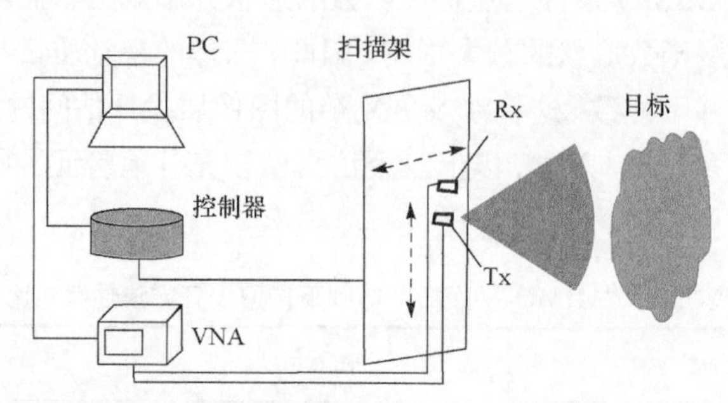

图 7.7　“MIMO-平面扫”体制下实验原理框图

(a) 扫描架

(b) 柠檬片

图 7.8　二维扫描架与柠檬片实物照片

实验 1：柠檬片实测成像

图 7.3 所示 CAD 模型被制作成实际目标，如图 7.8(b)所示，可将该目标称为柠檬片。实验采用了与仿真部分相同的阵列构型，信号带宽、频点数、扫描间隔等参数均与仿真部分一致。本实验的目的是与仿真成像结果进行交叉验证。由数值仿真的结果可以看出，基于等效相位中心假设的 SISO-RMA 在 MIMO 条件下已无法适用，因此实验部分不再讨论这种成像方式。对于阵列构型 1，方法 1、方法 2、BPA 的成像结果如图 7.9 所示。对于阵列构型 2，方法 2、方法 3、BPA 的成像结果如图 7.10 所示。

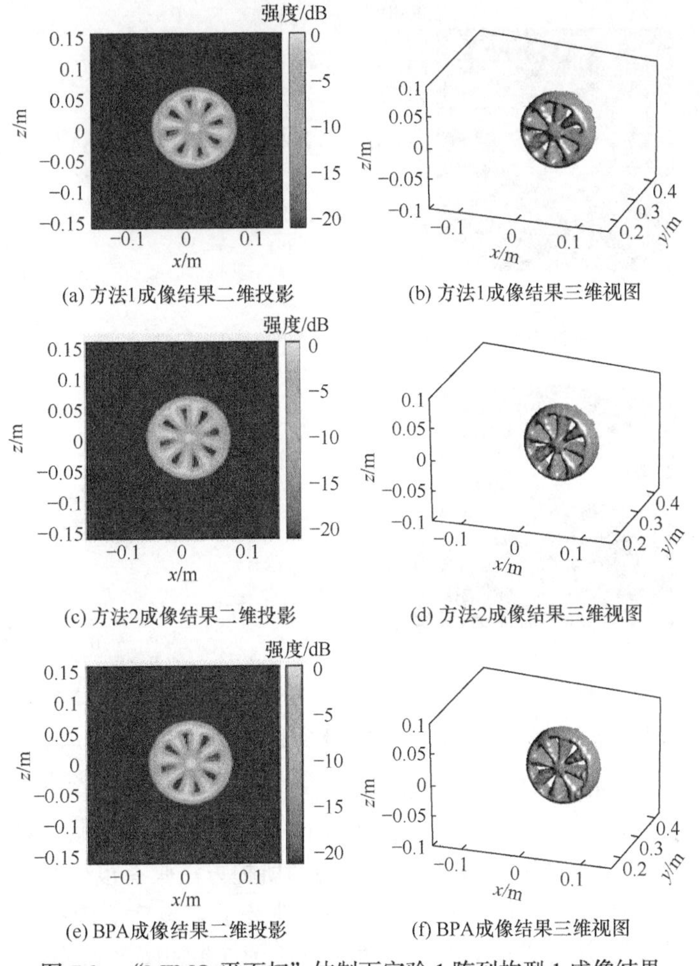

(a) 方法1成像结果二维投影　(b) 方法1成像结果三维视图

(c) 方法2成像结果二维投影　(d) 方法2成像结果三维视图

(e) BPA成像结果二维投影　(f) BPA成像结果三维视图

图 7.9　“MIMO-平面扫”体制下实验 1 阵列构型 1 成像结果

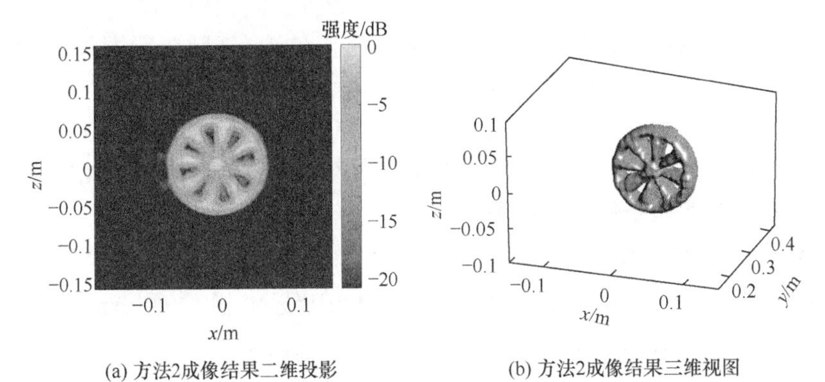

(a) 方法2成像结果二维投影　(b) 方法2成像结果三维视图

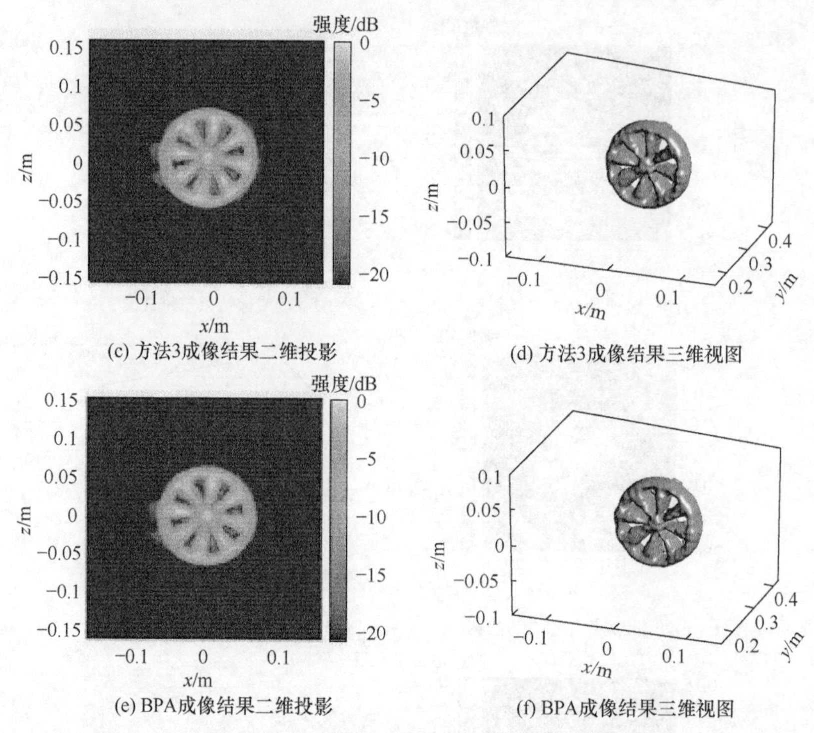

(c) 方法3成像结果二维投影　(d) 方法3成像结果三维视图

(e) BPA成像结果二维投影　(f) BPA成像结果三维视图

图 7.10　“MIMO-平面扫”体制下实验 1 阵列构型 2 成像结果

实验中由于位置摆放的误差，物体中心与坐标原点之间存在一定偏差。可以看出，对于阵列构型 1，方法 1、方法 2 与 BPA 的结果十分相似。对于阵列构型 2，方法 2 与 BPA 的结果也十分相似，这说明所提方法具有很高的聚焦精度。方法 3 同样实现了良好的聚焦，但由于方法中涉及了多步插值操作，其旁瓣性能和聚焦精度稍逊于方法 2 和 BPA。另外，对比图 7.4 和图 7.9、图 7.5 和图 7.10 可以看出，实验结果与仿真结果具有很高的一致性。实验中，测量获得的散射数据与仿真部分的散射数据具有相同的维度和大小，唯一区别在于仿真部分散射数据由 FEKO 软件计算获得，实验部分散射数据由 VNA 采集获得。因此，各个方法的运行时间与仿真部分几乎相同，此处不再重复列出各方法的运行耗时。

需要说明的是，相比数值仿真，在实验中不可避免地会遇到阵元位置误差的问题。好在当前实验条件下，这种位置误差是有规律可循的，即位置误差主要由阵元间隔的缩放和阵元坐标的平移构成。阵元间隔的缩放对应了 $k_{x,\mathrm{T}}$、$k_{x,\mathrm{R}}$ 谱域采样点位置的缩放。阵元坐标的平移可利用线性相位项 $\exp\left(\mathrm{j}\Delta x_{\mathrm{T}} k_{x,\mathrm{T}}\right)$ 或 $\exp\left(\mathrm{j}\Delta x_{\mathrm{R}} k_{x,\mathrm{R}}\right)$ 对谱域信号 $S\left(k, k_{x,\mathrm{T}}, k_{x,\mathrm{R}}, 2k_z\right)$ 进行补偿校正，其中 Δx_{T} 、Δx_{R} 分别代表发射阵列和接收阵列的平移量。对于这些误差量，可通过参数寻优的方法进行估计。

实验 2：人体模型实测成像

在之前的仿真实验中，所用目标比较简单。本实验以实际合作式安检应用为背景，以一个人体模型为目标。阵列参数也进行了相应调整，阵列延长至 60cm，z 方向扫描范围扩至 82cm，间隔为 4mm。考虑到实验所用天线的波束宽度，该阵列构型是综合考虑波束对目标的照射范围和有效孔径而手动设定的，并未使用优化技术对其排布进行优化。信号频率范围为 30～36GHz，频点数为 51。所用阵列构型、人体模型和实验场景分别如图 7.11 和图 7.12 所示。

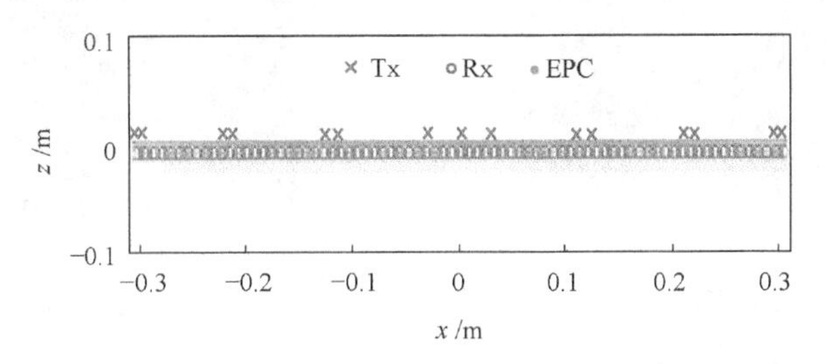

图 7.11 “MIMO-平面扫”体制下实验 2 所用阵列构型

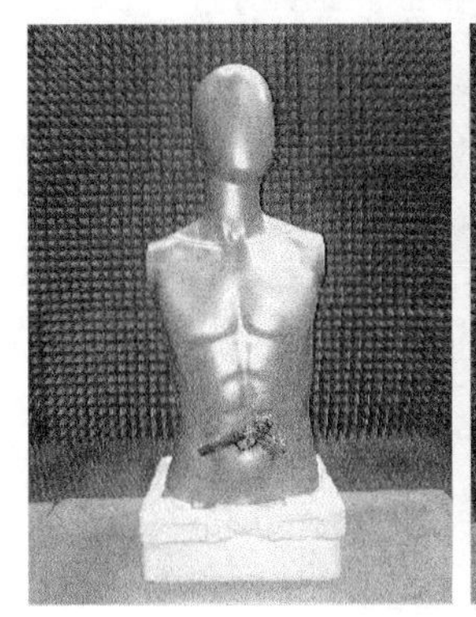

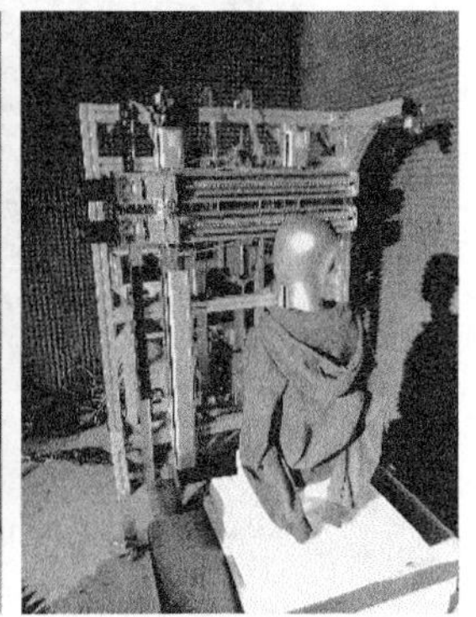

图 7.12 “MIMO-平面扫”体制下实验 2 人体模型和实验场景

在本实验中，为了验证“MIMO-平面扫”成像体制的优势，还在经典的“SISO-平面扫”体制下，对同样的目标进行了实验，扫描孔径大小与“MIMO-平面扫”体制相同(约 60cm × 82cm)，x 和 z 方向的扫描间隔均为 4mm。不同体制与方法的成像结果绘于图 7.13 中，成像耗时列于表 7.10 中，实验软硬件平台与仿真部分一致。可以看出，利用所提方法和 BPA 获得的成像结果保持了高度一致，这说明所提方法对目标实现了完全聚焦，并且成像质量与 BPA 基本一致。然而，所提方法 2 的成像耗时不到 BPA 的 0.2%。当前方法仅在中央处理器(central processing unit, CPU)上进行了单线程的实现，因此成像耗时尚不能满足实时成像应用的要求，但由 7.2.1 节给出的方法流程可以看出，所提方法易于并行实现。通过将方法并行化并利用图形处理器(graphics processing unit，GPU)加速技术，实时获得与 BPA 同等质量的成像结果将不再困难。

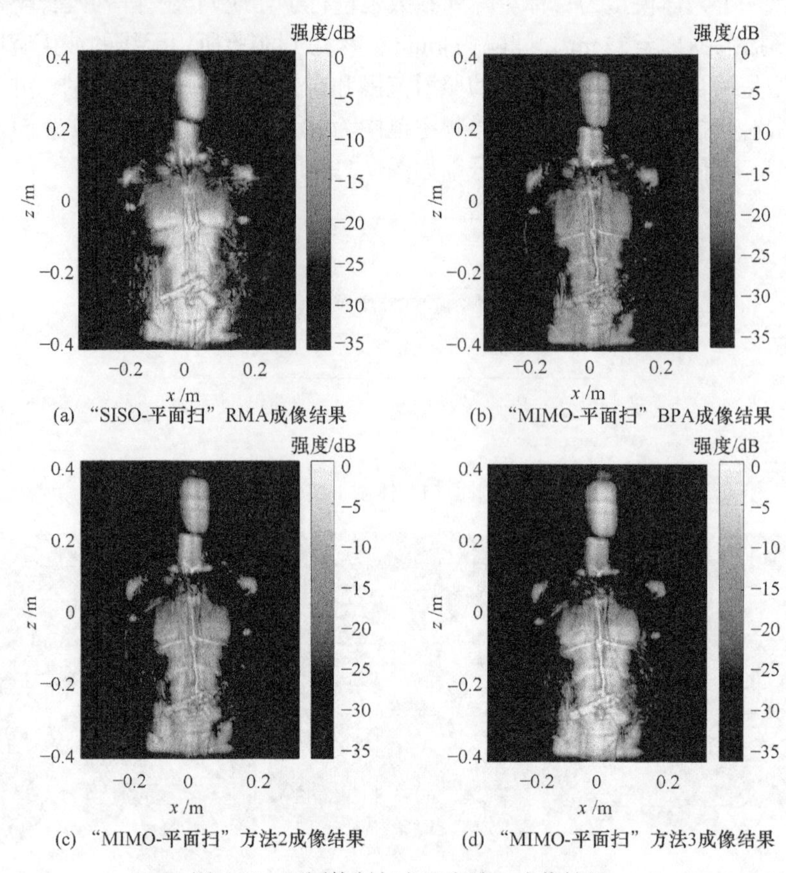

(a) “SISO-平面扫”RMA成像结果　(b) “MIMO-平面扫”BPA成像结果

(c) “MIMO-平面扫”方法2成像结果　(d) “MIMO-平面扫”方法3成像结果

图 7.13　不同体制与方法实验 2 成像结果

表 7.10　不同体制与方法实验 2 成像耗时对比

成像体制及方法	成像耗时/s
“SISO-平面扫”及 RMA	8.9
“MIMO-平面扫”及 BPA	129443.6
“MIMO-平面扫”及方法 2	249.9
“MIMO-平面扫”及方法 3	922.1

对比“MIMO-平面扫”和“SISO-平面扫”成像结果可以看出，藏匿的手枪模

型均能被清晰地观察到，而由于受到天线波束宽度的限制，两幅图像中人体模型侧面区域的散射强度明显弱于正面区域。在显示动态范围都设为35dB 的条件下，“SISO-平面扫”体制下图像的底噪已开始显现，而利用“MIMO-平面扫”体制获得的图像动态范围更大。这一点可以这样理解，在“SISO-平面扫”体制下，每个发射阵元发射信号时仅有一个接收阵元接收信号，散射到空间中其他方向的回波能量均未被收集，而在“MIMO-平面扫”体制方式下，每个发射阵元发射信号时所有的接收阵元同时接收信号，目标散射回波的更多能量被收集，从而扩大了成像系统动态范围。另外，“MIMO-平面扫”体制使得系统所需的实体阵元数更少。在该实验中，阵列长度为 60cm，阵元间隔为 4mm，在一种典型的收发天线排布方式下[4]，各需 75 个收发阵元才能满足这一要求。在“MIMO-平面扫”体制下，由图 7.11 可见，本实验采用的 MIMO 阵列共有 77 个接收阵元和 15 个发射阵元，因此实体阵元总数约为“SISO-平面扫”体制下的 60%。

7.2.5　关于进一步提高成像精度的探讨

在 7.2.1 节建立回波模型时使用了简化的正问题模型(7.1)，于是最终导出的成像方法等效于式(7.11)所示的原始 BPA。Zhuge 等[5]提出了一种适用于任意阵列构型的改进基尔霍夫徙动(modified Kirchhoff migration，MKM)型时域成像方法，该方法在正问题建模时考虑了电磁场的传播衰减和有限孔径效应等因素，因此比原始 BPA 具有更高的成像精度。能否参照 MKM 对原始 BPA 的修正方法对 7.2.1 节所提方法进行修正，从而进一步提高当前方法的成像精度？基于这一想法，下面对原始 MKM 方法进行适当变形，原始的 MKM 成像表达式为[5]

$$
\begin{aligned}
&\hat{o}(x',y',z')\\
&=\iiint \frac{\partial R_{\mathrm{T}}}{\partial \boldsymbol{n}_{\mathrm{T}}}\frac{\partial R_{\mathrm{R}}}{\partial \boldsymbol{n}_{\mathrm{R}}}\cdot\bigg[\tau_{\mathrm{T}}\tau_{\mathrm{R}}\frac{\partial^2}{\partial t^2}\tilde{s}(t+\tau_{\mathrm{T}}+\tau_{\mathrm{R}},x_{\mathrm{T}},x_{\mathrm{R}},z)\\
&\quad+(\tau_{\mathrm{T}}+\tau_{\mathrm{R}})\frac{\partial}{\partial t}\tilde{s}(t+\tau_{\mathrm{T}}+\tau_{\mathrm{R}},x_{\mathrm{T}},x_{\mathrm{R}},z)+\tilde{s}(t+\tau_{\mathrm{T}}+\tau_{\mathrm{R}},x_{\mathrm{T}},x_{\mathrm{R}},z)\bigg]\mathrm{d}x_{\mathrm{T}}\mathrm{d}x_{\mathrm{R}}\mathrm{d}z\Big|_{t=0}
\end{aligned}
\tag{7.25}
$$

式中，$\boldsymbol{n}_{\mathrm{T}}$、$\boldsymbol{n}_{\mathrm{R}}$ 分别为发射孔径与接收孔径的法向矢量；$\tau_{\mathrm{T}}=R_{\mathrm{T}}/c$；$\tau_{\mathrm{R}}=R_{\mathrm{R}}/c$；$c$ 为电磁波传播速度；$\tilde{s}(t,x_{\mathrm{T}},x_{\mathrm{R}},z)=\mathrm{IFT}_k\left[s(k,x_{\mathrm{T}},x_{\mathrm{R}},z)\right]$ 为时域回波信号。根据傅里叶变换的性质，将式(7.25)右端表示为频域形式，可得

$$
\begin{aligned}
\hat{o}(x',y',z')=\iiiint \frac{\partial R_{\mathrm{T}}}{\partial \boldsymbol{n}_{\mathrm{T}}}\frac{\partial R_{\mathrm{R}}}{\partial \boldsymbol{n}_{\mathrm{R}}}\cdot\Big[&k^2R_{\mathrm{T}}R_{\mathrm{R}}s(k,x_{\mathrm{T}},x_{\mathrm{R}},z)\cdot\exp(\mathrm{j}kR_{\mathrm{T}}+\mathrm{j}kR_{\mathrm{R}})\\
&-\mathrm{j}k(R_{\mathrm{T}}+R_{\mathrm{R}})s(k,x_{\mathrm{T}},x_{\mathrm{R}},z)\cdot\exp(\mathrm{j}kR_{\mathrm{T}}+\mathrm{j}kR_{\mathrm{R}})\\
&-s(k,x_{\mathrm{T}},x_{\mathrm{R}},z)\cdot\exp(\mathrm{j}kR_{\mathrm{T}}+\mathrm{j}kR_{\mathrm{R}})\Big]\mathrm{d}k\mathrm{d}x_{\mathrm{T}}\mathrm{d}x_{\mathrm{R}}\mathrm{d}z
\end{aligned}
\tag{7.26}
$$

根据图 7.1 所示几何关系可知，$\boldsymbol{n}_{\mathrm{T}}=\boldsymbol{n}_{\mathrm{R}}=\begin{bmatrix}0 & 1 & 0\end{bmatrix}^{\mathrm{T}}$，于是可得

$$\begin{aligned}\frac{\partial R_{\mathrm{T}}}{\partial \boldsymbol{n}_{\mathrm{T}}}&=\boldsymbol{n}_{\mathrm{T}}\cdot\nabla R_{\mathrm{T}}\Big|_{y=0}=-\frac{y'}{R_{\mathrm{T}}}\\ \frac{\partial R_{\mathrm{R}}}{\partial \boldsymbol{n}_{\mathrm{R}}}&=\boldsymbol{n}_{\mathrm{R}}\cdot\nabla R_{\mathrm{R}}\Big|_{y=0}=-\frac{y'}{R_{\mathrm{R}}}\end{aligned}\tag{7.27}$$

将式(7.27)代入式(7.26)，可得

$$\begin{aligned}\hat{o}(x',y',z')=&\iiiint\left(k^2y'^2-\mathrm{j}ky'^2\frac{R_{\mathrm{T}}+R_{\mathrm{R}}}{R_{\mathrm{T}}R_{\mathrm{R}}}-\frac{y'^2}{R_{\mathrm{T}}R_{\mathrm{R}}}\right)\\&\cdot s(k,x_{\mathrm{T}},x_{\mathrm{R}},z)\exp(\mathrm{j}kR_{\mathrm{T}}+\mathrm{j}kR_{\mathrm{R}})\mathrm{d}k\mathrm{d}x_{\mathrm{T}}\mathrm{d}x_{\mathrm{R}}\mathrm{d}z\end{aligned}\tag{7.28}$$

对比式(7.28)与式(7.11)可以发现，两者十分相似，不同之处在于式(7.28)中多出了 $y'^2\left[k^2-\mathrm{j}k(R_{\mathrm{T}}+R_{\mathrm{R}})/(R_{\mathrm{T}}R_{\mathrm{R}})-1/(R_{\mathrm{T}}R_{\mathrm{R}})\right]$一项，这一项可以看作对回波信号 $s(k,x_{\mathrm{T}},x_{\mathrm{R}},z)$ 进行的滤波操作，MKM 方法正是通过这一滤波操作提高了成像质量。不幸的是，该滤波项中 R_{T}、R_{R} 由目标位置 (x',y',z') 和收发阵元坐标 x_{T}、x_{R}、z 共同决定。因此，该方法本质上是一种空变滤波操作，这为使用傅里叶变换技术进行滤波的快速实现设置了障碍。为了保持所提频域方法的高效性，对该项进行适当近似。在本书的应用背景下，系统工作频段通常为毫米波或太赫兹波，于是 k 的数值通常为几百至几千，天线距目标距离通常在1m 左右，于是有

$$k^2\gg k\frac{R_{\mathrm{T}}+R_{\mathrm{R}}}{R_{\mathrm{T}}R_{\mathrm{R}}}\gg\frac{1}{R_{\mathrm{T}}R_{\mathrm{R}}}\tag{7.29}$$

因此，式(7.28)可近似为

$$\hat{o}(x',y',z')=y'^2\iiiint k^2\cdot s(k,x_{\mathrm{T}},x_{\mathrm{R}},z)\exp(\mathrm{j}kR_{\mathrm{T}}+\mathrm{j}kR_{\mathrm{R}})\mathrm{d}k\mathrm{d}x_{\mathrm{T}}\mathrm{d}x_{\mathrm{R}}\mathrm{d}z\tag{7.30}$$

据此可得到基于 MKM 方法的改进的方法 1：

$$\hat{o}(x',y',z')=y'^2\cdot\mathrm{IFT}_{\mathrm{3D}}\left[O'(k_x,k_y,2k_z)\right]\tag{7.31}$$

式中

$$O'(k_x,k_y,2k_z)=k^2\cdot S(k,k_{x,\mathrm{T}},k_{x,\mathrm{R}},2k_z)\tag{7.32}$$

利用相似的思路，还可得到基于 MKM 方法的改进的方法 2 和方法 3，此处不再赘述。在文献[5]中，MKM 方法在超宽带成像系统中获得了比 BPA 更好的成像结果。本节利用改进的方法重复前面的仿真和实验时，并未发现成像质量的显著改善。其可能原因在于，当前采用的系统参数并非超宽带系统且所用目标的纵深范围较小，所以近似正模型的保真度较好。

需要说明的是，若不采用式(7.29)所示近似，而是采用将成像区域“分而治之”的方法，还可导出比式(7.31)和式(7.32)精度更高的成像方法，而其代价是更高的计算复杂度。上述改进在本节当前成像参数下并未体现出明显优势，这从另一方面说明所提方法对典型全息成像系统已可实现较高精度，对此问题本书不做更多讨论。

7.3 “MIMO-柱面扫”快速成像方法

受 7.2 节内容的启发，本节研究“MIMO-柱面扫”快速成像方法，与 BPA 相比，所提方法属于一种频域方法。由于需同时考虑球面波、MIMO 几何和柱面孔径，经典的 SAR 或 CSAR 频域成像方法均难以直接推广至该体制。与“MIMO-平面扫”体制相比，在“MIMO-柱面扫”体制中，高度向扫描被方位角扫描代替。因此，扫描维度的波数分解无法简单地通过傅里叶变换实现。为此，本节在球面波展开、NUFFT/NUIFFT 处理的基础上，还引入了圆周卷积技术。通过这几种主要技术的结合，最终实现了精度与 BPA 相当而效率远高于 BPA 的成像方法。

7.3.1 方法原理

“MIMO-柱面扫”体制坐标系定义如图 7.14 所示。回波信号可表示为

$$s(k,\varphi,z_{\mathrm{T}},z_{\mathrm{R}})=\iiint o(x',y',z')\exp(-\mathrm{j}kR_{\mathrm{T}}-\mathrm{j}kR_{\mathrm{R}})\,\mathrm{d}x'\mathrm{d}y'\mathrm{d}z' \tag{7.33}$$

式中

$$\begin{cases}R_{\mathrm{T}}=\sqrt{(x'-R_0\cos\varphi)^2+(y'-R_0\sin\varphi)^2+(z'-z_{\mathrm{T}})^2}\\ R_{\mathrm{R}}=\sqrt{(x'-R_0\cos\varphi)^2+(y'-R_0\sin\varphi)^2+(z'-z_{\mathrm{R}})^2}\end{cases} \tag{7.34}$$

$s(k,\varphi,z_{\mathrm{T}},z_{\mathrm{R}})$ 为接收到的回波信号；k 为发射信号的空间波数；φ 为阵列相对于 x 轴正向的夹角；z_{T}、z_{R} 分别为发射阵元和接收阵元的高度坐标；$o(x',y',z')$ 为目标散射系数空间分布；R_{T}、R_{R} 分别为发射阵元和接收阵元到目标的距离。对于成像，其对回波相位信息的处理起到了决定性作用，因此在式(7.33)所示的回波模型中，忽略了传播衰减和天线波束方向图等因素在信号幅度方面带来的影响，这同样有助于简化后面的推导。对于成像问题，一种通用的万能解法是 BPA，对于式(7.33)所示模型，相应的 BPA 可表示为

$$\hat{o}(x',y',z')=\iiiint s(k,\varphi,z_{\mathrm{T}},z_{\mathrm{R}})\exp(\mathrm{j}kR_{\mathrm{T}}+\mathrm{j}kR_{\mathrm{R}})\,\mathrm{d}k\mathrm{d}\varphi\mathrm{d}z_{\mathrm{T}}\mathrm{d}z_{\mathrm{R}} \tag{7.35}$$

BPA 能用于任意拓扑结构的成像问题，然而巨大的计算量使得其在实际成像

时很少被使用，而是通常扮演标准方法的角色用于验证其他方法的有效性。后面将利用式(7.35)的成像结果对所提方法进行验证。

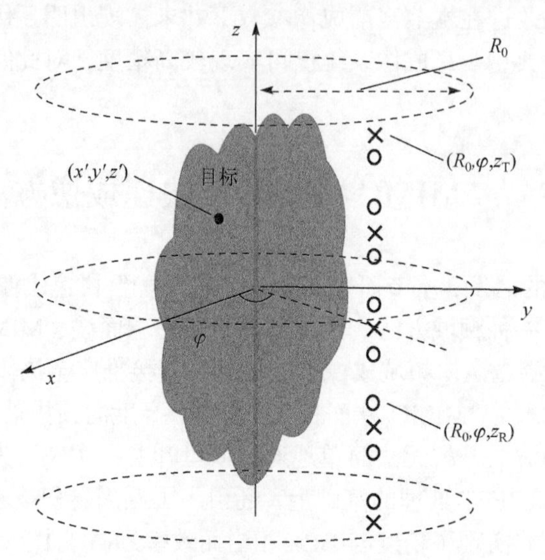

图 7.14　“MIMO-柱面扫”体制坐标系定义

根据式(7.33)，可以分别对 $\exp(-\mathrm{j}kR_\mathrm{T})$ 、$\exp(-\mathrm{j}kR_\mathrm{R})$ 进行谱分析。于是，与高度维圆迹 SAR(elevation circular SAR，ECSAR)相似[6]，对 $\exp(-\mathrm{j}kR_\mathrm{T})$ 、$\exp(-\mathrm{j}kR_\mathrm{R})$ 分别进行 z 方向的球面波展开，可得

$$\begin{aligned}\exp(-\mathrm{j}kR_\mathrm{T}) \approx \int & \exp\left[-\mathrm{j}k_{z,\mathrm{T}}(z'-z_\mathrm{T})\right] \\ & \cdot \exp\left[-\mathrm{j}k_{\rho,\mathrm{T}}\sqrt{(x'-R_0\cos\varphi)^2+(y'-R_0\sin\varphi)^2}\right]\mathrm{d}k_{z,\mathrm{T}}\end{aligned} \tag{7.36}$$

$$\begin{aligned}\exp(-\mathrm{j}kR_\mathrm{R}) \approx \int & \exp\left[-\mathrm{j}k_{z,\mathrm{R}}(z'-z_\mathrm{R})\right] \\ & \cdot \exp\left[-\mathrm{j}k_{\rho,\mathrm{R}}\sqrt{(x'-R_0\cos\varphi)^2+(y'-R_0\sin\varphi)^2}\right]\mathrm{d}k_{z,\mathrm{R}}\end{aligned} \tag{7.37}$$

式中，$k_{\rho,\mathrm{T}}$ 、$k_{\rho,\mathrm{R}}$ 分别为发射阵元和接收阵元在圆柱径向的波数分量；$k_{z,\mathrm{T}}$ 、$k_{z,\mathrm{R}}$ 分别为发射阵元和接收阵元在 z 方向的波数分量，其满足如下关系：

$$\begin{cases} k_{\rho,\mathrm{T}}^2 = k^2 - k_{z,\mathrm{T}}^2, & k_{\rho,\mathrm{T}} > 0 \\ k_{\rho,\mathrm{R}}^2 = k^2 - k_{z,\mathrm{R}}^2, & k_{\rho,\mathrm{R}} > 0 \end{cases} \tag{7.38}$$

观察式(7.36)和式(7.37)约等号右端可以发现，它们分别包含了相位项 $\exp(\mathrm{j}k_{z,\mathrm{T}}z_\mathrm{T})$ 与 $\exp(\mathrm{j}k_{z,\mathrm{R}}z_\mathrm{R})$。这两项其实就是 z 坐标与高度谱之间的傅里叶变换

核，根据傅里叶变换的对偶关系可得

$$\begin{aligned}&\int \exp\left(-\mathrm{j}kR_{\mathrm{T}}\right)\cdot\exp\left(-\mathrm{j}k_{z,\mathrm{T}}z_{\mathrm{T}}\right)\mathrm{d}z_{\mathrm{T}}\\ &\approx\exp\left[-\mathrm{j}k_{\rho,\mathrm{T}}\sqrt{\left(x'-R_0\cos\varphi\right)^2+\left(y'-R_0\sin\varphi\right)^2}\right]\cdot\exp\left(-\mathrm{j}k_{z,\mathrm{T}}z'\right)\end{aligned}\tag{7.39}$$

$$\begin{aligned}&\int \exp\left(-\mathrm{j}kR_{\mathrm{R}}\right)\cdot\exp\left(-\mathrm{j}k_{z,\mathrm{R}}z_{\mathrm{R}}\right)\mathrm{d}z_{\mathrm{R}}\\ &\approx\exp\left[-\mathrm{j}k_{\rho,\mathrm{R}}\sqrt{\left(x'-R_0\cos\varphi\right)^2+\left(y'-R_0\sin\varphi\right)^2}\right]\cdot\exp\left(-\mathrm{j}k_{z,\mathrm{R}}z'\right)\end{aligned}\tag{7.40}$$

将式(7.36)和式(7.37)代入式(7.33)，并对等式两边同时做关于 z_{T}、z_{R} 的傅里叶变换，根据式(7.39)和式(7.40)可得

$$\begin{aligned}&\tilde{s}\left(k,\varphi,k_{z,\mathrm{T}},k_{z,\mathrm{R}}\right)\\ &=\mathrm{FT}_{z_{\mathrm{T}},z_{\mathrm{R}}}\left[s\left(k,\varphi,z_{\mathrm{T}},z_{\mathrm{R}}\right)\right]=\iiint o\left(x',y',z'\right)\\ &\cdot\exp\left[-\mathrm{j}\left(k_{\rho,\mathrm{T}}+k_{\rho,\mathrm{R}}\right)\sqrt{\left(x'-R_0\cos\varphi\right)^2+\left(y'-R_0\sin\varphi\right)^2}\right]\\ &\cdot\exp\left[-\mathrm{j}\left(k_{z,\mathrm{T}}+k_{z,\mathrm{R}}\right)z'\right]\mathrm{d}x'\mathrm{d}y'\mathrm{d}z'\end{aligned}\tag{7.41}$$

令

$$k_z \overset{\text{def}}{=} k_{z,\mathrm{T}}+k_{z,\mathrm{R}},\quad k_\rho \overset{\text{def}}{=} k_{\rho,\mathrm{T}}+k_{\rho,\mathrm{R}}\tag{7.42}$$

于是式(7.41)变为

$$\begin{aligned}\tilde{s}\left(k,\varphi,k_z\right)=&\iiint o\left(x',y',z'\right)\cdot\exp\left(-\mathrm{j}k_z z'\right)\\ &\cdot\exp\left[-\mathrm{j}k_\rho\sqrt{\left(x'-R_0\cos\varphi\right)^2+\left(y'-R_0\sin\varphi\right)^2}\right]\mathrm{d}x'\mathrm{d}y'\mathrm{d}z'\end{aligned}\tag{7.43}$$

式中

$$\tilde{s}\left(k,\varphi,k_z\right)=\hat{s}\left(k,\varphi,k_{z,\mathrm{T}},k_{z,\mathrm{R}}\right)\tag{7.44}$$

其含义是利用关系式(7.38)和式(7.42)将原本四维空间中的谱域信号变换至三维谱域空间。观察式(7.43)可以发现，其与典型的 ECSAR 回波模型一致。可利用圆周卷积和 NUFFT 等技术实现成像，由于这些操作与 ECSAR 成像是相似的，在此不再赘述，具体步骤可参见第 2 章或文献[6]、[7]。最终，可得成像公式如下：

$$\hat{o}\left(x',y',z'\right)=\mathrm{IFT}_{k_x,k_y,k_z}\left[\tilde{s}\left(k,\varphi,k_z\right)*_{(\varphi)}\exp\left(\mathrm{j}k_\rho R_0\cos\varphi\right)\right]\tag{7.45}$$

式中，$k_x=k_\rho\cos\varphi$、$k_y=k_\rho\sin\varphi$ 分别为波数在笛卡儿坐标系中 x、y 方向的分量；

$*_{(\varphi)}$ 为关于方位角 φ 的循环卷积操作，这一操作同样可以在角度谱域快速实现，式(7.45)右端隐含了柱坐标系到笛卡儿坐标系的变换操作。

图 7.15 给出了“MIMO-柱面扫”成像方法流程图。在前面的推导中，信号均被表示为连续形式，而在实际成像时信号均为离散形式，而用离散的数字信号实现连续形式的公式时存在一些问题。特别地，第(1)步和第(4)步中面临着计算非均匀采样信号的傅里叶正、逆变换问题。例如，当发射阵元或接收阵元在空间以非均匀间隔排布时，图 7.15 所示第(1)步中的傅里叶变换需对非均匀的 z_T、z_R 进行变换。再如，第(4)步中进行傅里叶逆变换成像时，高度谱域由式(7.38)和式(7.42)决定，而其采样点通常是非均匀的。本节采用 NUFFT[8]计算可能面临对非均匀采样信号的傅里叶正、逆变换。为方便起见，后面将所提方法称为 MIMO-ECSAR-RMA。

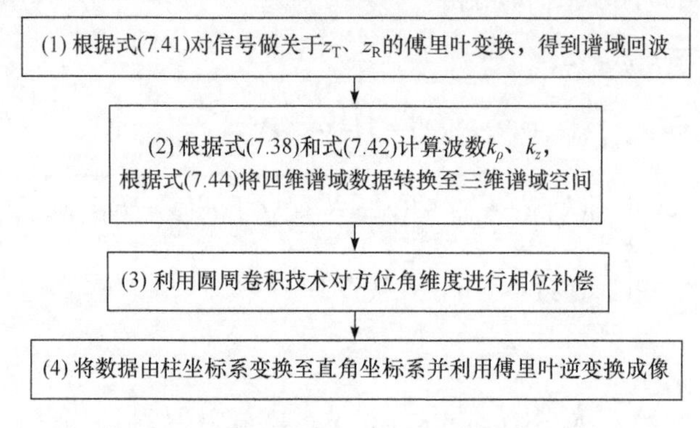

图 7.15 “MIMO-柱面扫”成像方法流程图

7.3.2 成像性能分析

在雷达成像系统中，计算理论分辨率的通常思路如下：首先求得系统点扩展函数的表达式，然后根据分辨率的定义和点扩展函数的表达式推导得出分辨率的表达式。这一思路中实际上包含了两个隐含假设：第一个是成像系统能推得一个解析的点扩展函数表达式，且通常这一表达式具有空不变和变量可分离的特性；第二个是默认目标为一个理想的散射点模型，这一假设在小观测转角下通常是近似成立的。不幸的是，“MIMO-柱面扫”成像体制中，上面提到的两个隐含假设均不成立。例如，MIMO 阵列和近距离的柱面观测孔径使得获得点扩展函数的解析表达式变得十分困难，同时点扩展函数也不再是空不变和关于各方向坐标可分离的。再如，在柱面观测几何下，目标散射的各向异性将十分显著，与理想的全向点散射模型有很大差别，也就是说，实际成像的分辨能力会随着目标的不同而有所变化。这些因素都导致了对该体制的成像分辨率进行严格分析十分困难。因此，为了得出有参考价值的分辨率公式，必须进行适当简化。下面将该体制的系统分辨率分为垂直方向和水平方向分别进行讨论。在垂直方向，分辨率由 MIMO 阵列

孔径决定而不受沿水平方向的旋转影响。于是，根据有效孔径理论[2]，可得系统在垂直方向的分辨率为

$$\delta_z \approx \frac{\lambda_c R_0}{L_{z,T} + L_{z,R}} \tag{7.46}$$

式中，$L_{z,T}$、$L_{z,R}$ 分别为发射阵元与接收阵列的长度，$L_{z,T} = \max z_T - \min z_T$，$L_{z,R} = \max z_R - \min z_R$。

下面考察水平方向，为便于分析，将问题限制在二维水平面中。此时，观测模型类似于 CSAR，可得水平面内的点扩展函数可表示为贝塞尔函数的形式[9]：

$$\mathrm{PSF}(r,\phi) = k_{\max} \frac{\mathrm{J}_1(2k_{\max} r)}{\pi r} - k_{\min} \frac{\mathrm{J}_1(2k_{\min} r)}{\pi r} \tag{7.47}$$

式中，$k_{\max}$、$k_{\min}$ 分别为波数的最大值与最小值；$\mathrm{J}_1(\cdot)$ 为一阶贝塞尔函数。由式(7.47)可得，系统在水平方向的分辨率近似为[10]

$$\delta_\rho = \frac{2.4}{k_{\max} + k_{\min}} \tag{7.48}$$

在上面的分析中，默认目标为理想全向散射点。正如前面所说，对于绝大多数实际目标，在柱面观测孔径下仅在一定角度范围内有回波，这将导致实际的分辨能力比式(7.46)和式(7.48)有所降低。因此，更准确地说，式(7.46)和式(7.48)代表了该体制能获得的分辨率极限。

为防止混叠现象的发生，频率和空间采样间隔都存在各自的上限，在系统设计时需考虑这些限制条件。假设目标可以被一个半径为 R_t、高度为 D_z 的外接圆柱包裹。频率采样间隔可以根据波数域与空域的傅里叶对偶关系推得，这一限制条件与雷达距离成像的采样准则是一致的。对于空间采样间隔，将问题分解为垂直方向(阵列方向)和水平方向(角度扫描方向)进行讨论。由前人的研究成果[2, 11]可知，系统各参数的离散采样间隔需满足以下条件：

$$\begin{cases} \Delta k < \dfrac{\pi}{2R_t} \\ \Delta\varphi < \dfrac{\pi\sqrt{R_0^2 + R_t^2}}{2k_{\max} R_0 R_t} \\ \Delta z < \dfrac{\lambda}{2} \dfrac{\sqrt{(L_z + D_z)^2/4 + R_0^2}}{L_z + D_z} \end{cases} \tag{7.49}$$

式中，Δz 为等效相位中心的空间采样间隔；L_z 为由相位中心构成的等效阵列长度。式(7.49)所示为系统设计的极限条件，在实际情况下，通常需留出 1～2 倍冗余。

为便于表征计算量，首先回顾和定义如下变量：频率采样点数为 N_k，角度采样点数为 N_φ，发射阵元和接收阵元数分别为 N_{z_T}、N_{z_R}，发射阵元维度的快速傅里叶变换点数为 $N_{k_{z,T}}$，接收阵元维度的快速傅里叶变换点数为 $N_{k_{z,R}}$，定义图像三个维度的像素点数分别为 $N_{x'}$、$N_{y'}$、$N_{z'}$。下面分别对本节所提方法和标准 BPA 计算量进行分析，结果分别列于表 7.11 和表 7.12 中。表 7.11 中，C_1 为单个源点一维插值所需计算量，C_2 为单个源点二维插值所需计算量，其具体数值与插值方法和实现方法有关。表 7.12 中，C_3 为某固定观测位置对单像素点进行投影及成像的计算量，包含了至少 1 次复数乘法、1 次复数加法、1 次插值运算和 1 次指数运算。

表 7.11 "MIMO-柱面扫"体制下所提方法主要操作及对应计算量

主要操作	计算量
发射阵元维度一维 NUFFT	$C_1 N_{z_T} N_k N_\varphi N_{z_R}$ $+5N_k N_\varphi N_{z_R} N_{k_{z,T}} \log_2 N_{k_{z,T}}$
接收阵元维度一维 NUFFT	$C_1 N_{z_R} N_k N_\varphi N_{z_T}$ $+5N_k N_\varphi N_{z_T} N_{k_{z,R}} \log_2 N_{k_{z,R}}$
圆周卷积	$5N_k N_{z_T} N_{z_R} N_\varphi \log_2 N_\varphi$ $+6N_k N_\varphi N_{k_{z,T}} N_{k_{z,R}}$ $+5N_k N_{k_{z,T}} N_{k_{z,R}} N_\varphi \log_2 N_\varphi$
水平方向二维 NUIFFT 成像	$C_2 N_k N_\varphi N_{k_{z,T}} N_{k_{z,R}}$ $+5N_{k_{z,T}} N_{k_{z,R}} N_{x'} N_{y'} \left(\log_2 N_{x'} + \log_2 N_{y'}\right)$
高度方向二维 NUIFFT 成像	$C_1 N_{k_{z,T}} N_{k_{z,R}} N_{x'} N_{y'}$ $+5N_{x'} N_{y'} N_{z'} \log_2 N_{z'}$

表 7.12 "MIMO-柱面扫"体制下 BPA 主要操作及对应计算量

主要操作	计算量
频率维度快速傅里叶变换成像	$5N_{z_T} N_{x_R} N_\varphi N_k \log_2 N_k$
后向投影成像	$C_3 N_{z_T} N_{x_R} N_\varphi N_{x'} N_{y'} N_{z'}$

根据表 7.11 和表 7.12，可以对两种方法的总计算量进行估计。为了更直观地对比两种方法在计算量方面的差别，可以用以下方式进行粗估算。假设表 7.11 和表 7.12 中变量 N_k、N_φ、N_{z_T}、N_{z_R}、$N_{k_{z,T}}$、$N_{k_{z,R}}$、$N_{x'}$、$N_{y'}$、$N_{z'}$ 均与一个给定数值 N 处于同一量级，则两种方法的计算复杂度分别为 $O\left(N^4 \log_2 N\right)$ 和 $O\left(N^6\right)$。由

此可以推测，所提方法在计算效率方面较 BPA 有明显优势。后续的仿真和实验中，这一优势将被进一步验证。

7.3.3　数值仿真结果

仿真 1：点目标仿真与性能分析

本仿真对点目标进行成像，用以验证所提方法的有效性，并对成像各指标进行定量分析。利用式(7.50)生成仿真回波：

$$s\left(k,\varphi,z_{\mathrm{T}},z_{\mathrm{R}}\right)=\sum_{i=1}^{N'}o\left(x_i',y_i',z_i'\right)\exp\left(-\mathrm{j}kR_{\mathrm{T}}-\mathrm{j}kR_{\mathrm{R}}\right) \tag{7.50}$$

式中，N' 为点目标的个数，其余参数定义与式(7.33)中相同。图 7.16 展示了一种“MIMO-柱面扫”体制中常见的阵列构型，为了方便观察，将发射阵元和接收阵元错开在两排显示，在实际仿真中，收发阵元在同一条直线上。需要说明的是，本节并不打算对阵列构型设计和优化进行讨论，该主题已有相关文献进行了研究[12, 13]。因此，对不同阵列性能差异的讨论将不在本节讨论范围内。

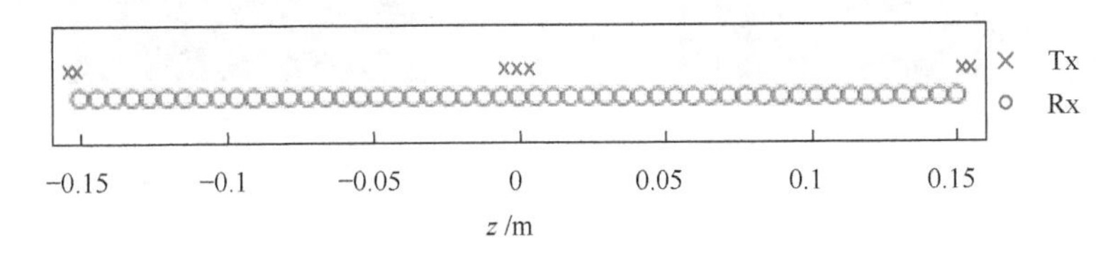

图 7.16　“MIMO-柱面扫”体制下仿真 1 所用阵列构型

下面着重分析在给定阵列构型下不同成像方法的性能差异。

图 7.16 中阵列的有效孔径长度为 0.3m，阵列包含 7 个发射阵元和 51 个接收阵元。仿真所用的其他参数如下：柱面扫描半径为 0.3m，角度扫描范围为 360°，角度采样点数为 800，仿真频率范围为 30～36GHz，频点间隔为 200MHz，频率采样点数为 31。

图 7.17 中展示了观测几何关系和点目标坐标位置，图 7.17(a)中曲面代表了观测时形成的柱面孔径。仿真中共设置了 9 个理想散射点作为目标。当阵列位于某一方位角时，发射阵元依次发射宽带信号，每个发射阵元工作期间所有接收阵元同时接收回波。当所有发射阵元发射宽带信号完毕时，阵列旋转至下一观测方位角并重复以上过程，直至阵列扫过全部 360°方位角。一次完整观测所获得回波数据为一个 $31\times51\times7\times800$ (频率× Rx × Tx ×方位角)的四维张量。图 7.18 展示了利用所提方法和 BPA 对图 7.17 中 9 个点目标的成像结果。成像区域为一块 $0.3\text{m}\times0.3\text{m}\times0.3\text{m}$ 的立方体，共有 $200\times200\times200$ 个像素点。

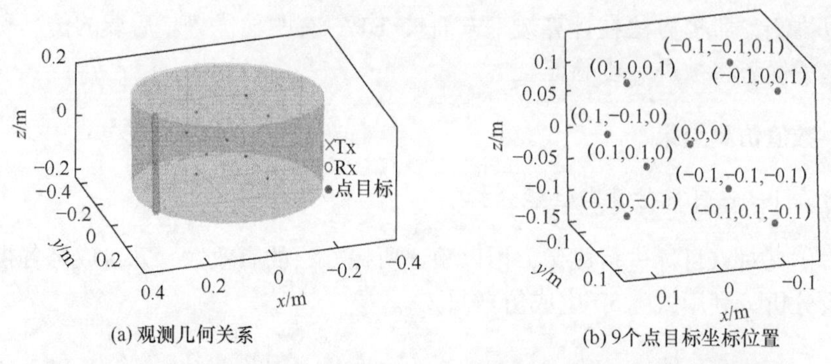

(a) 观测几何关系　　(b) 9个点目标坐标位置

图 7.17　“MIMO-柱面扫”体制下仿真 1 观测几何关系和点目标坐标位置

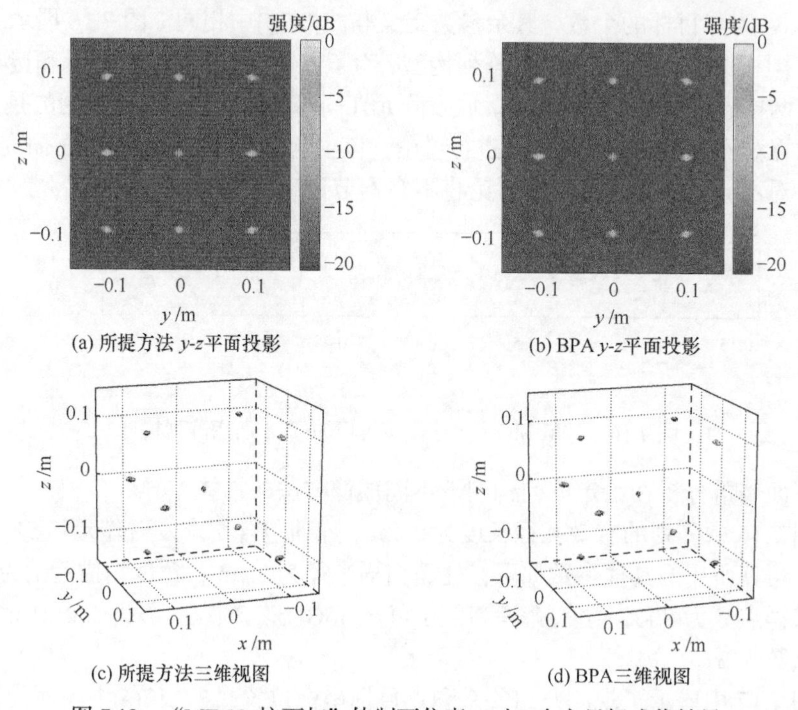

(a) 所提方法 y-z 平面投影　　(b) BPA y-z 平面投影

(c) 所提方法三维视图　　(d) BPA三维视图

图 7.18　“MIMO-柱面扫”体制下仿真 1 对 9 个点目标成像结果

由图 7.18 可以看出，所提方法成像结果与 BPA 高度一致，目标成像位置与真实位置吻合，并实现了对目标的完全聚焦。为了对成像性能做出更准确的评价，重点关注位于坐标原点处的目标，其放大的成像结果绘于图 7.19。将不同方法获得点扩展函数的水平截线和垂直截线分别取出绘于图 7.20 中。以 PSLR 和 ISLR 为指标，对两个方法的成像性能进行定量对比，结果列于表 7.13 中。在进行对比时，两种方法均未使用加窗等旁瓣抑制技术，所提方法和 BPA 的实现分别严格遵从式(7.45)和式(7.35)。

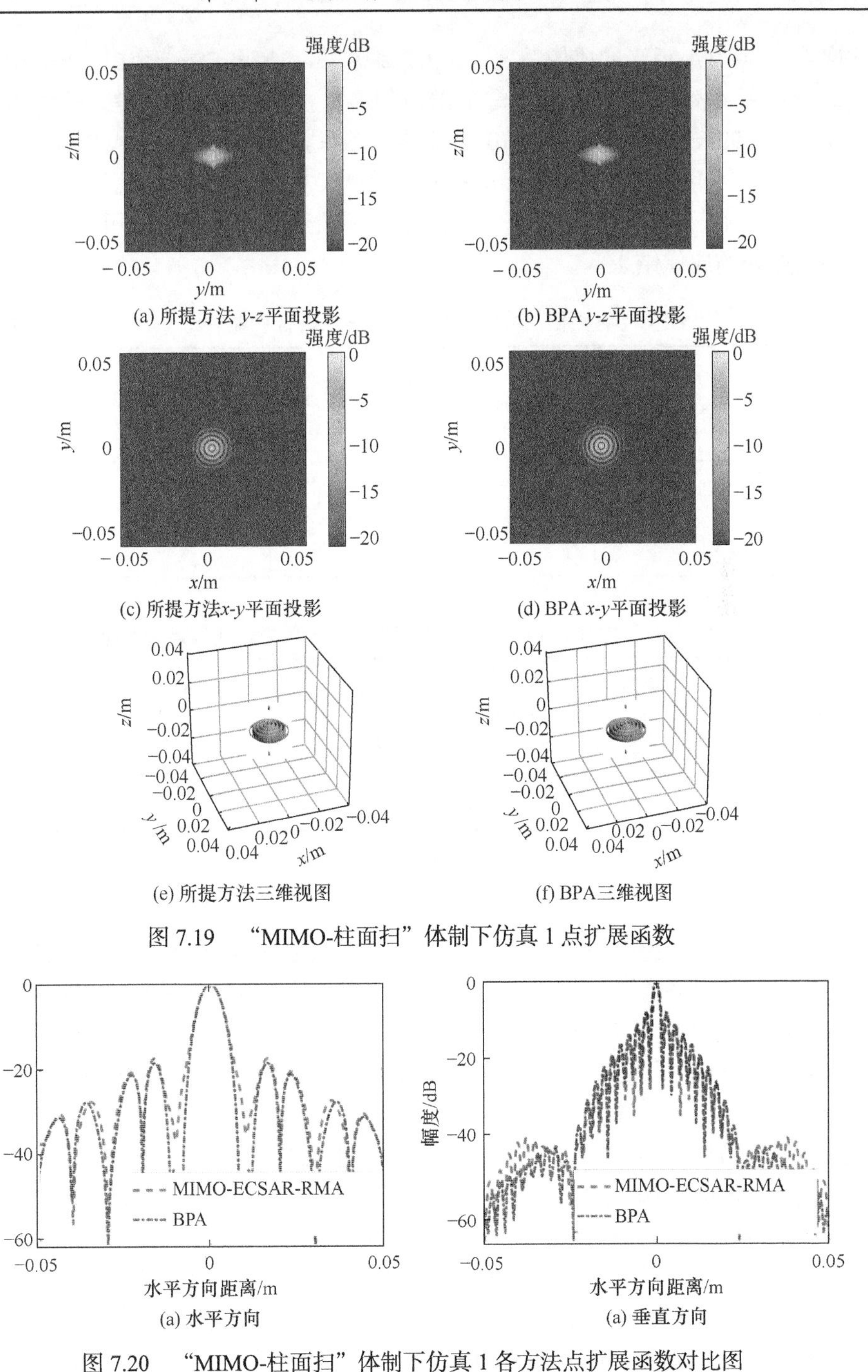

(a) 所提方法 y-z 平面投影　(b) BPA y-z 平面投影

(c) 所提方法 x-y 平面投影　(d) BPA x-y 平面投影

(e) 所提方法三维视图　(f) BPA 三维视图

图 7.19　“MIMO-柱面扫”体制下仿真 1 点扩展函数

(a) 水平方向　(a) 垂直方向

图 7.20　“MIMO-柱面扫”体制下仿真 1 各方法点扩展函数对比图

由图 7.20 和表 7.13 均可以看出，不论通过直观对比还是定量对比，所提方法均取得了与 BPA 相当的成像精度。除了成像精度，所提方法一个更显著的优势在于成像效率。表 7.14 列出了仿真 1 的成像耗时。计算硬件平台是一个配有 Intel Xeon E5-2699-v3 处理器和 192GB 内存的工作站。可以看出，BPA 成像耗时超过 2 天，而所提方法的成像耗时不到 BPA 的 0.1%。此外，位于(–0.1, –0.1, –0.1)处的点目标也被用于成像性能分析，其成像结果和结论与原点处十分相似，因此此处省略该点处的成像结果。

表 7.13 “MIMO-柱面扫”体制下仿真 1 各方法成像性能对比 (单位：dB)

成像方法	水平方向		垂直方向	
	PSLR	ISLR	PSLR	ISLR
MIMO-ECSAR-RMA	–7.85	–3.90	–17.34	–13.88
BPA	–7.80	–3.40	–51.84	–14.81

表 7.14 “MIMO-柱面扫”体制下仿真 1 各方法成像耗时对比

成像方法	成像耗时/s
MIMO-ECSAR-RMA	192.0
BPA	$> 2.131\times10^5$

仿真 2：人体模型电磁计算仿真

本仿真利用电磁全波仿真计算更复杂目标的散射回波以验证所提方法。电偶极子位置和散射场求解位置按照程序指定方式在图 7.14 所示柱面上进行扫描，从而获得目标 360°观测角度柱面上的回波。

在该电磁全波仿真中所用阵列构型如图 7.21 所示，其中 23 个发射阵元以非均匀方式排布，127 个接收阵元以 8mm 间隔均匀排布，阵列有效孔径长度约为 1m。仿真中柱面观测孔径和目标的几何关系如图 7.22 所示。需要说明的是，在全息成像常用的太赫兹波和毫米波频段，当对全尺寸的人体模型目标进行电磁计算时，网格剖分的数量是巨大的，并会导致极大的计算耗时。为了在可接受范围内完成电磁全波计算，将人体模型的高度缩至约 1m，仿真所用频率为 14～20GHz，共 51 个频率采样点，频点间隔为 120MHz。扫描半径为 0.6m，角度扫描范围为 360°，角度采样点数为 500。根据以上参数，一次完整观测获得回波数据为一个 $51\times127\times23\times500$ 的四维张量。成像区域为一块 $0.6\text{m}\times0.6\text{m}\times1\text{m}$ 的立方体，共有 $300\times300\times500$ 个像素点。

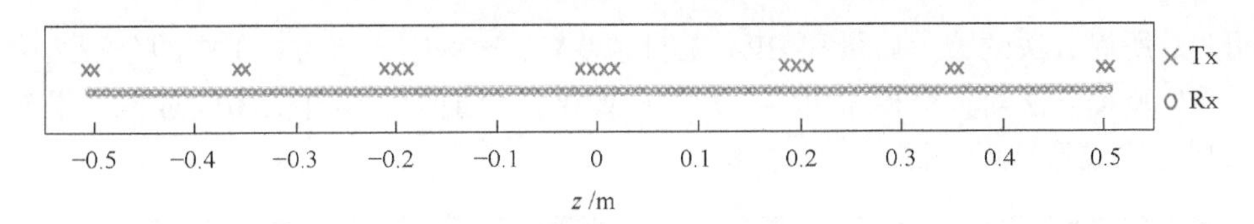

图 7.21　“MIMO-柱面扫”体制下仿真 2 所用阵列构型

对于图 7.22 所示复杂人体模型目标的某一部位，并非全部 360°孔径均能形成有效照射，因此下面在成像时划分了若干子孔径，每个子孔径对应的观测转角为 50°。人体模型正面的成像结果绘于图 7.23 中，图像动态范围为 20dB 。由图 7.23

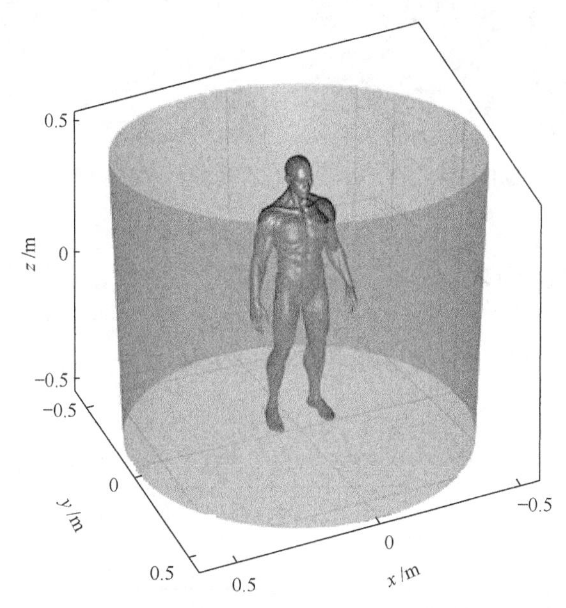

图 7.22　“MIMO-柱面扫”体制下仿真 2 观测几何关系

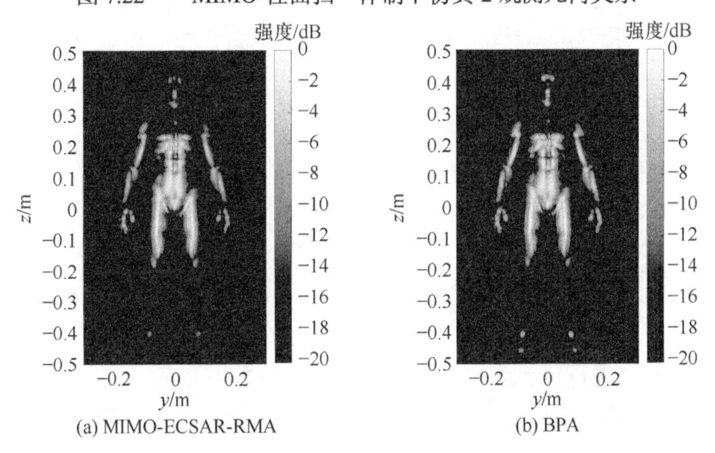

图 7.23　“MIMO-柱面扫”体制下仿真 2 人体模型正面成像结果

可见，所提方法的聚焦质量和 BPA 无明显差异，这一结果与仿真 1 中的分析结论一致。所提方法对人体模型更多视角的成像结果绘于图 7.24 中，BPA 成像结果与所提方法成像结果相似，在此省略。

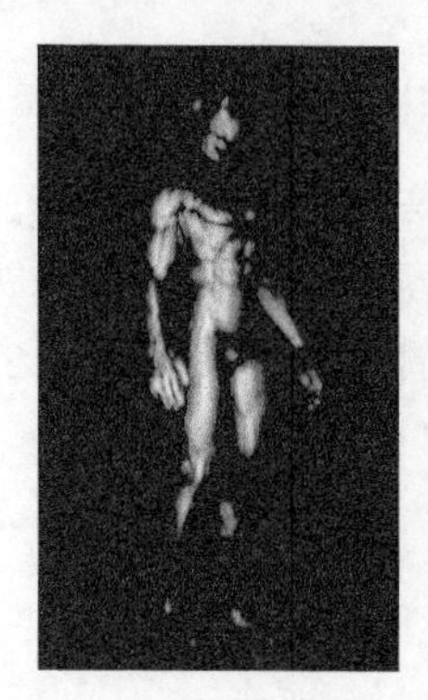
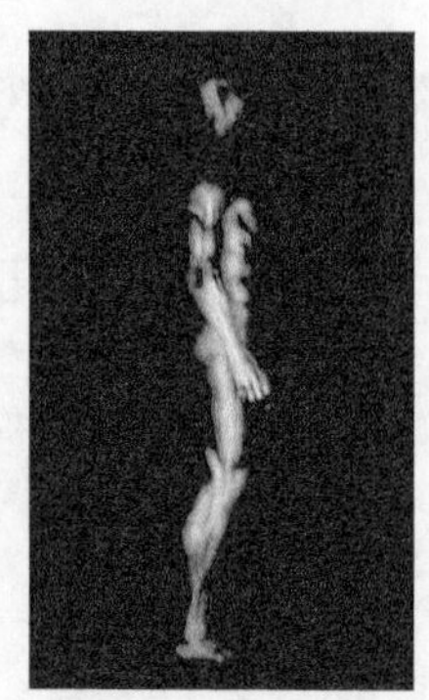
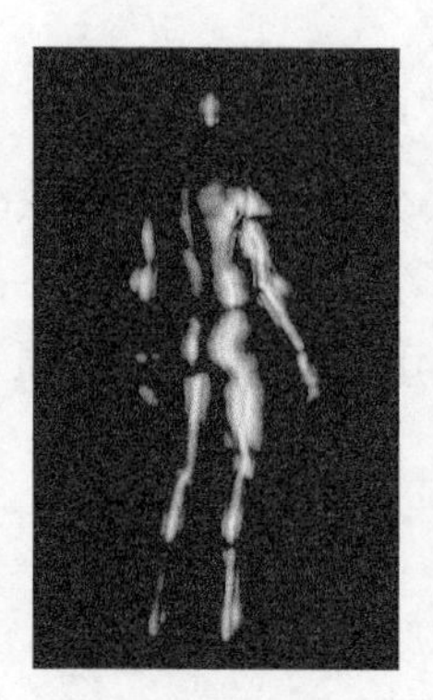
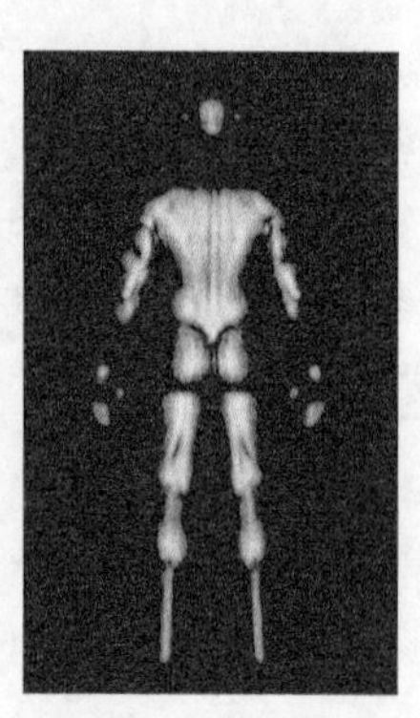

图 7.24　“MIMO-柱面扫”体制下仿真 2 所提方法不同角度成像结果

两种方法在不同子孔径下的成像耗时列于表 7.15 中。对于给定的子孔径大小，所提方法的成像耗时均远小于 BPA。另外，所提方法成像耗时的增加随着子孔径大小的增加并不显著，与之相反，BPA 成像耗时与子孔径大小呈显著的正比例关系。这一现象与 7.3.2 节中的分析结果一致，也再次印证了所提方法在计算复杂度方面的优势。

表 7.15　“MIMO-柱面扫”体制下仿真 2 各方法成像耗时对比

成像方法	不同子孔径大小的成像耗时/s			
	90°	180°	270°	360°
MIMO-ECSAR-RMA	750.6	775.4	800.3	814.7
BPA	$\approx 1.327\times10^6$	$\approx 2.653\times10^6$	$\approx 3.981\times10^6$	$\approx 5.308\times10^6$

7.3.4　实验测量结果

“MIMO-柱面扫”体制下实验原理框图如图 7.25 所示。用到的主要设备包括个人计算机、VNA、扫描架、转台、喇叭天线。VNA 的两个端口分别与发射天线和接收天线相连，VNA 的 S_{21} 参数作为原始频域散射数据。收发天线分别固定在扫描架的两个可独立进行垂直扫描的轨道上，目标放置在转台上。VNA、扫描架、转台均与 PC 相连并接收其控制指令。实验时，转台在某一固定角度时，扫描架控制发射阵元和接收阵元进行机械移动实现对 MIMO 线阵的模拟，随后转台转至下一角度，扫描架再重复以上动作，直至完成对目标 360°的扫描。实验中使用了一个尺寸约为 35cm × 20cm × 20cm 的坦克模型作为目标，实验场景照片如图 7.26 所示。

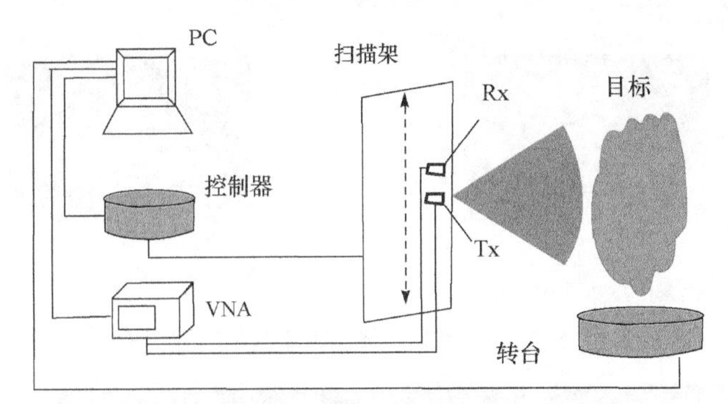

图 7.25　“MIMO-柱面扫”体制下实验原理框图

图 7.26　“MIMO-柱面扫”体制下实验场景照片

实验所用的阵列构型如图 7.27 所示，其中包含 7 个发射阵元和 67 个接收阵元。实验所用频率为 30 ～36GHz，共有 201 个频率采样点，频点间隔为 30MHz 。扫描半径约为 0.5m，角度扫描范围为 360°，角度采样点数为 1000。成像中使用了 80°的子孔径划分。一次完整观测获得回波数据为一个 $101\times67\times7\times1000$ 的四维张量。成像区域为一块 $0.6\text{m}\times0.6\text{m}\times0.4\text{m}$ 的立方体，共有 $300\times300\times200$ 个像素点。所提方法与 BPA 成像的对比结果绘于图 7.28 中，所提方法的更多角度成像结果绘于图 7.29 中。

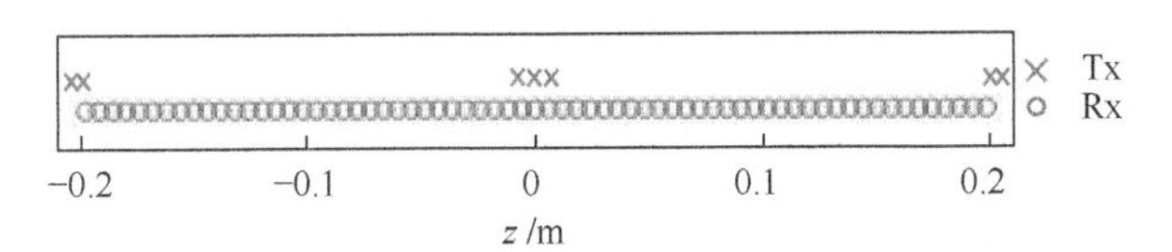

图 7.27　“MIMO-柱面扫”体制下实验所用阵列构型

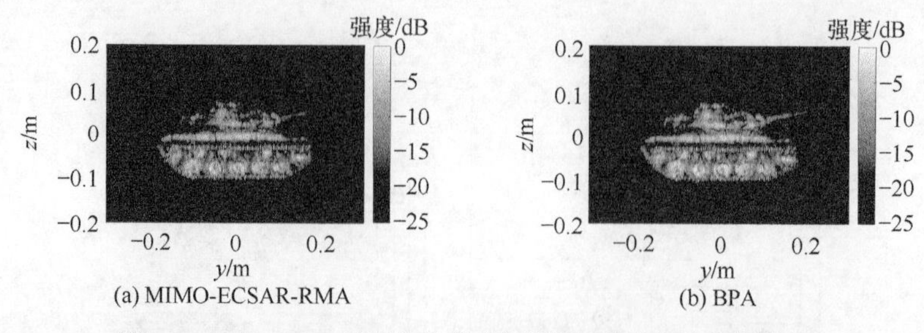

图 7.28 “MIMO-柱面扫”体制下实验不同方法成像结果

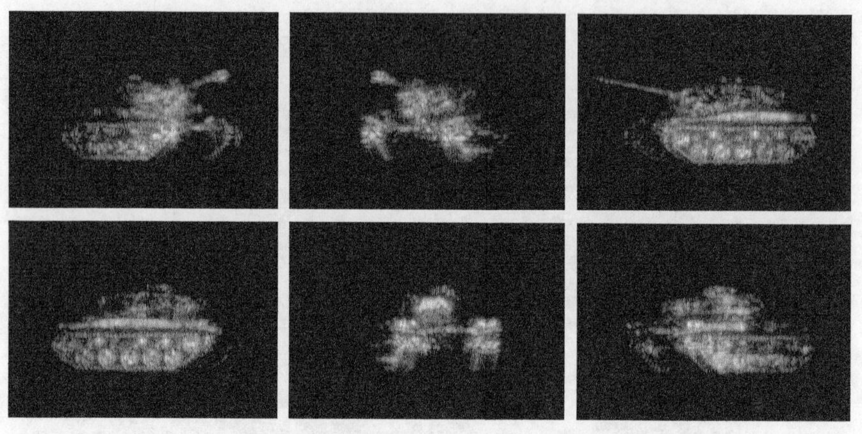

图 7.29 “MIMO-柱面扫”体制下实验所提方法不同角度成像结果

两种方法在不同子孔径下的成像耗时列于表 7.16 中。表 7.16 所示结果与表 7.15 相似，都说明了所提方法在成像耗时方面具备的优势。值得强调的是，由 7.3.1 节和图 7.15 可知，所提方法是高度可并行的，目前的方法是利用单线程的 MATLAB 代码实现。若将目前实现中成像耗时最大的循环部分并行化，并配合高性能的并行计算平台(如 GPU)，则方法的实际成像耗时还将大大缩短。

表 7.16 “MIMO-柱面扫”体制下实验各方法成像耗时对比

成像方法	不同子孔径大小的成像耗时/s			
	90°	180°	270°	360°
MIMO-ECSAR-RMA	1562.3	1621.5	1628.6	1698.3
BPA	$\approx 1.814\times10^5$	$\approx 3.628\times10^5$	$\approx 5.442\times10^5$	$\approx 7.255\times10^5$

7.4 小　　结

基于扫描 MIMO 线阵的阵列全息成像是一种具有诸多优势的新兴成像体制，

然而现有研究更多集中于系统和阵列设计，对高效成像方法的研究尚不充分。从技术角度看，这是由于该体制同时面临着近场球面波和 MIMO 观测几何等问题，从而使传统基于等效相位中心的快速成像方法难以适用。本章正是针对这一“痛点”，分别针对“MIMO-平面扫”和“MIMO-柱面扫”两种体制提出了若干精确快速成像方法。针对提出的每种方法，分别从理论分析、数值仿真、实验测量方面进行了全面验证和分析。本章主要研究成果和结论如下：

(1) 在“MIMO-平面扫”体制下，首先基于球面波的直接坐标展开推导了成像的基本公式，相比于 BPA，所提成像思路可看作一种精确的频域方法。随后分别针对不同的阵列构型提出了三种具体方法，相比于 BPA 的计算复杂度为 $O\left(N^6\right)$，所提三种方法的计算复杂度分别为 $O\left(N^4\log_2 N\right)$、$O\left(N^5\log_2 N\right)$ 和 $O\left(N^4\log_2 N\right)$。一系列数值仿真和实验测量全方位地验证了所提方法的有效性与高效性。由定量对比结果可以看出，所提方法在成像精度与 BPA 相当的条件下，成像耗时不到 BPA 的 0.3%。此外，本章还对进一步提高该体制成像精度的方法进行了有益探讨。

(2) 针对“MIMO-柱面扫”体制，研究思路与“MIMO-平面扫”是相似的，不同的是，“MIMO-柱面扫”几何给波数在扫方向的分解带来了更多困难，因而其成像难度比“MIMO-平面扫”更大。通过将柱面波的极坐标分解、圆周卷积和 NUFFT/NUIFFT 三种技术进行有机结合，最终实现了对该体制的快速成像。理论分析指出，该体制的 BPA 复杂度为 $O\left(N^6\right)$，而所提方法复杂度为 $O\left(N^4\log_2 N\right)$。系列仿真和实验表明，所提方法能在成像耗时不到 BPA 的 0.9%条件下实现与 BPA 相当的成像精度。作者相信本章研究成果将促进扫描 MIMO 线阵体制更快走向实际应用。

参 考 文 献

[1] Gumbmann F, Schmidt L. Millimeter-wave imaging with optimized sparse periodic array for short-range applications. IEEE Transactions on Geoscience & Remote Sensing, 2011, 49(10): 3629-3638.

[2] Zhuge X D, Yarovoy A G. A sparse aperture MIMO-SAR-based UWB imaging system for concealed weapon detection. IEEE Transactions on Geoscience and Remote Sensing, 2011, 49(1): 509-518.

[3] Sheen D M. Sparse multi-static arrays for near-field millimeter-wave imaging. Global Conference on Signal and Information Processing, Austin, 2013: 699-702.

[4] Sheen D M, McMakin D L, Hall T E. Three-dimensional millimeter-wave imaging for concealed weapon detection. IEEE Transactions on Microwave Theory and Techniques, 2001, 49(9): 1581-1592.

[5] Zhuge X, Yarovoy A G, Savelyev T, et al. Modified Kirchhoff migration for UWB MIMO array-based radar imaging. IEEE Transactions on Geoscience and Remote Sensing, 2010, 48(6): 2692-

2703.
[6] Bryant M L, Gostin L L, Soumekh M. 3D E-CSAR imaging of a T72 tank and synthesis of its SAR reconstructions. IEEE Transactions on Aerospace and Electronic Systems, 2003, 39(1): 211-227.
[7] Soumekh M. Reconnaissance with slant plane circular SAR imaging. IEEE Transactions on Image Processing, 1996, 5(8): 1252-1265.
[8] Greengard L, Lee J Y. Accelerating the nonuniform fast Fourier transform. SIAM Review, 2004, 46(3): 443-454.
[9] Gao J K, Qin Y L, Deng B, et al. Terahertz wide-angle imaging and analysis on plane-wave criteria based on inverse synthetic aperture techniques. Journal of Infrared, Millimeter and Terahertz Waves, 2016, 37(4): 373-393.
[10] Ishimaru A, Chan T K, Kuga Y. An imaging technique using confocal circular synthetic aperture radar. IEEE Transactions on Geoscience & Remote Sensing, 1998, 36(5): 1524-1530.
[11] Vaupel T, Eibert T F. Comparison and application of near-field ISAR imaging techniques for far-field radar cross section determination. IEEE Transactions on Antennas and Propagation, 2006, 54(1): 144-151.
[12] Tan K, Wu S Y, Wang Y C, et al. A novel two-dimensional sparse MIMO array topology for UWB short-range imaging. IEEE Antennas & Wireless Propagation Letters, 2016, 15: 702-705.
[13] Tan K, Wu S, Wang Y, et al. On sparse MIMO planar array topology optimization for UWB near-field high-resolution imaging. IEEE Transactions on Antennas and Propagation, 2017, 65(2): 989-994.

第 8 章　太赫兹雷达线阵旋转扫描成像

8.1　引　言

为进一步提高太赫兹成像帧率，满足实时成像需求，本章提出基于旋转线阵的目标三维成像方法，即利用阵列实孔径与机械扫描虚拟合成孔径结合的方式获得目标三维图像，能够实现快速高分辨成像，同时考虑当前太赫兹雷达器件水平和系统成本。为了更加清晰地体现三维分辨原理，本章在波数域建立基于旋转线阵观测的回波模型。与传统线性合成孔径成像方式不同，旋转线阵利用阵列旋转扫描形成的圆形合成孔径来同时实现旋转平面内的二维分辨。本章首先着重研究旋转平面内二维成像原理，并提出波数域快速成像方法；在二维成像方法研究工作的基础上，接着研究波数域快速三维成像方法；最后论述后向投影及其旁瓣抑制方法。

8.2　太赫兹旋转线阵成像模型

本节首先建立旋转线阵三维成像的回波模型，推导得到回波信号的频谱支撑域表达式，然后通过回波信号的频谱分布来分析旋转线阵成像的三维分辨率，并利用成像仿真和电磁计算数据实现目标三维成像，接着分析信号带宽及阵元数对三维分辨率的影响，以及不同阵元数条件下的频谱分布和成像性能。

8.2.1　成像模型

图 8.1 为旋转线阵成像几何模型,其中图 8.1(b)的正视图关于 OZ 轴旋转对称。$OXYZ$ 为固定目标坐标系，目标中心为坐标系原点 O，目标上散射点坐标为 $P(x,y,z)$。雷达阵列由 N 个自发自收的阵元线性排布组成，在垂直平面 $z=Z_{\mathrm{c}}$ 内绕 O' 做旋转扫描，即在 $X'O'Y'$ 平面内形成多个圆形运动轨迹，旋转中心 O' 的坐标为 $(0,0,Z_{\mathrm{c}})$，雷达阵元的旋转半径为 $R_i \in [R_m, R_1]$ $(i=1,2,\cdots,m)$，当第 i 个阵元进行旋转扫描时，对应坐标表示为 $(R_i\cos\theta, R_i\sin\theta, Z_{\mathrm{c}})$，$\theta\in[0,2\pi)$ 为雷达阵列旋转角度。所有阵元进行圆周扫描时具有相同的旋转中心 O' 和相同的旋转角度 θ，但旋转半径 R_i 不同。从图 8.1(a)中可以看出，单个阵元旋转扫描时获得的圆形合成

孔径与 CSAR[1, 2]的孔径形式相似。在图 8.1(b)中，$\alpha_i=\arctan(Z_c/R_i)$ 表示第 i 个雷达阵元相对目标中心 O 的斜视角，$2W$ 为成像场景宽度。在雷达阵列运动过程中，所有阵元波束始终覆盖 XOY 平面内以 O 为圆心、W 为半径的圆形区域，根据图 8.1(b) 所示的几何关系，第 i 个阵元的半功率波束宽度可表示为 $\phi_i=\arctan[(W-R_i)/Z_c]+\arctan[(W+R_i)/Z_c]$ [3]，因此，所有阵元的半功率波束宽度应满足

$$\phi \geqslant \max\{\phi_1,\phi_2,\cdots,\phi_m\}=\max\left\{\arctan\left(\frac{W-R_i}{Z_c}\right)+\arctan\left(\frac{W+R_i}{Z_c}\right),\ i=1,2,\cdots,m\right\} \tag{8.1}$$

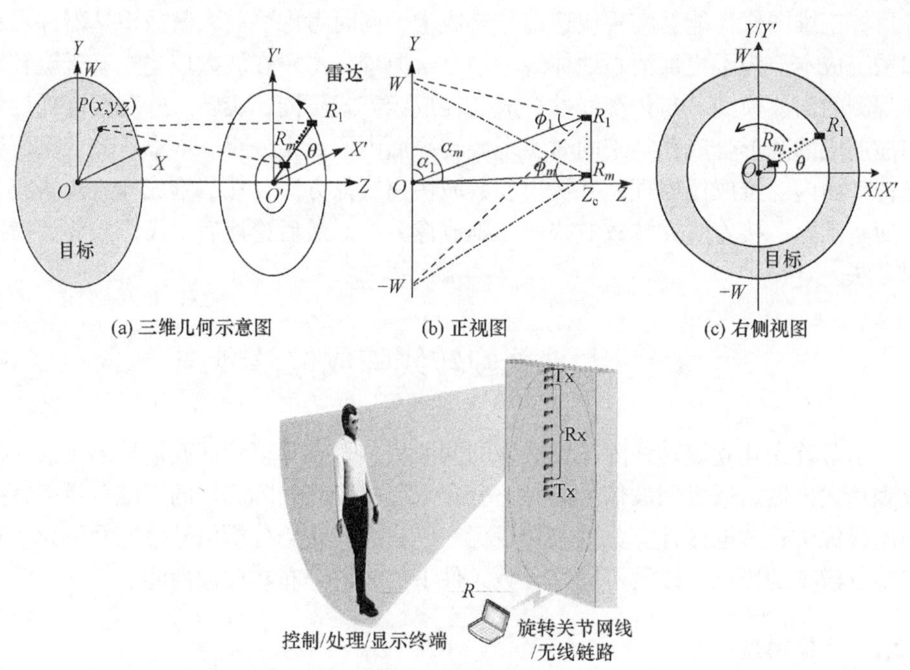

(a) 三维几何示意图　(b) 正视图　(c) 右侧视图

(d) 系统工作场景

图 8.1　旋转线阵成像几何模型

根据图 8.1，第 i 个雷达阵元与目标散射点 P 之间的瞬时斜距可表示为

$$H_p=\sqrt{(x-R_i\cos\theta)^2+(y-R_i\sin\theta)^2+(z-Z_c)^2} \tag{8.2}$$

当第 i 个雷达阵元发射线性调频信号，仅第 i 个阵元接收目标回波时，目标总回波可表示为

$$
\begin{aligned}
s(R_i,k,\theta) &= \iiint f(x,y,z)\exp(-\mathrm{j}2kH_\mathrm{p})\mathrm{d}x\mathrm{d}y\mathrm{d}z \\
&= \iiint f(x,y,z)\exp\left[-\mathrm{j}2k\sqrt{(x-R_i\cos\theta)^2+(y-R_i\sin\theta)^2+(z-Z_\mathrm{c})^2}\right]\mathrm{d}x\mathrm{d}y\mathrm{d}z
\end{aligned} \tag{8.3}
$$

式中，$f(x,y,z)$ 为目标散射分布函数；$k=2\pi f/c$ 为波数，c 为光速，$f\in[f_\mathrm{c}-B_\mathrm{w}/2, f_\mathrm{c}+B_\mathrm{w}/2]$ 为信号瞬时频率，f_c、B_w 分别为发射信号中心频率和带宽。

8.2.2　三维成像仿真及分析

对式(8.3)进行傅里叶逆变换即可获得目标的三维散射分布函数表达式：

$$
\begin{aligned}
f(x,y,z) &= \iiint s(R_i,k,\theta) \\
&\quad \cdot\exp\left[\mathrm{j}2k\sqrt{(x-R_i\cos\theta)^2+(y-R_i\sin\theta)^2+(z-Z_\mathrm{c})^2}\right]\mathrm{d}k_x\mathrm{d}k_y\mathrm{d}k_z \\
&= \iiint k^2\cos\alpha_i\cdot s(R_i,k,\theta) \\
&\quad \cdot\exp\left[\mathrm{j}2k\sqrt{(x-R_i\cos\theta)^2+(y-R_i\sin\theta)^2+(z-Z_\mathrm{c})^2}\right]\mathrm{d}\alpha_i\mathrm{d}k\mathrm{d}\theta
\end{aligned} \tag{8.4}
$$

式中，k_x、k_y、k_z 为空间波数矢量模值。根据式(8.3)，第 i 个雷达阵元回波的相位历程为 $\varOmega_i=-2k\sqrt{(x-R_i\cos\theta)^2+(y-R_i\sin\theta)^2+(z-Z_\mathrm{c})^2}$，则 XOY 平面内沿 X、Y 方向的波数可由 $\varOmega_i$ 的偏导求得

$$
\begin{cases}
k_x=\dfrac{\partial\varOmega_i}{\partial x}=-2k\dfrac{x-R_i\cos\theta}{\sqrt{(x-R_i\cos\theta)^2+(y-R_i\sin\theta)^2+(z-Z_\mathrm{c})^2}} \\
k_y=\dfrac{\partial\varOmega_i}{\partial y}=-2k\dfrac{y-R_i\sin\theta}{\sqrt{(x-R_i\cos\theta)^2+(y-R_i\sin\theta)^2+(z-Z_\mathrm{c})^2}}
\end{cases} \tag{8.5}
$$

定义 XOY 平面内的径向波数 ρ_i 为

$$
\rho_i=\sqrt{k_x^2+k_y^2}=-2k\frac{\sqrt{(x-R_i\cos\theta)^2+(y-R_i\sin\theta)^2}}{\sqrt{(x-R_i\cos\theta)^2+(y-R_i\sin\theta)^2+(z-Z_\mathrm{c})^2}} \tag{8.6}
$$

同时可获得目标 P 在 Z 方向的频谱分量：

$$
k_z=-\sqrt{4k^2-\rho^2}=-2k\frac{z-Z_\mathrm{c}}{\sqrt{(x-R_i\cos\theta)^2+(y-R_i\sin\theta)^2+(z-Z_\mathrm{c})^2}} \tag{8.7}
$$

根据式(8.5)和式(8.7)，目标回波频谱支撑域的取值 k_x、k_y、k_z 是空变的，依

赖目标散射点的位置 $P(x,y,z)$ 和阵元的旋转半径。对于成像场景中心点 $(0,0,0)$，对应空间波数可表示为

$$\begin{cases} k_x = 2k\cos\alpha_i\cos\theta \\ k_y = 2k\cos\alpha_i\sin\theta \\ k_z = 2k\sin\alpha_i \end{cases} \tag{8.8}$$

式中，$\cos\alpha_i = R_i / \sqrt{Z_c^2 + R_i^2}$；$\sin\alpha_i = Z_c / \sqrt{Z_c^2 + R_i^2}$。

首先，分析目标散射点 $(0,0,0)$ 在 XOY 平面上的二维成像分辨率。根据式(8.8)，径向波数 ρ 可写为 $\rho_i = \sqrt{k_x^2 + k_y^2} = 2k\cos\alpha_i$，当雷达发射带宽信号且满足 $\theta \in [0, 2\pi)$ 时，第 i 个雷达阵元的二维频谱支撑域为图 8.2 所示的阴影圆环区域，圆环的内外半径分别为 $\rho_i^{\min} = 2k_{\min}\cos\alpha_i$、$\rho_i^{\max} = 2k_{\max}\cos\alpha_i$，因此不同阵元成像的二维频谱支撑域为不同半径的圆环。根据 Hankel 函数的傅里叶变换特性，图 8.2 所示标准圆环状的频谱支撑域对应的点扩展函数为[3, 4]

$$\mathrm{psf}_i(x,y) = \frac{\rho_i^{\max}\cdot \mathrm{J}_1(\rho_i^{\max} r) - \rho_i^{\min}\cdot \mathrm{J}_1(\rho_i^{\min} r)}{r} \tag{8.9}$$

式中，$r = \sqrt{x^2 + y^2}$；J_1 为一阶第一类贝塞尔函数。当 $\rho_i^{\min} = 0$ 时，径向分辨率取得最小值 $\pi / \rho_i^{\max}$，式(8.9)所示点扩展函数形成的分辨率约为 $a_0\pi / \rho_i^{\max}\ (1 \leqslant a_0 \leqslant 2)$ [1]。

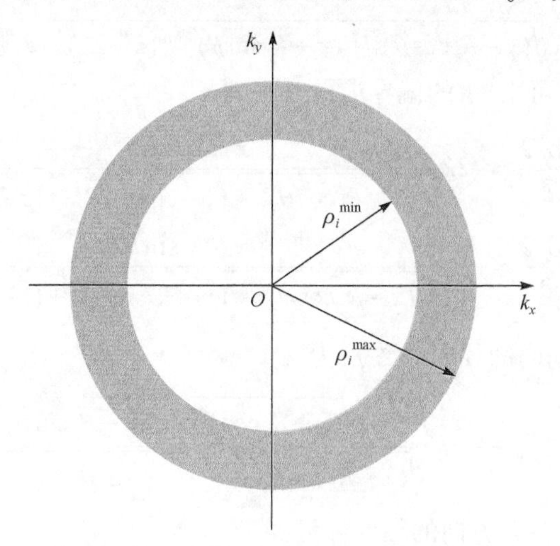

图 8.2　第 i 个阵元成像时的二维频谱支撑域

当采用多个阵元成像时，其二维频谱支撑域为多个圆环的拼接，因此图 8.1 所示的旋转阵列成像的点扩展函数为

$$\mathrm{PSF}(x,y)=\sum_{i=1}^{m}\mathrm{psf}_i(x,y)=\sum_{i=1}^{m}\frac{\rho_i^{\max}\mathrm{J}_1(\rho_i^{\max}r)-\rho_i^{\min}\mathrm{J}_1(\rho_i^{\min}r)}{r} \tag{8.10}$$

由于径向波数 ρ_i 与 $\cos\alpha_i$ 成正比，式(8.10)表示的最高分辨率由 $a_0\pi/\rho_1^{\max}$ 决定。由式(8.10)可知，旋转阵列在 XOY 平面的二维成像分辨率由雷达信号带宽、阵元数目和阵列构型多种因素共同决定。

当对 Z 方向成像时，对目标散射点 $P(0,0,0)$ 进行成像分析，可得到 Z 方向的点扩展函数表达式为[5, 6]

$$\mathrm{PSF}(z)\approx\gamma\,\mathrm{sinc}\left[(k_{z\max}-k_{z\min})\cdot z\right] \tag{8.11}$$

式中，$k_{z\max}=2k\sin\alpha_m$、$k_{z\min}=2k\sin\alpha_1$ 为 Z 方向波数矢量模值分布范围。

对于非场景中心点成像，需要同时对 R_i、k、θ 进行积分求解，无法获得其点扩展函数的解析表达式[7]，后面将通过仿真对其成像特性进行分析。

上述为旋转线阵三维成像性能的理论分析，下面进行仿真实验分析。

1. 信号带宽及阵元数对成像性能的影响

采用中心频率为 220GHz 的线性调频信号对理想散射点 $P(0,0,0)$ 进行成像仿真，不同带宽、阵元数条件下的成像结果比较如图 8.3 所示。一个阵元成像时阵元旋转半径为 0.6m，三个阵元成像时阵元旋转半径分别为 0.2m、0.4m、0.6m，六个阵元成像时阵元旋转半径分别为 0.1m、0.2m、0.3m、0.4m、0.5m、0.6m，阵元与目标中心的水平距离为 Z_c=3m 。从图 8.3(a)中可看出，随着信号带宽的增大和阵元数的增多，成像时 XOY 平面内的二维 ISLR 值显著降低，表明信号带宽和阵元数的增大对旁瓣具有显著的抑制效果。在图 8.3(b)中，Z 方向分辨率随信号带宽的增大而显著降低，与式(8.11)中的理论表达式一致。

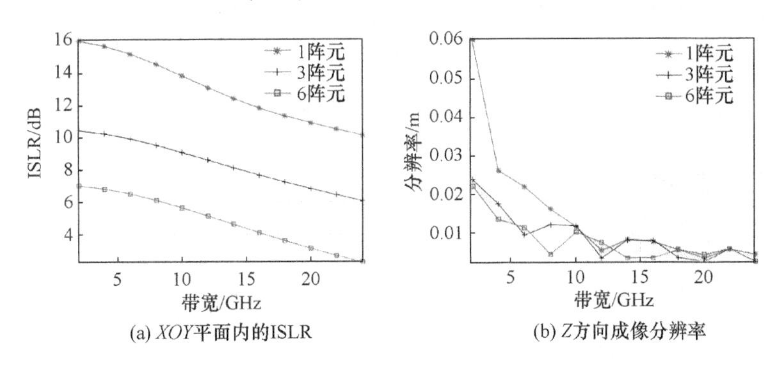

(a) XOY平面内的ISLR　(b) Z方向成像分辨率

图 8.3　不同信号带宽和不同阵元数时的成像结果比较

由上述分析可以看出，阵元数对旋转线阵成像的影响主要体现在二维图像方面，为进一步说明不同阵元数对二维成像性能的影响，本节利用电磁计算软件 FEKO[8]对图 8.4 所示的目标模型进行仿真计算，阵元数和位置分布不变，以五个半径均为 1mm 的球模型模拟点目标的散射，其中 P_0 位于坐标原点，P_1、P_2、P_3、P_4 与 P_0 的距离分别为 4mm、5mm、6mm、7mm，坐标分别为 (0m,−0.004m,0m)、(0.005m,0m,0m)、(0m,0.006m,0m)、(−0.007m,0m,0m)。图 8.5 为不同阵元数条件下的二维成像结果及一维剖面图，从图中可以看出，阵元数越多，对旁瓣的抑制效果越好，成像效果也越好。图 8.5(a)中，一个阵元成像时旁瓣较高，除 P_0 点外，其余四个点目标均无法直接从二维图像中分辨出来，且不同点目标之间形成较高旁瓣，掩盖了实际目标的分布，P_0、P_1 点之间的旁瓣达到了−4.8dB。图 8.5(b)的成像结果中，五个点目标的位置较准确，但二维图像中仍有很多旁瓣，有些甚至高于−10dB。图 8.5(c)为六个阵元的成像结果，不同点目标之间的旁瓣得到了很好的抑制，整体旁瓣水平低于−15dB，能清晰地分辨出五个点目标。

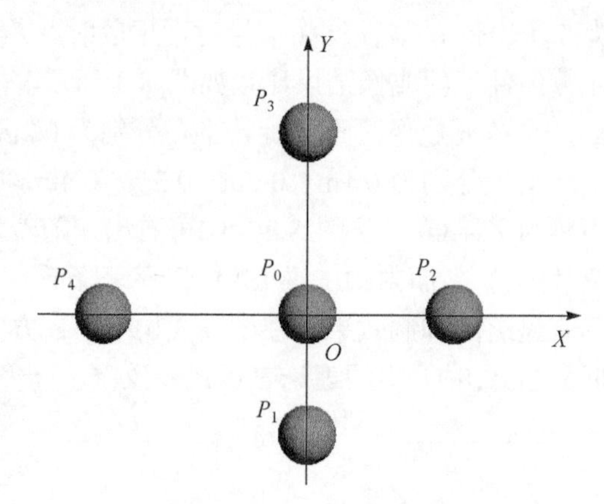

图 8.4　电磁计算目标模型

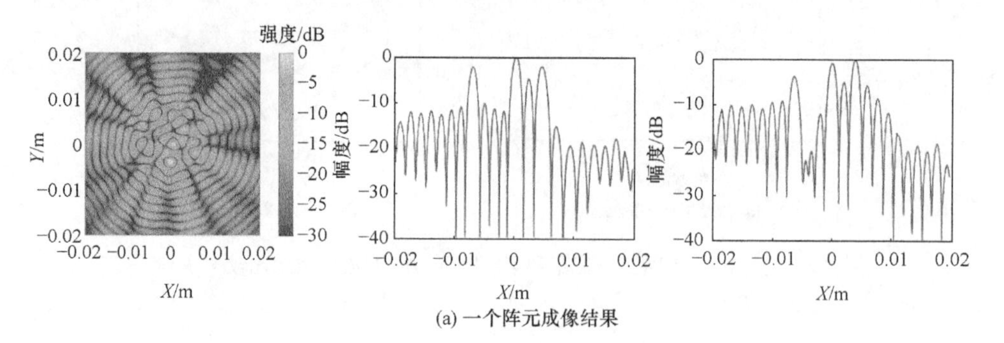

(a) 一个阵元成像结果

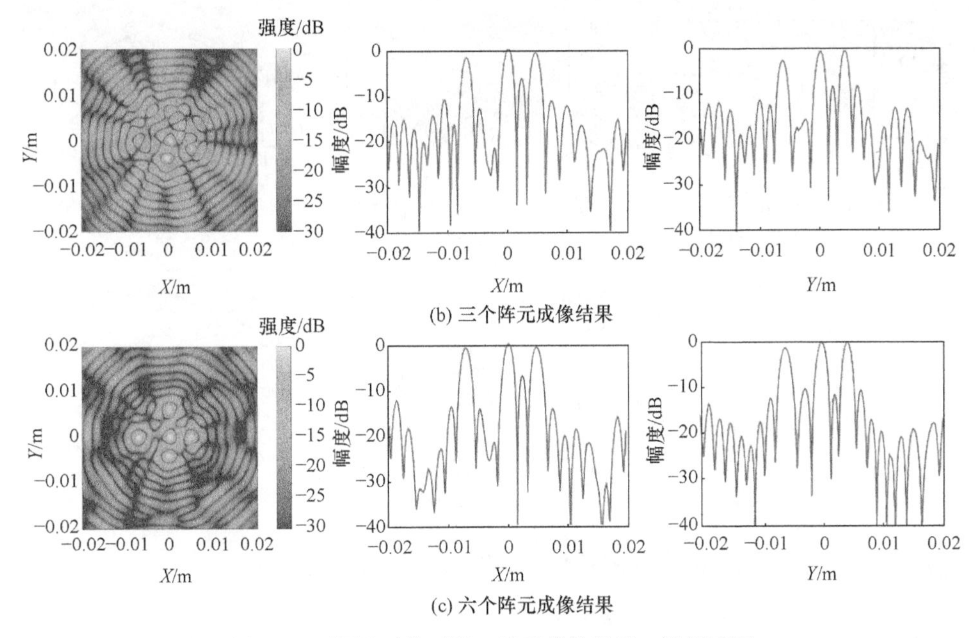

(b) 三个阵元成像结果

(c) 六个阵元成像结果

图 8.5　不同阵元数时的二维成像结果及一维剖面图

2. 不同阵元数条件下的频谱分布及成像性能

在不同阵元数条件下，分别分析不同位置点目标 P_1(0m, 0m, 0m)、P_2(0.1m, 0.1m, 0.1m)、P_3(0.5m, 0.5m, 0.1m)的频谱分布，图 8.6 为一个阵元成像时点目标 P_1、P_2、P_3 的频谱分布，图 8.7 为三个阵元成像时点目标 P_1、P_2、P_3 的频谱分布，图 8.8 为六个阵元成像时点目标 P_1、P_2、P_3 的频谱分布，图 8.6～图 8.8 中第一行均为 k_x、k_y 二维频谱分布，第二行均为 k_x、k_z 二维频谱分布，第三行均为 k_x、k_y、k_z 三维频谱分布，不同圆环表示不同阵元成像的频谱分布。从图 8.6～图 8.8 中可以看出，每个阵元成像时的频谱分布是锥顶 $(k_x,k_y,k_z)=(0,0,0)$ 的圆锥上的部分圆环，对比图 8.6～图 8.8 中不同点目标的频谱分布可知，非场景中心点目标的频谱分布是倾斜的圆环，且偏离场景中心点距离越远，倾斜度越大。

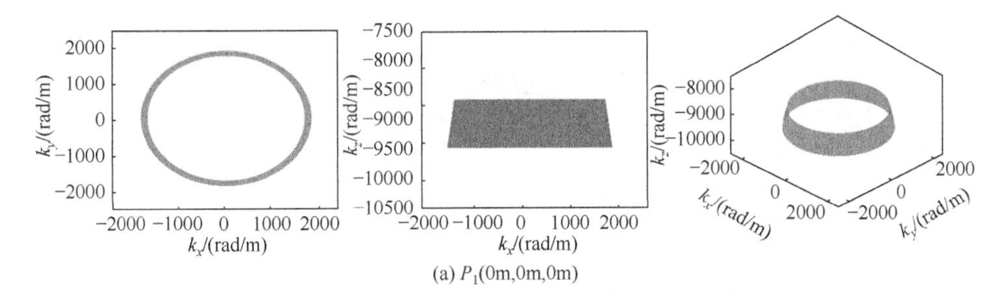

(a) P_1(0m,0m,0m)

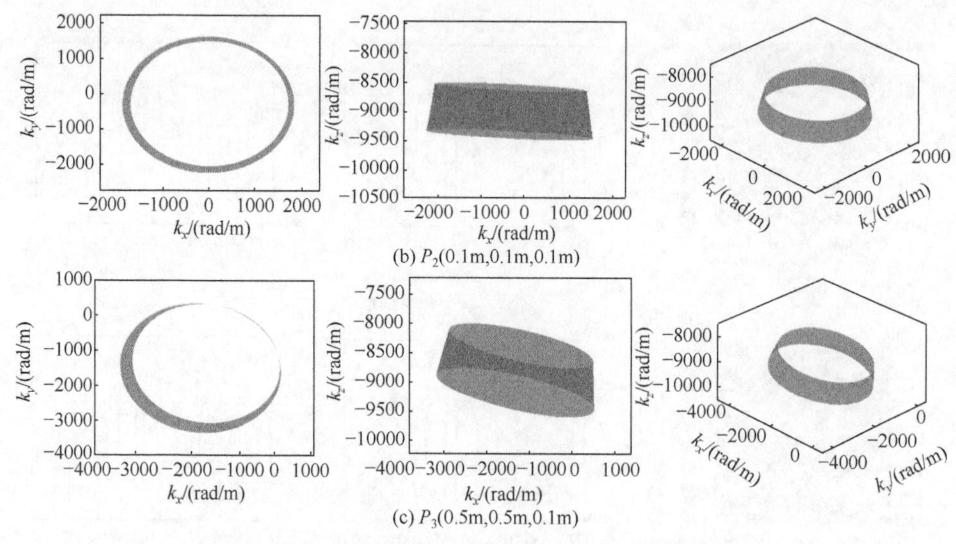

(b) P_2(0.1m,0.1m,0.1m)

(c) P_3(0.5m,0.5m,0.1m)

图 8.6　一个阵元成像时不同位置点目标的频谱分布

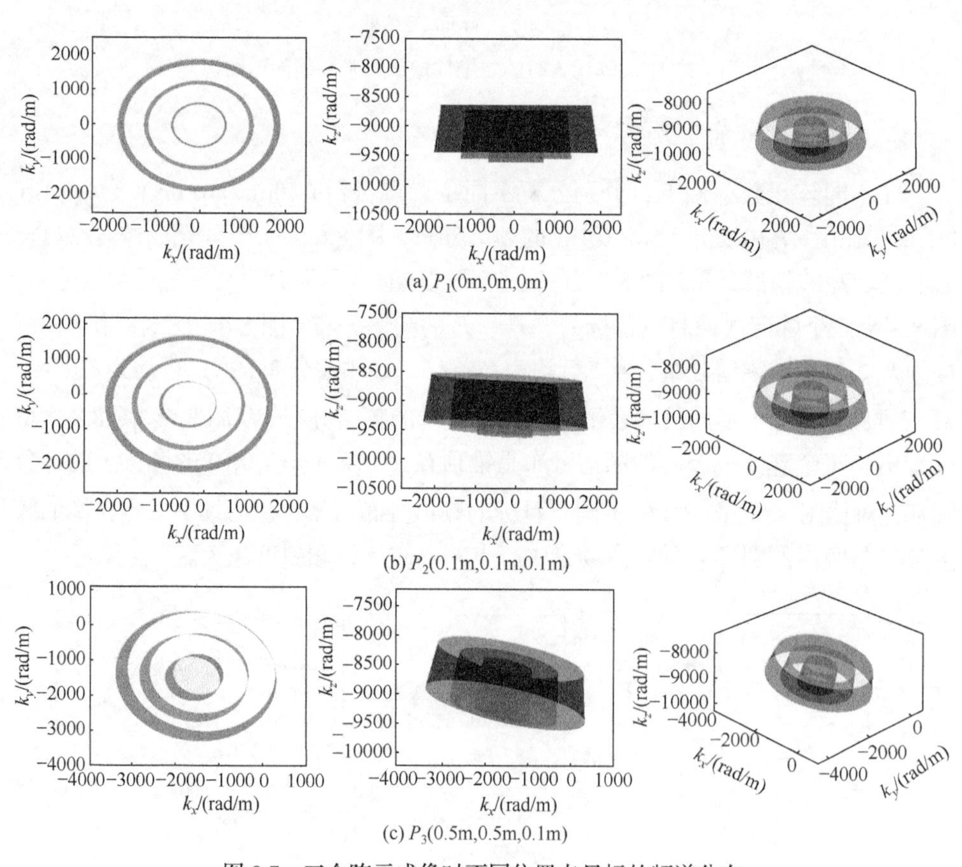

(a) P_1(0m,0m,0m)

(b) P_2(0.1m,0.1m,0.1m)

(c) P_3(0.5m,0.5m,0.1m)

图 8.7　三个阵元成像时不同位置点目标的频谱分布

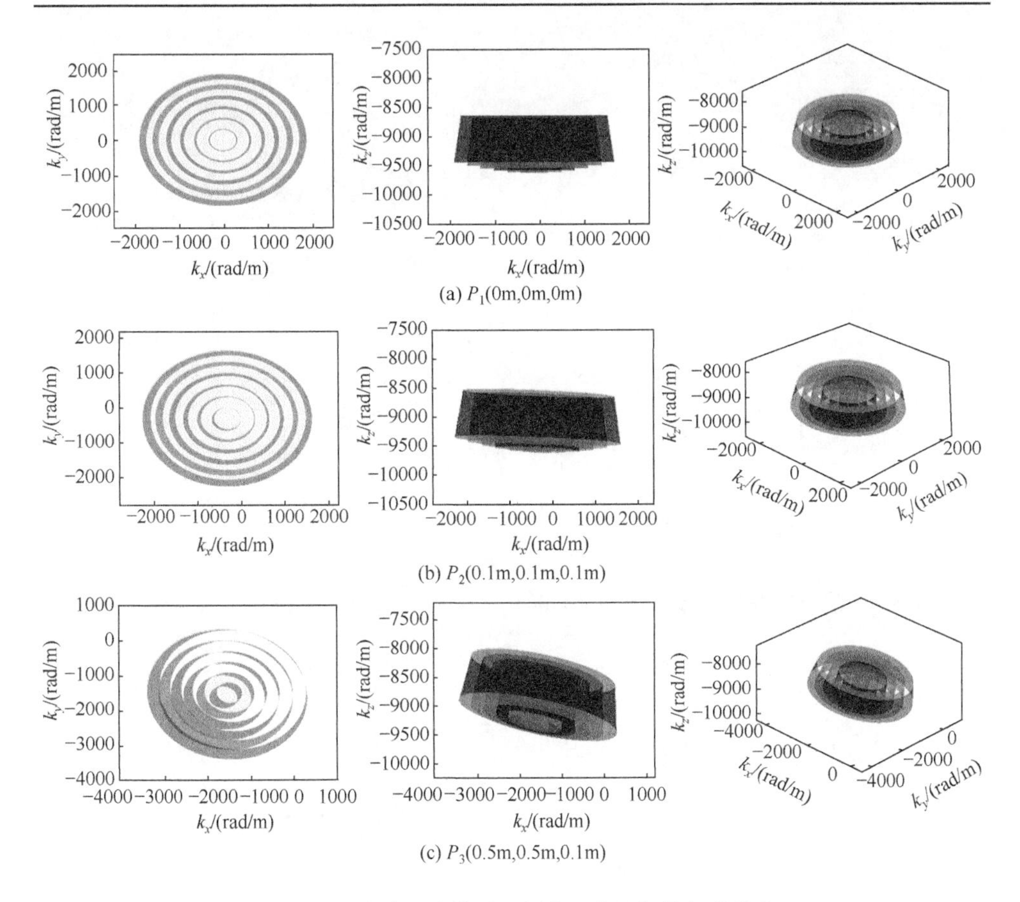

图 8.8　六个阵元成像时不同位置点目标的频谱分布

图 8.9～图 8.11 分别给出了不同阵元对不同位置点目标 P_1、P_2、P_3 的三维成像结果，并给出了点目标所在 Z 平面的二维成像结果。对比图 8.9～图 8.11 中三组成像结果可知，成像旁瓣随着阵元数的增多而显著降低，表明阵元数的增多有利于获得更好的成像效果，另外，与图 8.6～图 8.8 的频谱分布相对应，非场景中心点的三维成像结果出现一定倾斜。

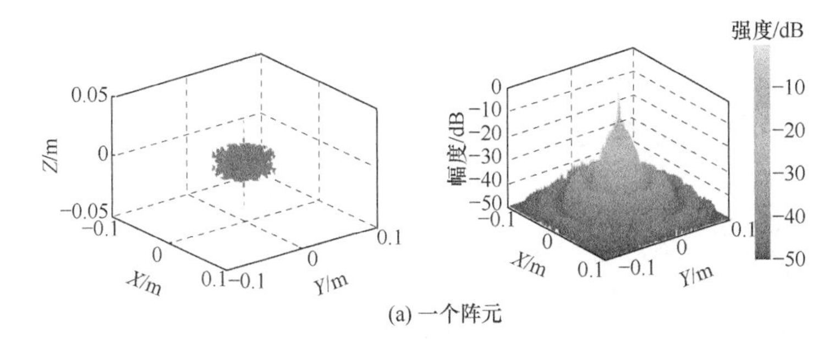

(a) 一个阵元

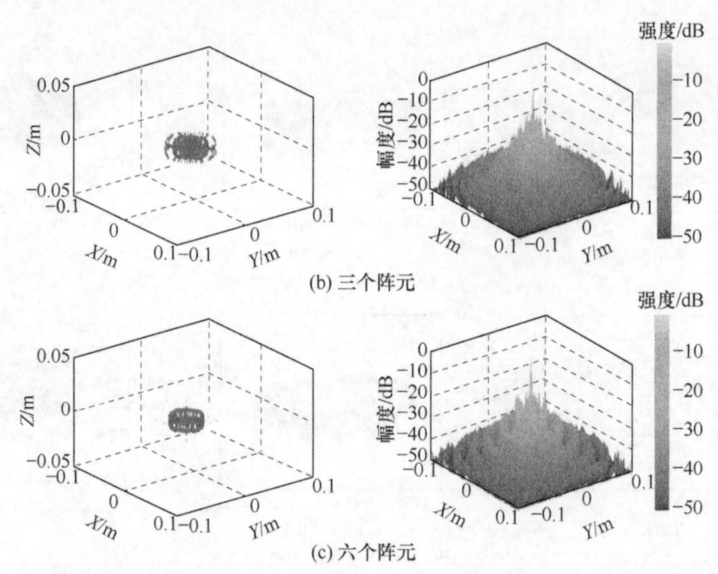

(b) 三个阵元

(c) 六个阵元

图 8.9　不同阵元对点目标(0m, 0m, 0m)的三维成像结果和 Z=0m 平面二维成像结果

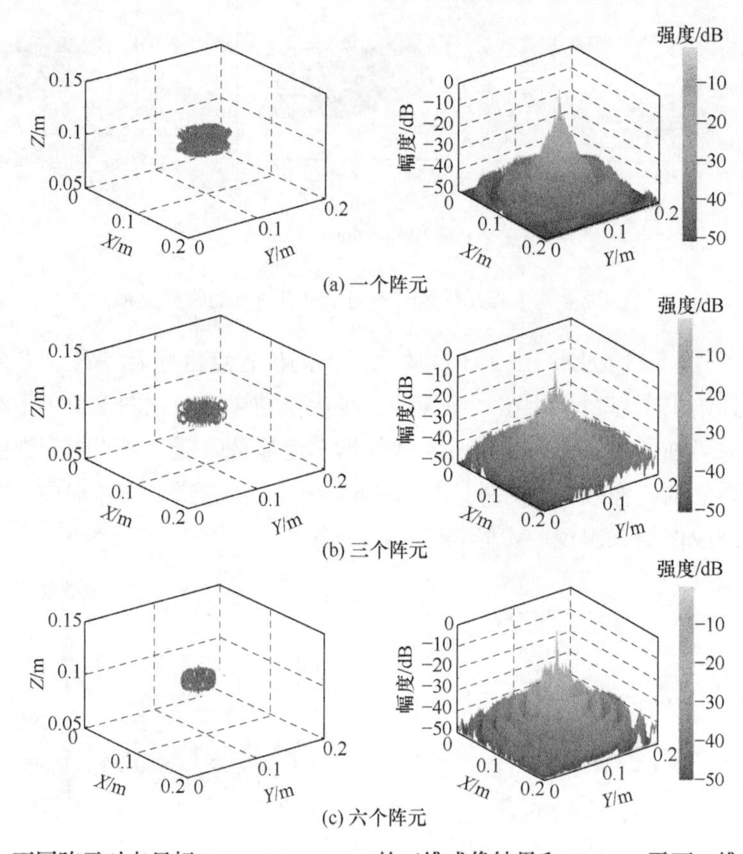

(a) 一个阵元

(b) 三个阵元

(c) 六个阵元

图 8.10　不同阵元对点目标(0.1m, 0.1m, 0.1m)的三维成像结果和 Z=0.1m 平面二维成像结果

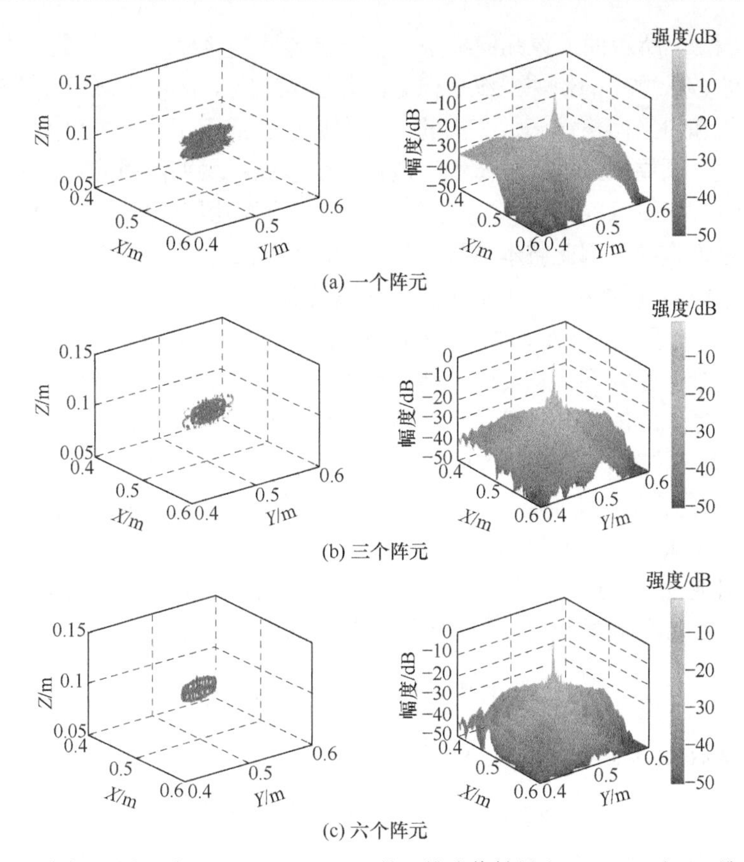

(a) 一个阵元

(b) 三个阵元

(c) 六个阵元

图 8.11　不同阵元对点目标(0.5m, 0.5m, 0.1m)的三维成像结果和 Z=0.1m 平面二维成像结果

8.3　波数域快速二维成像方法

针对 8.2 节中提出的基于旋转阵列的目标成像模型，本节首先提出基于波数域重建的快速二维成像方法；其次根据二维频谱支撑域的分布提出稀疏阵列设计方法；最后基于成像仿真和电磁计算数据对稀疏阵列设计方法及波数域快速成像方法进行验证分析。

8.3.1　二维成像方法

二维成像处理时，假设目标散射点的 Z 坐标均为 0，则式(8.3)中第 i 个雷达阵元接收的回波模型改写为

$$s_i(k,\theta)=\iint f(x,y)\exp\left[-\mathrm{j}2k\sqrt{(x-R_i\cos\theta)^2+(y-R_i\sin\theta)^2+Z_{\mathrm{c}}^2}\right]\mathrm{d}x\mathrm{d}y \quad (8.12)$$

式中，$f(x,y)$ 为目标二维散射分布函数。

根据图 8.1 所示的成像几何模型，本节借鉴圆周 SAR 的成像处理方法[1, 3]，提出基于波数域重建的快速二维成像方法。圆周 SAR 的波数域重建方法是基于傅里叶分析和斜平面格林函数提出的，没有近似，适用于本节提出的近场条件下的成像模型。圆周 SAR 的成像流程包括两个步骤：斜平面回波转换为地平面回波、地平面目标图像重建[9, 10]。基于旋转阵列的成像几何模型与圆周 SAR 的成像几何模型是垂直的，因此将本节提出的基于波数域重建的成像方法分为斜平面回波到垂直平面回波的转换、垂直平面内图像重建。

通常，在进行圆周 SAR 地平面的图像重建时，需要对极坐标条件下的波数域数据进行二维插值处理，从而将其转换到直角坐标系下进行二维傅里叶逆变换，最终获得目标二维散射分布函数。然而，二维插值的计算量和处理时间较长，在本节成像模型的阵列条件下将成倍增长。为提高成像处理的效率，本节引进 NUFFT 方法，完成二维插值和二维傅里叶逆变换[11, 12]，实现极坐标波数域数据到目标散射分布函数的快速处理。

下面对成像方法进行详细描述。第一步，对每个阵元接收的目标回波分别进行斜平面到垂直平面的转换，第 i 个雷达阵元的垂直平面回波为

$$s_i^{v}(\rho_i,\theta)=\int_k \Lambda(\rho_i,k)s_i(k,\theta)\mathrm{d}k \tag{8.13}$$

式中，核函数 $\Lambda(\rho_i,k)$ 的表达式为

$$\Lambda(\rho_i,k)=W_{\mathrm{f}}(\rho_i,k)\cdot \mathrm{e}^{-\mathrm{j}\sqrt{4k^2-(\rho_i)^2}Z_{\mathrm{c}}} \tag{8.14}$$

本节中的成像方法是针对固定大小的成像场景进行处理的，因此窗函数 $W_{\mathrm{f}}(\rho_i,k)$ 定义为

$$W_{\mathrm{f}}(\rho_i,k)=\begin{cases}1, & 2k\cos\alpha_i^{\max}\leqslant\rho_i\leqslant 2k\cos\alpha_i^{\min}\\ 0, & \text{其他}\end{cases} \tag{8.15}$$

式中，$\alpha_i^{\max}=\arctan[Z_{\mathrm{c}}/(R_i-W)]$、$\alpha_i^{\min}=\arctan[Z_{\mathrm{c}}/(R_i+W)]$ 分别为第 i 个雷达阵元相对成像场景边缘的斜视角。

第二步，对垂直平面内的目标进行重建，即

$$F_i(\rho_i,\xi)=S_i^{v}(\rho_i,\xi)\varGamma_i^{*}(\rho_i,\xi) \tag{8.16}$$

式中，ξ 为旋转角度 θ 的频域变量；$S_i^{v}(\rho_i,\xi)$ 为垂直平面回波 $s_i^{v}(\rho_i,\theta)$ 的一维傅里叶变换 $\mathrm{IFT}_{(\theta)}[s_i^{v}(\rho_i,\theta)]$；$\varGamma_i^{*}(\rho_i,\xi)$ 为 $\varGamma_i(\rho_i,\xi)$ 的共轭，$\varGamma_i(\rho_i,\xi)$=$\mathrm{IFT}_{(\theta)}[\mathrm{e}^{-\mathrm{j}\rho_i R_i\cos\theta}]$，$\mathrm{IFT}_{(\theta)}[\cdot]$ 表示对 θ 维进行一维傅里叶变换。

第三步，极坐标系下的空间波数域数据 $F_i(\rho_i,\theta)$ 可由 $F_i(\rho_i,\xi)$ 的傅里叶逆变换得到，即 $F_i(\rho_i,\theta)$=$\mathrm{IFT}_{(\theta)}[F_i(\rho_i,\xi)]$，对每个雷达阵元回波处理得到的

$F_1(\rho_1,\theta),F_2(\rho_2,\theta),\cdots,F_m(\rho_m,\theta)$ 在空间谱域拼接后，进行二维 NUFFT 处理，即可得最终的目标二维散射分布函数 $f(x,y)$ ，成像处理流程如图 8.12 所示。

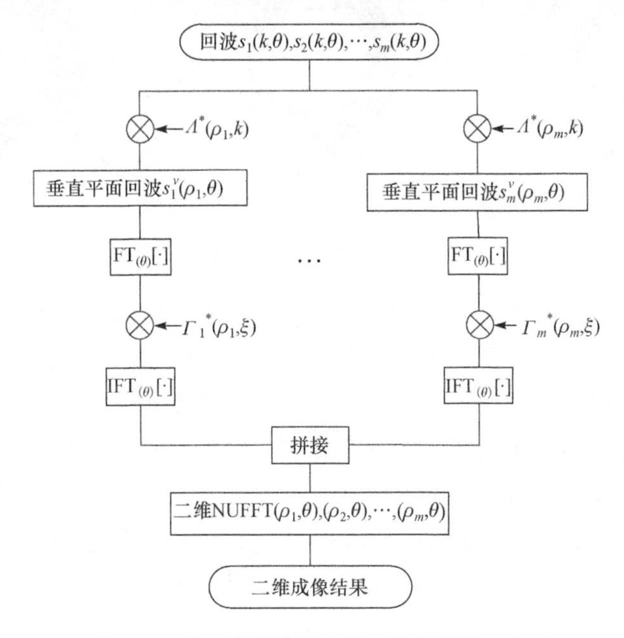

图 8.12　基于波数域重建的二维成像处理流程

8.3.2　稀疏阵列设计方法

根据 8.2 节中分析可知，雷达阵元的排布方式决定了频谱支撑域的分布，进而决定点扩展函数，影响二维成像效果。不同于已有的稀疏阵列优化方法[13, 14]，本节提出基于频谱分布的稀疏阵列设计方法，可获得更好的成像效果。

旋转阵列二维成像的频谱支撑域由 m 个图 8.2 所示的圆环组成的，圆环半径由阵元旋转半径 $R_1,R_2,\cdots,R_m$ 和成像几何关系决定。如图 8.13 所示，两个阵元成像时的二维频谱支撑域的分布关系分为三种：分离、相邻和重叠，不同填充形状指示不同阵元成像的二维频谱支撑域，假设两阵元的旋转半径分别为 R_i 和 R_{i+1} ($R_i > R_{i+1}$)，图 8.13 中大圆环由半径 R_i 的阵元回波形成，小圆环由半径 R_{i+1} 的阵元回波形成，其中图 8.13(a)～图 8.13(c)中所示半径 R_i 相同，而 R_{i+1} 的值由图 8.13(a)到图 8.13(c)递增。圆环状频谱支撑域的面积与 $\cos^2\alpha_i$ 成正比，而 $\cos^2\alpha_i \propto R_i$ ，表明频谱支撑域的面积随着 R_i 的增大而增大，因此在图 8.13 所示的三类频谱支撑域分布关系中，图 8.13(b)所示的二维频谱支撑域的面积最大。

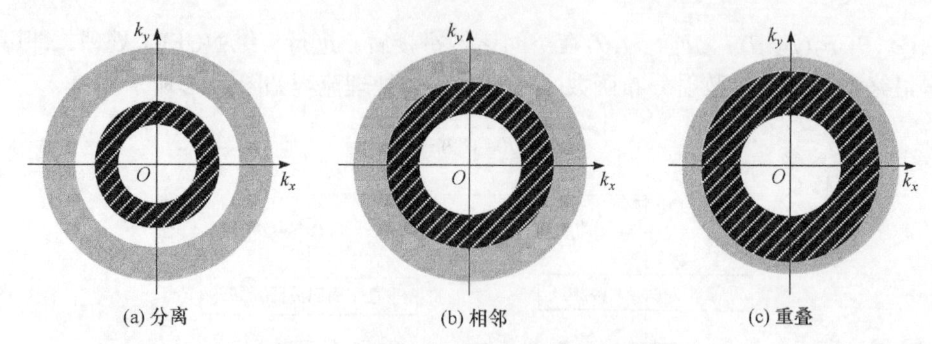

图 8.13 两阵元的频谱支撑域分布关系

根据傅里叶变换的性质，成像分辨率由频谱支撑域的宽度决定，且随着频谱支撑域宽度的增大而提升[15]，图 8.13 所示的三种频谱支撑域因最大宽度相同而具有相同的理论分辨率。然而，频谱支撑域的分布密度和空隙决定了成像的旁瓣水平，当频谱支撑域的空隙较小时，成像的旁瓣较低。因此，当两阵元的频谱支撑域相邻时，雷达成像能获得更好的效果。

图 8.13 中，外圆环的内外半径分别为 $2k_{\min}\cos\alpha_i$、$2k_{\max}\cos\alpha_i$，内圆环的内外半径分别为 $2k_{\min}\cos\alpha_{i+1}$、$2k_{\max}\cos\alpha_{i+1}$，当两圆环相邻时，有

$$2k_{\min}\cos\alpha_i=2k_{\max}\cos\alpha_{i+1} \tag{8.17}$$

将 $\alpha_i=\arctan(Z_c/R_i)$、$\alpha_{i+1}=\arctan(Z_c/R_{i+1})$ 代入式(8.17)，两阵元的旋转半径 R_i 和 R_{i+1} 之间的关系可表示为

$$f_{\max}\frac{R_{i+1}}{\sqrt{R_{i+1}^2+Z_c^2}}=f_{\min}\frac{R_i}{\sqrt{R_i^2+Z_c^2}} \tag{8.18}$$

R_{i+1} 的值由 R_i、f 和 Z_c 共同决定，因此雷达阵元的排布方式可由成像几何关系及系统参数决定。当系统参数确定时，R_1 的值可由系统参数求得，R_{i+1} 的值由式(8.18)求得，这就是基于频谱分布的阵列设计方法的优化步骤。

8.3.3 仿真结果与分析

根据现有太赫兹雷达系统硬件水平，假设雷达发射线性调频信号，成像仿真中设置信号频率为 210～230GHz，带宽为 20GHz。为满足人体成像需求，成像场景的半径设置为 1m，雷达阵列与成像场景的水平距离为 3m。当最大的雷达阵元旋转半径 R_1=0.6m 时，成像理论分辨率 $a_0\pi/\rho_1^{\max}$ 为 0.0017～0.0034m，其余成像仿真参数如表 8.1 所示。

表 8.1　旋转线阵成像仿真参数

参数	数值
中心频率 f_c	220GHz
信号带宽 B_w	20GHz
最大阵元旋转半径 R_1	0.6m
水平距离 Z_c	3m
成像场景半径 W	1m
频率采样间隔	0.01GHz
角度采样间隔	0.1°
频率采样点数 N_f	2001
角度采样点数 N_θ	3006

为定量对比分析不同阵列构型的性能，本节选用二维 ISLR、IRW、图像熵三个参数来衡量成像质量。二维 ISLR 为旁瓣能量和主瓣能量的比值，表征图像的聚焦性能，ISLR 值越小表明成像质量越好。IRW 表示成像的 3dB 分辨率。图像熵常用于衡量 SAR 和 ISAR 图像的质量[16, 17]，定义如下[18]：

$$\mathrm{En}=\iint -H(x,y)\cdot\ln H(x,y)\mathrm{d}x\mathrm{d}y,\quad H(x,y)=\frac{|h(x,y)|^2}{\iint |h(x,y)|^2\mathrm{d}x\mathrm{d}y} \tag{8.19}$$

式中，$H(x,y)$ 为归一化的图像能量密度；$h(x,y)$ 为目标的重建散射分布函数。实际成像仿真时得到的都是网格化的离散图像，将式(8.19)离散化，其表达式为

$$\mathrm{En}=-\sum_{p=1}^{P}\sum_{q=1}^{Q}H(p,q)\cdot\ln H(p,q),\quad H(p,q)=\frac{|h(p,q)|^2}{\sum_{p=1}^{P}\sum_{q=1}^{Q}|h(p,q)|^2} \tag{8.20}$$

式中，p、q 为成像结果中离散的像素点；P、Q 分别为二维网格总数。图像熵是衡量成像结果质量的一个重要指标，熵值越小表征成像质量越好。

8.3.4　阵列设计结果及分析

为简化仿真过程，本节仅对两个阵元组成的不同阵列构型进行比较分析。两阵元的旋转半径分别如表 8.2 所示，第一个阵元的旋转半径 R_1 均为 0.6m，不同阵列成像的理论分辨率相同，第二个阵元的旋转半径 R_2 从阵列构型 I 到阵列构型 V 逐渐递增，包含了图 8.13 所示的三种频谱支撑域分布关系。根据式(8.18)，求得第二个阵元的旋转半径 R_2=0.546m，因此，阵列构型Ⅳ阵列的频谱支撑域为

图 8.13(b)所示的相邻分布关系，阵列构型Ⅵ为优化后的阵列构型。同时，为对比两个阵元和一个阵元的成像效果，定义一个阵元为阵列构型Ⅵ，阵元旋转半径 R_1 为 0.6m。

表 8.2 不同阵列构型

序号	阵列构型Ⅰ	阵列构型Ⅱ	阵列构型Ⅲ	阵列构型Ⅳ	阵列构型Ⅴ	阵列构型Ⅵ
R_1/m	0.6	0.6	0.6	0.6	0.6	0.6
R_2/m	0.3	0.4	0.5	0.546	0.57	—

图 8.14 为不同阵列构型下两个阵元的二维频谱支撑域，定义面积比为频谱支撑域面积与 $k_x \in [-2k_{\max}\cos\alpha_1, 2k_{\max}\cos\alpha_1]$、$k_y \in [-2k_{\max}\cos\alpha_1, 2k_{\max}\cos\alpha_1]$ 的面积的比值，即图 8.14 中白色区域在黑色方形中的面积占有率。散射点(0,0)的二维成像结果和不同阵列构型下的仿真点扩展函数与理论点扩展函数比较分别如图 8.15 和图 8.16 所示，计算不同阵列构型获得的成像结果的面积比、ISLR、图像熵、IRW 如表 8.3 所示。

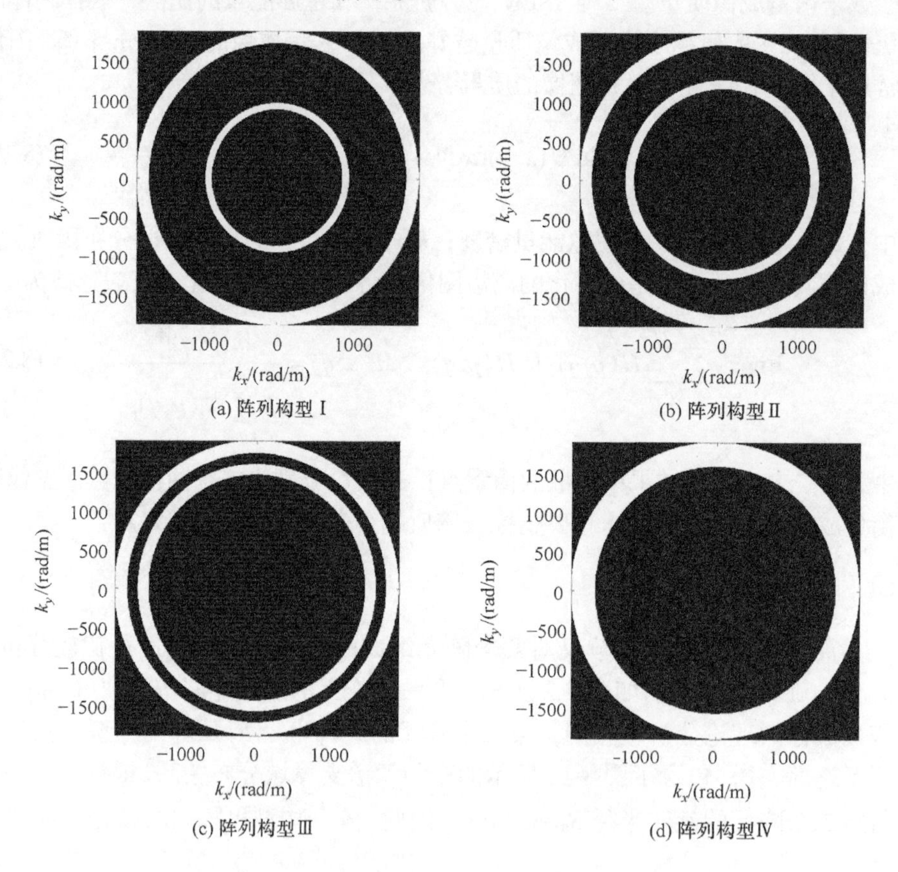

(a) 阵列构型Ⅰ (b) 阵列构型Ⅱ

(c) 阵列构型Ⅲ (d) 阵列构型Ⅳ

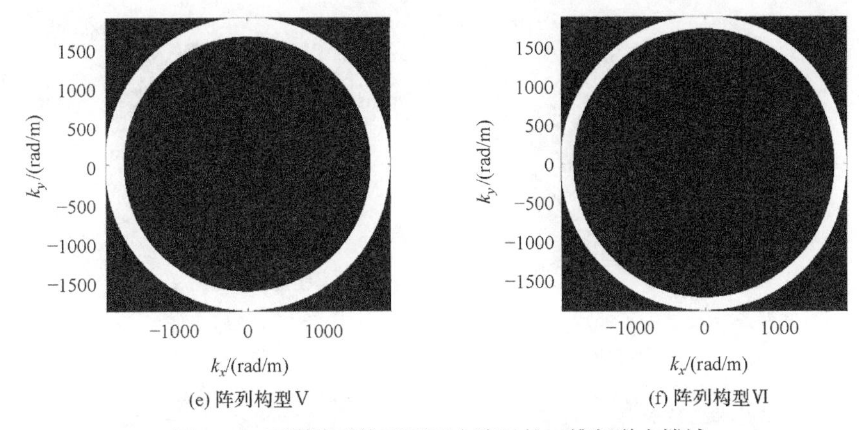

(e) 阵列构型Ⅴ　(f) 阵列构型Ⅵ

图 8.14　不同阵列构型下两个阵元的二维频谱支撑域

由图 8.14(a)～图 8.14(c)可以看出，阵列构型Ⅰ、阵列构型Ⅱ、阵列构型Ⅲ成像时两阵元的频谱支撑域是分离的，且两圆环之间的空隙从阵列构型Ⅰ到阵列构型Ⅲ随 R_2 的增大而逐渐减小。根据表 8.3，阵列构型Ⅰ、阵列构型Ⅱ、阵列构型Ⅲ成像的 IRW 值大于其余三种阵列构型成像的 IRW 值，说明两阵元频谱支撑域之间的空隙会降低成像分辨率。另外，对于阵列构型Ⅰ、阵列构型Ⅱ、阵列构型Ⅲ，成像结果的 ISLR、图像熵、IRW 值随 R_2 的增大而逐渐减小，表明两阵元频谱支撑域之间的空隙越小，获得的成像效果越好。

图 8.14(d)给出了相邻的频谱支撑域分布关系，对应采用 8.3.2 节中阵列设计方法优化后的阵列构型，图 8.14(e)为阵列构型Ⅴ对应的重叠的频谱支撑域分布关系，图 8.14(f)为单阵元成像时的频谱支撑域。对比六种阵列构型下的成像结果，阵列构型Ⅰ、阵列构型Ⅱ成像时的 IRW 值较大，使得阵列构型Ⅰ、阵列构型Ⅱ下的成像结果的图像熵大于阵列构型Ⅵ成像的图像熵。然而，阵列构型Ⅵ成像的 ISLR 值最大，说明一个阵元成像时的旁瓣较高，图像的聚焦性能也较差。因此，雷达阵元数越多，成像效果越好，表明了本章中基于旋转阵列成像的优势。

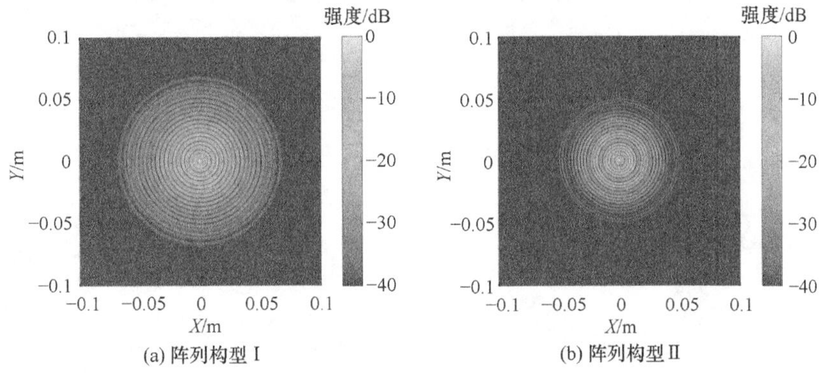

(a) 阵列构型Ⅰ　(b) 阵列构型Ⅱ

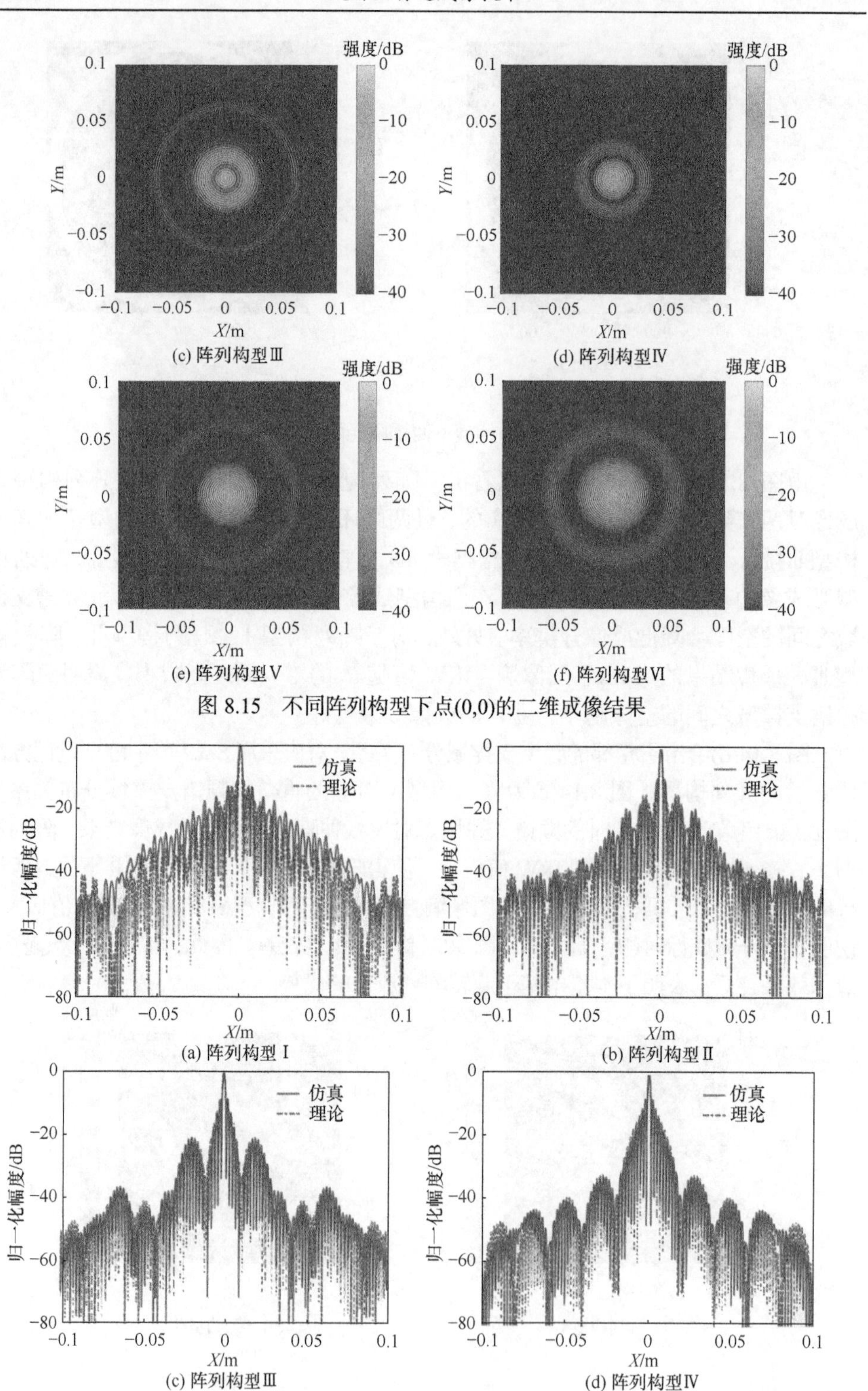

图 8.15　不同阵列构型下点(0,0)的二维成像结果

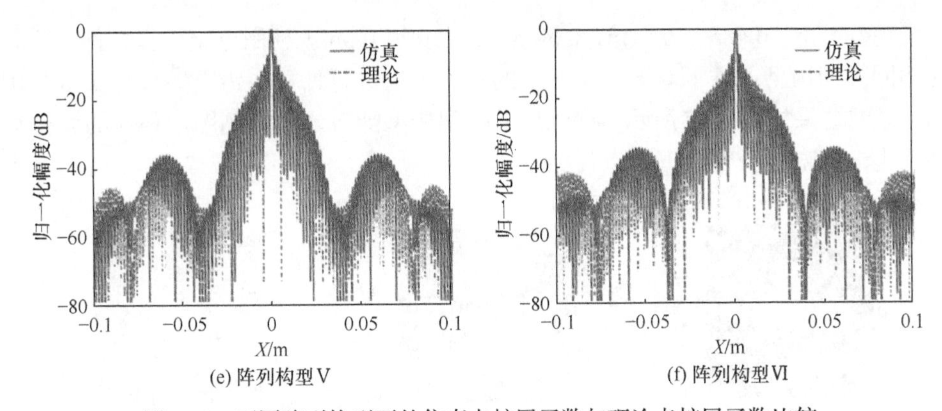

(e) 阵列构型Ⅴ　　(f) 阵列构型Ⅵ

图 8.16　不同阵列构型下的仿真点扩展函数与理论点扩展函数比较

表 8.3　不同阵列构型成像结果定量分析

序号	阵列构型Ⅰ	阵列构型Ⅱ	阵列构型Ⅲ	阵列构型Ⅳ	阵列构型Ⅴ	阵列构型Ⅵ
面积比/%	16.43	18.99	22.24	23.95	19.22	13.06
ISLR /dB	9.07	7.57	7.32	6.73	8.49	9.99
图像熵	12.81	12.05	11.39	10.55	11.18	11.75
IRW/m	0.0019	0.0017	0.0015	0.0013	0.0013	0.0013

根据图 8.14 所示的频谱支撑域分布和表 8.3 给出的面积比计算结果，优化后的阵列构型Ⅳ的二维频谱支撑域的面积最大，同时，相应的 ISLR、图像熵、IRW 值在六种阵列构型中也最小，表明优化后阵列构型成像时的旁瓣水平低，聚焦性能好，能获得最好的成像效果。另外，阵列构型Ⅳ下实现的最好成像效果也可以直观地从图 8.15 和图 8.16 中看出，说明本节提出的基于频谱分布的阵列设计方法是实际有效且可行的。

最后，图 8.16 对比分析了式(8.10)的理论点扩展函数和仿真点扩展函数(一维成像结果)，从图中可以看出，不同阵列构型下仿真点扩展函数值和理论点扩展函数值的主瓣宽度基本相同，而旁瓣的变化规律在密集频谱分布时是基本相似的，验证了本节提出的基于波数域重建的成像方法。

8.3.5　成像结果及分析

本小节在更多雷达阵元、更大成像场景条件下，对成像方法和阵列设计方法做进一步仿真分析。首先，根据式(8.18)进行稀疏阵列设计，六个阵元的旋转半径分别为 0.377m、0.413m、0.453m、0.497m、0.546m 和 0.6m，作为对比，构造两种阵元数相等的均匀阵列构型，第一种均匀阵列构型下阵元的旋转半径分别为 0.1m、0.2m、0.3m、0.4m、0.5m 和 0.6m，第二种均匀阵列构型下阵元的旋转半径分别为 0.45m、0.48m、0.51m、0.54m、0.57m 和 0.6m。利用电磁计算软件 FEKO 在不同阵列构型条件下对图 8.4 所示的目标模型进行计算，仿真参数与表 8.1 相同，成像结果如图 8.17 所示，优化后的阵列构型能较好地抑制图像整体的旁瓣水平，也能清晰地分辨出五个点目标。

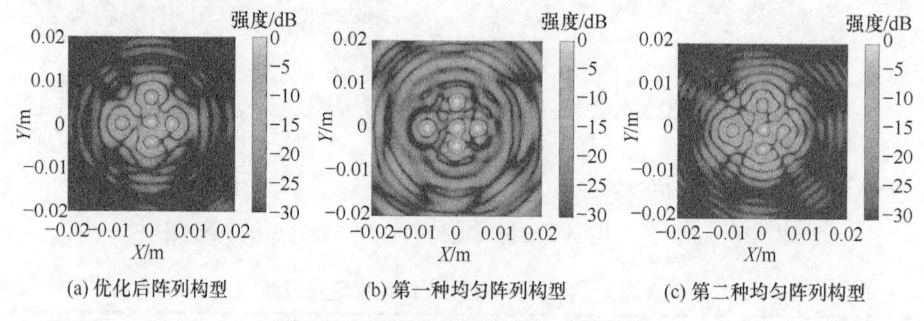

(a) 优化后阵列构型　(b) 第一种均匀阵列构型　(c) 第二种均匀阵列构型

图 8.17　不同阵列构型下的成像结果

在更大成像场景条件下对复杂目标散射点模型进行仿真分析，仿真参数不变，复杂目标模型采用人体散射点模型，包括 3453 个散射点，散射点间距为 0.005m，散射点分布如图 8.18 所示。三种阵列构型的频谱支撑域分布和二维成像结果分别如图 8.19～图 8.21 所示。如图 8.19(a)所示，优化后的阵列构型成像时各阵元回波二维频谱支撑域圆环是相邻的，而图 8.20(a)中，第一种均匀阵列构型的回波频谱支撑域分布是分离的，第二种均匀阵列构型的各阵元回波频谱支撑域圆环之间产生了重叠，使得图 8.21(a)中整个圆环宽度小于图 8.19(a)中圆环，同时计算可得三种阵列构型的频谱支撑域面积比分别为 52.03%、33.39%、41.07%，充分说明优化后的阵列构型的频谱支撑域面积最大。对比图 8.19(b)、图 8.20(b)和图 8.21(b)中各阵列构型对人体散射点模型的成像结果可以看出，图 8.19(b)中的人体轮廓和细节

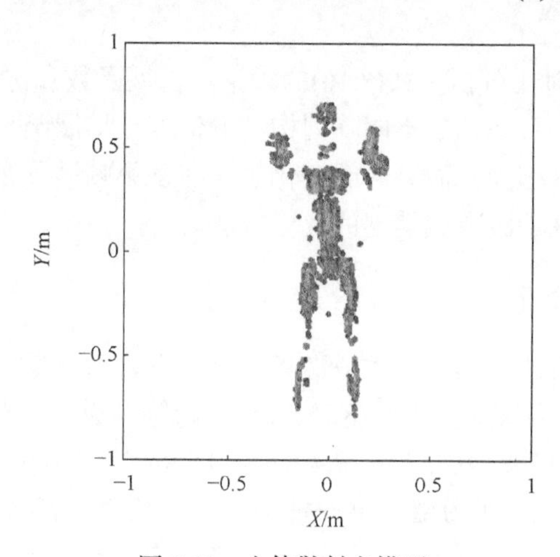

图 8.18　人体散射点模型

更清晰，图像中的旁瓣更少，同时计算可得三幅成像结果的图像熵分别为 11.73、12.94、11.98，优化后的阵列构型能获得更好的成像效果，说明本节提出的成像方法和阵列设计方法对于更多雷达阵元在大场景条件下同样适用。

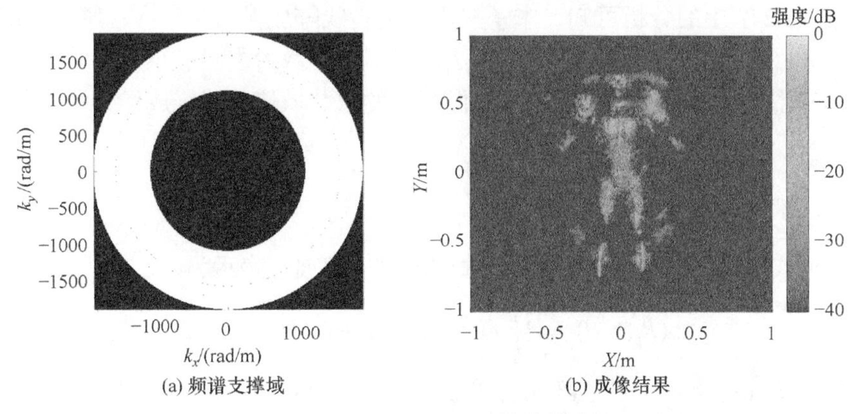

(a) 频谱支撑域　　(b) 成像结果

图 8.19　优化后阵列构型的成像仿真结果

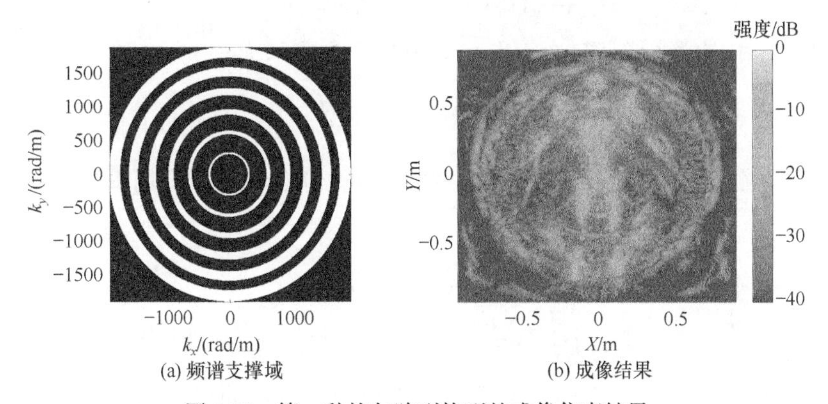

(a) 频谱支撑域　　(b) 成像结果

图 8.20　第一种均匀阵列构型的成像仿真结果

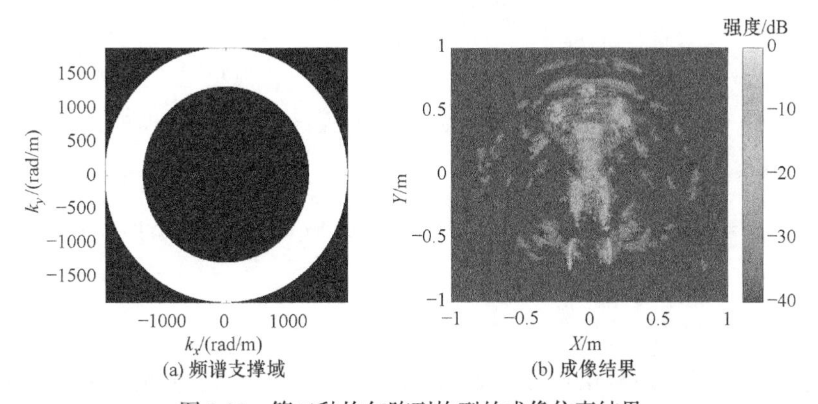

(a) 频谱支撑域　　(b) 成像结果

图 8.21　第二种均匀阵列构型的成像仿真结果

8.4 波数域快速三维成像方法

由 8.2.2 节中的分析可知，本章提出的旋转线阵成像模型具有三维成像能力，且图 8.9～图 8.11 中利用积分成像方法获得了单个散射点的三维成像结果。为达到实际应用需求，本节对旋转线阵成像模型的波数域快速三维成像方法进行初步探索。

8.4.1 三维成像方法

根据式(8.3)，第 i 个雷达阵元接收到的目标回波可表示为

$$s(R_i,k,\theta)=\iiint f(x,y,z)\exp(-\mathrm{j}2kH_{\mathrm{p}})\mathrm{d}x\mathrm{d}y\mathrm{d}z \tag{8.21}$$

根据图 8.1，第 i 个雷达阵元与成像场景中心点 O 之间的距离可表示为

$$H_{0,i}=\sqrt{(R_i\cos\theta)^2+(R_i\sin\theta)^2+Z_{\mathrm{c}}^2} \tag{8.22}$$

因此，相应的成像场景中心点 $(0,0,0)$ 的回波表示为

$$s_0(R_i,k,\theta)=\exp\left(-\mathrm{j}2kH_{0,i}\right)=\exp\left(-\mathrm{j}2k\sqrt{R_i^2+Z_{\mathrm{c}}^2}\right) \tag{8.23}$$

对每个雷达阵元接收到的目标散射回波均采用相应的成像场景中心点回波进行校正：

$$\begin{aligned}s_{\mathrm{r}}(R_i,k,\theta)&=s(R_i,k,\theta)\cdot s_0^*(R_i,k,\theta)\\&=\iiint f(x,y,z)\exp\left[-\mathrm{j}2k\left(H_{\mathrm{p}}-H_{0,i}\right)\right]\mathrm{d}x\mathrm{d}y\mathrm{d}z\end{aligned} \tag{8.24}$$

对式(8.24)中校正后的雷达回波做三维傅里叶变换即可得到目标三维散射分布函数：

$$f(x,y,z)=\iiint s_{\mathrm{r}}(R_i,k,\theta)\exp\left[\mathrm{j}2k\left(H_{\mathrm{p}}-H_{0,i}\right)\right]\mathrm{d}k_x\mathrm{d}k_y\mathrm{d}k_z \tag{8.25}$$

假设 $H_{0,i}\gg x,y,z$，即成像模型满足远场假设，采用平面波展开技术[19, 20]，式(8.25)可改写为

$$\begin{aligned}f(x,y,z)=\iiint &s_{\mathrm{r}}(R_i,k,\theta)\exp\left\{\mathrm{j}\left[k_x(R\cos\theta-x)+k_y(R\sin\theta-x)+k_z(Z_{\mathrm{c}}-z)\right]\right\}\\&\cdot\exp\left[-\mathrm{j}\left(k_{\mathrm{r}}R+k_zZ_{\mathrm{c}}\right)\right]\mathrm{d}k_x\mathrm{d}k_y\mathrm{d}k_z\end{aligned} \tag{8.26}$$

式(8.24)中的回波校正等效于将雷达观测位置平移至成像场景中心点，对应成

像场景中心点，空间波数矢量模值可以表示为

$$\begin{cases} k_x = 2k\cos\alpha_i\cos\theta \\ k_y = 2k\cos\alpha_i\sin\theta \\ k_z = 2k\sin\alpha_i \end{cases} \tag{8.27}$$

其中，径向波数矢量模值为 $k_{\mathrm{r}} = k_x\cos\theta + k_y\sin\theta = 2k\cos\alpha_i$，式(8.26)可简化为

$$f(x,y,z) = \iiint s_{\mathrm{r}}(R_i,k,\theta)\exp\left[-\mathrm{j}\left(k_x x + k_y x + k_z z\right)\right]\mathrm{d}k_x\mathrm{d}k_y\mathrm{d}k_z \tag{8.28}$$

结合式(8.27)及图 8.6～图 8.8 中频谱分析可知，回波信号的空间波数矢量模值 k_x、k_y、k_z 在三维直角坐标系下是非均匀分布的，而目标散射分布函数在三维直角坐标系下是均匀分布的。因此，式(8.28)中的求解是一个非均匀到均匀的傅里叶变换过程，本节提出采用三维 FGG NUFFT 方法进行求解：

$$f(x,y,z) = \mathrm{NUFFT_{3D}}\left[s_{\mathrm{r}}(R_i,k,\theta)\right] \tag{8.29}$$

式中，NUFFT 为对应均匀网格波数矢量模值，由成像场景的划分网格决定。对每个阵元回波 NUFFT 处理结果进行非相干叠加，即可得到最终的目标三维散射分布函数。

另外，由式(8.11)中的点扩展函数可知，当对场景中心点 O 成像时，Z 方向的理论分辨率由频谱支撑域在 Z 方向的宽度决定：

$$\rho_z = \frac{c}{k_{z\max} - k_{z\min}} \tag{8.30}$$

当多个阵元发射相同带宽信号对目标成像时，每个阵元的频谱支撑域在 Z 方向的宽度由 α_i 决定，随阵元旋转半径的不同而不同，同时根据图 8.6～图 8.8 中频谱仿真分析可知，每个阵元 Z 方向的频谱支撑域并不完全重叠，使得旋转线阵 Z 方向频谱支撑域宽度大于一个阵元的频谱支撑域宽度，因此本章提出的旋转线阵成像模型在 Z 方向的分辨率也优于一个阵元成像模型。

8.4.2 仿真结果与分析

仿真实验中，设置雷达信号频率为 210～230GHz，频率采样点数为 256，雷达阵列与成像场景的水平距离为 3m，六个阵元的旋转半径分别为 0.377m、0.413m、0.453m、0.497m、0.546m 和 0.6m，旋转角度为 360°，角度采样间隔为 0.5°。成像场景大小为 0.2m × 0.2m × 0.4m，其中 Z 方向成像场景范围为−0.2～0.2m，将成像场景进行均匀网格划分，间隔为 0.001m。

回波仿真时，在成像场景内设置 9 个散射点，散射点坐标分别为(0m,0m,0m)、

(0.05m,0.05m,0.1m)、(−0.05m,0.05m,0.1m)、(−0.05m,−0.05m,0.1m)、(0.05m,−0.05m,0.1m)、(0.05m,0.05m,−0.1m)、(−0.05m,0.05m,−0.1m)、(−0.05m,−0.05m,−0.1m)、(0.05m,−0.05m,−0.1m)，各散射点的散射强度均为 1。基于 NUFFT 的波数域快速三维成像结果如图 8.22 所示，图中仅给出了归一化幅度在−15～0dB 的像素点，从图中可以看出，成像结果中 9 个散射点均聚焦良好且位置准确，验证了本节三维成像方法的准确性和有效性。

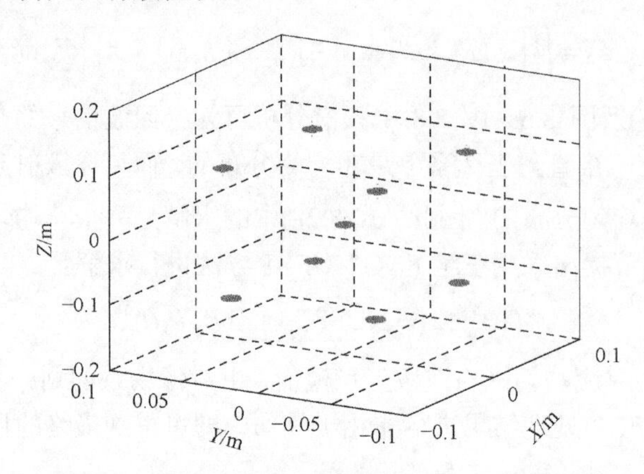

图 8.22　基于 NUFFT 的波数域快速三维成像结果

为表明本章提出的旋转线阵成像模型在 Z 方向的分辨能力，仿真实验中，设置两组散射点(0m,0m,0m)和(0m,0m,0.008m)、(0.05m,0.05m,0.1m)和(0.05m,0.05m,0.108m)，其余参数不变。仿真得到的三维成像结果中对应 Z 方向的一维成像结果分别如图 8.23(a)和图 8.23(b)所示。根据式(8.30)可知，场景中心点的 Z 方向理论分辨率约为 0.007m，当两个散射点相距 0.008m 时，对于场景中心点和非场景中心点都能分别聚焦、实现分辨，分辨率接近理论分辨率。

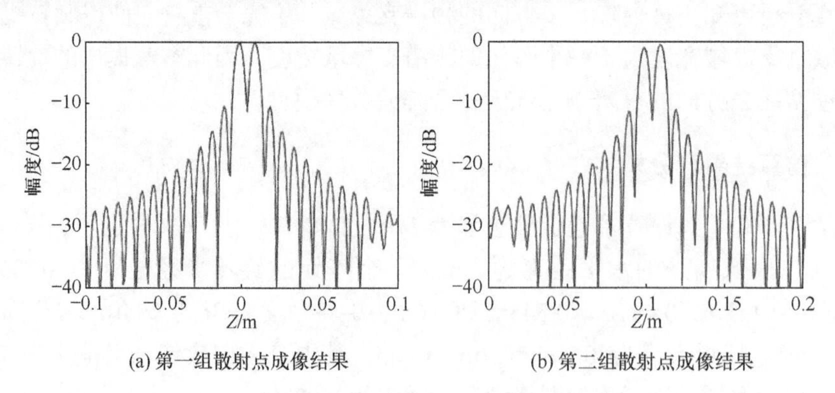

(a) 第一组散射点成像结果　　(b) 第二组散射点成像结果

图 8.23　三维成像结果的 Z 方向剖面图

8.5　后向投影方法

除波数域成像方法外，BPA 作为“万能”的成像方法具有不受阵型限制、能够集成阵元位置偏差补偿等优势。本节论述后向投影方法在旋转线阵成像中的应用，并重点解决成像效率和旁瓣问题。

8.5.1　快速后向投影方法

1. 方法原理

相对频域方法，时域成像方法最大的局限性在于大计算量导致低成像效率，因此在时域成像方法的基础上研究快速成像方法显得非常必要。在后向投影方法中，距离矩阵的计算占据了时域成像处理过程中的大部分计算量和成像时间。为提高效率，人们提出了快速 BPA 和快速因式分解后向投影方法[21-25]。一般来说，这些快速方法的主要思路是通过子孔径或者子图像将精确的成像观测几何进行近似化处理，以简化距离的计算。此外，GPU 本身及其与 CPU 集成的快速发展，为并行计算优化方法的实现提供了条件[21-25]。

针对近场旋转线阵成像系统，在诸如安全检查等观测几何已知的应用场景下，不妨考虑在成像处理前计算距离矩阵并将其存储下来，这样在接收到回波数据后能够缩短成像时间，而且不会损失成像精度。

经典后向投影方法的离散表达式为

$$I(x,y)=\sum_{a=1}^{N}s\left[r\left(a,x,y\right),a\right]\exp\left[\mathrm{j}kr\left(a,x,y\right)\right] \tag{8.31}$$

式中，$I(x,y)$ 为离散成像区域中坐标为 (x,y) 的像素点的后向散射系数；$s[r(a,x,y),a]$ 为某观测孔径下接收到的回波；$r\left(a,x,y\right)$ 为天线相位中心到像素点的双程斜距；$k=2\pi/\lambda$ 为波数，λ 为波长；a 为方位向观测孔径。对回波信号进行多普勒相位补偿后，再进行相干叠加便得到重建的像素点值。

进行如下定义：

$$s'\left(r,a\right)=s\left(r,a\right)\exp\left(\mathrm{j}kr\right) \tag{8.32}$$

式中，r 为 $r\left(a,x,y\right)$ 的简化表示。由式(8.31)、式(8.32)得到后向投影方法的简化表达式为

$$I(x,y)=\sum_{a=1}^{N}s'(r,a) \tag{8.33}$$

由式(8.33)可知，重建的像素点的值与双程斜距相关，而与观测孔径无关。因此，在成像区域和观测几何预知的情况下，在进行成像处理前计算并存储距离矩阵，这样在接收到回波信号后只需进行相干叠加便能完成成像处理。正因为距离矩阵的计算占据了时域成像处理过程中的大部分计算量，所以用此方法便能大幅降低从回波信号到重建目标图像的时间消耗。

2. 仿真结果与分析

为了验证快速后向投影方法的效果，采用 MATLAB 进行仿真分析，使用的计算机型号为 HP Z620。仿真条件设置如下：天线发射中心频率为 220GHz、带宽为 10GHz 的宽带信号，线阵长度为 1m，其上均匀分布 10 个等效自发自收阵元，目标平面与天线旋转扫描平面的距离为 2m，成像转角为 360°，角度采样间隔为 0.1°，目标为由 33 个点构成的飞机模型，分别采用原始 BPA 和快速 BPA 在不同像素点数下进行成像。图 8.24 给出像素点数为 300×300 时的成像结果，可知快速 BPA 与原始 BPA 的成像结果完全一致，不存在成像精度上的损失。图 8.25 给出采用原始 BPA 和快速 BPA 在不同像素点数下的成像时间折线图。由此可知，快速 BPA 能够有效缩短成像时间，而且图像域像素点数越多，快速 BPA 缩短成像时间的作用就越显著。

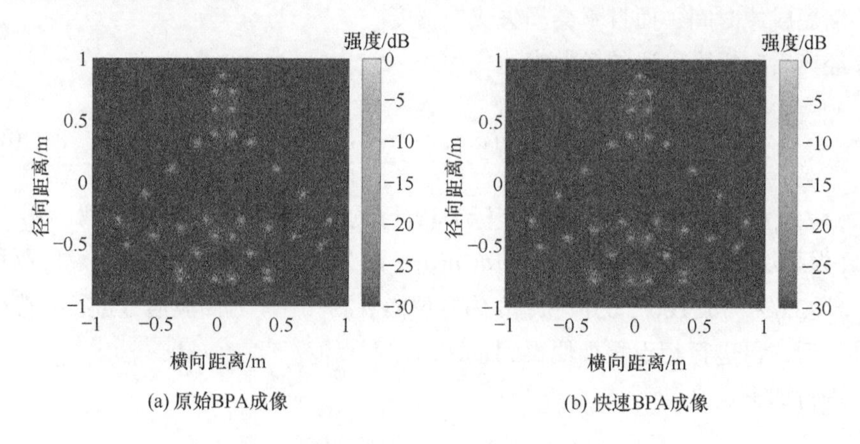

(a) 原始BPA成像　　(b) 快速BPA成像

图 8.24　原始 BPA 与快速 BPA 成像结果

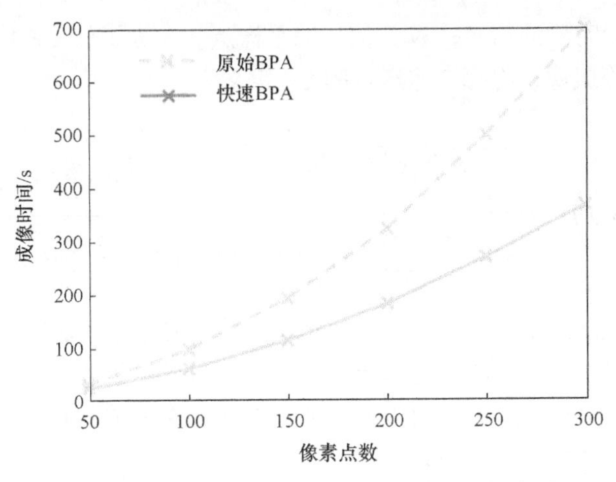

图 8.25　原始 BPA 与快速 BPA 成像时间折线图

8.5.2　旁瓣抑制后向投影方法

雷达图像中过高的旁瓣可能导致强目标周围的弱目标被掩盖，还可能产生虚假目标，严重影响成像质量，对后续的目标识别与定位造成困难。研究旋转线阵成像的旁瓣抑制方法，对实现高分辨成像具有重要意义。由于旋转线阵成像中特殊的圆对称谱结构,信号加窗方法对旋转线阵成像中的旁瓣没有明显的抑制效果。本节提出一种基于改进相干加权的旁瓣抑制方法，并通过仿真和实测实验验证其有效性。

1. 基于改进相干加权的旁瓣抑制方法

相干加权作为一种自适应的旁瓣抑制方法，通过相干因子(coherence factor, CF)刻画图像域中给定点接收信号相干性的大小，并以此校正每个像素点的值，降低旁瓣和噪声，从而减少复杂环境下成像过程中的聚焦错误，提高聚焦精度[21-25]。

当图像域中的某个像素点与真实目标点相对应时，回波信号采样值之间为正相关，这对应着观测孔径间的高相干度。当合成焦点偏离点目标时，回波信号采样值之间为负相关，这对应着观测孔径间的低相干度。当图像域包含噪声时，信号相位随机分布，同样对应空间的低相干度。因此，回波信号采样值的空间相干度可以作为一个加权因子来对旁瓣进行抑制，从而减少聚焦错误。

相干因子的传统定义为

$$\mathrm{CF}=\frac{\left|\sum_{i=1}^{N}s(t_i)\right|^2}{N\sum_{i=1}^{N}\left|s(t_i)\right|^2} \tag{8.34}$$

式中，$s(t_i)$ 为 t_i 时刻的信号；N 为信号的采样点数。为了使 CF 加权适用于本章研究的旋转线阵成像，将每个像素点的 CF 定义为

$$\mathrm{CF}(x,y)=\frac{\left|\sum_{l=1}^{L}\sum_{a=1}^{A}\sum_{j=1}^{N}s_l\left[t_j,r(a,x,y),a\right]\exp\left[\mathrm{j}k_j r(a,x,y)\right]\right|^2}{\mathrm{LAN}\sum_{l=1}^{L}\sum_{a=1}^{A}\sum_{j=1}^{N}\left|s_l\left[t_j,r(a,x,y),a\right]\exp\left[\mathrm{j}k_j r(a,x,y)\right]\right|^2} \tag{8.35}$$

式中，(x,y) 为像素点的坐标；s_l 为由单个发射阵元和单个接收阵元构成的观测通道下的回波信号；L 为观测通道总数；a 为方位向观测孔径；A 为方位向采样点数；t_j 为距离向快时间；k_j 为对应的波数；N 为距离向采样点数；r 为某个方位向观测孔径下雷达到目标的双程斜距。

相干因子是回波信号相干值与非相干值比值的度量,高相干度下像素点的 CF 值接近 1，而低相干度下像素点的 CF 值接近 0。对空间中的理想点目标，其 CF 值等于 1。将每个像素点的后向散射系数与像素点对应的 CF 值相乘，便得到重建后的图像，该过程可表示为

$$I_{\mathrm{CF}}(x,y)=I(x,y)\cdot\mathrm{CF}(x,y) \tag{8.36}$$

像素点的 CF 值完全取决于回波数据，因此这种能量加权实际上是一个自适应的过程。理论上，通过相干加权，高相干度像素点的相对值将增大，低相干度像素点的相对值将减小，从而使旁瓣得到抑制，图像聚焦质量获得改善。

2. 仿真结果与分析

为了验证相干加权在旋转线阵成像处理中的旁瓣抑制效果，下面进行 MATLAB 仿真实验。实验中采用 4 个等效自发自收阵元。首先对理想点目标进行仿真成像，结果如图 8.26 所示。对比原始 BPA 成像结果和 CF 加权后的成像结果不难发现，CF 加权后点目标的聚焦质量明显提高，旁瓣得到抑制。为了更加直观地展现并定量分析 CF 加权的效果，图 8.27 给出了其峰值方向图，表 8.4 列出了分别用这两种方法进行理想点目标成像的性能参数，可以发现，通过 CF 加权，PSLR 由−24.39dB 下降至−73.18dB，ISLR 由−7.61dB 下降至−40.91dB，即图像旁瓣得以大幅降低，而表征分辨性能的冲激响应 3dB 的 IRW 并没有明显的变化。

上述仿真实验证实了 CF 加权对单点目标旁瓣抑制的有效性。然而，现实中成像处理的对象主要为多点目标，为了进一步检验 CF 加权，对多个散射点构成的飞机目标进行仿真成像实验，结果如图 8.28 所示。结果表明，CF 加权对多个点目标同样具有良好的旁瓣抑制效果，能够大幅改善图像聚焦质量。

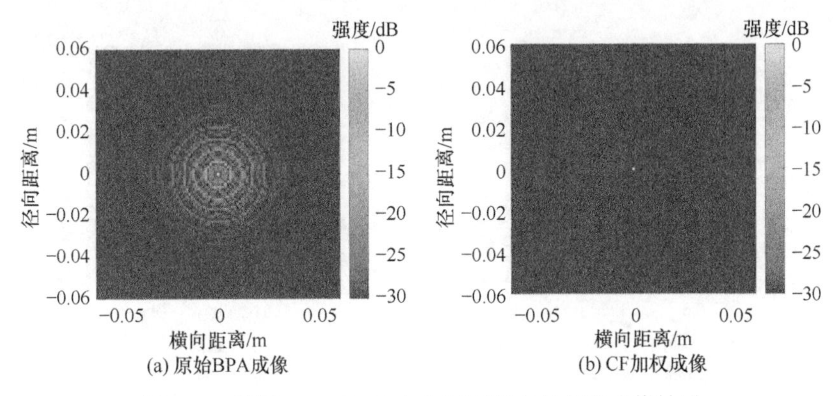

图 8.26　原始 BPA 与 CF 加权对理想点目标的成像结果

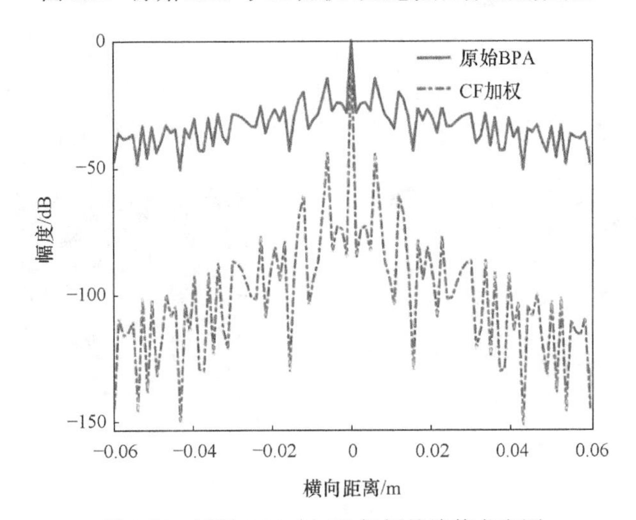

图 8.27　原始 BPA 与 CF 加权的峰值方向图

表 8.4　原始 BPA 与 CF 加权成像性能参数

成像方式	原始 BPA 成像	CF 加权成像
PSLR /dB	−24.39	−73.18
ISLR /dB	−7.61	−40.91
IRW /cm	0.12	0.12

3. 实测数据处理

为了进一步验证基于改进 CF 加权的旁瓣抑制方法在实际成像应用中的有效性，对 220GHz 客机模型转台实测数据进行了处理，分别用原始 BPA 和改进 CF 加权在像素点数为 200×200 和 400×400 时进行成像，将成像结果在同一动态范围下显示，结果如图 8.29 所示。对比发现，改进 CF 加权对旁瓣抑制效果明显，证明

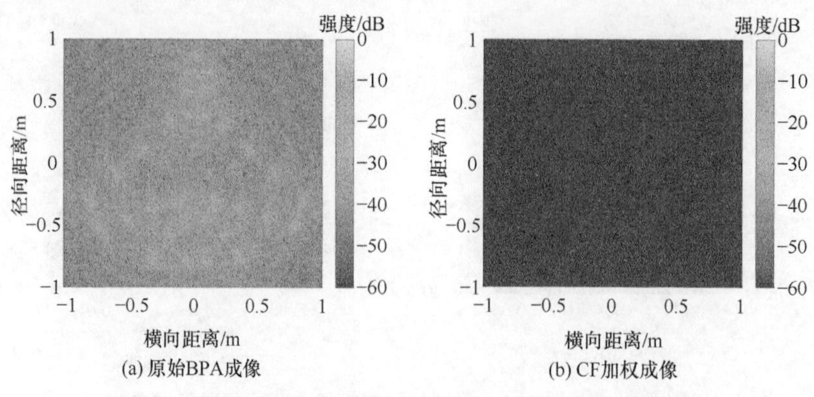

图 8.28　原始 BPA 与 CF 加权对多点飞机目标的成像结果

该方法对实际应用中的大面积散射点目标仍然有效。此外，为了进一步抑制图像旁瓣，降低噪声干扰，提高成像精度，可考虑综合进行信号的距离向加窗与 CF 加权，并结合双切趾的方法，这样可能达到更好的效果，此处不再赘述。

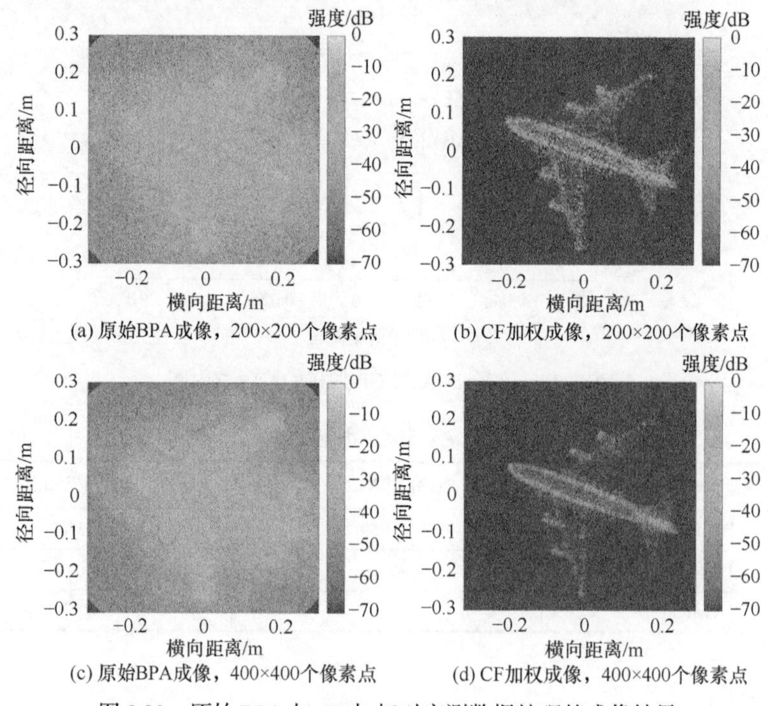

图 8.29　原始 BPA 与 CF 加权对实测数据处理的成像结果

8.6　小　　结

本章主要研究了基于旋转线阵的三维成像模型和成像方法，分析该成像模型的三维成像原理，提出了快速成像方法。本章的研究成果主要包括：

(1) 建立旋转线阵三维成像模型，通过回波信号的频谱支撑域分布分析三维成像分辨率。仿真结果表明，信号带宽和阵元数的增大对旁瓣具有显著的抑制效果，从而获得了更好的成像结果。

(2) 提出了波数域快速二维成像方法和稀疏阵列优化方法，不同阵列构型下的成像仿真对比验证了本节提出的基于波数域成像方法和稀疏阵列优化方法的有效性。

(3) 提出了基于 NUFFT 的波数域三维成像方法。仿真结果表明，所提方法的三维重建精度较高，分辨率接近于理论分辨率。

(4) 提出了旋转线阵的后向投影方法，实现了快速成像和旁瓣抑制。

参考文献

[1] Soumekh M. Reconnaissance with slant plane circular SAR imaging. IEEE Transactions on Image Processing, 1996, 5(8): 1252-1265.

[2] Bryant M L, Gostin L L, Soumekh M. 3-D E-CSAR imaging of a T-72 tank and synthesis of its SAR reconstructions. IEEE Transactions on Aerospace and Electronic Systems,2003, 39(1): 211-227.

[3] Soumekh M. Synthetic Aperture Radar Signal Processing with MATLAB Algorithms. 1st ed. Malden: Wiley-Interscience, 1999.

[4] Ponce O, Prats-Iraola P, Pinheiro M, et al. Fully polarimetric high-resolution 3-D imaging with circular SAR at L-band. IEEE Transactions on Geoscience and Remote Sensing, 2014, 52(6): 3074-3090.

[5] Ponce O, Prats-Iraola P, Scheiber R, et al. First airborne demonstration of holographic SAR tomography with fully polarimetric multicircular acquisitions at L-band. IEEE Transactions on Geoscience and Remote Sensing, 2016, 54(10): 6170-6196.

[6] Ponce O, Prats P, Scheiber R, et al. Study of the 3-D impulse response function of holographic SAR tomography with multicircular acquisitions. The 10th European Conference on Synthetic Aperture Radar, Berlin, 2014: 1-4.

[7] Moore L J, Majumder U K. An analytical expression for the three-dimensional response of a point scatterer for circular synthetic aperture radar. Proceeding of SPIE, Orlando, 2010: 7699.

[8] 蒋彦雯, 邓彬, 王宏强, 等. 基于 FEKO 和 CST 的太赫兹目标 RCS 仿真. 太赫兹科学与电子信息学报, 2013, 11(5): 684-689.

[9] 张小平. 圆周扫描轨迹 SAR 成像原理及方法研究. 成都: 电子科技大学, 2010.

[10] 陈海文. 基于波数域的圆周 SAR 三维成像方法研究. 哈尔滨: 哈尔滨工业大学, 2015.

[11] Greengard L, Lee J Y. Accelerating the nonuniform fast Fourier transform. SIAM Review, 2004, 46(3): 443-454.

[12] Gao J K, Deng B, Qin Y L, et al. Efficient terahertz wide-angle NUFFT-based inverse synthetic aperture imaging considering spherical wavefront. Sensors, 2016, 16(12): 2120.

[13] Rappaport C, Gonzalez-Valdes B, Allan G, et al. Optimizing element positioning in sparse arrays for nearfield mm-wave imaging. IEEE International Symposium on Phased Array Systems and Technology, Waltham, 2014: 333-335.

[14] Baccouche B, Agostini P, Mohammadzadeh S, et al. Three-dimensional terahertz imaging with sparse multistatic line arrays. IEEE Journal of Selected Topics in Quantum Electronics, 2017, 23(4): 1-11.

[15] Cumming I G, Wong F H. Digital Processing of Synthetic Aperture Radar Data: Algorithms and Implementation. Fitchburg: Artech House Publishers, 2005.

[16] Li X, Liu G, Ni J L. Autofocusing of ISAR images based on entropy minimization. IEEE Transactions on Aerospace and Electronic Systems, 1999, 35(4): 1240-1252.

[17] Yang L, Xing M, Zhang L, et al. Entropy-based motion error correction for high-resolution spotlight SAR imagery. IET Radar, Sonar and Navigation, 2012, 6(7): 627-637.

[18] Sun Z Y, Li C, Gao X, et al. Minimum-entropy-based adaptive focusing algorithm for image reconstruction of terahertz single-frequency holography with improved depth of focus. IEEE Transactions on Geoscience and Remote Sensing, 2015, 53(1): 519-526.

[19] Harringtom R F. Time-harmonic electromagnetic fields. New York: John Wiley and Sons, INC., 1961.

[20] Lopez-Sanchez J M, Fortuny-Guasch J. 3-D radar imaging using range migration techniques. IEEE Transactions on Antennas and Propagation, 2000, 48(5): 728-737.

[21] Fitzgerald A J, Berry E, Zinovev N N, et al. An introduction to medical imaging with coherent terahertz frequency radiation. Physics in Medicine and Biology, 2002, 47(7): 67-84.

[22] Tribe W R, Newnham D A, Taday P F, et al. Hidden object detection: Security applications of terahertz technology. Proceedings of SPIE-The International Society for Optical Engineering, San Jose, 2004: 168-176.

[23] Rahani E K, Kundu T, Wu Z R, et al. Mechanical damage detection in polymer tiles by THz radiation. IEEE Sensors Journal, 2011, 11(8): 1720-1725.

[24] Kemp M C, Taday P F, Cole B E, et al. Security applications of terahertz technology. Proceeding of SPIE, Orlando, 2003: 44-52.

[25] Siegel P H. Terahertz technology in biology and medicine. IEEE Transactions on Microwave Theory and Techniques, 2004, 52(10): 2438-2447.

第 9 章　太赫兹 SAR 成像

9.1　引　　言

太赫兹技术与 SAR 技术结合具有分辨率高、帧率高、对目标运动敏感，以及容易小型化、抗干扰能力强等独特优势，在对地侦察、精确制导、侦察打击一体化等领域具有重要的应用价值。早在 2009 年，电子科技大学即开展了太赫兹 SAR 成像和微多普勒检测相关研究。2012 年 5 月，美国 DARPA 发布 ViSAR 研究项目，勾勒了太赫兹 SAR 的具体概念和应用模式。2017～2018 年，美国 DARPA 和我国航天科工集团第二研究院 23 所研制的 ViSAR 系统分别成功试飞[1]，太赫兹 SAR 进入实验验证阶段。太赫兹 SAR 成像的典型特点是在保持高分辨率的情况下同时实现高帧率，具有“视频”效果，从而大大提高了 SAR 图像的信息量和可判读性，为复杂环境下运动目标成像-跟踪一体化和侦察-打击一体化奠定了技术基础。但是，太赫兹 SAR 仍然面临作用距离、振动补偿、运动目标和微动目标探测等方面的一系列问题需要深入研究。

9.2　太赫兹匀直航迹 SAR 静止目标成像

本节首先分析太赫兹 SAR 走停近似适用条件，然后给出太赫兹 SAR 成像及误差校正方法。

9.2.1　太赫兹 SAR 走停近似适用条件

走停近似没有考虑脉冲收发期间脉内发生的载机运动，以及信号传输延迟期间发生的载机运动，在使用走停近似时需要同时满足以下两个条件(Barber 判据)：

$$B_{\mathrm{a}}T_{\mathrm{p}} < 0.5 \tag{9.1}$$

$$\frac{B_{\mathrm{a}}\Delta R}{c}\cos\theta_0 < 0.5 \tag{9.2}$$

式中，B_{a} 为多普勒带宽；T_{p} 为脉冲宽度；ΔR 为场景最近、最远距离差；θ_0 为斜视角。

由式(9.1)和式(9.2)可见，对于中心频率达数百吉赫兹、脉宽不到 1ms 的太赫兹 SAR，基本上不需要考虑走停近似误差。当走停近似失效时，快时间信号的调频率和中心频率会发生变化。此外，目标存在运动时也要慎重分析走停近似的适用性。

9.2.2 太赫兹 SAR 空变性补偿距离多普勒成像方法

选择场景中心距离 R_0 作为统一固定的距离值进行距离徙动校正。当场景范围距离向跨度较小时，未校正的距离徙动误差也在可以接受的范围内，R_0 无须准确估计。空变性主要体现在方位向匹配滤波中，进行方位向匹配滤波时匹配函数对距离变化敏感，是一个与雷达至目标距离 R_n 密切相关的空变函数。通过方位向时频特性等方法可以直接估计得到方位向多普勒调频率准确数值。根据此多普勒调频率构造相应线性调频函数，由傅里叶变换至频域得到新的方位向匹配函数。

9.2.3 空变性补偿实验验证

1. 车载太赫兹 SAR 实验

首先采用车载太赫兹 SAR 实测数据进行分析。太赫兹雷达系统仿真参数如表 9.1 所示，成像场景如图 9.1 所示，雷达轨迹到成像场景中心距离约为 5m，通过最小熵值法搜索得到车载速度为 1m/s，雷达斜视角约为10°。

表 9.1 太赫兹雷达系统仿真参数

系统参数名称	数值
载频	220GHz
脉冲重复频率	500Hz
雷达平台速度	0.1m/s
雷达波束宽度	10°
采样率	10MHz
信号带宽	12GHz

首先校正雷达回波的距离徙动，然后实现距离向与方位向去耦合，得到校正后的距离像序列，如图 9.2 所示。在估计方位向多普勒调频率时，提取一行完成距离徙动校正的距离像数据进行短时傅里叶变换可以得到目标方位回波的时频分布，近似于线性分布，选取特显点对其大小进行估计，构造相同多普

勒调频率的线性调频信号作为方位向匹配滤波函数，如图 9.3(a)所示。挑选其中最强的散射点进行曲线拟合，估计多普勒调频率，拟合曲线如图 9.3(b)所示。通过最小二乘法可以估计出拟合曲线的斜率，即可得到在相应距离单元多普勒调频率的大小，构造相同调频率的线性调频信号，即可得到对应的方位向匹配函数。

图 9.1　车载太赫兹 SAR 成像场景

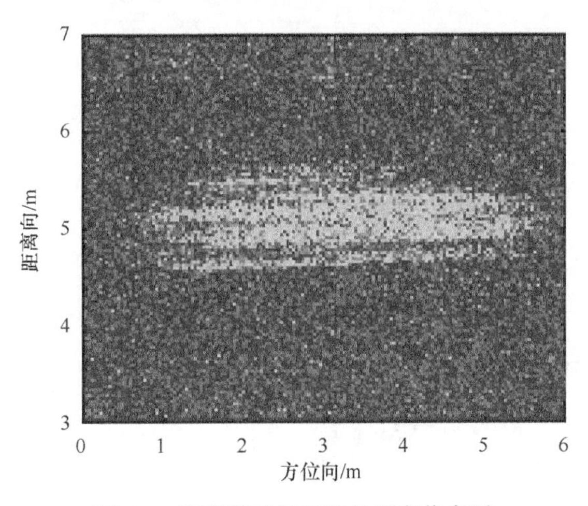

图 9.2　距离徙动校正后的距离像序列

图 9.4(a)是直接方位聚焦的结果，图 9.4(b)是自适应构造方位向匹配滤波器进行聚焦的结果，可以看出后者聚焦效果更清晰。

选取场景中其中一个角反射器的强散射点绘制方位像，如图 9.5 所示。方位像还可通过自聚焦技术进一步处理，此处不再赘述。

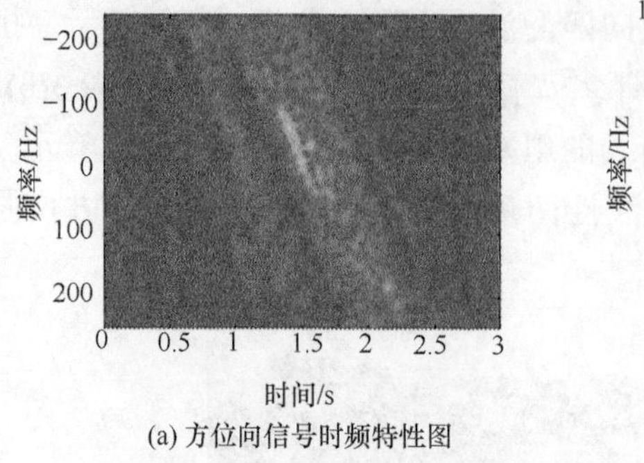

(a) 方位向信号时频特性图

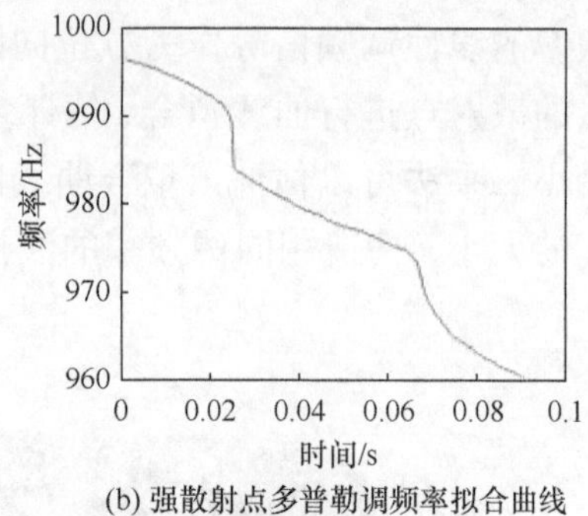

(b) 强散射点多普勒调频率拟合曲线

图 9.3　方位向时频分布

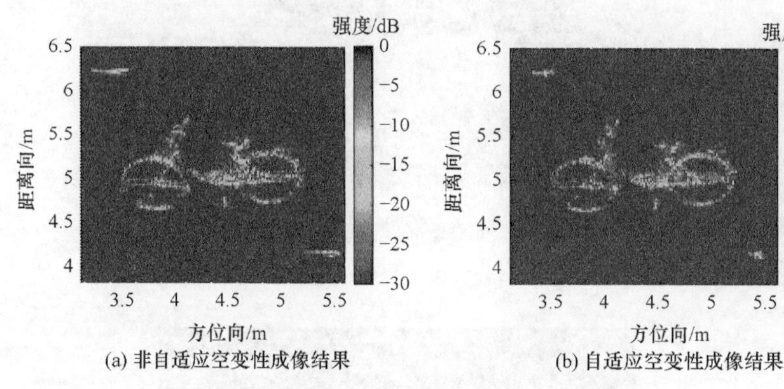

(a) 非自适应空变性成像结果　　(b) 自适应空变性成像结果

图 9.4　场景内自行车与角反射器成像结果

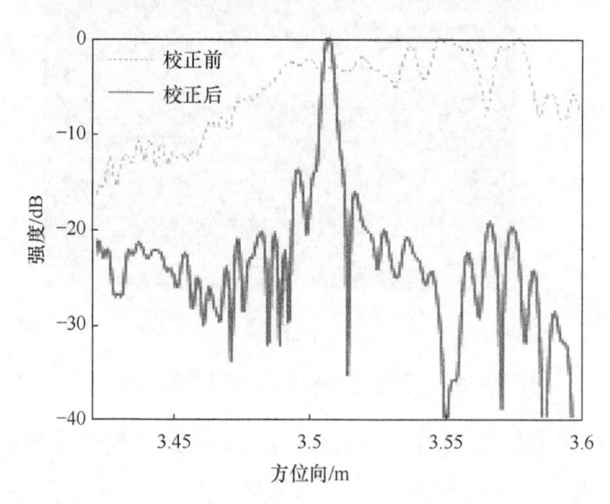

图 9.5　右下角的角反射器方位聚焦效果对比

2. 机载太赫兹 SAR 实验

利用上述方法对中国航天科工集团第二研究院 23 所研制的首款太赫兹 SAR

获取的飞行实验数据进行处理，同样获取了角反射器、楼房背景等目标清晰的图像，选取部分帧显示于图 9.6 中。雷达工作于太赫兹大气窗口的低频段，距离向分辨率约为 0.17m。

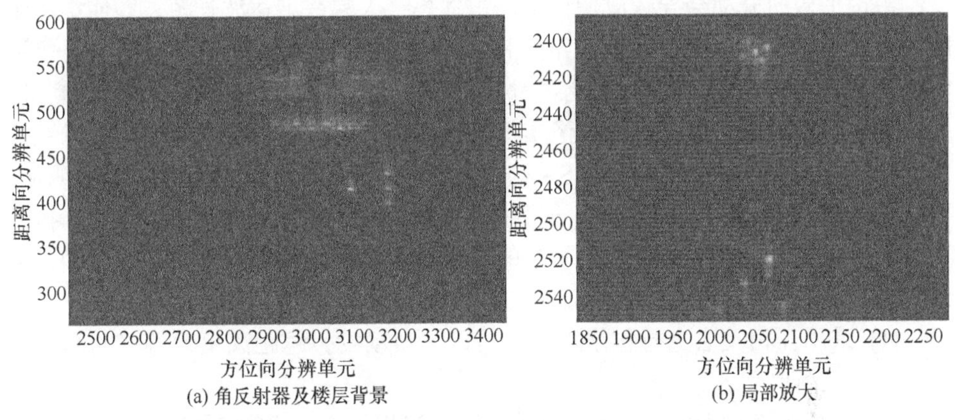

(a) 角反射器及楼层背景　(b) 局部放大

图 9.6　机载太赫兹 SAR 成像结果(选取部分帧)

9.2.4　平台速度/斜视角/抖动误差校正

除雷达距离参数外，还存在平台速度、斜视角、平台抖动等误差，下面分别介绍基于最小熵值的平台速度和斜视角估计方法，以及基于相位中心跟踪的自聚焦抖动补偿方法。

1. 基于最小熵值的成像参数误差补偿

成像时平台是匀速直线运动的，实际中同样需要估计速度。还有一个重要的成像参数是斜视角。距离 R_0、平台运动 V 和斜视角 θ_0 三个参数对 SAR 成像都至关重要，它们相对于理论值均存在一定偏差，需要测量或估计出三个参数的准确值(大斜视时 $V\sin\theta_0$ 可作为一个整体进行估计)。

定义图像像素幅值为 $f(m,n)$，定义函数 $F(m,n)$ 为

$$F(m,n)=\frac{\left|f(m,n)\right|^2}{\sum\limits_{n=1}^{N}\sum\limits_{m=1}^{M}\left|f(m,n)\right|^2} \tag{9.3}$$

成像结果的图像熵值 En 定义为

$$\mathrm{En}=-\sum_{n=1}^{N}\sum_{m=1}^{M}F(m,n)\cdot\ln F(m,n) \tag{9.4}$$

若同时对上述三个参数进行搜索，则计算量极大。距离参数误差在进行距离徙动校正时影响较小，因此仅对斜视角与平台速度进行搜索，寻找最小熵值点以

得到平台速度与斜视角的准确值。

2. 基于相位中心跟踪的雷达平台振动补偿方法

雷达平台的振动会导致成像结果严重散焦，太赫兹雷达波长短，即使很小幅度的平台振动或抖动都会对成像结果带来很大的影响。张晓灿等[2]针对直升机平台振动对太赫兹 SAR 成像的影响进行了分析，并分析了振动谱宽、振动幅度、谐振分量等因素对太赫兹 SAR 成像质量的影响，得出了平台振动参数与成像系统参数之间的约束条件。在太赫兹 SAR 成像实验中，轨道 SAR 抖动现象最为明显，而车载 SAR 抖动现象不太明显。车辆行驶较为平缓，对于成像，速度较快，抖动积累较少；轨道传动接口与轨道平台的不贴合、轨道上的伺服平台存在晃动，导致其抖动现象显著。为此，采用以下成像步骤：

(1) 采用互相关法进行包络对齐，将因为抖动发生越距离单元偏移的回波聚焦在同一距离单元。

(2) 进行包络对齐后，对方位向数据进行初相校正，当合成孔径较小时，相位中心跟踪初相校正法具有良好的自聚焦效果。

(3) 经过以上步骤，存在抖动的太赫兹 SAR 轨道成像数据可以按照没有抖动存在时的方法进行。

当实测数据中雷达平台存在振动时，为了直观地展示成像结果，选择对角反射器成像的数据进行分析。实验中，雷达系统放置在轨道上，系统的载频为 220GHz，带宽为 5GHz，轨道以恒定速度 0.1m/s 行驶，按照条带 SAR 的方式进行成像实验，实验场景如图 9.7 所示。

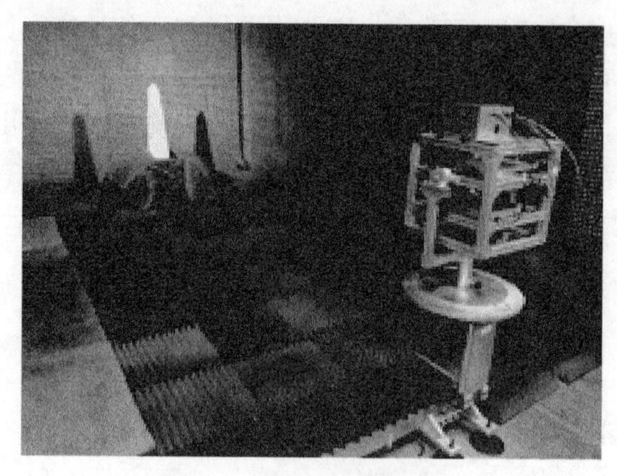

图 9.7　轨道成像实验场景

图 9.8(a)是角反射器存在抖动时的距离像。从图 9.8(a)中可以看出，当轨道存在抖动时，即使经过信号非线性校正，在平台速度与距离参数完全已知的情况下，

仍然无法实现聚焦。直接对未进行抖动补偿的角反射器回波进行成像，成像结果如图 9.8(b)所示。从图 9.8(b)中可以看到，未采取包络对齐的雷达回波在距离向或者方位向都存在严重的散焦。

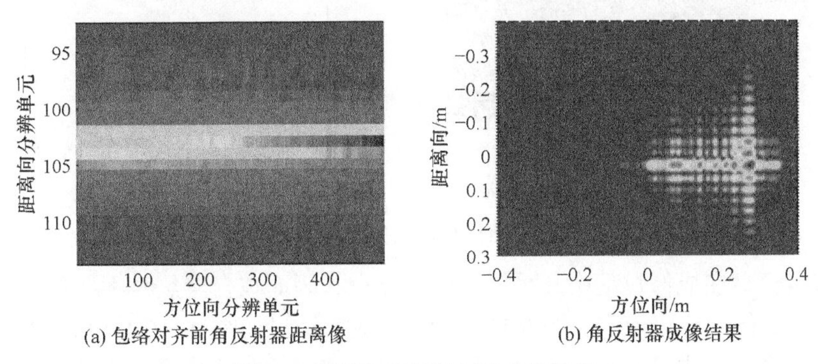

(a) 包络对齐前角反射器距离像　(b) 角反射器成像结果

图 9.8　原始角反射器回波成像结果

借鉴 ISAR 思想，对目标回波进行包络对齐，常见的包络对齐方法有互相关法、包络对齐的模-1 距离和模-2 距离方法、最小熵法等。进行包络对齐后，角反射器的距离像如图 9.9(a)所示，各次雷达回波在距离单元上已经对齐，各距离单元回波包络序列的幅度和相位变化已经基本符合 SAR 成像的需求。直接进行成像，成像结果为图 9.9(b)，成像在方位向仍然存在散焦。由于此时回波中还包含平动分量表现出来的初相，接下来对回波进行初相校正。

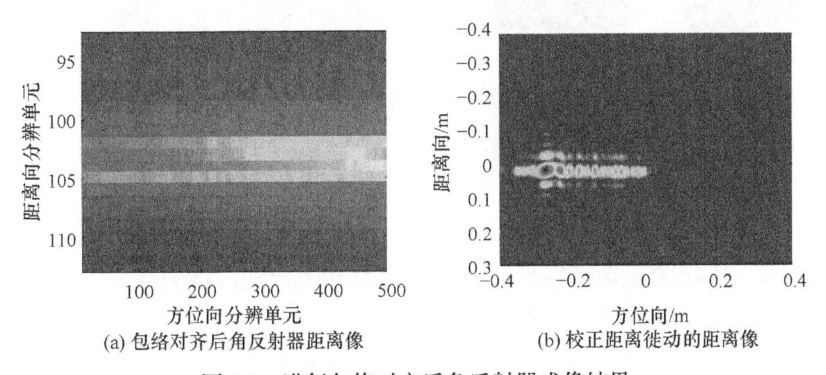

(a) 包络对齐后角反射器距离像　(b) 校正距离徙动的距离像

图 9.9　进行包络对齐后角反射器成像结果

平台的抖动会导致雷达回波的初相出现非相干的情况，因此继续采用相位中心跟踪的初相校正方法在完成包络对齐后实现自聚焦，对其进行成像得到如图 9.10(a)所示的结果。为了观察角反射器目标聚焦情况，绘制角反射器方位像，如图 9.10(b)所示，从图中可以看到，方位向角反射器聚焦为近乎理想中的 sinc 函数，此时可认为角反射器已经达到了良好的聚焦效果。

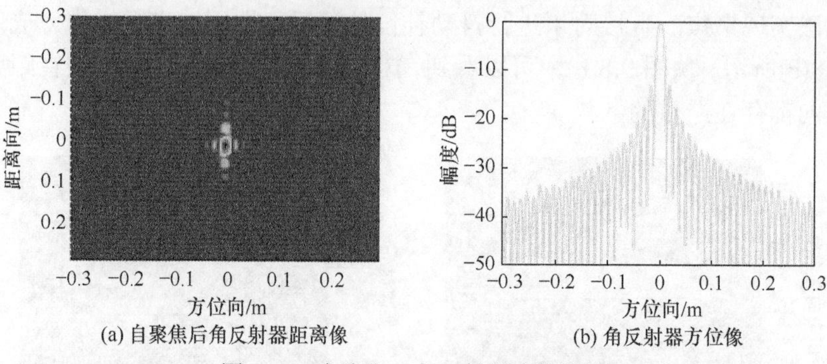

(a) 自聚焦后角反射器距离像　　(b) 角反射器方位像

图 9.10　自聚焦后角反射器成像结果

客机模型在成像过程中几乎没有强特显点，因而在自聚焦时不如角反射器目标。用于成像的客机模型如图 9.11(a)所示，成像结果如图 9.11(b)所示。为了得到细节更加丰富的成像效果，需要采用对特显点依赖较弱的自聚焦成像方法。

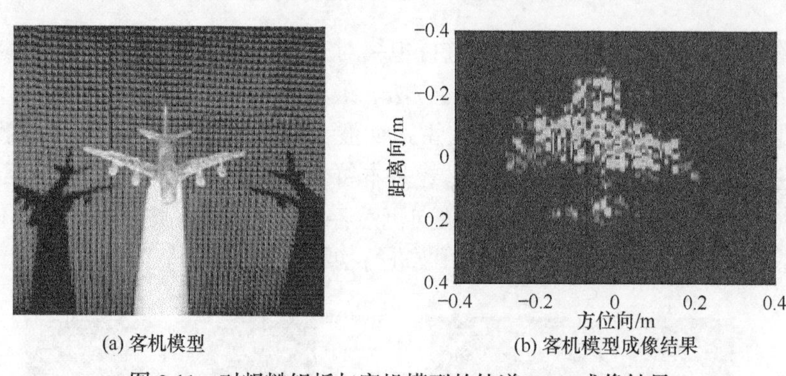

(a) 客机模型　　(b) 客机模型成像结果

图 9.11　对粗糙铝板与客机模型的轨道 SAR 成像结果

9.3　太赫兹匀直航迹 SAR 运动目标成像

太赫兹 SAR 的运动敏感性使其具有检测慢速运动目标的潜力，但同时运动目标检测、运动参数估计、运动成像也是太赫兹 SAR 运动目标检测的难点：一是 SAR 总是存在背景回波，需对杂波进行抑制；二是检测、运动参数估计、成像各环节相互关联，使得问题复杂化。本节首先分析目标运动对太赫兹 SAR 成像的影响，接着对运动目标检测与运动参数估计进行研究，给出相位中心偏置(displaced phase center antenna，DPCA)技术和沿航迹干涉(along-track interferometric，ATI)技术相结合的检测估计方法，最后实现运动目标的重聚焦成像。

9.3.1　太赫兹 SAR 目标匀加速运动建模与影响分析

2011 年，作者系统分析了目标运动对微波频段 SAR 成像的影响[3]。对更高频段的太赫兹 SAR 来说，它对目标运动更加敏感，其移位和模糊现象更加严重。下面对太赫兹 SAR 下的匀加速运动目标进行建模并分析其影响。

匀加速运动为地面目标最常见的一种运动形式。匀加速运动目标太赫兹 SAR 成像几何如图 9.12 所示。

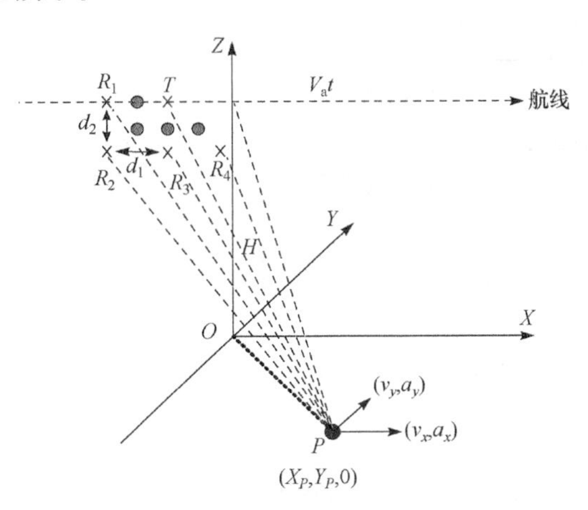

图 9.12　匀加速运动目标太赫兹 SAR 成像几何

慢时间 0 时刻，发射天线的位置为 $(0,0,H)$，天线沿 X 轴匀速运动，速度为 V_{a}。目标 P 初始 0 时刻位置为 $(X_P,Y_P,0)$，目标方位向速度、距离向速度(此处为目标在 X-Y 平面内的速度)、方位向加速度、距离向加速度分别为 v_x、v_y、a_x、a_y，则目标 t 时刻坐标为 $(X_P+v_xt+a_xt^2/2,\ Y_P+v_yt+a_yt^2/2,0)$。

假设太赫兹 SAR 在正侧视成像情景下，t 时刻目标 P 与各等效相位中心距离为

$$R_{PR}(t)=\sqrt{[X_P{}'+(V_{\mathrm{a}}-v_x)t-\frac{a_xt^2}{2}]^2+(Y_P{}'+v_yt+\frac{a_yt^2}{2})^2+H'^2} \tag{9.5}$$

式(9.5)中不同天线对应的参数如表 9.2 所示。

表 9.2　统一距离公式与各相位中心距离公式对应表

参数	各个通道的具体取值			
$R_{PR}(t)$	$R_{PR_1'}(t)$	$R_{PR_2'}(t)$	$R_{PR_3'}(t)$	$R_{PR_4'}(t)$
X'_P	$\frac{-d_1}{2}-X_P$	$\frac{-d_1}{2}-X_P$	$-X_P$	$\frac{d_1}{2}-X_P$
Y'_P	Y_P	$Y_P-\frac{d_2}{2}\cos\alpha$	$Y_P-\frac{d_2}{2}\cos\alpha$	$Y_P-\frac{d_2}{2}\cos\alpha$
H'	H	$H-\frac{d_2}{2}\sin\alpha$	$H-\frac{d_2}{2}\sin\alpha$	$H-\frac{d_2}{2}\sin\alpha$

对统一距离公式进行泰勒级数展开：

$$
\begin{aligned}
R_{PR}(t) &= \sqrt{\left[X'_P+(V_a-v_x)t-\frac{a_x t^2}{2}\right]^2+\left(Y'_P+v_y t+\frac{a_y t^2}{2}\right)^2+H'^2} \\
&\approx R_{PR}(0)+\frac{X'_P(V_a-v_x)+Y'_P v_y}{R_{PR}(0)}\cdot t \\
&\quad +\frac{1}{2}\left(\frac{(V_a-v_x)^2-X'_P a_x+{v_y}^2+Y'_P a_y}{R_{PR}(0)}-\frac{\left[X'_P(V_a-v_x)+Y'_P v_y\right]^2}{R^3{}_{PR}(0)}\right)\cdot t^2 \\
&\quad +\frac{1}{6}\left\{\begin{array}{l}\dfrac{-3a_x(V_a-v_x)+3a_y v_y}{R_{PR}(0)} \\ -3\dfrac{\left[X'_P(V_a-v_x)+Y'_P v_y\right]\left[(V_a-v_x)^2-X'_P a_x+{v_y}^2+Y'_P a_y\right]}{R^3{}_{PR}(0)} \\ +3\dfrac{\left[X'_P(V_a-v_x)+Y'_P v_y\right]^3}{R^5{}_{PR}(0)}\end{array}\right\}\cdot t^3
\end{aligned}
\tag{9.6}
$$

注意：若式(9.6)各系数分子项中的各个因子由两个均小的量相乘而来，则可进一步忽略。由于近似而产生的距离误差必须远小于$\lambda/4$，因此相位误差远小于π。在目标慢速运动的情况下，统一距离公式可大大简化。一般目标运动会在SAR图像中导致成像位置移位和模糊，图9.13给出了一个典型例子；复杂情况(高阶运动)下还会导致图像非对称畸变，甚至出现栅栏、鬼影等现象[3]。

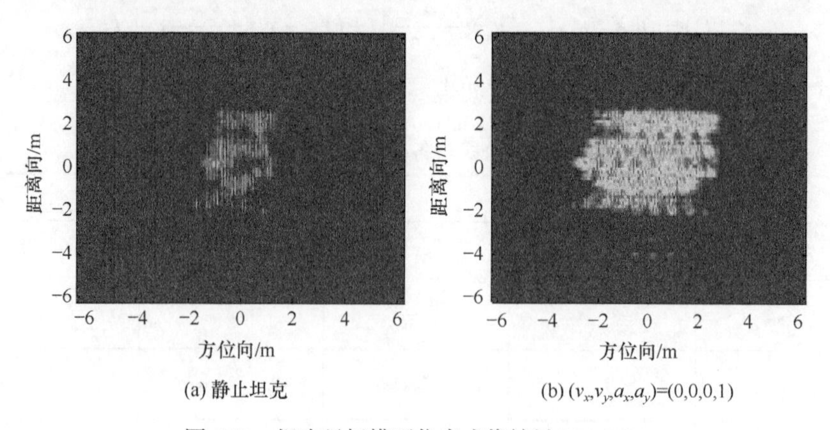

(a) 静止坦克　　(b) $(v_x,v_y,a_x,a_y)=(0,0,0,1)$

图 9.13　坦克目标模型仿真成像结果(220GHz)

9.3.2　太赫兹 SAR 运动目标检测与参数估计

太赫兹 SAR 敏感于目标运动，但同时容易出现多普勒模糊，给目标运动检测带来一定难度。文献[4]采用多普勒 Keystone 变换方法对直升机机载太赫兹 SAR 成像中的运动目标进行了检测并成像。文献[5]采用 DPCA 技术与 ATI 技术相结合的方法实现了地面运动目标检测，方法简单高效，本节将其应用于太赫兹 SAR 运动目标检测与参数估计中。

将坐标系改为斜平面，对于匀加速运动目标，各天线的等效相位中心到目标的统一距离为

$$R_i(t)=\sqrt{\left(x_{0i}+v_x t+\frac{a_x t^2}{2}-v_P t\right)^2+\left(R_{0i}+v_{\mathrm{R}} t+\frac{a_{\mathrm{R}} t^2}{2}\right)^2} \tag{9.7}$$

式(9.7)中各天线的等效相位中心到目标、初始位置的距离值如表 9.3 所示。

表 9.3　统一距离公式对应各天线的等效相位中心到目标、初始位置的距离值

参数	各个通道的具体取值			
$R_i(t)$	$R_1(t)$	$R_2(t)$	$R_3(t)$	$R_4(t)$
x_{0i}	$d_1/2+x_0$	$d_1/2+x_0$	x_0	$x_0-d_1/2$
R_{0i}	$\sqrt{R_0^2+d_2 h+d_2^2/4}$	R_0	R_0	R_0

图中，R_0 和 x_0 分别为 0 时刻天线 3 的等效相位中心到目标的径向距离和方位向距离，d_1 和 d_2 分别为天线在方位向和高度向维度上的距离。对统一距离公式进行泰勒级数展开：

$$\begin{aligned}R_i(t)&=\sqrt{\left(x_{0i}+v_x t+\frac{a_x t^2}{2}-v_P t\right)^2+\left(R_{0i}+v_{\mathrm{R}} t+\frac{a_{\mathrm{R}} t^2}{2}\right)^2}\\&\approx R_{\mathrm{c}}+\frac{(v_x-v_P)x_{0i}+v_{\mathrm{R}}R_{0i}}{R_{\mathrm{c}}}t+\frac{1}{2R_{\mathrm{c}}}[a_x x_{0i}+(v_{x0}-v_P)^2+a_{\mathrm{R}}R_{0i}+v_{\mathrm{R}}^2]t^2\end{aligned} \tag{9.8}$$

式中，$R_{\mathrm{c}}=\sqrt{R_0^2+x_0^2}$ 。

DPCA 技术采用两通道回波数据配准后相减来抑制地面静止场景杂波，得到带运动目标的距离单元。分析表明：各种速度形式和速度大小、噪声大小都影响最后的检测性能(图 9.14)。随着信噪比的提高，检测性能提高；运动越剧烈，检测性能越高；对于不同的运动形式，同样运动剧烈的情况下，距离向速度比方位向速度容易检测，距离向加速度比方位向加速度容易检测。

检测出运动目标所在距离单元后，可以继续利用 ATI 技术估计目标运动参数，

包括距离向位置、方位向位置、距离向速度、方位向速度、距离向加速度。方位向加速度将出现在更高阶的系数上，上述方法无法估计，但一般较小可忽略。多个参数之间可能共同影响一个相位系数，因此在精度方面存在相互之间的影响。

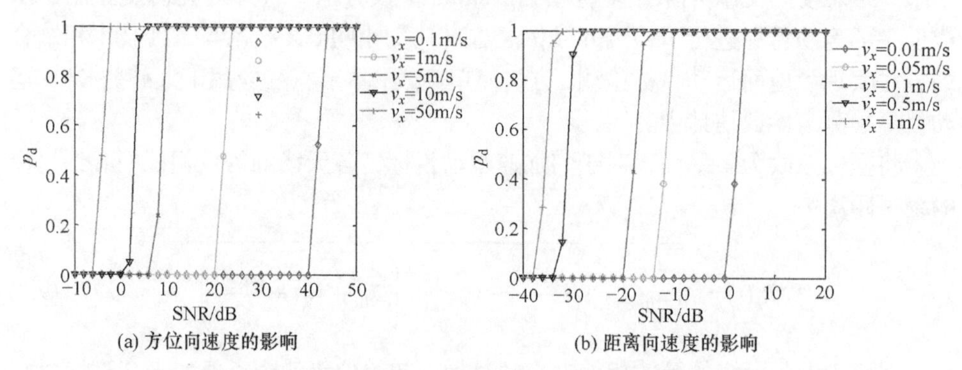

(a) 方位向速度的影响　　(b) 距离向速度的影响

图 9.14　方位向速度和距离向速度对检测性能曲线的影响

9.3.3　太赫兹 SAR 运动目标高分辨成像

根据估计到的运动参数，采用相位补偿方法对运动目标进行初步成像。通常情况下，估计的运动参数和真实参数之间存在一定误差，因而采用相位补偿方法恢复的成像结果可能仍然存在散焦，此时利用最小熵准则进行聚焦恢复。聚集恢复完成后，利用恒虚警率(constant false alarm rate，CFAR)检测方法提取图像中的目标。将提取出目标后剩下的部分采用与之前相位补偿方法相逆的过程进行恢复，得到正确的背景图像。将背景图像与目标图像叠加，得到最终运动目标与背景的图像。该流程如图 9.15 所示。

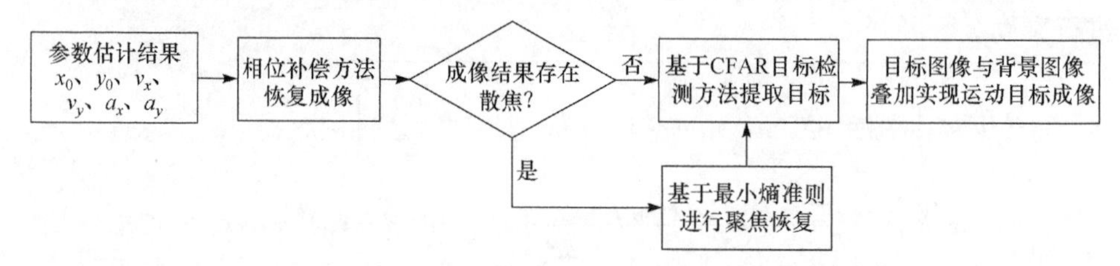

图 9.15　运动目标恢复成像方法流程

图 9.16(a)为 $(v_R, v_x, a_R, a_x) = (0.3, 0.3, 0.3, 0.3)$ 时，位于场景中心处的运动坦克目标 220GHz 频段成像结果。图 9.16(b)为相位补偿的恢复成像结果。可以发现，相位补偿后的坦克成像结果可以很好地恢复到初始位置，并且不存在目标的散焦，但背景模糊，使得信噪比提升。为了得到清晰的背景图像，一方面需要在模糊的背景上去除运动目标[图 9.16(c)]，再进行逆相位补偿，从而得到静止的背景图像[图 9.16(d)]；另一方面需要从模糊背景中提取目标的图像，即 SAR 图像中的检

测操作。本节采用双参数 CFAR 方法检测图像[图 9.16(e)]。将去除背景的运动坦克目标成像结果叠加到恢复后的静止背景上[图 9.16(f)]。

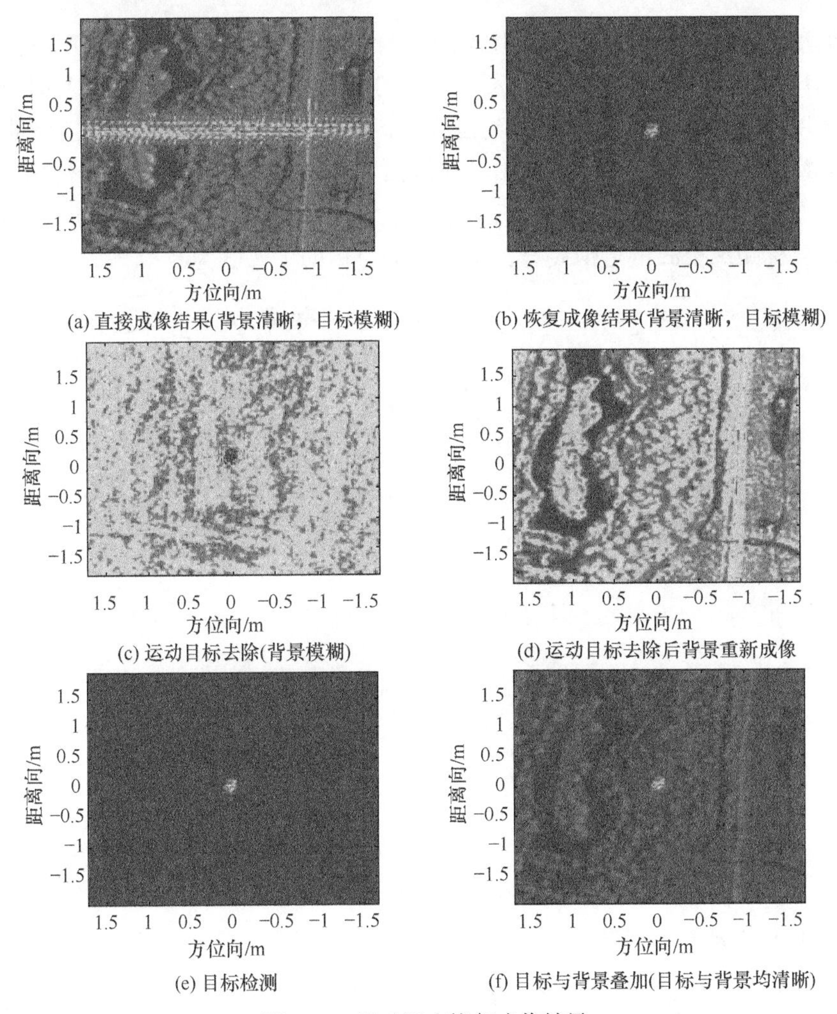

图 9.16　运动坦克恢复成像结果

9.4　太赫兹匀直航迹 SAR 振动目标成像

地面怠速车辆等目标存在着振动，蕴含着目标不易伪装的“指纹谱”信息，对目标探测识别具有极大的价值。太赫兹频段由于波长短，对目标微小的振动更加敏感，微多普勒效应更加显著，利用太赫兹 SAR 实现地面具有振动及其他微动形式目标的探测，既具有可行性，也具有特殊的优势。

9.4.1 振动目标建模及运动影响分析

1. 振动目标建模

振动是地面目标常见的运动形式，设目标有一振动，其太赫兹 SAR 成像几何如图 9.17 所示。慢时间 0 时刻，发射天线的位置为$(0,0,H)$，天线沿X轴匀速运动，速度为V_{a}。目标P初始 0 时刻位置为$(X_P,Y_P,0)$，目标沿某一方向做简谐运动$A_t=A_{\mathrm{v}}\cos(\omega_{\mathrm{v}}t+\varphi_0)$，其中$A_{\mathrm{v}}$为振动振幅，$\omega_{\mathrm{v}}$为振动角频率，$\varphi_0$为初相，则目标$t$时刻坐标为$(X_P+A_t\cos\alpha_1\cos\beta_1,Y_P+A_t\sin\alpha_1\cos\beta_1,A_t\sin\beta_1)$。根据文献[3]中对振动目标距离公式的近似展开，可得振动目标的多普勒为

$$f_{\mathrm{dm}}(t)\approx\frac{2}{\lambda}A_{\mathrm{v}}\omega_{\mathrm{v}}\left[\cos\beta_1\cos\beta_0\cos(\alpha_1+\alpha_0)-\sin\beta_1\sin\beta_0\right]\cdot\sin(\omega_{\mathrm{v}}t+\varphi_0)\quad(9.9)$$

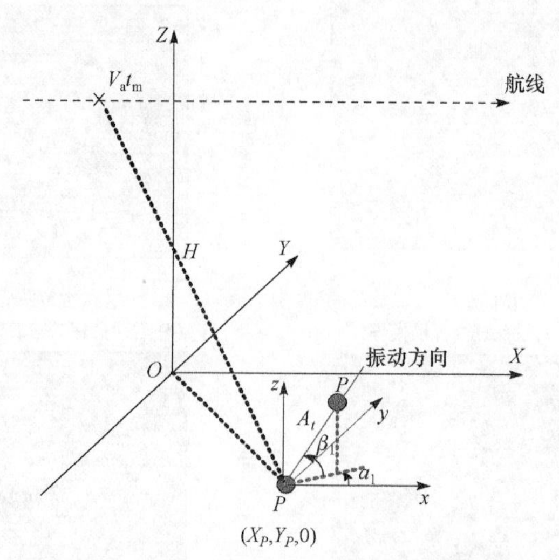

图 9.17　振动目标太赫兹 SAR 成像几何

2. 目标振动频率测量

采用 24GHz 雷达对怠速车辆振动频率进行测量，如图 9.18 所示。选取相位测距得到的较为平稳的一段振动位移序列，在时域进行傅里叶变换，其结果如图 9.18(b)所示。由图 9.18(b)可以看出，车头振动为单频振动，且振动频率约为 22.5Hz，车辆主体的振动更多地表现为双频振动[6]。

3. 振动目标直接成像特征

根据怠速车辆测得的参数值，本节在太赫兹频段和微波频段对振动点目标成像进行仿真，仿真结果如图 9.19 所示，共设置 3 个点目标，上面两个为振动目标，由上至下振幅依次为 7mm、0.1mm，振动频率依次为 2.6Hz、22Hz，下面为静止目标。比较不同波段成像结果可知，在 X 频段图像中振动目标仅表现为包含少数

鬼影的点目标，难以判别是源于真实静止点目标还是振动目标；在太赫兹图像中振动目标近似表现为一条线段，与点目标存在显著差异，表明太赫兹频段可以增强微动特征，为其探测提供了可能。图 9.20 为太赫兹频段振动坦克目标的成像结果，振幅为 0.1mm，振动频率为 22Hz，同样观测到鬼影特征。

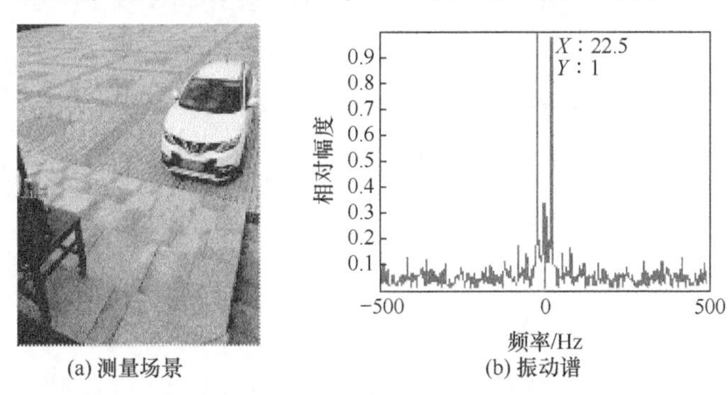

(a) 测量场景　(b) 振动谱

图 9.18　怠速车辆振动测量

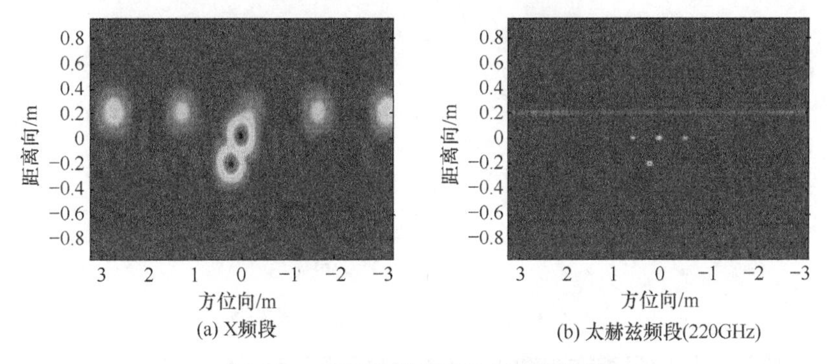

(a) X频段　(b) 太赫兹频段(220GHz)

图 9.19　不同频段振动目标成像结果

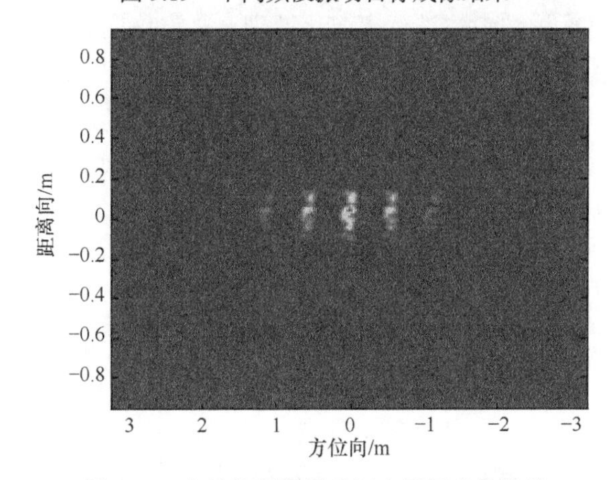

图 9.20　太赫兹频段振动坦克目标成像结果

9.4.2　太赫兹 SAR 振动目标成像

本小节提出一种参数化的方法，在迭代中进行参数估计与成像，使得成像不断收敛和聚焦。

在聚束成像模式斜平面下，其波数域成像示意图如图 9.21 所示，雷达基带回波可表示为

$$G(K,\theta)=\int \sigma(\boldsymbol{\vartheta})\exp\left[-\mathrm{j}K(x_{\vartheta,\theta}\cos\theta+y_{\vartheta,\theta}\sin\theta)\right]\mathrm{d}\boldsymbol{\vartheta} \tag{9.10}$$

式中，$x_{\vartheta,\theta}$、$y_{\vartheta,\theta}$ 为运动目标实时变化的位置；矢量 $\boldsymbol{\vartheta}=(x,y,r,f_{\mathrm{m}},\varphi_0)$ 为该运动目标的运动参数。

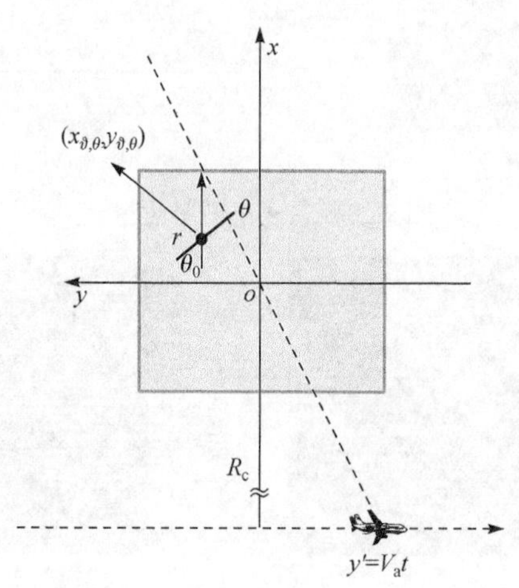

图 9.21　成像几何与振动点目标模型

基于成像场景中只存在少数点目标，且目标运动参数也具有离散稀疏特性，可将成像场景和目标运动参数进行离散化处理：将方位向和距离向分布均匀离散化为 N_y 和 N_x 个值；将振动频率、振动幅度和初相分别均匀离散化为 P 、Q 和 J 个值，这也可通过先验知识或其他方法判断出目标运动的形式和运动参数范围。同时，将 K 和 θ 离散化，分别取 M 和 N 个值，并将其变换为 $MN\times1$ 的列向量，形成观测模型的稀疏表示为

$$\boldsymbol{g}=\boldsymbol{H}\boldsymbol{\vartheta}+\boldsymbol{\varepsilon} \tag{9.11}$$

式中，$\boldsymbol{\varepsilon}$ 为噪声矢量；$\boldsymbol{H}$ 为词典矩阵，其表达式为

$$\boldsymbol{H}=\begin{bmatrix} h(K_1,\theta_1;x_1,y_1,r_1,f_{\mathrm{m}1},\varphi_1^0) & h(K_1,\theta_1;x_1,y_1,r_1,f_{\mathrm{m}1},\varphi_2^0) & \cdots & h(K_1,\theta_1;x_{N_x},y_{N_y},r_P,f_{\mathrm{m}Q},\varphi_J^0) \\ h(K_1,\theta_2;x_1,y_1,r_1,f_{\mathrm{m}1},\varphi_1^0) & h(K_1,\theta_2;x_1,y_1,r_1,f_{\mathrm{m}1},\varphi_2^0) & \cdots & h(K_1,\theta_2;x_{N_x},y_{N_y},r_P,f_{\mathrm{m}Q},\varphi_J^0) \\ \vdots & \vdots & & \vdots \\ h(K_M,\theta_N;x_1,y_1,r_1,f_{\mathrm{m}1},\varphi_1^0) & h(K_M,\theta_N;x_1,y_1,r_1,f_{\mathrm{m}1},\varphi_2^0) & \cdots & h(K_M,\theta_N;x_{N_x},y_{N_y},r_P,f_{\mathrm{m}Q},\varphi_J^0) \end{bmatrix} \tag{9.12}$$

经过离散化和矩阵化，太赫兹 SAR 振动目标成像问题变换为稀疏表示方程(9.11)的求解过程，利用方差成分扩张压缩(expansion-compression variance-component，ExCoV)方法进行求解。

9.4.3　仿真验证

这里采用的太赫兹 SAR 成像系统仿真参数设置如表 9.4 所示，坦克目标缩比模型如图 9.22 所示。

表 9.4　太赫兹 SAR 成像系统仿真参数设置

成像模式	聚束	CPI	0.5s
波长	0.0014m	平台速度	80m/s
斜视角	0	信号带宽	10GHz
距离向分辨率	0.015m	方位向分辨率	0.051m

图 9.22　坦克目标缩比模型

成像场景设为较小区域：$0.4\text{m}\times 0.4\text{m}$，成像区域采样间隔设为 0.04m。在压缩采样过程中随机抽取数为总数的 40%。在均匀地面背景情况下，直接成像与 ExCoV 方法获得的成像结果如图 9.23 和图 9.24 所示。

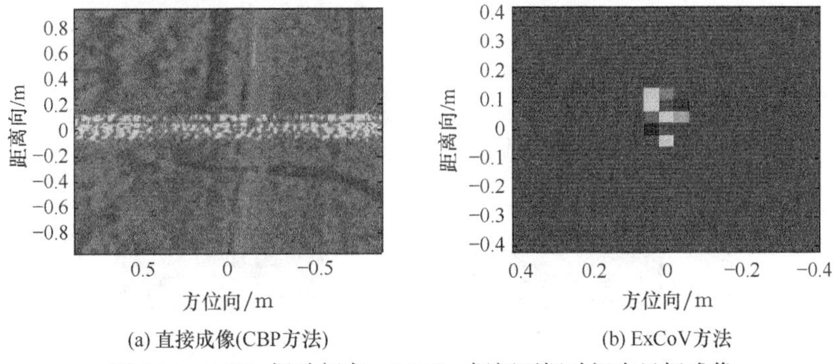

(a) 直接成像(CBP方法)　(b) ExCoV方法

图 9.23　2.5Hz 振动频率、0.005m 振幅下振动坦克目标成像

由图 9.23 可见，振动坦克目标在 2.5Hz 振动频率、0.005m 振幅下获得了聚

焦，振动参数估计结果与真值一致。实际中由于对运动参数存在网格划分，在格点与真值不完全一致时将存在估计误差。

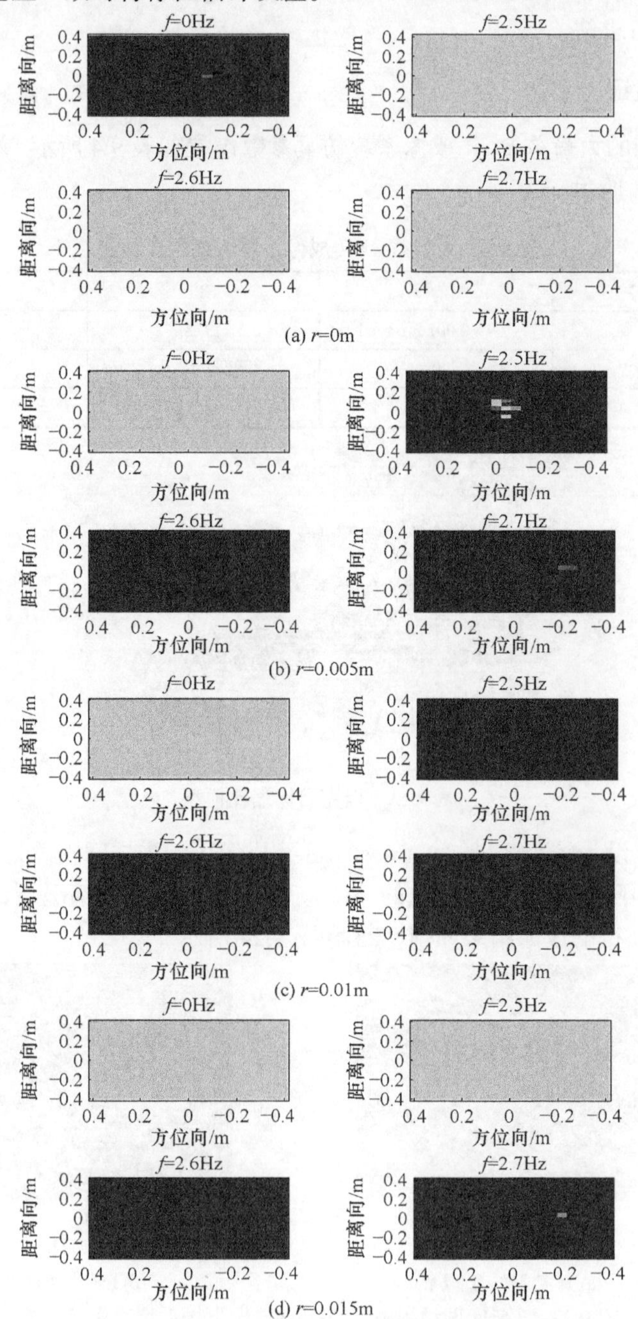

图 9.24　均匀地面背景下 ExCoV 方法获得的成像结果(SNR 为−5dB)

为验证本方法在不同信噪比条件下的参数估计性能，同时估计振动参数与目标成像，蒙特卡罗重复仿真 100 次，其结果如图 9.25 所示，可以看出，随着回波 SNR 的增加，ExCoV 方法估计得到的振动参数的 RMSE 呈整体下降趋势。

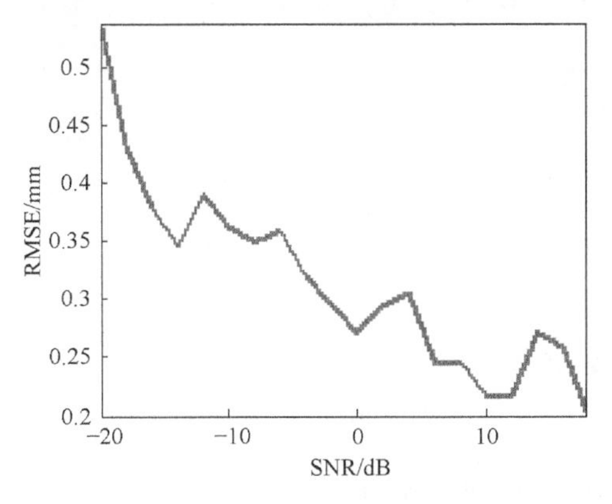

图 9.25　ExCoV 方法的收敛性能

9.5　太赫兹圆迹 SAR 目标成像

在 CSAR 提出之初，CSAR 成像是其应用最广泛、研究最深入的一个方向，针对成像方法和运动补偿方法已有大量成熟的理论研究，人们对 CSAR 静止目标的频谱和空间分辨率进行了详细研究，而对 CSAR 模式下的运动目标，包括微波和太赫兹频段，研究较少，这主要是由于 CSAR 运动目标回波信号复杂，目前缺乏有效的处理手段。本节从 CSAR 运动目标回波模型出发，分析目标运动对 CSAR 成像的影响，初步实现该模式下运动目标的检测和成像。

9.5.1　CSAR 回波建模

1. CSAR 回波模型

CSAR 场景如图 9.26 所示。装有雷达的载机沿半径为 R 、高度为 H 的圆周轨迹逆时针方向飞行，雷达波束始终照射在地面半径为 r_{m} 的圆形区域，载机飞行速度为 v_P ， θ 为方位向观测角度。以照射区域中心 O 为原点，以地面为 XOY 平面，建立笛卡儿坐标系，则雷达相位中心的三维坐标为 $\left(x_{\mathrm{R}},y_{\mathrm{R}},z_{\mathrm{R}}\right)=(R\cos\theta,R\sin\theta,H)$ 。设观测区域内有一运动目标 P，在圆柱坐标系中，其初始位置坐标为 $(r,\beta,0)$ ，速度为 (v,φ) 。目标运动场景如图 9.26(b)所示。

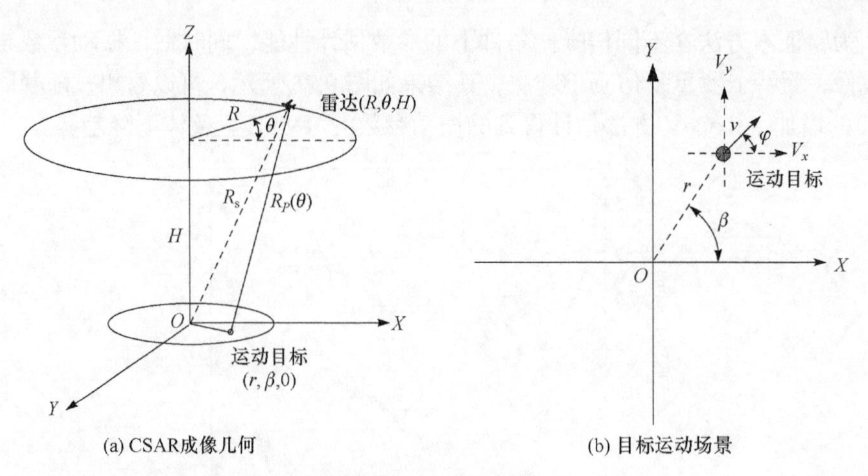

图 9.26　CSAR 场景

在笛卡儿坐标系中，运动目标的三维坐标为

$$(x_P, y_P, z_P) = \left(r\cos\beta + v\frac{\theta}{\omega_P}\cos\varphi, r\sin\beta + v\frac{\theta}{\omega_P}\sin\varphi, 0 \right) \tag{9.13}$$

式中，$\omega_P = \dfrac{v_P}{R}$ 为雷达运动的角速度。定义雷达和场景中心距离为 $R_{\mathrm{s}} = \sqrt{R^2 + H^2}$，雷达斜视角为 $\alpha = \arccos\left(\dfrac{R}{R_{\mathrm{s}}}\right)$。根据图 9.26，雷达和运动目标之间的瞬时斜距为

$$\begin{aligned} R_P(\theta) &= \sqrt{(x_{\mathrm{R}} - x_P)^2 + (y_{\mathrm{R}} - y_P)^2 + (z_{\mathrm{R}} - z_P)^2} \\ &= \sqrt{\begin{aligned} &R^2 + H^2 - 2Rr\cos(\theta - \beta) - 2Rv\frac{\theta}{\omega_P}\cos(\theta - \varphi) \\ &+ \left(v\frac{\theta}{\omega_P}\right)^2 + 2rv\frac{\theta}{\omega_P}\cos(\beta - \varphi) + r^2 \end{aligned}} \end{aligned} \tag{9.14}$$

记 $a = v / v_P$，对式(9.14)进行泰勒级数展开，瞬时斜距可进一步表示为

$$\begin{aligned} R_P(\theta) \approx\ & R_{\mathrm{s}} - r\cos(\theta - \beta)\cos\alpha - a\theta R\cos(\theta - \varphi)\cos\alpha \\ & + \frac{a^2\theta^2 R}{2}\cos\alpha + a\theta r\cos(\beta - \varphi)\cos\alpha + \frac{r^2}{2R_{\mathrm{s}}} \end{aligned} \tag{9.15}$$

将其代入瞬时斜距表达式，CSAR 运动目标回波可以表示为

$$S(k,\theta) = \exp\left\{ -\mathrm{j}2k \left[\begin{aligned} & R_{\mathrm{s}} - r\cos(\theta - \beta)\cos\alpha - a\theta R\cos(\theta - \varphi)\cos\alpha \\ & + \frac{a^2\theta^2 R}{2}\cos\alpha + a\theta r\cos(\beta - \varphi)\cos\alpha + \frac{r^2}{2R_{\mathrm{s}}} \end{aligned} \right] \right\} \tag{9.16}$$

2. 运动目标和静止目标信号分析对比

将雷达相位中心和运动目标瞬时斜距的表达式重写如下：

$$R_{P\_\mathrm{m}}(\theta) \approx R_{\mathrm{s}} - r\cos(\theta-\beta)\cos\alpha - a\theta R\cos(\theta-\varphi)\cos\alpha + \frac{a^2\theta^2 R}{2}\cos\alpha + a\theta r\cos(\beta-\varphi)\cos\alpha + \frac{r^2}{2R_{\mathrm{s}}} \tag{9.17}$$

对于静止目标，其速度 $v=0$，即 $a=0$，将其代入式(9.17)可得到雷达相位中心和静止目标瞬时斜距的表达式为

$$R_{P\_\mathrm{s}}(\theta) \approx R_{\mathrm{s}} - r\cos(\theta-\beta)\cos\alpha + \frac{r^2}{2R_{\mathrm{s}}} \tag{9.18}$$

相应地，运动目标和静止目标的多普勒分别为

$$f_{\mathrm{d\_m}} = -\frac{2}{\lambda}\frac{\mathrm{d}R_{P\_\mathrm{m}}(\theta)}{\mathrm{d}\theta} \tag{9.19}$$

$$f_{\mathrm{d\_s}} = -\frac{2}{\lambda}\frac{\mathrm{d}R_{P\_\mathrm{s}}(\theta)}{\mathrm{d}\theta} \tag{9.20}$$

对比可以发现，静止目标的瞬时斜距对应回波为正弦调频(sinusoid frequency modulation，SFM)信号，而运动目标的瞬时斜距对应回波由 SFM 信号、LFM 信号和 θ 加权的类正弦调频(analogy sinusoid frequency modulation，ASFM)信号三部分组成。

图 9.27 为静止目标和运动目标时频分布，可见静止目标的时频分布为一正弦曲线，而运动目标的时频分布在正弦曲线的基础上叠加了线性调频信号和类正弦

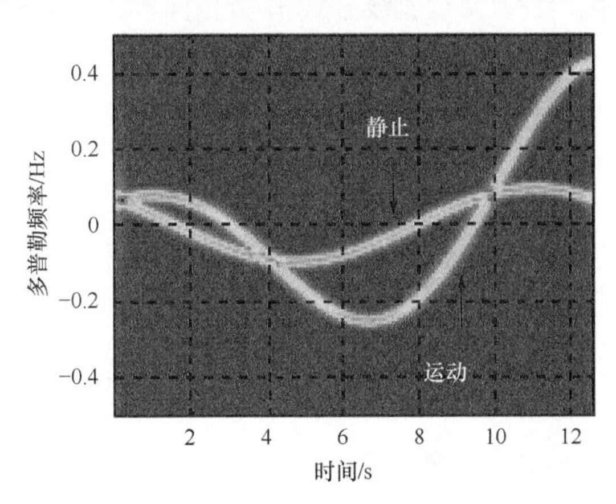

图 9.27　静止目标和运动目标时频分布

调频信号，形成了更加复杂的调制。这是圆周 SAR 运动目标回波信号难以处理的原因。图 9.28 为圆周 SAR 静止目标和运动目标频谱支撑域的对比图。可见，静止目标的频谱支撑域为闭合圆环，而运动目标的频谱支撑域为带缺口的弧环，且缺口的大小和目标的运动参数有关。

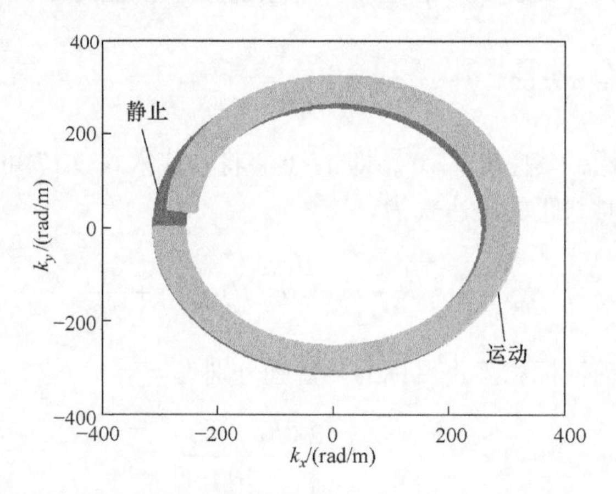

图 9.28　圆周 SAR 静止目标和运动目标频谱支撑域对比

9.5.2　目标运动对 CSAR 成像的影响分析

常规直线 SAR 下目标运动对 SAR 成像的影响已有大量研究。总结来说，目标的距离向速度会导致多普勒频移，进而造成 SAR 图像目标错位；目标的方位向速度会导致多普勒调频率改变，进而造成 SAR 图像目标模糊，除此之外，目标的方位向加速度和距离向加速度也会对 SAR 成像造成影响，作者曾把这一规律总结为锯齿规律。在 CSAR 模式下，雷达绕圆周飞行，目标和雷达的空间相对位置关系随时间变化，因而没有常规直线 SAR 中方位向、距离向的概念。另外，目标和雷达的时变相对运动在回波信号中产生了复杂的耦合，对信号处理提出了极大的挑战。本节首先从回波信号的推导中揭示目标运动是如何影响成像结果的，然后通过仿真实验，总结目标运动对 CSAR 成像影响的规律。

1. 目标运动对 CSAR 回波的影响

由 9.5.1 节可知，对于地面任意运动目标，其圆周 SAR 时域回波信号为

$$s_{\mathrm{v}}(t,\theta)=\iint f(x,y)p\left[t-\frac{2R_{P\_\mathrm{move}}}{c}\right]\mathrm{d}x\mathrm{d}y \tag{9.21}$$

若对快时间进行傅里叶变换，则回波信号为

$$
\begin{aligned}
S_{\mathrm{v}}(\omega,\theta) &= P(\omega)\iint f(x,y)\exp\left[-\mathrm{j}2k\sqrt{(x-R\cos\theta)^2+(y-R\sin\theta)^2+H^2}\right]\mathrm{d}x\mathrm{d}y \\
&= P(\omega)\iint f(x,y)g_\theta^*(\omega,x,y)\mathrm{d}x\mathrm{d}y
\end{aligned}
\tag{9.22}
$$

式中，$g_\theta^*(\omega,x,y)=\exp\left[-\mathrm{j}2k\sqrt{(x-R\cos\theta)^2+(y-R\sin\theta)^2+H^2}\right]$，为圆周 SAR 系统的斜平面格林函数。

根据 Parseval 定理，信号模型可以重写为

$$
S_{\mathrm{v}}(\omega,\theta)=P(\omega)\iint F(k_x,k_y)G_\theta^*(\omega,k_x,k_y)\,\mathrm{d}k_x\mathrm{d}k_y \tag{9.23}
$$

根据二重积分的极坐标变换，得到

$$
\begin{aligned}
S_{\mathrm{v}}(\omega,\theta) &= P(\omega)\iint \rho F(\rho,\phi)G_\theta^*(\omega,\rho,\phi)\,\mathrm{d}\rho\mathrm{d}\phi \\
&= P(\omega)\iint \rho F(\rho,\phi)W_1(\theta-\phi)W_2(\omega,\rho) \\
&\quad\cdot\exp\left[-\mathrm{j}\sqrt{4k^2-\rho^2}H-\mathrm{j}\rho R\cos(\theta-\phi)+\mathrm{j}\rho v\frac{\theta}{\omega_P}\cos(\phi-\varphi)\right]\mathrm{d}\rho\mathrm{d}\phi
\end{aligned}
\tag{9.24}
$$

将式(9.24)改写为

$$
S_{\mathrm{v}}(\omega,\theta)=\int \Lambda(\omega,\rho)S_{\mathrm{g.v}}(\rho,\theta)\mathrm{d}\rho \tag{9.25}
$$

式中

$$
\Lambda(\omega,\rho)=P(\omega)W_2(\omega,\rho)\exp\left(-\mathrm{j}\sqrt{4k^2-\rho^2}H\right) \tag{9.26}
$$

$$
S_{\mathrm{g.v}}(\rho,\theta)=\rho\int F(\rho,\phi)W_1(\theta-\phi)\exp[-\mathrm{j}\rho R\cos(\theta-\phi)]\exp\left[\mathrm{j}\rho v\frac{\theta}{\omega_P}\cos(\phi-\varphi)\right]\mathrm{d}\phi \tag{9.27}
$$

其中，$\Lambda(\omega,\rho)$ 为系统的移变脉冲响应，与目标运动无关；$S_{\mathrm{g.v}}(\rho,\theta)$ 为地平面信号，若令运动目标速度为 0，则式(9.27)退化为

$$
S_{\mathrm{g.v}}(\rho,\theta)=\rho\int F(\rho,\phi)W_1(\theta-\phi)\exp[-\mathrm{j}\rho R\cos(\theta-\phi)]\,\mathrm{d}\phi \tag{9.28}
$$

式(9.28)是静止目标的地平面回波信号。对比可以发现，目标运动使得地平面回波中产生了包含目标运动信息的指数项 $\exp\left[\mathrm{j}\rho v\frac{\theta}{\omega_P}\cos(\phi-\varphi)\right]$。此时，若用静止 CSAR 的成像方法进行成像处理，则会产生 CSAR 图像的偏移和散焦。

2. 仿真实验与数据分析

CSAR 运动目标回波信号频谱不存在解析解，因而利用 CSAR 点目标仿真实验来总结运动影响规律。仿真中，中心频率为 220GHz，带宽为 10GHz，对不同运动速度大小和运动方向的点目标进行仿真，仿真结果如下。

图 9.29 显示的是不同运动方向的点目标成像结果。该组实验中，目标位于场景中心，运动速度大小均为 0.04m/s，运动方向从 0° 开始，取 45° 为方位间隔，共 8 个运动方向。将 8 个运动点目标成像结果按照运动方向在图 9.29 中展示，图中间为静止目标的成像结果。图 9.30 显示的是不同运动速度大小的点目标成像结果。该组实验中，目标位于场景中心，运动方向相同，速度大小依次为 0m/s、0.01m/s、0.04m/s、0.1m/s。

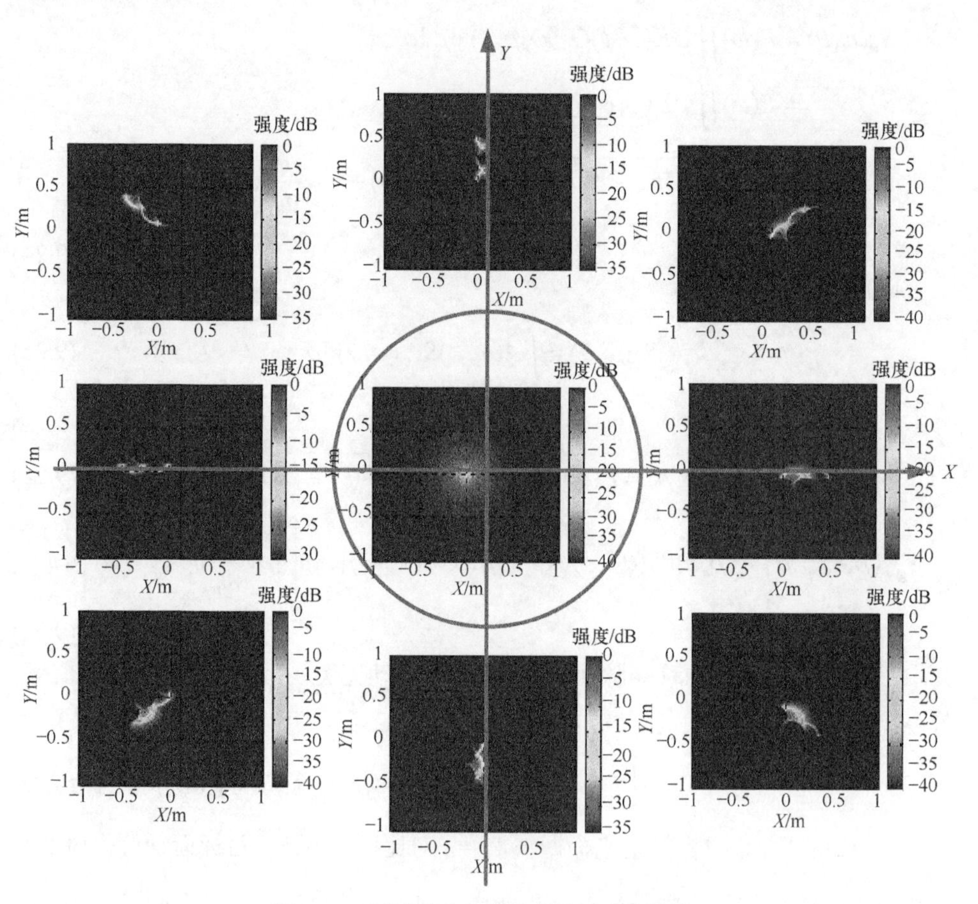

图 9.29　不同运动方向的点目标成像结果

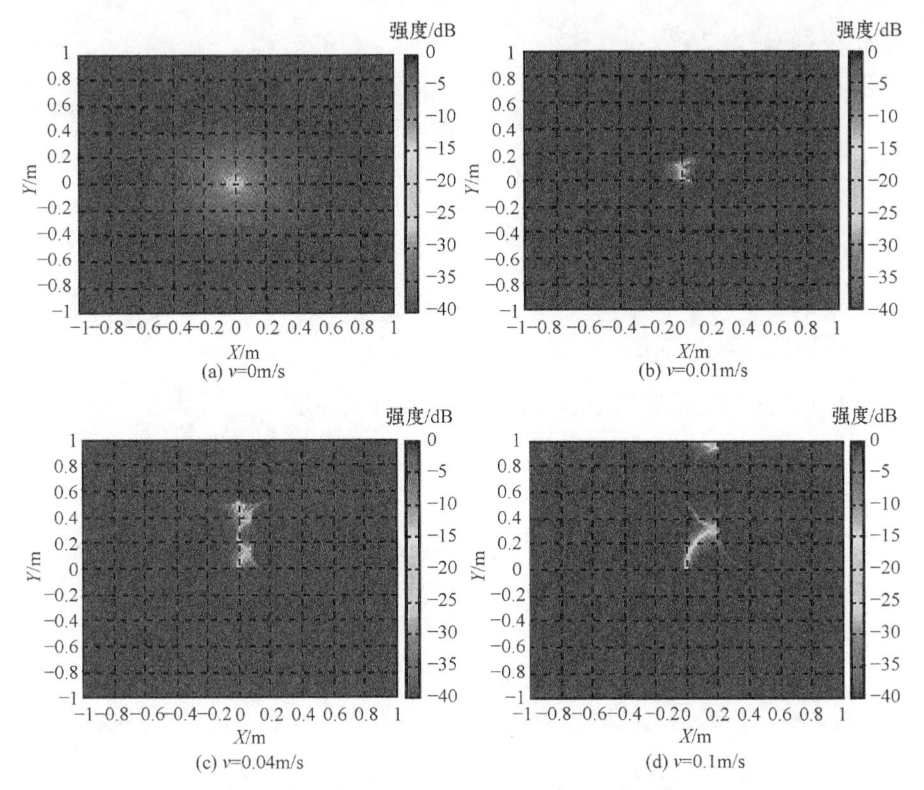

(a) v=0m/s　(b) v=0.01m/s　(c) v=0.04m/s　(d) v=0.1m/s

图 9.30　不同运动速度大小的点目标成像结果

对仿真结果进行初步分析可以得到如下结论：运动目标在 CSAR 图像上产生散焦和错位，呈双弧特征，且双弧的方向与目标运动方向一致。目标运动速度大小影响双弧的间距，呈正比例关系。

另外，可以从子孔径的角度来分析。假设圆周子孔径划分得足够细，在每个子孔径内成像，相当于未进行补偿地成像，所有子孔径累加后得到的成像结果等效于目标的虚假轨迹，也就是人们看到的散焦和错位的成像结果。在每个子孔径内，可以把雷达运动轨迹看成极短的直线，此时根据直线 SAR 目标运动影响规律，各子孔径内目标发生特定方位的位移。

对于点目标，可以初步分析得到双弧的如下定量结论。

1) 虚假轨迹的形状

对于任意一个运动方向的运动点目标，在圆周轨迹上，必定存在零方位和零距离位置(此处零方位和零距离指相对方位向速度和相对距离向速度为 0)。零距离位置位于虚假轨迹的峰，零方位位置位于虚假轨迹的谷。相邻峰形成一个弧。在完整圆周下，拼接后的虚假轨迹为两段弧，若雷达飞行了 N 个圆周，则运动目标

拼接的虚假轨迹为 $2N$ 段弧。

2) 双弧在目标运动方向的长度

由以上分析可知，双弧的方向和目标的运动方向一致，则在完整圆周下，目标沿运动方向的位移也就是双弧在运动方向的长度：

$$L=\frac{2\pi R}{v_P}v \tag{9.29}$$

式中，R 为雷达飞行圆周轨迹半径；v_P 为雷达飞行速度；v 为目标运动速度。

3) 虚假轨迹峰的高度

对于初始时刻位于场景中心的目标，双弧峰值高度 $H_{\text{peak}}=\frac{v}{v_P}R$。

9.5.3 多通道配置

对于单航过圆周 SAR，其雷达飞行轨迹为一定高度的二维圆周，多通道在三维空间的配置有图 9.31 所示四种形式，分别为方位向弧阵、方位向线阵、径向线阵和高度维线阵。

以三通道为例，图 9.31 中细弧线为雷达的飞行轨迹，雷达飞行半径为 R，粗线为多通道线阵，通道之间距离为 d。为简化处理，设三通道自发自收。

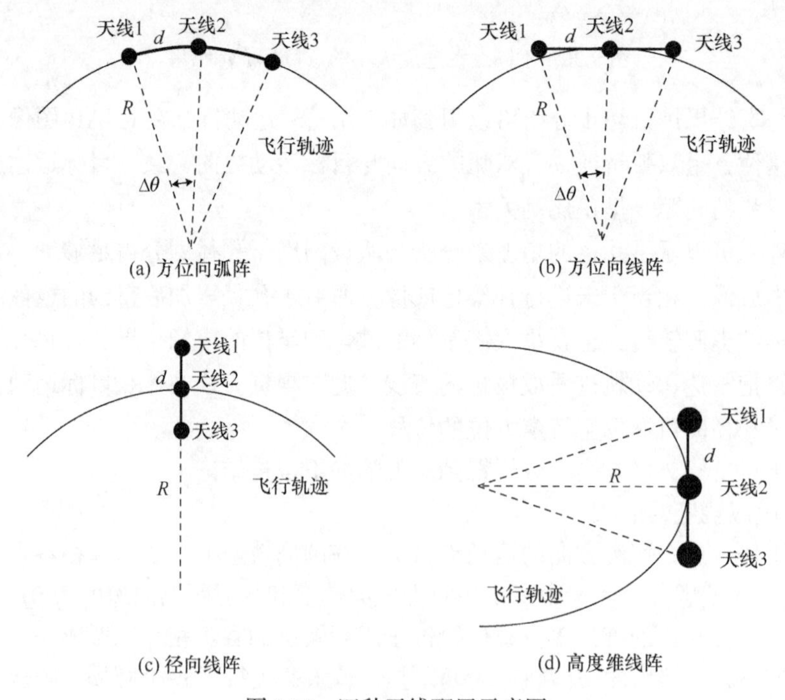

图 9.31　四种天线配置示意图

方位向弧阵、方位向线阵和径向线阵在 DPCA 和 ATI 信号中均能够引入新的回波信息，但在方位向线阵和径向线阵的处理中，均需采用一定的近似，这对后续的检测和估计会产生一定的影响，因而最适合圆周 SAR 运动目标检测和估计的多通道天线配置为方位向弧阵。后续研究中若无特定说明，均默认采用方位向弧阵，需要指出的是，方位向弧阵的设计依赖载机的实际飞行半径。

9.5.4 基于级联 ATI 和逆 Radon 变换的三通道 CSAR 运动速度估计

常规直线 SAR 下的运动目标参数估计已有大量研究成果，而圆周 SAR 下，由于圆周轨迹和运动参数相互耦合，回波信号形式复杂，直接应用直线 SAR 运动参数估计方法不能估计出运动参数。对于地面运动目标，其运动参数包括二维位置和二维速度，单通道信号提供的信息量有限，故需借助多通道信号来进行参数估计。圆周 SAR 运动目标参数估计的思路如下：将多通道信号进行运算，获取合适的信号形式后再采用相应的信号分析方法进行参数估计。

由 CSAR 运动目标回波信号分析可知，一般情况下，回波信号的相位由 SFM、LFM 和 ASFM 三种调制信号组成，对于 SFM 信号和 LFM 信号，已有较为成熟的处理方法，而 ASFM 信号幅度随雷达的方位观测角变化，目前还缺乏有效的处理方法，因而如何通过数学运算将 ASFM 信号消除是 CSAR 运动速度估计首先需要考虑的问题。本节提出三通道级联 ATI 的方法，将 CSAR 运动目标回波信号简化为 SFM 信号，然后对简化后的 SFM 信号采用逆 Radon 变换估计运动目标的速度。

1. 三通道 CSAR 回波模型

设装有弧形阵列雷达的飞机沿半径为 R 、高度为 H 的圆周轨迹逆时针飞行，载机飞行速度为 v_P ，θ 为方位观测角度，雷达波束始终照射地面圆形区域。记雷达和场景中心距离 $R_{\mathrm{s}}=\sqrt{R^2+H^2}$ ，斜视角 $\alpha=\arccos(R/R_{\mathrm{s}})$ 。对于水平地面任一运动目标 P，其初始位置坐标为 $(r,\beta,0)$ ，速度为 (v,φ) 。记运动目标和载机的速度比值 $a=v/v_P$ 。

弧形阵列采用图 9.31(a)所示的排列方式，天线之间弧距为 d ，$\Delta\theta=d/R$ 为相邻天线相对于飞行轨迹圆心的夹角。在满足等效相位中心模型的条件下，假设三天线各自收发。

根据 3.2 节的推导，距离压缩后，各天线接收信号回波为

$$S_i(f,\theta)=A_i\exp\left[-\mathrm{j}\frac{4\pi f}{c}R_{Pi}(\theta)\right] \tag{9.30}$$

$$R_{Pi}(\theta) \approx R_{\mathrm{s}} - r\cos\left[\theta-(i-1)\Delta\theta-\beta\right]\cos\alpha - a\theta R\cos\left[\theta-(i-1)\Delta\theta-\varphi\right]\cos\alpha \\ + \frac{a^2\theta^2 R}{2}\cos\alpha + a\theta r\cos(\beta-\varphi)\cos\alpha + \frac{r^2}{2R_{\mathrm{s}}} \tag{9.31}$$

式中，$A_i(i=1,2,3)$ 为接收信号幅度；$R_{Pi}(i=1,2,3)$ 为各天线和运动目标之间的瞬时斜距。

2. *方法流程*

三通道 CSAR 运动参数估计流程如图 9.32 所示。方法分为两部分：首先利用级联 ATI 运算将三通道接收回波信号变换为 SFM 信号；然后利用逆 Radon 变换将级联 ATI 信号的时频图映射到参数空间，进而估计出运动目标的速度大小和方向。

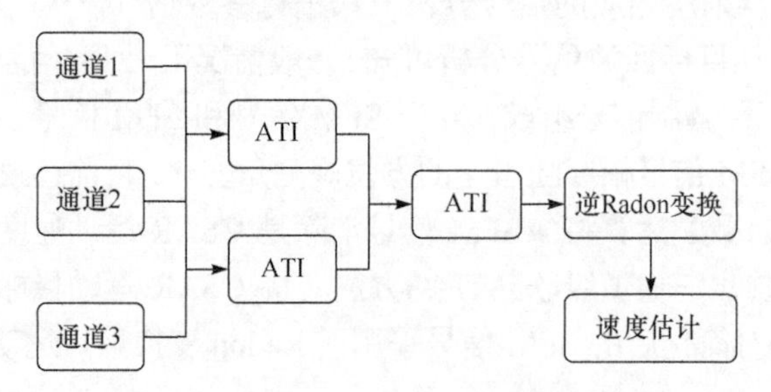

图 9.32　三通道 CSAR 运动参数估计流程

顾名思义，级联 ATI 信号由两级 ATI 运算组成。在第一级 ATI 中，相邻两通道回波信号之间需先进行方位向配准再进行共轭相乘得到第一级 ATI 信号；第二级 ATI 中，两个第一级 ATI 信号无须进行方位向配准直接进行共轭相乘可得到第二级 ATI 信号。第二级 ATI 信号的相位是 SFM 信号，目标的运动信息包含在其相位中：

$$f_{\mathrm{d}}(\theta) = \frac{1}{2\pi}\frac{\mathrm{d}\Phi}{\mathrm{d}\theta} = -\frac{2}{\lambda}ad\cos\alpha\sqrt{2-2\cos\Delta\theta}\sin(\theta-\varphi-\gamma) \tag{9.32}$$

3. *仿真实验及数据分析*

为验证所提参数估计方法的有效性，本小节进行仿真实验验证。仿真系统参数如表 9.5 所示。为提高运算效率，仿真场景设定为 4m×4m 区域。图 9.33 为运动目标 A 的级联 ATI 信号经短时傅里叶变换后的时频图，图 9.34 为经过逆 Radon 变换后的参数空间图像，提取峰值点的位置，可以估计出运动目标的速度。表 9.6 给出了场景中三个运动目标速度真值和估计值，可以看出，估计值和真值具有较好的一致性，验证了该方法的有效性。

表 9.5　仿真系统参数

参数	数值
中心频率	220GHz
信号带宽	10GHz
雷达飞行半径	100m
雷达飞行高度	100m

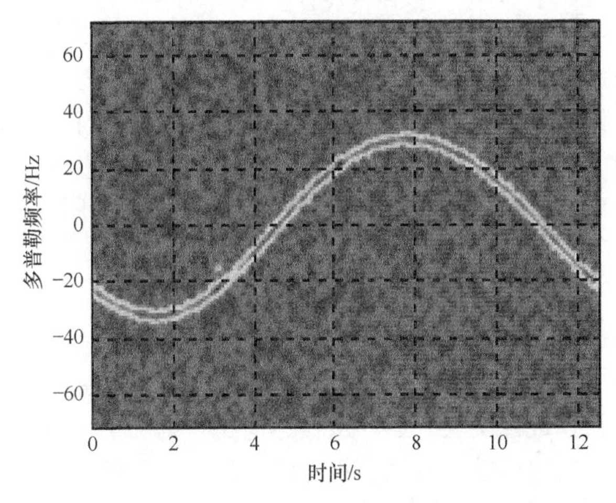

图 9.33　运动目标 A 级联 ATI 信号经短时傅里叶变换后的时频图

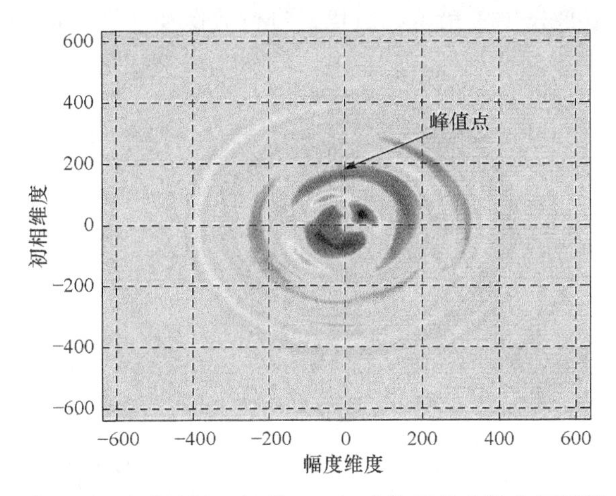

图 9.34　运动目标 A 经逆 Radon 变换后的参数空间图像

表 9.6　三个运动目标速度真值和估计值

目标	速度真值	速度估计值
A	(0.5,45°)	(0.487,46.33°)
B	(0.3,90°)	(0.285,88.78°)
C	(0.1,150°)	(0.108,146.36°)

9.5.5　基于运动补偿和参数估计的 CSAR 运动目标成像

1. 方法流程

在直线 SAR/GMTI 中，对于运动目标成像，常规的方法是先将目标回波中目标运动产生的影响项补偿后，再用静止目标成像方法进行成像，在 CSAR/GMTI 中，借鉴了此方法。目标运动产生的影响项必然与目标的运动参数有关，因而首先需要估计出目标的运动参数。本节在双通道 CSAR 背景下，利用双通道 CSAR 两通道信号构建 ATI 信号，然后估计 ATI 信号中包含的目标运动信息，进而构建成像所需的补偿项，最后对运动目标进行成像。图 9.35 为所提方法的流程图。

2. 仿真实验及数据分析

利用 CSAR 仿真成像实验验证本节提出的 CSAR 运动目标成像方法。仿真实验系统参数如表 9.7 所示，为减少计算量，仿真场景限制在 4m×4m 范围内。

首先进行点目标成像实验。运动点目标初始时刻位于场景中心，沿 Y 轴正方向以 0.1m/s 的速度匀速运动。利用所提方法，静止点目标和相同位置处的运动点目标成像实验结果如图 9.36 所示。从图 9.36(b)和图 9.36(c)中可以看出，由于目标运动，运动目标成像发生了错位和散焦，进行成像补偿后，运动目标在原位置处聚焦成像。

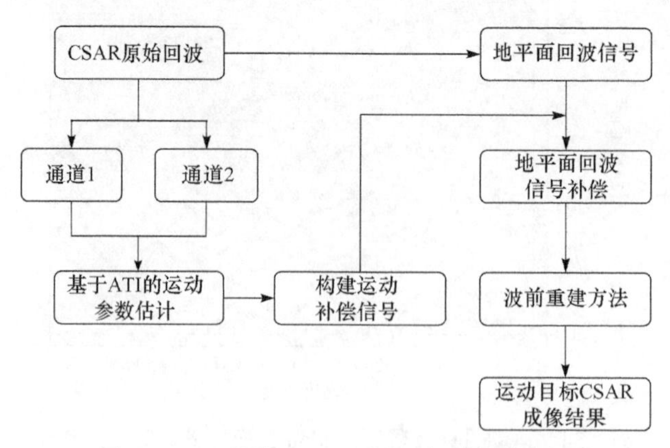

图 9.35　双通道 CSAR 运动目标成像流程图

表 9.7　仿真实验系统参数

参数	数值
中心频率	96GHz
信号带宽	10GHz
飞行半径	100m
飞行高度	100m
成像范围	4m×4m

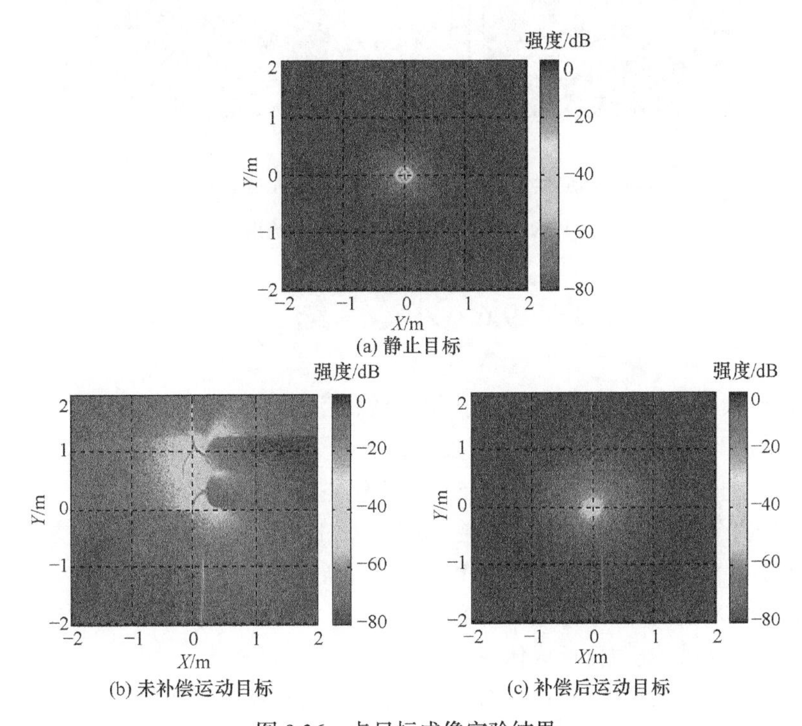

图 9.36　点目标成像实验结果

利用 CST 电磁计算软件，得到太赫兹频段(220GHz)坦克缩比模型的散射数据，利用该数据进行运动目标成像实验。坦克目标初始位于场景中心，以 0.1m/s 的速度向左上角运动。图 9.37 为静止坦克缩比模型、未补偿运动坦克和补偿后运动坦克的成像结果。可以看出，经过补偿后运动坦克能够正确聚焦成像，验证了参数估计方法和运动目标成像方法的正确性。

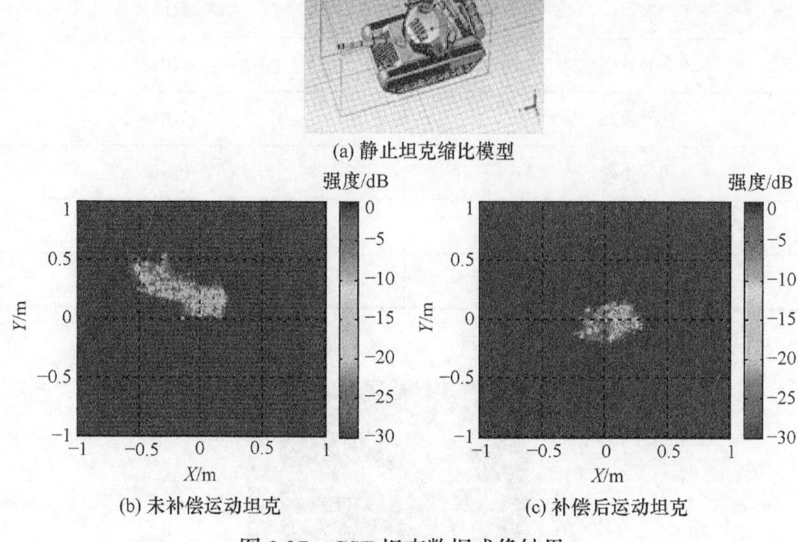

(a) 静止坦克缩比模型

(b) 未补偿运动坦克

(c) 补偿后运动坦克

图 9.37 CST 坦克数据成像结果

9.6 小 结

本章对太赫兹 SAR 静止和运动目标成像探测技术进行了研究。

(1) 分析了 SAR 走停近似适用条件，实现了空变条件下的太赫兹 SAR 静止目标成像，通过太赫兹车载和轨道 SAR 实测数据进行了验证。

(2) 研究了基于多通道的太赫兹 SAR 匀加速运动目标检测成像方法，通过 DPAC-ATI 混合处理实现了目标和背景同时清晰成像。

(3) 分析对比了目标振动对微波和太赫兹 SAR 成像的影响，提出了基于 ExCov 方法的单频振动目标成像。

(4) 针对圆周航迹，设计了方位向弧阵、方位向线阵等四种多通道配置方式，分析了目标运动对太赫兹圆迹 SAR 成像的影响，提出了基于级联 ATI 和逆 Radon 变换的三通道太赫兹 CSAR 运动目标检测方法，以及基于 ATI 和相位拟合的双通道 CSAR 运动参数估计方法，在此基础上提出了基于运动补偿的 CSAR 运动目标成像方法，仿真实验验证了方法的有效性。

参 考 文 献

[1] Kim S H, Fan R, Dominski F. ViSAR: A 235GHz radar for airborne applications. IEEE Radar Conference, Oklahoma City, 2018: 1549-1554.

[2] 张晓灿, 张玉玺, 孙进平. 直升机平台振动对太赫兹 SAR 成像的影响分析. 太赫兹科学与电

子信息学报, 2018, 16(2): 205-211.

[3] 邓彬. 合成孔径雷达微动目标指示(SAR/MMTI)研究. 长沙: 国防科学技术大学, 2011.

[4] Huan W, Yuan Z, Wang B, et al. A novel helicopter-borne terahertz SAR imaging algorithm based on Keystone transform. The 12th International Conference on Signal Processing, Hangzhou, 2014: 1958-1962.

[5] Baumgartner S V, Krieger G. Acceleration independent along-track velocity estimation of moving targets. IET Radar, Sonar and Navigation, 2010, 4(3): 474-487.

[6] Deng B, Wang X Y, Wu C G, et al. THz-SAR vibrating target imaging via the Bayesian method. International Journal of Antennas and Propagation, 2017, 36(3): 302-310.

第 10 章　太赫兹孔径编码雷达成像

10.1　引　言

雷达成像技术作为一种全天时、全天候、远距离的信息获取手段，在空间监视、对地观测、精确制导、安检反恐等军用和民用领域有着非常重要的应用，已成为诸多国家竞相发展的关键技术之一。经过数十年的发展，雷达高分辨成像理论与技术已取得长足进步，部分成果已应用到实际系统中。尽管成像方法林林总总，但通常都是基于层析和距离-多普勒原理，并通过目标和雷达相对运动形成的虚拟合成孔径实现的。客观地说，这一原理在雷达探测领域获得了极大的成功[1]。但是，在需要前视或凝视成像的应用场景中，如导弹末制导，雷达与目标间的相对运动转角很小，无法满足 SAR 或 ISAR 成像所需的大虚拟孔径条件，无法凝视成像；在需要高帧率成像应用场景中，如对成像实时性要求较高的侦察打击一体无人机和站开式安检，成像所必需的积累或扫描时间严重制约着雷达的应用。尽管实孔径阵列可以通过单个脉冲“快拍”成像，但其仍基于孔径合成思想且阵列规模庞大。破解高分辨、高帧率凝视成像这一难题急需雷达成像原理、体制和方法的突破[2, 3]。

太赫兹孔径编码成像借鉴了太赫兹雷达成像、孔径编码技术以及计算成像技术的基本原理与方法，通过孔径编码天线对太赫兹波进行随机调制构造时空二维随机分布的雷达探测波形，对目标散射信息进行编码标记，然后采用压缩感知等目标重建方法实现前视、凝视条件下的高分辨雷达成像，与常规体制太赫兹成像形成优势互补。利用孔径编码技术，仅通过单个收发通道配合反射式天线或掩膜就能产生不同的电磁波照射模式，发射的电磁波在特定空间不再是均匀平面波，其幅度非均匀，波前非平面或兼而有之，探测得到的回波是目标散射系数分布与照射模式的广义卷积，这即是孔径编码实现凝视成像的基本原理。时空二维随机辐射场微波关联成像[4-7]、电磁涡旋成像[8]可视为孔径编码成像在微波频段的有益尝试，一般通过复杂的有源相控阵技术实现。太赫兹波的频段范围为 0.1～10THz，在太赫兹频段发展孔径编码成像既存在迫切的需求，也具有独特的优势。一方面，视频合成孔径雷达、安检雷达等应用已越来越明确地表明必须采用太赫兹频段。例如，ViSAR 系统典型频段为 230GHz 和 340GHz，美国加利福尼亚州喷气推进实验室安检雷达典型频段为 580GHz，而上述基于合成孔径和逐点扫描的系统帧率分别为 5Hz 和 1Hz，而人们希望获得 10Hz 甚至更高的帧率(相控阵技术可以实现，但过于复杂且太赫兹频段 T/R 组件远不成熟)。另一方面，太赫兹波具有更高频率和更短波长，使太赫兹雷达能够提供更大的绝对带宽，在相同孔径天线条件下，太赫兹波长短、近场效应显著，更易产生多样性的照射模式和更快的照射模式切换速度，从而具有更高帧率、更高分辨成像的潜力，同时容易实现器件小型化。太赫兹孔径编码成像具有高分辨、高帧率、造价低以及能够前视成像等突出优势，可广泛应用于安检反恐、医疗成像等领域[9]。

10.2　太赫兹孔径编码基本概念

传统雷达成像技术的难题可以归结为依赖目标运动而又受限于目标运动，实际上这一约束源于它的成像方式。方位向分辨率取决于多普勒频率，由于高的多普勒频率需要一定角度的数据支撑域，因此需要合成孔径中的长时间积累或实孔径中的大规模雷达阵列来实现较大方位角的空间采样。又由于多普勒频率的处理对均匀采样的要求，需要对目标进行均匀的空间采样，也就是要求目标匀速运动或匀速转动。

太赫兹孔径编码成像技术通过孔径编码天线对太赫兹波进行随机编码调制，构造时空二维随机分布的雷达探测波形，并通过参数化建模与计算成像来最终获取目标散射系数的精确分布[2, 3, 10]。在梳理雷达成像的发展历程时不难发现，它在收发方式上遵循一发一收→一发多收→多发多收→多发一收的轨迹。太赫兹孔径编码成像本质上属于多发一收、单像素接收的范畴。理论上，多发一收与一发多收完全等价，并且从波数域看意味着两者具有相同的相位中心空间分布，通过合成复杂的电磁波照射模式，为目标信息提取提供了更大的可能，这也成为超分辨成像的物理基础[11-13]。

10.2.1　成像系统

根据孔径编码天线(用于编码的阵列天线)[14, 15]的类型，太赫兹孔径编码成像可分为透射式和反射式两种实现方式。典型但不唯一的太赫兹孔径编码成像系统主要由发射天线、孔径编码天线、接收天线，以及控制与处理终端组成，如图 10.1 所示。太赫兹发射信号经发射天线辐射至孔径编码天线表面，孔径编码天线在控制与处理终端的控制下切换加载不同的编码序列，从而对入射的太赫兹波进行时序编码调制，形成时空二维随机辐射场，对目标进行照射。目标后向散射回波蕴含丰富的目标散射信息，由接收天线接收，经混频处理后送入控制与处理终端，与参考信号进行关联处理，最终实现对目标的精确重建。反射式孔径编码成像除了孔径编码天线类型和馈源位置，其成像原理和透射式孔径编码成像相同。

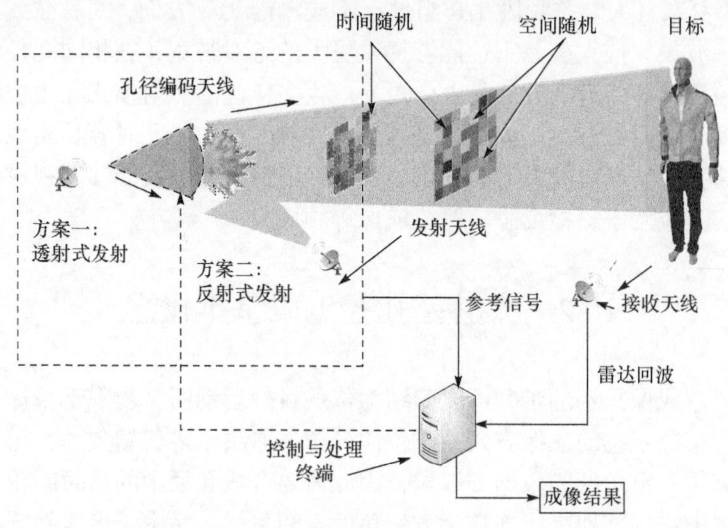

图 10.1　太赫兹孔径编码成像系统组成示意图

在实际应用中，可以仅把单个孔径编码天线放置在发射端或接收端，也可以同时将两个孔径编码天线分别放置在发射端和接收端。如图 10.2 所示，依据编码位置的不同，系统构型可以分为三类：仅在发射端编码、仅在接收端编码、收发端同步编码。依据编码对象的不同，编码天线包括幅度调制、相位调制两种。无论是调制幅度还是相位，根据编码方式的不同，编码天线又分为离散调制和连续调制。因此，依据编码位置、编码对象和编码方式不同，共有 12 种编码方案组合[16]。

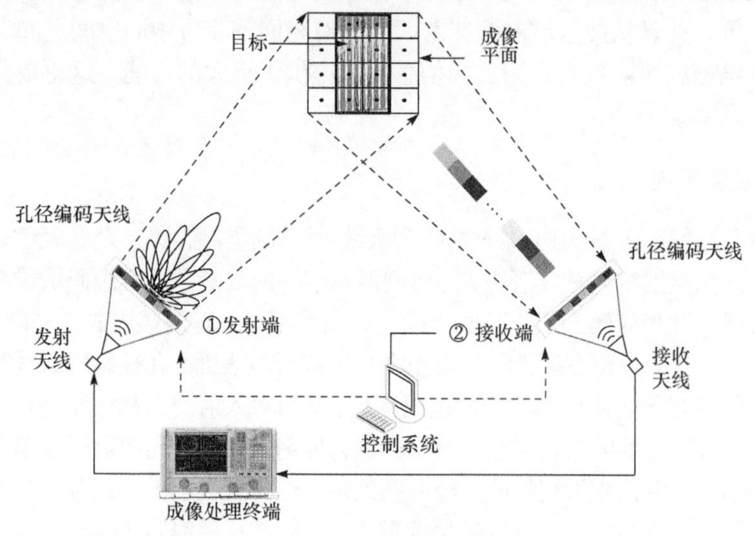

图 10.2　太赫兹孔径编码成像系统构型

表 10.1 展示了 12 种编码方案组合的具体分类。以编码策略分类 ACT 为例，表示编码天线仅在发射端编码，且对信号幅度进行连续调制。

表 10.1　太赫兹孔径编码方案组合的具体分类

调制方式		发射端编码(T)	接收端编码(R)	收发同步编码(TR)
幅度调制(A)	连续(C)	ACT	ACR	ACTR
	离散(D)	ADT	ADR	ADTR
相位调制(P)	连续(C)	PCT	PCR	PCTR
	离散(D)	PDT	PDR	PDTR

10.2.2　成像模型

计算成像利用丰富多样的探测模式实现目标信息的探测和解析，孔径编码成像通过产生时间和空间相互独立的随机调制波实现雷达目标散射信息的获取和重建。计算成像中目标重建的关键在于测量矩阵的精确重建和行列非相关性。太赫兹孔径编码成像中的参考信号矩阵和计算成像中的测量矩阵等价。同理，太赫兹孔径编码成像的目标重建也依赖参考信号矩阵的时空非相关性，图 10.3 为太赫兹孔径编码成像目标重建过程。参考信号矩阵的行对应于回波向量不同时间的参考信号，参考信号矩阵的列对应于不同目标散射中心的参考信号，参考信号矩阵的时空非相关性直接决定太赫兹孔径编码成像的分辨性能。

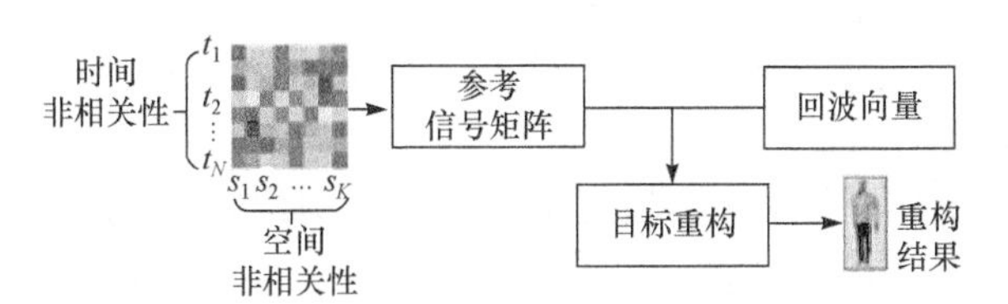

图 10.3　太赫兹孔径编码成像目标重建过程

以发射端编码为例，在发射端进行孔径编码，在接收端采用单接收天线进行回波信号的探测。根据雷达的多发一收结构，孔径编码天线阵列含有 M 个发射天线和一个接收天线，第 m 个发射天线的位置矢量为 $\boldsymbol{R}_m$，接收天线的位置矢量为 $\boldsymbol{R}_0$。$S_{\mathrm{t}m}(t)$ 为第 m 个发射天线的发射信号，$S_{\mathrm{r}}(t)$ 为接收信号。在成像区域 I 内，$\boldsymbol{r}$ 为其中任意一点的位置矢量。本节定义分布在成像区域内的太赫兹辐射场为探测信号，用 $S_I(\boldsymbol{r},t)$ 表示：

$$S_I(\boldsymbol{r},t)=\sum_{m=1}^{M} S_{\mathrm{t}m}\left(t-\frac{|\boldsymbol{r}-\boldsymbol{R}_m|}{c}\right) \tag{10.1}$$

接收信号可以表示为成像区域内探测信号的叠加:

$$S_{\mathrm{r}}(t)=\int_I \beta_r S_I\left(\boldsymbol{r}, t-\frac{|\boldsymbol{r}-\boldsymbol{R}_0|}{c}\right)\mathrm{d}\boldsymbol{r} \tag{10.2}$$

式中，β_r 为位于 $\boldsymbol{r}$ 点的目标散射点的散射系数。对于没有散射点的位置，$\beta_r=0$。进一步地，通过简单变换构造参考信号如下:

$$S(\boldsymbol{r},t)=S_I\left(\boldsymbol{r}, t-\frac{|\boldsymbol{r}-\boldsymbol{R}_0|}{c}\right) \tag{10.3}$$

利用参考信号，雷达接收信号可以表示成更为简洁的形式:

$$S_{\mathrm{r}}(t)=\int_I \beta_r S(\boldsymbol{r},t)\mathrm{d}\boldsymbol{r} \tag{10.4}$$

基于式(10.4)所示的模型，首先写出各个变量的离散形式。时域的离散形式为 $\boldsymbol{t}=\begin{bmatrix}t_1 & t_2 & \cdots & t_N\end{bmatrix}$。然后将成像空间离散划分为 K 个相同大小的网格单元，其中第 k 个成像网格中心位置向量为 $\boldsymbol{r}_k$。同样，目标散射系数空间分布可以表示为 $\boldsymbol{\beta}=[\beta_1 \quad \beta_2 \quad \cdots \quad \beta_K]^{\mathrm{T}}$。定义噪声矢量为 $\boldsymbol{w}$，参考信号矩阵为 $\boldsymbol{S}$，接收信号矢量为 $\boldsymbol{S}_{\mathrm{r}}$。

因此，成像方程[3]可以具体表示如下:

$$\boldsymbol{S}_{\mathrm{r}}=\boldsymbol{S}\cdot\boldsymbol{\beta}+\boldsymbol{w} \tag{10.5}$$

进而得

$$\begin{bmatrix} S_{\mathrm{r}}(t_1)\\ S_{\mathrm{r}}(t_2)\\ \vdots \\ S_{\mathrm{r}}(t_N)\end{bmatrix}=\begin{bmatrix} S(t_1,\boldsymbol{r}_1) & S(t_1,\boldsymbol{r}_2) & \dots & S(t_1,\boldsymbol{r}_K)\\ S(t_2,\boldsymbol{r}_1) & S(t_2,\boldsymbol{r}_2) & \dots & S(t_2,\boldsymbol{r}_K)\\ \vdots & \vdots & & \vdots\\ S(t_N,\boldsymbol{r}_1) & S(t_N,\boldsymbol{r}_2) & \dots & S(t_N,\boldsymbol{r}_K)\end{bmatrix}\cdot\begin{bmatrix}\beta_1\\ \beta_2\\ \vdots\\ \beta_K\end{bmatrix}+\begin{bmatrix} w(t_1)\\ w(t_2)\\ \vdots\\ w(t_N)\end{bmatrix} \tag{10.6}$$

根据式(10.6)，孔径编码成像的图像重建问题就变换为求解成像方程。通过成像方程的求解，可以获得目标散射系数矢量，从而重建目标区域图像。分析参考信号矩阵 $\boldsymbol{S}$ 在时空分布上的不相关性后，可以将其作为评估成像系统高分辨成像潜力的重要指标之一。

孔径编码成像的目标重建问题变换为求解成像方程(10.6)。参考信号矩阵 $\boldsymbol{S}$ 的性质决定了关联方程求解目标散射系数 $\boldsymbol{\beta}$ 的性能。理想情况下，参考信号矩阵的各行之间和各列之间是完全独立的，没有噪声的情况下，目标散射系数 $\boldsymbol{\beta}$ 可以无限精确地求解。但是实际情况是受信号波形、编码调制性能、成像距离等因素的影响，矩阵行列之间总会存在一定的相关性，因而目标散射系数 $\boldsymbol{\beta}$ 的求解也会受到限制。式(10.6)一般可采用最小二乘法，Tikhonov 正则化方法求解。另外，式(10.6)与压缩感知数学模型具有一致性，对于稀疏先验的目标，可采用正交匹配追踪(orthogonal matching pursuit, OMP)、SBL(sparse Bayesian leaning)等方法求解。当目标相对复杂、稀疏度较高时，可利用基于小波变换(wavelet transform, WT)的稀疏目标重建方法、TVAL(total variation by Avgmented lagrange)方法、BM3D-VAMP(block-matching 3D-vector approximate message passing)等方法求解。

10.3　太赫兹孔径编码成像原理

太赫兹孔径编码成像方法通过孔径编码天线实现电磁波方向图和波前空间调制的目的。在探测区域内，形成的雷达信号具有显著的空间起伏特性，理想条件下，可以实现在时空分布上的不相关，即波束内任意不同两点的雷达信号在任意时刻都不相关。因此，波束内各个散射点将被具有不同波形的雷达信号照射，这种波形差异可以为各个散射点的分辨提供有力的依据。将经过空间和时间采样的辐射场信号定义为参考信号，则参考信号的时空非相关特征越显著，目标方位向分辨率越高。

10.3.1　成像原理

太赫兹孔径编码距离向的分辨仍然通过发射宽带调频信号获得，下面主要论述方位-俯仰向分辨。

由平面波分解定理可知，某一种照射模式可以视为若干不同幅度、频率、初相和入射角的均匀平面波的叠加。照射模式越多样，自由度越高，回波中携带的目标信息越丰富，利用回波进行目标高分辨成像的潜力也就越大，有望利用有限的孔径，在极短的时间内获得超出传统实孔径瑞利分辨极限的分辨率。

基于孔径编码的成像方法通过孔径编码实现电磁波方向图和波前空间调制。借鉴微波关联成像的思想，该成像方法在探测区域内形成时空二维随机分布的辐射场。由于探测得到的回波是目标散射系数分布与辐射场的广义卷积，探测区域内形成的辐射场时空非相关性越强，孔径编码成像实现波束内超分辨的可能性越大。基于孔径编码的成像方法不需要利用多普勒频率进行方位向分辨，从而将大大降低成像对相对运动的依赖，获得前视、凝视成像能力。参考微波关联成像的特点，其分辨率由波长、孔径编码天线孔径大小、带宽、孔径编码方式综合决定，分辨率可比同口径实孔径雷达提高若干倍。

图 10.4～图 10.6 给出了 300GHz 下孔径编码天线反射的单频电磁场方向图和波前快照。孔径编码天线边长为 2.5cm，包含 200 个阵元，不移相情况下波束主瓣为 3dB、宽度为 2°，在此基础上对每个阵元用不同的均匀分布随机数移相形成

一次反射场快照，亦即形成一次孔径编码，切换至下一次移相方式。由此可见，$[-\pi/2,\pi/2]$ 内随机移相基本不改变主瓣大小和指向，主瓣内相位仍表现为平面波。随着相位随机性的增强，方向图不再是 sinc 函数，相位不再表现为平面波，即出现波前调制，其随着孔径编码切换而变化剧烈，对超分辨成像也更加有利。从图 10.6 中也可以看出，在完全随机的情况下方向图变化剧烈，仅利用方向图幅度信息也有对目标超分辨成像的可能，此时无法进行波束形成。当实际中需要波束形成时，波束形成与波前调制可以同时进行。

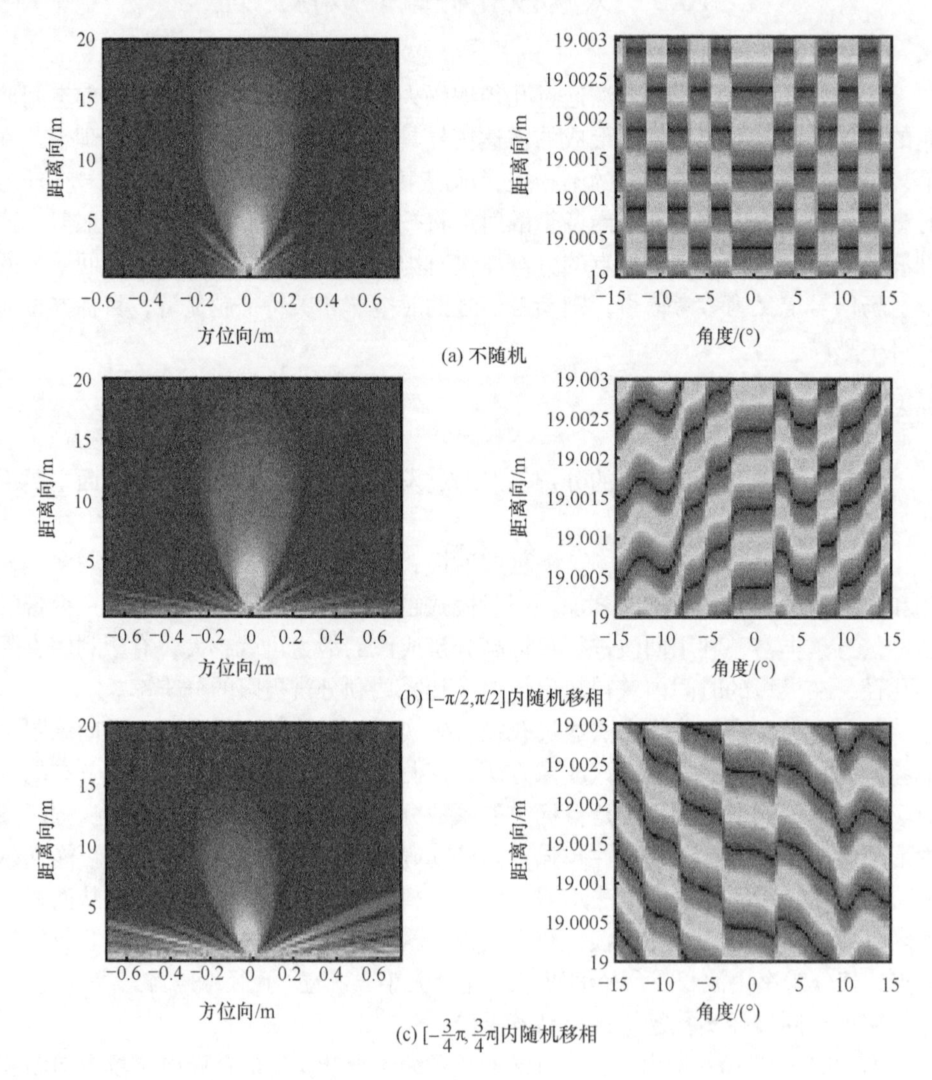

(a) 不随机

(b) [−π/2,π/2]内随机移相

(c) $[-\frac{3}{4}\pi,\frac{3}{4}\pi]$内随机移相

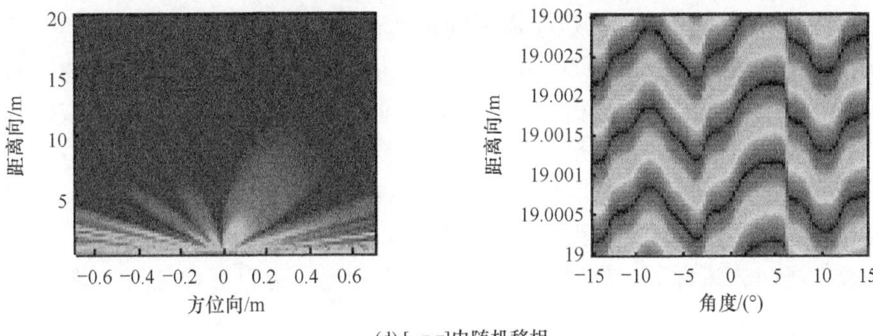

(d) [−π,π]内随机移相

图 10.4　不同随机移相情况下的方向图和相位(波前)空间分布特性(取 1 次样本)

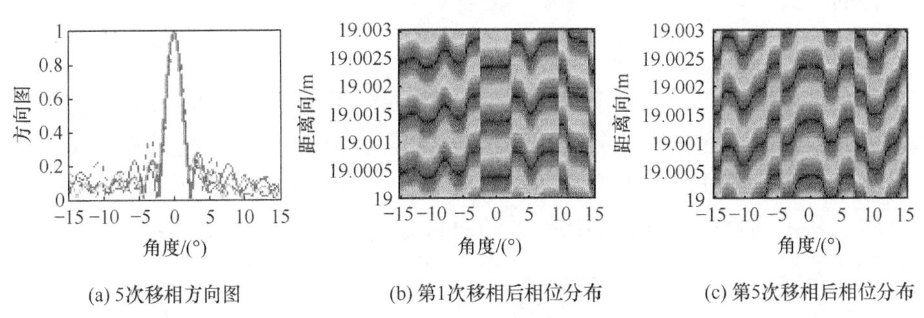

(a) 5次移相方向图　　(b) 第1次移相后相位分布　　(c) 第5次移相后相位分布

图 10.5　$[-\pi/2,\pi/2]$内各阵元多次随机移相后相位空间分布(快照)

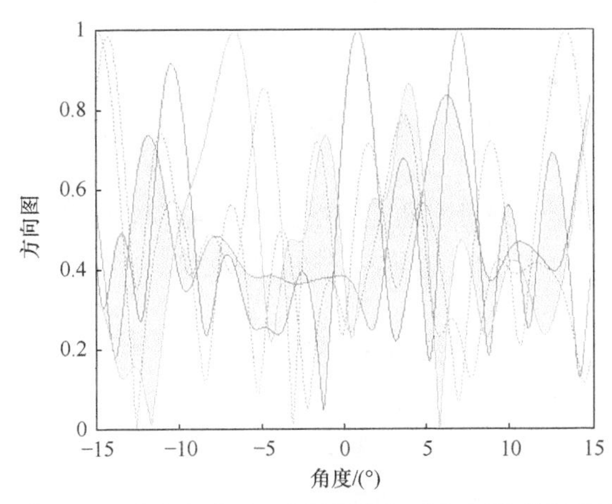

图 10.6　$[-\pi/2,\pi/2]$内各阵元 5 次随机移相后方向图(移相范围$[-\pi,\pi]$)

从数学上看，在前视观测场景中，接收天线位置处接收的散射回波可以写成以下 Fredholm 方程形式：

$$E_{\mathrm{s}}(t)=\int_S \sigma(\boldsymbol{r}_0)E_i(\boldsymbol{r}_0,t)\mathrm{d}S \tag{10.7}$$

显然，散射回波信号 $E_s(t)$ 是不同位置处的目标散射信息 $\sigma(\boldsymbol{r}_0)$ 与辐射场 $E_i(\boldsymbol{r}_0,t)$ 乘积的积分(广义卷积)。由于单个波束内的辐射场是近似均匀分布的，从反演图像、解方程的角度分析，一个波束只能对应一个方程，无法实现波束内的超分辨；要分辨波束内的多个目标散射点，就要解对应多个线性独立、正交的方程。因此，在同一波束覆盖区域内，要求波束内辐射场分布具备时间上和空间上统计独立的特性，这样，波束内的不同目标就被差异性分布的辐射场所标度，以确保散射场回波蕴含了可辨识的目标空间分布信息，为目标信息的解耦和分辨提供了可能。

可以看出，式(10.7)是一个线性过程，对于线性成像系统，又可表示为如下矩阵方程的形式：

$$\boldsymbol{y}=\boldsymbol{H}\boldsymbol{x} \tag{10.8}$$

式中，$\boldsymbol{x}$ 为待恢复图像(目标散射系数)；$\boldsymbol{y}$ 为目标回波数据；$\boldsymbol{H}$ 为成像系统的传递函数，由成像模型决定。成像正问题建模实际就是对 $\boldsymbol{H}$ 的建模过程，成像过程就是通过正则化、压缩感知等工具解方程求 $\boldsymbol{x}$。可见，式(10.8)中 $\boldsymbol{H}$ 与传统成像模型的主要差别就在于孔径编码导致的对目标的不同照射模式。同时可见，尽管未利用倏逝波和电磁波极近场传播效应，但仍可实现超分辨，这种超分辨是物理上丰富的照射模式与数学上先进的信息提取手段(压缩感知、稀疏贝叶斯学习等)两者综合作用的结果。

10.3.2 成像特点

尽管在多个频段都可采用孔径编码进行成像，但太赫兹孔径编码成像具有以下突出优势：

(1) 不依赖相对运动即可成像。突破 SAR/ISAR 等传统雷达成像原理的限制，不再依靠雷达与目标间的相对运动实现高分辨成像，可与太赫兹传统雷达成像形成优势互补。

(2) 收发链路相对简单。射频链路采用一发一收，因此系统结构简单且容易小型化，适用于弹载平台等应用背景。由于天线辐射的电磁波还将通过反射式天线编码后反射，因此系统整体上仍可视为多发一收系统。

(3) 照射模式丰富多样。太赫兹频段波长短、带宽大，更易产生复杂多样的照射模式，甚至只需移相(不需要调频)即可实现。此外，太赫兹频段近场(球面波)效应显著，基于此可获得更加丰富的照射模式。

(4) 成像分辨率高、帧率高且符合视觉。一方面，其具有高分辨率、高帧率前视和凝视三维成像能力，分辨率可超过同等尺寸的实孔径成像，典型分辨率达到厘米级，帧率达到 10Hz，并且能够生成目标横剖面图像(传统雷达只能生成距离-

多普勒平面图像)；另一方面，在太赫兹频段目标表现出粗糙特性，图像具有类光学特点，成像效果更加符合视觉。

(5) 穿透性强。太赫兹波能够穿透薄衣、烟尘等非极性材料，以及振荡频率低于太赫兹频率的等离子体，从而对隐蔽物和目标本体成像。

尽管存在上述诸多优势，但太赫兹孔径编码成像也具有以下缺点：

(1) 照射模式复杂，并且产生复杂照射模式的反射式天线等技术尚不成熟，反射式天线一般只能移相，无法调频。

(2) 宽带线性调频信号存在严重的非线性效应，采用其他类型的大带宽信号又难以去斜接收，对中频带宽和采样速率要求高。

(3) 成像处理属于参数化解方程方法，对系统和目标特性建模误差极为敏感，难以直接利用 BPA 和其他基于快速傅里叶变换的稳健成像方法。

(4) 大气衰减严重。

(5) 成像距离有限。

孔径编码成像方法通过空间幅相编码实现对太赫兹波方向图和波前的空间调制，从而导致辐射能量分散，缩短成像距离。因此，该成像方法主要适用于快速安检、无损检测以及医疗成像(图 10.7)等近距离成像领域。针对军事侦察与预警探测等中远距离成像应用领域，可采用抛物面反射镜等太赫兹准直与聚焦元件对太赫兹波空间弥散进行有效控制，以实现中远距离成像，满足军事应用需求。同时，还可以采用电子学或真空电子学方式提高太赫兹源的发射功率，进一步增加系统作用距离。

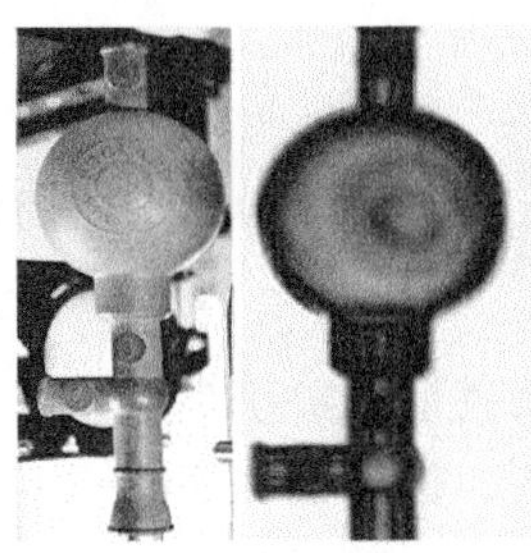
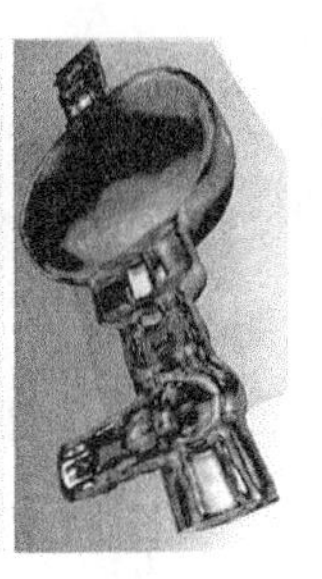

(a) 快速安检　　(b) 无损检测

图 10.7　太赫兹孔径编码成像应用场景

10.4　太赫兹孔径编码成像方法

太赫兹孔径编码成像在本质上属于计算成像体制。计算成像分辨能力依赖丰富多样的随机测量模式。从雷达信号处理角度进行分析，太赫兹孔径编码成像的分辨性能取决于参考信号矩阵的时空独立性。太赫兹孔径编码成像中的参考信号矩阵为计算成像内的测量矩阵。测量矩阵的行列非相关性对应于参考信号矩阵的时空独立性。

太赫兹孔径编码成像的过程就是线性方程(10.6)求逆的运算。式(10.6)与压缩感知成像方法的成像方程一致，因而太赫兹孔径编码成像问题可采用压缩感知成像方法求解。匹配滤波法利用参考信号矩阵的时空独立性，采用相关处理求解目标散射系数。最小二乘法是最直接的求逆方法，重建目标结果只保证误差平方和最小。正则化方法兼顾误差拟合项以及目标分布先验信息。压缩感知成像方法较依赖目标稀疏度，在太赫兹孔径编码成像中根据目标稀疏度可将目标分为稀疏目标和扩展目标，稀疏目标的稀疏度较小，为简单点散射目标，而扩展目标稀疏度较大，为复杂面目标。根据稀疏度的不同，可将孔径编码成像方法分为稀疏目标重建方法和扩展目标重建方法两类。常用的稀疏目标重建方法有 SBL 方法[17]和 OMP 方法，两者分别基于贝叶斯理论和分步最小二乘理论，充分利用目标稀疏先验信息获取最优解。针对扩展目标，小波变换的方法可以把扩展目标变换到稀疏域，然后采用常用稀疏目标重建方法求解。另外，总变分法和基于去噪器的向量近似信息传递(denising-vector approximate message passing, D-VAMP)方法也都能够高效重建扩展目标。

10.4.1 稀疏目标重建方法

针对稀疏目标，常见的孔径编码成像方法有匹配滤波法、正则化方法、OMP 方法和 SBL 方法等。

匹配滤波法借鉴微波关联成像中相关处理的思想，将参考信号矩阵的复共轭转置和回波向量相乘，可以获取目标散射系数矢量：

$$\hat{\boldsymbol{\beta}} = \boldsymbol{S}^{\mathrm{H}} \cdot \boldsymbol{S}_{\mathrm{r}} \tag{10.9}$$

匹配滤波法的成像性能取决于辐射场信号的时空独立性，当参考信号矩阵的行列之间完全不相关时，匹配滤波法能够准确重建目标散射信息。但是，受孔径编码的系统设计和信号波形的限制，参考信号矩阵行列之间必然存在一定的相关性，从而影响了成像效果。

正则化方法在最小二乘法基础上加入先验信息[18]，是求解式(10.6)最直接的方法，其目标散射系数重建表达式为 $\boldsymbol{\beta} = \boldsymbol{S}^{\dagger} \cdot \boldsymbol{S}_{\mathrm{r}}$，其中 $\boldsymbol{S}^{\dagger} = \left(\boldsymbol{S}^{\mathrm{H}}\boldsymbol{S}\right)^{-1}\boldsymbol{S}^{\mathrm{H}}$，表示 $\boldsymbol{S}$ 的伪逆。例如，Tikhonov 正则化方法的求解过程为

$$\hat{\boldsymbol{\beta}} = \arg\min_{\boldsymbol{\beta}} \left\{ \left\| \boldsymbol{S}_{\mathrm{r}} - \boldsymbol{S} \cdot \boldsymbol{\beta} \right\|_2^2 + \lambda \left\| \boldsymbol{\beta} \right\|_2^2 \right\} \tag{10.10}$$

式(10.10)用l_2范数$\|\boldsymbol{\beta}\|_2^2=\left(\sum_{k=1}^{K}|\beta_k|^2\right)^{1/2}$表示正则化方法增加的先验约束信息，$\lambda$为正则化参数，其中$l_2$先验约束项表示目标分布满足高斯先验。

另外，根据压缩感知理论，稀疏目标的优化求解问题可变换为

$$\hat{\boldsymbol{\beta}}=\arg\min_{\boldsymbol{\beta}}\left\{\|\boldsymbol{S}_{\mathrm{r}}-\boldsymbol{S}\cdot\boldsymbol{\beta}\|_2^2+\lambda\|\boldsymbol{\beta}\|_0\right\} \tag{10.11}$$

式中，$\|\boldsymbol{S}_{\mathrm{r}}-\boldsymbol{S}\cdot\boldsymbol{\beta}\|_2^2$为方程(10.6)的误差拟合项；$l_0$范数$\|\boldsymbol{\beta}\|_0$表示目标散射系数矢量$\boldsymbol{\beta}$中的非零元素个数，该项可称为稀疏度约束项；$\lambda$为误差拟合项和稀疏度约束项之间的平衡参数。$l_0$范数求解是 NP 难问题，因此式(10.11)中的l_0范数也可用l_1范数替代。常用的稀疏目标重建方法有 SBL 方法和贪婪类方法。

SBL 方法首先假设目标系数服从某种稀疏先验分布，然后根据贝叶斯基本定理推导观测变量$\boldsymbol{S}_{\mathrm{r}}$的边缘似然函数，最后采用最大化估计方法联合先验分布和边缘似然函数来重建目标系数矢量。

OMP 和匹配追踪(matching pursuit，MP)方法本质上都是分步迭代的最小二乘法。区别于 MP 方法，OMP 方法每一步迭代后的残差向量和已选择的所有字典矩阵列向量正交，而 MP 方法只能确保当前迭代过程中的残差向量和字典矩阵列向量正交。因而，OMP 方法的迭代过程更稳健，重建结果更精确。

下面采用仿真的方法分析匹配滤波法、Tikhonov 正则化方法、SBL 方法和 OMP 方法对稀疏目标的成像效果。雷达信号工作在 340GHz，工作带宽为 10GHz，孔径编码天线的尺寸为 0.6m×0.6m，编码阵元规模为 30×30，编码天线的每个阵元对太赫兹波前不同位置在[−0.5π,0.5π]内随机调制。图 10.8(a)为待成像的稀疏目标，该稀疏目标包含 19 个散射点，成像场景被剖分成 32×32 个成像网格单元，每个网格单元的尺寸为 0.005m×0.005m。仿真过程中信号的信噪比设置为 20dB。

图 10.8(b)～图 10.8(e)分别为匹配滤波法、Tikhonov 正则化方法、SBL 方法和 OMP 方法的稀疏目标重建结果。受限于参考信号矩阵的行列相关性，匹配滤波法仅能重建出部分散射点，成像效果较差。Tikhonov 正则化方法基本重建出了所有目标散射点，但是背景噪声较多，不利于目标检测。SBL 方法和 OMP 方法有效利用了稀疏先验信息，都能够相对准确地重建目标。SBL 方法的重建结果中包含部分强度很弱的伪散射点。OMP 算法的迭代次数设置为 20，可见所有真实的目标散射点都在迭代过程中被正确选取。综合四种方法的成像效果可知，OMP 方法对稀疏类目标的成像效果较优。

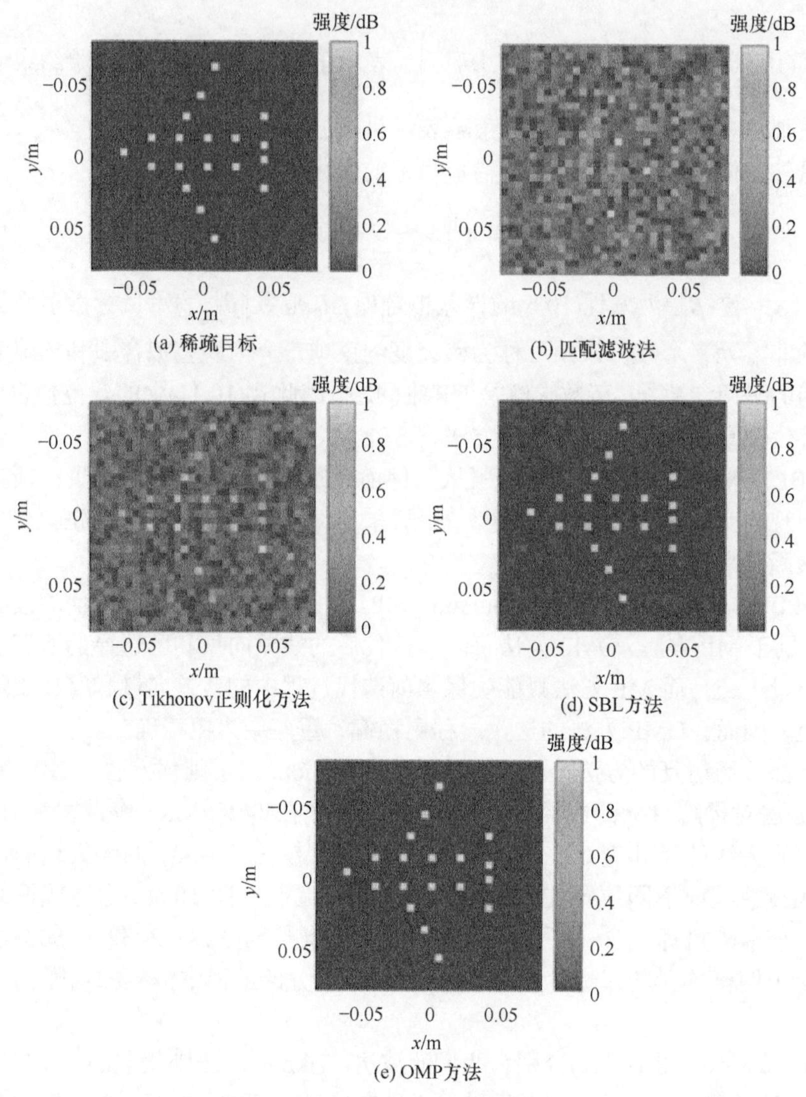

图 10.8　稀疏目标重建结果

10.4.2　扩展目标重建方法

图 10.9 给出了上述四种方法对扩展目标在相同参数下的成像结果。图 10.9(a)为区别于图 10.8(a)中稀疏目标的扩展目标，该目标稀疏特性较弱，目标散射特性更复杂。图 10.9(b)～图 10.9(e)分别为匹配滤波法、Tikhonov 正则化方法、SBL 方法和 OMP 方法的扩展目标重建结果。由于匹配滤波法的重建结果主瓣较宽，旁瓣较高，该方法不能重建扩展目标。Tikhonov 正则化方法的数学求解式(10.10)并没有考虑目标的稀疏先验信息，图 10.9(c)中的成像效果显示 Tikhonov 正则化

方法能够解析出扩展目标的基本轮廓信息，因此 Tikhonov 正则化方法对稀疏目标和扩展目标的成像效果都一般。由于扩展目标没有稀疏先验信息，SBL 方法和 OMP 方法都重建失败。这里 OMP 方法的迭代次数也设置为 20，因此仅能重建出 20 个散射点。综上，上述四类方法对扩展目标成像集体失效，因此有必要引入适用于扩展目标的成像方法。

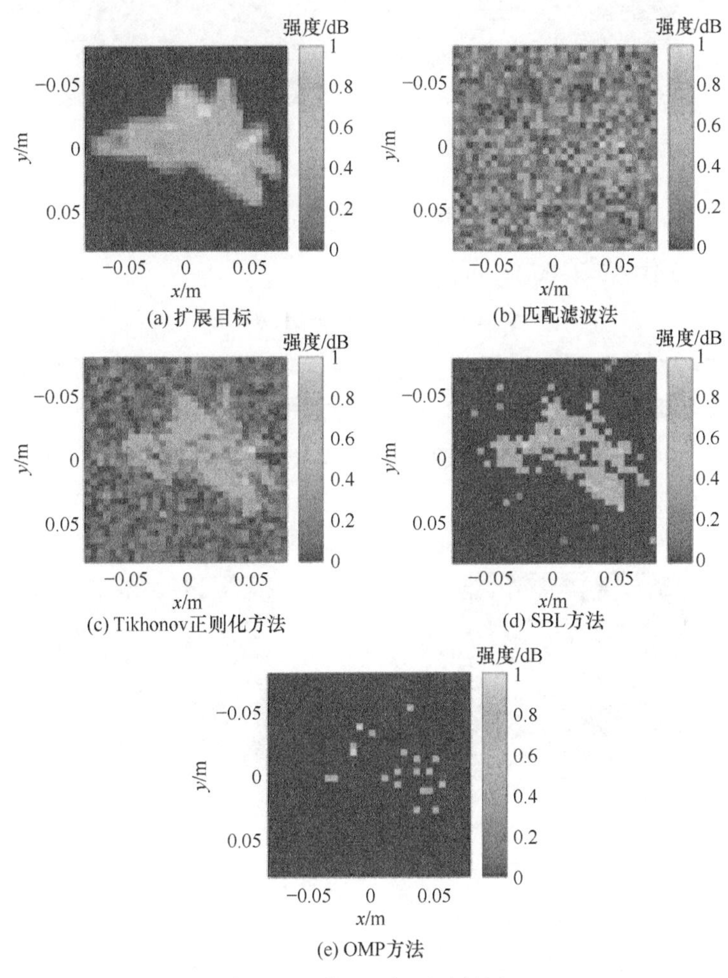

图 10.9　扩展目标重建结果

虽然扩展目标稀疏性较差，但是经过小波变换可以将非稀疏类目标变换到稀疏域。首先介绍基于小波变换的扩展目标重建方法，对于式(10.6)中的成像数学模型，首先构造小波基稀疏变换矩阵 $\boldsymbol{\Psi}$，其不影响原参考矩阵的时空二维随机起伏特性。将此稀疏目标散射系数变换到小波稀疏域，其稀疏表征为 $\boldsymbol{\theta}=\boldsymbol{\Psi}\cdot\boldsymbol{\beta}$，图 10.10(b)为扩展飞机目标在小波稀疏域的表征，相对于未经变换的扩展飞机目标[图 10.10 (a)]，飞机目标在小波稀疏域特性更明显。

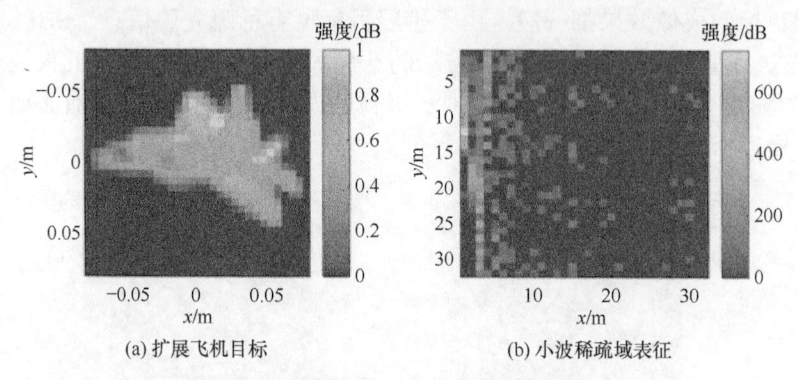

(a) 扩展飞机目标　　(b) 小波稀疏域表征

图 10.10　扩展飞机目标及小波稀疏域表征

将 $\boldsymbol{\theta}=\boldsymbol{\Psi}\cdot\boldsymbol{\beta}$ 代入式(10.6)，可得

$$\boldsymbol{S}_{\mathrm{r}}=\boldsymbol{S}\cdot\boldsymbol{\Psi}^{-1}\cdot\boldsymbol{\theta}+\boldsymbol{w}=\boldsymbol{A}\cdot\boldsymbol{\theta}+\boldsymbol{w} \tag{10.12}$$

式中，$\boldsymbol{A}=\boldsymbol{S}\cdot\boldsymbol{\Psi}^{-1}$ 为经过小波稀疏变换得到的字典矩阵。首先，利用 OMP 等稀疏求解方法求解新的成像方程(10.12)，得到过渡的小波稀疏解。然后，通过小波逆变换 $\boldsymbol{\beta}=\boldsymbol{\Psi}^{-1}\cdot\hat{\boldsymbol{\theta}}$ 求出面目标的真实散射系数。这里采用上述方法，将小波变换和正交匹配追踪结合，提出 WT-OMP 方法。图 10.11 比较了没有经过小波变换的

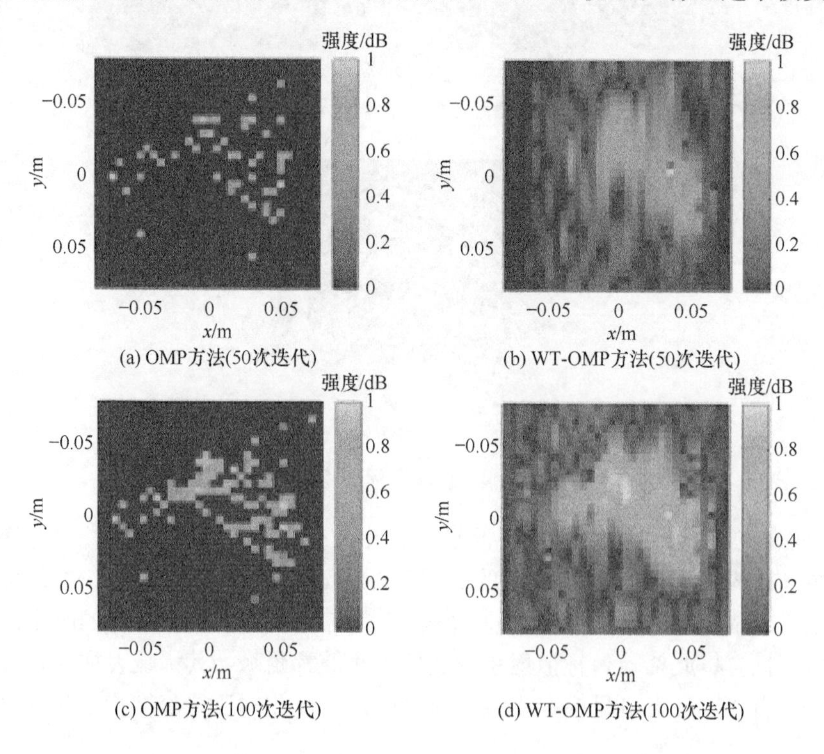

(a) OMP方法(50次迭代)　　(b) WT-OMP方法(50次迭代)

(c) OMP方法(100次迭代)　　(d) WT-OMP方法(100次迭代)

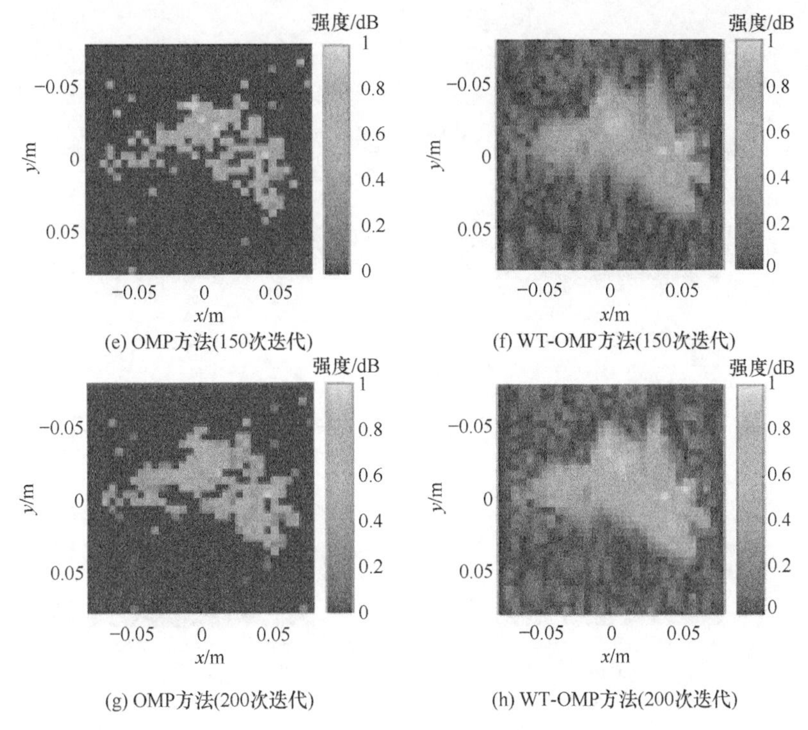

(e) OMP方法(150次迭代)　(f) WT-OMP方法(150次迭代)

(g) OMP方法(200次迭代)　(h) WT-OMP方法(200次迭代)

图 10.11　OMP 方法和 WT-OMP 方法成像结果对比

OMP 方法和经过小波变换的 WT-OMP 方法在不同迭代次数下的成像结果。可以发现，在相同迭代次数下，WT-OMP 方法成像效果优于 OMP 方法；另外，WT-OMP 方法在较少迭代次数下可以很快解析出目标基本信息。因此，基于小波变换的稀疏重建方法相较于一般的稀疏目标重建方法，更适用于扩展目标成像。

虽然上述方法能够解析出扩展目标基本轮廓，但是对具体细节信息的成像效果一般。D-VAMP 方法能够在较低压缩采样率下，对扩展目标快速精准成像。D-VAMP 方法可针对成像目标特征，引入合适的去噪器实现有效成像。本章采用的去噪器包括非局部平均(non-local means，NLM)和三维块匹配(block-matching 3D，BM3D)两种。BM3D 去噪器[19, 20]是 NLM 的升级版，能够进一步提高成像信噪比，两者都适用于孔径编码扩展目标成像。图 10.12 为 WT-OMP 方法、TVAL 总变分方法、NLM-VAMP 方法和 BM3D-VAMP 方法成像结果的对比。图 10.12 的仿真条件及仿真目标同图 10.11 完全相同。其中，WT-OMP 方法的迭代次数为 250 次。研究表明，NLM-VAMP 方法和 BM3D-VAMP 方法的成像结果远优于其他两种成像方法。考虑到细节信息及背景噪声，BM3D-VAMP 方法较优于 NLM-VAMP 方法。

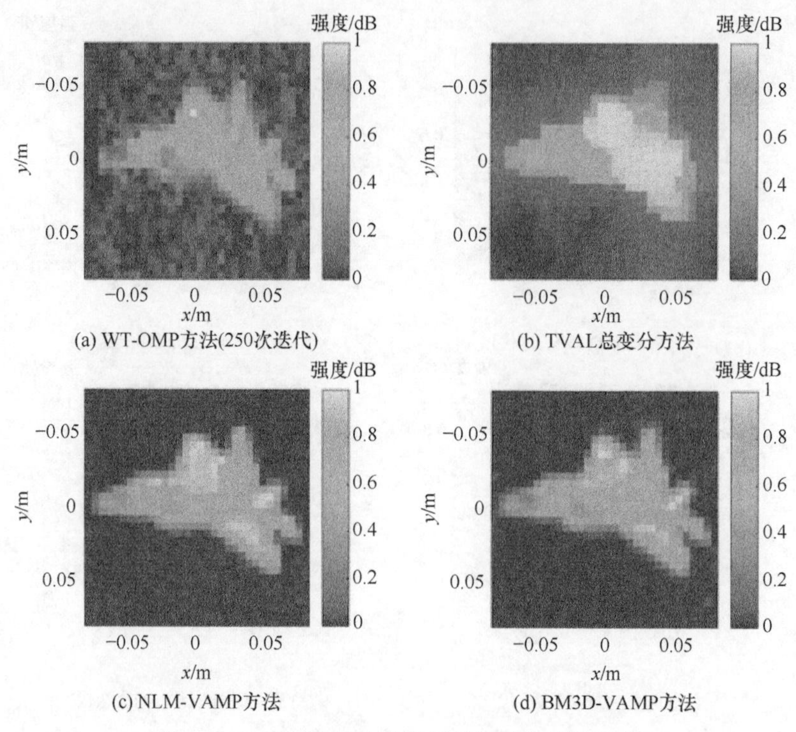

(a) WT-OMP方法(250次迭代)　(b) TVAL总变分方法

(c) NLM-VAMP方法　(d) BM3D-VAMP方法

图 10.12　不同成像方法扩展目标成像结果对比

10.5　太赫兹孔径编码分辨率表征

为深入分析对比不同编码策略的分辨性能，本节分别介绍基于时空相关性的定性分析方法和基于有效秩理论的定量分析方法。针对式(10.6)所示方程组，方程的个数不能小于待求解未知参数的个数，即考虑 $N \geqslant K$ ，这样目标未知参数求解可概括为以下两种情况：

(1) $\operatorname{rank}(\boldsymbol{S}) = K$ 。方程组内独立方程个数等于待求解未知参数个数。当 $N = K$ 时，可直接通过求逆运算求解；当 $N > K$ 时，可通过求伪逆运算求解。

(2) $\operatorname{rank}(\boldsymbol{S}) < K$ 。独立方程个数少于待求解未知参数个数，此时无法通过求逆运算求解未知参数向量。

情况(2)可总结为秩缺问题，该情况下无法准确求解未知参数，且容易受噪声影响。参考信号矩阵 $\boldsymbol{S}$ 秩缺越严重，求解的目标散射系数越不准确，受噪声的影响越大。理想情况下，矩阵 $\boldsymbol{S}$ 的各行和各列之间完全独立，不存在秩缺问题。但现实雷达信号处理中，矩阵行列之间总会存在一定的相关性。这样，判断式(10.6)求解的问题就变换为判断参考信号矩阵原子之间相关性的问题。因此，可通过估计参考信号矩阵不同行和不同列之间的相关性来分析太赫兹孔径编码成像系统的分辨能力。

10.5.1　基于时空相关性的定性分析方法

定义空间相关函数和时间相关函数来定性描述孔径编码成像系统的分辨性能。参考信号矩阵被表达为列原子组合和行原子组合的形式，其具体表达形式为

$$\boldsymbol{S}=\begin{cases}\begin{bmatrix}\boldsymbol{s}_1 & \boldsymbol{s}_2 & \cdots & \boldsymbol{s}_k & \cdots & \boldsymbol{s}_K\end{bmatrix}\in\mathbf{C}^{N\times K}, & \text{列原子形式}\\ \begin{bmatrix}\boldsymbol{s}^1 & \boldsymbol{s}^2 & \cdots & \boldsymbol{s}^n & \cdots & \boldsymbol{s}^N\end{bmatrix}^{\mathrm{T}}\in\mathbf{C}^{N\times K}, & \text{行原子形式}\end{cases} \tag{10.13}$$

式中，$\boldsymbol{s}_k$ 为第 k 个列原子，对应参考信号矩阵第 k 列；$\boldsymbol{s}^n$ 为第 n 个行原子，对应参考信号矩阵第 n 行。列原子 $\boldsymbol{s}_k$ 和行原子 $\boldsymbol{s}^n$ 的表达式分别为

$$\boldsymbol{s}_k=\begin{bmatrix}S(k,t_1) & S(k,t_2) & \cdots & S(k,t_N)\end{bmatrix}^{\mathrm{T}} \tag{10.14}$$

$$\boldsymbol{s}^n=\begin{bmatrix}S(1,t_n) & S(2,t_n) & \cdots & S(K,t_n)\end{bmatrix} \tag{10.15}$$

空间相关函数和时间相关函数分别通过计算参考信号矩阵各列之间和各行之间的相关性来描述孔径编码成像系统的分辨性能，空间相关函数 γ^{space} 和时间相关函数 γ^{time} 具体定义如下：

$$\gamma^{\text{space}}=\left\langle\boldsymbol{s}_a,\boldsymbol{s}_b\right\rangle=E\left[\sum_{n=1}^{N}S\left(\boldsymbol{r}_a,t_n\right)S^*\left(\boldsymbol{r}_b,t_n\right)\right],\quad a,b\in\left[1,K\right] \tag{10.16}$$

$$\gamma^{\text{time}}=\left\langle\boldsymbol{s}^c,\boldsymbol{s}^d\right\rangle=E\left[\sum_{k=1}^{K}S\left(\boldsymbol{r}_k,t_c\right)S^*\left(\boldsymbol{r}_k,t_d\right)\right],\quad c,d\in\left[1,N\right] \tag{10.17}$$

式中，$\langle\cdot\rangle$ 表示原子间的互相关；$E[\cdot]$ 为均值运算符号；“*”为复数的共轭运算；$\boldsymbol{s}_a$ 和 $\boldsymbol{s}_b$ 分别为参考信号矩阵 K 列内任意两个列原子；$\boldsymbol{s}^c$ 和 $\boldsymbol{s}^d$ 分别为参考信号矩阵 N 行内任意两个行原子。

当空间相关函数 $\gamma^{\text{space}}=0$ 和时间相关函数 $\gamma^{\text{time}}=0$ 时，行原子 $\boldsymbol{s}_a$ 和 $\boldsymbol{s}_b$ 以及列原子 $\boldsymbol{s}^c$ 和 $\boldsymbol{s}^d$ 完全独立。当任意两个行原子和任意两个列原子之间的空间相关函数和时间相关函数都为零时，孔径编码成像系统的参考信号矩阵达到理想状态。根据时空相关函数的定义，γ^{space} 和 γ^{time} 越趋向于零，参考信号矩阵的时空非相关性越强，孔径编码成像系统分辨性能越高。综上，太赫兹孔径编码成像系统的分辨性能与空间相关函数和时间相关函数成反比。

10.5.2 基于有效秩理论的定量分析方法

本小节介绍如何通过有效秩理论描述太赫兹孔径编码成像系统的分辨性能。参考信号矩阵的奇异值分解表达式为

$$\boldsymbol{S}=\boldsymbol{U}\boldsymbol{\Sigma}\boldsymbol{V}^{\mathrm{H}}=\sum_{i=1}^{R}u_i\delta_i v_i^{\mathrm{H}} \tag{10.18}$$

式中，$\boldsymbol{\Sigma}=\begin{bmatrix}\boldsymbol{\Sigma}_R & \boldsymbol{0}\\ \boldsymbol{0} & \boldsymbol{0}\end{bmatrix}$ 且 $\boldsymbol{\Sigma}_R=\mathrm{diag}(\delta_1,\delta_2,\cdots,\delta_R)$，$\delta_1\geqslant\delta_2\geqslant\cdots\geqslant\delta_R$ 为奇异值，R 为参考信号矩阵的秩；$\boldsymbol{U}=[\boldsymbol{u}_1\quad \boldsymbol{u}_2\quad \cdots\quad \boldsymbol{u}_N]^{\mathrm{T}}\in\mathbf{C}^{N\times N}$ 和 $\boldsymbol{V}=[\boldsymbol{v}_1\quad \boldsymbol{v}_2\quad \cdots\quad \boldsymbol{v}_K]^{\mathrm{T}}\in\mathbf{C}^{K\times K}$ 都是酉矩阵。

借鉴有效秩理论思想，采用一个近似矩阵 $\hat{\boldsymbol{S}}$ 逼近编码成像中的参考信号矩阵 $\boldsymbol{S}$。近似矩阵 $\hat{\boldsymbol{S}}$ 的秩 r 不大于参考信号矩阵 $\boldsymbol{S}$ 的秩 R，即 $r\leqslant R$。近似矩阵和参考信号矩阵的 Frobenius 范数比定义为

$$\nu(r)=\frac{\|\hat{\boldsymbol{S}}\|_{\mathrm{F}}}{\|\boldsymbol{S}\|_{\mathrm{F}}}=\frac{\sqrt{\sum_{i=1}^{r}\delta_i^2}}{\sqrt{\sum_{i=1}^{R}\delta_i^2}} \tag{10.19}$$

参考信号矩阵 $\boldsymbol{S}$ 的有效秩是满足 $\nu(r)\geqslant\xi$ 的最小整数值 r，ξ 是小于 1 的阈值参量，例如，可以取 $\xi=0.999$ 等。

为进一步简化式(10.19)，参考信号矩阵 $\boldsymbol{S}$ 所有奇异值的平方和运算 $\sum_{i=1}^{R}\delta_i^2$ 进一步拆分为

$$\sum_{i=1}^{R}\delta_i^2=\sum_{i=1}^{r}\delta_i^2+\sum_{i=r+1}^{R}\delta_i^2 \tag{10.20}$$

将式(10.20)代入式(10.19)，不等式 $\nu(r)\geqslant\xi$ 两边同时开平方，化简后可以得到

$$\sum_{i=1}^{r}\delta_i^2\geqslant\frac{\xi^2}{1-\xi^2}\sum_{i=r+1}^{R}\delta_i^2 \tag{10.21}$$

根据式(10.21)，可以定义目标函数 $f(r)=\sum_{i=1}^{r}\delta_i^2-\frac{\xi^2}{1-\xi^2}\sum_{i=r+1}^{R}\delta_i^2$，参考信号矩阵的有效秩为满足不等式 $f(r)\geqslant 0$ 的最小整数值。

最理想的参考信号矩阵为满秩矩阵，而秩缺矩阵降低了太赫兹孔径编码成像

系统的分辨性能，秩亏损越严重，成像分辨性能越差。因此，参考信号矩阵的有效秩越大，太赫兹孔径编码成像系统的分辨性能越好。

10.6 小　结

太赫兹孔径编码成像突破了雷达成像领域经典的层析原理和距离-多普勒原理，不依赖雷达-目标相对运动即可实现高帧率和高分辨成像，部分克服了保铮院士概括的“运动是成像的依据，也是问题的根源”这一矛盾，把电磁波幅度、频率、相位、极化调制拓展到空间幅相调制，加深和拓展了人们对电磁波的认识、操控和利用，有望成为雷达成像领域继 SAR/ISAR、多发多收雷达和微波关联成像之后的又一变革。太赫兹孔径编码成像系统的超分辨能力是物理上丰富的照射模式与数学上先进的信息提取手段两者综合作用的结果。此外，太赫兹孔径编码成像系统中包含大量光路，充分利用了太赫兹波的近光学特点，是电子学和光学融合发展的产物。发展太赫兹孔径编码成像将为快速安检、无损检测以及医学成像等领域的应用提供一条全新的技术途径。最后需要说明的是，孔径编码成像与合成孔径成像并非完全不相容，两者有望相互补充，共同将成像技术发展到人类孜孜以求的更高阶段。近年来，出现的电磁涡旋与衍射层析融合成像为这种结合提供了很好的范例。

参 考 文 献

[1] 保铮, 邢孟道, 王彤. 雷达成像技术. 北京: 电子工业出版社, 2005.

[2] 邓彬, 陈硕, 罗成高, 等. 太赫兹孔径编码成像研究综述. 红外与毫米波学报, 2017, 36(3): 302-310.

[3] 陈硕. 太赫兹孔径编码三维成像技术研究. 长沙: 国防科技大学, 2018.

[4] 李东泽. 雷达关联成像技术研究. 长沙: 国防科学技术大学, 2014.

[5] 查国峰. 运动目标微波关联成像技术研究. 长沙: 国防科学技术大学, 2016.

[6] 徐浩. 基于空间谱理论和时空两维随机辐射场的雷达成像研究. 合肥: 中国科学技术大学, 2011.

[7] 周海飞. 基于时空随机辐射场的微波凝视成像新方法及其辐射源特性研究. 合肥: 中国科学技术大学, 2011.

[8] 郭桂蓉, 胡卫东, 杜小勇. 基于电磁涡旋的雷达目标成像. 国防科技大学学报, 2013, 35(6): 71-76.

[9] Luo C G, Deng B, Wang H Q, et al. High-resolution terahertz coded-aperture imaging for near-field three-dimensional target. Applied Optics, 2019, 58(12): 3293-3300.

[10] 刘玮. 太赫兹全息成像方法及孔径编码成像方法研究. 北京: 中国科学院大学, 2016.

[11] Wallace H B. Advanced scanning technology for imaging radars (ASTIR). Arlington: DARPA, 2014.

[12] Hunt J, Driscoll T, Mrozack A, et al. Metamaterial apertures for computational imaging. Science, 2013, 339(6117): 310-313.

[13] 程丽红. X 光编码孔径成像理论及实验研究. 大连: 大连理工大学，2006.

[14] 白佳俊, 陈强, 陈亮, 等. 超材料压缩感知成像技术. 太赫兹科学与电子信息学报, 2015, 13(4): 569-573.

[15] 崔铁军. 超材料和超表面对电磁波的调控及应用. 西部光子学学术会议, 西安, 2015: 5.

[16] Chen S, Luo C G, Deng B, et al. Study on coding strategies for radar coded-aperture imaging in terahertz band. Journal of Electronic Imaging, 2017, 26(5): 53021-53022.

[17] 苏伍各. 基于稀疏贝叶斯重构方法的雷达成像技术研究. 长沙: 国防科学技术大学, 2015.

[18] Golub G H, Hansen P C, O'Leary D P. Tikhonov regularization and total least squares. SIAM Journal of Matrix Analysis & Applications, 1997, 21(1): 185-194.

[19] Metzler C A, Maleki A, Baraniuk R G. BM3D-AMP: A new image recovery algorithm based on BM3D denoising . IEEE International Conference on Image Processing, Quebec City, 2015: 3116-3120.

[20] Yang D, Sun J. BM3D-net: A convolutional neural network for transform-domain collaborative filtering . IEEE Signal Processing Letters, 2018, 25(1): 55-59.

第 11 章　太赫兹雷达参数化特征增强成像

11.1　引　　言

雷达增强成像是对图像本身的质量而言的，实现这一目标的途径和方法有很多，如反卷积法、空间变迹法、带宽外推法、谱估计法、偏微分法、利用稀疏先验的正则化方法及贝叶斯方法等[1]。早在 2001 年，Cetin 等[2]就提出了利用正则化的特征增强雷达成像方法，其本质正是利用雷达目标点状或块状分布的先验信息使图像质量更符合预期，但这一成果在当时并未引起学术界的足够注意。自 2006 年，压缩感知理论[3-5]一经提出便迅速渗透到许多应用领域[6-14]，极大地促进了各种稀疏恢复方法的进展[15]。基于压缩感知/稀疏恢复的雷达成像也成为雷达增强成像领域的研究热点[16]。发展至今，基于先验信息的正则化雷达成像方法已被广泛用于各种成像体制，包括 SAR、ISAR、InSAR、TomoSAR、下视线阵 SAR、毫米波全息成像、孔径编码成像、微波关联成像、探地雷达、穿墙雷达等。

概括地讲，参数化成像方法是基于目标和成像过程的参数化模型，利用先验信息对成像逆问题进行优化求解，从而实现特征增强的方法。特征增强包括超分辨、旁瓣抑制、点/线/面/边缘等特征凸显。参数化成像方法本质上是通过先进的数学工具充分挖掘目标或模型先验信息以及回波中蕴含的细微信息，因此它可以提取主瓣甚至旁瓣形状的细微差别，也因此对信噪比要求较高。参数化成像方法本身没有带来新的信息，但具备比傅里叶变换更加强大的信息提取能力。

参数化成像方法在太赫兹成像领域也有越来越多的应用。美国东北大学提出基于 CS 和稀疏阵列优化的人体探测成像，仅利用 25%～40%的接收信号即可实现重建[17]；英国伦敦玛丽女王大学提出采用 CS 方法降低二维毫米波全息成像系统的数据采集时间[18]，西班牙 Alvarez 等[19]提出了三维 CS 毫米波成像方法，并得到了实测验证，作者曾结合太赫兹目标成像特性提出了基于块稀疏的重建方法[20]。近年来，作者尝试把深度学习方法应用于雷达成像和太赫兹成像，使之不仅在分类识别中大显身手，而且在回归估计中初露锋芒。尽管参数化成像方法复杂度较高，运行或训练时间较长，但前景非常广阔。

11.2 特征增强成像模型

本节首先着重介绍利用线性模型 $\boldsymbol{g}=\boldsymbol{H}\gamma+\boldsymbol{\omega}$ 对雷达成像问题进行建模的若干方法，然后对先验信息、重建条件进行简介，接着给出一种典型的稀疏恢复方法——迭代软阈值(iterative soft thresholding，IST)方法的流程。对于涉及相位误差和网格失配等问题的更复杂模型，本节暂不讨论。

11.2.1 模型建立

建模的过程实际就是将式(2.16)所示的成像正问题模型表示成矩阵线性方程的形式。下面以式(2.16)所示三维转台模型为例介绍雷达增强成像的建模方法，对于更一般的成像体制，只要能将正问题模型写为线性方程的形式，建模方式就与式(2.16)相似。

首先将式(2.16)离散化，并改写为

$$E^s\left(k_{n_k},\theta_{n_\theta},\varphi_{n_\varphi}\right)=\Delta x\Delta y\Delta z\cdot\sum_{m_z=1}^{M_z}\sum_{m_y=1}^{M_y}\sum_{m_x=1}^{M_x}o\left(x_{m_x},y_{m_y},z_{m_z}\right)\cdot\exp\left[-2\mathrm{j}k_{n_k}\left(x_{m_x}\sin\theta_{n_\theta}\cos\varphi_{n_\varphi}+y_{m_y}\sin\theta_{n_\theta}\sin\varphi_{n_\varphi}+z_{m_z}\cos\theta_{n_\theta}\right)\right] \tag{11.1}$$

式中，n_k、n_θ、n_φ、m_x、m_y、m_z 分别为离散化变量 k、θ、φ、x、y、z 的下标，它们的取值均从 1 开始，上限分别为 N_k、N_θ、N_φ、M_x、M_y、M_z。

令

$$\boldsymbol{g}=\left[g_1 \quad \cdots \quad g_n \quad \cdots \quad g_N\right]^{\mathrm{T}} \tag{11.2}$$

$$\boldsymbol{\gamma}=\left[\gamma_1 \quad \cdots \quad \gamma_m \quad \cdots \quad \gamma_M\right]^{\mathrm{T}} \tag{11.3}$$

$$\boldsymbol{H}=\begin{bmatrix} H_{11} & \cdots & H_{1m} & \cdots & H_{1M} \\ \vdots & & \vdots & & \vdots \\ H_{n1} & & H_{nm} & & H_{nM} \\ \vdots & & \vdots & & \vdots \\ H_{N1} & \cdots & H_{Nm} & \cdots & H_{NM} \end{bmatrix} \tag{11.4}$$

式中

$$g_n = E^s\left(k_{n_k}, \theta_{n_\theta}, \varphi_{n_\varphi}\right), \quad n = n_k + \left(n_\theta - 1\right)N_k + \left(n_\varphi - 1\right)N_\theta N_k \tag{11.5}$$

$$\gamma_m = o\left(x_{m_x}, y_{m_y}, z_{m_z}\right), \quad m = m_x + \left(m_y - 1\right)M_x + \left(m_z - 1\right)M_y M_x \tag{11.6}$$

注意式(11.6)默认了γ_m为理想点散射中心的幅度，若采用第 2 章给出的其他散射中心模型，其形式需进行相应改动。

$$H_{nm} = \Delta x \Delta y \Delta z \cdot \exp\left[-2\mathrm{j}k_{n_k}\left(x_{m_x}\sin\theta_{n_\theta}\cos\varphi_{n_\varphi} + y_{m_y}\sin\theta_{n_\theta}\sin\varphi_{n_\varphi} + z_{m_z}\cos\theta_{n_\theta}\right)\right] \tag{11.7}$$

于是，式(11.1)可写为

$$\boldsymbol{g} = \boldsymbol{H}\gamma \tag{11.8}$$

式中，$\boldsymbol{g} \in \mathbf{C}^N, \gamma \in \mathbf{C}^M, \boldsymbol{H} \in \mathbf{C}^{N\times M}$。式(11.8)可继续添加噪声。

上面的建模过程默认$\boldsymbol{g}$代表雷达回波，γ代表雷达图像，前述回波数据和图像均为三维张量，对于更低维度的一维或二维成像，建模过程可由上述过程退化得到。理论上任何成像体制和正问题模型，只要能表示为线性模型均可通过上述过程建模为式(11.8)的形式。然而从可行性和便于求解的角度考虑，前述“简单粗暴”的建模方式并不一定适合。例如，由于$N = N_k N_\theta N_\varphi$、$M = M_x M_y M_z$，即便对于较小规模的三维成像问题，传感矩阵$\boldsymbol{H}$的规模都将是现有计算机或信号处理机难以承受的。一方面，对$\boldsymbol{H}$元素的存储与运算将消耗极大的存储空间；另一方面，对$\boldsymbol{H}$进行的矩阵操作将是低效和耗时的。因此，上述建模方法往往仅用于一维成像或较小规模的二维成像中。

为解决上述建模方法的弊端，主要采用两种改进思路：改进思路一是不直接在雷达回波和图像间建立观测关系，而是在某种变换域选取更合适的$\boldsymbol{g}$和γ；改进思路二是不显式地表示矩阵$\boldsymbol{H}$，而是对其进行隐式实现。值得一提的是，这两种改进思路并非互斥，在成像建模时两者可以叠加使用。

对于改进思路一，一个典型的例子是稀疏孔径 ISAR 成像。ISAR 成像的回波和成像结果都是二维矩阵，但当转角较小时，成像过程可在两个维度上独立进行。稀疏孔径带来的主要问题是方位向非均匀采样和观测数据的减少，因此方位向成像有更迫切的增强需求。正是基于这些原因，研究者往往先用传统方法得到距离像序列，再将每个距离单元的方位向信号看作$\boldsymbol{g}$，相应的方位图像为γ，此时$\boldsymbol{H}$往往为部分傅里叶矩阵。最后，将每个距离单元求得的γ叠加起来便得到了最终的二维成像结果。可见在采用这种建模方式时，原本的二维成像模型退化为一维，从而极大地降低了$\boldsymbol{H}$的规模，使得成像在存储消耗和时间消耗方面都更为可行。

对于改进思路二，其核心思想是将 $\boldsymbol{H}$ 看作一个线性算子或线性函数，而非一个实体矩阵。这样便无须存储大规模的传感矩阵，同时在计算效率上也往往具有优势。例如，假设二维图像 $\boldsymbol{X}_{M_1\times M_2}$ 与回波 $\boldsymbol{Y}_{N_1\times N_2}$ 满足二维傅里叶变换关系：

$$Y_{n_1n_2}=\sum_{m_2=1}^{M_2}\sum_{m_1=1}^{M_1}X_{m_1m_2}\exp\left[-2\mathrm{j}\pi\frac{(m_1-1)n_1}{M_1}\right]\exp\left[-2\mathrm{j}\pi\frac{(m_2-1)n_2}{M_2}\right] \tag{11.9}$$

为了方便讨论，假定 $M_1=N_1$、$M_2=N_2$。于是，利用与式(11.1)～式(11.7)相似的建模方法，同样可以将式(11.9)写为式(11.8)的形式，此时有

$$\boldsymbol{g}=\mathrm{vec}(\boldsymbol{Y}),\quad \gamma=\mathrm{vec}(\boldsymbol{X}),\quad \boldsymbol{H}=\tilde{\boldsymbol{F}}_{\mathrm{c}}\tilde{\boldsymbol{F}}_{\mathrm{r}} \tag{11.10}$$

式中，$\mathrm{vec}(\cdot)$ 为向量化算子。

$$\tilde{\boldsymbol{F}}_{\mathrm{r}}=\boldsymbol{I}_{M_2}\otimes\boldsymbol{F}_{M_1},\quad \tilde{\boldsymbol{F}}_{\mathrm{c}}=\boldsymbol{F}_{M_2}\otimes\boldsymbol{I}_{M_1},\quad \tilde{\boldsymbol{F}}_{\mathrm{r}},\tilde{\boldsymbol{F}}_{\mathrm{c}}\in\mathbf{C}^{M_1M_2\times M_1M_2} \tag{11.11}$$

式中，“$\otimes$”代表 Kronecker 积；$\boldsymbol{I}_{M_1}$、$\boldsymbol{I}_{M_2}$ 分别为 M_1 阶和 M_2 阶单位矩阵；$\boldsymbol{F}_{M_1}$、$\boldsymbol{F}_{M_2}$ 分别为 M_1 阶和 M_2 阶傅里叶矩阵。可见，此时矩阵 $\boldsymbol{H}$ 的规模是较大的。若将 $\boldsymbol{H}$ 看作线性算子，则其作用是完成了由 γ 到 $\boldsymbol{g}$ 的线性映射，也就是从 $\boldsymbol{X}$ 到 $\boldsymbol{Y}$ 的二维傅里叶变换，于是算子形式的 $\boldsymbol{H}$ 可写为

$$\boldsymbol{H}(\gamma)=\mathrm{vec}\left\{\mathrm{DFT}_{\mathrm{2D}}\left[\mathrm{unvec}_{M_1,M_2}(\gamma)\right]\right\} \tag{11.12}$$

式中，$\mathrm{unvec}(\cdot)$ 为矩阵化算子；$\mathrm{DFT}_{\mathrm{2D}}[\cdot]$ 可以利用二维快速傅里叶变换实现，这种利用线性算子的建模方式既节约了存储空间，又提高了计算效率。

上面给出了一种利用线性算子建模的特例，即图像与回波恰好满足傅里叶变换关系。从物理意义的角度解释，算子 $\boldsymbol{H}$ 实际上完成了回波生成(由图像得到回波)的功能，逆算子 $\boldsymbol{H}^{-1}$ 或 $\boldsymbol{H}^{\mathrm{H}}$ 则完成了线性成像的功能。从这一视角看，在图像与回波间不存在类似傅里叶变换的简单变换关系时，式(11.1)和式(2.17)本身就恰好起到了算子 $\boldsymbol{H}$ 和逆算子 $\boldsymbol{H}^{-1}$ 或 $\boldsymbol{H}^{\mathrm{H}}$ 的作用。

11.2.2 先验信息与模型求解

传统的线性成像可表示为 $\hat{\gamma}=\boldsymbol{H}^{\mathrm{H}}\boldsymbol{g}$，但其成像质量往往并不令人满意。雷达增强成像通过开发和利用关于 γ 的先验信息来提高成像质量，如提高分辨率、抑制旁瓣和相干斑等。在信号处理和雷达成像中，采用最广泛的先验信息即是目标信号的稀疏性。稀疏性、冗余性、可压性其实是对信号同一本质属性的不同表述。实践表明[21-23]，在许多信号处理问题中，稀疏性具有一定的普适性。后续主要考虑图像域直接具有稀疏性的情况。

对稀疏性的直观度量是信号的 L_0 范数，即非零元素的个数，此时可通过

式(11.13)求解式(11.8)：

$$\begin{cases}\min\limits_{\gamma}\|\gamma\|_0 \\ \text{s.t.}\quad \boldsymbol{g}=\boldsymbol{H}\gamma\end{cases} \tag{11.13}$$

式(11.13)能获得期望的稀疏解的条件是传感矩阵 $\boldsymbol{H}$ 满足约束等距条件[24]：

$$(1-\delta_K)\|\boldsymbol{v}\|_2^2 \leqslant \|\boldsymbol{H}\boldsymbol{v}\|_2^2 \leqslant (1+\delta_K)\|\boldsymbol{v}\|_2^2 \tag{11.14}$$

式中，$\delta_K \in (0,1), \|\boldsymbol{v}\|_0 = K$。$\delta_K$ 的值越小，解越可靠且对噪声的鲁棒性越好。若观测信号长度 N 满足

$$N = O\left[K\lg(M/K)\right] \tag{11.15}$$

则问题(11-16)

$$\begin{cases}\min\limits_{\gamma}\|\gamma\|_1 \\ \text{s.t.}\quad \boldsymbol{g}=\boldsymbol{H}\gamma\end{cases} \tag{11.16}$$

与问题(11.13)将具有相同的解。再考虑观测噪声，将问题(11.16)变换为

$$\hat{\gamma} = \arg\min_{\gamma}\|\boldsymbol{H}\gamma-\boldsymbol{g}\|_2^2 + \lambda\|\gamma\|_1 \tag{11.17}$$

于是，通过引入 L_1 范数约束，问题最终变换为式(11.17)所示的凸优化问题。另外，从统计学的视角看，利用拉普拉斯先验和最大后验概率估计将获得与问题(11.17)相似的表现形式[11]，最终都可统一到贝叶斯理论求解逆问题的框架之下。

由于问题(11.17)没有闭式的解，当前方法主要通过迭代的方式求解。例如，典型的 IST 通过式(11.18)进行迭代求解：

$$\gamma^{i+1} = \eta_\lambda\left[\gamma^i + t_i\boldsymbol{H}^{\mathrm{H}}\left(\boldsymbol{g}-\boldsymbol{H}\gamma^i\right)\right] \tag{11.18}$$

式中，t_i 为可随迭代进行而调整的可变参数；$\eta_\lambda(\cdot)$ 为软阈值函数，其定义为

$$\eta_\lambda(\boldsymbol{x}) = \begin{cases}\left(\|\boldsymbol{x}\|_2-\lambda\right)\dfrac{\boldsymbol{x}}{\|\boldsymbol{x}\|_2}, & \|\boldsymbol{x}\|_2 > \lambda \\ 0, & \|\boldsymbol{x}\|_2 \leqslant \lambda\end{cases} \tag{11.19}$$

求解式(11.17)的方法还有很多，与 IST 的相似之处在于，几乎所有方法均采用了迭代求解的方式。此处给出 IST 的具体表达式，以方便 11.3 节进行对比。

11.3　太赫兹雷达正则化增强转台成像

11.3.1　正则化原理

20 世纪 60 年代，Tikhonov 引入了正则化解的概念，为式(11.8)所示逆问题的

求解奠定了理论基础。其 Tikhonov 正则化解通过在最小二乘法的基础上再添加额外一项构成：

$$\hat{\gamma}_{\text{Tik}} = \arg\min_{\gamma}\left[\|\boldsymbol{g}-\boldsymbol{H\gamma}\|_2^2+\lambda^2\|\boldsymbol{P\gamma}\|_2^2\right] \tag{11.20}$$

式中，$\|\cdot\|_k$ 代表 l_k 范数；$\boldsymbol{P}$ 为矩阵；λ 为正则化参数(注意与之前的载波波长区分)。解的第一项为数据逼近项，会忠实地反映出所观测的数据，但当问题为非适定时，表现不稳定；第二项为正则项，引入了先验信息，使得解趋向于稳定且合理，此处 λ 用于权衡两项在解中贡献的比例(而非波长)。

$\boldsymbol{P}$ 的最简单形式就是单位矩阵。这种情况下，正则项的作用就是惩罚重建图像中幅度大的点，以减小噪声。$\boldsymbol{P}$ 的另一种形式是二维求导算符。这种情况下，正则项将会对图像中的粗糙度施加惩罚，即对图像施加平滑的先验。

对式(11.20)求关于 $\boldsymbol{\gamma}$ 的梯度(若 $\boldsymbol{\gamma}$ 为复数，则求共轭梯度)，并令其等于零，可以得到 Tikhonov 解的线性方程组为

$$(\boldsymbol{H}^{\mathrm{T}}\boldsymbol{H}+\lambda^2\boldsymbol{P}^{\mathrm{T}}\boldsymbol{P})\hat{\boldsymbol{f}}_{\text{Tik}} = \boldsymbol{H}^{\mathrm{T}}\boldsymbol{g} \tag{11.21}$$

当 $\boldsymbol{H}$ 和 $\boldsymbol{P}$ 的零空间不同时，式(11.20)存在闭合且唯一的解。

正则化方法很好地满足了雷达成像的需求，其中的正则项可以用来施加目标的先验信息，消除了问题的不适定性，并且使得成像结果中目标识别所需的特征得到增强。在正则化框架下，雷达成像的问题实际上变换为优化问题：

$$\hat{\boldsymbol{\gamma}} = \arg\min_{\gamma} J(\boldsymbol{\gamma}) \tag{11.22}$$

式中，目标函数 $J(\boldsymbol{\gamma})$ 满足如下形式：

$$J(\boldsymbol{\gamma}) = \|\boldsymbol{g}-\boldsymbol{H\gamma}\|_2^2+\psi(\boldsymbol{\gamma}) \tag{11.23}$$

式中，$\psi(\boldsymbol{\gamma})$ 为从 $\mathbf{C}^N$ 到 $\mathbf{R}^+\cup\{0\}$ 的函数。目标函数的第一项反映了雷达成像的观测模型，忠实于观测的回波。正则项的约束作用将会影响到图像的重建，因此 $\psi(\boldsymbol{\gamma})$ 的选择十分重要。需要另外选择一个合适的 $\psi(\boldsymbol{\gamma})$ 来减小雷达图像中的噪声、相干斑等失真，同时增强对目标识别等有用的目标特征。注意，$\psi(\boldsymbol{\gamma})$ 比 $\psi(\|\boldsymbol{\gamma}\|_k)$ 的表征能力更强，还可以对 $\boldsymbol{\gamma}$ 中的相位先验进行建模。

1. 非二次正则化

在许多正则化问题中，最简单也最常用的选择是令 $\psi(\boldsymbol{\gamma})$ 为 $\boldsymbol{\gamma}$ 的二次函数，这就让问题变换为 Tikhonov 正则化。这样的选择使得优化条件变为 $\boldsymbol{\gamma}$ 的线性函数，优化问题的计算变得容易，但在成像问题中采用这种选择无法利用稀疏性先验甚至还会抑制图像中的有用特征，而采用非线性的方法可以得到更好的结果。于是，

本节考虑更为一般的正则化问题：

$$\hat{\gamma}_{\mathrm{NQ}} = \arg\min_{\gamma}\left[\|\boldsymbol{g}-\boldsymbol{H}\boldsymbol{\gamma}\|_2^2 + \lambda^2\sum_{i=1}^{M}\psi[(\boldsymbol{P}\boldsymbol{\gamma})_i]\right] \tag{11.24}$$

式中，M 为矢量 $\boldsymbol{P}\boldsymbol{\gamma}$ 的长度；$(\boldsymbol{P}\boldsymbol{\gamma})_i$ 为其第 i 个元素。可以看到，当 $\psi(x)=x^2$ 时，式(11.24)退化为 Tikhonov 正则化，然而 $\psi(x)$ 一般都是非二次的。式(11.24)的形式包含了诸如最大熵模型和全变分模型等著名的正则化模型。

和 Tikhonov 正则化的情况不同，一般情况下式(11.24)不存在闭合的解，因此必须采用数值方法来求 $\hat{\gamma}_{\mathrm{NQ}}$。这里，采用一种称为半二次正则化的方法来求解。这种方法与图像重建方法有关。

$$J(\boldsymbol{\gamma}) = \|\boldsymbol{g}-\boldsymbol{H}\boldsymbol{\gamma}\|_2^2 + \lambda^2\sum_{i=1}^{M}\psi[(\boldsymbol{P}\boldsymbol{\gamma})_i] \tag{11.25}$$

半二次正则化的基本思想是引入一个与 $J(\boldsymbol{\gamma})$ 拥有相同极小值，但可以用线性代数方法运算的新代价函数。于是，本节考虑一个新函数 $K(\boldsymbol{\gamma},\boldsymbol{b})$，其关于 $\boldsymbol{\gamma}$ 是二次函数，其中 $\boldsymbol{b}$ 是一个辅助矢量，使得

$$\inf_{\boldsymbol{b}} K(\boldsymbol{\gamma},\boldsymbol{b}) = J(\boldsymbol{\gamma}) \tag{11.26}$$

构造增广半二次代价函数 $K(\boldsymbol{\gamma},\boldsymbol{b})$ 如下：

$$K(\boldsymbol{\gamma},\boldsymbol{b}) = \|\boldsymbol{g}-\boldsymbol{H}\boldsymbol{\gamma}\|_2^2 + \lambda^2\sum_{i=1}^{M}\{\boldsymbol{b}_i[(\boldsymbol{P}\boldsymbol{\gamma})_i^2] + \eta(\boldsymbol{b}_i)\} \tag{11.27}$$

其中，式(11.24)的 $\psi(\cdot)$ 和式(11.27)的 $\eta(\cdot)$ 为凸对偶关系：

$$\begin{cases}\psi(x) = \inf\limits_{\omega}[\omega x^2 + \eta(\omega)] \\ \eta(x) = \sup\limits_{x}[\psi(x) - \omega x^2]\end{cases} \tag{11.28}$$

用 $K(\boldsymbol{\gamma},\boldsymbol{b})$ 代替 $J(\boldsymbol{\gamma})$ 进行最小化可以带来一些结构上的优势。尤其是可以利用半二次的结构交替地给定 $\boldsymbol{b}$ 更新 $\boldsymbol{\gamma}$、给定 $\boldsymbol{\gamma}$ 更新 $\boldsymbol{b}$。这可以通过迭代的块坐标下降法来完成：

$$\hat{\boldsymbol{b}}^{(n+1)} = \arg\min_{\boldsymbol{b}} K[\hat{\boldsymbol{\gamma}}^{(n)},\boldsymbol{b}] \tag{11.29}$$

$$\hat{\boldsymbol{\gamma}}^{(n+1)} = \arg\min_{\gamma} K[\hat{\boldsymbol{\gamma}},\hat{\boldsymbol{b}}^{(n+1)}] \tag{11.30}$$

式中，n 为迭代数。这种由简单步骤构成的坐标下降法可以带来优势。当 $\boldsymbol{b}$ 固定时，$K(\boldsymbol{\gamma},\boldsymbol{b})$ 关于 $\boldsymbol{\gamma}$ 是二次的，因此式(11.30)很简单。为了研究式(11.29)的典型结构，考虑一个典型的非二次代价函数，选择全变分中的 $\psi(x)=|x|$，即惩罚参数的

绝对值，而不是 Tikhonov 中的平方。在全变分中，矩阵 $\boldsymbol{P}$ 是求导算符。一个信号的全变分就是其改变的总量，可以被认为是信号变化的度量。全变分相比于 Tikhonov 正则化的一个重要优势在于全变分解可以包含局部陡降梯度，因此对边缘的保护作用更好。为了克服绝对值函数在原点附近不可导的问题，可以采用一种平滑近似的正则项 $\psi(x)=\sqrt{x^2+\epsilon}$，其中 ϵ 是一个小的平滑常量。基于式(11.28)的凸对偶关系，可以产生如下的全变分函数对：

$$\begin{cases}\psi(x)=(x^2+\epsilon)^{1/2}\\ \eta(\omega)=\omega\epsilon+\dfrac{1}{4\omega}\end{cases} \tag{11.31}$$

于是全变分法的代价函数 $J(\boldsymbol{\gamma})$ 及其增广半二次函数 $K(\boldsymbol{\gamma},\boldsymbol{b})$ 分别如下：

$$J(\boldsymbol{\gamma})=\|\boldsymbol{g}-\boldsymbol{H\gamma}\|_2^2+\lambda^2\sum_{i=1}^{M}[(\boldsymbol{P\gamma})_i^2+\epsilon]^{1/2} \tag{11.32}$$

$$K(\boldsymbol{\gamma},\boldsymbol{b})=\|\boldsymbol{g}-\boldsymbol{H\gamma}\|_2^2+\lambda^2\sum_{i=1}^{M}\left\{\boldsymbol{b}_i[(\boldsymbol{P\gamma})_i^2+\epsilon]+\frac{1}{4\boldsymbol{b}_i}\right\} \tag{11.33}$$

利用式(11.29)和式(11.30)，可以得到用于最小化式(11.33)中 $K(\boldsymbol{f},\boldsymbol{b})$ 的坐标下降步骤：

$$\hat{\boldsymbol{b}}_i^{(n+1)}=\frac{1}{2\{[\boldsymbol{P}\hat{\boldsymbol{f}}^{(n)}]_i^2+\epsilon\}^{1/2}} \tag{11.34}$$

$$\hat{\boldsymbol{f}}^{(n+1)}=\left[2\boldsymbol{H}^{\mathrm{T}}\boldsymbol{H}+\lambda^2\boldsymbol{P}^{\mathrm{T}}\operatorname{diag}\left(\frac{1}{\{[\boldsymbol{P}\hat{\boldsymbol{f}}^{(n)}]_i^2+\epsilon\}^{1/2}}\right)\boldsymbol{P}\right]^{-1}(2\boldsymbol{H}^{\mathrm{T}}\boldsymbol{g}) \tag{11.35}$$

式中，$\operatorname{diag}(\cdot)$ 为一个对角矩阵，其对角线上第 i 个元素由括号中的表达式给出。由此可见，坐标下降法中的两步都是简单计算。式(11.35)的表达式中已经代入了式(11.34)，可以看到全变分正则化所需的方法仅是式(11.35)的不动点迭代方法。

2. 成像模型改进——稀疏化矩阵成像模型

在太赫兹波段的实际成像应用中，可能存在观测数据量较大的情况，而测量矩阵 $\boldsymbol{H}$ 的尺寸会随着观测数据的增多和图像像素网格的增多而急剧增大，从而增大内存的消耗量，加重计算负担。为此，本节提出一种稀疏化矩阵成像模型，以节省内存和计算上的开销。

首先，假设矢量 $\boldsymbol{g}$ 的长度为 M，对式(11.8)做以下变换：

$$\boldsymbol{Fg}=\boldsymbol{FH\gamma}+\boldsymbol{Fw} \tag{11.36}$$

式中，$\boldsymbol{F}$ 为傅里叶变换矩阵，即对等式两边所有的列进行傅里叶变换。由于 $\boldsymbol{H}$ 的元素实际上是一系列规律变化的相位值，进行傅里叶变换后稀疏性会有所提高，特别是对于大尺寸的 $\boldsymbol{H}$，提高十分显著，因此满足了人们对矩阵稀疏性的要求。然而，在进行傅里叶变换之后，矢量 $\boldsymbol{Fw}$ 中会出现大小与 M 相当的元素，这相当于放大了噪声，会影响正则化的求解，因此本节考虑对式(11.36)再进行规范化：

$$\frac{1}{M}\boldsymbol{Fg} = \frac{1}{M}\boldsymbol{FH\gamma} + \frac{1}{M}\boldsymbol{Fw} \tag{11.37}$$

即将等式两侧所有元素除以 M。这样处理后，模型的结构未发生变化，并且对 $\hat{\boldsymbol{\gamma}}$ 估计结果的影响可以忽略，实际计算中傅里叶变换可以通过快速傅里叶变换完成，而 $\frac{1}{M}\boldsymbol{FH}$ 十分稀疏的结构有利于减小内存消耗与计算压力。本节所有的数据均采用了该方法进行处理，得出的有效结果反过来验证了该方法的可行性和有效性。为了简洁，在理论推导中仍采用原形式的模型。

11.3.2　太赫兹雷达点特征增强成像

由于细微结构和粗糙面散射在太赫兹频段的增强效应，以及角点和边缘强散射中心仍然存在，太赫兹雷达目标图像仍具有一定的强散射点特征(面特征在 11.3.3 节论述)。可以认为，某些情况下目标仍具有点稀疏的先验。本小节将探究太赫兹雷达点特征增强成像方法，并且利用实测数据进行验证。

1. 正则项的选择

对于目标中的点特征，除了希望去除噪声、相干斑等污染，还要抑制由系统带宽和积累角度不足带来的旁瓣，并突破瑞利分辨实现超分辨。强散射点散射中心的存在使得雷达图像呈现稀疏性。为此，选择的正则项为 $\|\boldsymbol{\gamma}\|_k^k$ $(0<k\leqslant 1)$。该正则项对解施加了一种能量型约束，即使得绝大部分元素的取值很小，仅有少数元素取较大的值，可以有效提升信噪比与分辨率。

先来考察一维实数情况下，最小化 $\|\boldsymbol{\gamma}\|_k^k$ 时，k 的取值对 $\boldsymbol{\gamma}$ 的影响。给出 k 分别取 0.5、1、1.5、2 时，$\|\boldsymbol{\gamma}\|_k^k$ $(|\gamma|^k)$随 γ 的变化，如图 11.1 所示。

可以看出，当 $\gamma>1$ 时，$|\gamma|^k$ 与 k 成正相关，而当 $\gamma<1$ 时，则相反。在优化问题中，这意味着 k 取较大的值时，数值大的 γ 会受到更多的惩罚，而数值小的 γ 会受到更少的惩罚，从而最终结果中更难以出现较大的 γ，通常只存在较小的 γ。在成像中，这意味着强散射点会受到抑制，而小噪声和旁瓣无法被抑制，这显然与期望的结果相反，目标的特征会被破坏。反过来，当 $k<1$ 时，数值大的 γ 会受

到更少的惩罚，而数值小的γ受到的惩罚比k取大值时更多，从而结果中较大的γ更容易被保留，而较小的γ更难出现。在成像中，这意味着强散射点会得到保护，而小噪声和旁瓣会被抑制，这正是本书所需要的。同时注意，当$k<1$时，惩罚函数是凹的，这会给优化求解带来挑战。

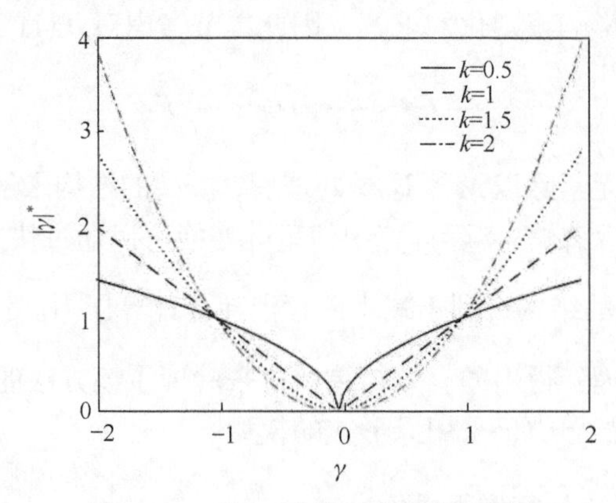

图 11.1　不同k取值下的范数(一维)

不失一般性，再以二维情况为例，考察最小化$\|\boldsymbol{\gamma}\|_k^k$时，$k$取值对$\boldsymbol{\gamma}$中元素分布的影响。给出$k$分别取 0.5、1、1.5、2 时$\boldsymbol{\gamma}$各维度取值与$\|\boldsymbol{\gamma}\|_k^k$大小的关系，如图 11.2 所示，四幅图从左上、右上、左下到右下k值依次增加。可以明显地看出，当$\|\boldsymbol{\gamma}\|_k^k$减小(图中表现为颜色变深)，$k=0.5$时$\boldsymbol{\gamma}$的分布明显地趋向于坐标轴附近，呈十字形，而当$k$增大时，这种趋势减弱，当$k=2$时，这种趋势完全消失，在原点周围各方向$\boldsymbol{\gamma}$都均匀分布，没有趋向的差异。反过来说，当$k$减小时，远离坐标轴处点的惩罚函数会迅速升高。在更高维度的空间中，也存在这种随着k减小，$\boldsymbol{\gamma}$更倾向于靠近坐标轴的现象。在坐标轴附近的$\boldsymbol{\gamma}$具有更多接近 0 的元素，即$\boldsymbol{\gamma}$更加稀疏。这意味着在成像中，当k较小时，$\|\boldsymbol{\gamma}\|_k^k$能够给目标施加稀疏先验，而当$k=2$时，$\|\boldsymbol{\gamma}\|_k^k$无法施加稀疏先验。

综上所述，相对较大的k而言，较小的k产生的图像中，强散射点能够得到保护且散射点更加稀疏，小的噪声和旁瓣能够被抑制。换言之，当k较小时，正则项$\|\boldsymbol{\gamma}\|_k^k$除了具有原本能够让解更加稳定的作用外，还可以实现超分辨和提高信噪比。因此，本章选择$k\leqslant 1$。

从统计学的角度出发，也能得到相同的结论。同时，满足尖峰和重尾特性的分布，如拉普拉斯分布，可以为沿轴出现的大散射幅度值赋予更大的概率，从而表征稀疏性。

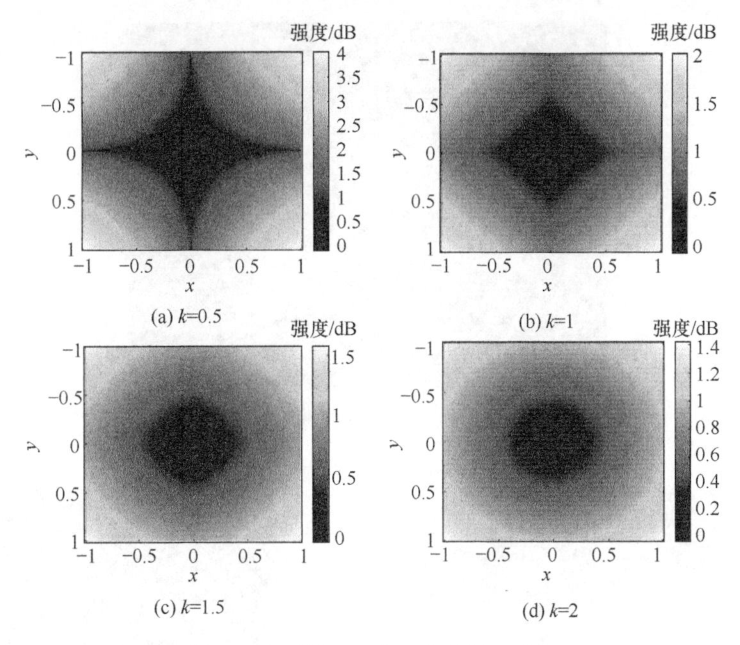

图 11.2　不同 k 取值下的范数(二维)

2. 优化问题的求解

在选择正则项后，目标函数的形式变为

$$J(\gamma)=\|\boldsymbol{g}-\boldsymbol{H}\boldsymbol{\gamma}\|_2^2+\lambda^2\|\boldsymbol{\gamma}\|_k^k \tag{11.38}$$

式中，k 取 (0,1] 上的值；λ 为调节正则项作用强度的标量。这种情况下，该问题是非二次的，不存在闭合形式的解，只能采用数值方法求解，这里采用一种基于拟牛顿法的方法来求解[25]。此外，正则化参数 λ 的选择是正则化方法中一个重要的问题，本书不做讨论。

3. 实验结果

实验采用 440GHz FMCW 雷达系统。目标采用的是一块图 11.3 所示的平行地铆了两排铆钉的方板。雷达以 1kHz 的脉冲重复频率发射 LFM 信号，转台搭载目标以每秒 90°的速率旋转，成像所用的积累角度为 5°，参数取值为 $k=0.5$、$\lambda=0.9$，$\boldsymbol{H}$ 中幅度小于最大元素幅度 0.01%的元素被置零。另外，也采用 CBP 方法和稀疏重建中的 OMP 方法成像以供比较，结果如图 11.4 所示。

从结果中可以看到铆钉和转台面向雷达部分的弧形边缘，而无法看到方板。CBP 方法成像依旧受到噪声与相干斑的影响，铆钉周围也存在旁瓣。点特征增强成像效果与 OMP 方法相当，噪声与相干斑被很好地抑制，部分铆钉得到了凸显，

图 11.3　铆钉方板

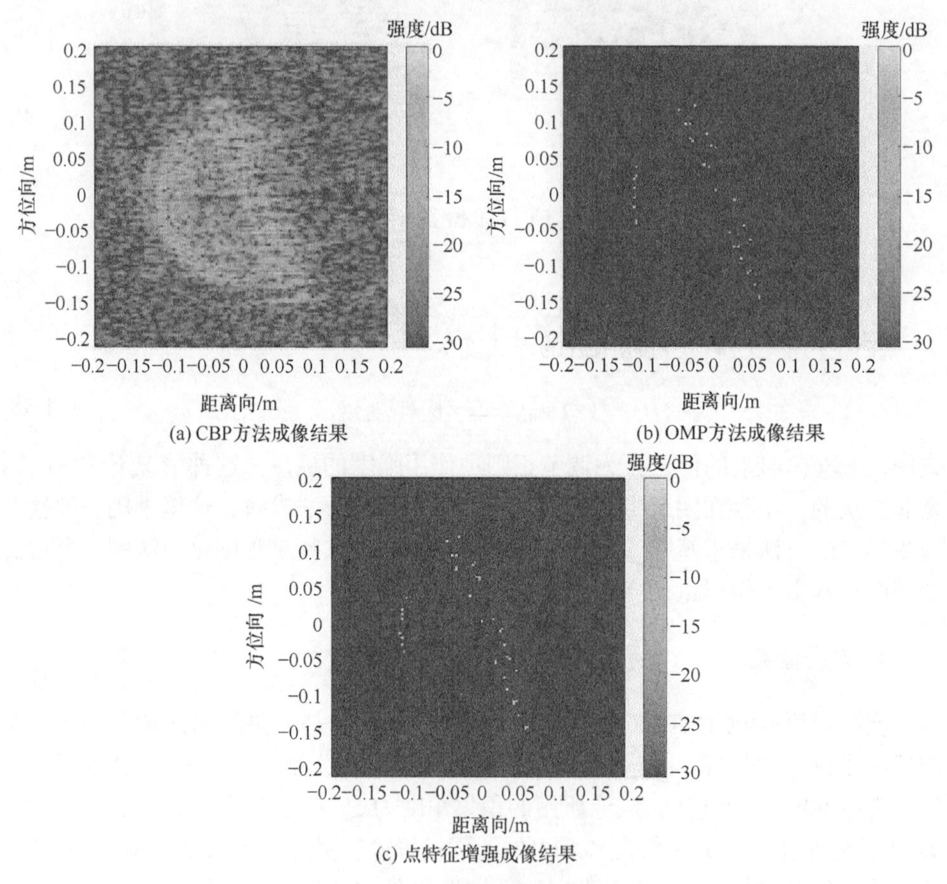

图 11.4　对铆钉方板的成像

而另有一些铆钉则被抑制。可以看到，由于信号质量等实验条件，这些被抑制的铆钉在 CBP 方法成像中幅度不够大，甚至与周围的相干斑相当，结合之前对正则项的分析，这些铆钉的散射点在优化过程中被抑制。另外，弧形转台边缘在点特征增强成像结果中并没有形成一条连续的弧线，说明点特征还并不能完美地描述目标中线状的特征。但总的来说，点特征增强方法在信号质量有限的情况下，依旧能够提高成像的质量。

11.3.3　太赫兹雷达面特征增强成像

除了散射点特征外，太赫兹雷达还具有边缘特征和光学图像中常见的面块特征。图像的区块形状也是目标识别的重要特征。在目标识别时，有时会把图像分割成目标、阴影和背景等区域，然后对应的区域再按照形状分类，传统的雷达图像中，这样的分类会因为相干斑的存在而变得很困难。本小节将根据面特征增强的需求，首先介绍如何将面块的先验纳入正则化成像框架，对面和边缘的特征进行增强，然后讨论点面结合太赫兹雷达的特征增强，提出区域加权的太赫兹雷达特征增强成像方法，并对该方法进行效果演示和迭代及抗噪声性能的评估。

1. 正则项的选择

在面特征增强成像中，希望减小同一区域内图像的起伏变化程度，而在边界处保留强度的变化，即在导数上施加稀疏先验。为此，选择正则项$\left\|\boldsymbol{D}|\boldsymbol{\gamma}|\right\|_k^k$，其中$\boldsymbol{D}$为离散近似的二维求导算符，用于计算复图像在水平和垂直两个方向的导数。因为$\boldsymbol{\gamma}$是复数，所以这里采用了$|\boldsymbol{\gamma}|$的导数而非$\boldsymbol{\gamma}$本身。

下面给出$\boldsymbol{D}$的定义：

$$\boldsymbol{D}\overset{\text{def}}{=\!=}\begin{bmatrix}\boldsymbol{D}_x\\\boldsymbol{D}_y\end{bmatrix}\tag{11.39}$$

式中，$\boldsymbol{D}_x$和$\boldsymbol{D}_y$分别为水平方向和垂直方向的一阶差分算符。$\boldsymbol{\gamma}$按列拉伸为矢量，若其长度为$N=N_xN_y$，其中N_x、N_y为图像的长宽像素，则可以给出$\boldsymbol{D}_x$和$\boldsymbol{D}_y$的形式：

$$\boldsymbol{D}_x=\begin{bmatrix}-\boldsymbol{I} & \boldsymbol{I} & & \\ & \ddots & \ddots & \\ & & -\boldsymbol{I} & \boldsymbol{I}\end{bmatrix}\tag{11.40}$$

$$\boldsymbol{D}_y=\begin{bmatrix}\boldsymbol{D}_1 & & & \\ & \boldsymbol{D}_1 & & \\ & & \ddots & \\ & & & \boldsymbol{D}_1\end{bmatrix}\tag{11.41}$$

式中

$$\boldsymbol{D}_1=\begin{bmatrix}-1 & 1 & & \\ & \ddots & \ddots & \\ & & -1 & 1\end{bmatrix} \tag{11.42}$$

且 $\boldsymbol{D}_x$ 的大小为 $N_y(N_x-1)\times N_xN_y$；$\boldsymbol{D}_y$ 的大小为 $N_x(N_y-1)\times N_xN_y$。除了水平和垂直两个方向上的导数外，还有如对角线等其他方向的导数也可以使用，但在面特征增强的应用中，仅靠水平和垂直两个方向已经足够得到预期的效果。

L_k 范数的特性对于面特征增强仍然适用，但是作用对象由图像中点的强度变为了图像的导数。和点特征增强类似，面特征增强中正则项的作用除了令解变得稳定外，还可以给图像梯度施加稀疏先验，保护剧烈变化部分的导数而抑制微小变化部分的导数。

与点特征增强的情况相同，也可以从统计的角度来考察面特征增强的正则项 $\|\boldsymbol{D}|\boldsymbol{\gamma}|\|_k^k$。类似地，当 $k=2$ 时，图像幅度的导数服从独立同分布的高斯分布；当 $k<2$ 时，图像幅度的导数服从更加重尾的分布。在 $k=2$ 的情况下，会对图像中较大的梯度值施加严重的惩罚，这会造成图像中本该具有大导数的边缘被抑制或者变模糊。然而当 k 取较小的值时，对大梯度值的惩罚会减轻，同时对小梯度值仍保持较大的惩罚。这样就保护了边缘，并对没有边缘的区域施加了光滑的先验。

2. 优化问题的求解

在确定正则项之后，目标函数的形式变为

$$J(\boldsymbol{\gamma})=\|\boldsymbol{g}-\boldsymbol{H\gamma}\|_2^2+\lambda^2\|\boldsymbol{D}|\boldsymbol{\gamma}|\|_k^k \tag{11.43}$$

按照同样的方法，平滑处理后得到近似形式为

$$J_\epsilon(\boldsymbol{\gamma})=\|\boldsymbol{g}-\boldsymbol{H\gamma}\|_2^2+\lambda^2\sum_{i=1}^{N}\left[\left|\left(\boldsymbol{D}|\boldsymbol{\gamma}|\right)_i\right|^2+\epsilon\right]^{\frac{k}{2}} \tag{11.44}$$

对 $J_\epsilon(\boldsymbol{\gamma})$ 求关于 $\boldsymbol{\gamma}$ 的梯度，可得

$$\nabla J_\epsilon(\boldsymbol{\gamma})=\boldsymbol{E}(\boldsymbol{\gamma})\boldsymbol{\gamma}-2\boldsymbol{H}^{\mathrm{H}}\boldsymbol{g} \tag{11.45}$$

式中

$$\boldsymbol{E}(\boldsymbol{\gamma})\overset{\text{def}}{=\!=}2\boldsymbol{H}^{\mathrm{H}}\boldsymbol{H}+k\lambda^2\boldsymbol{\Phi}^{\mathrm{H}}(\boldsymbol{\gamma})\boldsymbol{D}^{\mathrm{T}}\boldsymbol{\Lambda}(\boldsymbol{\gamma})\boldsymbol{D}\boldsymbol{\Phi}(\boldsymbol{\gamma}) \tag{11.46}$$

其中

$$\begin{aligned}\boldsymbol{\Lambda}(\boldsymbol{\gamma})&\overset{\text{def}}{=\!=}\mathrm{diag}\left\{\frac{1}{\left[\left|\left(\boldsymbol{D}|\boldsymbol{\gamma}|\right)_i\right|^2+\epsilon\right]^{1-k/2}}\right\}\\ \boldsymbol{\Phi}(\boldsymbol{\gamma})&\overset{\text{def}}{=\!=}\mathrm{diag}(\exp\{-\mathrm{j}\phi[(\boldsymbol{\gamma})_i]\})\end{aligned} \tag{11.47}$$

之后的推导和迭代方法的形式见文献[25]。半二次正则化得到的迭代方法正是 $\lambda=1$ 时的拟牛顿法，半二次正则化方法的使用范围拓展到了复数随机相位场。

3. 基于点面结合的太赫兹雷达增强成像方法

在介绍了点和面两种特征增强成像方法后，很自然地会考虑能否将两种特征增强成像方法结合起来同时进行。事实上，强散射点和面块特征很多时候都不是单独存在于一个场景中，两者会有共存的情况。另外，即使场景中只存在面块特征，单独使用面特征增强成像方法也无法抑制背景噪声和散斑的水平，而只是单纯地将其进行了平滑。因此，研究将点特征增强成像方法和面特征增强成像方法结合起来使用是有必要的。

同时运用点特征增强和面特征增强的正则项后，目标函数的形式变为

$$J(\boldsymbol{\gamma})=\|\boldsymbol{g}-\boldsymbol{H}\boldsymbol{\gamma}\|_2^2+\lambda_1^2\|\boldsymbol{\gamma}\|_{k_1}^{k_1}+\lambda_2^2\|\boldsymbol{D}|\boldsymbol{\gamma}|\|_{k_2}^{k_2} \tag{11.48}$$

式中，λ_1、k_1 和 λ_2、k_2 分别为点特征增强和面特征增强的正则化参数及范数。进行平滑处理后，近似的目标函数为

$$J_\epsilon(\boldsymbol{\gamma})=\|\boldsymbol{g}-\boldsymbol{H}\boldsymbol{\gamma}\|_2^2+\lambda_1^2\sum_{i=1}^{N_1}\left[\left|(\boldsymbol{\gamma})_i\right|^2+\epsilon\right]^{\frac{k_1}{2}}+\lambda_2^2\sum_{i=1}^{N_2}\left[\left|\left(\boldsymbol{D}|\boldsymbol{\gamma}|\right)_i\right|^2+\epsilon\right]^{\frac{k_2}{2}} \tag{11.49}$$

对式(11.49)求关于 $\boldsymbol{\gamma}$ 的梯度，可得

$$\nabla J_\epsilon(\boldsymbol{\gamma})=\boldsymbol{E}(\boldsymbol{\gamma})\boldsymbol{\gamma}-2\boldsymbol{H}^{\mathrm{H}}\boldsymbol{g}$$

式中

$$\boldsymbol{E}(\boldsymbol{\gamma})\stackrel{\text{def}}{=\!=}2\boldsymbol{H}^{\mathrm{H}}\boldsymbol{H}+k_1\lambda_1^2\boldsymbol{\Lambda}_1(\boldsymbol{\gamma})+k_2\lambda_2^2\boldsymbol{\Phi}^{\mathrm{H}}(\boldsymbol{\gamma})\boldsymbol{D}^{\mathrm{T}}\boldsymbol{\Lambda}_2(\boldsymbol{\gamma})\boldsymbol{D}\boldsymbol{\Phi}(\boldsymbol{\gamma}) \tag{11.50}$$

其中

$$\boldsymbol{\Lambda}_1(\boldsymbol{\gamma})\stackrel{\text{def}}{=\!=}\operatorname{diag}\left\{\frac{1}{\left[|(\boldsymbol{\gamma})_i|^2+\epsilon\right]^{1-k_1/2}}\right\} \tag{11.51}$$

$$\boldsymbol{\Lambda}_2(\boldsymbol{\gamma})\stackrel{\text{def}}{=\!=}\operatorname{diag}\left\{\frac{1}{\left[\left|\left(\boldsymbol{D}|\boldsymbol{\gamma}|\right)_i\right|^2+\epsilon\right]^{1-k_2/2}}\right\} \tag{11.52}$$

$$\boldsymbol{\Phi}(\boldsymbol{\gamma})\stackrel{\text{def}}{=\!=}\operatorname{diag}(\exp\{-\mathrm{j}\phi[(\boldsymbol{\gamma})_i]\})$$

同理，可推导出点面结合情况下的求解方法，其形式与之前相同。

4. 基于区域加权的太赫兹雷达特征增强成像方法

在成像应用中，可能会出现需要对图像中某一特定区域施加特定先验，或者

不希望某一特定区域被施加特定先验的情况。为此，本小节提出一种区域加权的先验模型。以点特征增强为例，其形式为$\|\boldsymbol{W}\boldsymbol{f}\|_k^k$，其中$\boldsymbol{W}$为加权矩阵，是一个实对角阵，其对角线上的元素为加权值，用于调节正则项对$\boldsymbol{\gamma}$中特定区域的权重。例如，对希望施加点先验的区域，可设$\boldsymbol{W}$中对应位置处的元素为1，而对于不希望施加点先验的区域，可设对应值为0。$\boldsymbol{W}$也可添加到其他种类，如面特征增强的正则项中使用，但注意区域受限的正则项应配合其他正则项来使用，以确保正则化模型中$\boldsymbol{\gamma}$的每个元素都是受到约束的，从而正则化问题能够得出稳定的解。下面以$\|\boldsymbol{W}\boldsymbol{\gamma}\|_k^k$配合$\|\boldsymbol{D}|\boldsymbol{f}|\|_k^k$为列，简要推导求解方法。

在点特征增强正则项中应用加权矩阵后，目标函数形式变为

$$J(\boldsymbol{\gamma})=\|\boldsymbol{g}-\boldsymbol{H}\boldsymbol{\gamma}\|_2^2+\lambda_1^2\|\boldsymbol{W}\boldsymbol{\gamma}\|_{k_1}^{k_1}+\lambda_2^2\|\boldsymbol{D}|\boldsymbol{\gamma}|\|_{k_2}^{k_2}$$

进行平滑处理后，近似的目标函数为

$$J_\epsilon(\boldsymbol{\gamma})=\|\boldsymbol{g}-\boldsymbol{H}\boldsymbol{\gamma}\|_2^2+\lambda_1^2\sum_{i=1}^{N_1}\left[|(\boldsymbol{W}\boldsymbol{\gamma})_i|^2+\epsilon\right]^{\frac{k_1}{2}}+\lambda_2^2\sum_{i=1}^{N_2}\left[\left|\left(\boldsymbol{D}|\boldsymbol{\gamma}|\right)_i\right|^2+\epsilon\right]^{\frac{k_2}{2}} \tag{11.53}$$

对式(11.53)求关于$\boldsymbol{\gamma}$的梯度，可得

$$\nabla J_\epsilon(\boldsymbol{\gamma})=\boldsymbol{E}(\boldsymbol{\gamma})\boldsymbol{\gamma}-2\boldsymbol{H}^{\mathrm{H}}\boldsymbol{g}$$

式中

$$\boldsymbol{E}(\boldsymbol{\gamma})\overset{\text{def}}{=\!=}2\boldsymbol{H}^{\mathrm{H}}\boldsymbol{H}+k_1\lambda_1^2\boldsymbol{W}\boldsymbol{\Lambda}_1(\boldsymbol{\gamma})\boldsymbol{W}+k_2\lambda_2^2\boldsymbol{\Phi}^{\mathrm{H}}(\boldsymbol{\gamma})\boldsymbol{D}^{\mathrm{T}}\boldsymbol{\Lambda}_2(\boldsymbol{\gamma})\boldsymbol{D}\boldsymbol{\Phi}(\boldsymbol{\gamma}) \tag{11.54}$$

其中

$$\boldsymbol{\Lambda}_1(\boldsymbol{\gamma})\overset{\text{def}}{=\!=}\mathrm{diag}\left\{\frac{1}{\left[|(\boldsymbol{W}\boldsymbol{\gamma})_i|^2+\epsilon\right]^{1-k_1/2}}\right\} \tag{11.55}$$

$$\boldsymbol{\Lambda}_2(\boldsymbol{\gamma})\overset{\text{def}}{=\!=}\mathrm{diag}\left\{\frac{1}{\left[\left|\left(\boldsymbol{D}|\boldsymbol{\gamma}|\right)_i\right|^2+\epsilon\right]^{1-k_2/2}}\right\} \tag{11.56}$$

$$\boldsymbol{\Phi}(\boldsymbol{\gamma})\overset{\text{def}}{=\!=}\mathrm{diag}(\exp\{-\mathrm{j}\phi[(\boldsymbol{\gamma})_i]\})$$

后续的推导仍然和之前同理，此处不再赘述。

5. 实验结果

采用440GHz FMCW雷达系统进行面特征增强实验。目标采用的是图11.5所

示的铝质粗糙方板，表面粗糙度为 300μm。雷达以 1kHz 的脉冲重复频率发射 LFM 信号，转台搭载目标以每秒 90°的速率旋转，成像所用的积累角度为 5°，参数取值为 $k_1 = 0.5$ 、$\lambda_1 = 0.2$ 、$k_2 = 0.5$ 、$\lambda_2 = 0.3$ 。$\boldsymbol{H}$ 中幅度小于最大元素幅度 0.01%的元素被置为 0，同样采用 CBP 方法成像以供对比。铝质粗糙方板的成像如图 11.6 所示。

图 11.5 铝质粗糙方板

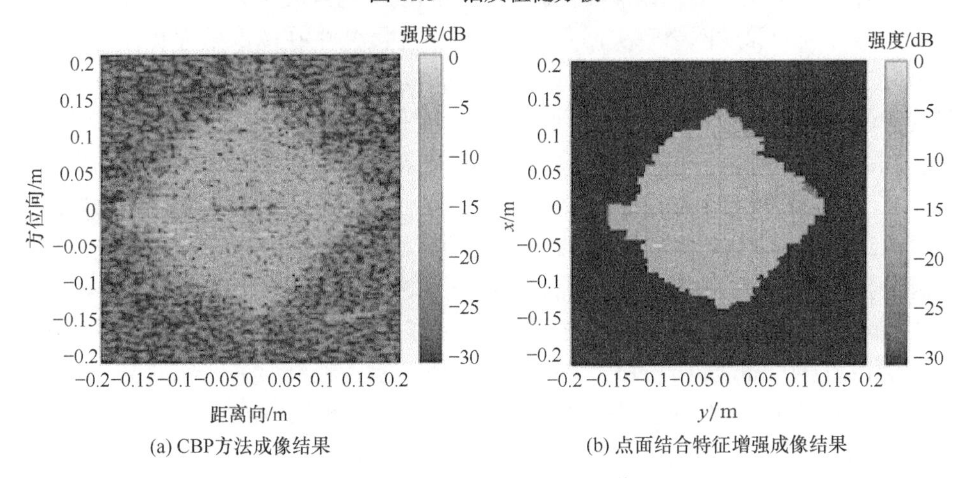

图 11.6 铝质粗糙方板的成像

由成像结果可以看到完整的铝质粗糙方板以及面向雷达方向的一部分转台。CBP 方法成像结果中，整幅图像都受到了相干斑的影响，铝质粗糙方板的表面不够均匀，铝质粗糙方板、转台和背景之间的边界不够清晰。在点面结合特征增强方法成像结果中，受益于点稀疏先验项相干斑抑制的效果，整个背景中都没有相干斑，而且铝质粗糙方板表面较为均匀，只有一些强点突出于整个铝质粗糙方板。背景与铝质粗糙方板，以及背景与转台之间的边界更加清晰，但转台和铝质粗糙方板之间的边界仍然不够清晰。总的来说，实验的效果较好，方法有效增强了图像中的面块特征。

11.4　太赫兹雷达深度学习增强转台成像

11.4.1　概述

深度网络事实上就是神经网络，神经网络早在 20 世纪 60 年代就被提出，但由于数据和计算能力的限制，其发展历程经历了几次低谷。直至 21 世纪初，Hinton 等[26]提出的预训练方法为解决深度网络训练的难题带来了新的希望(虽然后续关于深度网络的研究中预训练的方法貌似并未得到广泛使用[27])。2012 年，AlexNet 在 ImageNet 竞赛中以识别率超越第二名 10.9%的成绩夺得冠军，掀起了对神经网络研究的新热潮[28]。2016 年，He 等[29]提出的残差网络(Residual network, ResNet)在 ImageNet 竞赛中识别正确率首次超越人类。在这些热点事件的驱使下，深度网络的大部分应用集中于目标分类问题。其在分类问题上的优秀性能几乎使人们忽视了深度网络同样能用于解决具有连续解的回归问题。

已有部分研究者意识到深度网络在回归问题中的巨大潜力，并开展了相关研究。当前，利用深度网络解决回归问题的研究主要集中在图像处理和计算机视觉领域。2012 年，Burger 等[30]较早地将神经网络用于图像降噪领域，并通过与当时最先进的 BM3D 方法[31]的对比表明了神经网络图像去噪在特定问题上的优势。同年，Xie 等[32]将神经网络用于图像降噪和图像补全，得到了令人满意的结果。随后，Xu 等[33]将神经网络用于图像解卷积问题；Dong 等[34]利用神经网络抑制图像失真。2016 年，相关研究报道呈现出显著的增长趋势。深度网络被推广应用至图像超分辨[35, 36]、信号重建[37]、压缩感知[38, 39]、医学成像[40]等领域，并均在特定问题中展现出了超出当时最先进方法的性能。同时，所用深度网络的结构也从最初的多层感知器(multi-layer perceptron，MLP)[30]、卷积神经网络(convolutional neural network，CNN)[35, 41]发展到更加复杂和精巧的 U-Net[42]、ADMM-Net[43]、AMP-Net[44]、生成对抗网络(generative adversarial network，GAN)[45, 46]等。可见，深度网络在回归问题中的应用正处在快速增长期，其在上述回归问题中的优秀表现不禁让人期待深度网络能在更多回归问题中一展身手。

雷达成像本质上也是一个回归问题。在一些线性成像质量并不令人满意的场景中，雷达增强成像可有效提升成像质量，在一些特殊的成像体制下，增强成像甚至是雷达成像的必需手段。当前典型的雷达增强成像方法采用了如下的基本线性模型：

$$\boldsymbol{g} = \boldsymbol{H}\boldsymbol{\gamma} + \boldsymbol{\omega} \tag{11.57}$$

式中，$\boldsymbol{g} \in \mathbf{C}^N$ 为观测数据；$\boldsymbol{\omega} \in \mathbf{C}^N$ 为观测噪声；$\boldsymbol{\gamma} \in \mathbf{C}^M$ 为待求解的未知系数(通常指雷达图像)；$\boldsymbol{H} \in \mathbf{C}^{N \times M}$ 为传感矩阵，在雷达成像中 $\boldsymbol{H}$ 通常具有类似部分傅里叶矩阵的形式。在这一模型下，传统的成像方法可以被表示为线性变换 $\hat{\boldsymbol{\gamma}} = \boldsymbol{H}^{\mathrm{H}}\boldsymbol{g}$，这一变换可以利用 BPA 实现，或在满足一定条件时利用快速傅里叶变换实现。增强成像通过对 $\boldsymbol{\gamma}$ 施加约束提高成像质量，成像问题通常被变换为如下优化问题：

$$\begin{aligned} \hat{\boldsymbol{\gamma}} &= \arg\min_{\gamma} \psi(\boldsymbol{\gamma}) \\ \text{s.t.} \quad & \|\boldsymbol{g} - \boldsymbol{H}\boldsymbol{\gamma}\|_2^2 < \sigma^2 \end{aligned} \tag{11.58}$$

式中，$\psi(\boldsymbol{\gamma})$ 包含了 $\boldsymbol{\gamma}$ 的先验信息；σ^2 通常选为 $\boldsymbol{\omega}$ 的方差(这通常是未知的)。使用最广泛的先验信息是直接对图像进行 L_1 范数约束，即 $\psi(\boldsymbol{\gamma}) = \|\boldsymbol{\gamma}\|_1$，$L_1$ 范数约束往往使 $\boldsymbol{\gamma}$ 中大部分元素趋于 0，这也是“稀疏”一词的由来。另外，也常常见到在变换域中对图像施加约束，即 $\psi(\boldsymbol{\gamma}) = \|\boldsymbol{T}\boldsymbol{\gamma}\|_1$，其中 $\boldsymbol{T}$ 可以为小波变换或者差分算子等。除了上面提到的常用约束，$\psi(\boldsymbol{\gamma})$ 还被设计能包含对 $\boldsymbol{x}$ 元素间相关性的约束，例如，利用马尔可夫随机场(Markov random filed, MRF)来表征非局域信息等[47-50]。可以设想，通过利用更精心设计的 $\psi(\boldsymbol{\gamma})$ 和使用更有效的优化方法，人们可以得到更满意的 $\hat{\boldsymbol{\gamma}}$。

虽然稀疏驱动的雷达成像方法比传统成像方法能显著提高图像质量，但其应用受到明显的限制，最主要的限制因素是耗时大和不稳健。与传统成像方法不同，式(11.58)所示优化问题的求解过程是非线性的，常常需要通过大量迭代使解收敛至较理想的状态，这使其成像耗时远远高于传统成像方法。另外，求解式(11.58)以获得更高的图像质量是以对问题的准确建模为基础的，当实际问题与所建模型存在较大偏差时，成像结果将出现严重退化，甚至无法成像，而且不合理的先验信息 $\psi(\boldsymbol{\gamma})$ 还将造成图像中的“假象”。事实上，式(11.57)所示线性模型和 L_1 正则项的使用是一个很通用的问题解决框架，而不仅限于雷达增强成像。在图像处理领域中，这一模型同样被广泛用于图像超分辨、去噪、识别等[22, 51, 52]问题。近年来，越来越多的学者将回归型神经网络用于图像处理任务中，并取得了超越传统包含稀疏在内的方法的性能，且神经网络的计算结构使其前向传播过程能够被高效地并行实现，这使得回归型深度网络在精度和速度上都比稀疏驱动的方法更具优势。

于是，人们提出了一系列问题：深度网络是否能被用于雷达增强成像？网络如何与成像相结合？有何优势？本节正是围绕这些问题展开探索的。

11.4.2　深度网络基础

从机器学习的视角看，雷达成像本质上是一个回归问题，因此任何能够有效解决回归问题的方法均具有在雷达成像中应用的潜力。神经网络/深度网络作为一种普适性的回归求解器，同样具有雷达成像的潜力。本节对所涉及的神经网络的基础知识进行简要介绍。

深度网络具有强大的表示能力，这种能力是由其中包含的大量自由参数和灵活的网络结构提供的，因此参数的有效训练和网络结构的设计是深度网络研究中极其重要的两个问题。关于深度网络的训练方法，误差逆传播(error back propagation，EBP)是被广泛使用并被验证有效的方法，后续发展出的很多防止过拟合的训练方法均以 EBP 方法为基础。图 11.7 展示了网络中的两个神经元和它们之间的连接权重，其中神经元中的虚线通常代表可导的非线性变换，v'、v 分别为上层和下层神经元的输入，f 为神经元输出，虚线框中变量 ω、b 为网络参数，各变量满足 $v=a+b=\omega f+b$。EBP 方法的核心思想是：通过函数求导的链式求导法则将代价函数关于网络参数的梯度通过由后至前的逐层迭代传播给各层的参数。令网络的损失函数(代价函数)为 ℓ，根据链式求导法则可得

$$\frac{\partial \ell}{\partial \omega}=\frac{\partial \ell}{\partial v}\cdot\frac{\partial v}{\partial \omega}=f\cdot\frac{\partial \ell}{\partial v} \tag{11.59}$$

$$\frac{\partial \ell}{\partial b}=\frac{\partial \ell}{\partial v}\cdot\frac{\partial v}{\partial b}=\frac{\partial \ell}{\partial v} \tag{11.60}$$

$$\frac{\partial \ell}{\partial v'}=\frac{\partial \ell}{\partial v}\cdot\frac{\partial v}{\partial f}\cdot\frac{\partial f}{\partial v'}=\omega\cdot\frac{\partial \ell}{\partial v}\cdot\frac{\partial f}{\partial v'} \tag{11.61}$$

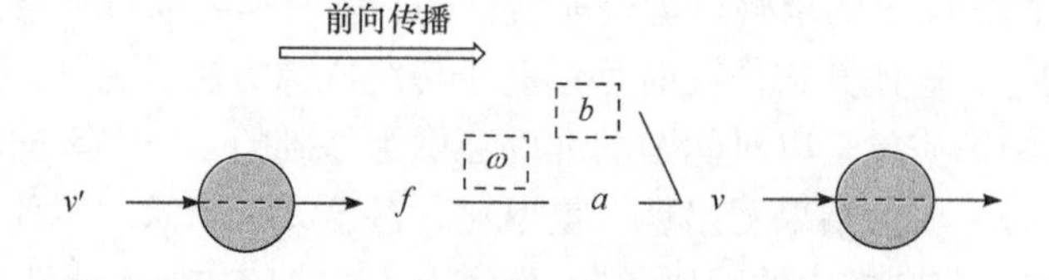

图 11.7　网络中的神经元和基本连接

根据式(11.59)～式(11.61)，结合代价函数 ℓ 和激活函数 $f(\cdot)$ 的定义，可求得代价函数关于网络中所有未知参数 ω、b 的导数，从而为网络训练提供必要的基本梯度信息。

上述推导并不涉及网络的具体结构，或者说，上述结果可用于支撑搭建许多复杂的网络结构。可以预见，不同的网络结构对问题具有不同的归纳偏好，因此设计适合的网络结构对加快网络训练和提升问题求解性能都具有重要意义。然而，目前还没有完善的理论能指导网络结构的设计，许多经典的结构往往都源于研究者对问题的直觉和洞察力。

11.4.3　基于复数卷积神经网络的太赫兹雷达增强成像

典型的深度网络均以实数数据(如音频、图片、视频等)为处理对象，网络自身的参数也是实数。当将其用于雷达成像时，首先面临的问题就是如何使其适用于处理复数雷达数据。此外，在监督学习的框架下，训练数据对网络性能有至关重要的作用，现有很多深度学习任务的训练数据来源于人工标注，对雷达成像时，如何获得训练数据也是一个绕不开的问题。本节首先介绍将深度网络用于雷达成像的基本处理框架，然后介绍适用于处理复数据的复数卷积神经网络(complex valued convolutional neutral network，CV-CNN)，接着讨论训练数据的生成问题，最后用系列仿真和实验验证所提方法的有效性。

1. 成像处理框架

本小节首先给出利用复数卷积神经网络进行雷达增强成像的总体处理框架。如图 11.8 所示，虚线箭头指代训练阶段的数据流向，实线箭头指代测试或成像阶段的数据流向。成像模型中包含了成像所需的所有基本设置和相应参数，例如，成像体制是 ISAR 还是 SAR、工作模式是 SISO 还是 MIMO、信号参数是多少、成像场景范围是多少等。图 11.8 所示的处理框架事实上是将监督学习用于雷达成像的一种十分直观的做法。如果将成像处理器看作一个黑盒，那么其输入和输出分别是雷达回波和雷达图像。在图 11.8 中，传统的成像处理器被一个 CV-CNN 代替。对于传统成像处理器，其成像方法是根据人们的雷达成像知识开发的。而在本小节提出的处理框架中，CV-CNN 通过训练数据完成自开发。可以看出，训练阶段和测试阶段或成像阶段都依赖成像模型，进行后续工作的基础就是提前确定成像模型。

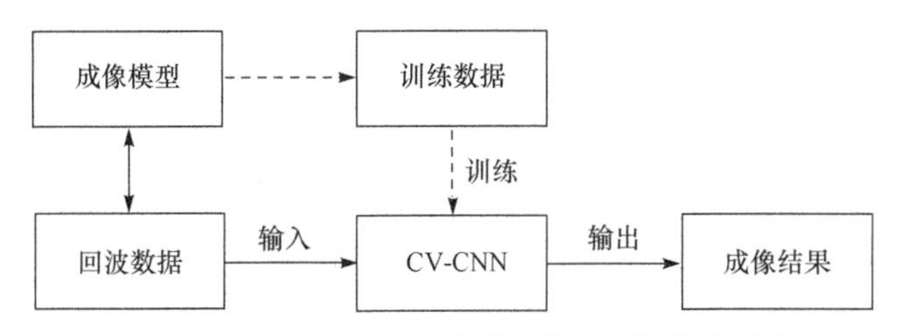

图 11.8　基于 CV-CNN 的雷达增强成像处理框架

2. 复数卷积神经网络

关于 CV-CNN，其实早在 20 世纪 90 年代就有文章涉及这一主题[53]，但其并未得到学术界的关注亦未被推广使用。近几年，文献[54]和[55]再次提出了 CV-CNN。Trabelsi 等[54]虽将其称为 CV-CNN，但其处理的信号和实现的软件平台(Tensorflow)仍是实数的。Zhang 等[55]详细推导了 CV-CNN，并且从其发布的代码可以看出，CV-CNN 中的运算就是直接对复数进行的。实际上，复数就是一对有序的实数，它们分别构成复数的实部和虚部，运算必须满足由虚数单位 j 定义的规则。从这个角度出发，本小节首先展示一个更易理解的 CV-CNN 推导方法，然后对所用的 CV-CNN 的几点改动之处进行介绍。

图 11.9 展示了 CV-CNN 的基本神经元和基本连接。v' 为底层神经元的输入，f 为神经元的输出，ω 为连接权重，b 为偏置，v 为顶层神经元的输入，$v', f, \omega, a, b, v \in \mathbf{C}$。下标 R、I 分别代表实部和虚部。与实数 CNN(real-valued CNN, RV-CNN)中的神经元不同，CV-CNN 中的神经元带有 4 个“触角”，左端和右端的两个“触角”分别代表输入和输出的实部和虚部，神经元中的虚线代表非线性变换，在此假设非线性变换对输入数据的实部和虚部分别独立进行。CV-CNN 中神经元之间的连接用图 11.9 所示的蝶形连接表示。

假设网络的代价函数为 $E \in \mathbf{R}$ (稍后将给出其定义)，网络训练的关键就是求出网络参数(权重和偏置) ω、b 关于 E 的梯度信息。下面首先推导 ω 的实部和虚部分别关于 E 的梯度表达式。

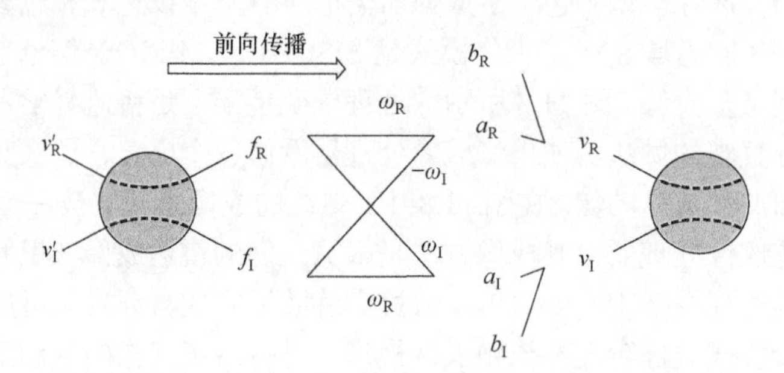

图 11.9　CV-CNN 的基本神经元和基本连接

根据图 11.9 可得

$$\begin{cases} \dfrac{\partial E}{\partial \omega_R} = \dfrac{\partial E}{\partial v_R}\dfrac{\partial v_R}{\partial \omega_R} + \dfrac{\partial E}{\partial v_I}\dfrac{\partial v_I}{\partial \omega_R} \\ \dfrac{\partial E}{\partial \omega_I} = \dfrac{\partial E}{\partial v_R}\dfrac{\partial v_R}{\partial \omega_I} + \dfrac{\partial E}{\partial v_I}\dfrac{\partial v_I}{\partial \omega_I} \end{cases} \tag{11.62}$$

下面分别对式(11.62)涉及的各项偏导数进行推导。根据复数的运算规则很容易得到 $(f_R + \mathrm{j}f_I)\cdot(\omega_R + \mathrm{j}\omega_I) = (f_R\omega_R - f_I\omega_I) + \mathrm{j}(f_R\omega_I + f_I\omega_R)$，于是有

$$a_R = f_R\omega_R - f_I\omega_I \tag{11.63}$$

$$a_I = f_R\omega_I + f_I\omega_R \tag{11.64}$$

根据式(11.63)、式(11.64)和图 11.9 可得

$$\begin{cases}\partial v_{\mathrm{R}}/\partial \omega_{\mathrm{R}}=f_{\mathrm{R}}\\ \partial v_{\mathrm{R}}/\partial \omega_{\mathrm{I}}=-f_{\mathrm{I}}\end{cases},\quad \begin{cases}\partial v_{\mathrm{I}}/\partial \omega_{\mathrm{R}}=f_{\mathrm{I}}\\ \partial v_{\mathrm{I}}/\partial \omega_{\mathrm{I}}=f_{\mathrm{R}}\end{cases} \tag{11.65}$$

$$\begin{cases}\partial v_{\mathrm{R}}/\partial f_{\mathrm{R}}=\omega_{\mathrm{R}}\\ \partial v_{\mathrm{R}}/\partial f_{\mathrm{I}}=-\omega_{\mathrm{I}}\end{cases},\quad \begin{cases}\partial v_{\mathrm{I}}/\partial f_{\mathrm{R}}=\omega_{\mathrm{I}}\\ \partial v_{\mathrm{I}}/\partial f_{\mathrm{I}}=\omega_{\mathrm{R}}\end{cases} \tag{11.66}$$

进一步，根据 EBP 的思想，需得到由顶层的 $\partial E/\partial v_{\mathrm{R}}$ 、 $\partial E/\partial v_{\mathrm{I}}$ 递推得到底层的 $\partial E/\partial v'_{\mathrm{R}}$ 、 $\partial E/\partial v'_{\mathrm{I}}$ 的表达式，从而使梯度信息能由代价函数传递到各层网络参数。根据式(11.66)和图 11.9 可得

$$\begin{cases}\dfrac{\partial E}{\partial v'_{\mathrm{R}}}=\dfrac{\partial E}{\partial v_{\mathrm{R}}}\dfrac{\partial v_{\mathrm{R}}}{\partial f_{\mathrm{R}}}\dfrac{\partial f_{\mathrm{R}}}{\partial v'_{\mathrm{R}}}+\dfrac{\partial E}{\partial v_{\mathrm{I}}}\dfrac{\partial v_{\mathrm{I}}}{\partial f_{\mathrm{R}}}\dfrac{\partial f_{\mathrm{R}}}{\partial v'_{\mathrm{R}}}\\ \qquad =\left(\partial E/\partial v_{\mathrm{R}}\cdot\omega_{\mathrm{R}}+\partial E/\partial v_{\mathrm{I}}\cdot\omega_{\mathrm{I}}\right)\cdot\partial f_{\mathrm{R}}/\partial v'_{\mathrm{R}}\\ \dfrac{\partial E}{\partial v'_{\mathrm{I}}}=\dfrac{\partial E}{\partial v_{\mathrm{R}}}\dfrac{\partial v_{\mathrm{R}}}{\partial f_{\mathrm{I}}}\dfrac{\partial f_{\mathrm{I}}}{\partial v'_{\mathrm{I}}}+\dfrac{\partial E}{\partial v_{\mathrm{I}}}\dfrac{\partial v_{\mathrm{I}}}{\partial f_{\mathrm{I}}}\dfrac{\partial f_{\mathrm{I}}}{\partial v'_{\mathrm{I}}}\\ \qquad =\left(-\partial E/\partial v_{\mathrm{R}}\cdot\omega_{\mathrm{I}}+\partial E/\partial v_{\mathrm{I}}\cdot\omega_{\mathrm{R}}\right)\cdot\partial f_{\mathrm{I}}/\partial v'_{\mathrm{I}}\end{cases} \tag{11.67}$$

根据式(11.67)，各层的误差项 $\partial E/\partial v_{\mathrm{R}}$、$\partial E/\partial v_{\mathrm{I}}$ 均可由其顶层的误差项递推得到。于是，根据式(11.65)和式(11.67)，计算得到式(11.63)。$\partial v_{\mathrm{R}}/\partial b_{\mathrm{R}}=\partial v_{\mathrm{I}}/\partial b_{\mathrm{I}}=1$，因此与式(11.63)类似，根据式(11.65)和式(11.67)，很容易计算得到 $\partial E/\partial b_{\mathrm{R}}$、$\partial E/\partial b_{\mathrm{I}}$ 的值。上面的推导是一个一般化的过程，并未对网络结构做出限制，依据这些基本的复数参数梯度计算方法，能够训练复数 MLP 网络、CV-CNN，或更一般的有向无环图(directed acyclic graph，DAG)。此处省略对各种具体网络连接方式的推导，这与实数网络是一致的。下面给出所用非线性激活函数和代价函数的定义。对于 CV-CNN 的非线性激活函数，输入层和中间层的神经元非线性激活函数分别独立作用于数据的实部和虚部，因此 RV-CNN 中常用的典型非线性激活函数如 ReLU、Sigmoid、tanh 等同样可以用于 CV-CNN。本节所用的适用于 CV-CNN 的复数 ReLU(complex ReLU，cReLU)定义如下：

$$f=\mathrm{cReLU}\left(v'\right)=\max\left(v'_{\mathrm{R}},0\right)+\mathrm{j}\max\left(v'_{\mathrm{I}},0\right) \tag{11.68}$$

特别地，将输出层的神经元结构绘于图 11.10 中。本小节对输出层的非线性激活函数进行了特殊定义，对照图 11.10，其定义为

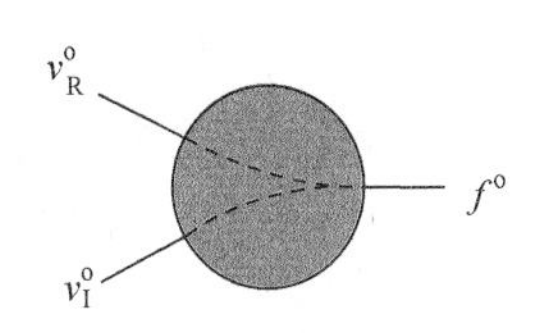

图 11.10　CV-CNN 输出层神经元定义

$$f^{\mathrm{o}}=\left|v_{\mathrm{R}}^{\mathrm{o}}+\mathrm{j}v_{\mathrm{I}}^{\mathrm{o}}\right|=\sqrt{\left(v_{\mathrm{R}}^{\mathrm{o}}\right)^2+\left(v_{\mathrm{I}}^{\mathrm{o}}\right)^2} \tag{11.69}$$

式中，上标 o 代表输出层，$f^{\mathrm{o}}\in\mathbf{R}$。于是，可定义代价函数为

$$E=\frac{1}{2}\sum\left(O-f^{\mathrm{o}}\right)^{2} \tag{11.70}$$

式中，$\sum(\cdot)$ 对所有输出层神经元求和；$O\in\mathbf{R}$ 为期望的目标函数。根据式(11.69)可以求得输出层的误差项为

$$\frac{\partial f^{\mathrm{o}}}{\partial v_{\mathrm{R}}^{\mathrm{o}}}=\frac{v_{\mathrm{R}}^{\mathrm{o}}}{f^{\mathrm{o}}},\quad \frac{\partial f^{\mathrm{o}}}{\partial v_{\mathrm{I}}^{\mathrm{o}}}=\frac{v_{\mathrm{I}}^{\mathrm{o}}}{f^{\mathrm{o}}} \tag{11.71}$$

于是，根据式(11.70)和式(11.71)，网络各层参数的梯度均可依据式(11.62)等揭示的链式法则作用于式(11.70)。

3. 训练数据生成

根据图 11.8，生成训练数据的前提是确定成像模型，采用经典的转台成像模型进行研究，其成像几何关系如图 11.11 所示。作为一种监督学习方式，训练数据对 CV-CNN 的作用不言而喻。由图 11.8 可以看出，CV-CNN 所需的输入端和输出端的训练数据分别为雷达回波和期望图像。回顾雷达成像，回波数据由电磁散射方程描述：

$$\begin{aligned}\boldsymbol{E}^{\mathrm{s}}(\boldsymbol{r})=&\frac{\mathrm{j}k\exp\left(\mathrm{j}kR_{0}\right)}{4\pi R_{0}}\hat{k}_{\mathrm{s}}\\&\cdot\int_{S}\left\{\hat{n}\times\boldsymbol{E}\left(\boldsymbol{r}'\right)-\eta_{0}\hat{k}_{\mathrm{s}}\times\left[\hat{n}\times\boldsymbol{H}\left(\boldsymbol{r}'\right)\right]\right\}\cdot\exp\left[-\mathrm{j}k\left(\hat{k}_{\mathrm{s}}-\hat{k}_{\mathrm{i}}\right)\cdot\boldsymbol{r}'\right]\mathrm{d}\boldsymbol{r}'\end{aligned} \tag{11.72}$$

式(11.72)中符号定义见 2.4.1 节。本小节用理想点散射中心模型[56]对散射方程(11.72)进行必要的简化。在理想点散射模型下，目标回波可以写为若干理想点散射回波的叠加，结合图 11.11 所示转台模型，忽略传播衰减和传播相位因子，雷达回波可近似写为

$$E^{\mathrm{s}}(k,\varphi)=\sum_{x',y'}o\left(x',y'\right)\cdot\exp\left[-2\mathrm{j}k\left(x'\cos\varphi+y'\sin\varphi\right)\right] \tag{11.73}$$

式中，$o\left(x',y'\right)\in\mathbf{C}$ 为目标散射系数的空间分布函数。可以看出，式(11.73)忽略了雷达回波和目标函数对极化、观察角度等复杂因素的依赖性。在这种简化下，利用如下方式定义期望图像：

$$O(x,y)=p(x,y)*\left|o(x,y)\right| \tag{11.74}$$

式中，“*”代表卷积；$O(x,y)\in\mathbf{R}$；$p(x,y)$ 为理想点扩展函数。定义 $p(x,y)$ 如下：

$$p(x,y)=\exp\left(-x^{2}/\sigma_{x}^{2}-y^{2}/\sigma_{y}^{2}\right) \tag{11.75}$$

式中，参数 σ_x、σ_y 分别决定了理想点扩展函数 x 方向和 y 方向的展布宽度，根

据分辨率的 –3dB 宽度定义，可以算出由式(11.75)决定的两个方向的分辨率分别约为$1.18\sigma_x$、$1.18\sigma_y$。其具体取值需依据雷达成像参数选取，更多细节将在后续仿真和实验部分介绍。

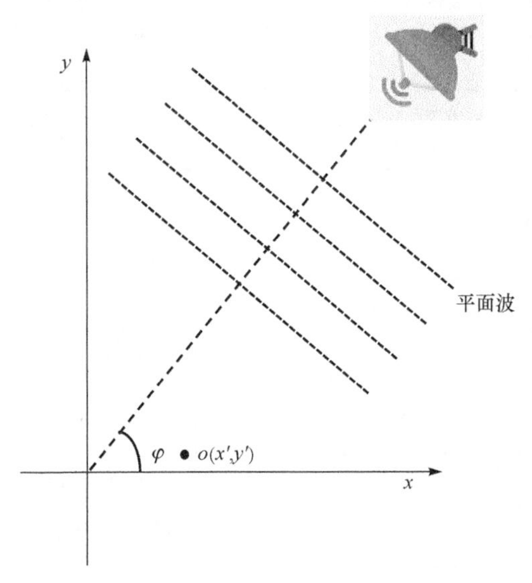

图 11.11　基于 CV-CNN 成像的转台模型

4. 数值仿真

本小节采用的网络结构示意图如图 11.12(a)所示。当前的全连接层可由$\hat{\boldsymbol{\gamma}}=\boldsymbol{H}^{\mathrm{H}}\boldsymbol{g}$表示。需要说明的是，对于大规模问题，矩阵$\boldsymbol{H}$的元素个数可达$10^9$量级甚至更高。因此，本节利用快速傅里叶变换对$\hat{\boldsymbol{\gamma}}=\boldsymbol{H}^{\mathrm{H}}\boldsymbol{g}$进行快速隐式实现。因此，目前第一层全连接层是等效实现的，且其权重参数不纳入本书研究的范围。作为对比，RV-CNN 的结构示意图如图 11.12(b)所示，在 RV-CNN 中，分别将复数数据的实部和虚部视为输入的两个通道的数据，并且为了对比的有效性，使 RV-CNN 具有与 CV-CNN 相似的结构并使其参数自由度(degree of freedom，DoF)大于 CV-CNN。

生成训练数据方面，在指定的范围内随机生成若干坐标点位置(x',y')，并生成相应的复值散射系数，其实部和虚部分别满足单位方差高斯分布$o(x',y')\sim\mathcal{N}(0,1)+\mathrm{j}\mathcal{N}(0,1)$。分别根据式(11.73)和式(11.74)生成相应的训练数据。训练中，采用动量更新方法，动量参数为 0.9，权重衰减参数为 0.001，批样本数量为 50，学习率最后一层为1×10^{-5}，中间层为3×10^{-5}，训练过程使用了 50000 个训练样本，训练了 5 轮。当前实现基于 MATLAB 和 MatConvNet[57]，训练过程在一块 NVIDIA TITAN Xp 显卡上完成，训练时间约为 16h。

图 11.12　网络结构示意图

在基于稀疏约束的成像方法中，本节选取 L_1 范数谱形梯波(spectral projection gradient for L_1 minimization, SPGL1)方法[58]与所提方法进行对比。选取该方法的原因主要有以下 3 点：①该方法支持对传感矩阵 $\boldsymbol{H}$ 的快速隐式实现。对于大规模的问题，显式地表示 $\boldsymbol{H}$ 既会造成巨大的存储负担，也会增加计算资源的消耗，甚至对于一定规模的问题，显式地表示 $\boldsymbol{H}$ 会使方法无法实现。②支持复数运算。很多稀疏恢复方法是针对实数设计的，虽然通过将复数矩阵的实部和虚部分开处理[59]的方法也能将针对实数设计的稀疏恢复方法用于复数，但这实际上改变了对原始复数的 L_1 范数约束，从而使结果存在一定的结构误差。③该方法计算效率较高。实际上仿真前对比了若干种稀疏恢复方法，并发现 SPGL1 方法在其中较好地实现了计算效率、恢复效果和鲁棒性的折中，因此其性能代表了典型稀疏恢复方法的水平。

成像仿真的相关参数列于表 11.1 中。根据表 11.1 中所列参数，容易得出距离向和方位向的分辨率分别为1.17cm和1.15cm，根据这两个方向的分辨率，将σ_x、σ_y 均设置为0.4cm，即期望图像分辨率约为0.47cm，超分辨倍数约为 2.5 倍。根据文献[60]中的分析，在所选参数条件下，可以直接利用二维快速傅里叶变换进行成像，即线性算子 $\boldsymbol{H}$ 及其伴随算子 $\boldsymbol{H}^{\mathrm{H}}$ 是利用二维快速傅里叶变换和二维快速傅里叶逆变换隐式实现的。利用快速傅里叶变换对转台模型回波数据进行成像实际上是将扇形的谱域支撑区近似为矩形。因此，利用这种方式会给线性算子 $\boldsymbol{H}$ 引入一定的误差。图 11.13 分别展示了在无噪声情况下，利用快速傅里叶变换方法、SPGL1 方法、RV-CNN 方法和 CV-CNN 方法对“NUDT”字样仿真回波进行成像的结果，以及根据式(11.74)生成的目标真值图像。在图 11.13(a)中，可以看出传统的基于快速傅里叶变换方法的成像结果中旁瓣严重，分辨率较低。还可以观察到，图像中间部分的散射点聚焦效果好于图像边缘点。文献[61]对类似问题进行了详细分析，事实上，这正是由前面提到的对 $\boldsymbol{H}$ 的近似所引起的。这一现象在图 11.13(b)中同样能观察到，这正是由介绍中提到的对 $\boldsymbol{H}$ 的建模误差所引起的。当前也有一些方法考虑了对 $\boldsymbol{H}$ 的误差进行建模和补偿[62-66]，这类方法是以更高的计算量为代价的，这里不再对这类方法进行讨论。与图 11.13(a)和图 11.13(b)中的成像结果相比，图 11.13(c)和图 11.13(d)中的成像质量明显更高。

表 11.1　CV-CNN 成像仿真系统参数

参数	数值
中心频率	220GHz
信号带宽	12.8GHz
转角范围	−1.68°～1.67°
频率采样点数	500
角度采样点数	300
成像场景大小	0.7m×0.7m
图像像素点数	236×236
σ_x, σ_y	0.4cm

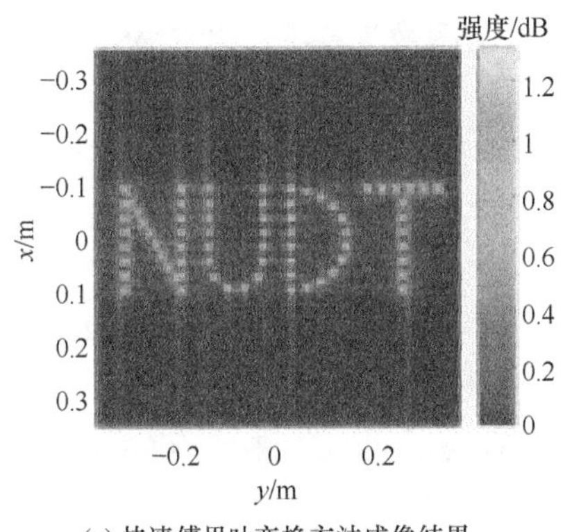

(a) 快速傅里叶变换方法成像结果

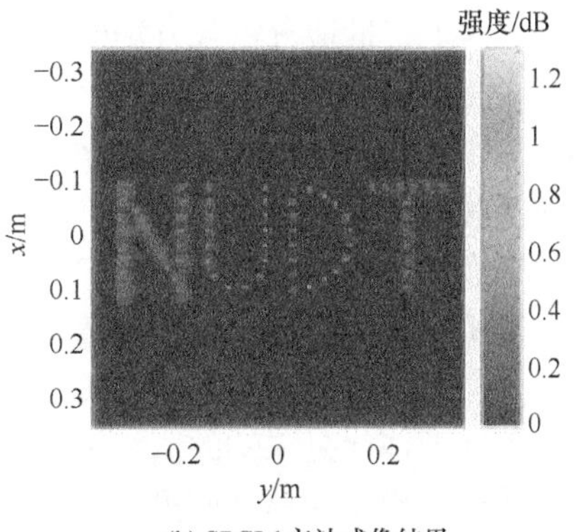

(b) SPGL1方法成像结果

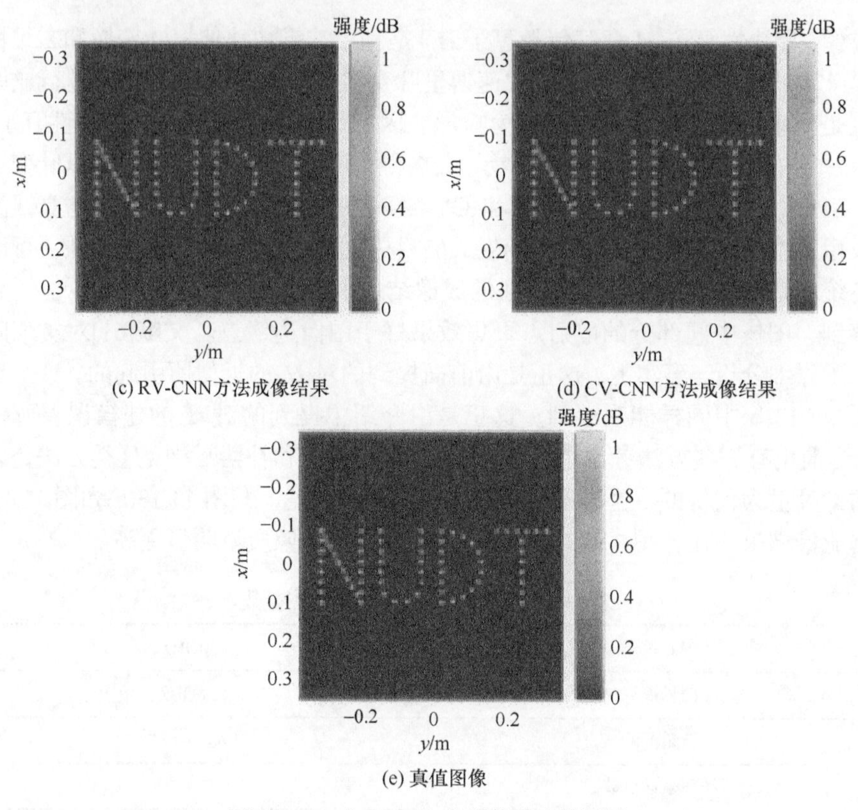

(c) RV-CNN方法成像结果

(d) CV-CNN方法成像结果

(e) 真值图像

图 11.13　“NUDT”字样仿真成像结果

如前所述，在当前网络中，全连接层是利用二维快速傅里叶变换等效实现的，也就是说全连接层的 $\boldsymbol{H}^{\mathrm{H}}$ 运算也存在误差。但是，由于之后卷积层的参数能从数据中学习，所提方法能自适应地对 $\boldsymbol{H}^{\mathrm{H}}$ 中的误差进行补偿，从而比 SPGL1 方法具有更高的鲁棒性。图 11.13(c)和图 11.13(d)通过直接观察的方式很难区分成像质量的高低。为了定量地分析各方法的性能，以真值图像为基准，以 RMSE 为精度评价指标对各方法性能进行对比。各算法在不同信噪比下的 RMSE 结果列于表 11.2 中，同时对各方法的成像耗时进行了对比。对于每一个信噪比等级，RMSE 取 100 次成像实验的平均，每次成像的数据生成方法与训练数据生成方法相同。时间耗时是所有实验耗时的平均值。

由表 11.2 可以看出，在不同信噪比条件下，所提 CV-CNN 方法成像精度均高于其他方法。在利用 SPGL1 方法成像时，将信噪比作为已知条件输入，而信噪比在实际条件下往往是未知的。另外还能看出，在当前实验条件下 SPGL1 的成像精度并未随着信噪比的提高而提升，作者认为这主要由两方面原因造成：①方法的稳定性依赖算子 $\boldsymbol{H}$ 建模的准确性，当 $\boldsymbol{H}$ 存在一定误差时，方法的稳定性欠佳；

②基于 L_1 范数约束的成像方法倾向于使图像具有更少的非零像素点，而图像稀疏度及其质量并非完全是正相关关系。在耗时方面，CV-CNN 方法仅次于快速傅里叶变换方法，这是由于 CV-CNN 的全连接层就是利用快速傅里叶变换实现的，其耗时不会小于快速傅里叶变换方法。相比于 SPGL1 方法，CV-CNN 方法的成像过程就是一个单向的网络前向传递过程且该过程易于并行实现，因此其耗时更少，可以满足实时成像的要求。对于 RV-CNN 方法和 CV-CNN 方法，两者的精度与耗时相近，而 RV-CNN 方法比 CV-CNN 方法多出了近 7000 个自由参数。作者以为，CV-CNN 方法之所以能利用更少的参数实现更高的精度，主要是因为图 11.9 所示的神经元和网络结构更好地实现了对复数运算的建模。

表 11.2　不同方法成像精度与耗时对比

成像方法	RMSE，−10dB	RMSE，−5dB	RMSE，0dB	RMSE，5dB	RMSE，10dB	成像耗时/s
快速傅里叶变换方法	0.1987	0.1778	0.1705	0.1682	0.1675	0.042
SPGL1 方法	0.0568	0.0560	0.0568	0.0574	0.0683	27.66
RV-CNN 方法	0.0456	0.0308	0.0262	0.0251	0.0248	0.083
CV-CNN 方法	0.0434	0.0289	0.0255	0.0247	0.0245	0.071

5. 实测成像结果

实验场景与目标模型如图 11.14 所示，成像参数与仿真部分相同，目标为一个客机模型。在图 11.15 中，图像均以对数幅度方式显示，动态范围为 35dB 。可以看出，各方法的成像效果与仿真部分是一致的。算法耗时和表 11.2 中是一致的，在此不再重复。由图 11.15(b)可以看出，基于 L_1 范数约束的成像使得图像像素点更尖锐，但对于实际目标模型，从视觉效果和后续任务的需求来看，图像并非越稀疏越好。本节提出的基于 CV-CNN 的成像方法，利用了网络对数据的学习能力，并且从结构上摆脱了典型的迭代类成像方法的高计算复杂度。

因此，所提方法在成像质量、运行速度、鲁棒性等方面均具有优势。相比于 RV-CNN，CV-CNN 的网络结构更适合对复数进行操作，从而能在更少的参数条件下实现更好和更快的成像。尽管如此，本节仅对将 CV-CNN 用于雷达增强成像进行初步探索，作者认为以下方向有待进一步研究。当前的网络训练是在理想点散射模型的假设下进行的，因此当转角增大或目标散射分量更复杂时，增强成像的结果可能并不令人满意。如何使网络对不同类型目标的散射均能有较好的增强效果，值得进一步研究。另外，当前的处理框架要求实际成像场景和网络训练场景是一致的，如何使网络能对参数未知的成像场景实现成像也是值得研究的问题。

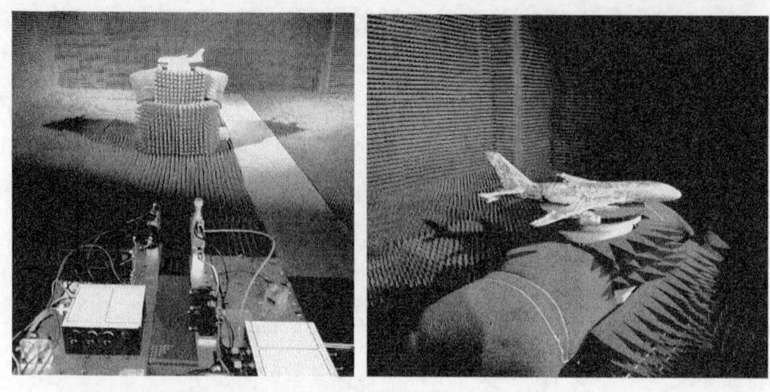

图 11.14 实验场景与目标模型

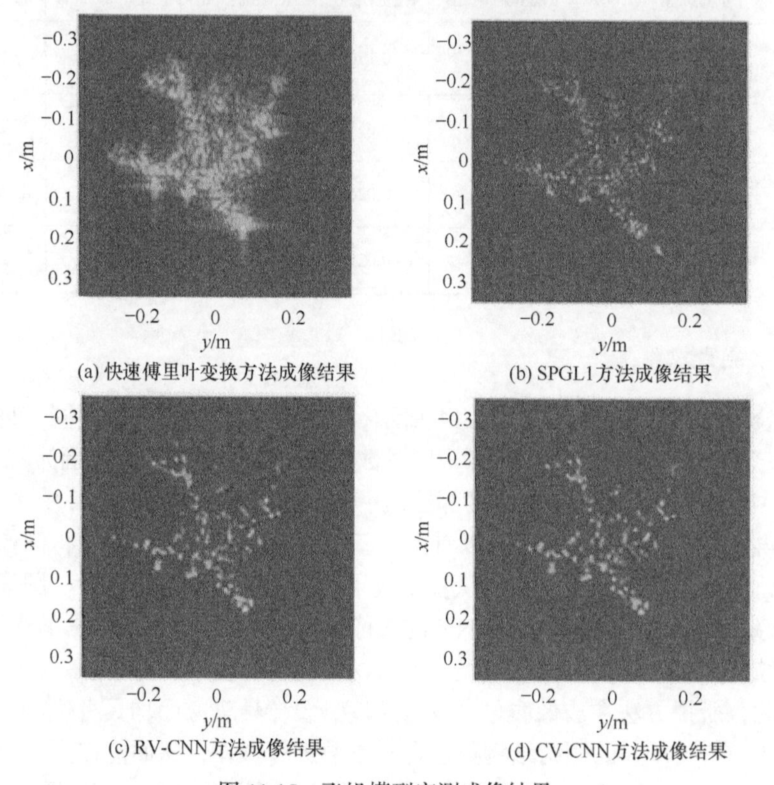

(a) 快速傅里叶变换方法成像结果

(b) SPGL1方法成像结果

(c) RV-CNN方法成像结果

(d) CV-CNN方法成像结果

图 11.15 飞机模型实测成像结果

11.5 太赫兹雷达稀疏贝叶斯增强全息成像

本节将参数化成像方法的应用场景从转台成像拓展至太赫兹阵列成像，利用稀疏恢复方法解决在阵列成像中发现的若干问题，以期提高图像在分辨率和旁瓣等方面的表现性能。以一种新型的“2D+1D”式三维成像体制为研究对象，在给出传统线性成像方法的基础上提出了基于稀疏恢复的增强成像方法。

首先介绍一种结合 MIMO 线阵、准光聚焦和机械扫描的“2D+1D”式三维成像体制；然后在分析回波模型的基础上，对成像过程进行适当近似和简化，给出基本的线性成像方法；随后完成增强成像视角下的成像建模，并简单介绍一种以稀疏贝叶斯学习为基础的恢复方法——ExCoV；最后通过一系列数值仿真与实验测量，对基于稀疏恢复的成像和传统线性成像进行对比分析。

11.5.1　成像系统简介

2015 年至 2016 年，以站开式安检及危险品探测为应用背景，中国工程物理研究院太赫兹研究中心和电子工程研究所共同研制了一种新型的主动式 340GHz 三维成像系统[67, 68]。该系统由太赫兹前端收发阵列、固定的聚束曲面反射镜、可旋转平面扫描镜及后端的中频模块、数据采集与处理模块五部分组成。该系统与 TeraSREEN 的设计思路相似，其新颖之处在于：结合了阵列合成孔径与准光扫描的设计思路，既利用了太赫兹波的相干性，又发挥了其准光传播的性质，充分体现了太赫兹频段的特点与优势。图 11.16 展示了该系统的基本工作原理。

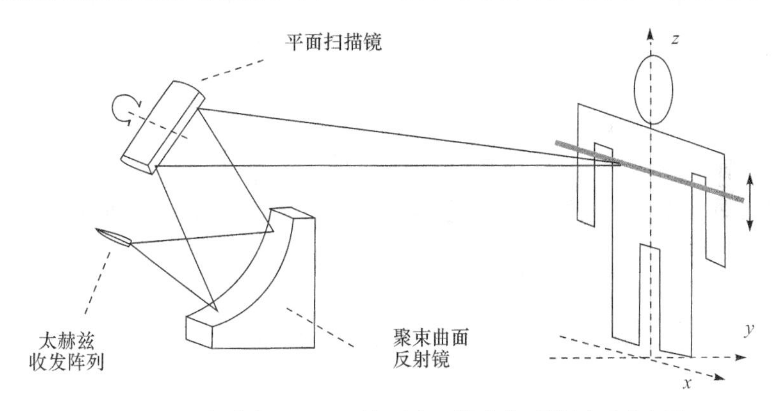

图 11.16　主动式 340GHz 站开式三维成像系统原理示意图

如图 11.16 所示，阵列天线发射太赫兹波，先经过聚束曲面反射镜汇聚，后经过平面扫描镜反射照向目标，在目标处形成一条横向的线型光斑，光斑的垂直向尺寸决定了系统的垂直向分辨率，系统通过平面扫描镜的旋转实现波束的垂直向扫描。垂直向成像利用了光学反射镜以及太赫兹波的准光传播性质，可看成一种光学成像方法。系统的水平向分辨和距离向分辨分别通过阵列孔径和发射的宽带信号获得，这利用了太赫兹波的相干探测能力，与典型的微波合成孔径成像方法一致。系统的方位向分辨通过阵列的电扫描获得，其扫描时间可以忽略不计，因此整个系统的成像时间主要由平面扫描镜的机械扫描时长决定。与逐点扫描成像相比，该系统中收发线阵的使用将机械扫描限定在一维空间，大大提高了扫描速度。与毫米波阵列全息成像相比，准光聚焦使得系统的作用距离得到提升，同时垂直向光学聚焦方法的引入将三维问题变换为二维，从而简化了成像操作。

该系统线阵采用 MIMO 体制，有 4 个发射阵元和 16 个接收阵元。工作时，对于某一垂直扫描位置，4 个发射阵元按时间顺序依次发射，在每个发射阵元发射信号时，16 个接收阵元同时接收信号，从而形成 64 个等效观测孔径。收发阵列和等效观测孔径的具体几何排布如图 11.17 所示。其中，发射阵元间距为 4mm，接收阵元间距为 8mm，等效孔径的总长度为 128mm，孔径间距为 2mm。这些参数决定了系统的方位向分辨率和不混叠距离。另外，为了提高系统信号的线性度，从而提高成像质量，后面将使用点目标(金属小球)的回波作为参考信号，完成对实际目标回波的非线性校正。

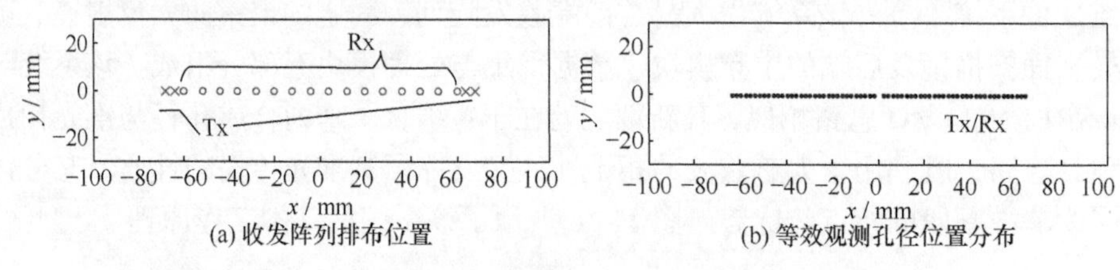

(a) 收发阵列排布位置　(b) 等效观测孔径位置分布

图 11.17　站开式成像系统 MIMO 阵列构型示意图

11.5.2　成像建模

设发射阵元与接收阵元位置矢量分别为 $\boldsymbol{R}_n^{\mathrm{Tx}}$、$\boldsymbol{R}_m^{\mathrm{Rx}}$，其中 n、m 分别代表发射阵元与接收阵元下标，它们分别满足 $1 \leqslant n \leqslant N_{\mathrm{Tx}}$、$1 \leqslant m \leqslant N_{\mathrm{Rx}}$，回波信号可表示为

$$S(k,n,m)=\int_{\mathrm{RoI}}\sigma(\boldsymbol{r})\exp\left[\mathrm{j}\boldsymbol{k}_n^{\mathrm{Tx}}\cdot\left(\boldsymbol{r}-\boldsymbol{R}_n^{\mathrm{Tx}}\right)+\mathrm{j}\boldsymbol{k}_m^{\mathrm{Rx}}\cdot\left(\boldsymbol{R}_m^{\mathrm{Rx}}-\boldsymbol{r}\right)\right]\mathrm{d}\boldsymbol{r} \tag{11.76}$$

式中，$\boldsymbol{r}$ 为关注区域(region of interest，RoI)中点的位置矢量；$\boldsymbol{k}_n^{\mathrm{Tx}}$、$\boldsymbol{k}_m^{\mathrm{Rx}}$ 分别为入射波与散射波矢量；$\sigma(\boldsymbol{r})$ 为 RoI 中散射系数分布函数。站开式成像系统阵列构型及坐标系定义如图 11.18 所示。

将式(11.76)中各矢量在直角坐标系下表示为

$$\begin{cases}\boldsymbol{r}=(x,y)\\ \boldsymbol{k}_n^{\mathrm{Tx}}=\dfrac{k\cdot\left(-x_n^{\mathrm{Tx}},y_0\right)}{\left\|\left(-x_n^{\mathrm{Tx}},y_0\right)\right\|},\quad \boldsymbol{k}_m^{\mathrm{Rx}}=\dfrac{k\cdot\left(x_m^{\mathrm{Rx}},-y_0\right)}{\left\|\left(x_m^{\mathrm{Rx}},-y_0\right)\right\|}\\ \boldsymbol{R}_n^{\mathrm{Tx}}=\left(x_n^{\mathrm{Tx}},0\right),\quad \boldsymbol{R}_m^{\mathrm{Rx}}=\left(x_m^{\mathrm{Rx}},0\right)\end{cases} \tag{11.77}$$

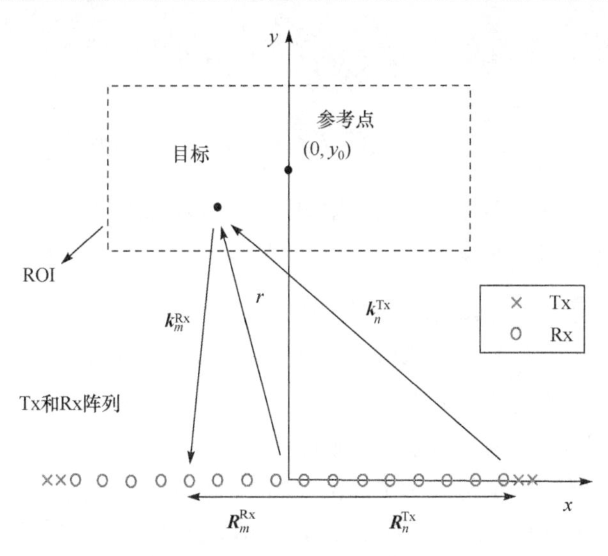

图 11.18　站开式成像系统阵列构型及坐标系定义

式中，$\boldsymbol{k}_n^{\mathrm{Tx}}$、$\boldsymbol{k}_m^{\mathrm{Rx}}$ 的表示式利用了平面波近似，严格来讲，$\boldsymbol{k}_n^{\mathrm{Tx}}$、$\boldsymbol{k}_m^{\mathrm{Rx}}$ 是球面波的波矢量，它们应是 $\boldsymbol{r}$ 的函数：

$$\left(\boldsymbol{k}_n^{\mathrm{Tx}}\right)'(\boldsymbol{r})=\frac{k\cdot\left(x-x_n^{\mathrm{Tx}},y\right)}{\left\|\left(x-x_n^{\mathrm{Tx}},y\right)\right\|},\quad \left(\boldsymbol{k}_m^{\mathrm{Rx}}\right)'(\boldsymbol{r})=\frac{k\cdot\left(x_m^{\mathrm{Rx}}-x,-y\right)}{\left\|\left(x_m^{\mathrm{Rx}}-x,-y\right)\right\|} \tag{11.78}$$

式中，用 $\left(\boldsymbol{k}_n^{\mathrm{Tx}}\right)'$、$\left(\boldsymbol{k}_m^{\mathrm{Rx}}\right)'$ 表示非平面波近似下的波矢量，后面有关于对 $\left(\boldsymbol{k}_n^{\mathrm{Tx}}\right)'$、$\left(\boldsymbol{k}_m^{\mathrm{Rx}}\right)'$ 进行平面波近似的影响分析。将式(11.76)在直角坐标系下重写为

$$S(k,n,m)=\int_{\mathrm{RoI}}\sigma(x,y)\cdot\exp\left[\mathrm{j}\boldsymbol{k}_n^{\mathrm{Tx}}\cdot\left(x-x_n^{\mathrm{Tx}},y\right)+\mathrm{j}\boldsymbol{k}_m^{\mathrm{Rx}}\cdot\left(x_m^{\mathrm{Rx}}-x,-y\right)\right]\mathrm{d}x\mathrm{d}y \tag{11.79}$$

设参考点的回波信号强度为单位 1，可得

$$S_{\mathrm{ref}}(k,n,m)=\exp\left[\mathrm{j}\boldsymbol{k}_n^{\mathrm{Tx}}\cdot\left(-x_n^{\mathrm{Tx}},y_0\right)+\mathrm{j}\boldsymbol{k}_m^{\mathrm{Rx}}\cdot\left(x_m^{\mathrm{Rx}},-y_0\right)\right] \tag{11.80}$$

经参考信号校正的回波信号为

$$S_{\mathrm{c}}(k,n,m)=S/S_{\mathrm{ref}}=\int_{\mathrm{RoI}}\sigma(x,y)\exp\left[\mathrm{j}(x,y-y_0)\cdot\left(\boldsymbol{k}_n^{\mathrm{Tx}}-\boldsymbol{k}_m^{\mathrm{Rx}}\right)\right]\mathrm{d}x\mathrm{d}y \tag{11.81}$$

为了使式(11.81)更简洁，将 $y\overset{\mathrm{def}}{=\!=}y-y_0$，这一操作是对图 11.18 中坐标系沿 y 轴向上平移 y_0 得到的坐标系，不妨将图 11.18 中坐标系称为雷达坐标系，将新坐标系称为目标坐标系，目标坐标系的原点在参考点处。另外，考虑在平面波近似

下，$\boldsymbol{k}_n^{\mathrm{Tx}}$、$\boldsymbol{k}_m^{\mathrm{Rx}}$ 与 x、y 无关，令 $\boldsymbol{k}_n^{\mathrm{Tx}}=\left(k_x^{\mathrm{Tx}n},k_y^{\mathrm{Tx}n}\right)$，$\boldsymbol{k}_m^{\mathrm{Rx}}=\left(k_x^{\mathrm{Rx}m},k_y^{\mathrm{Rx}m}\right)$，则式(11.81)可变换为

$$S_{\mathrm{c}}(k,n,m)=\int_{\mathrm{RoI}}\sigma(x,y)\cdot\exp\left[\mathrm{j}x\left(k_x^{\mathrm{Tx}n}-k_x^{\mathrm{Rx}m}\right)+\mathrm{j}y\left(k_y^{\mathrm{Tx}n}-k_y^{\mathrm{Rx}m}\right)\right]\mathrm{d}x\mathrm{d}y \tag{11.82}$$

容易看出，式(11.82)是一个二维傅里叶变换表达式，因此对回波信号的分析可以在谱域进行。对于给定的 $\boldsymbol{k}_n^{\mathrm{Tx}}=\left(k_x^{\mathrm{Tx}n},k_y^{\mathrm{Tx}n}\right)$、$\boldsymbol{k}_m^{\mathrm{Rx}}=\left(k_x^{\mathrm{Rx}m},k_y^{\mathrm{Rx}m}\right)$，式(11.82)可以看成由 $\boldsymbol{k}_n^{\mathrm{Tx}}-\boldsymbol{k}_m^{\mathrm{Rx}}$ 决定的谱域中某点的采样值。

图 11.19 为回波信号的谱域解释，其中虚线是以原点为圆心的弧线，线上的四个圆点位置分别由对应的 $\boldsymbol{k}_n^{\mathrm{Tx}}(n=1,2,3,4)$ 决定，对于某个确定的 n，$-\boldsymbol{k}_m^{\mathrm{Rx}}$ 以该 n 对应的圆点为圆心在谱域中划出一道弧线，如图中实线所示，该实线就是相应 n、m 对应的谱域回波信号。为了简洁，图 11.19 中仅绘制了 n 为 1、4 时对应的谱域回波。为了处理方便，通常使用图 11.19(b)对图 11.19(a)进行近似，图 11.19(b)与图 11.19 (a)的区别在于使用直线段代替了图 11.19(a)中的弧线段，这一操作实际上对应地将式(11.77)中的 $\boldsymbol{k}_n^{\mathrm{Tx}}$、$\boldsymbol{k}_m^{\mathrm{Rx}}$ 近似为

$$\begin{cases}\boldsymbol{k}_n^{\mathrm{Tx}}=\dfrac{k\cdot\left(-x_n^{\mathrm{Tx}},y_0\right)}{\left\|\left(-x_n^{Tx},y_0\right)\right\|}\approx\dfrac{k\cdot\left(-x_n^{\mathrm{Tx}},y_0\right)}{y_0}\\[2ex]\boldsymbol{k}_m^{\mathrm{Rx}}=\dfrac{k\cdot\left(x_m^{\mathrm{Rx}},-y_0\right)}{\left\|\left(x_m^{\mathrm{Rx}},-y_0\right)\right\|}\approx\dfrac{k\cdot\left(x_m^{\mathrm{Rx}},-y_0\right)}{y_0}\end{cases} \tag{11.83}$$

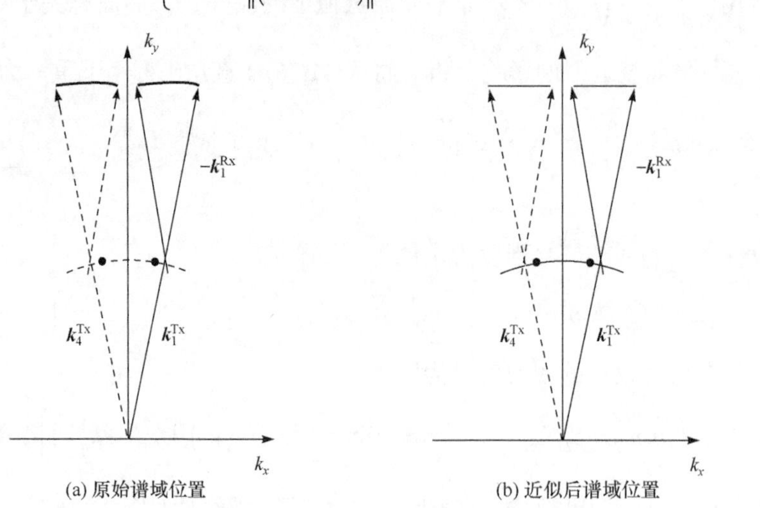

(a) 原始谱域位置　　(b) 近似后谱域位置

图 11.19　回波信号的谱域解释

关于使用这一近似的影响将与平面波近似的影响一起分析。使用这一近似的

好处是式(11.82)中的$S_{\mathrm{c}}(k,n,m)$成为k、x_n^{Tx}、x_m^{Rx}的线性函数，从而能够利用快速傅里叶变换实现成像。由式(11.82)容易发现x_n^{Tx}、x_m^{Rx}总是以$x_n^{\mathrm{Tx}}+x_m^{\mathrm{Rx}}$的形式出现，因此记$x_{n,m}^{\mathrm{TR}}\overset{\mathrm{def}}{=\!=}\left(x_n^{\mathrm{Tx}}+x_m^{\mathrm{Rx}}\right)/2$，从而将式(11.82)写为

$$S_{\mathrm{c}}\left(k,x_{n,m}^{\mathrm{TR}}\right)=\iint_{\mathrm{RoI}}\sigma(x,y)\exp\left(-\mathrm{j}xk\frac{2x_{n,m}^{\mathrm{TR}}}{y_0}+\mathrm{j}2yk\right)\mathrm{d}x\mathrm{d}y \tag{11.84}$$

在实际应用场景中常满足条件$x_{n,m}^{\mathrm{TR}}\ll y_0$，于是利用中心波数$k_0$代替$\exp\left(-\mathrm{j}2xk\,x_{n,m}^{\mathrm{TR}}/y_0\right)$项中的$k$，则式(11.84)进一步写为

$$S_{\mathrm{c}}\left(k,x_{n,m}^{\mathrm{TR}}\right)=\iint_{\mathrm{RoI}}\sigma(x,y)\exp\left(-\mathrm{j}xk_0\frac{2x_{n,m}^{\mathrm{TR}}}{y_0}+\mathrm{j}2yk\right)\mathrm{d}x\mathrm{d}y \tag{11.85}$$

可以发现，此时$S_{\mathrm{c}}\left(k,x_{n,m}^{\mathrm{TR}}\right)$成为关于自变量$k$、$x_{n,m}^{\mathrm{TR}}$可分离的函数，从而可以对两个维度分别进行处理以降低计算复杂度。于是，成像公式可写为

$$\hat{\sigma}(x,y)=\mathrm{FFT}_{x_{n,m}^{\mathrm{TR}}}\left\{\mathrm{FFT}_k\left[S_{\mathrm{c}}\left(k,x_{n,m}^{\mathrm{TR}}\right)\right]\right\} \tag{11.86}$$

假设$x_{n,m}^{\mathrm{TR}}$的范围为l，k的范围为B，则坐标原点处的点扩展函数为

$$\mathrm{PSF}(x,y)=l\,\mathrm{sinc}\left(\frac{lk_0}{y_0}x\right)\cdot\frac{2\pi B}{c}\mathrm{sinc}\left(\frac{2\pi B}{c}y\right) \tag{11.87}$$

式中，$\mathrm{sinc}(x)=\sin x/x$，假设系统点扩展函数具有空不变性，则可得系统分辨率为

$$\delta_x\approx\frac{\lambda_0 y_0}{2l},\quad \delta_y\approx\frac{c}{2B} \tag{11.88}$$

系统的横向与距离向不混叠距离分别为

$$L_x\approx\frac{\lambda_0 y_0}{2\Delta l},\quad L_y\approx\frac{c}{2\Delta B} \tag{11.89}$$

式中，$\lambda_0=2\pi/k_0$。可以看出，该成像系统与经典的 ISAR 成像系统分辨率表达式一致。

可以发现，为了实现基于快速傅里叶变换的成像，上面推导中引入了若干近似。为保证成像质量，必须回答如下问题：引入的近似会对图像带来怎样的影响？首先通过一个数值仿真来直观评价近似的影响，仿真用系统参数如表 11.3 所示。成像区域中共设置 9 个理想点目标，其中 1 个位于目标坐标系原点处，另外 8 个均匀分布在半径为400mm 的圆环上。图 11.20 分别展示了利用 BPA 的精确成像结果和利用式(11.86)的成像结果。图中，圆圈标出了目标点的真实位置。可以看出，图 11.20(b)成像结果的聚焦精度与图 11.20(a)相似，但目标位置与真实位置之间存在一定偏移，且偏移量随目标位置的不同而不同。

表 11.3 340GHz 站开式成像系统参数

参数	数值
中心频率	340GHz
信号带宽	14.6GHz
y_0	4m
l	128mm

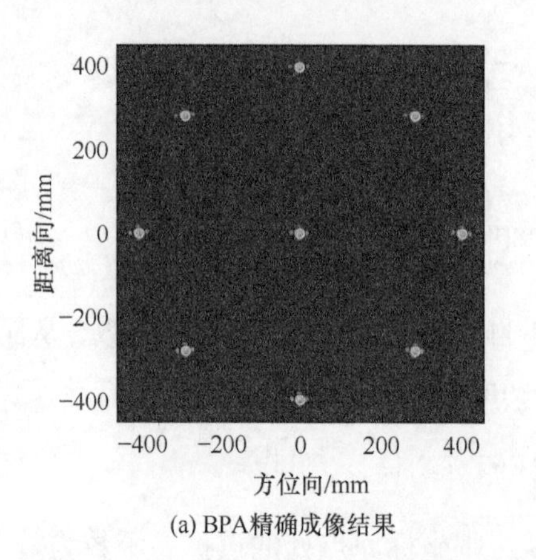

(a) BPA精确成像结果

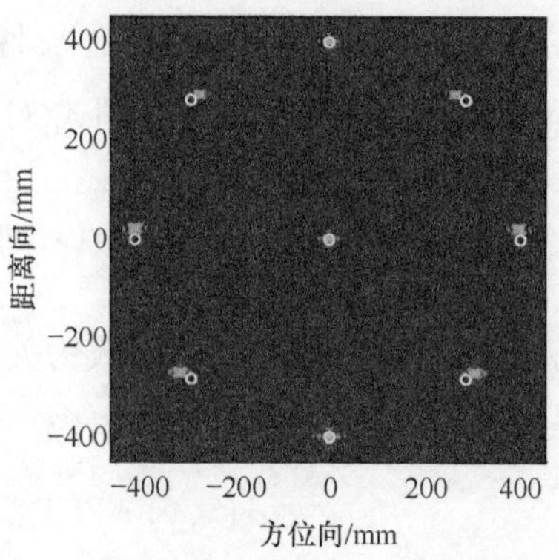

(b) 二维快速傅里叶变换成像结果

图 11.20 不同方法对 9 个点目标成像结果

事实上，回波模型由式(11.81)变为式(11.85)的过程中共引入了三步近似：第一步是从式(11.78)到式(11.77)的球面波至平面波近似；第二步是由谱域曲线至直线的近似，即式(11.83)和图 11.19 所示近似；第三步是将谱域梯形区域近似为矩形区域，即式(11.84)到式(11.85)的近似。对雷达成像而言，信号的相位至关重要，为分析近似带来的影响，定义近似前后信号的相位差如下：

$$\Delta\Phi(k,n,m)=\Phi_o(k,n,m)-\Phi_a(k,n,m) \tag{11.90}$$

式中，$\Phi_o(k,n,m)$为原始相位；$\Phi_a(k,n,m)$为近似后的相位。容易发现，$\Delta\Phi$ 同时还是目标位置的函数，为便于分析，假设目标为一个位于(x_1,y_1)处的点目标。Φ_o 和 Φ_a 的定义分别由式(11.78)和式(11.85)中的指数相位项给出，于是有

$$\Delta\Phi(k,n,m)=k\cdot(x_1,y_1)\cdot\begin{bmatrix}\dfrac{x_1-x_n^{\mathrm{Tx}}}{\left\|\left(x_1-x_n^{\mathrm{Tx}},y_1\right)\right\|}-\dfrac{x_m^{\mathrm{Rx}}-x_1}{\left\|\left(x_m^{\mathrm{Rx}}-x_1,-y_1\right)\right\|}\\ \dfrac{y_1}{\left\|\left(x_1-x_n^{\mathrm{Tx}},y_1\right)\right\|}-\dfrac{-y_1}{\left\|\left(x_m^{\mathrm{Rx}}-x_1,-y_1\right)\right\|}\end{bmatrix}+x_1k_0\frac{x_n^{\mathrm{Tx}}+x_m^{\mathrm{Rx}}}{y_0}-2y_1k \tag{11.91}$$

为直观地分析式(11.91)的性质，分别令(x_1,y_1)为$(0\text{mm},0\text{mm})$和$(400\text{mm},400\text{mm})$。依据$x_n^{\text{Tx}}+x_m^{\text{Rx}}$的值将$\Delta\Phi(k,n,m)$降维重排成$\Delta\Phi\left(k,x_{n,m}^{\text{TR}}\right)$，于是上面两点对应的$\Delta\Phi$如图 11.21 所示。可见，对于原点处目标，近似并未引入相位误差，图 11.20 的成像结果也印证了这一点。对于$(400\text{mm},400\text{mm})$处的目标，近似引入了明显的相位误差，但相位误差形式体现为一个倾斜的平面，也就是说，近似主要引入了零阶和一阶相位误差，而引入的更高阶的可能导致散焦的相位误差分量很小。

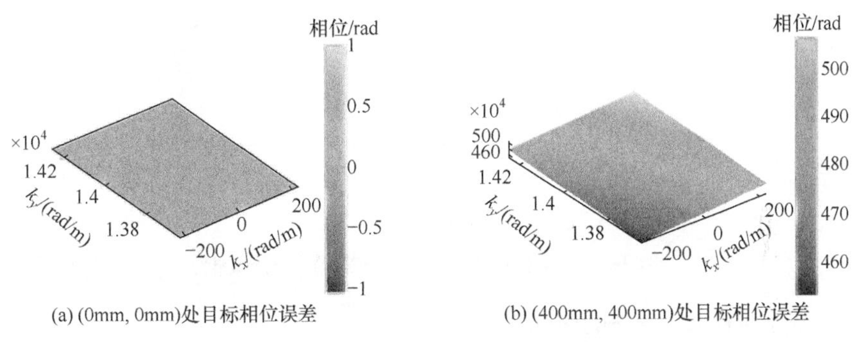

(a) (0mm, 0mm)处目标相位误差　(b) (400mm, 400mm)处目标相位误差

图 11.21　由近似引入的相位误差分析

下面分别沿着k_x和k_y方向对图 11.21(b)所示误差进行更为详细的分析，结果如图 11.22 所示。由图 11.22 可见，总相位误差由线性相位误差和高阶相位误差组成，且高阶相位误差分量小于$\pi/8\,(\approx 0.39\,\text{rad})$。由 SAR 成像的结论可知，当高阶相位误差小于$\pi/8\,\text{rad}$时，其带来的散焦效应可忽略。由傅里叶变换的性质可知，谱域的一阶相位误差将导致空域的平移。由此可以推测，由上面三步近似带来的主要影响是图像的形变，而不会造成图像散焦。进一步地，还可根据线性相位误差的斜率推测出图像形变的具体方式，如图 11.23 所示，据此可直接在图像域对近似成像结果进行形变校正。

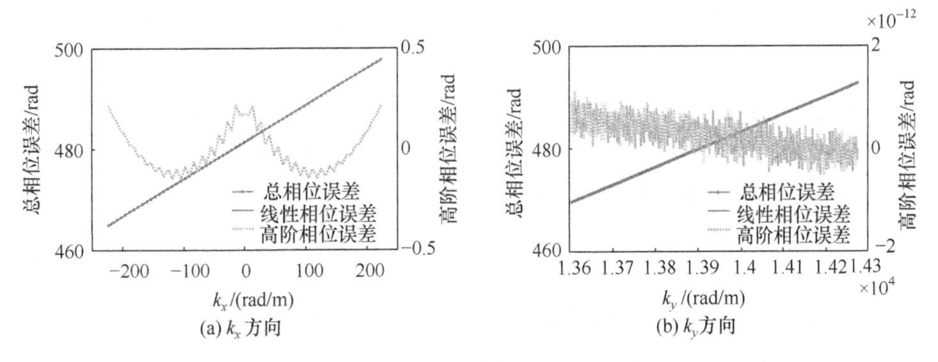

(a) k_x方向　(b) k_y方向

图 11.22　相位误差成分分析

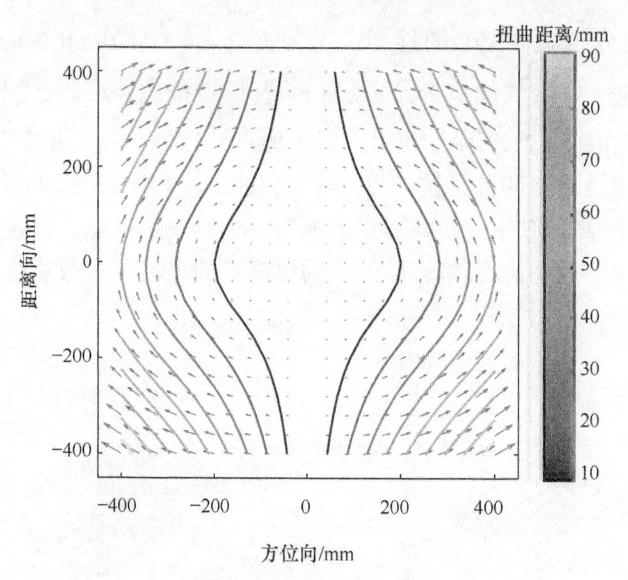

图 11.23 线性相位误差导致的图像形变示意图

11.5.3 基于 ExCoV 方法的成像

ExCoV 方法可按字面直译为基于方差成分扩张压缩的方法[69]。其与 SBL 方法[70]相似，均在概率框架下进行问题建模。假设问题模型为 $\boldsymbol{g}=\boldsymbol{H}\boldsymbol{\gamma}+\boldsymbol{\omega}$，则利用概率或贝叶斯框架解决稀疏恢复问题的基本思路如下：首先对观测似然函数 $p(\boldsymbol{g}|\boldsymbol{\gamma};\boldsymbol{\theta})$ 进行建模，其中 $\boldsymbol{\theta}$ 为模型的全体参数(如观测噪声协方差矩阵等)；然后对待恢复未知系数 $\boldsymbol{\gamma}$ 进行先验建模，即对 $p(\boldsymbol{\gamma};\boldsymbol{\theta})$ 进行建模；接着根据全概率公式 $p(\boldsymbol{g};\boldsymbol{\theta})=\int p(\boldsymbol{g}|\boldsymbol{\gamma};\boldsymbol{\theta})p(\boldsymbol{\gamma};\boldsymbol{\theta})\mathrm{d}\boldsymbol{\gamma}$ 或贝叶斯公式 $p(\boldsymbol{\gamma}|\boldsymbol{g};\boldsymbol{\theta})=p(\boldsymbol{g}|\boldsymbol{\gamma};\boldsymbol{\theta})\ p(\boldsymbol{\gamma};\boldsymbol{\theta})/p(\boldsymbol{g};\boldsymbol{\theta})$ (此处，假定 $\boldsymbol{\theta}$ 为未知固定参数而非随机变量)表示出边缘似然函数 $p(\boldsymbol{g};\boldsymbol{\theta})$ 或后验概率密度函数 $p(\boldsymbol{\gamma}|\boldsymbol{g};\boldsymbol{\theta})$；最后通过多种解析近似方法(如变分贝叶斯)[71]或数值采样方法(如马尔可夫链蒙特卡罗采样)[72]求解最大似然估计或最大后验估计以获得对 $\boldsymbol{\gamma}$ 和 $\boldsymbol{\theta}$ 的估计值。

与 SBL 方法相比，ExCoV 方法将 $\boldsymbol{\gamma}$ 中元素分为显著的非零元素和近似为零元素两组，通过给近似为零元素分配相同的方差参数来减少模型中参数个数，从而获得更高的求解效率。假设观测模型为

$$p\left(\boldsymbol{g}\middle|\boldsymbol{\gamma},\sigma^2\right)=\mathcal{N}\left(\boldsymbol{g};\boldsymbol{H}\boldsymbol{\gamma},\sigma^2\boldsymbol{C}\right) \tag{11.92}$$

式中，$\boldsymbol{C}$ 为一个大小为 $N\times N$ 的对称正定矩阵，通常取 $\boldsymbol{C}=\boldsymbol{I}_N$，即假设噪声为高斯白噪声；$\sigma^2$ 为未知噪声方差；$\sigma^2\boldsymbol{C}$ 为噪声协方差矩阵；$\boldsymbol{\gamma}$ 为未知的稀疏或近似

稀疏信号。在稀疏恢复问题中，$\boldsymbol{\gamma}$ 中只有少数元素具有较大的幅度，其余元素均为零或接近零。ExCoV 方法正是利用这一特性来减少模型参数的个数。

令 A 代表具有独立方差的元素下标集合，其集合大小 m_A 是未知的。定义全体元素下标集合 $\mathcal{A}=\{1,2,\cdots,M\}$，则 A 的余集为 $B=\mathcal{A}-A$，其集合大小为 $m_B=M-m_A$。于是，$\boldsymbol{H}$ 和 $\boldsymbol{\gamma}$ 分别能被集合 A、B 分为子矩阵 $\boldsymbol{H}_A\in\mathbf{C}^{N\times m_A}$、$\boldsymbol{H}_B\in\mathbf{C}^{N\times m_B}$ 和子向量 $\boldsymbol{\gamma}_A\in\mathbf{C}^{m_A}$、$\boldsymbol{\gamma}_B\in\mathbf{C}^{m_B}$。于是，将信号的先验模型表示为

$$\begin{aligned}p\left(\boldsymbol{\gamma}\middle|\boldsymbol{\delta}_A,\delta_B\right)&=p\left(\boldsymbol{\gamma}_A\middle|\boldsymbol{\delta}_A\right)\cdot p\left(\boldsymbol{\gamma}_B\middle|\delta_B\right)\\&=\mathcal{N}\left[\boldsymbol{\gamma}_A;\mathbf{0}_{m_A\times1},D_A\left(\boldsymbol{\delta}_A\right)\right]\cdot\mathcal{N}\left[\boldsymbol{\gamma}_B;\mathbf{0}_{m_B\times1},D_B\left(\delta_B\right)\right]\end{aligned}\tag{11.93}$$

由式(11.93)可见，方差的先验分布可表示为两个独立多元高斯分布的乘积，这两部分分别代表了幅度较大元素的方差和其余幅度接近零元素的方差。假设两部分高斯分布的协方差矩阵均为对角矩阵，即

$$\begin{cases}D_A\left(\boldsymbol{\delta}_A\right)=\operatorname{diag}\left(\delta_{A,1},\delta_{A,2},\cdots,\delta_{A,m_A}\right), & \boldsymbol{\delta}_A=\begin{bmatrix}\delta_{A,1} & \delta_{A,2} & \cdots & \delta_{A,m_A}\end{bmatrix}^{\mathrm{T}}\\D_B\left(\delta_B\right)=\delta_B\boldsymbol{I}_{m_B}\end{cases}\tag{11.94}$$

可见，当集合 A 等于全集 $\mathcal{A}$ 时，上面的信号先验模型即变换为 SBL 方法的先验模型。因此，从这一角度来说，SBL 方法建立的模型可归为一种特殊的 ExCoV 先验模型。

当已知 A 时，模型的未知参数集合可表示为 $\boldsymbol{\rho}_A=\left(\boldsymbol{\delta}_A,\delta_B,\sigma^2\right)$。若将 A 考虑在内，则全体未知参数可表示成集合 $\boldsymbol{\theta}=\left(A,\boldsymbol{\rho}_A\right)$。于是，根据式(11.92)和式(11.93)，可得观测信号 $\boldsymbol{g}$ 的边缘概率密度函数，即关于参数 $\boldsymbol{\theta}$ 的似然函数为

$$p\left(\boldsymbol{g}\middle|\boldsymbol{\theta}\right)=\int p\left(\boldsymbol{g}\middle|\boldsymbol{\gamma},\sigma^2\right)\cdot p\left(\boldsymbol{\gamma}\middle|\boldsymbol{\delta}_A,\delta_B\right)\mathrm{d}\boldsymbol{\gamma}=\mathcal{N}\left[\boldsymbol{g};\mathbf{0}_{N\times1},P^{-1}\left(\boldsymbol{\theta}\right)\right]\tag{11.95}$$

式中，$P(\boldsymbol{\theta})=\left[\boldsymbol{H}_AD_A\left(\boldsymbol{\delta}_A\right)\boldsymbol{H}_A^{\mathrm{T}}+\delta_B\boldsymbol{H}_B\boldsymbol{H}_B^{\mathrm{T}}+\sigma^2C\right]^{-1}$ 为精度矩阵(逆协方差矩阵)。于是，$\boldsymbol{\theta}$ 的对数似然函数可表示为

$$\ln p\left(\boldsymbol{g}\middle|\boldsymbol{\theta}\right)=-\frac{1}{2}N\ln\left(2\pi\right)+\frac{1}{2}\ln\left|P\left(\boldsymbol{\theta}\right)\right|-\frac{1}{2}\boldsymbol{g}^{\mathrm{T}}P\left(\boldsymbol{\theta}\right)\boldsymbol{g}\tag{11.96}$$

当已知 A 时，可通过期望最大化(expectation maximum，EM)方法求解式(11.96)的最大似然估计，从而求得模型参数 $\boldsymbol{\rho}_A$ 和隐变量 $\boldsymbol{\gamma}$。

集合 A 的大小决定了模型中未知参数的个数及模型的复杂度，仅从最大化对数似然函数的角度来看，集合 A 有趋向于全集 $\mathcal{A}$ 的趋势。这是因为模型参数越多，越有利于更好地拟合观测数据，然而这不利于开发更高效的方法。于是，ExCoV 方法定义了如下广义似然函数：

$$\mathrm{GL}(\boldsymbol{\theta})=\ln p(\boldsymbol{g}|\boldsymbol{\theta})-\frac{1}{2}\ln|\mathcal{I}(\boldsymbol{\theta})| \tag{11.97}$$

式中，$\mathcal{I}(\boldsymbol{\theta})$ 为 Fisher 信息矩阵，对于式(11.95)所示高斯分布，$\mathcal{I}(\boldsymbol{\theta})$ 可写为

$$\mathcal{I}(\boldsymbol{\theta})=\begin{bmatrix}\mathcal{I}_{\delta_A,\delta_A}(\boldsymbol{\theta}) & \mathcal{I}_{\delta_A,\delta_B}(\boldsymbol{\theta})\\ \mathcal{I}_{\delta_A,\delta_B}^{\mathrm{T}}(\boldsymbol{\theta}) & \mathcal{I}_{\delta_B,\delta_B}(\boldsymbol{\theta})\end{bmatrix}$$

其中，各子矩阵的具体定义参见文献[69]。

上面的广义似然函数通过 Fisher 信息矩阵引入了对模型复杂度的惩罚，从而使求解精度和计算复杂度得到更好的平衡。令 $\hat{\boldsymbol{\theta}}=\left(\hat{A},\hat{\boldsymbol{\rho}}_A\right)$ 和 $\hat{\boldsymbol{\gamma}}$ 代表估计值，ExCoV 方法的主要步骤如下：

(1) 初始化。利用下式对未知信号 $\boldsymbol{\gamma}$ 进行初始化：

$$\boldsymbol{\gamma}^{(0)}=\boldsymbol{H}^{\mathrm{T}}\left(\boldsymbol{H}\boldsymbol{H}^{\mathrm{T}}\right)^{-1}\boldsymbol{g}$$

式中，$(\cdot)^{-1}$ 代表矩阵的逆或伪逆。$A^{(0)}$ 为 $\boldsymbol{\gamma}^{(0)}$ 中最大的 $m_{A^{(0)}}$ 个元素的下标集合，$m_{A^{(0)}}$ 由下式决定：

$$m_{A^{(0)}}=\left\lfloor\frac{N}{2\ln(M/N)}\right\rfloor$$

(2) 循环初始化。初始化循环计数器 $p=0$，对参数 $\boldsymbol{\rho}_{A^{(0)}}^{(0)}$ 进行如下初始化：

$$\left(\sigma^2\right)^{(0)}=\frac{\left[\boldsymbol{g}-\boldsymbol{H}_{A^{(0)}}\boldsymbol{\gamma}_{A^{(0)}}^{(0)}\right]^{\mathrm{T}}C^{-1}\left[\boldsymbol{g}-\boldsymbol{H}_{A^{(0)}}\boldsymbol{\gamma}_{A^{(0)}}^{(0)}\right]}{N}$$

$$\delta_{A^{(0)},i}^{(0)}=\frac{10\left(\sigma^2\right)^{(0)}}{\left[\boldsymbol{H}_{A^{(0)}}^{\mathrm{T}}C^{-1}\boldsymbol{H}_{A^{(0)}}\right]_{i,i}}$$

$$\delta_{B^{(0)}}^{(0)}=\min\boldsymbol{\delta}_{A^{(0)}}^{(0)}$$

并分别对 $\hat{\boldsymbol{\theta}}$ 和 $\hat{\boldsymbol{\gamma}}$ 进行初始化，$\hat{\boldsymbol{\theta}}=\left[A^{(0)}\quad \boldsymbol{\rho}_{A^{(0)}}^{(0)}\right]$、$\hat{\boldsymbol{\gamma}}=\boldsymbol{\gamma}^{(0)}$。

(3) 扩张。令 $\kappa\in B^{(p)}$ 为 $\boldsymbol{\gamma}_{B^{(p)}}^{(p)}$ 中幅度最大元素对应的下标，并将 κ 从 $B^{(p)}$ 中移至 $A^{(p)}$ 中。令 $p=p+1$，相应地更新 $m_{A^{(p)}}$、$m_{B^{(p)}}$、$\boldsymbol{\delta}_{A^{(p)}}$、$\boldsymbol{H}_{A^{(p)}}$、$\boldsymbol{H}_{B^{(p)}}$。

(4) EM 估计。根据当前的 $A^{(p)}$，运行一步 EM 方法，计算参数 $\boldsymbol{\rho}_{A^{(p)}}^{(p)}$ 和变量 $\boldsymbol{\gamma}^{(p)}$。EM 方法具体步骤见文献[69]。

(5) 更新参数与估计。若满足

$$\mathrm{GL}\left(\boldsymbol{\theta}^{(p)}\right) > \mathrm{GL}\left(\hat{\boldsymbol{\theta}}\right) \tag{11.98}$$

则更新参数与变量 $\hat{\boldsymbol{\theta}} = \boldsymbol{\theta}^{(p)}$ 、$\hat{\boldsymbol{\gamma}} = \boldsymbol{\gamma}^{(p)}$；否则，$\hat{\boldsymbol{\theta}}$ 和 $\hat{\boldsymbol{\gamma}}$ 保持不变。

(6) 判断扩张条件。判断

$$\mathrm{GL}\left[\boldsymbol{\theta}^{(p)}\right] < \min\left\{\mathrm{GL}\left[\boldsymbol{\theta}^{(p-L)}\right], \frac{1}{L}\sum_{l=1}^{L}\mathrm{GL}\left[\boldsymbol{\theta}^{(p-l)}\right]\right\} \tag{11.99}$$

是否成立。式中，L 为滑窗长度，默认值为 10。若条件满足，则转至第(7)步；否则，转至第(2)步。

(7) 压缩。令 $\kappa \in A^{(p)}$ 为 $\boldsymbol{\delta}_{A^{(p)}}^{(p)}$ 中最小元素对应的下标，并将 κ 从 $A^{(p)}$ 中移至 $B^{(p)}$ 中。令 $p = p+1$，相应地更新 $m_{A^{(p)}}$ 、$m_{B^{(p)}}$ 、$\boldsymbol{\delta}_{A^{(p)}}$ 、$\boldsymbol{H}_{A^{(p)}}$ 、$\boldsymbol{H}_{B^{(p)}}$ 。

(8) EM 估计[与第(4)步相同]。根据当前的 $A^{(p)}$，运行一步 EM 方法，计算参数 $\boldsymbol{\rho}_{A^{(p)}}^{(p)}$ 和变量 $\boldsymbol{\gamma}^{(p)}$ 。

(9) 更新参数与估计[与第(5)步相同]。若条件式(11.98)满足，则更新参数与变量 $\hat{\boldsymbol{\theta}} = \boldsymbol{\theta}^{(p)}$ 、$\hat{\boldsymbol{\gamma}} = \boldsymbol{\gamma}^{(p)}$；否则，$\hat{\boldsymbol{\theta}}$ 和 $\hat{\boldsymbol{\gamma}}$ 保持不变。

(10) 判断压缩条件。检查条件式(11.99)，若条件满足，则转至第(11)步；否则，转至第(7)步。

(11) 判断循环终止条件。若 $\hat{A}$ 在两次循环中保持不变，则循环终止，并输出参数与估计 $\hat{\boldsymbol{\theta}} = \left(\hat{A}, \hat{\boldsymbol{\rho}}_A\right)$ 和 $\hat{\boldsymbol{\gamma}}$；否则，令

$$m_{A^{(0)}} = m_{\hat{A}}, \quad \boldsymbol{\gamma}^{(0)} = \hat{\boldsymbol{\gamma}} + \boldsymbol{H}^{\mathrm{T}}\left(\boldsymbol{H}\boldsymbol{H}^{\mathrm{T}}\right)^{-1}\left(\boldsymbol{g} - \boldsymbol{H}\hat{\boldsymbol{\gamma}}\right)$$

并取 $A^{(0)}$ 为 $\boldsymbol{\gamma}^{(0)}$ 中幅度最大的 $m_{A^{(0)}}$ 个元素的下标，转至第(1)步。

下面将 11.5.3 节建立的成像模型表示为增强成像所需的线性模型 $\boldsymbol{g} = \boldsymbol{H}\boldsymbol{\gamma} + \boldsymbol{\omega}$ 的形式。根据图 11.16 所示的几何关系可知，波数的主要覆盖区域为目标正面，因此提高图像的方位向分辨率可获得更高的效益。于是，令 $\boldsymbol{g}$ 为回波信号经频率维度快速傅里叶变换得到的距离向序列，即式(11.86)内层快速傅里叶变换得到的信号。令 $\boldsymbol{\gamma}$ 代表 x 维度的成像结果，根据式(11.85)，仅考虑 $x_{n,m}^{\mathrm{TR}}$ 维度和 x 维度的信号，可得

$$S_{\mathrm{c}}\left(x_{n,m}^{\mathrm{TR}}\right) = \int_{\mathrm{RoI}} \sigma(x)\exp\left(-\mathrm{j}xk_0\frac{2x_{n,m}^{\mathrm{TR}}}{y_0}\right)\mathrm{d}x \tag{11.100}$$

将式(11.100)离散化并考虑观测噪声，便得到 $\boldsymbol{g} = \boldsymbol{H}\boldsymbol{\gamma} + \boldsymbol{\omega}$，其中

$$\begin{cases} g_p = S_{\mathrm{c}}\left(x_{n,m}^{\mathrm{TR}}[p]\right) \\ \gamma_q = \sigma\left(x[q]\right) \\ H_{pq} = \exp\left(-\mathrm{j}x[q]k_0 \dfrac{2x_{n,m}^{\mathrm{TR}}[p]}{y_0}\right) \\ p = 1,2,\cdots,N_{\mathrm{Tx}} \cdot N_{\mathrm{Rx}} \\ q = 1,2,\cdots,N_x \end{cases} \tag{11.101}$$

式中，N_x 为图像 x 方向的像素点数；g_p 为 $\boldsymbol{g}$ 中第 p 个元素；γ_q 为 $\boldsymbol{\gamma}$ 中第 q 个元素；H_{pq} 为 $\boldsymbol{H}$ 中第 p 行第 q 列的元素。

11.5.4 实测成像结果

实验系统介绍见 11.5.1 节，实验场景与校准目标如图 11.24 所示，实验人员面向成像系统站立并在胸口附近衣物下藏匿一把手枪模型，实验用的校准目标为一个直径 2cm 的金属球。原始目标回波根据式(11.81)经参考信号校准，输入信号处理器进行后续成像处理。实验中共进行了两组测量，其中一组手枪模型位置较低，另一组手枪模型位置较高。实验中旋转平面镜由上到下共扫过 180 个高度位置，扫描与数据采集过程共耗时 2～3s，一次完整的数据采集获得的回波数据为一个 $860 \times 64 \times 180$ (频点数×相位中心数×机械扫描点数)的三维张量。

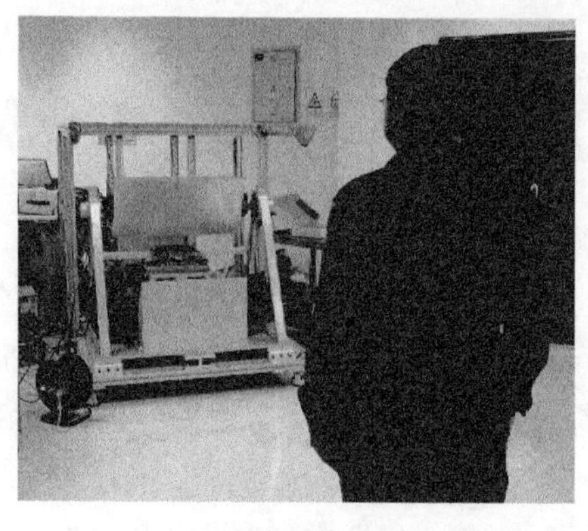

(a) 实验场景

(b) 直径2cm的金属球(校准目标)

图 11.24 实验场景与校准目标

成像时，对每个扫描位置的 860×64 回波数据进行二维成像处理，最后将所有扫描位置的二维成像结果按高度叠放获得三维成像结果。其中，二维成像区域为一个 $0.8\mathrm{m} \times 0.8\mathrm{m}$ 的正方形，像素为 201×201。成像结果如图 11.25 所示，图像是将三维成像结果在 x-z 平面进行最大值投影获得的二维图像，其中线性成像耗时约为

1.46s，增强成像耗时约为 230.38 s。与之前的仿真结论一致，增强成像在分辨率和旁瓣方面较线性成像具有一定优势，但其计算复杂度和成像耗时较高。图 11.26 和图 11.27 分别从不同视角展示了线性成像和增强成像的三维成像结果。

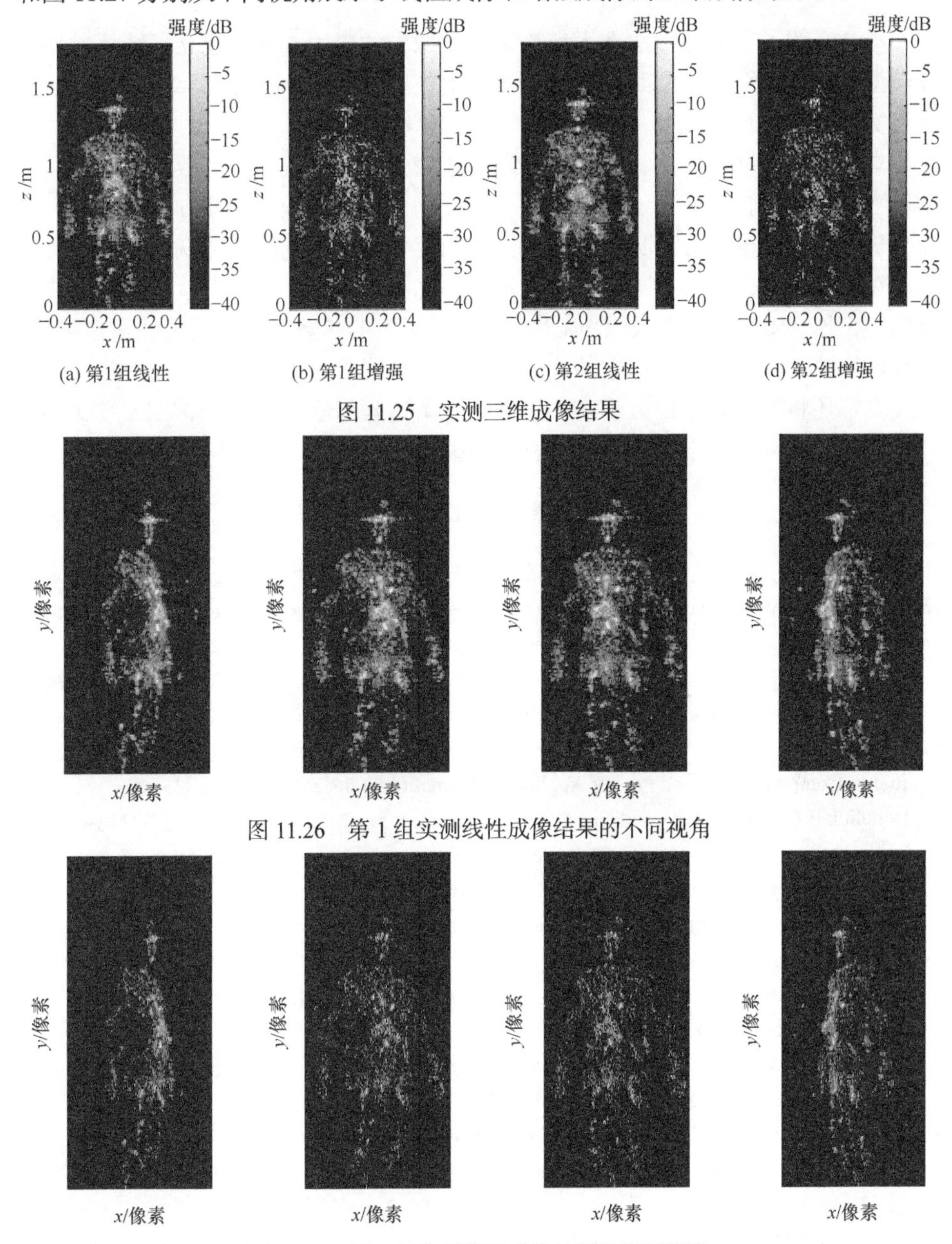

(a) 第1组线性　(b) 第1组增强　(c) 第2组线性　(d) 第2组增强

图 11.25　实测三维成像结果

图 11.26　第 1 组实测线性成像结果的不同视角

图 11.27　第 1 组实测增强成像结果的不同视角

11.6 小 结

本章介绍了参数化方法在太赫兹雷达成像中的应用。首先建立了特征增强成像模型，通过正则化方法实现了太赫兹转台雷达目标点、面和点面结合特征增强，通过实验结果进行了验证。

本章还将深度网络的相关技术引入雷达增强成像领域。将复数卷积神经网络用于太赫兹雷达转台成像。实测结果表明，相比于传统线性成像方法，所提方法在分辨率与旁瓣电平方面具有明显优势；相比于当前主流的稀疏恢复方法，所提方法在计算效率方面具有 2～3 个数量级的优势，这使得实时雷达增强成像成为可能；相比于 RV-CNN 方法，CV-CNN 方法以更少的参数实现了更高的重建精度。深度网络在太赫兹雷达成像中的应用具有十分光明的前景。

本章还将参数化成像方法应用于太赫兹雷达阵列成像，在 340GHz“2D+1D”式三维成像实验中，上述方法能够有效地抑制旁瓣，具有重要的应用价值。

参 考 文 献

[1] 王正明, 朱炬波, 谢美华. SAR 图像提高分辨率技术. 2 版. 北京: 科学出版社, 2013.

[2] Cetin M, Karl W C. Feature-enhanced synthetic aperture radar image formation based on nonquadratic regularization. IEEE Transactions on Image Processing, 2001, 10(4): 623-631.

[3] Candes E J, Tao T. Near-optimal signal recovery from random projections: Universal encoding strategies. IEEE Transactions on Information Theory, 2006, 52(12): 5406-5425.

[4] Candès E J, Romberg J K, Tao T. Stable signal recovery from incomplete and inaccurate measurements. Communications on Pure & Applied Mathematics, 2006, 59(8): 1207-1223.

[5] Baraniuk R G. Compressive sensing. IEEE Signal Processing Magazine, 2007, 24(4): 118-121.

[6] Baron D, Sarvotham S, Baraniuk R G. Bayesian compressive sensing via belief propagation. IEEE Transactions on Signal Processing, 2010, 58(1): 269-280.

[7] Bobin J, Starck J L, Ottensamer R. Compressed sensing in astronomy. IEEE Journal of Selected Topics in Signal Processing, 2008, 2(5): 718-726.

[8] Lustig M, Donoho D L, Santos J M, et al. Compressed sensing MRI. IEEE Signal Processing Magazine, 2008, 25(2): 72-82.

[9] Patel V M, Easley G R, Healy D M, et al. Compressed synthetic aperture radar. IEEE Journal of Selected Topics in Signal Processing, 2010, 4(2): 244-254.

[10] Wright J, Ganesh A, Zhou Z H, et al. Demo: Robust face recognition via sparse representation. IEEE International Conference on Automatic Face & Gesture Recognition, Amsterdam, 2009: 1, 2.

[11] Babacan S D, Molina R, Katsaggelos A K. Bayesian compressive sensing using laplace priors. IEEE Transactions on Image Processing, 2010, 19(1): 53-63.

[12] Ma C Z, Yeo T S, Zhao Y B, et al. MIMO radar 3D imaging based on combined amplitude and total variation cost function with sequential order one negative exponential form.IEEE Transactions on Image Processing, 2014, 23(5): 2168-2183.

[13] Duarte M F, Davenport M A, Takhar D, et al. Single-pixel imaging via compressive sampling. IEEE Signal Processing Magazine, 2008, 25(2): 83-91.

[14] Budillon A, Evangelista A, Schirinzi G. Three-dimensional SAR focusing from multipass signals using compressive sampling. IEEE Transactions on Geoscience & Remote Sensing, 2010, 49(1): 488-499.

[15] Duarte M F, Baraniuk R G. Kronecker compressive sensing. IEEE Transactions on Image Processing, 2012, 21(2): 494-504.

[16] Ender J H G. On compressive sensing applied to radar. Signal Processing, 2010, 90(5): 1402-1414.

[17] Gonzalez-Valdes B, Allan G, Rodriguez-Vaqueiro Y, et al. Sparse array optimization using simulated annealing and compressed sensing for near-field millimeter wave imaging. IEEE Transactions on Antennas and Propagation, 2014, 62(4): 1716-1722.

[18] Cheng Q, Alomainy A, Hao Y. On the performance of compressed sensing-based methods for millimeter-wave holographic imaging. Applied Optics, 2016, 55(4): 728-738.

[19] Alvarez Y, Rodriguez-Vaqueiro Y, Gonzalez-Valdes B, et al. Three-dimensional compressed sensing-based millimeter-wave imaging. IEEE Transactions on Antennas and Propagation, 2015, 63(12): 5868-5873.

[20] Wang R J, Deng B, Qin Y L, et al. Bistatic terahertz radar azimuth-elevation imaging based on compressed sensing. IEEE Transactions on Terahertz Science and Technology, 2014, 4(6): 702-713.

[21] Çetin M, Stojanović I, Onhon N Ö, et al. Sparsity-driven synthetic aperture radar imaging: Reconstruction, autofocusing, moving targets, and compressed sensing. IEEE Signal Processing Magazine, 2014, 31(4): 27-40.

[22] Elad M, Figueiredo M A T, Ma Y. On the role of sparse and redundant representations in image processing. Proceedings of the IEEE, 2010, 98(6): 972-982.

[23] Wright J, Ma Y, Mairal J, et al. Sparse representation for computer vision and pattern recognition. Proceedings of the IEEE, 2010, 98(6): 1031-1044.

[24] Candes E J, Tao T. Decoding by linear programming. IEEE Transactions on Information Theory, 2005, 51(12): 4203-4215.

[25] 罗四维.THz 雷达特征增强成像技术研究. 长沙: 国防科技大学, 2018.

[26] Hinton G E, Osindero S, Teh Y W. A fast learning algorithm for deep belief nets. Neural Computation, 2006, 18(7): 1527-1554.

[27] LeCun Y, Bengio Y, Hinton G. Deep learning. Nature, 2015, 521(7553): 436-444.

[28] Krizhevsky A, Sutskever I, Hinton G E. ImageNet classification with deep convolutional neural networks. Communications of the ACM, 2012, 60(6): 84-90.

[29] He K M, Zhang X Y, Ren S Q, et al. Deep residual learning for image recognition. IEEE Conference on Computer Vision and Pattern Recognition, Las Vegas, 2016: 770-778.

[30] Burger H C, Schuler C J, Harmeling S. Image denoising: Can plain neural networks compete with BM3D. IEEE Conference on Computer Vision and Pattern Recognition, Rhode Island, 2012:

2392-2399.

[31] Dabov K, Foi A, Katkovnik V, et al. Image denoising by sparse 3-D transform-domain collaborative filtering. IEEE Transactions on Image Processing, 2007, 16(8): 2080-2095.

[32] Xie J, Xu L, Chen E. Image denoising and inpainting with deep neural networks. International Conference on Neural Information Processing Systems, Doha, 2012: 341-349.

[33] Xu L, Ren J S J, Liu C, et al. Deep convolutional neural network for image deconvolution. International Conference on Neural Information Processing Systems, Kuching, 2014: 1790-1798.

[34] Dong C, Deng Y B, Loy C C, et al. Compression artifacts reduction by a deep convolutional network. IEEE International Conference on Computer Vision (ICCV), Santiago, 2015: 576-584.

[35] Dong C, Loy C C, He K M, et al. Image super-resolution using deep convolutional networks. IEEE Transactions on Pattern Analysis & Machine Intelligence, 2016, 38(2): 295-307.

[36] Kim J, Lee J K, Lee K M. Accurate image super-resolution using very deep convolutional networks. IEEE Conference on Computer Vision and Pattern Recognition(CVPR), Las Vegas, 2016: 1646-1654.

[37] Mousavi A, Patel A B, Baraniuk R G. A deep learning approach to structured signal recovery. The 53rd Annual Allerton Conference on Communication, Control, and Computing, Montic ello, 2016: 1336-1343.

[38] Han Y S, Yoo J, Ye J C. Deep residual learning for compressed sensing CT reconstruction via persistent homology analysis. arXiv: 1611.06391, 2016.

[39] Kulkarni K, Lohit S, Turaga P, et al. ReconNet: Non-iterative reconstruction of images from compressively sensed measurements. IEEE Conference on Computer Vision and Pattern Recognition (CVPR), Las Vegas, 2016: 449-458.

[40] Pelt D M, Batenburg K J. Fast tomographic reconstruction from limited data using artificial neural networks. IEEE Transactions on Image Processing, 2013, 22(12): 5238-5251.

[41] Cheong J Y, Park I K. Deep CNN-based super-resolution using external and internal examples. IEEE Signal Processing Letters, 2017, 24(8): 1252-1256.

[42] Jin K H, McCann M T, Froustey E, et al. Deep convolutional neural network for inverse problems in imaging. IEEE Transactions on Image Processing, 2017, 26(9): 4509-4522.

[43] Yang Y, Li H, Xu Z, et al. Deep ADMM-net for compressive sensing MRI. Proceedings of the 30th International Conference on Neural Information Processing Systems, Barcelona, 2016: 10-18.

[44] Borgerding M, Schniter P, Rangan S. AMP-inspired deep networks for sparse linear inverse problems. IEEE Transactions on Signal Processing, 2017, 65(16): 4293-4308.

[45] Yang G, Yu S M, Dong H, et al. DAGAN: Deep de-aliasing generative adversarial networks for fast compressed sensing MRI reconstruction. IEEE Transactions on Medical Imaging, 2017, 37(6): 1310-1321.

[46] Dave A, Vadathya A K, Mitra K. Compressive image recovery using recurrent generative model. IEEE International Conference on Image Processing (ICIP), Beijing,2017: 1702-1706.

[47] Wang L, Zhao L F, Bi G A, et al. Sparse representation-based ISAR imaging using Markov random fields. IEEE Journal of Selected Topics in Applied Earth Observations & Remote Sensing, 2015, 8(8): 3941-3953.

[48] Shen F F, Zhao G H, Liu Z C, et al. SAR imaging with structural sparse representation. IEEE Journal of Selected Topics in Applied Earth Observations & Remote Sensing, 2015, 8(8): 3902-3910.

[49] Shen F, Zhao G, Shi G, et al. Compressive SAR imaging with joint sparsity and local similarity exploitation. Sensors, 2015, 15(2): 4176-4192.

[50] Cevher V, Hegde C, Duarte M F, et al. Sparse signal recovery using Markov random fields. Conference on Neural Information Processing Systems (NIPS), Vancouver, 2008: 257-264.

[51] Yang J C, Wright J, Huang T S, et al. Image super-resolution via sparse representation. IEEE Transactions on Image Processing, 2010, 19(11): 2861-2873.

[52] Wright J, Yang A Y, Ganesh A, et al. Robust face recognition via sparse representation. IEEE Transactions on Pattern Analysis and Machine Intelligence, 2009, 31(2): 210-227.

[53] Georgiou G M, Koutsougeras C. Complex domain backpropagation. IEEE Transactions on Circuits & Systems II: Analog & Digital Signal Processing, 1992, 39(5): 330-334.

[54] Trabelsi C, Bilaniuk O, Zhang Y, et al. Deep complex networks. ICLR 2018 Conference, 2018: 1-19.

[55] Zhang Z M, Wang H P, Xu F, et al. Complex-valued convolutional neural network and its application in polarimetric SAR image classification. IEEE Transactions on Geoscience & Remote Sensing, 2017, 55(12): 7177-7188.

[56] 黄培康, 殷红成, 许小剑. 雷达目标特性. 北京: 电子工业出版社, 2005.

[57] Vedaldi A, Lenc K. MatConvNet: Convolutional neural networks for MATLAB. Proceedings of the 23rd ACM International Conference on Multimedia, Brisbane, 2015: 689-692.

[58] Ewout V D B, Friedlander M P. Probing the Pareto frontier for basis pursuit solutions. SIAM Journal on Scientific Computing, 2008, 31(2): 890-912.

[59] Zhang B C, Hong W, Wu R. Sparse microwave imaging: Principles and applications. Science China (Information Sciences), 2012, 55(8): 1722-1754.

[60] Gao J K, Qin Y L, Deng B, et al. Terahertz wide-angle imaging and analysis on plane-wave criteria based on inverse synthetic aperture techniques. Journal of Infrared, Millimeter, and Terahertz Waves, 2016, 37(4): 373-393.

[61] Gao J K, Cui Z M, Cheng B B, et al. Fast three-dimensional image reconstruction of a standoff screening system in the terahertz regime. IEEE Transactions on Terahertz Science and Technology, 2018, 8(1): 38-51.

[62] Zhang S H, Liu Y X, Li X. Autofocusing for sparse aperture ISAR imaging based on joint constraint of sparsity and minimum entropy. IEEE Journal of Selected Topics in Applied Earth Observations & Remote Sensing, 2017, 10(3): 998-1011.

[63] Onhon N Ö, Cetin M. A sparsity-driven approach for joint SAR imaging and phase error correction. IEEE Transactions on Image Processing, 2012, 21(4): 2075-2088.

[64] Zhou X L, Wang H Q, Cheng Y Q, et al. Off-grid radar coincidence imaging based on variational sparse Bayesian learning. Mathematical Problems in Engineering, 2016: 1-12.

[65] Hu L G, Shi Z G, Zhou J X, et al. Compressed sensing of complex sinusoids: An approach based on dictionary refinement. IEEE Transactions on Signal Processing, 2012, 60(7): 3809-3822.

[66] Hu L, Zhou J X, Shi Z G, et al. A fast and accurate reconstruction algorithm for compressed sensing of complex sinusoids. IEEE Transactions on Signal Processing, 2013, 61(22): 5744-5754.

[67] 崔振茂, 高敬坤, 陆彬, 等. 340GHz 稀疏 MIMO 阵列实时 3-D 成像系统. 红外与毫米波学报, 2017, 36(1): 102-106.

[68] Cheng B B, Cui Z M, Lu B, et al. 340-GHz 3-D imaging radar with 4Tx-16Rx MIMO array. IEEE Transactions on Terahertz Science and Technology, 2018, 8(5): 509-519.

[69] Qiu K, Dogandzic A. Variance-component based sparse signal reconstruction and model selection. IEEE Transactions on Signal Processing, 2010, 58(6): 2935-2952.

[70] Tipping M E. Sparse Bayesian learning and the relevance vector machine. Journal of Machine Learning Research, 2001, 1(3): 211-244.

[71] Tzikas D G, Likas A C, Galatsanos N P. The variational approximation for Bayesian inference. IEEE Signal Processing Magazine, 2008, 25(6): 131-146.

[72] Tierney L. Markov chains for exploring posterior distributions. The Annals of Statistics, 1994, 22(4): 1701-1728.

第 12 章　总结与展望

成像是太赫兹雷达最主要的优势。本书对太赫兹雷达成像机理、体制和方法进行了深入的阐述。从电磁逆散射理论出发对成像问题从不同的角度进行论述，并进行了统一，如图 12.1 所示。辩证唯物主义揭示了世界万物的普遍联系规律，太赫兹雷达成像也不例外。无论从数学、物理还是雷达的观点看，成像的本质都是逆问题的求解。无论传统方法还是参数化方法，本质上都是求解第一类 Fredholm 方程这一广义卷积问题。实际上，传统方法与参数化方法之间也没有不可逾越的鸿沟，从更深层次看都存在着某种等价关系。

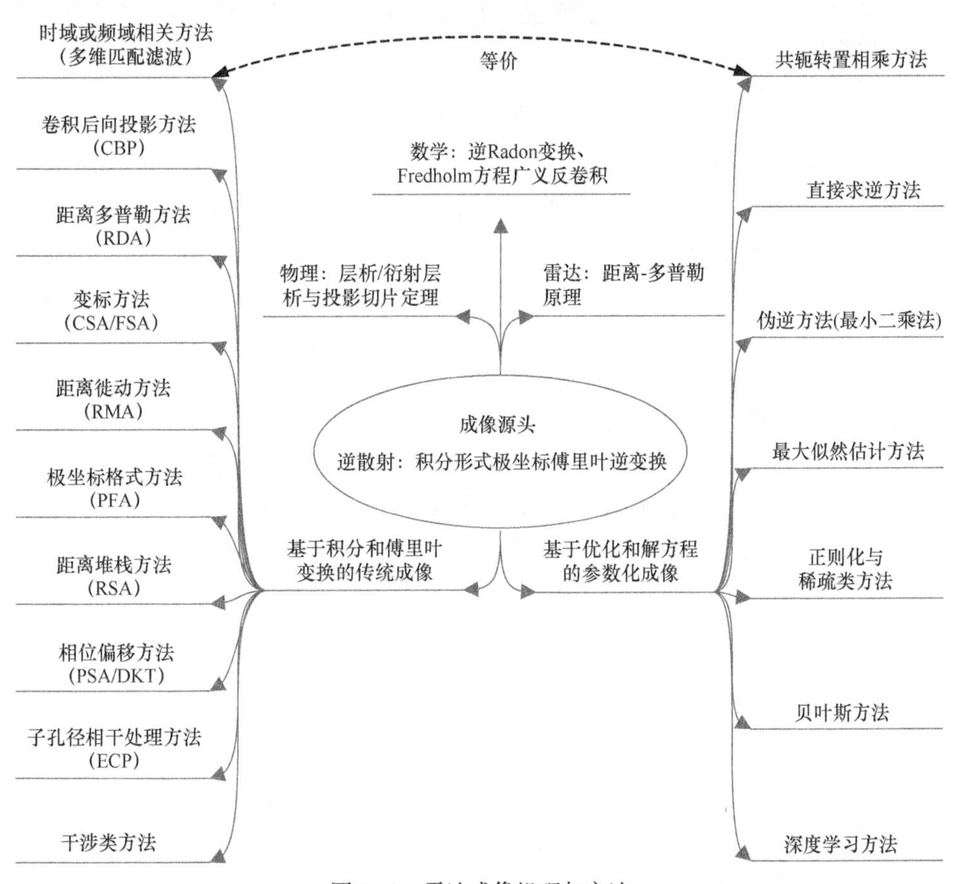

图 12.1　雷达成像机理与方法

从体制上看，图 12.2 对本书涉及的典型成像体制进行了梳理，部分体制仍有待进一步研究。

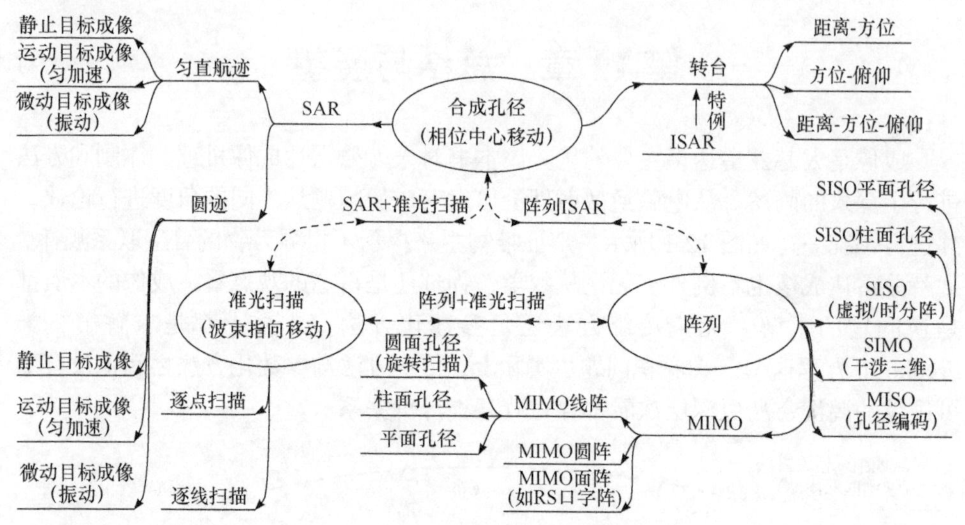

图 12.2　本书涉及的太赫兹雷达成像体制

太赫兹雷达拥有近三十年的历史，近十年来伴随着新一轮科技革命的浪潮，其发展尤为迅猛，基础器件日趋进步，功率性能稳步提升，体制架构逐渐清晰，工作模式丰富多样，创新应用不断涌现。太赫兹雷达及其成像技术仍处于发展上升期，仍有诸多基础性科学与工程问题需要攻克，有望重点在以下方面取得突破：

1) 新材料器件催生的太赫兹雷达及其成像技术

经典的雷达体制发展有以下三个特点：①通过相控阵技术实现了灵活的调幅、调频、调相；②通过高速采集实现了中频/射频信号直采、前端简化，雷达呈现软件化和数字化特点；③通过波形、模式等思维“软”创新，发展形成 ISAR、SAR、MIMO 雷达、智能化认知雷达、关联成像雷达等新的体制。经典的雷达体制正向纵深方向发展，但体制的进一步创新已面临瓶颈。21 世纪以来，以超材料、石墨烯、忆阻器等为代表的新材料、新器件层出不穷，将可能为雷达系统体制带来深刻变革，雷达体制的发展正从“软”驱动到“硬”驱动转变，越来越多地依赖新材料和新器件，材料器件种类决定了雷达体制和相应功能，这是一个值得关注的重要趋势，太赫兹雷达也不例外。

因此，应密切关注可编程超材料和液晶天线、频率扫描天线、等离子体天线、石墨烯功能材料、单光子探测器等极有可能改变雷达体制架构的新材料、新器件发展，驱动形成太赫兹孔径编码雷达、太赫兹单光子雷达、太赫兹相干焦平面雷达等新体制太赫兹成像雷达。

2) 集成片上阵列雷达及其泛在感知成像技术

通过高度集成实现阵列化与片上化是太赫兹雷达另一个重要发展方向。太赫兹频段雷达阵列难以实现相控阵，一般采用一发多收或快速开关切换多发多收方式。例如，2015 年美国 JPL 研制成功的 340GHz 集成收发阵列具有同置的 8 路收发通道，通过立体封装尺寸仅为 3cm×9.6cm、120GHz、240GHz 雷达射频芯片已经问世并开始进入商用。为此，需要突破稀疏 MIMO 线阵面阵设计、片上 MIMO 雷达设计、波束形成、数字馈源阵单脉冲测角、阵列-合成孔径一体化成像等技术，推动其在分布式无人机及其集群、无人车、可穿戴设备、小卫星等平台上的应用，实现多维视频成像和点云重建，为构建万物互联、泛在感知的未来世界提供支撑。

3) 智能信息处理技术驱动的太赫兹雷达成像技术

人工智能将是新一轮科技革命的主要驱动力量和整合力量，雷达及其成像智能化——智能感知环境、智能对抗干扰、智能特征增强，是雷达界长期以来的追求。本书探索了深度学习在太赫兹雷达成像中的应用，初步展现了它的风采和潜力。人工智能在系统层面将促成太赫兹认知雷达，在处理层面将为成像理论和方法带来变革，实现注入回波即输出图像的梦想，构建雷达智能感知的业界生态，从而让人们更好地认识整个世界，把成像及太赫兹雷达技术推向人类孜孜以求的更高阶段。